中国国家标准汇编

2006 年修订-16

中国标准出版社　编

中国标准出版社
北　京

图书在版编目（CIP）数据

中国国家标准汇编：2006年修订．16/中国标准出版社编．—北京：中国标准出版社，2007
ISBN 978-7-5066-4612-3

Ⅰ.中…　Ⅱ.中…　Ⅲ.国家标准-汇编-中国-2006
Ⅳ.T-652.1

中国版本图书馆CIP数据核字（2007）第105546号

中国标准出版社出版发行
北京复兴门外三里河北街16号
邮政编码：100045
网址 www.spc.net.cn
电话：68523946　68517548
中国标准出版社秦皇岛印刷厂印刷
各地新华书店经销
*
开本 880×1230　1/16　印张 42.25　插页 1　字数 1 254 千字
2007年8月第一版　2007年8月第一次印刷
*
定价 180.00 元

ISBN 978-7-5066-4612-3

出 版 说 明

1.《中国国家标准汇编》是一部大型综合性国家标准全集，自1983年起，按国家标准顺序号以精装本、平装本两种装帧形式陆续分册汇编出版。《汇编》在一定程度上反映了我国建国以来标准化事业发展的基本情况和主要成就，是各级标准化管理机构，工矿企事业单位，农林牧副渔系统，科研、设计、教学等部门必不可少的工具书。

2. 由于标准的动态性，每年有相当数量的国家标准被修订，这些国家标准的修订信息无法在已出版的《汇编》中得到反映。为此，自1995年起，新增出版在上一年度被修订的国家标准的汇编本。

3. 修订的国家标准汇编本的正书名、版本形式、装帧形式与《中国国家标准汇编》相同，视篇幅分设若干册，但不占总的分册号，仅在封面和书脊上注明“2006年修订-1，-2，-3，……”等字样，作为对《中国国家标准汇编》的补充。读者配套购买则可收齐前一年新制定和修订的全部国家标准。

4. 修订的国家标准汇编本的各分册中的标准，仍按顺序号由小到大排列（不连续）；如有遗漏的，均在当年最后一分册中补齐。

5. 2006年度发布的修订国家标准分27册出版。本分册为“2006年修订-16”，收入新修订的国家标准39项。

中国标准出版社

2007年6月

目 录

ICS 29.260.20
K 35

中华人民共和国国家标准

GB 12476.2—2006/IEC 61241-1-2:1999

可燃性粉尘环境用电气设备 第1部分:用外壳和限制表面温度保护的电气设备 第2节:电气设备的选择、安装和维护

Electrical apparatus for use in the presence of combustible dust—Part 1-2:Electrical apparatus protected by enclosures and surface temperature limitation—Selection,installation and maintenance

(IEC 61241-1-2:1999,IDT)

2006-04-30 发布　　2007-01-01 实施

中华人民共和国国家质量监督检验检疫总局
中国国家标准化管理委员会　发布

前　言

GB 12476《可燃性粉尘环境用电气设备》分为若干个部分。其中 GB 12476.1《可燃性粉尘环境用电气设备　第 1 部分:用外壳和限制表面温度保护的电气设备　第 1 节:电气设备的技术要求》,已于 2000 年 10 月发布,2001 年 7 月实施,它等同采用 IEC 61241-1-1:1999。

本部分为 GB 12476 的第 2 部分,等同采用 IEC 61241-1-2:1999《可燃性粉尘环境用电气设备　第 1 部分:用外壳和限制表面温度保护的电气设备　第 2 节:电气设备的选择、安装和维护》(英文版),仅对极少部分文字作了编辑性修改。

本部分的附录 A 为资料性附录。

本部分由中国电器工业协会提出。

本部分由全国防爆电气标准化技术委员会归口。

本部分起草单位:南阳防爆电气研究所、国家防爆电气产品质量监督检验中心、煤炭科学研究总院抚顺分院、煤炭科学研究总院上海分院、佳木斯防爆电机研究所、天津化工研究院、国家粮食储备局郑州科学研究设计院、江苏恒通电器仪表有限公司、沈阳市亿佳三丰电器有限公司。

本部分主要起草人:项云林、范光、谢晓春、张国彦、孙明、齐志高、尹宇、李东久、宋荣敏。

IEC 引言

电气设备可能会通过下列几种主要途径点燃可燃性粉尘：

——电气设备表面温度高于粉尘点燃温度。粉尘点燃的温度与粉尘性能、粉尘存在状态、粉尘层的厚度和热源的几何形状有关；

——电气部件(如开关、触头、整流器、电刷及类似部件)的电弧或火花；

——聚积的静电放电；

——辐射能量(如电磁辐射)；

——与电气设备相关的机械火花、摩擦火花或发热。

为了避免点燃危险应做到以下几点：

——可能堆积粉尘或可能与粉尘云接触的电气设备表面的温度须保持在本部分所规定的温度极限以下；

——任何产生电火花的部件或其温度高于粉尘点燃温度的部件应安放在一个能足以防止粉尘进入的外壳内，或

限制电路的能量以避免产生能够点燃可燃性粉尘的电弧、火花或温度；

——避免任何其他点燃源。

如果电气设备必须符合其他环境要求，例如为防进水和防腐而采用保护方法时，则该保护方法不得对外壳的整体性产生不利的影响。

如果电气设备在其额定条件下进行，按照相应的实施规程或要求安装和维护，能防止过电流和内部短路故障及其他电气故障，那么本部分规定的保护方法就能达到要求的安全水平。特别是要注意将内部或外部故障的严重程度和持续时间限制在电气设备所能承受而不损坏的范围内。

本部分规定了两种不同的型式：A 型和 B 型，这两种型式具有相同的保护水平。

引　言

GB 12476.1—1990《爆炸性粉尘环境用防爆电气设备　粉尘防爆电气设备》制定时由于当时 IEC 没有相应标准的正式出版物，所以主要是参照日本工厂电气设备防爆指南（粉尘防爆），规定了设备的设计、制造和检验的要求。1992 年 GB 50058《爆炸和火灾危险环境电力设计规范》发布实施，该标准规定了粉尘防爆电气设备的选型和安装要求，这两个标准对推动我国粉尘防爆电气设备的发展起到重要的指导作用。

1999 年 IEC 发布了 IEC 61241-1-1 和 IEC 61241-1-2 标准，随后还要发布其他标准，形成一个体系。为了与 IEC 标准体系相协调，促进贸易和交流，有必要调整 GB 12476 的结构，建立新的国家标准体系．调整后的结构如前言所述。

本部分是 GB 12476 标准的结构调整后制定的第 2 部分，第 1 部分 GB 12476.1 已于 2000 年 10 月批准发布，2001 年 7 月 1 日实施，其他部分将在今后陆续制定或修订。

可燃性粉尘环境用电气设备
第1部分:用外壳和限制表面温度保护的电气设备
第2节:电气设备的选择、安装和维护

1 范围

1.1 GB 12476的本部分规定了可燃性粉尘环境中用外壳和限制表面温度保护的电气设备的选择、安装和维护导则。

注:本部分范围内的电气设备也可以遵守其他一些标准的附加要求,如GB 3836.1—2000。

1.2 GB 12476.1规定了电气设备的设计、结构和试验的要求。GB 12476.2规定了电气设备的选择、安装和维护导则。

1.3 防止点燃主要是限制外壳和其他可能与粉尘接触的表面的最高表面温度和采用"尘密"或"防尘"外壳来限制粉尘进入。

1.4 在可能同时出现或分别出现可燃性气体和可燃性粉尘的环境中使用的电气设备,要求增加一些附加保护措施。

1.5 当电气设备必须符合其他环境条件要求,如防水和防腐而采用其他防护方法时,则该防护方法不得对外壳的整体性产生不利的影响。

1.6 当可燃性纤维或飞扬物引起危险时,也可遵守本部分的规定。

1.7 本部分不适用于那些不需要大气中的氧即可燃烧的炸药粉尘或自燃引火物质。

1.8 本部分不适用于沼气和/或可燃性粉尘引起危险的煤矿井下以及煤矿地面装置用电气设备。本部分未考虑由粉尘散发出来的可燃性或毒性气体引起的危险。

1.9 本部分不包括其他防爆型式,只适于用外壳和限制表面温度保护的电气设备。

2 规范性引用文件

下列文件中的条款通过GB 12476的本部分的引用而成为本部分的条款。凡注日期的引用文件,其随后所有的修改单或修订版均不适用于本部分,但鼓励根据本部分达成协议的各方研究是否可使用这些文件的最新版本。凡未注日期的引用文件,其最新版本适用于本部分。

GB/T 2900.35—1998 电工术语 爆炸性环境用电气设备(neq IEC 50(426):1990)

GB 3836.1—2000 爆炸性气体环境用电气设备 第1部分:通用要求(eqv IEC 60079-0:1998)

GB 3836.15—2000 爆炸性气体环境用电气设备 第15部分:危险场所电气安装(煤矿除外)(eqv IEC 60079-14:1996)

GB 4208—1993 外壳防护等级(IP代码)(eqv IEC 60529:1989)

GB 12476.1—2000 可燃性粉尘环境用电气设备 第1部分:用外壳和限制表面温度保护的电气设备 第1节:电气设备的技术要求(idt IEC 61241-1-1:1999)

GB/T 16429—1996 粉尘云最低着火温度测定方法(eqv IEC 61241-2-1)

GB 16895.1—1997 建筑物电气装置 第1部分:范围、目的和基本原则(idt IEC 60364-1:1992)

GB 16895.2—1997 建筑物电气装置 第4部分:安全防护 第42章:热效应保护(idt IEC 60364-4-42:1980)

GB 16895.3—2004 建筑物电气装置 第5-54部分:电气设备的选择和安装 接地配置、保护导体和保护联结导体(IEC 60364-5-54:2002,IDT)

GB 16895.4—1997　建筑物电气装置　第 5 部分:电气设备的选择和安装　第 53 章:开关设备和控制设备

GB 16895.5—2000　建筑物电气装置　第 4 部分:安全防护　第 43 章:过电流保护(idt IEC 60364-4-43:1977)

GB 16895.6—2000　建筑物电气装置　第 5 部分:电气设备的选择和安装　第 52 章:布线系统(idt IEC 60364-5-52:1997)

GB/T 16895.10—2001　建筑物电气装置　第 4 部分:安全防护　第 45 章:欠电压保护(idt IEC 60364-4-45:1984)

GB 16895.11—2001　建筑物电气装置　第 4 部分:安全防护　第 44 章:过电压保护　第 442 节:低压电气装置对暂时过电压和高压系统与地之间的故障的防护(idt IEC 60364-4-442:1993)

GB 16895.12—2001　建筑物电气装置　第 4 部分:安全防护　第 44 章:过电压保护　第 443 节:大气过电压或操作过电压保护(idt IEC 60364-4-443:1995)

GB/T 16895.15—2002　建筑物电气装置　第 5 部分:电气设备的选择和安装　第 523 节:布线系统载流量(idt IEC 60364-5-532:1999)

GB/T 16895.18—2002　建筑物电气装置　第 5 部分:电气设备的选择和安装　第 51 章:通用规则(idt IEC 60364-5-51:1997)

GB 16895.21—2004　建筑物电气装置　第 4-41 部分:安全防护　电击防护(IEC 60364-4-41:2001,IDT)

GB 16895.23—2005　建筑物电气装置　第 6-61 部分:检验——初验(IEC 60364-6-61:2001,IDT)

IEC 60364　建筑物电气装置

IEC 60364-4-481:1993　建筑物电气装置　第 4 部分:安全防护　第 44 章:过电压保护　第 481 节:按外界影响选择电击保护措施

IEC 61241-3:1997　可燃性粉尘环境用电气设备　第 3 部分:存在或可能存在可燃性粉尘的危险场所分类

ISO 4225:1994　空气质量　一般特性:词汇

3　术语和定义

下列术语和定义适用于本部分。

3.1

粉尘　dust

在大气中依靠自身重量可沉淀下来,但也可持续悬浮在空气中一段时间(包括 ISO 4225 中定义的粉尘和颗粒)的固体微小颗粒。

3.2

可燃性粉尘　combustible dust

与空气混合后可能燃烧或闷燃、在常温常压下与空气形成爆炸性混合物的粉尘。

3.3

导电性粉尘　conductive dust

电阻系数等于或小于 10^3 Ωm 的粉尘。

3.4

爆炸性粉尘环境　explosive dust atmosphere

在大气环境条件下,粉尘或纤维状的可燃性物质与空气混合的混合物点燃后,燃烧传至全部未燃混合物的环境。[见 GB/T 2900.35]

3.5

粉尘层的最低点燃温度　minimum ignition temperature of dust layer

规定厚度的粉尘层在热表面上发生点燃的热表面的最低温度。[见 GB/T 16430—1996]

3.6

粉尘云的最低点燃温度　minimum ignition temperature of dust cloud

炉内空气中所含粉尘云点燃时炉子内壁的最低温度。[见 GB/T 16430—1996]

3.7

防粉尘点燃(DIP)　dust ignition protection

本部分规定适用于电气设备上的避免粉尘层或粉尘云点燃的所有有关措施(例如:防止粉尘进入和限制表面温度)。

3.8

尘密外壳　dust-tight enclosure

能够阻止所有可见粉尘颗粒进入的外壳。

3.9

防尘外壳　dust-protected enclosure

不能完全阻止粉尘进入,但其进入量不会阻碍设备安全运行的外壳。粉尘不应堆积在该外壳内易产生点燃危险的位置上。

3.10

最高表面温度　maximum surface temperature

在规定的无粉尘或有覆盖粉尘条件下试验时,电气设备表面的任何部分所达到的最高温度。

注:该温度是在试验条件下所达到的。由于粉尘的隔热性,该温度随着粉尘厚度的增加而升高。

3.11

允许的最高表面温度　maximum permissible surface temperature

为了避免粉尘点燃,在实际运行中允许电气设备表面达到的最高温度。而允许的最高表面温度取决于粉尘的类型、层厚和采用的安全系数。

注:详细内容见第6章。

3.12

区域　zones

根据爆炸性粉尘/空气混合物出现的频率和持续时间或出现的粉尘层划分区域。

3.13

20区　zone 20

在正常操作过程中可燃性粉尘连续出现或经常出现,其数量足以形成可燃性粉尘与空气混合的爆炸性浓度混合物和/或可能形成无法控制的和极厚的粉尘层的场所。

这种情况可以发生在粉尘能经常或长时间形成爆炸性混合物的粉尘容器内部。在容器内出现这种情况是具有代表性的。

3.14

21区　zone 21

未划为20区的场所,在正常操作条件下,可能出现足够量的可燃性粉尘。

该区域可能包括充入或排放粉尘点直接相邻的场所以及出现粉尘层,且在正常操作情况下与空气的混合可能产生爆炸浓度的可燃性粉尘场所。

3.15

22区　zone 22

未划分为21区的场所,可燃性粉尘云偶尔出现并且只是短时间存在,或在异常条件下出现可燃性粉尘的堆积或可能存在粉尘层,并且在空气中产生可燃性粉尘混合物。如果随后的异常条件不能保证排除可燃性粉尘堆积或粉尘层,则应划分为21区。

该区之一可以包括含有粉尘，而且粉尘能够从渗漏处漏出并形成沉积的设备附近的区域(例如磨面房，粉尘可能从磨面机中漏出并沉积)。

4 危险场所分类

设备防粉尘的效能必须与可能遇到的环境条件相适应，并且采用3种区域系统。

目前气体和蒸气的区域划分为3个区域：0区，1区和2区，但是一般的意见是气体和粉尘的区域划分用共同的方法是不适宜的。

不同于气体或蒸气划分区域，存在可燃性粉尘的场所不能根据时间而分为正常或异常条件，因为粉尘不同于气体或蒸气，不能通过规定时间内的通风自己排除。事实上会适得其反，在加速通风时可能会产生粉尘云，并因此会产生更大的、而不是更小的危险条件。

一旦形成粉尘层，就会出现堆积并且是半永久性的，除非进行物理方法清理能够安全地排入集尘箱内。因此设置在粉尘环境中的电气设备应为尘密的，并且其表面温度极限要低于粉尘云或粉尘层的点燃温度。

安装在主要粉尘危险区域之外场所中的设备，由于工厂中的偶然事故或任何不适当的事故发生，而可能使其暂时处在充满粉尘的环境内，设备应为防尘的，并且其表面温度极限低于粉尘最低点燃温度。

有关存在或可能出现可燃性粉尘的场所划分的详细内容见 IEC 61241-3:1997。

5 A型和B型电气设备

本部分规定了两种不同型式的电气设备，两者具有同等的防点燃水平。

5.1 A型

设计内容和试验方法应符合下列要求：

——按照 GB/T 16429—1996 的规定测量粉尘层的最低点燃温度；

——按照 GB 12476.1—2000 中 20.4.5.4 的规定在无尘条件下测量最高表面温度；

——按照 6.1.2.1 的规定计算粉尘层厚度至 5mm 的设备上允许的最高表面温度；

——外壳结构符合 GB 12476.1—2000 通用要求的规定；

——按照 GB 4208—1993 对于Ⅰ类的规定方法(采用人工抽真空)试验的尘密性应符合表1要求。

表1 尘密性(A型电气设备)

20区 21区 22区(带有导电粉尘)	22区
IP6X 标志 DIP A20 或 DIP A21	IP5X 标志 DIP A22

5.2 B型

设计内容和试验方法应符合下列要求：

——按 GB/T 16429—1996 的规定测量粉尘层的最低点燃温度；

——按 GB 12476.1—2000 中 20.4.5.5 的规定在粉尘覆盖条件下测量最高表面温度；

——按 6.1.2.2 的规定计算粉尘层厚度至 12.5mm 的设备上允许的最高表面温度；

——外壳结构符合 GB 12476.1—2000 通用要求的规定；

——按照 GB 12476.1—2000 的规定，通过设备自身低气压的粉尘热循环试验方法试验尘密性，应符合表2要求。

表2 尘密性(B型电气设备)

20区 21区 22区(有导电性粉尘)	22区
尘密性按 GB 12476.1—2000 中 20.4.3.4 的规定 补充要求按 GB 12476.1—2000 第13章的规定 标志 DIP B20 或 DIP B21	防尘按 GB 12476.1—2000 中 20.4.3.5 的规定 GB 12476.1—2000 的第13章不适用 标志 DIP B22

6 按照温度选择电气设备

6.1 温度极限

当按照 GB/T 16429—1996 的规定方法对粉尘云和厚度至 5 mm 或 12.5 mm 粉尘层试验时，在 21 区或 22 区运行的设备上允许的最高表面温度由相关粉尘的最小点燃温度扣除一个安全余量来确定。粉尘层呈现出两种特性，当层厚增加，最小点燃温度下降而隔热性能增强。

6.1.1 存在粉尘云时的温度极限

设备在最高表面温度时不应超过有关粉尘/空气混合物最小点燃温度(以℃为单位)的 2/3。

$$T_{max} = 2/3 T_{cl}$$

式中：

T_{cl}——粉尘云的点燃温度。

6.1.2 存在粉尘层时的温度极限

6.1.2.1 粉尘层的厚度至 5 mm 的 A 型设备

6.1.2.1.1 当按 GB 12476.1—2000 中 20.4.5.4.1 规定的无尘试验方法试验时，电气设备的最高表面温度不应超过有关粉尘层厚度为 5 mm 的最低点燃温度减去 75 K。

$$T_{max} = T_{5\,mm} - 75\ K$$

式中：

$T_{5\,mm}$——5 mm 粉尘层的点燃温度，单位为摄氏度(℃)。

6.1.2.1.2 如果 A 型设备上存在的粉尘层可能超过 5 mm 厚，则必须降低设备允许的最高表面温度。为了指导使用，对用于存在粉尘层厚度为 5mm，点燃温度超过 250℃ 的可燃性粉尘的电气设备，其允许的最高表面温度随粉尘厚度增加而降低的实例如下列曲线(图 1)所示。

注：使用本曲线前应参照 GB/T 16429—1996。

图 1 最高允许表面温度与粉尘层厚度的关系

应进行实验室试验求出粉尘层厚度与最低点燃温度关系。该曲线应被作为半定量的指导性示图。

6.1.2.2 粉尘层厚度至 12.5 mm 的 B 型设备

当电气设备按 GB 12476.1—2000 中 20.4.5.5.1 规定的粉尘覆盖试验方法进行试验时，设备的最高表面温度不应超过有关粉尘层厚度为 12.5 mm 的最小点燃温度数值减去 25 K。

$$T_{max} = T_{12.5\ mm} - 25\ K$$

式中：

$T_{12.5\ mm}$——粉尘层厚为 12.5 mm 的点燃温度，单位为摄氏度(℃)。

注：由本条款求得的 T_{max} 和由 6.1.2.1.1 求得的 T_{max} 被认为提供了同等程度的安全。

6.1.2.3 实验室试验

对以下情况应进行实验室试验：

——20 区；

——A 型设备，如果粉尘层厚度为 5 mm 的最小点燃温度低于 250℃或对应用本曲线有疑问；

——B 型设备覆盖的粉尘层超过 12.5 mm；

——A 型和 B 型设备粉尘层厚度超过 50 mm。

6.1.2.4 不可避免的粉尘层

如果在设备底部及边缘周围不可避免的形成粉尘层或设备完全埋于粉尘中而有隔热作用时，则表面温度需要更低。可通过使用或不使用原有的温度控制装置来限制系统功率，使之满足这一特殊要求，这些都应在类似工作条件下进行研究。

6.2 允许的最高表面温度

对于 A 型设备按 6.1.1 和 6.1.2.1 所获得的最低温度值和 B 型设备按 6.1.1 和 6.1.2.2 所获得的最低温度值都将决定所用设备的最高表面温度。

如果设备被用在 6.1.2.1.2 或 6.1.2.4 的规定条件中，则应采用其较低值。

7 电气设备的选择

7.1 A 型防粉尘点燃电气设备的选择

电气设备的设计和试验应符合 GB 12476.1—2000 的要求，根据可能形成的粉尘层，其最高表面温度应在第 6 章规定的范围内。设备的选择见表 3。

表 3 A 型防粉尘点燃电气设备的选择

粉尘类型	20 区或 21 区	22 区
导电性	DIP A20 或 DIP A21	DIP A21 (IP6X)
非导电性	DIP A20 或 DIP A21	DIP A22 或 DIP A21

7.2 B 型防粉尘点燃电气设备的选择

电气设备的设计和试验应符合 GB 12476.1—2000 的有关要求，根据形成的粉尘层可能达到 12.5 mm，其最高表面温度应在第 6 章规定的范围内。设备的选择见表 4。

表 4 B 型防粉尘点燃电气设备的选择

粉尘类型	20 区或 21 区	22 区
导电性	DIP B20 或 DIP B21	DIP B21
非导电性	DIP B20 或 DIP B21	DIP B22 或 DIP B21

7.3 辐射设备的选择

安装在危险场所中光谱范围内的辐射设备应符合本部分，包括 7.3 的所有要求。

安装在危险场所外边，但辐射进入危险场所的设备，只需符合 7.3 的要求。

7.3.1 点燃过程

光谱范围内的辐射，尤其在聚焦情况下，能成为粉尘云或粉尘层的点燃源。

如果物体将辐射如太阳光集中(例如：凹镜，透镜等等)，就可引起点燃。

来自高强度光源的辐射，例如 闪光灯，在某些环境中会被粉尘颗粒大量吸收，这些粉尘颗粒会成为粉尘云或粉尘层的点燃源。

在激光辐射情况下(例如：信号仪、遥测仪，观测仪、测远仪)，即使远距离范围内未聚焦的光束，其能量或功率密度可能很大，造成点燃的可能。这时，主要是由于激光束在粉尘层上的作用或环境中粉尘颗粒的吸收而引起的加热。特别是高度聚焦会引起焦点处温度远远超过 1 000℃。

应考虑自身产生辐射的设备(例如：灯泡、电弧、激光等等)是点燃源的可能性。

7.3.2 20 区或 21 区的安全措施

产生辐射的电气设备如果按 20 区或 21 区的技术要求进行试验并能符合其要求，同时保证射入或发生在 20 区或 21 区的辐射功率或辐照度，即使在 20 区或 21 区进行的整个辐射过程部分，以及在辐射截面的任何点上极少出现干扰的情况下都不超过以下数值时，才可使用：

——对于连续激光和其他连续波源为 5 mW/mm^2，对于脉冲间隔至少 5s 的脉冲激光或脉冲光源为 0.1 mJ/mm^2。

——脉冲间歇小于 5 s 的辐射源在该点上应被作为连续光源。

7.3.3 22 区的安全措施

发生辐射的设备在正常运行时的连续辐射强度或辐照度不超过 10 mW/mm^2，脉冲时不超过 0.5 mJ/mm^2，才可使用。

7.4 超声波设备的选择

安装在危险场所内的超声波发射设备应符合本部分，包括 7.4 的所有要求。

安装在危险场所之外，但传播到危险场所的超声波发射设备，只需符合 7.4 的要求。

7.4.1 点燃过程

当采用超声波时，声换能器释放的大部分能量被固体材料或液体材料吸收。受其影响的材料可能加热，在极端的情况下，会使发热材料温度超过最小点燃温度。

7.4.2 安全措施

对于因声功率产生的点燃危险，为了安全应采用适当的电路元件，以便从经常被用作超声波设备转换器的压电陶瓷中安全地消除电荷。

7.4.2.1 20 区或 21 区中的安全措施

在 20 区或 21 区中，当超声波设备在声场中的功率密度不超过 0.1 W/cm^2 且频率不超过 10 MHz 的低声功率时，才可使用。

7.4.2.2 22 区的安全措施

在 22 区中，可以使用在声场内产生的功率密度不超过 0.1 W/cm^2 且频率不超过 10 MHz 的普通超声装置(例如：超声治疗仪——诊断装置和脉冲碎石试验装置)。

8 电气设备的安装

8.1 通则

除了应符合 GB 16895 和/或 IEC 60364 对无可燃性粉尘环境中的安装要求以及 GB 3836.15—2000 对接地和电位均衡的要求之外，还应符合下列要求。

当电气设备安装在 20 区时，应对电气设备的选择进行特殊考虑。

注：电气设备安装在 20 区的安装要求正在考虑之中。

8.2 检查通道

设计的装置及安装的设备，应提供便于检查、维护和清理的通道。

8.3 平面图和记录

应保存每个现场的平面图以便说明如下内容:

——按 IEC 61241-3:1997 规定的危险场所的类别和范围,如果 A 型设备粉尘厚度超过 5 mm,或 B 型设备粉尘厚超过 12.5 mm,则资料应包括区域划分和最厚粉尘层;

——被保护的电气设备的型式和标志细节的记录,以及对其进行正确维护的完整资料;

——布线系统的类型,线路和细节。

8.4 电气设备的安装

电气设备应采取附加措施,以防止可能遇到的外部影响(例如:化学、机械和热应力)。

这些附加措施既不应削弱设备的正常热扩散也不应削弱外壳防护等级的完整性。安装设备的方法和电缆等引入设备的方法都不应削弱外壳的防护等级。所有不装电缆的引入装置都应使用适合的塞子堵封。

8.5 绝缘的整体性

安装时应保持设备的爬电距离和电气间隙,以避免产生电弧或火花的可能性。

8.6 隔离

所有电路应具有一个有效装置可把包括中性线的全部电路隔离起来,但不包括保护导线。对于每台电气设备和/或每个分支电路应提供这类隔离装置,宜紧靠每个隔离装置加设适当标牌,以便能迅速识别它所控制的设备或分支电路。

9 布线系统

9.1 布线类型

9.1.1 用于 20 区、21 区和 22 区场所中的布线类型是:

——电缆穿入螺纹的、无缝或有缝焊管中;或

——电缆本身具有防机械损坏、并且防止可燃性粉尘侵入。

9.1.2 电缆类型示例:

——聚氯乙烯,氯丁橡胶热塑性或弹性绝缘的屏蔽电缆或铠装电缆或类似的整体护套电缆;

——有铠装或无铠装的无缝铝护套密封电缆;

——有绝缘或无绝缘套的金属护套矿物绝缘电缆。

注:矿物绝缘电缆可能需要降级使用以限制表面温度。

9.1.3 电缆系统和附件应尽量安装在免受机械损伤、腐蚀、化学影响及热作用的地方。如果不可避免,则应安装在导管内或选择合适的电缆(例如:为了把机械损坏的危险减至最小,可采用铠装、屏蔽、无缝、铝护套、矿物绝缘金属护套或半刚性的护套电缆)。

9.1.4 如果电缆或导管系统会受到振动,则应设计成能经受振动而不损坏的结构。

注:应采取措施防止安装在温度低于−5℃环境中的 PVC 电缆护套或绝缘材料损坏。

9.2 静电的产生

电缆敷设路线的布置应不会因粉尘的通过而受到摩擦并产生静电,并应采取措施防止在电缆表面产生静电。

9.3 粉尘的聚积

电缆敷设路线的布置应使其聚积的粉尘量最小,同时便于清理。当采用线槽,管道、管子或电缆沟敷设电缆时,应采取予防措施以防止可燃性粉尘的通过或聚积。

9.4 电缆和导管引入装置

9.4.1 按 GB 12476.1—2000 中 20.2 的规定,制造厂应在提供的文件中规定用于电缆或导管的引入装置,及其在设备上的位置和允许的最多数量。

9.4.2 电缆和导管引入装置的结构和固定应不会损坏其所在电气设备的防爆特性。当选用引入装置

时，应适合电缆引入装置制造厂规定的全部电缆尺寸范围。

9.4.3 导管的引入可以通过螺纹旋入螺孔中或紧固在光孔中；螺纹和光孔可设在：

——外壳壁上；或

——连接板上，而该板是装配在外壳壁内部或壁上；或

——合适的填料盒上，它与外壳为一整体或连接在外壳壁上。

9.4.4 电气设备外壳上不装电缆或导管引入装置时，其通孔堵封件，应与设备外壳一起符合有关防爆型式的规定要求。堵封件只能用工具才能拆除。

9.5 附件

如果附件(例如：分线盒)用于电缆的连接和设备，则其外壳型式应适用于所在区域。

9.6 布线线路

凡与危险场所无关的电缆应尽可能不通过危险场所。如果不可避免，应符合本部分的规定。

9.7 热额定值

如果电缆上易于形成粉尘层并且会削弱空气的自由流动，尤其是出现低点燃温度的粉尘，则应考虑减少电缆的载流量。

9.8 阻挡层

如果电缆通过地板，墙壁，间隔或天花板，则其通孔应密封以防可燃性粉尘通过或聚积。

9.9 软连接

对于常需短距离移动的(例如：滑轨上电机)固定设备的端子连接，电缆的布置应允许必要的移动而无损于电缆或采用适于移动设备的一种电缆型式。如果固定布线自身型式不适合于必要的移动，则应提供用于连接固定布线和设备布线的合适的防粉尘点燃接线盒。如果采用金属软管，该管和其配件应设计成不得损坏电缆的结构，应保持适当的接地或跨接接地。软管不应是唯一的接地措施。软管应不受粉尘的影响并且它的使用不应削弱所连设备外壳的整体性。

对于携带式和移动式电气设备，如果电缆中具有金属挠性铠装或屏蔽，这不应作为唯一保护导线。

9.10 金属导管系统

如果使用金属导管系统，则应防尘，且应符合本部分9.12的要求。

9.11 塑料导管系统

在机械损坏危险性较低的场所可以采用符合GB 3836.1—2000表4试验条件的刚性塑料导管和配件。该系统能防尘，其连接应符合本部分9.12的要求或采用溶焊。

9.12 导管系统连接

壳体和可更换部件之间的连接例如：盖子，检查板等都应采用衬垫连接，螺纹连接、止口连接、法兰连接或这些连接的组合。

如果采用衬垫或平面法兰连接，则应采用足够数量的紧固螺栓、螺钉或采用其他型式的夹紧装置以保证法兰贴合在整个接合面上。

导管和电气设备接线盒之间的连接应符合设备技术条件的要求，作为最低要求，应是衬垫连接、螺纹连接、止口连接、法兰连接和或这些连接的组合。

螺纹连接应有适当数量的螺纹以保证外壳能防止粉尘进入。如果对等电位连接系统的连续性采取了措施，则可以采用密封胶。

10 检查和维护

10.1 通则

为使可燃性粉尘危险场所用电气设备的点燃危险减至最小，应对设备、系统和装置进行有效的检查和维护，包括检查原设计条件(粉尘类型、粉尘层的最大厚度等)是否发生变化。应注意设备正确的功能操作本身并不表明符合设备的安全使用建议。

对用外壳防止可燃性粉尘侵入的电气设备的检查和维护说明如下。

10.2 人员资格

可燃性粉尘环境用电气设备的检查和维护只能由熟悉防爆专业知识的人员进行。

10.3 隔离

在危险场所打开任何电气设备之前,它应与所有的电源包括中性线隔开,并且采取有效措施以防设备打开时由于疏忽而再通电。

10.4 维护

可燃性粉尘环境用电气设备应按计划表检查和维护。检查和维护周期将取决于环境条件、使用的设备数量和制造厂的建议。

10.5 检查

对于需要打开设备进行维护的电气设备应处于无尘场所进行。否则,应采取适当措施以防粉尘进入外壳。

在拆除密封件、接合面等这些提供外壳整体性能的部件时,如果不进行更换则不得造成损坏。

重新组装时,应提供并遵守制造厂的密封措施建议。

附　录　A
（资料性附录）
超厚粉尘层示例

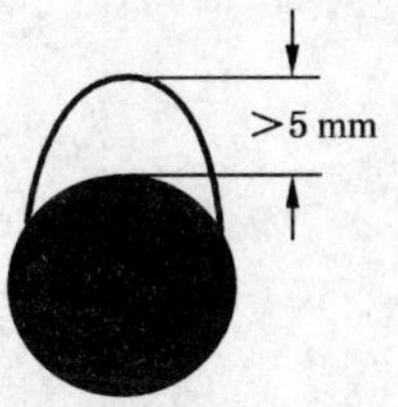

a）设备顶部超厚粉尘层

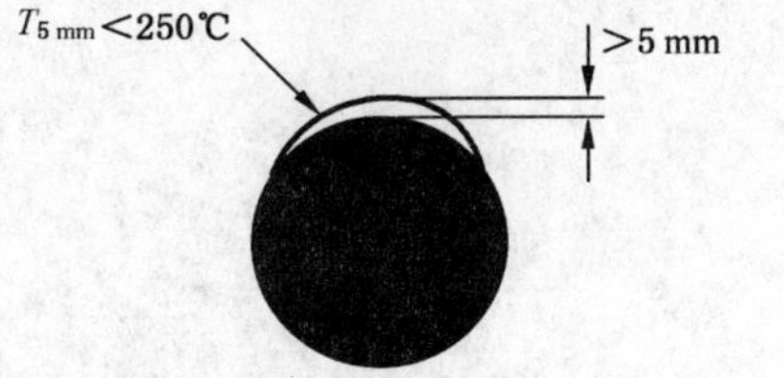

b）设备顶部因低点燃温度粉尘形成的超厚粉尘层

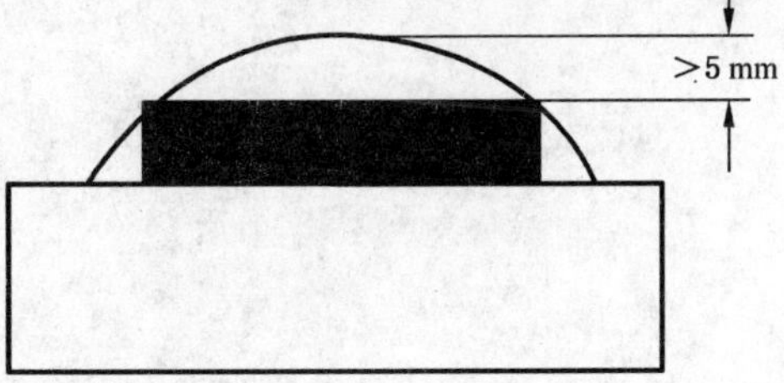

c）设备侧面的超厚粉尘层

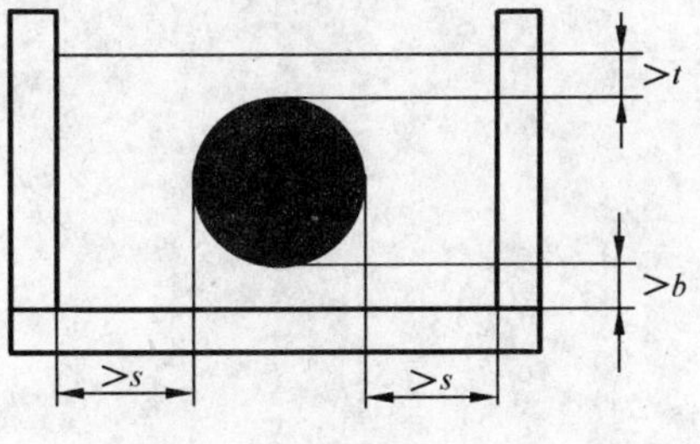

通过实验室试验来限制尺寸 b、s 和 t。

d）全部埋覆的设备

图 A.1　符合实验室试验要求的超厚粉尘层示例

ICS 29.160.20
A 01

中华人民共和国国家标准

GB/T 12497—2006
代替 GB 12497—1995

三相异步电动机经济运行

Three-phase induction motor's economic operation

2006-07-18 发布　　2006-12-01 实施

中华人民共和国国家质量监督检验检疫总局
中国国家标准化管理委员会　发布

前言

本标准代替 GB 12497—1995《三相异步电动机经济运行》。

本标准与 GB 12497—1995 相比主要变化如下：

——本标准修订后为推荐性标准；

——增加了对电动机安装的要求；

——在运行管理中增加了建立运行档案、检查与维护、功率因数补偿、运行负荷调整等内容；

——增加了对电动机修理的要求；

——增加了对电动机更换和改造的要求；

——增加了对电动机管理计划的要求；

——将电动机综合效率的计算公式调整到附录 A；

——删除了 GB 12497—1995 中的附录 A～附录 J。

本标准的附录 A 为规范性附录，附录 B 为资料性附录。

本标准由全国能源基础与管理标准化技术委员会提出。

本标准由全国能源基础与管理标准化技术委员会合理用电分委员会归口。

本标准主要起草单位：中国标准化研究院、国家发展和改革委员会能源研究所、中国建筑科学研究院、机械工业节能中心。

本标准主要起草人：辛定国、翟克俊、赵跃进、李先瑞、张新、陶毅、刘英洲。

本标准于 1990 年首次发布，1995 年第一次修订，本次为第二次修订。

三相异步电动机经济运行

1 范围

本标准规定了实现三相异步电动机经济运行的原则与技术要求，判定经济运行的指标及计算方法等。

本标准适用于在用的中小型三相异步电动机(以下简称电动机)。电动机拖动系统设计与机电一体化产品配套选择电动机时，也可参照使用。

2 规范性引用文件

下列文件中的条款通过本标准的引用而成为本标准的条款。凡是注日期的引用文件，其随后所有的修改单(不包括勘误的内容)或修订版均不适用于本标准，然而，鼓励根据本标准达成协议的各方研究是否可使用这些文件的最新版本。凡是不注日期的引用文件，其最新版本适用于本标准。

GB/T 1032 三相异步电动机试验方法

GB/T 3485 评价企业合理用电技术导则

GB 18613 中小型三相异步电动机能效限定值及能效等级

3 术语和定义

本标准采用下列术语和定义。

3.1

电动机经济运行 motor's economic operation

在满足被拖动负载工作特性要求的前提下，安全可靠、不影响生产、不带来负面环境影响、节约电能与运行维护费用的运行方式。

3.2

无功经济当量 var economic equivalent

电动机运行时每 1 kvar 无功功率所引起的电网有功功率损耗。

3.3

电动机综合功率损耗 comprehensive power loss of motor

电动机运行时的有功功率损耗与无功功率使电网增加的有功功率损耗之和。

3.4

电动机综合功率消耗 comprehensive power consumption of motor

电动机的输出功率与对应的综合功率损耗之和。

3.5

电动机综合效率 comprehensive efficiency of motor

电动机的输出功率与对应的综合功率消耗之比。

3.6

电动机额定综合效率 rated comprehensive efficiency of motor

电动机在额定负载运行时的综合效率。

3.7

负载系数 load coefficient

电动机输出功率与其额定功率之比，以百分率表示的负载系数称为负载率。

3.8

经济负载率　active economic load ratio

电动机效率最高时的负载率。

3.9

综合经济负载率　comprehensive economic load ratio

电动机综合效率最高时的负载率。

3.10

加权平均综合效率　weighted average comprehensive efficiency

能源利用效率

在一定的时间段，按不同负载率下运行的时间加权平均的综合效率。

4　电动机经济运行的原则与技术条件

4.1　电动机选择

4.1.1　电动机类型选择

4.1.1.1　电动机选用前应充分了解被拖动机械的负载（以下简称负载）特性，该负载对起动、制动、调速无特殊要求时应选用笼型异步电动机。从节能角度考虑应首先选用符合 GB 18613 的电动机，不应选用国家明令淘汰的产品。

4.1.1.2　负载对起动、制动、调速有特殊要求时，所选择的电动机应满足相应的堵转矩与最大转矩要求，所选电动机应能与调速方式合理匹配。

4.1.1.3　应依据电动机的工作是否处于易燃、易爆、粉尘污染、腐蚀性气体、高温、高海拔、高湿度、水淋和潜水工作环境，选择相应的防护类型、外壳防护等级和电动机的绝缘等级。

4.1.1.4　拖动高精度加工机械和有静音环境要求的电动机，应按要求选用有精确速度控制、低振动和低噪声设计的电动机。

4.1.1.5　应依据负载要求，选择具有合适的安装尺寸与连接方式。

4.1.2　电动机额定功率选择

电动机额定功率应满足负载的功率要求，同时要考虑负载特性与运行方式。

4.1.2.1　应依据反映负载变化规律的负荷曲线，确定经济负载率。

4.1.2.2　应根据负载的类型和重要性确定适当的备用系数。具有长期连续运行或稳定负载的电动机，应使电动机的负载率接近综合经济负载率。

4.1.2.3　年运行时间大于 3 000 h、负载率大于 60% 的电动机，应优先选用能效指标符合 GB 18613 中节能评价值的节能电动机。

4.1.3　电动机工作电压选择

电动机的工作电压应与供电电压相适应。额定容量大于 200 kW 的电动机宜优先选用高压电动机。运行在可调速状态的电动机宜选用较低额定电压等级。

4.1.4　电动机转速选择

4.1.4.1　在满足传动要求的前提下，选择电动机转速时应减少机械传动级数。

4.1.4.2　需要调速的负载应根据调速范围、效率、对转矩的影响以及长期经济效益等因素，选择合理的调速方式和电动机。

4.1.5　电动机转矩选择

4.1.5.1　电动机应满足负载的堵转矩和最大转矩的需要。

4.1.5.2　对有频繁起动、冲击负载和高起动转矩等特殊要求的负载应选用相应的专用电动机并进行转矩校验。

4.2 **电动机安装**

4.2.1 电动机应当由专门的安装技术人员进行安装。

4.2.2 电动机的供电电压应符合额定电压的要求,运行各阶段电压应保持均衡。

4.2.3 电动机安装应特别注意连接轴的对准。电动机安装场地与位置的确定应充分考虑运行管理的方便,预留必要的检修空间或场地,应保持适当通风。并应考虑监控测点布置和测试仪器仪表的安装要求。

4.2.4 电动机安装(包括检修、改造更换)完毕,必须进行安装结果测试,检验测试安装后(或改造更换后)电动机的空载特性,包括机械性能、振动测量、效率与功率因数、电气安全指标等,同时应做好安装测试记录。

4.3 **电动机经济运行管理**

4.3.1 **建立电动机运行档案**

4.3.1.1 电动机台数超过50台或总功率超过500 kW的单位应建立并保持重要电动机详细清单。

注:重要电动机是指电能消耗大的,在生产过程中发挥重要作用的电动机。

4.3.1.2 容量大于160 kW的电动机应有制造厂提供的原始资料,年运行时间超过1 000 h时应有各项试验记录,运行维修记录,典型的年负荷曲线与日负荷曲线,电动机运行状况分析记录等。

4.3.2 **检查与维护**

4.3.2.1 **电动机检查**

应指定运行管理人员负责电动机的运行状况巡回检查、测试与一般维护(冷却、润滑、清扫等)。运行管理人员应定期检查电动机运行温升、振动、噪声以及电动机电气终端的电流和电压,做好完整的运行记录。

4.3.2.2 **电动机维护**

电动机维护包括以下内容:

a) 轴承监测与校准:应经常性地检查电动机轴承的运行情况,作好电动机轴定位,及时对电动机转轴的偏移进行校准。应特别关注直接耦合的电动机转轴的偏移。轴承监测可使用红外成像仪测量轴承温度、使用振动传感器检测电机振动。

b) 润滑:应按照制造商的规定对电动机轴承和变速箱保持良好润滑。

c) 清洗:电动机应保持清洁,去除碎屑。

d) 修正电压失衡:对电动机负载状态下每一相位的电源线电压应进行经常性测量并予以记录。线间电压存在明显失衡时应予以纠正。

e) 校正电源电压:电压波动超过其允许电压范围应及时进行校正。

f) 监控和维护机械传输系统:应按照供应商的规定对电动机连接和耦合设备、皮带和传动齿轮进行经常性检查和维护,及时更换旧部件和皮带以确保电动机可靠和有效的运行。

4.3.3 **检测仪表**

4.3.3.1 对于55 kW及以上的电动机应监视其电流、电压、有功功率;在供电配电柜还应配备电能表与功率因数表。

4.3.3.2 总装机容量1 000 kW及以上、或安装有5台以上电子变频调速驱动电动机的工厂应配备有多功能电能分析仪。

4.3.4 **功率因数补偿**

应根据电动机的容量大小与运行方式合理实施功率因数的就地补偿,补偿后功率因数应不低于0.9。

4.3.5 **运行负荷调整**

电动机运行管理人员应充分了解负载情况,对多台并联或串联运行的系统,应按照系统效率最高的原则分配电动机的负荷或安排机组的启停,一般原则是使综合效率较高的机组处于经常稳定和满负荷运行状态。

4.3.6 电动机调节设备的运用

4.3.6.1 电动机负载调节设备的选择应以技术经济分析为依据，对大型机组应进行寿命周期成本分析。

4.3.6.2 对有多台电动机的系统，负载的分配应充分发挥调节设备节能效果。

4.3.7 记录数据整理分析

电动机运行管理人员应做好完整的运行数据记录，及时进行汇总分析，并按企业能源管理要求整理成能源消耗台账。应根据负载要求、生产特点提出改进运行制度与实现系统优化运行的建议。

4.3.8 电动机设备的运行监视

4.3.8.1 应按 GB/T 3485 的规定配置电动机运行监测仪表，随时对供电条件及运行参数进行监测。

4.3.8.2 运行管理人员应定期监视电动机运行电流、电压、电动机输入功率、三相电流与电压的不平衡度。

4.3.9 空载试验

电动机在使用前和大修后均应进行空载试验，并将试验数据存入电动机档案。

4.4 电动机检修

4.4.1 电动机修理前检查

电动机修理前应作以下检查：

a) 预试验：应对以往的运行记录进行核查，确定该台电动机损害的状况(程度)；

b) 部件的物理检查：确定是否存在无法恢复的永久性损坏，导致电动机的永久性损坏；

c) 空载损耗的测量：采用铁芯损耗测试仪测定电动机运行中铁芯过热，电动机失效或以往的修理不当情况。该测定方法也被用于修理后铁芯损耗的测定，以确定是否有源自于修理过程的损坏。

4.4.2 修理要求

电动机修理要求包括：

a) 线圈拆除：拆除电动机线圈进行修理时，应将铁芯加热到恰好能够拆除绝缘材料的温度，减少损伤，防止铁芯温度过高，并应防止拆除过程中对铁芯的损伤；

b) 线圈安装：替换的新线圈应与原电动机使用的线圈具有相同的尺寸、绝缘特性和线圈形式。安装这些线圈应尽可能接近原来的结构；

c) 轴承定位：安装轴承时应避免对轴承的损伤，并确保将轴承对准电动机的轴承室或轴承座。

4.4.3 修理后试验

电动机经过修理后应按照 GB/T 1032 的规定，进行修理后试验，以确定是否造成修理过程中的损伤。

这些试验应包括：

a) 振动试验；

b) 空载损耗和空载电流测定；

c) 相位间直流电阻测定。

4.4.4 修理报告和记录

修理过程中应记录与电动机修理有关的所有数据和资料，并存档待查。电动机修理完毕交付使用时，应将修理记录一并交付供使用参考。

5 电动机运行的加权平均综合效率与综合经济负载率

5.1 加权平均综合效率

电动机运行的加权平均综合效率按式(1)计算：

$$\eta_c = \frac{\sum_{i=1}^{n} \eta_{ci} \times t_i}{\sum_{i=1}^{n} t_i} \times 100\% \quad \cdots\cdots(1)$$

式中：

η_c——在考察时间段内的电动机运行加权平均综合效率，%；

η_{ci}——电动机在负载 i 下的综合效率，%；

t_i——电动机在负载 i 下的运行时间，单位为小时(h)；

n——电动机负载的变化次数。

一般性的电动机经济运行状况评估，可以直接根据运行记录或负荷曲线选定代表性工况 P_i 及相应的运行时间 t_i 来计算 η_c。

5.2 综合经济负载率

综合经济负载率按式(2)进行计算：

$$\beta_{cm} = \sqrt{\frac{\Delta P_0 + K_Q Q_0}{\Delta P_N - \Delta P_0 + K_Q(Q_N - Q_0)}} \times 100\% \quad \cdots\cdots(2)$$

式中：

β_{cm}——电动机综合效率最高时的负载率，%。

其他符号的意义可参见附录A。

6 电动机更换或改造

6.1 更换或改造的基本要求

6.1.1 当电动机处于非经济运行状态，采取更换或改造措施时，必须满足被拖动机械负载的要求，使电动机运行的负载率在接近综合经济负载率。使更新或改造后电动机的综合功率损耗小于原电动机的综合功率损耗。

6.1.2 应根据工作环境、拖动负载更换电动机，在国家现行系列产品中合理选择。电动机的更换应符合4.1的规定。

6.1.3 电动机更换或改造应使用寿命周期成本分析方法进行经济性的检验。

6.2 起动性能校验

6.2.1 更换或改造电动机应进行起动性能的校验。

6.2.2 按式(3)计算电动机起动过程中的最小转矩：

$$M_{min} \geqslant M_{lmax} \times K_s / K_V^2 \quad \cdots\cdots(3)$$

式中：

M_{lmax}——电动机起动过程中可能出现的最大负载转矩(标幺值)；

M_{min}——电动机起动过程中的最小转矩(标幺值)；

K_s——保证起动时有足够加速转矩所采用的系数，K_s 为1.15～1.25；

K_V——电压波动系数，K_V 为0.81～0.95。

6.3 节电量计算

更换或改造电动机的节电量按式(4)计算：

$$\Delta E_c = \sum_{i=1} [(\Delta P_{cai} - \Delta P_{cbi}) \times t_i] \quad \cdots\cdots(4)$$

式中：

ΔP_{cai}——原电动机的综合功率损耗，单位为千瓦(kW)；

ΔP_{cbi}——更新或改造后电动机的综合功率损耗，单位为千瓦(kW)。

6.4 电动机无功功率就地补偿

6.4.1 电动机无功功率补偿按式(5)计算：

$$Q_c = P_1(\tan\varphi - \tan\varphi_1) \quad \cdots\cdots (5)$$

式中：

Q_c——就地补偿的无功功率值，单位为千乏(kvar)；

P_1——电动机的输入功率，单位为千瓦(kW)；

$\tan\varphi$——补偿前输入相电流滞后于相电压相角的正切值，$\tan\varphi=\frac{\sqrt{1-\cos^2\varphi}}{\cos\varphi}$；

$\cos\varphi$——电动机补偿前的功率因数；

$\tan\varphi_1$——补偿后输入相电流滞后于相电压相角的正切值，$\tan\varphi_1$ 取 0.484，这相当于将功率因数补偿到 0.90。

6.4.2 无功功率补偿后节约的有功功率按式(6)计算：

$$\Delta P_u = K_Q \times Q_c \quad \cdots\cdots (6)$$

式中：

ΔP_u——采取无功功率补偿后节约的有功功率，单位为千瓦(kW)；

K_Q——无功经济当量，按附录 A.3 取值。

6.4.3 无功功率补偿的节电量按式(7)计算：

$$\Delta E_c = T_{ec} \times \Delta P_u \quad \cdots\cdots (7)$$

式中：

ΔE_c——年节电量，单位为千瓦时(kW·h)；

T_{ec}——年运行时间，单位为小时(h)。

7 电动机运行状态测试

7.1 测试条件

7.1.1 电动机测试时的电源条件应符合下列规定：

a) 电源电压与额定电压的偏差范围为：−10%～6%。

b) 三相电压不平衡度不超过 1.5%；

c) 电源频率偏差不超过额定频率的±1%；

d) 电压波形畸变率不超过 5%，即由式(8)得：

$$\gamma = \frac{\sqrt{\Sigma U_h^2}}{U_f} \times 100 \leqslant 5\% \quad \cdots\cdots (8)$$

式中：

γ——波形畸变率；

ΣU_h^2——除基波外的各次谐波电压有效值的平方和；

U_f——基波电压有效值，单位为伏(V)。

7.1.2 电动机测试时所拖动的机械设备完好，生产运行正常。

7.1.3 测试仪表准确度应达到以下要求：

a) 有功、无功电度表不低于 1.5 级；

b) 电流表不低于 1.0 级；

c) 电压表不低于 1.0 级；

d) 功率因数表不低于 1.5 级；

e) 频率表不低于 1.0 级；

f) 组合式仪表、专用仪表各项精度也应符合上述相应要求。

7.2 资料核查

测试前应仔细核查以下资料：

a) 生产厂商提供的电动机原始资料：包括电动机型号、额定参数（额定功率、额定电压、额定电流、额定效率、额定功率因数等）、空载参数等；

b) 运行使用资料：包括安装、运行与维修记录、近期的测试记录等；

c) 被拖动机械资料：包括被拖动机械名称、运行特点、年运行时间等。

7.3 空载参数的测试或选取

7.3.1 电动机的空载参数应尽量采用实测方法求得，测试按 GB/T 1032 进行。

7.3.2 实测空载参数确有困难时，可使用该电动机的原始记录数据或从相关设备手册和可靠的参考资料中选取空载参数。

7.3.3 空载参数应包括空载电流、空载有功损耗和空载无功功率（或功率因数）。

7.3.4 需测定的运行参数

a) 输入有功功率；

b) 输入无功功率或功率因数；

c) 输入电压；

d) 输入电流。

7.4 经济运行计算与判定

7.4.1 计算电动机额定综合效率

计算机额定综合效率的计算方法见 A.4.2。

7.4.2 测试与计算电动机综合效率

当测试的供电电压偏离额定值时，应对测试结果进行适当修正。视电压升高或降低的幅度，在 −0.08%～0.07%之进行正比例修正。

7.4.3 经济运行判定

7.4.3.1 电动机综合效率大于或等于额定综合效率表明电动机对电能利用是经济的；电动机综合效率小于额定综合效率但大于额定综合效率的 60%，则电动机对电能利用是基本合理的；电动机综合效率小于额定综合效率的 60%，表明电动机对电能利用是不经济的。

7.4.3.2 在现场计算电动机综合效率有困难的情况下也可用电机输入功率（电流）与额定输入功率（电流）之比来判断电动机的工作状态：输入电流下降在 15%以内属于经济使用范围；输入电流下降在 35%以内属于允许使用范围；输入电流下降超过 35%属于非经济使用范围。在考察输入电流变化的同时应检查测量电动机功率因数的变化，并按附录 A 给出的数值估计其影响。

7.5 测试报告

7.5.1 测试报告应包括以下内容：

a) 企业电动机总体运行状况评价与改进建议；

b) 针对运行状况差的电动机的评估与建议；

c) 改进电动机运行状况的节电潜力、改进措施的成本效益分析。

7.5.2 测试数据汇总表格的内容与格式参见附录 B。

8 重点电动机预案

8.1 确定重点电动机

在确定重点电动机时，应考虑以下因素：

a) 大容量；

b) 高负载率运转或长时间运转；

c) 发生故障不易替换；

d) 属于生产工艺过程的关键设备。

应定期进行运行状态的测试与分析，在失效之前采取适当预防性措施。

8.2 修理/更换因素的确定

决定故障电动机修理/更换的因素包括以下内容：

a) 电动机当前的状况和效率。若电动机已被修理过数次或已经破旧，应在其失效前予以更换；若电动机状态良好，可对其进行修理或作为备用；如果电动机很新且效率较高，则只需修理。

b) 新替换电动机的成本和有效性。当较小型电动机的维修成本较高时，应以高效产品替代。如果是大型电动机或专用电动机，不易替代的，则应制定电动机维修计划。

8.3 配置备用电动机

对于重要电动机现场应配置备用电动机。

8.4 电动机维修计划

维修计划包括确定维修厂，事先确认其资质，在电动机失效前向维修厂提出维修请求，通报可能的维修业务。

8.5 电动机更新计划

对计划替代的电动机，应与供应商及时联系以确保电动机在失效的第一时间能够予以替代。

附　录　A
（规范性附录）
电动机经济运行计算公式

A.1　电动机有功功率损耗计算

$$\Delta P = \Delta P_0 + \beta^2(\Delta P_N - \Delta P_0) \quad \cdots\cdots (A.1)$$

式中：

ΔP——电动机的有功损耗，单位为千瓦(kW)；

ΔP_0——电动机的空载有功损耗，单位为千瓦(kW)；

β——负载系数，$\beta = P_2/P_N$；

P_2——电动机的输出功率，单位为千瓦(kW)；

P_N——电动机的额定功率，单位为千瓦(kW)；

ΔP_N——电动机额定负载时的有功损耗，单位为千瓦(kW)；

$$\Delta P_N = (\frac{1}{\eta_N} - 1)P_N$$

η_N——电动机额定效率，P_N 与 η_N 的数值从电动机额定工况试验或从出厂资料获得。

A.2　电动机的无功功率计算

$$Q = Q_0 + \beta^2(Q_N - Q_0) \quad \cdots\cdots (A.2)$$

式中：

Q——电动机的无功功率，单位为千乏(kvar)；

Q_0——电动机的空载无功功率，单位为千乏(kvar)；

$$Q_0 = \sqrt{3U^2 I_0^2 \times 10^{-6} - P_0^2}$$

U——电源电压，单位为伏(V)；

I_0——电动机的空载电流，单位为安(A)；

Q_N——电动机额定负载时的无功功率，单位为千乏(kvar)；

P_0——电动机的空载有功损耗，单位为千瓦(kW)；

$$Q_N = \frac{P_N}{\eta_N} \times \tan\varphi_N$$

φ_N——额定运行时输入电动机相电流滞后于相电压的相角；

A.3　电动机的综合功率损耗计算

$$\Delta P_c = \Delta P_0 + \beta^2(\Delta P_N - \Delta P_0) + K_Q[Q_0 + \beta^2(Q_N - Q_0)] \quad \cdots\cdots (A.3)$$

式中：

ΔP_c——电动机的综合功率损耗，单位为千瓦(kW)；

K_Q——无功经济当量，单位为千瓦每千乏(kW/kvar)。

当电动机直连发电机母线或直连已进行无功补偿的母线时，K_Q 取 0.02～0.04；二次变压取 0.05～0.07；三次变压 K_Q 取 0.08～0.1。当电网采取无功补偿时，应从补偿端计算电动机电源变压次数。

A.3.1　电动机额定综合功率损耗计算

$$\Delta P_{cN} = \Delta P_N + K_Q Q_N \quad \cdots\cdots (A.4)$$

A.3.2 电动机综合消耗功率计算

$$P_{cI} = \beta P_N + \Delta P_c \quad\cdots\cdots\cdots\cdots\cdots\cdots\cdots\cdots\cdots\cdots(A.5)$$

式中：

P_{cI}——电动机的综合消耗功率，单位为千瓦(kW)。

A.3.3 电动机额定综合消耗功率计算

$$P_{cIN} = P_N + \Delta P_{cN} \quad\cdots\cdots\cdots\cdots\cdots\cdots\cdots\cdots\cdots\cdots(A.6)$$

式中：

P_{cIN}——电动机的额定综合消耗功率，单位为千瓦(kW)。

A.4 电动机运行负载系数计算

在运行中的负载率可用电动机输入功率 P_1 和电动机额定参数与空载参数进行计算：

$$\beta = \frac{-P_N/2 + \sqrt{P_N^2/4 + (\Delta P_N - \Delta P_0)(P_1 - \Delta P_0)}}{\Delta P_N - \Delta P_0} \quad\cdots\cdots\cdots\cdots\cdots(A.7)$$

式中：

P_1——电动机输入功率，单位为千瓦(kW)。

A.4.1 电动机的综合效率计算

$$\eta_c = \frac{\beta P_N}{\beta P_N + \Delta P_c} \times 100\% \quad\cdots\cdots\cdots\cdots\cdots\cdots\cdots(A.8)$$

式中：

η_c——电动机的综合效率，%。

A.4.2 电动机额定综合效率计算

$$\eta_{cN} = \frac{P_N}{P_N + \Delta P_{cN}} \times 100\% \quad\cdots\cdots\cdots\cdots\cdots\cdots(A.9)$$

式中：

η_{cN}——电动机额定综合效率，%。

附 录 B
（资料性附录）
电动机运行状态测试综合表的内容与格式

B.1 企业概况

B.2 电动机普查表格式

序号	型号	额定功率/kW	额定电压/V	额定电流/A	转速/(r/min)	额定功率因数	额定效率/%	制造厂商	配套设备

B.3 测试数据表格式

序号	额定功率/kW	配套设备名称	空载损耗/kW	空载电流/A	空载功率因数	输入电压/V	输入电流/A	输入功率/kW	功率因数

B.4 电动机运行状态统计表格式

序号	型号	配套设备	额定功率/kW	运行输入功率/kW	额定综合效率/%	允许综合效率/%	运行综合效率/%	额定有功效率/%	能源利用效率/%

B.5 电动机运行状态汇总表格式

项　目	运行效率较高	运行效率基本合格	运行效率较差	合　计
台数/台				
占总台数百分比/%				
容量/kW				
占总用量百分比/%				

ICS 13.220.01
C 82

中华人民共和国国家标准

GB/T 12513—2006
代替 GB/T 12513—1990

镶玻璃构件耐火试验方法

Fire-resistance tests—Elements of building construction—Glazed elements

(ISO 3009:2003,MOD)

2006-03-14 发布 2006-10-01 实施

中华人民共和国国家质量监督检验检疫总局
中国国家标准化管理委员会 发布

前言

本标准修改采用 ISO 3009:2003《耐火试验　建筑构件　镶玻璃构件》(英文版)。

本标准根据 ISO 3009:2003 重新起草。为了方便比较,在资料性附录 B 中列出了本标准章条编号与 ISO 3009:2003 章条编号的对照一览表。

考虑到我国国情,本标准在采用 ISO 3009:2003 时进行了修改。有关技术性差异已编入正文中并在它们所涉及的条款的页边空白处用垂直单线标识。在附录 C 中给出了这些技术性差异及其原因的一览表以供参考。

为便于使用,对于 ISO 3009:2003 本标准还做了下列编辑性修改:

——"本国际标准"一词改为"本标准";

——用小数点'.'代替作为小数点的逗号",";

——引用"ISO 834-1"、"ISO 6308"分别改为引用"GB/T 9978"、"GB/T 9775";

——删除 ISO 3009:2003 的前言和引言。

本标准代替 GB/T 12513—1990《镶玻璃构件耐火试验方法》。

本标准与 GB/T 12513—1990 相比主要变化如下:

——范围扩大,增加了水平和倾斜镶玻璃构件的试验方法(1990 版第 1 章;本版第 1 章);

——增加了术语和定义(见第 3 章);

——修改了对试验装置的要求(1990 版的第 3 章;本版的第 4 章);

——修改了对试验条件的要求(1990 版的第 4 章;本版的第 5 章);

——增加了试验框架(见 6.4);

——增加了试件安装具体要求(1990 版 5.4;本版 6.5);

——修改了试件背火面温度测量方法(1990 版的 6.2.2;本版的 7.2.2);

——增加了对热流计的要求(1990 版 3.4;本版的 7.4.1);

——修改了热通量的测量方法(1990 版 7.3;本版的 7.4.2);

——增加了试件背火面变形的测量(见 7.6);

——修改了耐火性能判定准则(1990 版的第 7 章;本版的第 8 章);

——增加了试验的有效性(见第 9 章);

——增加了试验结果表示(见第 10 章);

——增加了试件结构的描述(见 11.2);

——增加了资料性附录"试验结果的应用指导"(见附录 A);

——增加了资料性附录"本标准章条编号与 ISO 3009:2003 章条编号对照"(见附录 B);

——增加了资料性附录"本标准与 ISO 3009:2003 技术性差异及其原因"(见附录 C)。

本标准附录 A、附录 B 和附录 C 是资料性附录。

本标准由中华人民共和国公安部提出。

本标准由全国消防标准化技术委员会第八分技术委员会(SAC/TC 113/SC 8)归口。

本标准由公安部天津消防研究所负责起草。

本标准参编单位:广东金刚玻璃科技股份有限公司、深圳鹏基龙电安防股份有限公司、深圳南玻安全玻璃有限公司。

本标准主要起草人:冯玉成、刘晓慧、胡群明、曹顺学、李博、李希全、田庆忠、张明罡、王金星、熊伟。

本标准 1990 年 11 月首次发布,2006 年 3 月第 1 次修订。

镶玻璃构件耐火试验方法

注意

执行本项试验的所有工作人员都应注意，耐火试验有可能对人身造成伤害。耐火试验过程中，可能会产生有毒或有害的烟尘和烟气。在试件的安装过程、试验过程和试验后试件的清理过程中，均有可能出现机械性伤害和操作性危险。

试验前要对所有潜在的危险及对健康的危害进行分析，并作出安全预告。对相关人员进行必要的培训。实验室工作人员应严格按照安全操作规程进行操作。

1 范围

本标准规定了隔热性镶玻璃构件和非隔热性镶玻璃构件当其一面受火时的耐火试验方法和耐火性能判定准则。

本标准适用于各种镶玻璃构件的耐火试验，如玻璃幕墙、玻璃隔墙等垂直、倾斜或水平安装的镶玻璃构件。

2 规范性引用文件

下列文件中的条款通过本标准的引用而成为本标准的条款。凡是注日期的引用文件，其随后所有的修改单(不包括勘误的内容)或修订版均不适用于本标准，然而，鼓励根据本标准达成协议的各方研究是否可使用这些文件的最新版本。凡是不注日期的引用文件，其最新版本适用于本标准。

GB/T 9775 纸面石膏板(GB/T 9775—1999,eqv ISO 6308:1980)

GB/T 9978 建筑构件耐火试验方法[GB/T 9978—1999,neq ISO/FDIS 834-1:1997(E)]

3 术语和定义

下列术语和定义适用于本标准。

3.1

长宽比 aspect ratio

玻璃的受火长边与受火短边的比值。

3.2

安装间隙 expansion allowance

玻璃在玻璃框之间允许的膨胀尺寸，见图1的 δ。

注1：安装间隙应分别测量两个方向，如对垂直构件应分别测量高度方向和宽度方向的安装间隙。

3.3

镶嵌玻璃深度 glass edge cover

玻璃镶嵌在玻璃框中的深度，见图2的 w。

3.4

镶玻璃构件 glazed element

由一块或几块透明或半透明玻璃镶嵌在玻璃框中而组成的分隔构件。

3.5

倾斜度 inclination

相对于水平面的安装角度(从0°到90°)。

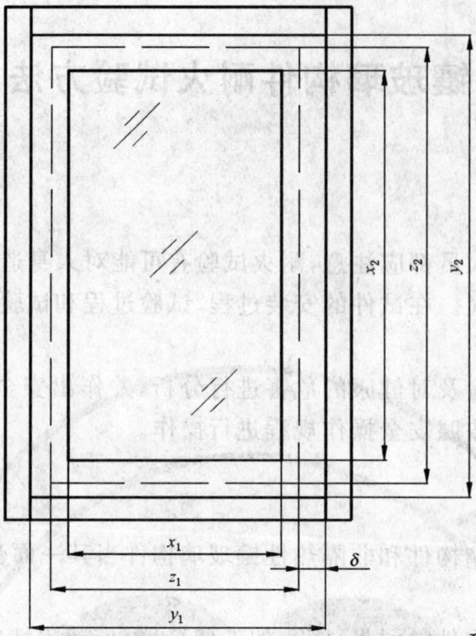

x_1——玻璃受火宽度；
x_2——玻璃受火高度；
z_1——实际玻璃宽度；
z_2——实际玻璃高度；
y_1——玻璃框内口宽度；
y_2——玻璃框内口高度；
δ——安装间隙。

图 1　镶玻璃构件立面示意图

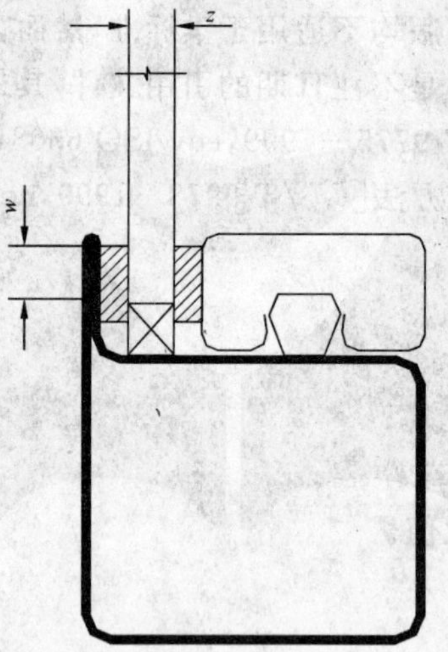

z——玻璃厚度；
w——镶嵌玻璃深度。

图 2　镶玻璃构件局部剖面示意图

3.6

水平镶玻璃构件　horizontal glazed element

倾斜度大于等于 0°小于等于 25°的镶玻璃构件。

3.7

倾斜镶玻璃构件　inclined glazed element

倾斜度大于 25°小于等于 80°的镶玻璃构件。

3.8

垂直镶玻璃构件　vertical glazed element

倾斜度大于 80°小于等于 90°的镶玻璃构件。

3.9

隔热性镶玻璃构件 insulated glazed element

在一定时间内能同时满足耐火完整性和耐火隔热性要求的镶玻璃构件。

3.10

非隔热性镶玻璃构件 uninsulated glazed element

在一定时间内能满足耐火完整性要求，若需要还能满足热通量要求，但不能满足耐火隔热性要求的镶玻璃构件。

3.11

辅助结构 associated construction

在实际使用中安装镶玻璃构件的已知阻燃等级和热传导等级的结构。

3.12

支承结构 supporting construction

镶玻璃构件进行试验时，安装试件可能需要的支架结构。

4 试验装置

4.1 耐火试验炉应满足 GB/T 9978 的要求。

4.2 垂直镶玻璃构件在竖炉上进行耐火试验。

4.3 水平镶玻璃构件在水平炉上进行耐火试验。

4.4 倾斜镶玻璃构件应根据实际可能的受火条件，选用竖炉或水平炉进行耐火试验。为便于倾斜镶玻璃构件的安装，对试验炉进行的改造应不影响炉体的热性能。倾斜镶玻璃构件的安装见图 3。

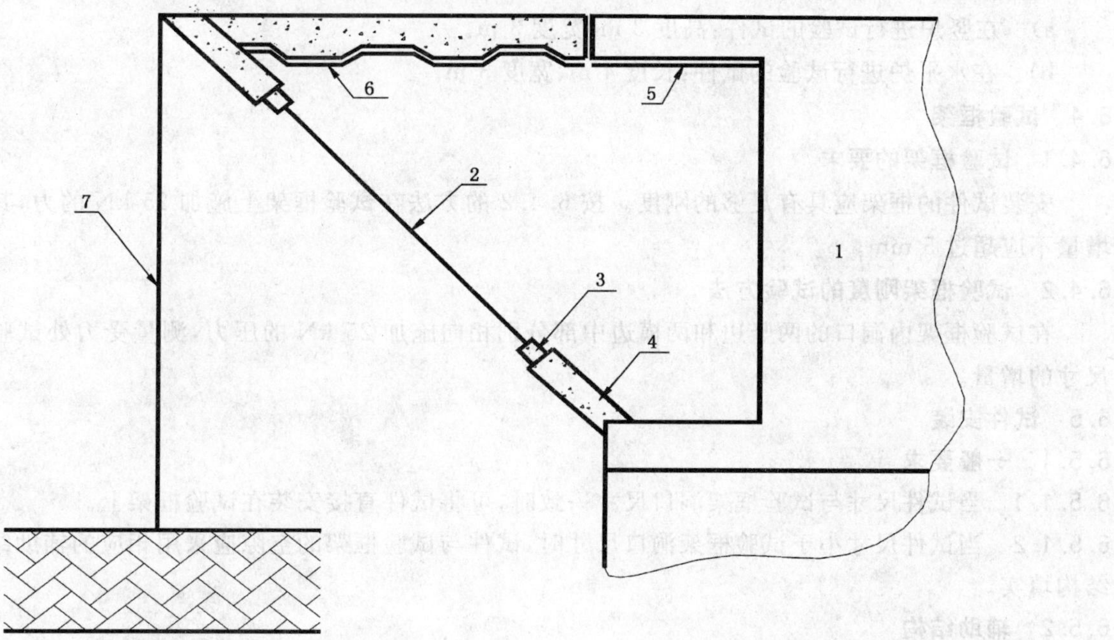

1——试验炉；
2——玻璃；
3——玻璃框；
4——支撑结构；
5——试验炉内衬；
6——试验炉延伸部分；
7——试验炉延伸部分的支承。

注：试验炉延伸部分的热性能参数应与试验炉的相同。

图 3 倾斜镶玻璃构件安装示意图

5 试验条件

5.1 升温条件

试验炉内升温条件应符合 GB/T 9978 的规定。

5.2 压力条件

5.2.1 垂直镶玻璃构件和水平镶玻璃构件的试验炉内压力条件应符合 GB/T 9978 的规定。

5.2.2 倾斜镶玻璃构件:在其受火面最高点以下 100 mm 处的试验炉内压力应为 20 Pa±3 Pa。

6 试件准备

6.1 试件一般要求

6.1.1 进行耐火试验的试件所用材料、制作工艺、框架结构、衬垫、密封材料和安装方式等均应完全反映其在实际使用中的情况。

6.1.2 试件的倾斜度应根据实际安装情况确定。

6.2 试件数量

6.2.1 在竖炉进行试验的垂直和倾斜镶玻璃构件,其试件数量应符合 GB/T 9978 的规定。

6.2.2 在水平炉进行试验的水平和倾斜镶玻璃构件,其试件数量应参照 GB/T 9978 对墙构件数量的规定。如果预先能够确定倾斜镶玻璃构件的受火面,只需已知受火面向火。

6.3 试件尺寸

试件尺寸应与实际使用的尺寸相同。如果实际使用尺寸大于试验炉所能容纳的尺寸,则该试件受火尺寸不应小于下列规定:

a) 在竖炉进行试验的试件:高度 3 m、宽度 3 m。

b) 在水平炉进行试验的试件:长度 4 m、宽度 3 m。

6.4 试验框架

6.4.1 试验框架的要求

安装试件的框架应具有足够的刚度。按 6.4.2 的方法在试验框架上施加 25 kN 的力,其内部尺寸增量不应超过 5 mm。

6.4.2 试验框架刚度的试验方法

在试验框架内洞口的两竖边和两横边中部分别相向施加 25 kN 的压力,测量受力处试验框架内部尺寸的增量。

6.5 试件安装

6.5.1 一般要求

6.5.1.1 当试件尺寸与试验框架洞口尺寸一致时,可将试件直接安装在试验框架上。

6.5.1.2 当试件尺寸小于试验框架洞口尺寸时,试件与试验框架的空隙应采用相应的辅助结构或支承结构填实。

6.5.2 辅助结构

如果镶玻璃构件实际使用时安装在特殊的通常是专用的结构上,则试件应安装在辅助结构上,并采取适当的固定方式。

6.5.3 支承结构

6.5.3.1 垂直镶玻璃构件的支承结构

试件尺寸比试验框架洞口小时,应采用下列方法将试件安装在试验框架上。

a) 试件高度小于试验框架的洞口高度时,可用支承结构减小试验框架洞口高度达到试件要求的高度。支承结构可从下述刚性标准支承结构中选择适当的结构。

b) 试件宽度小于试验框架洞口宽度时，可用支承结构减小试验框架洞口宽度达到试件要求的宽度。支承结构可从下述刚性标准支承结构或柔性标准支承结构中选择适当的结构。

6.5.3.1.1 **刚性标准支承结构**

刚性标准支承结构有以下两种结构：

a) 高密度刚性标准支承结构

材料密度为(1 200±400) kg/m^3，厚度为(200±50) mm 的结构为高密度刚性支承结构，如砖、素砼块和砌块等。

b) 低密度刚性标准支承结构

材料密度为(650 ±200) kg/m^3，厚度≥70 mm 的结构为低密度刚性支承结构，如加气砼砌块等。

6.5.3.1.2 **柔性标准支承结构**

a) 耐火石膏板结构为柔性标准支承结构。耐火石膏板应符合 GB/T 9775 的要求。

b) 组成

顶部和底部采用钢质 U 型龙骨，尺寸为：(67～77)mm×(0.5～1.5) mm；

中间采用钢质 C 型龙骨，尺寸为：(65～75) mm×(0.5～1.5) mm；

龙骨每边固定耐火石膏板的层数和厚度见表 1；

耐火石膏板与龙骨采用自攻螺钉固定，自攻螺钉的长度见表 1。

表 1 耐火石膏板的层数和厚度

耐火时间/min	耐火石膏板层数	每层耐火石膏板厚度/mm	自攻螺钉长度
$t \leqslant 30$	1	15	第一层 15 mm 厚的石膏板，需 20 mm～30 mm
	或 2	9.5	第一层 9.5 mm 厚的石膏板，需 15 mm～25 mm 第二层 9.5 mm 厚的石膏板，需 25 mm～36 mm
$30 < t \leqslant 60$	2	12	第一层 12 mm 厚的石膏板，需 18 mm～30 mm 第二层 12 mm 厚的石膏板，需 31 mm～41 mm
$60 < t \leqslant 90$	3	12	第一层 12 mm 厚的石膏板，需 18 mm～30 mm 第二层 12 mm 厚的石膏板，需 31 mm～41 mm 第三层 12 mm 厚的石膏板，需 45 mm～55 mm
$90 < t \leqslant 120$	3[a]	12	第一层 12 mm 厚的石膏板，需 18 mm～30 mm 第二层 12 mm 厚的石膏板，需 31 mm～41 mm 第三层 12 mm 厚的石膏板，需 45 mm～55 mm

a 为增强型耐火石膏板。

c) 结构

顶部和底部龙骨与试验框架的固定间距为 600 mm；根据试件洞口的大小和位置确定中间龙骨的固定中心距，一般为 400 mm～625 mm；石膏板与龙骨的固定中心距为 300 mm；

多层石膏板接缝应错开。对同一层的石膏板应避免十字接缝；对多层石膏板，相邻层的接缝距离至少为 300 mm。

注：如果柔性标准支撑结构的石膏板不是全高(即 3 m)，则需要在上述位置加水平连接。水平连接需要支撑以防过早失效。比较适当的方法是在水平连接位置的外层板固定一个宽 100 mm，厚 0.5 mm 的钢带。钢带用自攻螺钉固定在外层板上，固定中心距为 300 mm。

6.5.3.2 **水平和倾斜镶玻璃构件**

一般情况下，水平和倾斜镶玻璃构件安装在辅助结构上。

7 试验程序

7.1 试验炉内温度测量

试验炉内温度测量和允许控温偏差应符合 GB/T 9978 的规定。

7.2 试件背火面温度测量

7.2.1 试件背火面热电偶

试件背火面热电偶应符合 GB/T 9978 的规定。

7.2.2 试件背火面温度的测量

7.2.2.1 平均温度的测量

对于镶嵌一块玻璃的试件，热电偶的数量不应少于 5 个，分别设在试件中心和试件各四分之一部分的中心；对于镶嵌两块及两块以上玻璃的试件，每块玻璃至少有两个测温点，两测温点沿玻璃的任一条对角线布置在玻璃的四分之一部分的中心部位，参照图 4 所示。

7.2.2.2 最高单点温度的测量

试件的上框和竖框的中点、横框与竖框的连接处应布置测温点，测温点距框边缘至少 15 mm，参照图 4 所示。最高单点温度的测量包括 7.2.2.1 测得的单点温度。

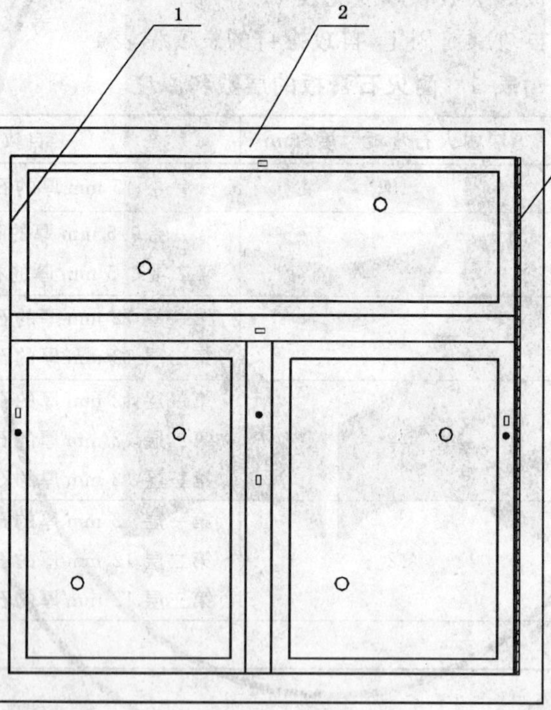

○ 测平均温度热电偶的位置；

□ 测最高单点温度热电偶的位置；

● 变形的测量位置；

1——固定边；

2——试验框架；

3——自由边。

图 4 玻璃隔墙热电偶布置示意图

7.3 试验炉内压力测量

试验炉内压力测量应符合 GB/T 9978 的规定。

7.4 试件背火面热通量测量

7.4.1 热流计

测量试件背火面热通量的热流计应符合以下规定：

量程：0 kW/m^2～50 kW/m^2

最大允许误差：±5%

视场角：180°±5°

7.4.2 热通量的测量

7.4.2.1 热流计的测量面应平行于试件的表面，并沿着试件中心的法线方向，距试件背火面1米处，每1 min测量记录一次。对于倾斜镶玻璃试件，热流计的测量位置参照图5所示。

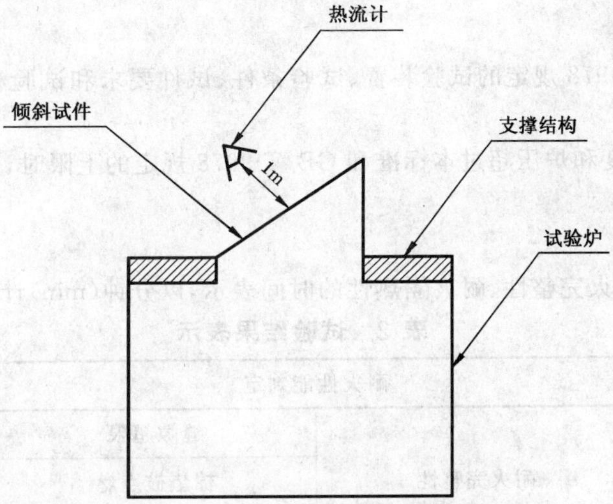

图5 倾斜镶玻璃试件热流计的测量位置

7.4.2.2 在热流计的测量范围内，除了试件不应有其他辐射体。热流计不应被遮挡。

注：试件背火面温度低于300℃可不测量热通量。因为该表面产生的热通量较低。

7.5 试件完整性测量

按照GB/T 9978规定的方法测定试件完整性。

7.6 试件背火面变形的测量

试件变形测量位置为试件两竖边的中部和试件的几何中心，参照图4所示。每5 min测量记录一次。

注：试件背火面的变形值不作为判定条件，仅作为试验结果扩展应用的参考数据。

7.7 试验现象观察

观察并记录试件在耐火试验过程中的变形、开裂、软化、剥落和发烟等现象。

8 耐火性能判定准则

8.1 判定依据

试件的耐火性能应以试验过程中所做的测量和观测为依据。

8.2 隔热性镶玻璃构件判定准则

8.2.1 失去耐火完整性

按GB/T 9978的规定进行测量，当棉垫被点燃或背火面窜火持续达10 s以上时，则认为试件失去耐火完整性；当试件背火面出现贯通至试验炉内的缝隙，直径6 mm±0.1 mm的探棒可以穿过缝隙进入试验炉内且探棒可以沿缝隙长度方向移动不小于150 mm，或直径25 mm±0.2 mm的探棒可以穿过缝隙进入试验炉内，则认为试件失去耐火完整性。

8.2.2 **失去耐火隔热性**

按 7.2.2.1 测得的试件背火面平均温度超过试件表面初始平均温度 140℃，或按 7.2.2.2 测得的试件背火面任一点最高温度超过该点初始温度 180℃时，则认为试件失去耐火隔热性。

8.3 **非隔热性镶玻璃构件判定准则**

8.3.1 **失去耐火完整性**

8.2.1 中除棉垫试验外，其他内容均适用于本条。

8.3.2 **热通量**

本标准未规定临界热通量值。试验过程中记录热通量超过 5 kW/m²、10 kW/m²、15 kW/m²、20 kW/m² 和 25 kW/m² 的时间。

9 试验的有效性

9.1 按本标准和 GB/T 9978 规定的试验装置、试验条件、试件要求和试验程序进行的耐火试验，试验结果是有效的。

9.2 试验时试验炉内温度和炉压超过本标准和 GB/T 9978 规定的上限时，试验结果也是有效的。

10 试验结果表示

耐火试验结果应以耐火完整性、耐火隔热性的时间表示，以分钟(min)计，见表 2。

表 2 试验结果表示

倾斜度	耐火性能判定		试验结果
××	耐火完整性	缝隙超限	××min
		棉垫被点燃	××min
		连续火焰	××min
	耐火隔热性		××min

11 试验报告

11.1 **试验报告的主要内容**

试验报告应包括以下内容：

a) 样品名称；

b) 试验委托单位和生产单位名称；

c) 试验日期；

d) 试件结构、照片以及所用材料的技术数据；

e) 试件背火面平均温度、单点最高温度、热通量和变形的数据及说明；

f) 试验现象；

g) 试验结果；

h) 试验主持人及试验单位负责人签字，试验单位盖章。

11.2 **试件结构的描述**

描述试件结构时，应考虑以下内容：

a) 玻璃类型及结构——隔热玻璃或非隔热玻璃；是否贴膜；灌浆玻璃或复合玻璃等；

b) 玻璃厚度 z，见图 2；

c) 实际玻璃尺寸：高度 z_2，宽度 z_1，见图 1；

d) 玻璃受火尺寸：高度 x_2，宽度 x_1，见图 1；

e) 镶嵌玻璃深度 w，见图 2；

f） 安装间隙 δ，见图 1；

g） 玻璃框内口尺寸：高度 y_2，宽度 y_1，见图 1；

h） 试件外型尺寸；

i） 衬垫、密封材料等的类型；

j） 压条的类型和尺寸。

附　录　A
（资料性附录）
试验结果的应用指导

A.1　试件的设计

为了使耐火试验的结果能够应用于其他相似结构，对试件的设计应该具有代表性。

a）试件结构应完全代表实际应用结构，包括表面装饰和填充物等。

b）试件设计应包含能够影响耐火性能的结构特点，如横框与竖框的不同连结方式等。

c）试件有一竖边不受约束（有自由边）。

A.2　支承结构

耐火试验采用6.5.3.1的标准支承结构，其试验结果可应用于其他任何支承结构。否则，实际应用时只能采用试验时的特殊结构。

A.3　试验结果的应用

A.3.1　试验结果的应用范围

试验结果可以直接应用于结构相同，有以下一处或几处不同的情况：

a）玻璃长度或宽度线性减小；

b）长宽比改变，但玻璃的最大尺寸和面积未增加；

c）竖框和/或横框的间距缩小；

d）固定中心距缩小；

e）增加框架尺寸；

f）如果试件试验时最小公称宽度为3m，有一竖边未受约束（有自由边），其相同结构的宽度允许增加，但高度不允许增加。

A.3.2　试件倾斜度的应用范围

不同倾斜度的试验结果应用范围见表A.1。

表A.1　试验结果的应用

试件倾斜度 $\alpha_{试验}$	实际应用的倾斜度 $\alpha_{应用}$
$80° < \alpha_{试验} \leqslant 90°$	$80° < \alpha_{应用} \leqslant 90°$
$15° \leqslant \alpha_{试验} \leqslant 80°$	$\alpha_{应用} = \alpha_{试验} \pm 15°$
$0° \leqslant \alpha_{试验} < 15°$	$0° < \alpha_{应用} \leqslant 15°$

附　录　B
（资料性附录）
本标准章条编号与 ISO 3009:2003 章条编号对照

表 B.1 给出了本标准章条编号与 ISO 3009:2003 章条编号对照一览表。

表 B.1　本标准章条编号与 ISO 3009:2003 章条编号对照

本标准章条编号	对应的国际标准章条编号
1	1 的第 1 句和第 2 句
2	2 的第 1 段
—	3.4～3.5
3.4	3.6
3.5	3.7
3.6	3.9
3.7	3.8
3.8	3.10
3.9	3.18
3.10	3.11
—	3.12～3.16
3.11	3.17
4.1、4.2、4.3	4 的第 1 段
4.4	4 的第 4 段
5.1、5.2.1	5 的第 1 段
5.2.2	5 的第 2 段
6.1.1	6.1.1
6.1.2	6.1.2 的第 1 句
6.2	6.2
6.2.1	6.2.1
6.2.2	6.2.2
6.3	6.3
6.4	6.4
6.4.1	4 的第 3 段
6.4.2	4 的第 2 段
6.5	—
6.5.1	6.4.1
6.5.1.1	6.4.1 第 1 段
6.5.1.2	6.4.1 第 2 段
6.5.2	6.4.2

表 B.1(续)

本标准章条编号	对应的国际标准章条编号
6.5.3	6.4.3
6.5.3.1	6.4.3.1.1
6.5.3.1.1 a)	6.4.3.1.2
6.5.3.1.1 b)	6.4.3.1.3
—	6.4.3.1.4
6.5.3.1.2	6.4.3.1.5
6.5.3.2	6.4.3.2
7	8
7.1	7.1
—	7.1.1
—	7.1.2
7.2	7.2
7.2.1	7.2.1
7.2.2	7.2.2 第1句
7.2.2.1	7.2.3、B.3.2.1
7.2.2.2	7.2.3、B.3.3
7.3	7.3
7.4	7.4
7.4.1	7.4.2、4 的第5段和第6段
—	7.4.1
7.4.2	7.4.3
7.4.2.1	7.4.4、7.4.3.1.1 第1段和第2段、7.4.3.1.2a)、7.4.3.1.2 b)的第5段第2句
7.4.2.2	7.4.1 第3段、7.4.3.1.1 第3段
7.4.2.3 注1	7.4.1 第2段
—	7.4.3.1.2 除 a
7.5	7.2 第1段
7.6	7.5 的主要内容总结
7.6 注2	7.5 第1句
7.7	8.2 第2段
8	9
8.1	9 第1段第1句
8.2	9a)
8.2.1	9a)第1段
8.2.2	9a)第2段

表 B.1(续)

本标准章条编号	对应的国际标准章条编号
8.3	9b)
8.3.1	9b)第1段
8.3.2	9第1段第2句、12第2段第1句
9	10
9.1	10第1段
9.2	10第2段
10	11
11	12
11.1	12第1段第1句
11.2	12第3段大部分内容
—	附录A.1～A.2.4
A.1	B.2第1段、第3段内容总结
A.2	B.5.4、B.5.4.1、B.5.4.2
A.3	B.5
A.3.1	B.5.1
A.3.2.1	A.3的表1
A.3.2.2	A.3第4段
—	B.1、B.3.1、B.3.4、B.4、B.5.2、B.5.3
附录B	—
附录C	—

注：表中的章条以外的本标准其他章条编号与ISO 3009:2003其他章条编号均相同且内容相对应。

附　录　C
（资料性附录）
本标准与 ISO 3009:2003 技术性差异及其原因

表 C.1 给出了本标准与 ISO 3009:2003 技术性差异及其原因一览表。

表 C.1　本标准与 ISO 3009:2003 技术性差异及其原因

本标准章条编号	技术性差异	原　　因
1	删除 ISO 3009:2003 的第 1 章中第 1 段最后一句关于非平面构件的内容。将第 2 段关于试验结果应用的内容安排在附录中	非平面构件的试验要求基本与平面构件相似。 试验结果的应用是资料性内容
2	引用了采用国际标准的我国标准，而非国际标准。 删除引用 ISO 13943 耐火试验　词汇表。 删除引用 ISO 834-8	以适合我国国情和方便使用。 本标准涉及的消防术语和词汇已广为人知，故删除引用 ISO 13943 耐火试验　词汇表。 因为无对应的国家标准。ISO 834-8 的主要内容基本与 GB/T 9978 一致
3	删除 ISO 3009:2003 中的术语和定义 3.4～3.5、3.12～3.14、3.16。 修改了 ISO 3009:2003 中的术语和定义 3.11 和 3.17	术语和定义 3.4～3.5、3.12～3.14、3.16 已广为人知，在本标准中不再重复。 术语 3.11 和 3.17 分别是隔热玻璃和非隔热玻璃，本标准主要内容为镶玻璃构件。因此修改此两条术语为隔热性镶玻璃构件和非隔热性镶玻璃构件
6.1.2	删除 ISO 3009:2003 中的 6.1.2 中有关试件方向的内容	在梁板炉上进行试验的试件只能下面受火。故不必规定受火方向
6.2.2	删除 ISO 3009:2003 中的 6.2.2 中上面受火的情况不适用于本国际标准	在梁板炉上进行试验的试件只能下面受火。上面受火的情况肯定不包括在本标准范围内
—	删除 ISO 3009:2003 中的 7.1.2 有关炉内热电偶的布置	ISO 834-1(GB/T 9978)已包含此部分内容，不必再重复规定
—	删除 ISO 3009:2003 中的 7.4.1“一般要求”	ISO 3009: 2003 中的第 7.4.1 和 7.4.3.1.1的内容基本相同
—	删除 ISO 3009:2003 中的 7.4.3.1.2“特殊位置”，即对非均质镶玻璃构件测量位置的确定方法	删除的原因，一方面是由于热通量值不作为判定条件；另一方面我国镶玻璃构件大多数为均质结构。因此不涉及热流计特殊位置的确定
7.2.2	最高单点温度的测量包括测量平均温度的单点温度	平均温度是测量玻璃的温度，其单点温度超过 180℃，同样具有危险性，故测量平均温度的单点温度也应参与最高单点温度的判定
11.1	将 ISO 3009:2003 的第 12 章“要求报告符合 ISO 834-1 的规定”具体化	方便使用

表 C.1(续)

本标准章条编号	技术性差异	原　因
8.2	本标准的第8章与国际标准的第9章内容主题相同。只是本标准对耐火完整性和耐火隔热性的判定条件列出了具体要求,而不是引用相关标准	耐火完整性和耐火隔热性的判定条件是本标准的主要内容,故应该规定具体要求,方便使用
—	删除了ISO 3009:2003中的附录A有关锥形构件的耐火试验要求和方法	国际标准附录A对锥形镶玻璃构件的炉压炉温等测量与控制均是参照ISO 834-1的规定,其他形状的镶玻璃构件同样也可参照ISO 834-1的规定进行。因此不必仅对锥形镶玻璃构件进行规定
附录A	将ISO 3009:2003中的附录B"B.2"和附录A"A.3"综合成本标准附录A	试验结果的应用在国际标准中部分为规范性内容,部分为资料性内容。本标准将其归类为资料性附录
—	ISO 3009:2003中的附录B除"试验结果的应用"内容,其他均删除	国际标准附录B除"试验结果的应用"其他内容均与正文相关部分内容重复,故删除

ICS 13.220.20
C 84

GB

中华人民共和国国家标准

GB 12514.2—2006
代替 GB 12514—1990,GB 3265—1995

消防接口　第2部分:内扣式消防接口型式和基本参数

Fire coupling—Part 2:Patterns and basic parameters for fire snap-types coupling

2006-01-26 发布　　2006-08-01 实施

中华人民共和国国家质量监督检验检疫总局
中国国家标准化管理委员会　发布

前　言

本部分的第 4 章和第 5 章为强制性条文，其余为推荐性条文。

GB 12514《消防接口》分为 4 个部分：

——第 1 部分：消防接口通用技术条件；

——第 2 部分：内扣式消防接口型式和基本参数；

——第 3 部分：卡式消防接口型式和基本参数；

——第 4 部分：螺纹式消防接口型式和基本参数。

本部分为 GB 12514 的第 2 部分。

本部分和 GB 12514.1、GB 12514.3、GB 12514.4 一起代替原国家标准 GB 12514—1990《消防接口性能要求和试验方法》和 GB 3265—1995《内扣式消防接口》。

本部分由中华人民共和国公安部提出。

本部分由全国消防标准化技术委员会第五分技术委员会归口。

本部分起草单位：公安部上海消防研究所、芜湖消防器材总厂。

本部分主要起草人：徐耀亮、沈坚敏、冯学农、金义重、凌新亮、徐兰娣。

本部分所代替标准的历次版本发布情况为：

——GB 12514—1990；

——GB 3265—1982、GB 3265—1995。

消防接口　第2部分:内扣式消防接口型式和基本参数

1　范围

本部分规定了内扣式消防接口的型式和基本参数。

本部分适用于消防供水系统中的内扣式消防水带接口、吸水管接口、管牙接口、闷盖、内螺纹固定接口、外螺纹固定接口、异径接口(以下简称接口)。

本部分不适用于钢带冲制的接口。

2　规范性引用文件

下列文件中的条款通过GB 12514的本部分的引用而成为本部分的条款。凡是注日期的引用文件,其随后所有的修改单(不包括勘误的内容)或修订版均不适用于本部分,然而,鼓励根据本部分达成协议的各方研究是否可使用这些文件的最新版本。凡是不注日期的引用文件,其最新版本适用于本部分。

GB/T 1804—2000　一般公差　未注公差的线性和角度尺寸的公差

3　接口的型式和规格

接口的型式和规格应符合表1的规定。

表1

接口型式		规格		适用介质
名称	代号	公称通径/mm	公称压力/MPa	
水带接口	KD	25、40、50、65、80、100、125、135、150、	1.6 2.5	水、泡沫混合液
	KDN			
管牙接口	KY			
闷盖	KM			
内螺纹固定接口	KN			
外螺纹固定接口	KWS			
	KWA			
异径接口	KJ	两端通径可在通径系列内组合		
注:KD表示外箍式连接的水带接口。KDN表示内扩张式连接的水带接口。KWS表示地上消火栓用外螺纹固定接口。KWA表示地下消火栓用外螺纹固定接口。				

4　接口的结构

接口的结构应符合图1～图8的规定。

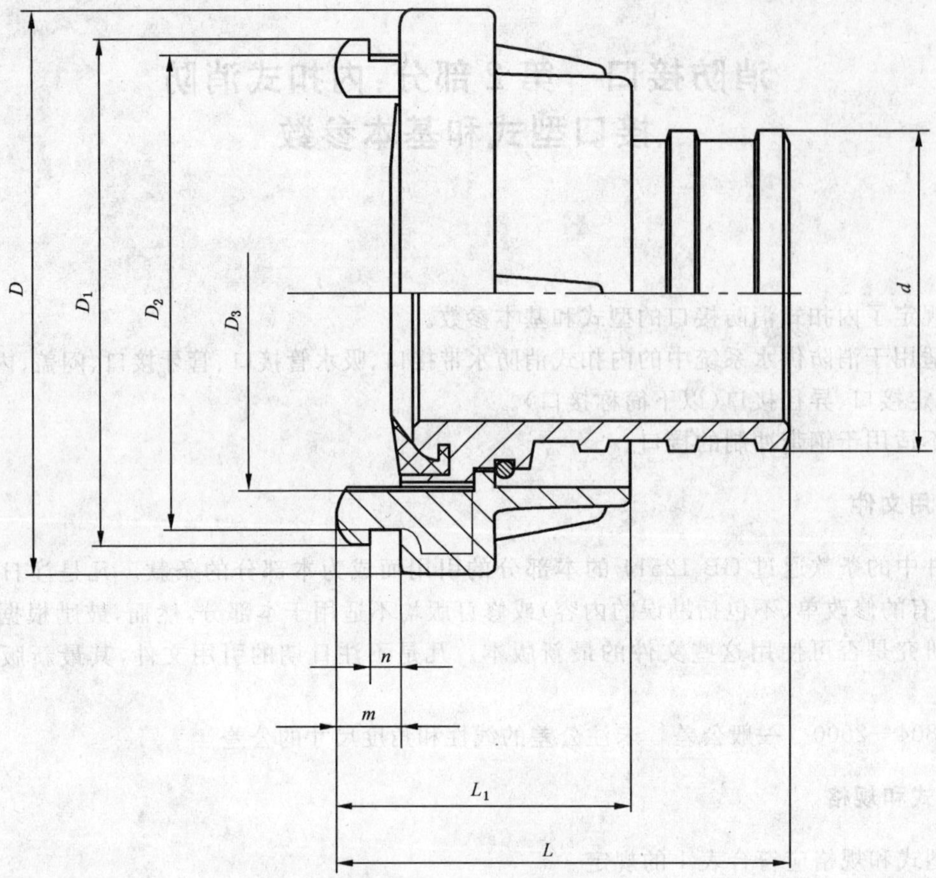

图 1　KD 型水带接口

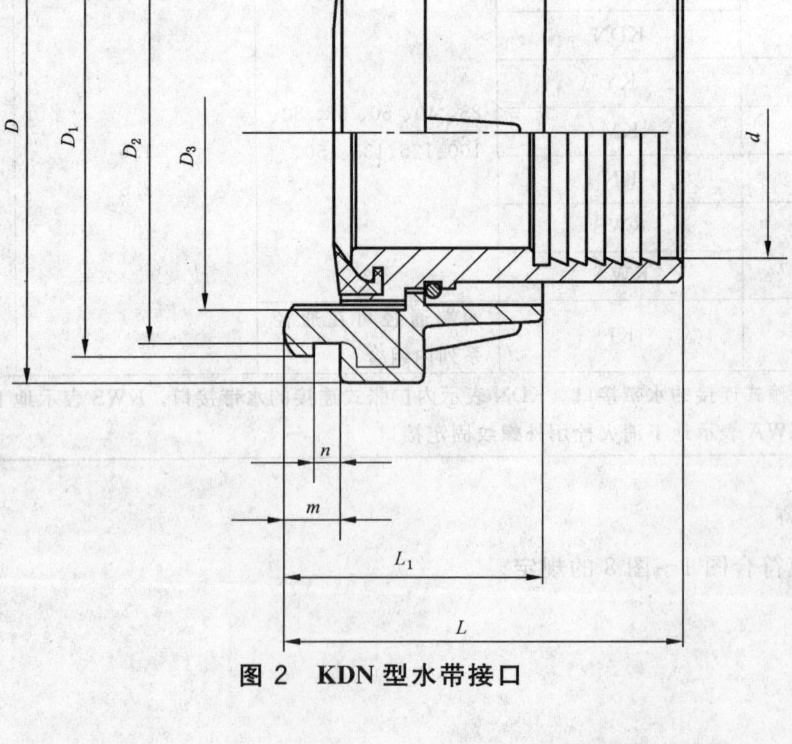

图 2　KDN 型水带接口

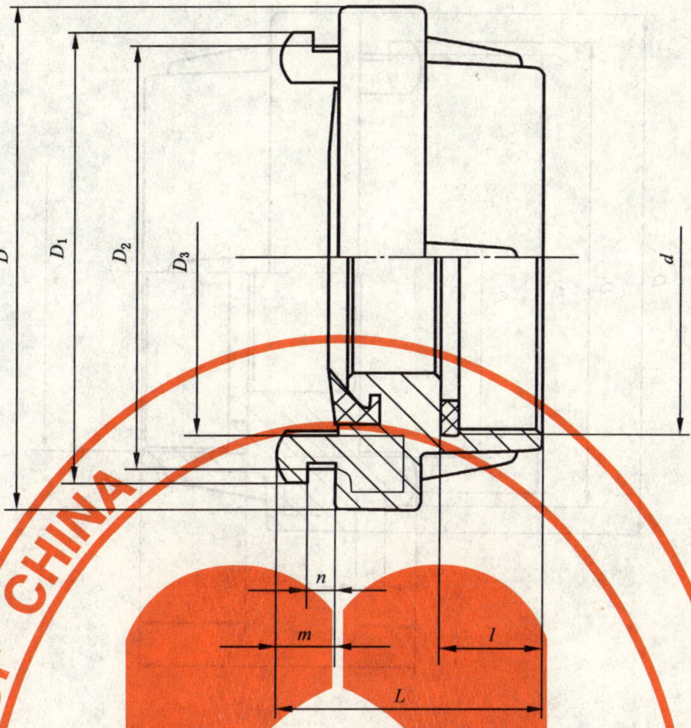

图 3　KY 型管牙接口

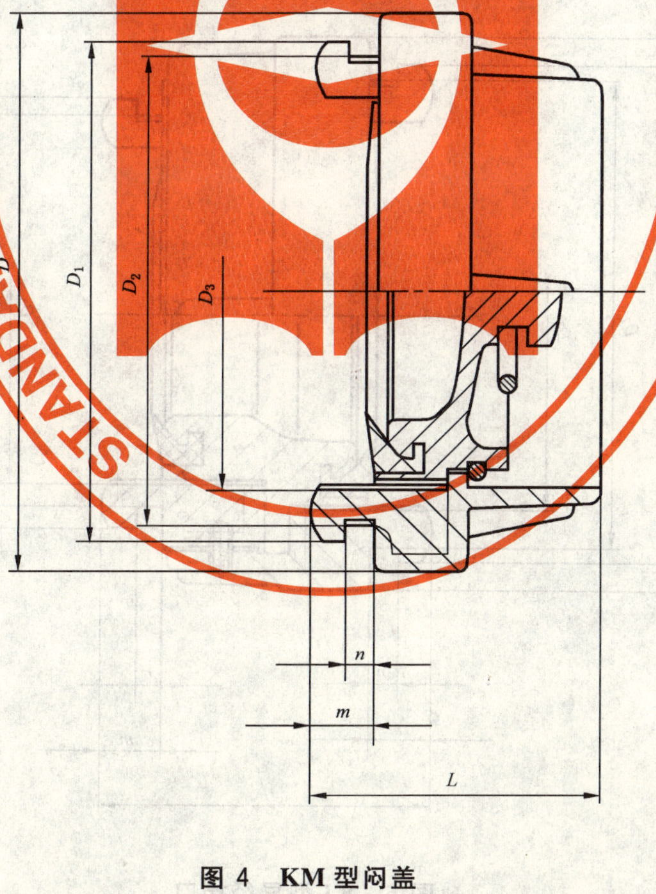

图 4　KM 型闷盖

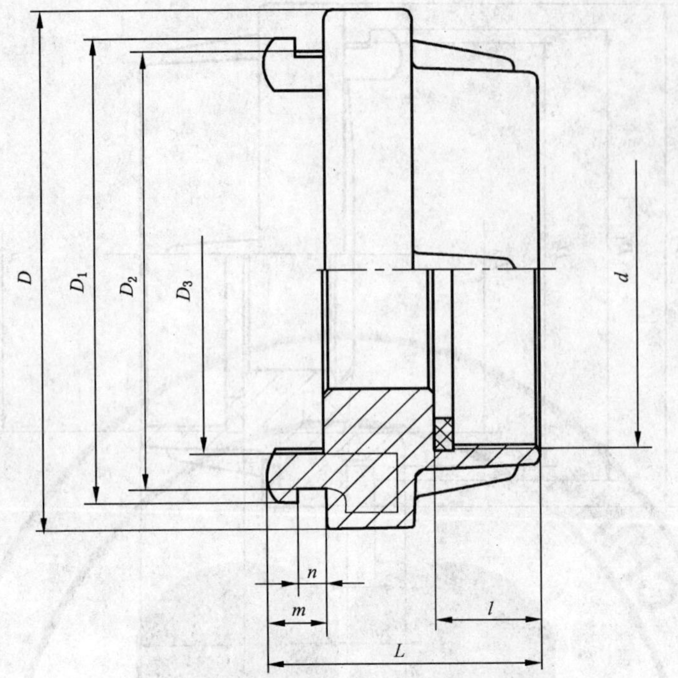

图 5　KN 型内螺纹固定接口

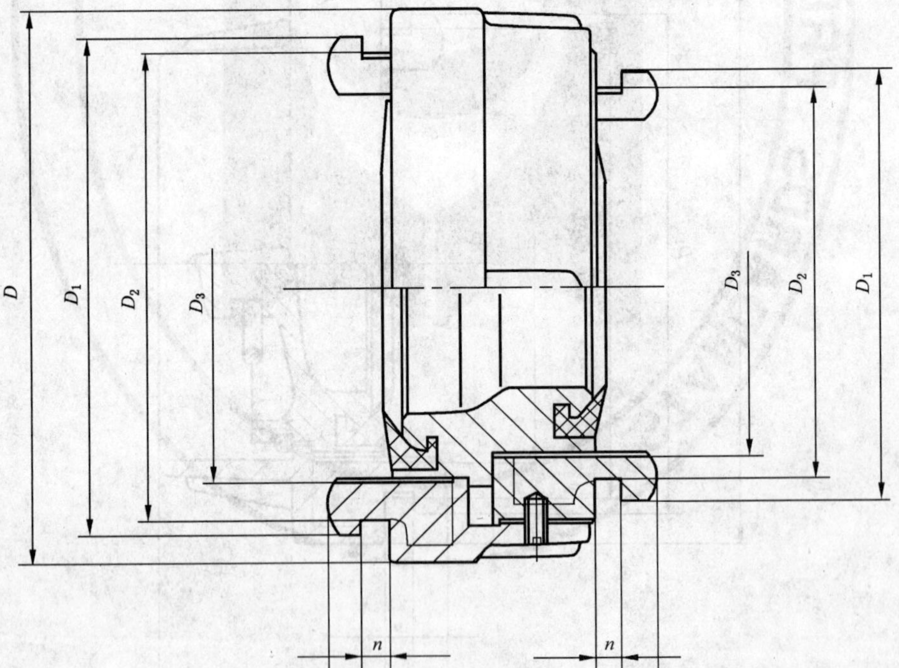

图 6　KJ 型异径接口

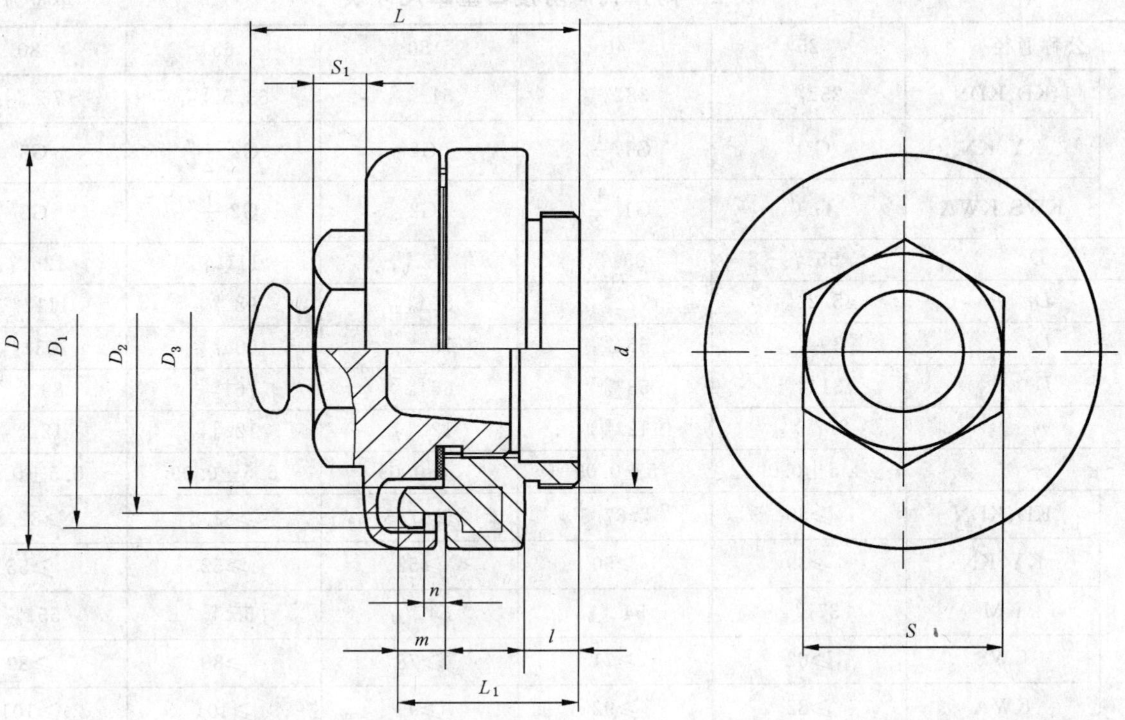

图 7　KWS 型外螺纹固定接口

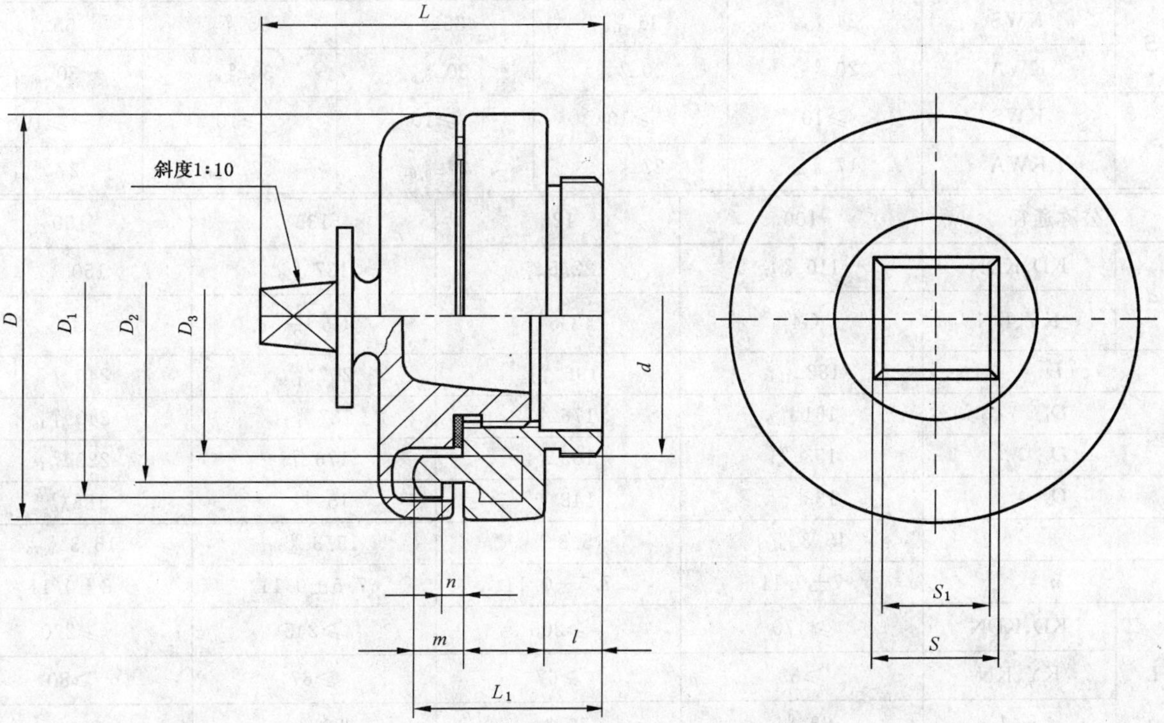

图 8　KWA 型外螺纹固定接口

表2 内扣式消防接口基本尺寸表

单位为毫米

公称通径		25	40	50	65	80
d	KD、KDN	$25_{-0.52}^{0}$	$38_{-0.62}^{0}$	$51_{-0.74}^{0}$	$63.5_{-0.74}^{0}$	$76_{-0.74}^{0}$
	KY、KN	G 1″	G1 $\frac{1}{2}$″	G2″	G2 $\frac{1}{2}$″	G3″
	KWS、KWA	G 1″	G1 $\frac{1}{2}$″	G2″	G2 $\frac{1}{2}$″	G3″
D		$55_{-1.2}^{0}$	$83_{-1.4}^{0}$	$98_{-1.4}^{0}$	$111_{-1.4}^{0}$	$126_{-1.6}^{0}$
D_1		$45.2_{-0.62}^{0}$	$72_{-0.74}^{0}$	$85_{-0.87}^{0}$	$98_{-0.87}^{0}$	$111_{-0.87}^{0}$
D_2		$39_{-0.62}^{0}$	$65_{-0.74}^{0}$	$78_{-0.74}^{0}$	$90_{-0.87}^{0}$	$103_{-0.87}^{0}$
D_3		$31_{0}^{+0.62}$	$53_{0}^{+0.74}$	$66_{0}^{+0.74}$	$76_{0}^{+0.74}$	$89_{0}^{+0.87}$
m		$8.7_{-0.58}^{0}$	$12_{-0.70}^{0}$	$12_{-0.70}^{0}$	$12_{-0.70}^{0}$	$12_{-0.70}^{0}$
n		4.5±0.09	5±0.09	5±0.09	5.5±0.09	5.5±0.09
L	KD、KDN	≥59	≥67.5	≥67.5	≥82.5	≥82.5
	KY、KN	≥39	≥50	≥52	≥52	≥55
	KM	$37_{-2.5}^{0}$	$54_{-3.0}^{0}$	$54_{-3.0}^{0}$	$55_{-3.0}^{0}$	$55_{-3.0}^{0}$
	KWS	≥62	≥71	≥78	≥80	≥89
	KWA	≥82	≥92	≥99	≥101	≥101
L_1	KD、KDN	$36.7_{-2.5}^{0}$	$54_{-3.0}^{0}$	$54_{-3.0}^{0}$	$55_{-3.0}^{0}$	$55_{-3.0}^{0}$
	KWS、KWA	$35.7_{-1.0}^{0}$	$50_{-1.0}^{0}$	$50_{-1.0}^{0}$	$52_{-1.2}^{0}$	$52_{-1.2}^{0}$
l	KY、KN	$14_{-0.70}^{0}$	$20_{-0.84}^{0}$	$20_{-0.84}^{0}$	$22_{-0.84}^{0}$	$22_{-0.84}^{0}$
	KWS、KWA	$14_{-0.70}^{0}$	$20_{-0.84}^{0}$	$20_{-0.84}^{0}$	$22_{-0.84}^{0}$	$22_{-0.84}^{0}$
S	KWS	$24_{-0.84}^{0}$	$36_{-1.0}^{0}$	$36_{-1.0}^{0}$	$55_{-1.2}^{0}$	$55_{-1.2}^{0}$
	KWA	$20_{-0.84}^{0}$	$30_{-0.84}^{0}$	$30_{-0.84}^{0}$	$30_{-0.84}^{0}$	$30_{-0.84}^{0}$
S_1	KWS	≥10	≥10	≥10	≥10	≥10
	KWA	$17_{-0.70}^{0}$	$27_{-0.84}^{0}$	$27_{-0.84}^{0}$	$27_{-0.84}^{0}$	$27_{-0.84}^{0}$

公称通径		100	125	135	150
d	KD、KDN	$110_{-0.87}^{0}$	$122.5_{-1.0}^{0}$	$137_{-1.0}^{0}$	$150_{-1.0}^{0}$
	KY、KN	G4″	G5″	G5 $\frac{1}{2}$″	G6″
D		$182_{-1.85}^{0}$	$196_{-1.85}^{0}$	$207_{-1.85}^{0}$	$240_{-1.85}^{0}$
D_1		$161_{-1.0}^{0}$	$176_{-1.0}^{0}$	$187_{-1.15}^{0}$	$240_{-1.15}^{0}$
D_2		$153_{-1.0}^{0}$	$165_{-1.0}^{0}$	$176_{-1.0}^{0}$	$220_{-1.15}^{0}$
D_3		$133_{0}^{+1.0}$	$148_{0}^{+1.0}$	$159_{0}^{+1.0}$	$188_{0}^{+1.0}$
m		$15.3_{-0.70}^{0}$	$15.3_{-0.70}^{0}$	$15.3_{-0.70}^{0}$	$16.3_{-0.70}^{0}$
n		7±0.11	7.5±0.11	7.5±0.11	8±0.11
L	KD、KDN	≥170	≥205	≥245	≥270
	KY、KN	≥63	≥67	≥67	≥80
	KM	$63_{-3.0}^{0}$	$70_{-3.0}^{0}$	$70_{-3.0}^{0}$	$80_{-3.0}^{0}$
L_1	KD、KDN	$63_{-3.0}^{0}$	$69_{-3.0}^{0}$	$69_{-3.0}^{0}$	$80_{-3.0}^{0}$
l	KY、KN	$26_{-0.84}^{0}$	$26_{-0.84}^{0}$	$26_{-0.84}^{0}$	$34_{-1.0}^{0}$

5 基本尺寸

5.1 各种接口的基本尺寸及其偏差应符合表 2 的规定。未注尺寸应符合 GB/T 1804—2000 粗糙 c 级的要求。

5.2 标记方法

```
□ □ □
│ │ └──公称压力(2.5 MPa 用 Z 表示,1.6 MPa 可省略)
│ └────公称通径
└──────型式代号
```

示例：

公称压力为 1.6 MPa、公称通径为 65 mm 的外箍式水带接口标记为 KD65

公称压力为 2.5 MPa、公称通径为 80 mm 的内扩张式水带接口标记为 KDN80Z

公称压力为 1.6 MPa、两端公称通径分别为 50 mm、65 mm 的异径接口标记为 KD50/65

ICS 13.220.20
C 84

中华人民共和国国家标准

GB 12514.3—2006
代替 GB 12514—1990，GB 3265—1995

消 防 接 口
第3部分：卡式消防接口型式和基本参数

Fire coupling — Part 3: Patterns and basic parameters for fire insertion-type coupling

2006-01-26 发布 2006-08-01 实施

中华人民共和国国家质量监督检验检疫总局
中国国家标准化管理委员会 发布

前　言

本部分的第4章和第5章为强制性条文，其余为推荐性条文。

GB 12514《消防接口》分为4个部分：

——第1部分：消防接口通用技术条件；

——第2部分：内扣式消防接口型式和基本参数；

——第3部分：卡式消防接口型式和基本参数；

——第4部分：螺纹式消防接口型式和基本参数。

本部分为GB 12514的第3部分。

本部分和GB 12514.1、GB 12514.2、GB 12514.4一起代替原国家标准GB 12514—1990《消防接口性能要求和试验方法》和GB 3265—1995《内扣式消防接口》。

本部分由中华人民共和国公安部提出。

本部分由全国消防标准化技术委员会第五分技术委员会归口。

本部分起草单位：公安部上海消防研究所、芜湖消防器材总厂。

本部分主要起草人：徐耀亮、沈坚敏、冯学农、金义重、凌新亮、徐兰娣。

本部分所代替标准的历次版本发布情况为：

——GB 12514—1990；

——GB 3265—1982、GB 3265—1995。

消 防 接 口
第3部分：卡式消防接口型式和基本参数

1 范围

本部分规定了卡式消防接口的型式、规格和基本参数。

本部分适用于消防供水系统中的卡式消防水带接口、管牙接口、闷盖和异径接口(以下简称接口)。

2 规范性引用文件

下列文件中的条款通过GB 12514的本部分的引用而成为本部分的条款。凡是注日期的引用文件，其随后所有的修改单(不包括勘误的内容)或修订版均不适用于本部分，然而，鼓励根据本部分达成协议的各方研究是否可使用这些文件的最新版本。凡是不注日期的引用文件，其最新版本适用于本部分。

GB/T 1804—2000 一般公差 未注公差的线性和角度尺寸的公差

3 接口的型式和规格

接口的型式和规格应符合表1的规定。

表1

接口型式		规格		适用介质
名 称	代 号	公称通径/mm	公称压力/MPa	
水带接口	KDK	40、50、65、80	1.6 2.5	水、水和泡沫混合液
闷盖	KMK			
管牙雌接口	KYK			
管牙雄接口	KYKA			
异径接口	KJK	两端通径可在通径系列内组合		

4 接口的结构

接口的结构应符合图1～图5的规定。

5 基本尺寸

5.1 各种接口的基本尺寸及其偏差应符合表2的规定。未注尺寸应符合GB/T 1804—2000粗糙c级的要求。

5.2 异径接口的两端的基本尺寸应与相应的KDK型的基本尺寸相同，长度尺寸应能满足配合要求。

5.3 标记方法

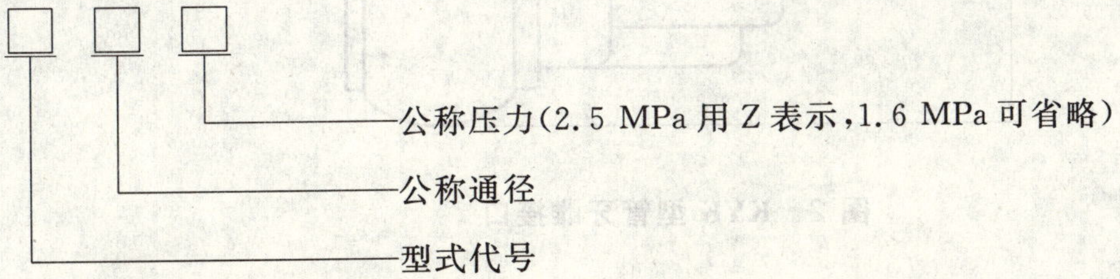

示例：

公称压力为 2.5 MPa，公称通径为 65 mm 的水带接口标记为 KDK65Z。

公称压力为 1.6 MPa，公称通径为 80 mm 的管牙雌接口标记为 KYK80。

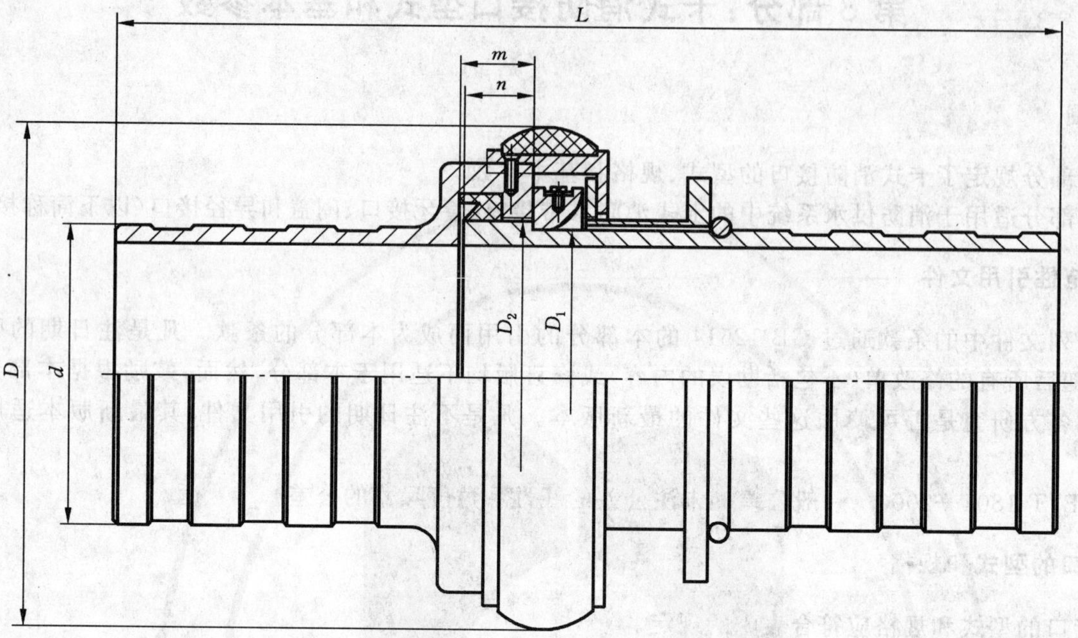

图 1　KDK 型水带接口

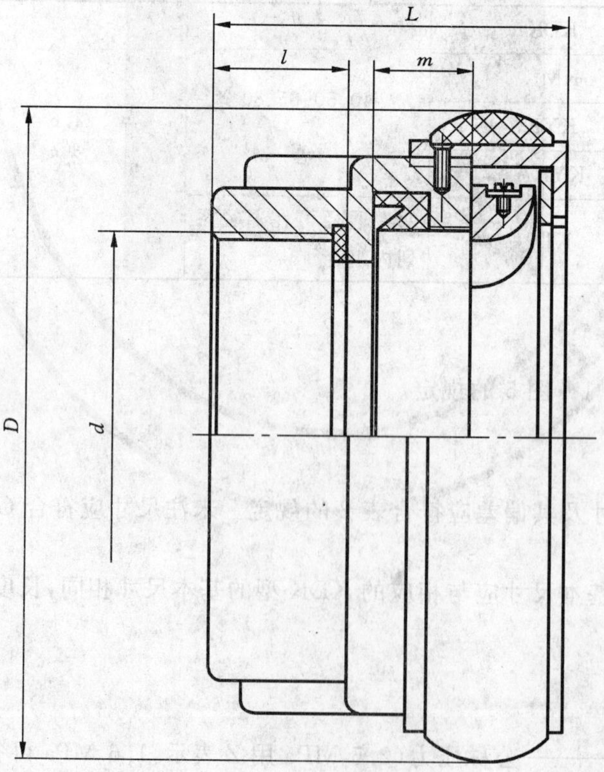

图 2　KYK 型管牙雌接口

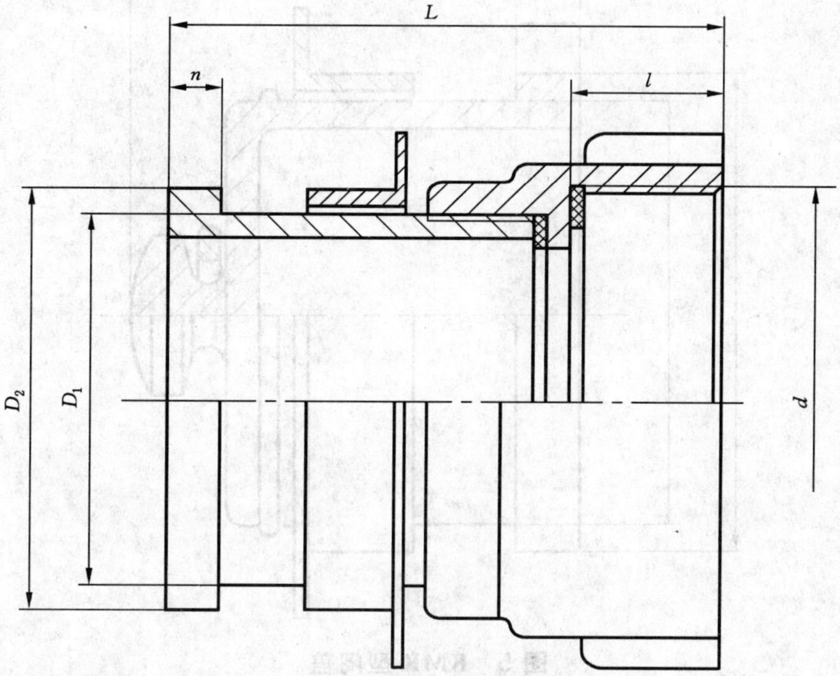

图 3 KYKA 型管牙雄接口

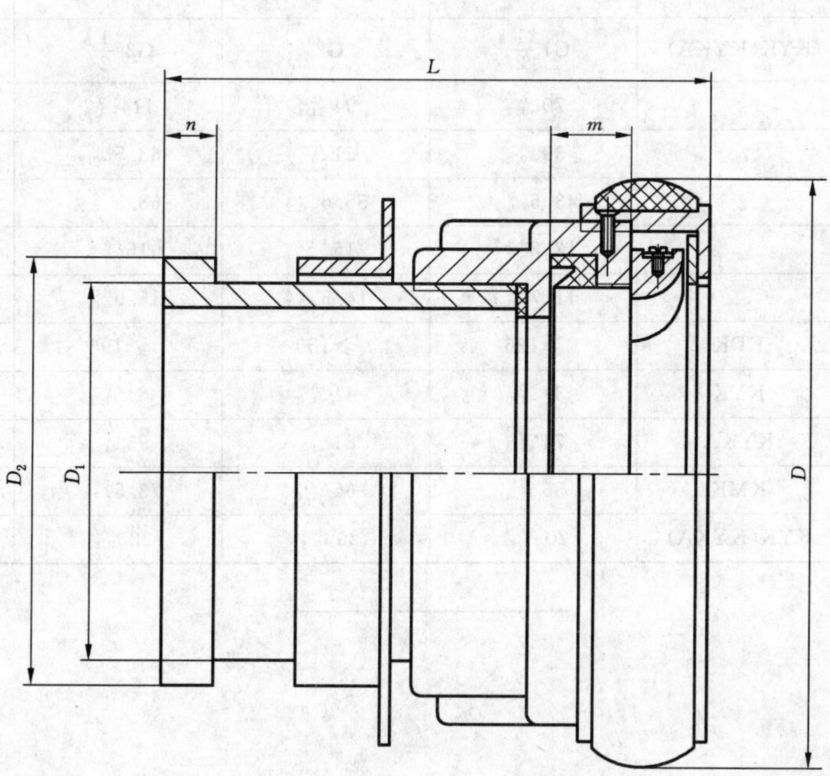

图 4 KJK 型异径接口

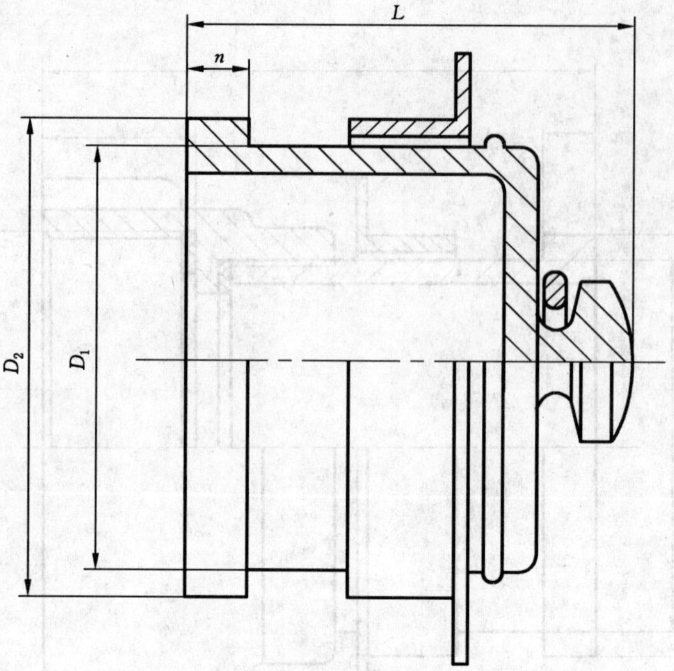

图 5 KMK 型闷盖

表 2 卡式消防接口基本尺寸表

单位为毫米

公称通径		40	50	65	80
d	KDK	$38_{-0.62}^{\ 0}$	$51_{-0.74}^{\ 0}$	$63.5_{-0.74}^{\ 0}$	$76_{-0.74}^{\ 0}$
	KYK(KYKA)	G1 $\frac{1}{2}$″	G2″	G2 $\frac{1}{2}$″	G3″
D		$70_{-1.2}^{\ 0}$	$94_{-1.4}^{\ 0}$	$114_{-1.4}^{\ 0}$	$129_{-1.6}^{\ 0}$
D_1		$39_{-0.2}^{\ 0}$	$51_{-0.2}^{\ 0}$	$63.5_{-0.2}^{\ 0}$	$76.2_{-0.2}^{\ 0}$
D_2		$43.6_{-0.2}^{\ 0}$	$55.6_{-0.2}^{\ 0}$	$68.5_{-0.2}^{\ 0}$	$81.5_{-0.2}^{\ 0}$
m		$12.2_{0}^{+0.2}$	$15_{0}^{+0.2}$	$16_{0}^{+0.2}$	$19_{0}^{+0.2}$
n		$11.7_{-0.2}^{\ 0}$	$14.5_{-0.2}^{\ 0}$	$15.5_{-0.2}^{\ 0}$	$18_{-0.2}^{\ 0}$
L	KDK	≥126	≥160	≥196	≥227
	KYK	$37_{-1.0}^{\ 0}$	$41_{-1.0}^{\ 0}$	$64_{-1.2}^{\ 0}$	$71_{-1.2}^{\ 0}$
	KYKA	$74_{-1.2}^{\ 0}$	$81_{-1.2}^{\ 0}$	$95_{-1.4}^{\ 0}$	$102_{-1.4}^{\ 0}$
	KMK	$55_{-1.4}^{\ 0}$	$65_{-1.4}^{\ 0}$	$73.5_{-1.4}^{\ 0}$	$83_{-1.4}^{\ 0}$
l	KYK(KYKA)	$20_{-0.84}^{\ 0}$	$20_{-0.84}^{\ 0}$	$22_{-0.84}^{\ 0}$	$22_{-0.84}^{\ 0}$

ICS 13.220.20
C 84

中华人民共和国国家标准

GB 12514.4—2006
代替 GB 12514—1990,GB 3265—1995

消防接口
第4部分:螺纹式消防接口型式和基本参数

Fire coupling — Part 4: Patterns and basic parameters for fire screw-type coupling

2006-01-26 发布 2006-08-01 实施

中华人民共和国国家质量监督检验检疫总局
中国国家标准化管理委员会 发布

前言

本部分的第4章和第5章为强制性条文，其余为推荐性条文。

GB 12514《消防接口》分为4个部分：

——第1部分：消防接口通用技术条件；

——第2部分：内扣式消防接口型式和基本参数；

——第3部分：卡式消防接口型式和基本参数；

——第4部分：螺纹式消防接口型式和基本参数。

本部分为GB 12514的第4部分。

本部分和GB 12514.1、GB 12514.2、GB 12514.3一起代替原国家标准GB 12514—1990《消防接口性能要求和试验方法》和GB 3265—1995《内扣式消防接口》。

本部分由中华人民共和国公安部提出。

本部分由全国消防标准化技术委员会第五分技术委员会归口。

本部分起草单位：公安部上海消防研究所、芜湖消防器材总厂。

本部分主要起草人：徐耀亮、沈坚敏、冯学农、金义重、凌新亮、徐兰娣。

本部分所代替标准的历次版本发布情况为：

——GB 12514—1990；

——GB 3265—1982、GB 3265—1995。

消 防 接 口
第4部分：螺纹式消防接口型式和基本参数

1 范围

本部分规定了螺纹式消防接口的型式、规格和基本参数。

本部分适用于消防供水系统中的螺纹式消防吸水管接口、闷盖和同型接口(以下简称接口)。

2 规范性引用文件

下列文件中的条款通过GB 12514的本部分的引用而成为本部分的条款。凡是注日期的引用文件，其随后所有的修改单(不包括勘误的内容)或修订版均不适用于本部分，然而，鼓励根据本部分达成协议的各方研究是否可使用这些文件的最新版本。凡是不注日期的引用文件，其最新版本适用于本部分。

GB/T 1804—2000 一般公差 未注公差的线性和角度尺寸的公差

3 接口的型式和规格

接口的型式规格及适用介质见表1。

表1

接口型式		规格		适用介质
名称	代号	公称通径/mm	公称压力/MPa	
吸水管接口	KG	90、100、125、150	1.0 1.6	水
闷盖	KA			
同型接口	KT			

4 接口的结构

接口的结构应符合图1～图3的规定。

5 基本尺寸

5.1 各种接口的基本尺寸及偏差应符合表2的规定。未注尺寸应符合GB/T 1804—2000粗糙c级的要求。

5.2 标记方法

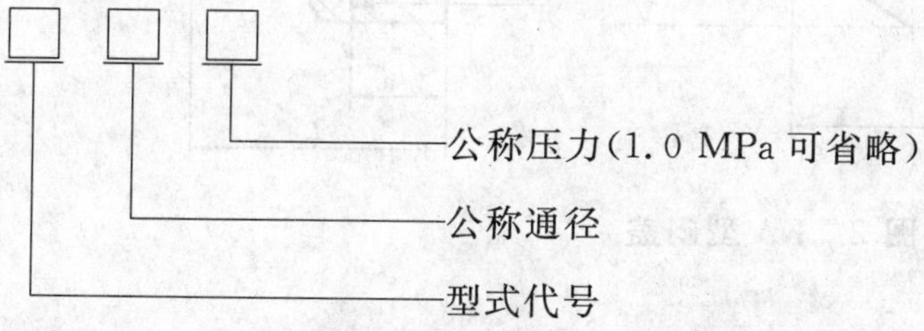

示例：公称压力为1.0 MPa、公称通径为100 mm的吸水管接口标记为KG100。

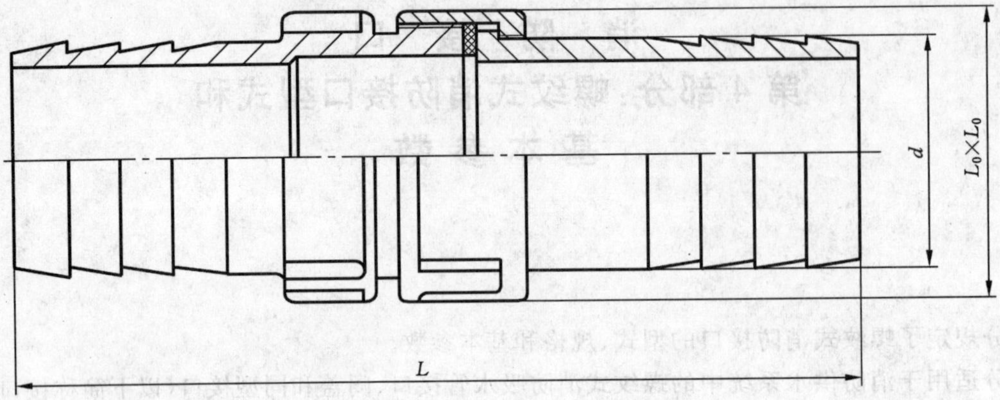

a）总图

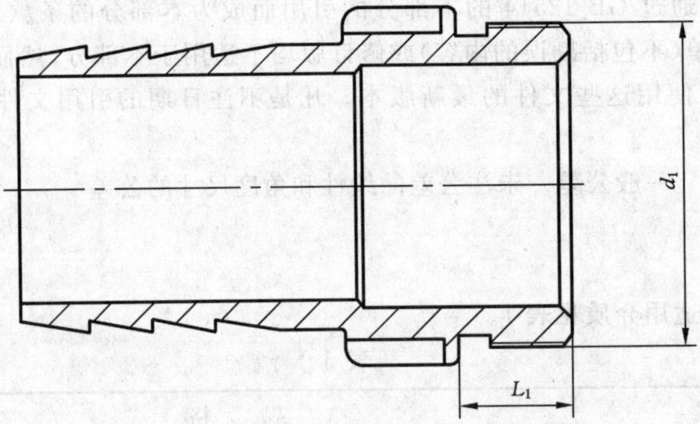

b）雄接头

图 1　KG 型吸水管接口

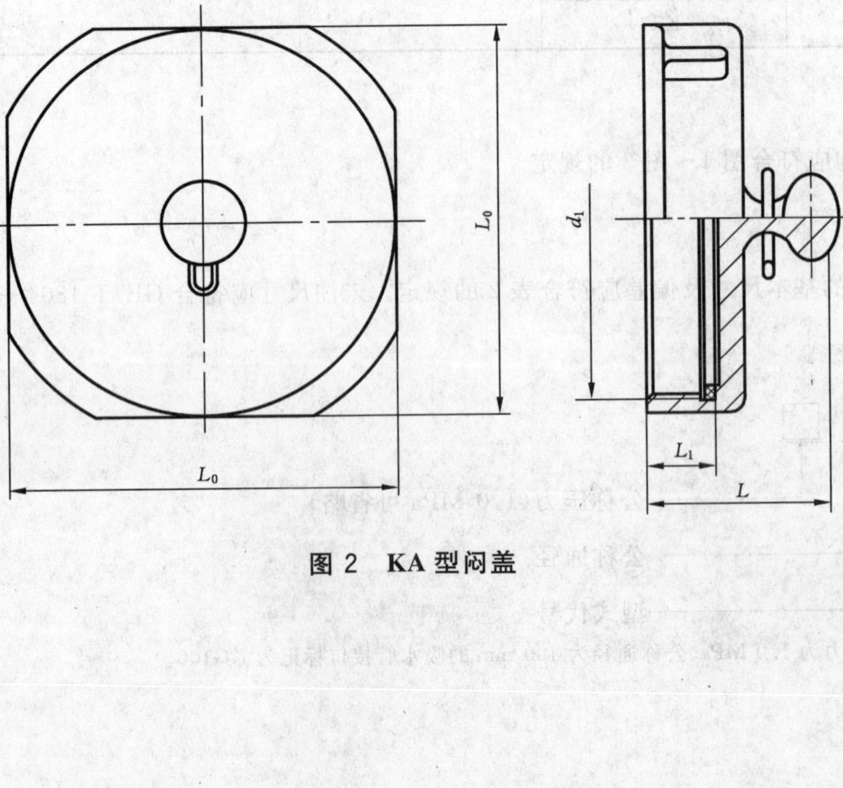

图 2　KA 型闷盖

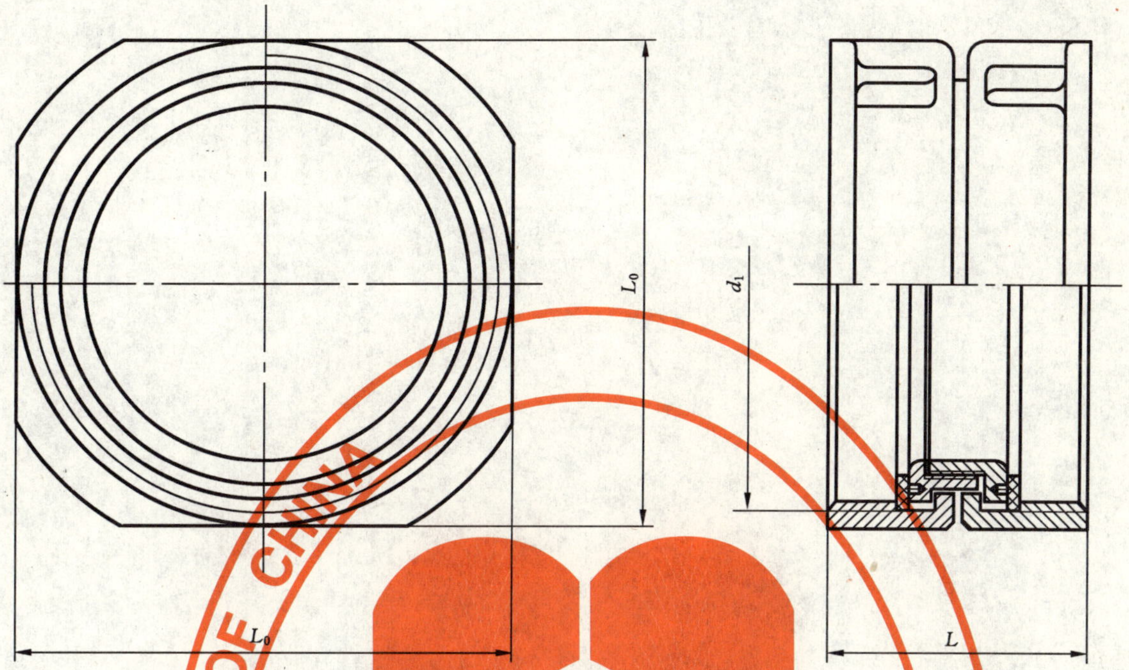

图 3　KT 型同型接口

表 2　螺纹式消防接口的基本尺寸表

单位为毫米

公称通径		90	100	125	150
d	KG	103	113	122.5	163
d_1	KA KG KT	M125×6		M150×6	M170×6
L	KG	≥310	≥315	≥320	≥360
	KA	≥59	≥59	≥59	≥59
	KT	≥113	≥113	≥113	≥113
L_1	KA KG KT	24			
L_0		140×140		166×166	190×190

ICS 25.120.30
J 46

中华人民共和国国家标准

GB/T 12554—2006
代替 GB/T 12554—1990

塑料注射模技术条件

Specification of injection moulds for plastics

2006-12-08 发布　　　　2007-04-01 实施

中华人民共和国国家质量监督检验检疫总局
中国国家标准化管理委员会　发布

前言

本标准代替 GB/T 12554—1990《塑料注射模技术条件》。

本标准与 GB/T 12554—1990 相比主要变化如下：

——在标准的编排上作了修改，并增加了“前言”和“规范性引用文件”；

——增加了 3.2“模具成型零件和浇注系统零件所选用的材料应符合相应牌号的技术标准”；

——对模具成型零件和浇注系统零件的热处理硬度作了调整；

——“制造单位、制造方”统一为“供方”，“订购方”改为“顾客”；

——对复位杆的合模位置重新进行了界定，使其更加确切；

——对 5.6“模具质量稳定性检验”的内容作了调整。

本标准由中国电器工业协会提出。

本标准由全国模具标准化技术委员会(SAC/TC 33)归口。

本标准起草单位：桂林电器科学研究所、浙江亚轮塑料模架有限公司、昆山市中大模架有限公司、龙记集团。

本标准主要起草人：翁史振、廖宏谊、胡建林、王建军、蔡逢敬、李红英、黄新标。

本标准所代替标准的历次版本发布情况：

——GB/T 12554—1990。

塑料注射模技术条件

1 范围

本标准规定了塑料注射模的要求、验收、标志、包装、运输和贮存。

本标准适用于塑料注射模的设计、制造和验收。

2 规范性引用文件

下列文件中的条款通过本标准的引用而成为本标准的条款。凡是注日期的引用文件，其随后所有的修改单(不包括勘误的内容)或修订版均不适用于本标准，然而，鼓励根据本标准达成协议的各方研究是否可使用这些文件的最新版本。凡是不注日期的引用文件，其最新版本适用于本标准。

GB/T 196 普通螺纹 基本尺寸

GB/T 197 普通螺纹 公差与配合

GB/T 825 吊环螺钉

GB/T 1184—1996 形状和位置公差 未注公差值

GB/T 1804—2000 一般公差 未注公差的线性和角度尺寸的公差

GB/T 4169.1～4169.23—2006 塑料注射模零件

GB/T 12555—2006 塑料注射模模架

GB/T 12556—2006 塑料注射模模架技术条件

3 零件要求

3.1 设计塑料注射模宜选用 GB/T 12555、GB/T 4169.1～4169.23 规定的塑料注射模标准模架和塑料注射模零件。

3.2 模具成型零件和浇注系统零件所选用材料应符合相应牌号的技术标准。

3.3 模具成型零件和浇注系统零件推荐材料和热处理硬度见表 1，允许采用质量和性能高于表 1 推荐的材料。

表 1

零件名称	材料	硬度/HRC
型芯、定模镶块、动模镶块、活动镶块、分流锥、推杆、浇口套	45、40Cr	40～45
	CrWMn、9Mn2V	48～52
	Cr12、Cr12MoV	52～58
	3Cr2Mo	预硬态 35～45
	4Cr5MoSiV1	45～55
	3Cr13	45～55

3.4 成型对模具易腐蚀的塑料时，成型零件应采用耐腐蚀材料制作，或其成型面应采取防腐蚀措施。

3.5 成型对模具易磨损的塑料时，成型零件硬度应不低于 50 HRC，否则成型表面应做表面硬化处理，硬度应高于 600 HV。

3.6 模具零件的几何形状、尺寸、表面粗糙度应符合图样要求。

3.7 模具零件不允许有裂纹，成型表面不允许有划痕、压伤、锈蚀等缺陷。

3.8 成型部位未注公差尺寸的极限偏差应符合 GB/T 1804—2000 中 f 的规定。

3.9 成型部位转接圆弧未注公差尺寸的极限偏差应符合表 2 的规定。

表 2

单位为毫米

转接圆弧半径		≤6	>6~18	>18~30	>30~120	>120
极限偏差值	凸圆弧	0 −0.15	0 −0.20	0 −0.30	0 −0.45	0 −0.60
	凹圆弧	+0.15 0	+0.20 0	+0.30 0	+0.45 0	+0.60 0

3.10 成型部位未注角度和锥度公差尺寸的极限偏差应符合表 3 的规定。锥度公差按锥体母线长度决定，角度公差按角度短边长度决定。

表 3

锥体母线或角度短边长度/mm	≤6	>6~18	>18~50	>50~120	>120
极限偏差值	±1°	±30′	±20′	±10′	±5′

3.11 当成型部位未注脱模斜度时，除本条 a)、b)、c)、d)、e)要求外，单边脱模斜度应不大于表 4 的规定值，当图中未注脱模斜度方向时，按减小塑件壁厚并符合脱模要求的方向制造。

a) 文字、符号的单边脱模斜度应为 10°~15°；

b) 成型部位有装饰纹时，单边脱模斜度允许大于表 4 的规定值；

c) 塑件上凸起或加强筋单边脱模斜度应大于 2°；

d) 塑件上有数个并列圆孔或格状栅孔时，其单边脱模斜度应大于表 4 的规定值；

e) 对于表 4 中所列的塑料若填充玻璃纤维等增强材质后，其脱模斜度应增加 1°。

表 4

脱模高度/mm		≤6	>6 ~10	>10 ~18	>18 ~30	>30 ~50	>50 ~80	>80 ~120	>120 ~180	>180 ~250
塑料类别	自润性好的塑料(例:聚甲醛、聚酰胺等)	1°45′	1°30′	1°15′	1°	45′	30′	20′	15′	10′
	软质塑料(例:聚乙烯、聚丙烯等)	2°	1°45′	1°30′	1°15′	1°	45′	30′	20′	15′
	硬质塑料(例:聚乙烯、聚甲基丙烯酸甲酯、丙烯腈-丁二烯-苯乙烯共聚物、聚碳酸酯、注射型酚醛塑料等)	2°30′	2°15′	2°	1°45′	1°30′	1°15′	1°	45′	30′

3.12 非成型部位未注公差尺寸的极限偏差应符合 GB/T 1804—2000 中 m 的规定。

3.13 成型零件表面应避免有焊接熔痕。

3.14 螺钉安装孔、推杆孔、复位杆孔等未注孔距公差的极限偏差应符合 GB/T 1804 中 f 的规定。

3.15 模具零件图中螺纹的基本尺寸应符合 GB/T 196 的规定，选用的公差与配合应符合 GB/T 197 的规定。

3.16 模具零件图中未注形位公差应符合 GB/T 1184—1996 中 H 的规定。

3.17 非成型零件外形棱边均应倒角或倒圆。与型芯、推杆相配合的孔在成型面和分型面的交接边缘不允许倒角或倒圆。

4 装配要求

4.1 定模座板与动模座板安装平面的平行度应符合 GB/T 12556—2006 的规定。

4.2 导柱、导套对模板的垂直度应符合 GB/T 12556—2006 的规定。

4.3 在合模位置，复位杆端面应与其接触面贴合，允许有不大于 0.05 mm 的间隙。

4.4　模具所有活动部分应保证位置准确，动作可靠，不得有歪斜和卡滞现象，要求固定的零件，不得相对窜动。

4.5　塑件的嵌件或机外脱模的成型零件在模具上安放位置应定位准确、安放可靠，应有防错位措施。

4.6　流道转接处圆弧连接应平滑，镶拼处应密合，未注拔模斜度不小于5°，表面粗糙度 $Ra\leqslant 0.8\ \mu m$。

4.7　热流道模具，其浇注系统不允许有塑料渗漏现象。

4.8　滑块运动应平稳，合模后滑块与楔紧块应压紧，接触面积不小于设计值的75%，开模后限位应准确可靠。

4.9　合模后分型面应紧密贴合。排气槽除外，成型部位固定镶件的拼合间隙应小于塑料的溢料间隙，详见表5的规定。

表5

单位为毫米

塑料流动性	好	一般	较差
溢料间隙	<0.03	<0.05	<0.08

4.10　通介质的冷却或加热系统应畅通，不应有介质渗漏现象。

4.11　气动或液压系统应畅通，不应有介质渗漏现象。

4.12　电气系统应绝缘可靠，不允许有漏电或短路现象。

4.13　模具应设吊环螺钉，确保安全吊装。起吊时模具应平稳，便于装模。吊环螺钉应符合GB/T 825的规定。

4.14　分型面上应尽可能避免有螺钉或销钉的通孔，以免积存溢料。

5　验收

5.1　验收应包括以下内容：

a）外观检查；

b）尺寸检查；

c）模具材质和热处理要求检查；

d）冷却或加热系统、气动或液压系统、电气系统检查；

e）试模和塑件检查；

f）质量稳定性检查。

5.2　模具供方应按模具图和本技术条件对模具零件和整套模具进行外观与尺寸检查。

5.3　模具供方应对冷却或加热系统、气动或液压系统、电气系统进行检查。

a）对冷却或加热系统加0.5 MPa的压力试压，保压时间不少于5 min，不得有渗漏现象；

b）对气动或液压系统按设计额定压力值的1.2倍试压，保压时间不少于5 min，不得有渗漏现象；

c）对电气系统应先用500 V摇表检查其绝缘电阻，应不低于10 MΩ，然后按设计额定参数通电检查。

5.4　完成5.2和5.3项目检查并确认合格后，可进行试模。试模应严格遵守如下要求：

a）试模应严格遵守注塑工艺规程，按正常生产条件试模；

b）试模所用材质应符合图样的规定，采用代用塑料时应经顾客同意；

c）试模所用注塑机及附件应符合技术要求，模具装机后应空载运行，确认模具活动部分动作灵活、稳定、准确、可靠。

5.5　试模工艺稳定后，应连续提取5～15模塑件进行检验。模具供方和顾客确认塑件合格后，由供方开具模具合格证并随模具交付顾客。

5.6　模具质量稳定性检验方法为在正常生产条件下连续生产不少于8 h，或由模具供方与顾客协商确定。

5.7 模具顾客在验收期间，应按图样和本技术条件对模具主要零件的材质、热处理、表面处理情况进行检查或抽查。

6 标志、包装、运输、贮存

6.1 在模具外表面的明显处应做出标志。标志一般包括以下内容：模具号、出厂日期、供方名称。

6.2 对冷却或加热系统应标记进口和出口。对气动或液压系统应标记进口和出口，并在进口处标记额定压力值。对电气系统接口处应标记额定电气参数值。

6.3 交付模具应干净整洁，表面应涂覆防锈剂。

6.4 动模、定模尽可能整体包装。对于水嘴、油嘴、油缸、气缸、电器零件允许分体包装。水、液、气进出口处和电路接口应采取封口措施防止异物进入。

6.5 模具应根据运输要求进行包装，应防潮、防止磕碰，保证在正常运输中模具完好无损。

ICS 25.120.30
J 46

中华人民共和国国家标准

GB/T 12555—2006
代替 GB/T 12555.1—1990,GB/T 12556.1—1990

塑料注射模模架

Injection mould bases for plastics

2006-12-08 发布

2007-04-01 实施

中华人民共和国国家质量监督检验检疫总局
中国国家标准化管理委员会
发布

前　言

本标准代替 GB/T 12555.1—1990《塑料注射模大型模架》和 GB/T 12556.1—1990《塑料注射模中小型模架》。

本标准与 GB/T 12555.1—1990 及 GB/T 12556.1—1990 相比较主要变化如下：

——本标准将 GB/T 12555.1—1990 和 GB/T 12556.1—1990 合并为一个标准；

——在标准的编排上作了较大的修改，增加了“前言”和“规范性引用文件”；

——模架组成零件的名称增加了常用的点浇口型图例；

——将基本型结构分为直浇口型和点浇口型两种；

——将直浇口基本型分为 A、B、C、D 四种，点浇口基本型分为 DA、DB、DC、DD 四种；

——根据生产实际，对模架的组合尺寸作了较大调整；

——将原分系列、规格的表格作了合并；

——增加了模架结构的类型，列举了 36 种模架结构；

——将导柱、导套的安装形式放在附录 B，并增加了结构类型。

本标准的附录 A、附录 B 为规范性附录。

本标准由中国电器工业协会提出。

本标准由全国模具标准化技术委员会(SAC/TC 33)归口。

本标准起草单位：浙江亚轮塑料模架有限公司、桂林电器科学研究所、龙记集团、昆山市中大模架有限公司。

本标准主要起草人：胡建林、翁史振、廖宏谊、蔡逢敬、王建军、黄新标、李捷。

本标准所代替标准的历次版本发布情况：

——GB/T 12555.1—1990、GB/T 12556.1—1990。

塑料注射模模架

1　范围

本标准规定了塑料注射模模架的组合型式、尺寸与标记。

本标准适用于塑料注射模模架。

2　规范性引用文件

下列文件中的条款通过本标准的引用而成为本标准的条款。凡是注日期的引用文件，其随后所有的修改单(不包括勘误的内容)或修订版均不适用于本标准，然而，鼓励根据本标准达成协议的各方研究是否可使用这些文件的最新版本。凡是不注日期的引用文件，其最新版本适用于本标准。

GB/T 4169.1～4169.23—2006　塑料注射模零件

3　模架组成零件的名称

模架组成零件的名称见图 1、图 2。

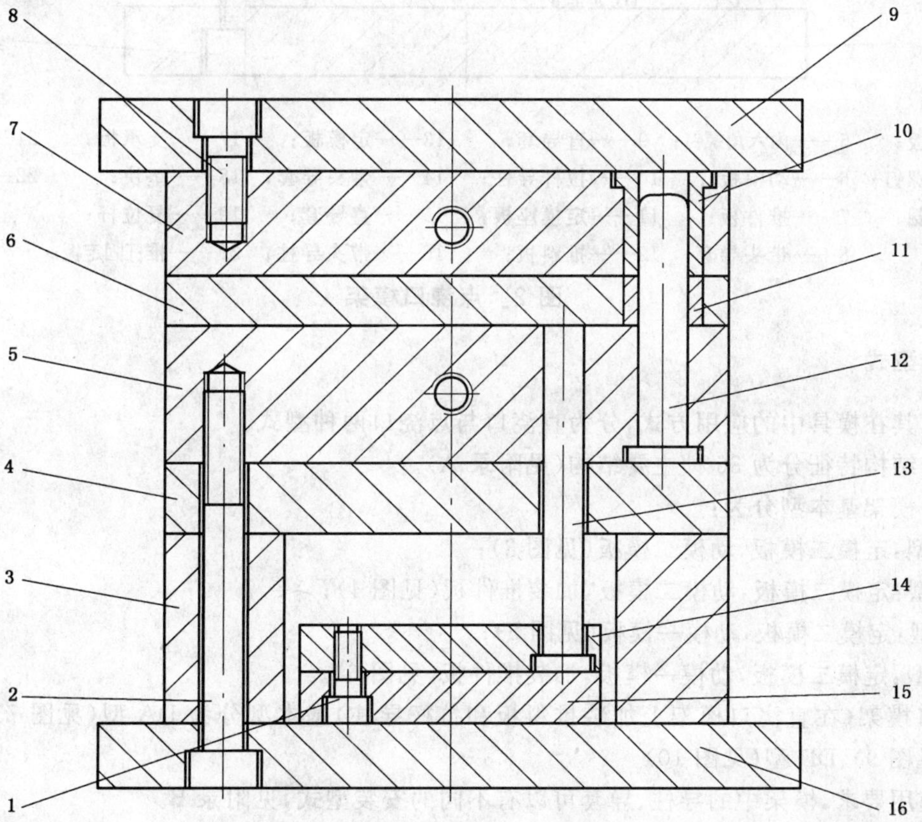

1——内六角螺钉；	5——动模板；	9——定模座板；	13——复位杆；
2——内六角螺钉；	6——推件板；	10——带头导套；	14——推杆固定板；
3——垫块；	7——定模板；	11——直导套；	15——推板；
4——支承板；	8——内六角螺钉；	12——带头导柱；	16——动模座板。

图 1　直浇口模架

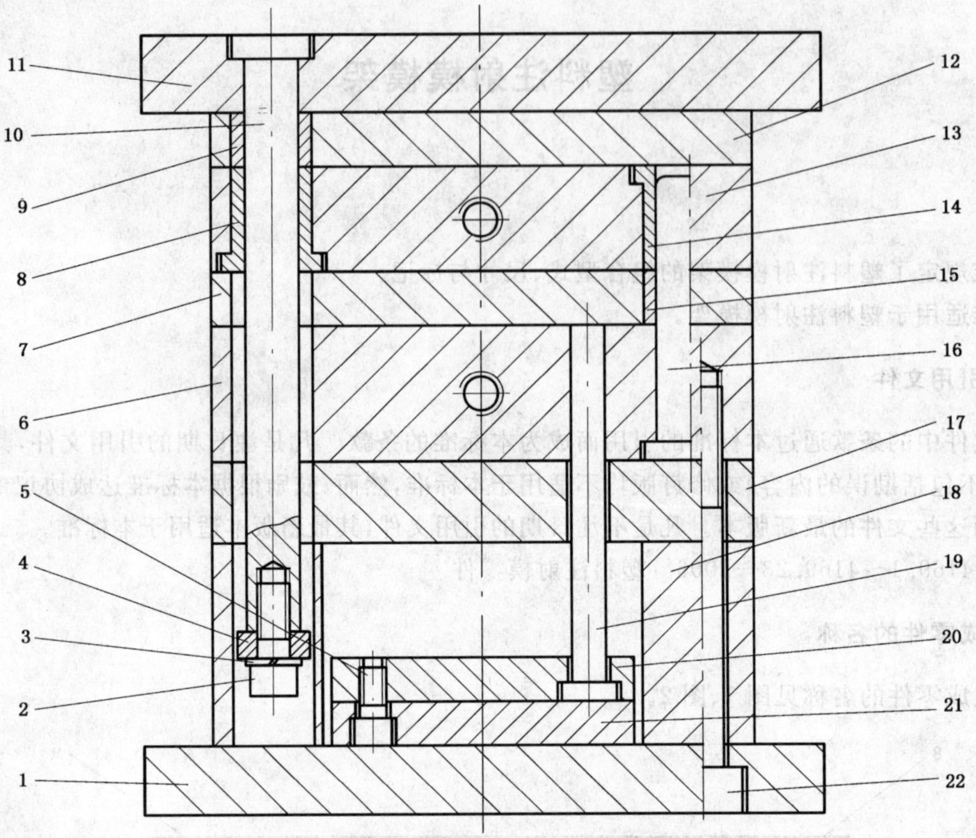

1——动模座板； 5——内六角螺钉； 9——直导套； 13——定模板； 17——支承板； 21——推板；
2——内六角螺钉； 6——动模板； 10——拉杆导柱； 14——带头导套； 18——垫块； 22——内六角螺钉。
3——弹簧垫圈； 7——推件板； 11——定模座板； 15——直导套； 19——复位杆；
4——挡环； 8——带头导套； 12——推料板； 16——带头导柱； 20——推杆固定板；

图 2 点浇口模架

4 模架组合型式

4.1 模架以其在模具中的应用方式，分为直浇口与点浇口两种型式。

4.2 模架按结构特征分为 36 种主要结构（见附录 A）。

4.3 直浇口模架基本型分为：

a) A 型：定模二模板，动模二模板（见图 3）；

b) B 型：定模二模板，动模二模板，加装推件板（见图 4）；

c) C 型：定模二模板，动模一模板（见图 5）；

d) D 型：定模二模板，动模一模板，加装推件板（见图 6）。

4.4 点浇口模架（在直浇口模架上加装推料板和拉杆导柱）基本型分为 DA 型（见图 7）、DB 型（见图 8）、DC 型（见图 9）、DD 型（见图 10）。

4.5 根据使用要求，模架中的导柱、导套可以有不同的安装型式，见附录 B。

5 基本型模架组合尺寸

5.1 组成模架的零件应符合 GB/T 4169.1～4169.23—2006 的规定。

5.2 组合尺寸为零件的外形尺寸和孔径与孔位尺寸。

5.3 基本型模架组合尺寸见图 11、图 12 和表 1。

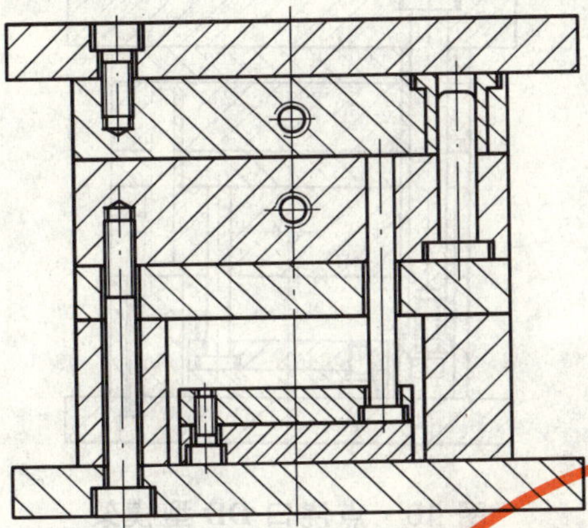

图 3　直浇口 A 型模架

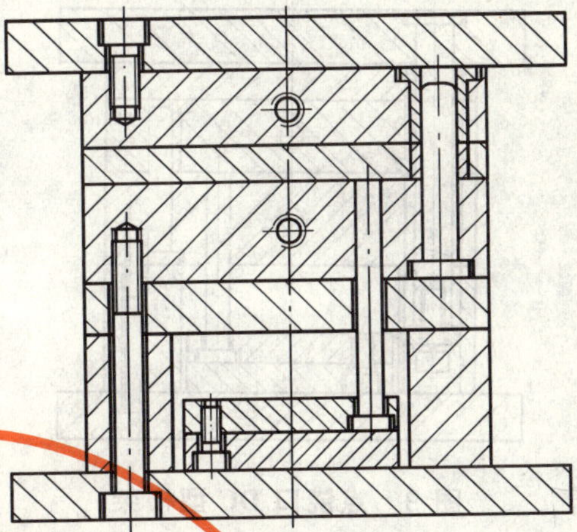

图 4　直浇口 B 型模架

图 5　直浇口 C 型模架

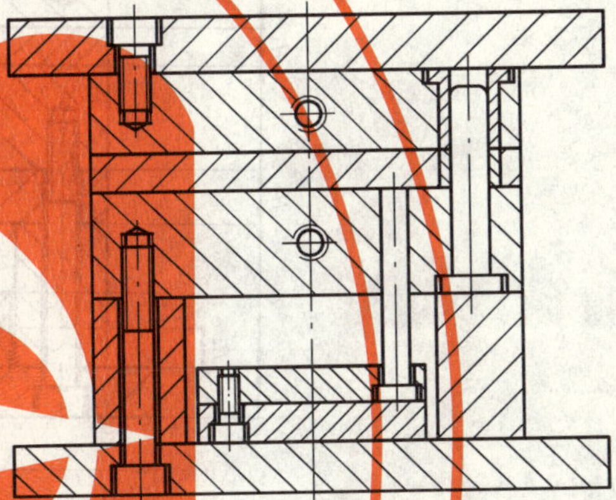

图 6　直浇口 D 型模架

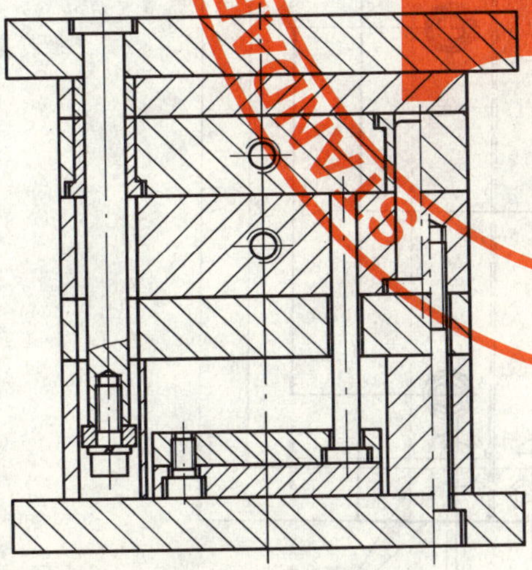

图 7　点浇口 DA 型模架

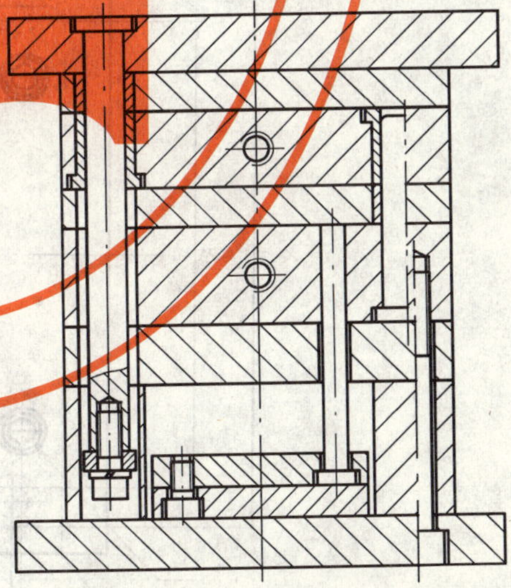

图 8　点浇口 DB 型模架

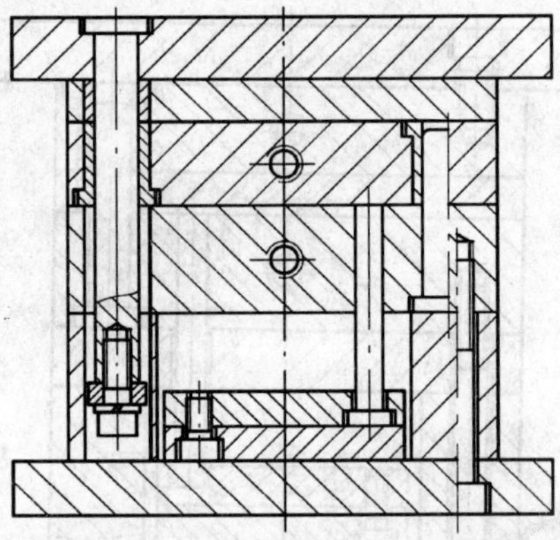

图 9　点浇口 DC 型模架

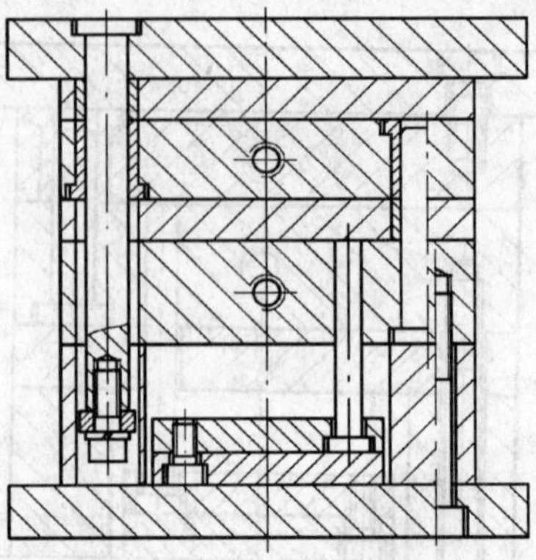

图 10　点浇口 DD 型模架

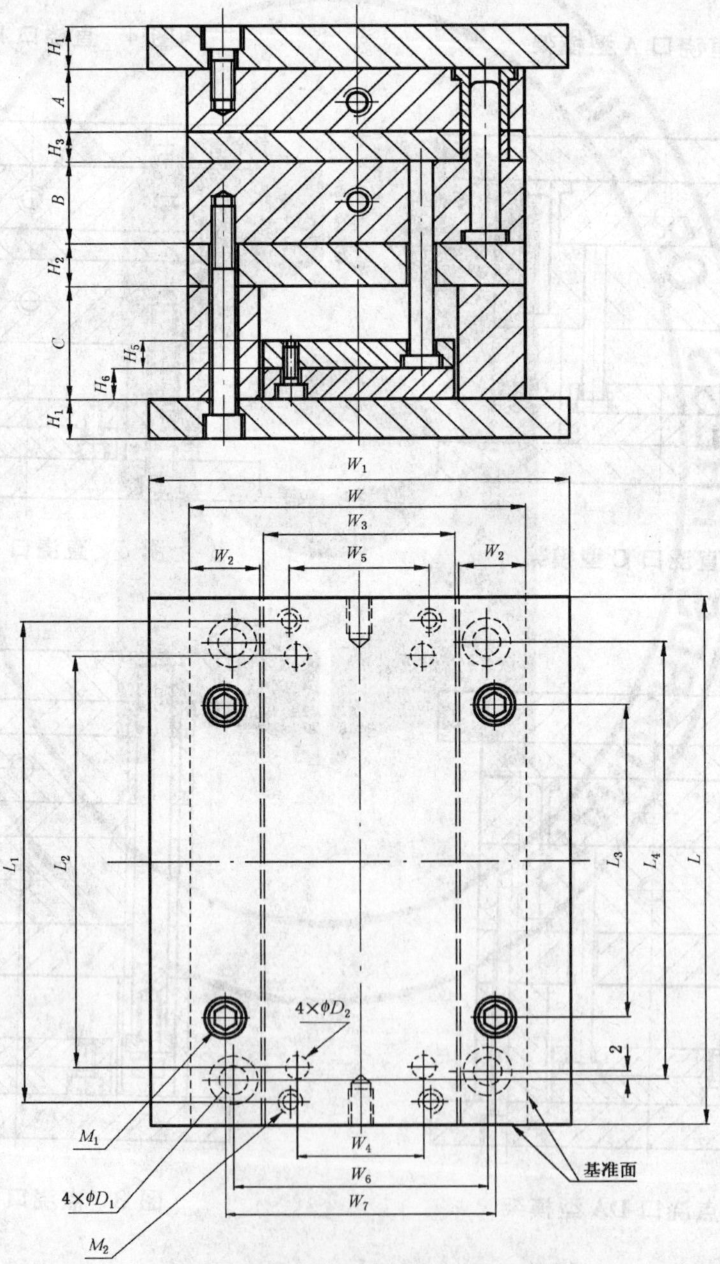

图 11　直浇口模架组合尺寸图示

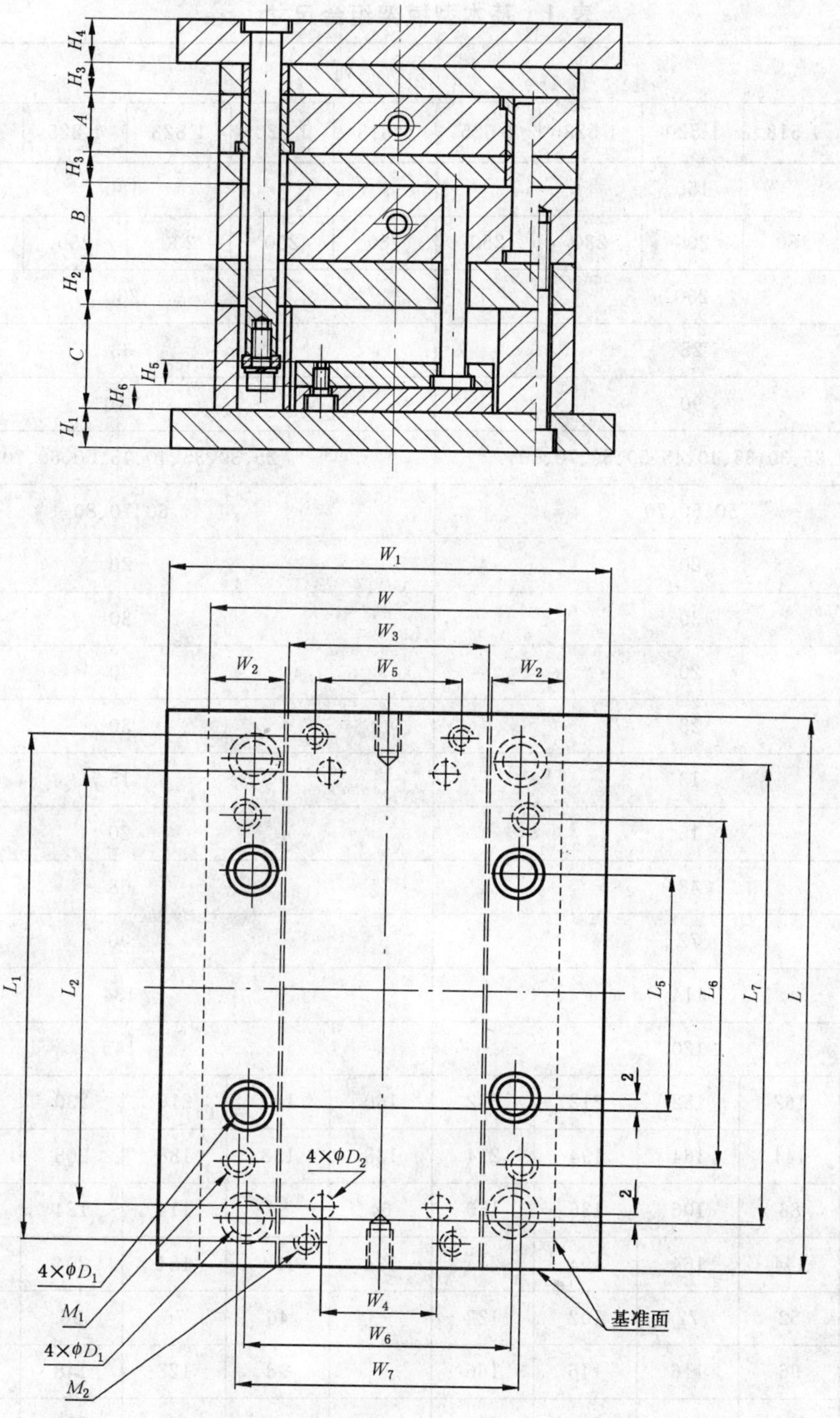

图 12　点浇口模架组合尺寸图示

表 1　基本型模架组合尺寸

单位为毫米

代　号	系　列										
	1 515	1 518	1 520	1 523	1 525	1 818	1 820	1 823	1 825	1 830	1 835
W	150					180					
L	150	180	200	230	250	180	200	230	250	300	350
W_1	200					230					
W_2	28					33					
W_3	90					110					
A、B	20、25、30、35、40、45、50、60、70、80					25、30、35、40、45、50、60、70、80					
C	50、60、70					60、70、80					
H_1	20					20					
H_2	30					30					
H_3	20					20					
H_4	25					30					
H_5	13					15					
H_6	15					20					
W_4	48					68					
W_5	72					90					
W_6	114					134					
W_7	120					145					
L_1	132	162	182	212	232	160	180	210	230	280	330
L_2	114	144	164	194	214	138	158	188	208	258	308
L_3	56	86	106	136	156	64	84	114	124	174	224
L_4	114	144	164	194	214	134	154	184	204	254	304
L_5	—	52	72	102	122	—	46	76	96	146	196
L_6	—	96	116	146	166	—	98	128	148	198	248
L_7	—	144	164	194	214	—	154	184	204	254	304
D_1	16					20					
D_2	12					12					
M_1	4×M10					4×M12					6×M12
M_2	4×M6					4×M8					

表 1（续）　　单位为毫米

代号	系列											
	2 020	2 023	2 025	2 030	2 035	2 040	2 323	2 325	2 327	2 330	2 335	2 340
W	200						230					
L	200	230	250	300	350	400	230	250	270	300	350	400
W_1	250						280					
W_2	38						43					
W_3	120						140					
A、B	25、30、35、40、45、50、60、70、80、90、100						25、30、35、40、45、50、60、70、80、90、100					
C	60、70、80						70、80、90					
H_1	25						25					
H_2	30						35					
H_3	20						20					
H_4	30						30					
H_5	15						15					
H_6	20						20					
W_4	84	80					106					
W_5	100						120					
W_6	154						184					
W_7	160						185					
L_1	180	210	230	280	330	380	210	230	250	280	330	380
L_2	150	180	200	250	300	350	180	200	220	250	300	350
L_3	80	110	130	180	230	280	106	126	144	174	224	274
L_4	154	184	204	254	304	354	184	204	224	254	304	354
L_5	46	76	96	146	196	246	74	94	112	142	192	242
L_6	98	128	148	198	248	298	128	148	166	196	246	296
L_7	154	184	204	254	304	354	184	204	224	254	304	354
D_1	20						20					
D_2	12	15					15					
M_1	4×M12			6×M12			4×M12		4×M14		6×M14	
M_2	4×M8						4×M8					

表 1（续） 单位为毫米

代 号	系列												
	2 525	2 527	2 530	2 535	2 540	2 545	2 550	2 727	2 730	2 735	2 740	2 745	2 750
W	250							270					
L	250	270	300	350	400	450	500	270	300	350	400	450	500
W_1	300							320					
W_2	48							53					
W_3	150							160					
A、B	30、35、40、45、50、60、70、80、90、100、110、120							30、35、40、45、50、60、70、80、90、100、110、120					
C	70、80、90							70、80、90					
H_1	25							25					
H_2	35							40					
H_3	25							25					
H_4	35							35					
H_5	15							15					
H_6	20							20					
W_4	110							114					
W_5	130							136					
W_6	194							214					
W_7	200							215					
L_1	230	250	280	330	380	430	480	246	276	326	376	426	476
L_2	200	220	250	298	348	398	448	210	240	290	340	390	440
L_3	108	124	154	204	254	304	354	124	154	204	254	304	354
L_4	194	214	244	294	344	394	444	214	244	294	344	394	444
L_5	70	90	120	170	220	270	320	90	120	170	220	270	320
L_6	130	150	180	230	280	330	380	150	180	230	280	330	380
L_7	194	214	244	294	344	394	444	214	244	294	344	394	444
D_1	25							25					
D_2	15			20				20					
M_1	4×M14			6×M14				4×M14			6×M14		
M_2	4×M8							4×M10					

表 1（续） 单位为毫米

代号	系列												
	3 030	3 035	3 040	3 045	3 050	3 055	3 060	3 535	3 540	3 545	3 550	3 555	3 560
W	300							350					
L	300	350	400	450	500	550	600	350	400	450	500	550	600
W_1	350							400					
W_2	58							63					
W_3	180							220					
A、B	35、40、45、50、60、70、80、90、100、110、120、130							40、45、50、60、70、80、90、100、110、120、130					
C	80、90、100							90、100、110					
H_1	25		30					30					
H_2	45							45					
H_3	30							35					
H_4	45							45			50		
H_5	20							20					
H_6	25							25					
W_4	134			128				164			152		
W_5	156							196					
W_6	234							284			274		
W_7	240							285					
L_1	276	326	376	426	476	526	576	326	376	426	476	526	576
L_2	240	290	340	390	440	490	540	290	340	390	440	490	540
L_3	138	188	238	288	338	388	438	178	224	274	308	358	408
L_4	234	284	334	384	434	484	534	284	334	384	424	474	524
L_5	98	148	198	244	294	344	394	144	194	244	268	318	368
L_6	164	214	264	312	362	412	462	212	262	312	344	394	444
L_7	234	284	334	384	434	484	534	284	334	384	424	474	524
D_1	30							30			35		
D_2	20			25				25					
M_1	4×M14	6×M14		6×M16				4×M16	6×M16				
M_2	4×M10							4×M10					

表 1（续）

单位为毫米

代 号	系 列										
	4 040	4 045	4 050	4 055	4 060	4 070	4 545	4 550	4 555	4 560	4 570
W	400						450				
L	400	450	500	550	600	700	450	500	550	600	700
W_1	450						550				
W_2	68						78				
W_3	260						290				
A、*B*	40、45、50、60、70、80、90、100、110、120、130、140、150						45、50、60、70、80、90、100、110、120、130、140、150、160、180				
C	100、110、120、130						100、110、120、130				
H_1	30	35					35				
H_2	50						60				
H_3	35						40				
H_4	50						60				
H_5	25						25				
H_6	30						30				
W_4	198						226				
W_5	234						264				
W_6	324						364				
W_7	330						370				
L_1	374	424	474	524	574	674	424	474	524	574	674
L_2	340	390	440	490	540	640	384	434	484	534	634
L_3	208	254	304	354	404	504	236	286	336	386	486
L_4	324	374	424	474	524	624	364	414	464	514	614
L_5	168	218	268	318	368	468	194	244	294	344	444
L_6	244	294	344	394	444	544	276	326	376	426	526
L_7	324	374	424	474	524	624	364	414	464	514	614
D_1	35						40				
D_2	25						30				
M_1	6×M16						6×M16				
M_2	4×M12						4×M12				

表 1（续）

单位为毫米

代号	系列									
	5 050	5 055	5 060	5 070	5 080	5 555	5 560	5 570	5 580	5 590
W	500					550				
L	500	550	600	700	800	550	600	700	800	900
W_1	600					650				
W_2	88					100				
W_3	320					340				
A、B	50、60、70、80、90、100、110、120、130、140、150、160、180					70、80、90、100、110、120、130、140、150、160、180、200				
C	100、110、120、130					110、120、130、150				
H_1	35					35				
H_2	60					70				
H_3	40					40				
H_4	60					70				
H_5	25					25				
H_6	30					30				
W_4	256					270				
W_5	294					310				
W_6	414					444				
W_7	410					450				
L_1	474	524	574	674	774	520	570	670	770	870
L_2	434	484	534	634	734	480	530	630	730	830
L_3	286	336	386	486	586	300	350	450	550	650
L_4	414	464	514	614	714	444	494	594	694	794
L_5	244	294	344	444	544	220	270	370	470	570
L_6	326	376	426	526	626	332	382	482	582	682
L_7	414	464	514	614	714	444	494	594	694	794
D_1	40					50				
D_2	30					30				
M_1	6×M16				8×M16	6×M20			8×M20	
M_2	4×M12				6×M12	6×M12			8×M12	10×M12

表 1（续）

单位为毫米

代 号	系列									
	6 060	6 070	6 080	6 090	60 100	6 565	6 570	6 580	6 590	65 100
W	600					650				
L	600	700	800	900	1 000	650	700	800	900	1 000
W_1	700					750				
W_2	100					120				
W_3	390					400				
A、B	70、80、90、100、110、120、130、140、150、160、180、200					70、80、90、100、110、120、130、140、150、160、180、200、220				
C	120、130、150、180					120、130、150、180				
H_1	35					35				
H_2	80					90				
H_3	50					60				
H_4	70					80				
H_5	25					25				
H_6	30					30				
W_4	320					330				
W_5	360					370				
W_6	494					544				
W_7	500					530				
L_1	570	670	770	870	970	620	670	770	870	970
L_2	530	630	730	830	930	580	630	730	830	930
L_3	350	450	550	650	750	400	450	550	650	750
L_4	494	594	694	794	894	544	594	694	794	894
L_5	270	370	470	570	670	320	370	470	570	670
L_6	382	482	582	682	782	434	482	582	682	782
L_7	494	594	694	794	894	544	594	694	794	894
D_1	50					50				
D_2	30					30				
M_1	6×M20		8×M20	10×M20		6×M20	8×M20		10×M20	
M_2	6×M12		8×M12	10×M12		6×M12		8×M12	10×M12	

表 1（续）

单位为毫米

代号	系列								
	7 070	7 080	7 090	70 100	70 125	8 080	8 090	80 100	80 125
W	700					800			
L	700	800	900	1 000	1 250	800	900	1 000	1 250
W_1	800					900			
W_2	120					140			
W_3	450					510			
A、B	70、80、90、100、110、120、130、140、150、160、180、200、220、250					80、90、100、110、120、130、140、150、160、180、200、220、250、280、300			
C	150、180、200、250					150、180、200、250			
H_1	40					40			
H_2	100					120			
H_3	60					70			
H_4	90					100			
H_5	25					30			
H_6	30					40			
W_4	380					420			
W_5	420					470			
W_6	580					660			
W_7	580					660			
L_1	670	770	870	970	1 220	760	860	960	1 210
L_2	630	730	830	930	1 180	710	810	910	1 160
L_3	420	520	620	720	970	500	600	700	950
L_4	580	680	780	880	1 130	660	760	860	1 110
L_5	324	424	524	624	874	378	478	578	828
L_6	452	552	652	752	1 002	516	616	716	966
L_7	580	680	780	880	1 130	660	760	860	1 110
D_1	60					70			
D_2	30					35			
M_1	8×M20		10×M20	12×M20	14×M20	8×M24		10×M24	12×M24
M_2	6×M12	8×M12	10×M12			8×M16	10×M16		

表 1（续） 单位为毫米

代 号	系 列									
	9 090	90 100	90 125	90 160	100 100	100 125	100 160	125 125	125 160	125 200
W	900				1 000			1 250		
L	900	1 000	1 250	1 600	1 000	1 250	1 600	1 250	1 600	2 000
W_1	1 000				1 200			1 500		
W_2	160				180			220		
W_3	560				620			790		
A、B	90、100、110、120、130、140、150、160、180、200、220、250、280、300、350				100、110、120、130、140、150、160、180、200、220、250、280、300、350、400			100、110、120、130、140、150、160、180、200、220、250、280、300、350、400		
C	180、200、250、300				180、200、250、300			180、200、250、300		
H_1	50				60			70		
H_2	150				160			180		
H_3	70				80			80		
H_4	100				120			120		
H_5	30				30、40			40、50		
H_6	40				40、50			50、60		
W_4	470				580			750		
W_5	520				620			690		
W_6	760				840			1 090		
W_7	740				820			1 030		
L_1	860	960	1 210	1 560	960	1 210	1 560	1 210	1 560	1 960
L_2	810	910	1 160	1 510	900	1 150	1 500	1 150	1 500	1 900
L_3	600	700	950	1 300	650	900	1 250	900	1 250	1 650
L_4	760	860	1 110	1 460	840	1 090	1 440	1 090	1 440	1 840
L_5	478	578	828	1 178	508	758	1 108	758	1 108	1 508
L_6	616	716	966	1 316	674	924	1 274	924	1 274	1 674
L_7	760	860	1 110	1 460	840	1 090	1 440	1 090	1 440	1 840
D_1	70				80			80		
D_2	35				40			40		
M_1	10×M24	12×M24		14×M24	12×M24		14×M24	12×M30	14×M30	16×M30
M_2	10×M16		12×M16		10×M16	12×M16		12×M16		

6 型号、系列、规格

型号：每一组合型式代表一个型号。

系列：同一型号中，根据定、动模板的周界尺寸（宽×长）划分系列。

规格：同一系列中，根据定、动模板和垫块的厚度划分规格。

7 标记

按本标准的模架应有下列标记：

a) 模架；

b) 基本型号；

c) 系列代号；

d) 定模板厚度 A，以毫米为单位；

e) 动模板厚度 B，以毫米为单位；

f) 垫块厚度 C，以毫米为单位；

g) 拉杆导柱长度，以毫米为单位；

h) 本标准代号，即 GB/T 12555—2006。

示例 1：

模板宽 200 mm、长 250 mm，$A=50$ mm，$B=40$ mm，$C=70$ mm 的直浇口 A 型模架标记如下：

模架 A 2025-50×40×70 GB/T 12555—2006

示例 2：

模板宽 300 mm、长 300 mm，$A=50$ mm，$B=60$ mm，$C=90$ mm，拉杆导柱长度 200 mm 的点浇口 B 型模架标记如下：

模架 DB 3030-50×60×90-200 GB/T 12555—2006

附　录　A
（规范性附录）
模架的主要结构形式和名称

A.1　直浇口模架

A.1.1　直浇口基本型

a）　A 型（见图 3）；
b）　B 型（见图 4）；
c）　C 型（见图 5）；
d）　D 型（见图 6）。

A.1.2　直身基本型

a）　ZA 型（见图 A.1）；
b）　ZB 型（见图 A.2）；
c）　ZC 型（见图 A.3）；
d）　ZD 型（见图 A.4）。

A.1.3　直身无定模座板型

a）　ZAZ 型（见图 A.5）；
b）　ZBZ 型（见图 A.6）；
c）　ZCZ 型（见图 A.7）；
d）　ZDZ 型（见图 A.8）。

A.2　点浇口模架

A.2.1　点浇口基本型

a）　DA 型（见图 7）；
b）　DB 型（见图 8）；
c）　DC 型（见图 9）；
d）　DD 型（见图 10）。

A.2.2　直身点浇口基本型

a）　ZDA 型（见图 A.9）；
b）　ZDB 型（见图 A.10）；
c）　ZDC 型（见图 A.11）；
d）　ZDD 型（见图 A.12）。

A.2.3　点浇口无推料板型

a）　DAT（见图 A.13）；
b）　DBT（见图 A.14）；
c）　DCT（见图 A.15）；
d）　DDT（见图 A.16）。

A.2.4　直身点浇口无推料板型

a）　ZDAT（见图 A.17）；
b）　ZDBT（见图 A.18）；
c）　ZDCT（见图 A.19）；
d）　ZDDT（见图 A.20）。

A.3 简化点浇口模架

A.3.1 简化点浇口基本型

a) JA(见图 A.21);

b) JC(见图 A.22)。

A.3.2 直身简化点浇口型

a) ZJA(见图 A.23);

b) ZJC(见图 A.24)。

A.3.3 简化点浇口无推料板型

a) JAT(见图 A.25);

b) JCT(见图 A.26)。

A.3.4 直身简化点浇口无推料板型

a) ZJAT(见图 A.27);

b) ZJCT(见图 A.28)。

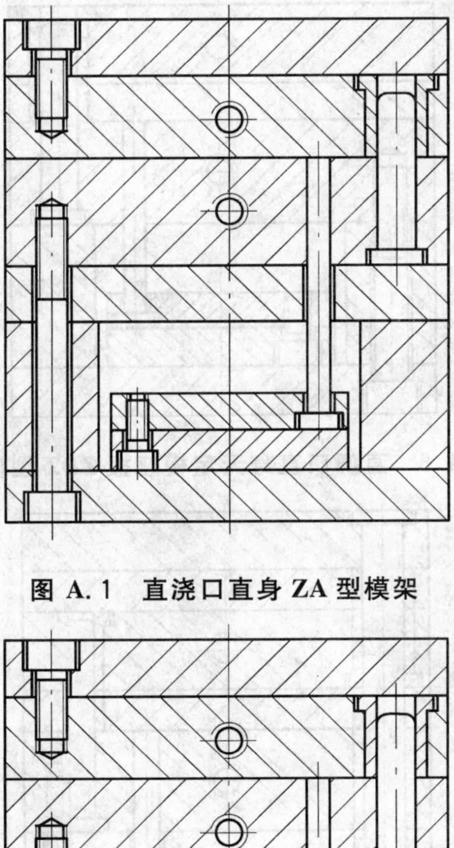

图 A.1 直浇口直身 ZA 型模架

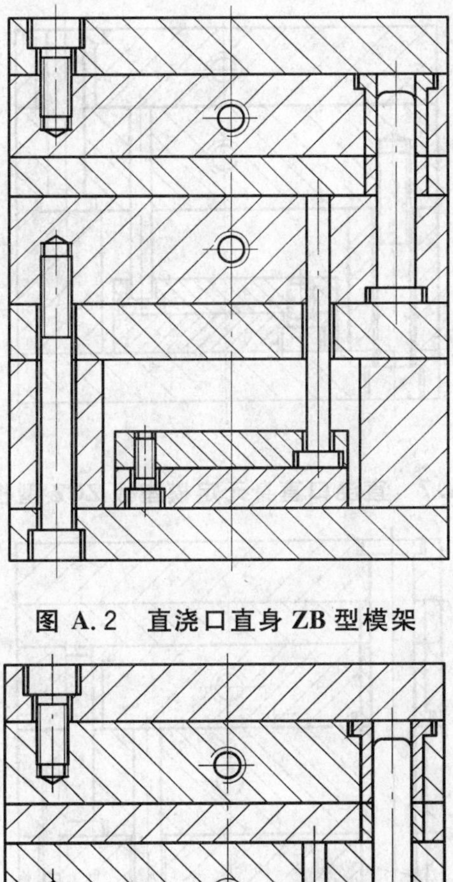

图 A.2 直浇口直身 ZB 型模架

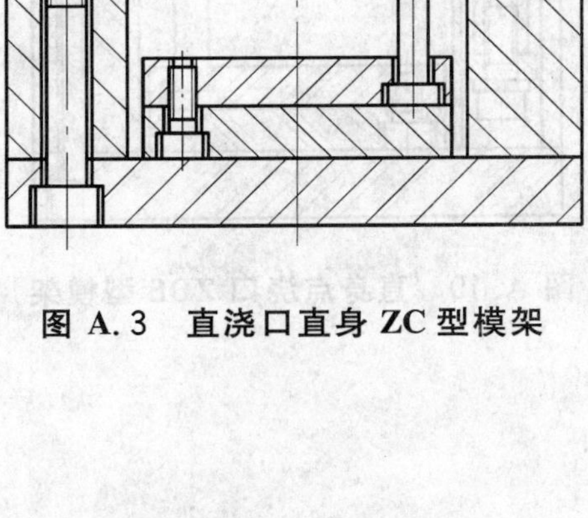

图 A.3 直浇口直身 ZC 型模架

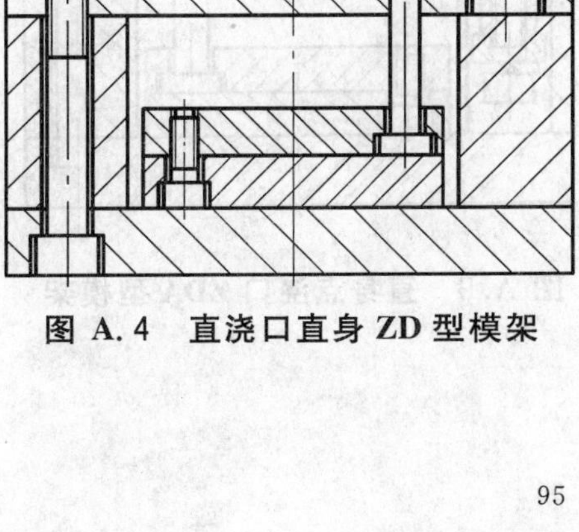

图 A.4 直浇口直身 ZD 型模架

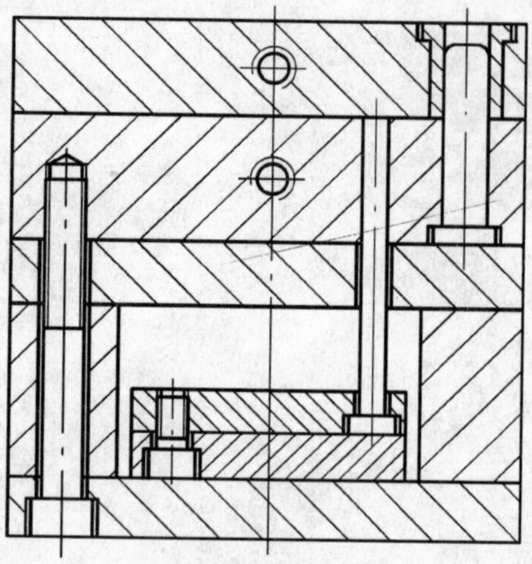

图 A.5 直浇口直身无定模座板 ZAZ 型模架

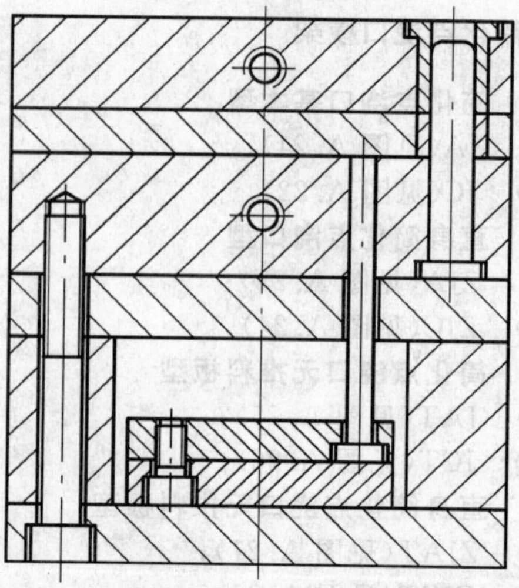

图 A.6 直浇口直身无定模座板 ZBZ 型模架

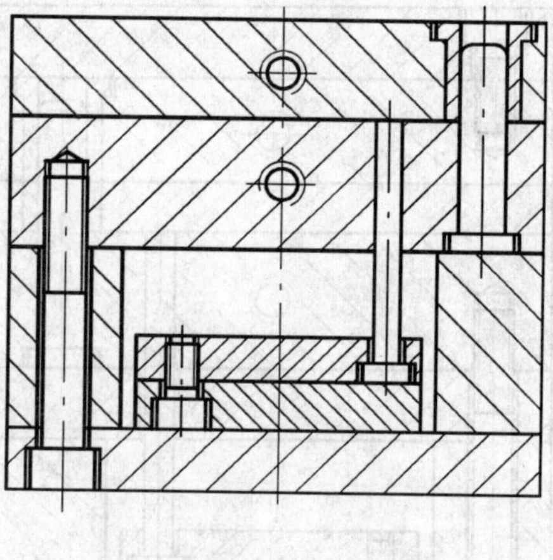

图 A.7 直浇口直身无定模座板 ZCZ 型模架

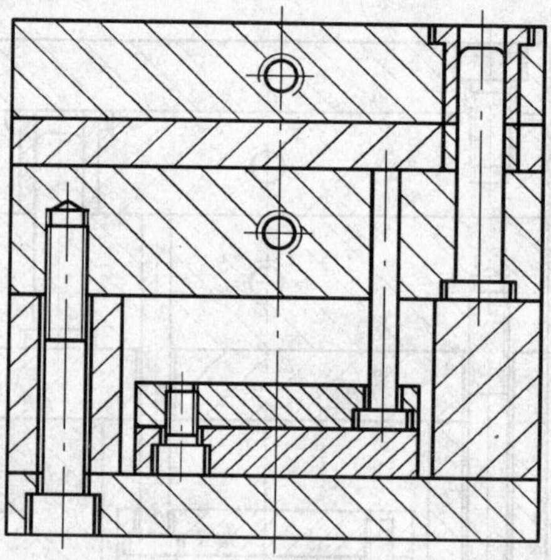

图 A.8 直浇口直身无定模座板 ZDZ 型模架

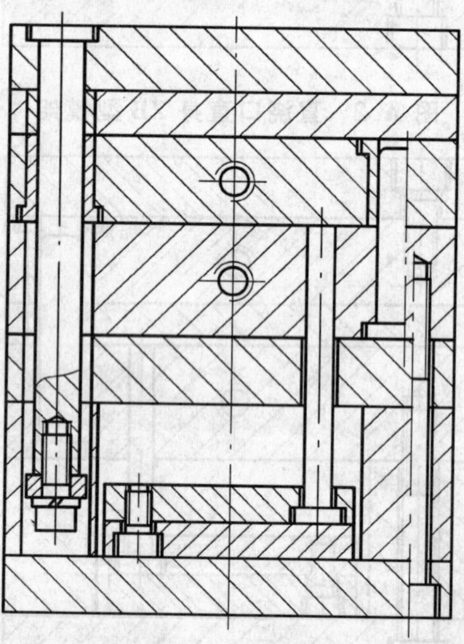

图 A.9 直身点浇口 ZDA 型模架

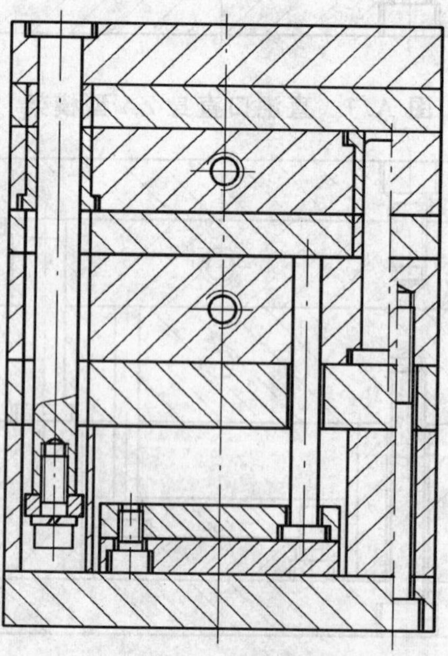

图 A.10 直身点浇口 ZDB 型模架

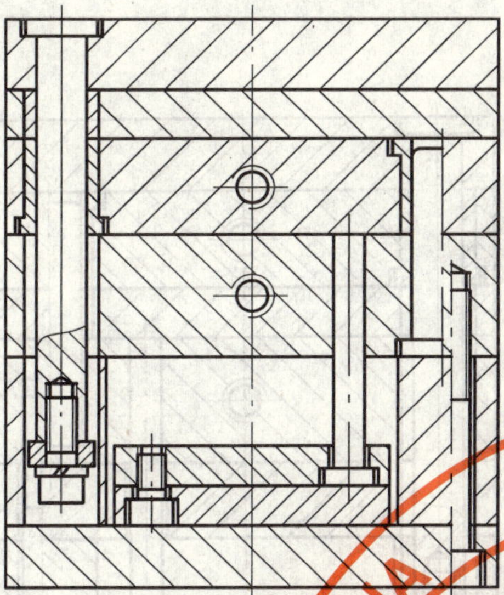

图 A.11　直身点浇口 ZDC 型模架

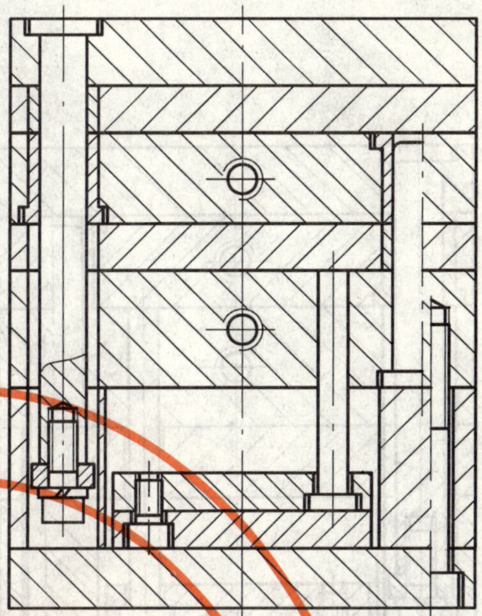

图 A.12　直身点浇口 ZDD 型模架

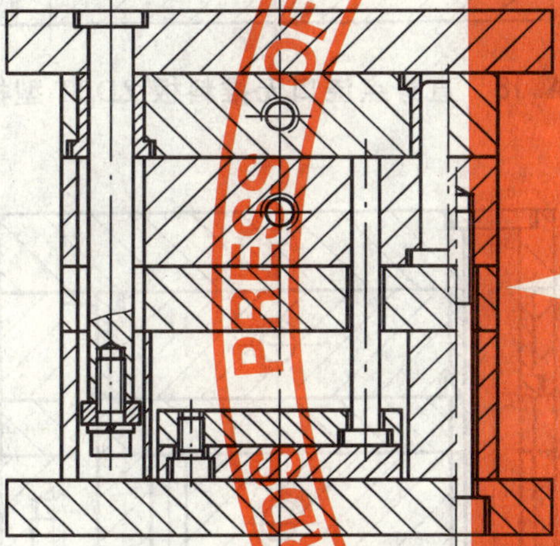

图 A.13　点浇口无推料板 DAT 型模架

图 A.14　点浇口无推料板 DBT 型模架

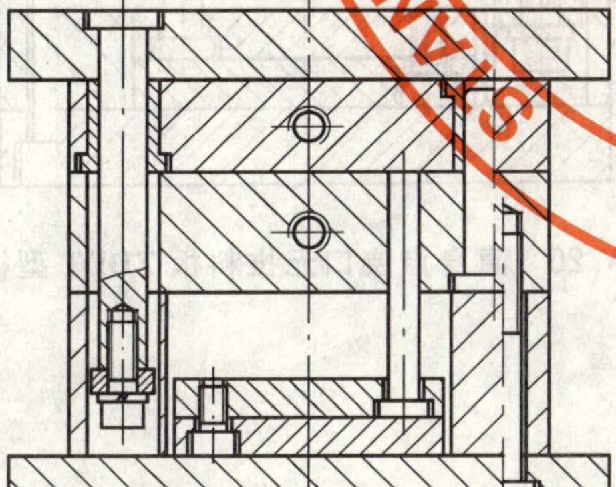

图 A.15　点浇口无推料板 DCT 型模架

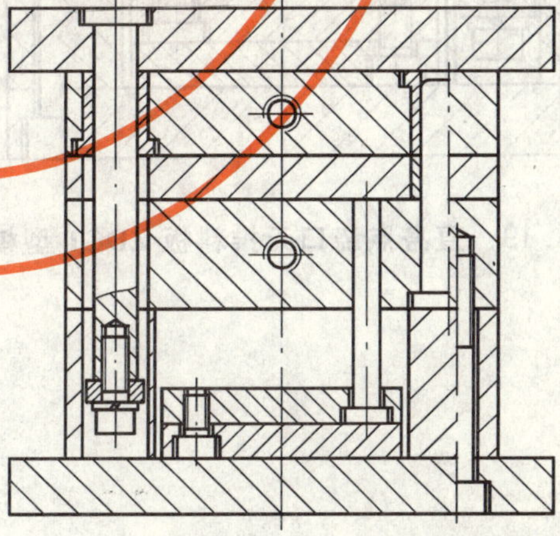

图 A.16　点浇口无推料板 DDT 型模架

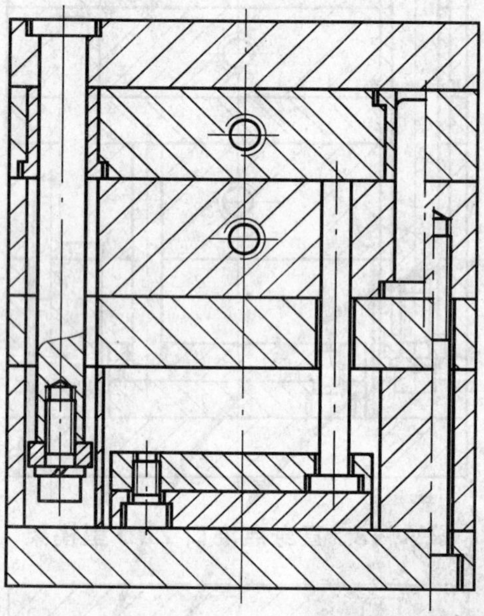

图 A.17　直身点浇口无推料板 ZDAT 型模架

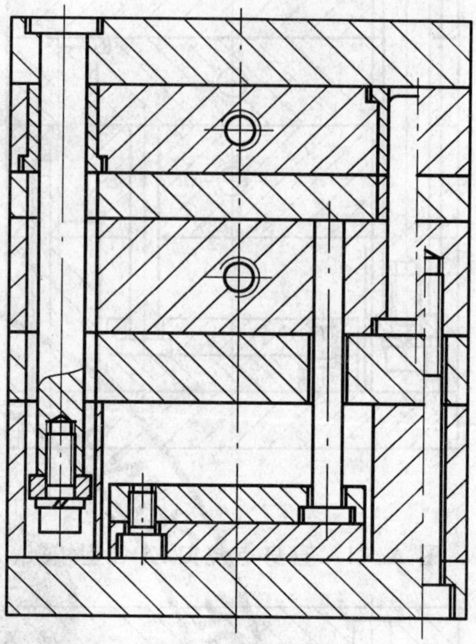

图 A.18　直身点浇口无推料板 ZDBT 型模架

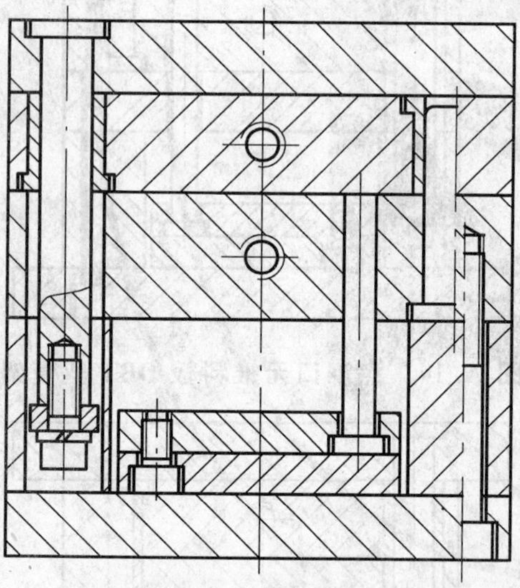

图 A.19　直身点浇口无推料板 ZDCT 型模架

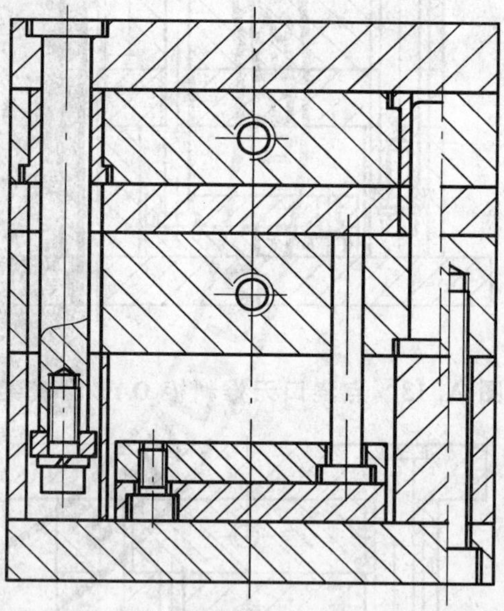

图 A.20　直身点浇口无推料板 ZDDT 型模架

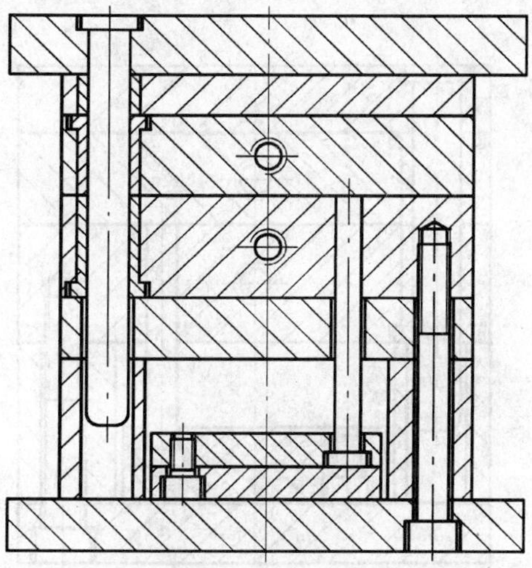

图 A.21　简化点浇口 JA 型模架

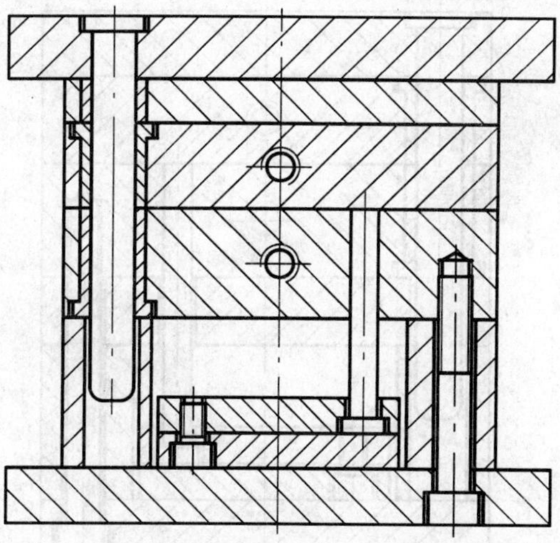

图 A.22　简化点浇口 JC 型模架

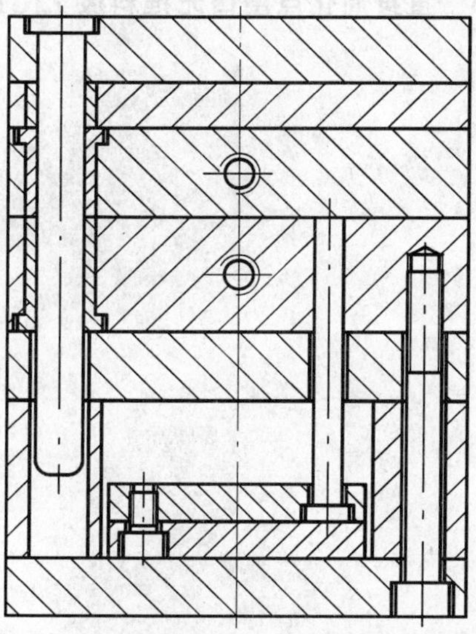

图 A.23　直身简化点浇口 ZJA 型模架

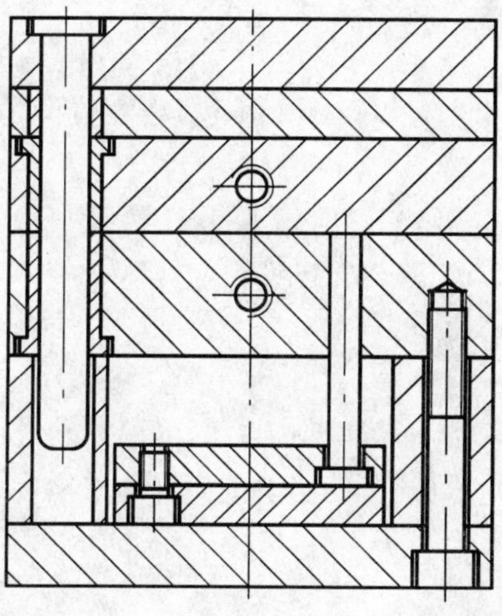

图 A.24　直身简化点浇口 ZJC 型模架

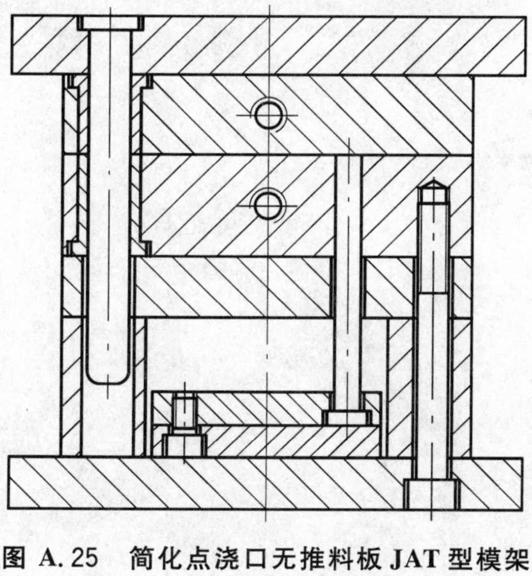

图 A.25　简化点浇口无推料板 JAT 型模架

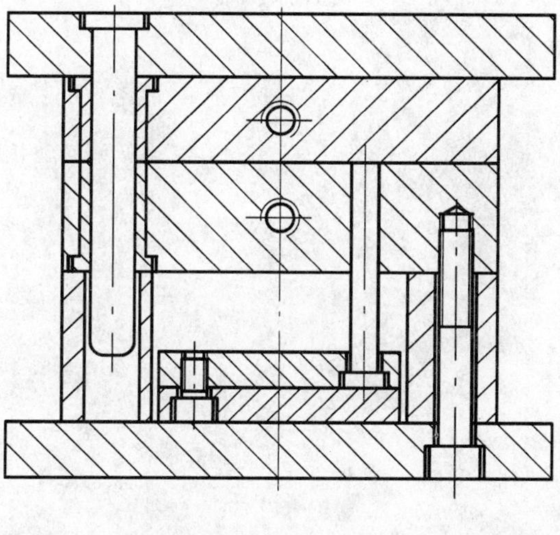

图 A.26　简化点浇口无推料板 JCT 型模架

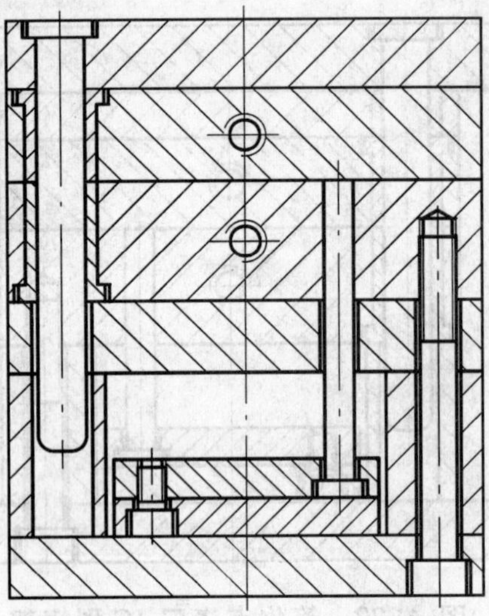

图 A.27　直身简化点浇口无推料板 ZJAT 型模架

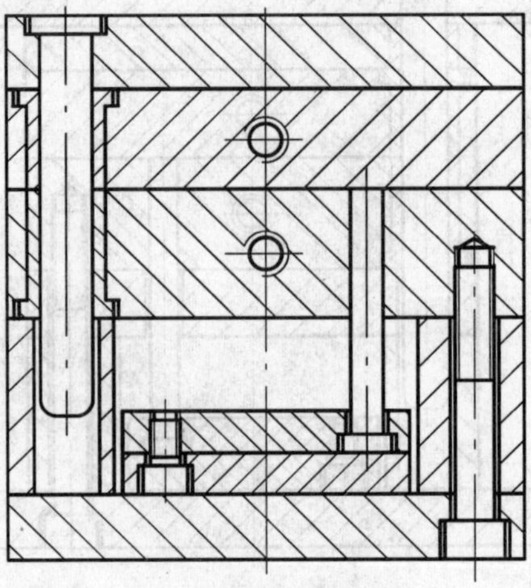

图 A.28　直身简化点浇口无推料板 ZJCT 型模架

附 录 B
（规范性附录）
导向件与螺钉安装形式

B.1 根据模具使用要求，模架中的导柱导套可以分为正装与反装两种形式（见图B.1）。

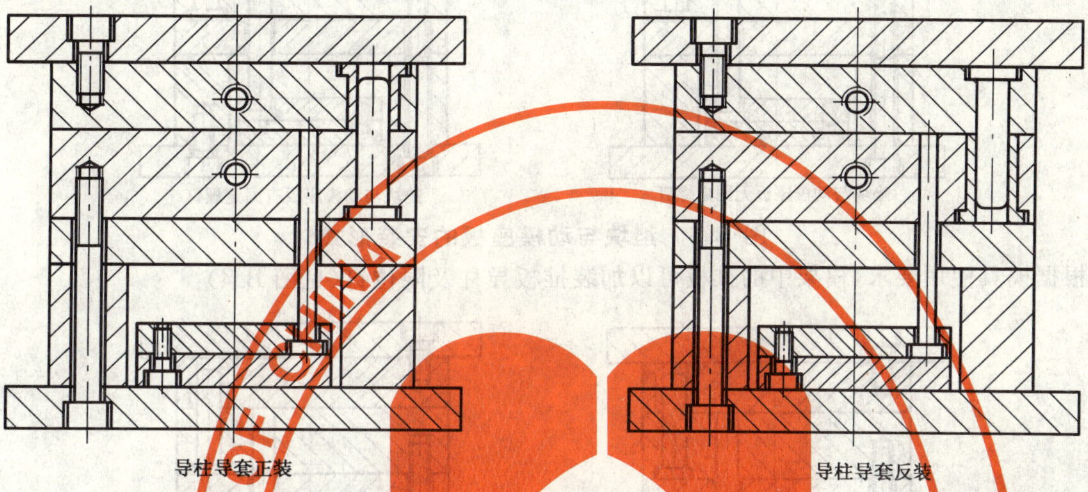

图 B.1 导柱导套正反装形式

B.2 根据模具使用要求，模架中的拉杆导柱可以分为装在内侧与装在外侧两种形式（见图B.2）。

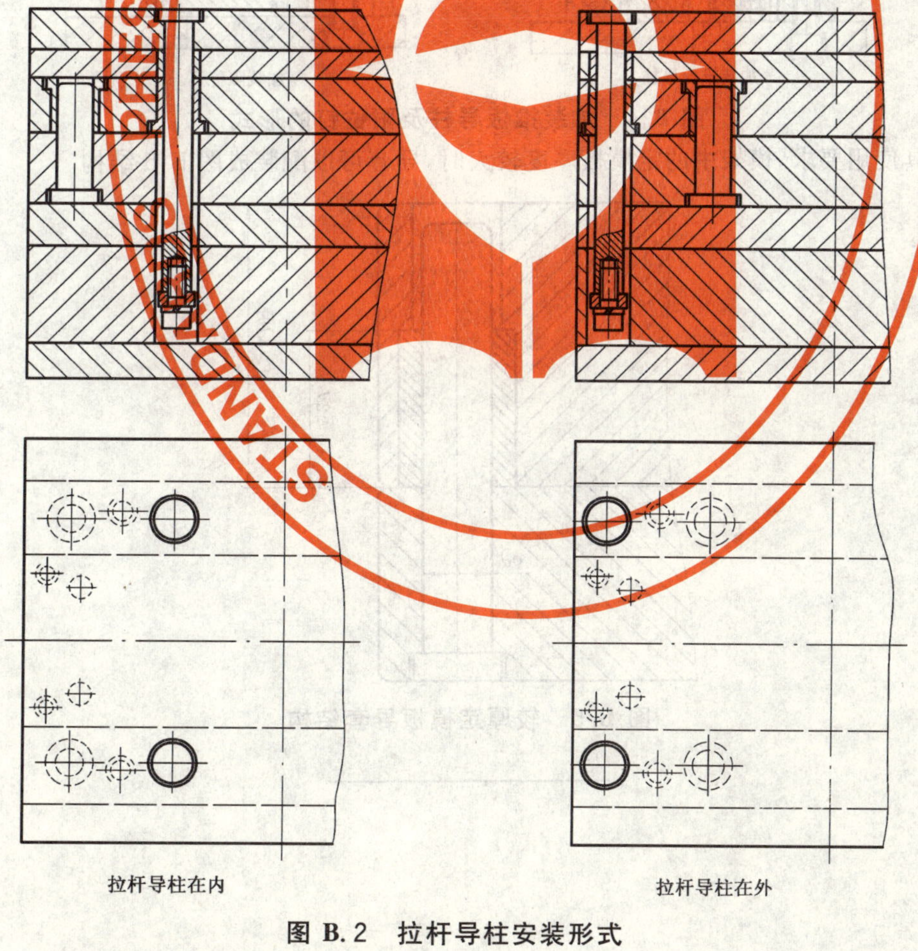

图 B.2 拉杆导柱安装形式

B.3　根据模具使用要求，模架中的垫块可以增加螺钉单独固定在动模座板上(见图 B.3)。

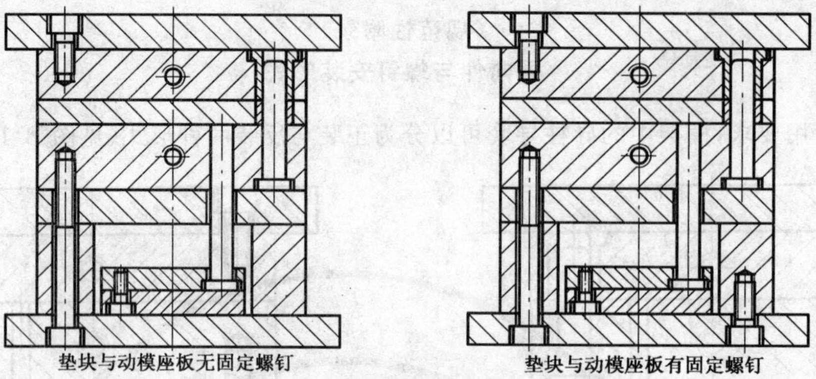

图 B.3　垫块与动模座板的安装形式

B.4　根据模具使用要求，模架中的推板可以加装推板导柱及限位钉(见图 B.4)。

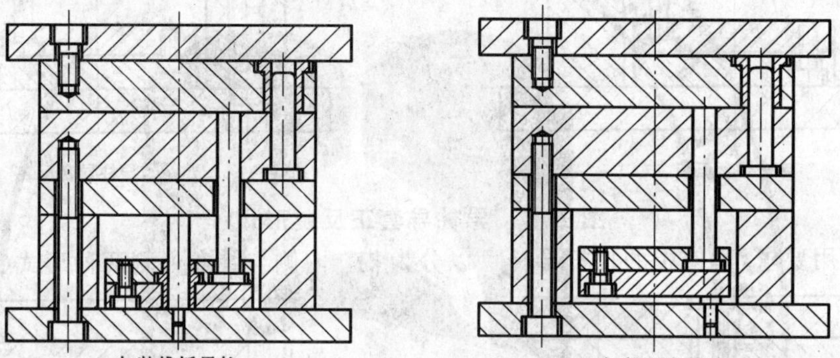

图 B.4　加装推板导柱及限位钉的形式

B.5　根据模具使用要求，模架中的定模板厚度较大时，导套可以配装成图 B.5 结构。

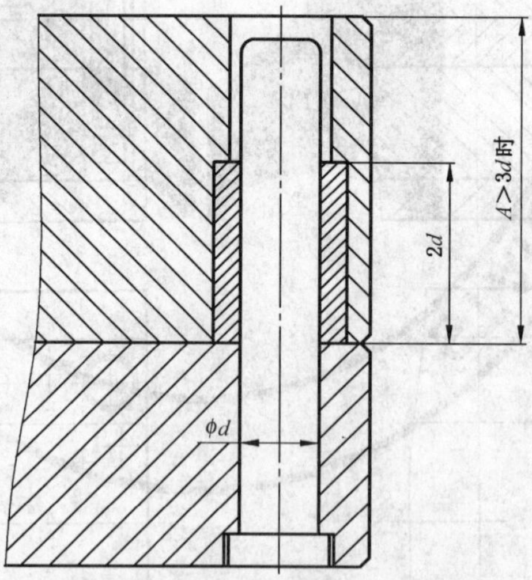

图 B.5　较厚定模板导套结构

ICS 23.120.30
J 46

中华人民共和国国家标准

GB/T 12556—2006
代替 GB/T 12556.2—1990,GB/T 12555.2—1990

塑料注射模模架技术条件

Specification of injection mould bases for plastics

2006-12-08 发布 2007-04-01 实施

中华人民共和国国家质量监督检验检疫总局
中国国家标准化管理委员会 发布

前　言

本标准代替 GB/T 12555.2—1990《塑料注射模大型模架技术条件》和 GB/T 12556.2—1990《塑料注射模中小型模架技术条件》。

本标准与 GB/T 12555.2—1990 及 GB/T 12556.2—1990 相比较主要变化如下：

——本标准将 GB/T 12555.2—1990 和 GB/T 12556.2—1990 合并为一个标准；

——引用文件的规则修订为：区分注日期和不注日期的引用文件；

——增加了模架组装用紧固螺钉机械性能的强度要求；

——修改了 GB/T 12555.2—1990 的模架包装箱运输条款；

——修改了组合后的模架在水平自重条件下，定模座板与动模座板安装平面平行度要求的表述方法；

——修改了 GB/T 12556.2—1990 组合后模架分型面贴合间隙要求；

——修改了 GB/T 12556.2—1990 模架中导柱、导套的轴线对模板垂直度要求的表述方法；

——修改了组装后的模架复位杆端面的要求；

——取消了 GB/T 12556.2—1990 的 3.1 模架零件的要求；

——取消了 GB/T 12556.2—1990 的 3.2 模板调质处理要求及硬度要求；

——取消了 GB/T 12556.2—1990 的 3.4 模架装配精度的分级；

——取消了 GB/T 12556.2—1990 的 3.11 推板的导向机构及限位钉由需方自行解决条款。

本标准由中国电器工业协会提出。

本标准由全国模具标准化技术委员会(SAC/TC 33)归口。

本标准起草单位：昆山市中大模架有限公司、桂林电器科学研究所、浙江亚轮塑料模架有限公司、龙记集团。

本标准主要起草人：王建军、翁史振、廖宏谊、胡建林、蔡逢敬、李红英、黄新标。

塑料注射模模架技术条件

1 范围

本标准规定了塑料注射模模架(以下简称模架)的要求、检验、标志、包装、运输和贮存。

本标准适用于塑料注射模模架。

2 规范性引用文件

下列文件中的条款通过本标准的引用而成为本标准的条款。凡是注日期的引用文件,其随后所有的修改单(不包括勘误的内容)或修订版均不适用于本标准,然而,鼓励根据本标准达成协议的各方研究是否可使用这些文件的最新版本。凡是不注日期的引用文件,其最新版本适用于本标准。

GB/T 1184—1996 形状和位置公差 未注公差值

GB/T 3098.1—2000 紧固件机械性能 螺栓、螺钉和螺柱

GB/T 4169.1~4169.23—2006 塑料注射模零件

GB/T 4170—2006 塑料注射模零件技术条件

3 要求

3.1 组成模架的零件应符合 GB/T 4169.1~4169.23—2006 和 GB/T 4170—2006 的规定。

3.2 组合后的模架表面不应有毛刺、擦伤、压痕、裂纹、锈斑。

3.3 组合后的模架,导柱与导套及复位杆沿轴向移动应平稳,无卡滞现象,其紧固部分应牢固可靠。

3.4 模架组装用紧固螺钉的机械性能应达到 GB/T 3098.1—2000 的 8.8 级。

3.5 组合后的模架,模板的基准面应一致,并作明显的基准标记。

3.6 组合后的模架在水平自重条件下,定模座板与动模座板的安装平面的平行度应符合GB/T 1184—1996 中 7 级的规定。

3.7 组合后的模架在水平自重条件下,其分型面的贴合间隙为:

a) 模板长 400 mm 以下≤0.03 mm;

b) 模板长 400 mm~630 mm≤0.04 mm;

c) 模板长 630 mm~1 000 mm≤0.06 mm;

d) 模板长 1 000 mm~2 000 mm≤0.08 mm。

3.8 模架中导柱、导套的轴线对模板的垂直度应符合 GB/T 1184—1996 中 5 级的规定。

3.9 模架在闭合状态时,导柱的导向端面应凹入它所通过的最终模板孔端面。螺钉不得高于定模座板与动模座板的安装平面。

3.10 模架组装后复位杆端面应平齐一致,或按顾客特殊要求制作。

3.11 模架应设置吊装用螺孔,确保安全吊装。

4 检验

4.1 组合后的模架应按本标准 3.1~3.11 的要求进行检验。

4.2 检验合格后应做出检验合格标志,标志应包含以下内容:检验部门、检验员、检验日期。

5 标志、包装、运输、贮存

5.1 模架应挂、贴标志，标志应包含以下内容：模架品种、规格、生产日期、供方名称。

5.2 检验合格的模架应清理干净，经防锈处理后入库贮存。

5.3 模架应根据运输要求进行包装，应防潮、防止磕碰，保证在正常运输中完好无损。

ICS 75.100
E 30

中华人民共和国国家标准

GB/T 12581—2006
代替 GB/T 12581—1990

加抑制剂矿物油氧化特性测定法

Standard test method for oxidation characteristics of inhibited mineral oils

2006-01-01 发布　　2007-01-01 实施

中华人民共和国国家质量监督检验检疫总局
中国国家标准化管理委员会　发布

前言

本标准修改采用美国试验与材料协会标准 ASTM D943-04a《加抑制剂矿物油的氧化特性测定法》。

本标准根据 ASTM D943-04a 重新起草。为了适合我国国情,本标准在采用 ASTM D943-04a 时进行了修改。

本标准与 ASTM D943-04a 的主要差异如下:

——由于 Nochromix 或 Micro 国内没有供应,因此清洗剂更换为铬酸洗液。

——由于原标准中的引用标准 ASTM D5770 在国内没有相应的标准,并且该标准仅应用于氧化试验中的润滑油酸值测定,因此在修订标准时将其作为附录 A。

——本标准的部分引用标准采用了与 ASTM D943-04a 中所引用的标准相应的我国现行有效标准。

——重复性和再现性的表述修改为我国的习惯表述形式。

——因为我国标准无关键词内容,所以取消了 ASTM D943-04a 的关键词一章。

本标准代替 GB/T 12581—1990《加抑制剂矿物油的氧化特性测定法》。

本标准对 GB/T 12581—1990 的主要修订内容如下:

——由于新开发油品的氧化寿命大幅度延长,为减少采样导致的样品消耗或者由于样品颜色变深而难以用指示剂确定滴定终点,本标准的酸值测定方法在保留 SH/T 0163 的基础上增加了附录 A 和 GB/T 7304 两个方法供酸值测定时选用。

——部分规范性引用文件采用我国相应的国家标准和行业标准。

——增加了避免样品受到光照的要求。

——对采样时间间隔的规定进行了细化,并规定了氧化寿命超过 10 000 h 时的处理办法。

——增加了用油位指示条指示油位的选择性办法。

——删去了"氧化安定性试验装置图",增加了"油位指示条"图。

——增加了关于两个实验室的两组重复试验结果的精密度要求内容。

——提出了金属浴作为液体加热浴的另一选择,并允许使用电子测温装置代替温度计。

——更详细阐明了设置和测量浴温的步骤。

——增加了附录 A《氧化试验中的润滑油酸值半定量微量测定法》和附录 B《催化剂线圈的封存方法》。

本标准的附录 A 为规范性附录,附录 B 为资料性附录。

本标准由中国石油化工集团公司提出。

本标准由中国石油化工股份有限公司石油化工科学研究院归口。

本标准起草单位:中国石油天然气股份有限公司润滑油研究开发中心。

本标准主要起草人:于兵、苏江、李建新。

本标准所代替标准的历次版本发布情况为:

——GB/T 12581—1990

加抑制剂矿物油氧化特性测定法

1 范围

1.1 本标准规定了在高温下，并有氧气、水和金属铜和铁存在时，评价加抑制剂的汽轮机油氧化安定性的方法。本方法限定最长试验时间为 10 000 h。本方法也适用于其他油品，例如相对密度小于水并含有防锈剂和抗氧剂的液压油和其他循环油。

1.2 本标准采用国际单位制【SI】单位。

1.3 本标准涉及某些有危险性的材料、操作和设备。但是无意对与此有关的所有安全问题都提出建议。因此，用户在使用本标准之前应建立适当的安全和防护措施并确定有适用性的管理制度。

2 规范性引用文件

下列文件中的条款通过本标准的引用而成为本标准的条款。凡是注日期的引用文件，其随后所有的修改单(不包括勘误的内容)或修订版均不适用于本标准，然而，鼓励根据本标准达成协议的各方研究是否可使用这些文件的最新版本。凡是不注日期的引用文件，其最新版本适用于本标准。

GB/T 514 石油产品试验用液体温度计 技术条件

GB/T 699 优质碳素结构钢

GB/T 4756 石油液体手工取样法(GB/T 4756—1998，eqv ISO 3170：1988)

GB/T 4945—2002 石油产品和润滑剂酸值和碱值测定法(颜色指示剂法)

GB/T 5231 加工铜及铜合金化学成分和产品形状

GB/T 6682 分析实验室用水规格和试验方法(GB/T 6682—1992，neq ISO 3696：1987)

GB/T 7304 石油产品和润滑剂酸值测定法(电位滴定法)

GB/T 17039 利用试验数据确定产品质量与规格相符性的实用方法

SH/T 0163 石油产品总酸值测定法(半微量颜色指示剂法)

SH/T 0565 加抑制剂矿物油的油泥趋势测定法

3 方法概要

试样在有水和铁-铜催化剂存在下，在 95℃ 与氧反应，试验连续进行直到试样的酸值达到或超过 2.0 mgKOH/g。使试样酸值达到 2.0 mgKOH/g 所需要的试验时间就是“氧化寿命”。

4 意义和用途

本试验方法广泛应用于产品规格及评价润滑剂，特别是易被水污染的润滑剂的氧化安定性。但应该指出，其结果与现场使用的润滑剂的氧化安定性之间的相关性随着使用条件和润滑剂的不同而有明显差异。本方法的精密度表述是根据汽轮机油测得的。

注：采用本方法对润滑剂进行试验时，油品可能出现其他变质现象，如油泥形成或催化剂线圈腐蚀，并未在“氧化寿命”中反映出来。有关使用本装置评价润滑剂的供选择方法正在研究当中。现已有用于测定油泥趋势的试验方法 SH/T 0565。

5 设备

5.1 氧化管：包括试管、冷凝器和氧气导管，由硼硅玻璃制成，如图 1 所示。试管在 20℃ 下标记出 300 mL刻线(最大误差 1 mL)。

单位为毫米

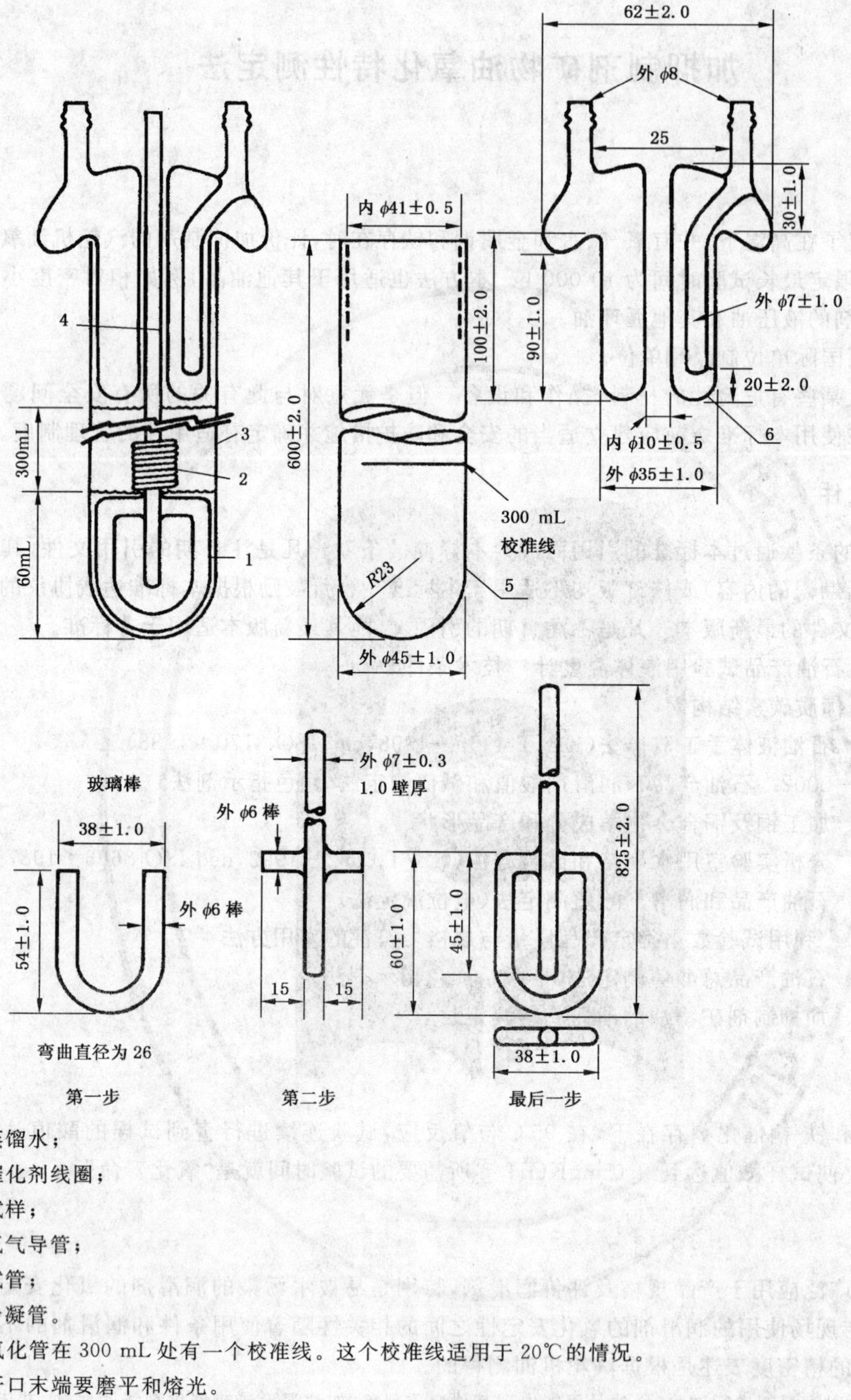

1——蒸馏水；

2——催化剂线圈；

3——试样；

4——氧气导管；

5——试管；

6——冷凝管。

注 1：氧化管在 300 mL 处有一个校准线。这个校准线适用于 20℃的情况。

注 2：开口末端要磨平和熔光。

图 1 氧化管

5.2 加热浴：能使氧化管内的试样温度保持在 95℃±0.2℃，配有合适的搅拌装置以保持整个加热浴的温度均匀，其尺寸要足够容纳所要求的氧化管数，并保证氧化管在加热浴中的插入深度为 390 mm±10 mm，在加热介质中的浸没深度为 355 mm±10 mm。

注：也可使用满足试验方法要求的金属加热浴。尚未明确本标准精密度确定时所采用的加热浴类型。

5.2.1　研究证明，直射的阳光或灯光对本试验的结果会造成不利影响。为减少由于光线照射试样对结果的影响，可通过以下一种或几种方法来避免试样受到光照。

5.2.1.1　推荐使用由金属或金属与其他不透明材料制成的加热浴，以防止光线从侧面射入试管。如果加热浴上设计有观察窗，那么观察窗上应安装不透明的盖子，不进行观察时要保持关闭。

5.2.1.2　如果使用玻璃加热浴，加热浴应该使用铝箔或其他不透明材料包裹。

5.2.1.3　使用不透明的防护罩能防止明亮的光线从顶部射入试管。

5.3　流量计：流量至少为 3 L/h，精度为 0.1 L/h。

5.4　加热浴温度计：氧化特性 2 号温度计，测量范围为 72℃～126℃，符合 GB/T 514 中温度计 GB-58 的要求。精度相当或更高的温度测量装置也可选用。

5.5　氧化管温度计：氧化特性 1 号温度计，测量范围为 80℃～100℃，分度值 0.1℃，总长 250 mm，棒外径 6.0 mm～7.0 mm，浸没深度 76 mm。符合 GB/T 514 中温度计 GB-57 的要求。精度相当或更高的温度测量装置也可以选用。

5.6　温度计托架：材质为 1Cr18Ni9Ti 不锈钢，用于固定氧化管温度计，尺寸如图 2 所示。温度计由两个内径约 5 mm 的氟橡胶"O"型圈固定在托架上。也可选用细的不锈钢丝。

单位为毫米

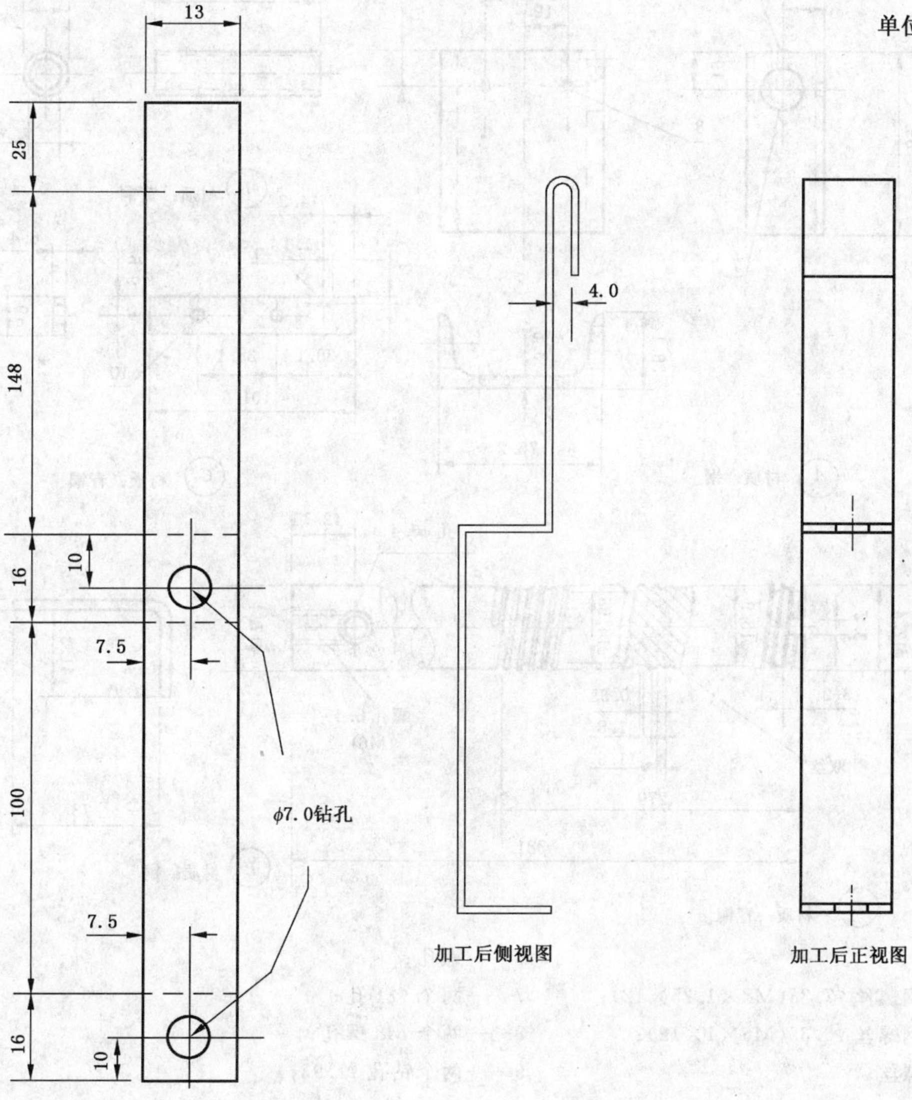

材质：1Cr18Ni9Ti 不锈钢(厚 0.792 mm)

图 2　温度计托架

5.7 催化剂线圈绕制棒：如图 3 所示。

单位为毫米

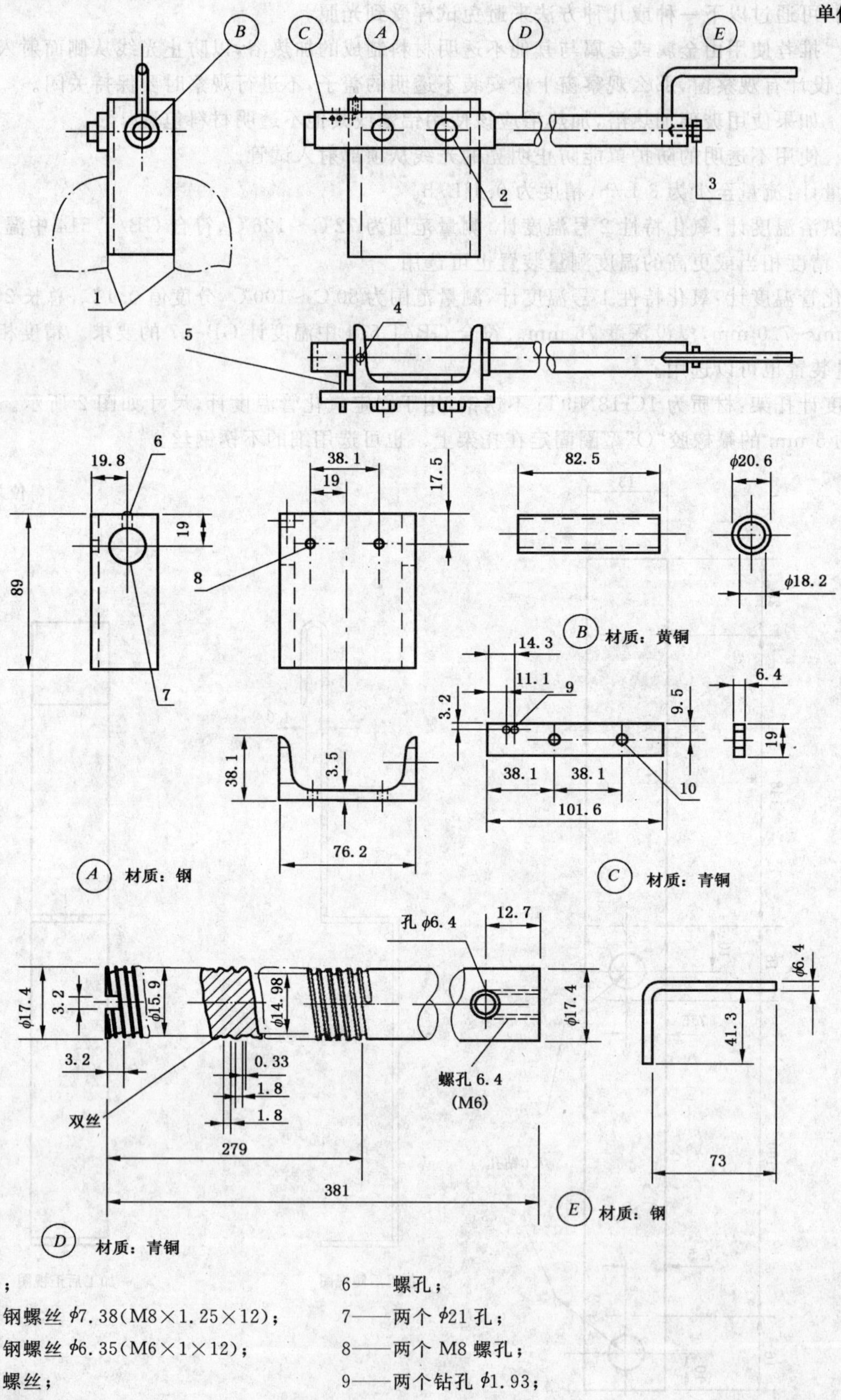

1——钳口；
2——六角钢螺丝 φ7.38(M8×1.25×12)；
3——六角钢螺丝 φ6.35(M6×1×12)；
4——平头螺丝；
5——催化剂金属丝；
6——螺孔；
7——两个 φ21 孔；
8——两个 M8 螺孔；
9——两个钻孔 φ1.93；
10——两个 φ8.7 孔。

图 3 催化剂线圈绕制棒

5.8　砂布：粒度为 100 号（基本粒尺寸范围 150 μm～125 μm），碳化硅砂布。

5.9　注射器：玻璃制，容积为 10 mL 和 50 mL，分别用于取样和补充水。

5.10　注射采样管：1Cr18Ni9Ti 不锈钢管，外径 2.11 mm，内径 1.60 mm，长 559 mm±2 mm，其中一端加工成 90°角，另一端配有能与注射器连接且密封性好的接头。接头最好是弹性材料制成的，如聚氟氯乙烯。

5.11　塞子：用于注射采样管接头的密封，由聚四氟乙烯或聚氟氯乙烯制成。

5.12　采样管支架：用于支持注射采样管，材质为甲基丙烯酸酯树脂。尺寸见图 4。

单位为毫米

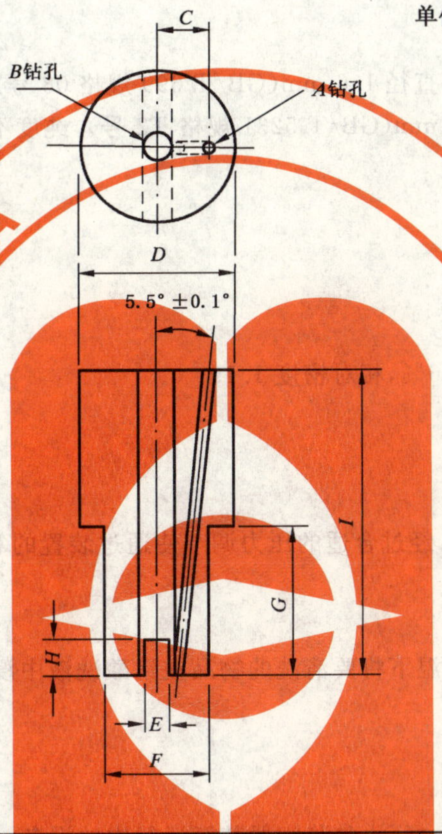

位　　置	尺　　寸	公　　差
A	2.4	0.1
B	7.5	0.1
C	12.7	0.25
D	38.1	0.50
E	6.4	0.50
F	25.4	0.25
G	38.1	0.50
H	9.5	0.50
I	76.2	0.50

图 4　采样管支架

5.13　采样管隔套：放在采样管支架的上方，用于固定采样管的末端位置。由塑料管制成，其内径约 3 mm，长度约 51 mm±1 mm，材质为聚氯乙烯、聚乙烯、聚丙烯或聚四氟乙烯。

5.14 软管：内径约 6.4 mm，壁厚 2.4 mm，材质为聚氯乙烯，用于将氧气导入氧化管。

6 试剂和材料

6.1 水的纯度：除非另有说明，本方法中所涉及的水应符合 GB/T 6682 规格的二级水的要求。

6.2 试剂的纯度：在本试验中使用的试剂一般为分析纯。但只要试剂的纯度能够保证不影响测定精度，其他级别的试剂也允许使用。

6.3 丙酮：分析纯。

警告：有害健康，可燃。

6.4 催化剂线圈

6.4.1 铁丝：优质碳素结构钢，直径 1.6 mm(GB/T 699 规格 08 号)。

6.4.2 铜丝：阴极铜，直径 1.6 mm(GB/T 5231 规格 T2 号)，纯度不低于 99.9%。级别相当的软铜丝也可以使用。

注：可选购市售的催化剂线圈。

6.5 洗涤剂：水溶性的。

6.6 正庚烷：分析纯。

警告：吸入有害，可燃。

6.7 浓盐酸：浓度(质量分数)36%，相对密度 1.19。

警告：有毒和腐蚀性。

6.8 异丙醇：分析纯。

警告：可燃。

6.9 氧气：纯度不低于 99.5%，经过合适的压力调节使通过装置的氧气流速保持恒定。推荐在氧气钢瓶上使用两级压力调节。

警告：剧烈地加速燃烧。

6.10 清洗剂：铬酸洗液。在室温下将要清洗的物品在铬酸洗液中浸泡 24 h 进行清洗。

警告：腐蚀，有害健康。

7 采样

7.1 本试验的样品可以取自罐、桶、小包装容器甚至运行中的设备。取样依照 GB/T 4756 进行。

7.2 单个试验所需最少样品量为 300 mL。

8 仪器的准备

8.1 清洗催化剂

在缠催化剂线圈之前，用脱脂棉蘸正庚烷清洗长 3.00 m±0.01 m 的铁丝和铜丝各一根，再用砂布磨擦直到暴露出新的金属表面。用干燥的脱脂棉擦去所有的金属和砂布屑。在随后的操作中要戴干净的手套(棉布的、橡胶的或塑料的)处理催化剂线圈，避免与皮肤接触。

8.2 催化剂线圈的准备

将准备好的铁丝和铜丝的一端紧紧地扭在一起转三圈，然后将两根金属丝并排着同时绕在带有螺纹的催化剂线圈绕制棒(见图 3)上，铁丝放在较深的螺纹中。从绕制棒上卸下线圈，将铁丝和铜丝的自由端也扭在一起转三圈，然后将扭在一起的两个末端弯曲成符合螺旋线圈要求的形状。绕制成的线圈总长度为 225 mm±5 mm。如果需要，线圈可以拉伸到要求的长度。

注：做成的催化剂线圈是一个铜丝和铁丝的双螺旋，总长 225 mm±5 mm，内径 15.9 mm～16.5 mm。线圈之间的间隔是均匀的，同一种金属丝相邻两圈中心到中心的距离为 3.96 mm～4.22 mm。图 3 所示的绕制棒设计用来制作这样的线圈。使用这个绕制棒时，铁丝被绕在直径 14.98 mm 的螺纹上，铜丝被绕在直径 15.9 mm 的螺纹

上。较小的直径是为了能够允许铁丝在绕制后的反弹，以便得到内径 15.9 mm 均匀一致的线圈。如果使用很软的退火钢丝，两种金属丝就可以使用等螺纹直径绕制。能够使绕制出的线圈结构符合上述要求的其他方案也可采用。

8.3 催化剂存放

使用前催化剂线圈可存放在干燥的惰性气体中。附录 B 给出了一个存放催化剂的合适程序。在使用前要检查，确保催化剂线圈上没有腐蚀产物或污染物质存在。隔夜存放(少于 24 h)时，可以将线圈存放在正庚烷中。

用于存放催化剂的正庚烷必须不含痕量的水和腐蚀性物质。符合 6.6 要求的重新蒸馏并贮存在密闭瓶中的正庚烷可以使用。

8.4 新玻璃仪器的清洗

用热的洗涤剂溶液清洗新的氧气导管、冷凝器和试管，再用自来水冲洗。用清洗剂清洗试管内部，冷凝器外部和氧气导管的内部及外部。用自来水彻底洗掉清洗剂溶液。再用蒸馏水冲洗所有部件，并让其在室温或烘箱中干燥。用蒸馏水冲洗后，还可以用异丙醇冲洗或丙酮冲洗，也可以用干燥的空气吹，以加快在室温下的干燥速度。

8.5 用过玻璃仪器的清洗

在一次试验结束后，立即把试管内的油全部倒出。用正庚烷冲洗玻璃仪器除去油渍，倒入热的洗涤剂溶液，用长柄刷清洗，再用自来水冲洗。如果沉积物还粘附在玻璃仪器上，可以把洗涤剂溶液装满试管，插入氧气导管和冷凝器，再把试管放入控制在试验温度的加热浴中。用这种方法浸泡几个小时，除氧化铁以外的所有粘附物都能溶解。然后用热的(50℃)盐酸清洗除去氧化铁。在除去所有的沉积物之后，用清洗剂漂洗所有玻璃仪器。用自来水充分地冲洗，直到除去所有的酸。再用蒸馏水冲洗所有部件，在室温或烘箱中干燥。用蒸馏水冲洗后，还可以用异丙醇冲洗或丙酮冲洗，也可以用干燥的空气吹，以加快在室温下的干燥速度。在准备使用之前，玻璃仪器应存放在干燥无灰尘的地方。

8.6 用过采样管的清洗

在一次试验结束后，立即把采样管内的油全部排出。用正庚烷冲洗采样管除去油渍和所有粘附的有机残留物。反复用正庚烷冲洗并用空气或氮气吹干。

9 试验步骤

9.1 在进行试验前，调节加热浴的温度约为 95℃，最终的温度调节详见 9.5。

9.2 向空的氧化管中加入试样至 300 mL 刻线处。从氧气导管入口上部滑下催化剂线圈。如果线圈一端的金属丝不齐，则将这端朝下。把氧气导管连同催化剂线圈一起放入试管中。在氧气导管和试管上部放上冷凝器。在氧气导管上部放上采样管支架。如图 5 所示，通过采样管隔套插入注射采样管并使其进入采样管支架。把采样管的底端放在催化剂线圈里面。把一个塞子插在采样管的接头上。把试管浸在加热浴中。调节加热浴的液位高度，使试管浸在液体中的深度为 355 mm±10 mm。把冷凝器与冷却水相连接。在试验过程中，冷凝器的出口水温不应超过 32℃。

注：可采用一种替代采样管支架和采样管隔套的方法，即用胶带或夹子把采样管固定在氧气导管上。采样管固定在氧气导管上的位置距冷凝器顶部约 25 mm，采样管的底部位于距氧气导管弯曲端底部 152 mm±6 mm 处。

9.3 使用长度不超过 600 mm 的新聚氯乙烯软管，将氧气导管通过流量计与氧气源连接。新聚氯乙烯软管在使用前要用正庚烷清洗内壁并用空气吹干。将流速调节到 3 L±0.1 L 并连续通气 30 min。

9.4 从氧化管上提起冷凝器，向试管中加入 60 mL 蒸馏水，并开始记录氧化时间。

9.5 只能使用新的、未变质的试样按照 9.2 所描述的在通水和氧气的条件下，进行油浴温度的设定，或者使用专用的模拟氧化管用于温度的测量。模拟氧化管也要装有未变质试样，并按 9.2 描述通水和氧气。

注 1：模拟氧化管里的油样降解明显时就需要定期更换。

注 2：安装如图 6 所示，由于温度计的 76 mm 浸没线位于油面处，考虑到温度计杆在浸没线以上部分的受热，为了获得真实温度应把温度计的读数减去 0.1℃。

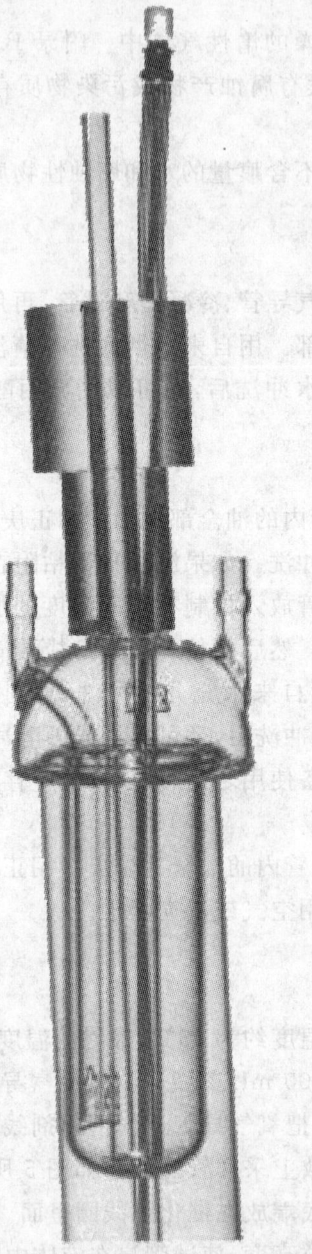

图 5　带采样管的氧化管

9.5.1　设置浴温使其能保证未变质油样或模拟氧化管的温度控制在 95℃±0.2℃，使用温度计或其他温度测量装置进行温度测量，温度计或温度测量装置由温度计托架定位在氧化管内，如图 2 所示。当使用模拟氧化管时，温度设定后要立即将其卸掉。当使用实际试样时，浴温设定后要立即卸掉温度测量装置。浴温总是要高于试样温度，这是由于氧气流动的冷却影响，并与加热浴介质、容量、循环速率及浴中氧化管的数量有关。

9.5.2　通过测量加热浴中不同位置的模拟氧化管或新的、未变质的试验样品的温度，检验浴温的均匀性。

图 6 带温度计的氧化管

9.5.3 在氧化试验过程中,按照 9.5 和 9.5.1 的说明并使用新的、未变质的油样或模拟氧化管定期检查和调节浴温。

9.6 在试验过程中,至少每两周向氧化管内补加一次蒸馏水,使水位恢复到氧气导管的肩部。使用采样管和 50 mL 注射器加水。

注:在有些情况下,由于沉淀和乳化的形成而观察不到水的液面。用合适的方法标记出充装好的氧化管中油的上部液面,定期补水维持这个液面,从而保证氧化管中合适的水量。如有必要,可以用能移动的金属条(图 7)指示补加水的修正液面。例如,使用可调节的环形钩钳将金属条夹在氧化管的外侧。当使用这种指示器时,在试验开始时,调节金属片的较低端到上部油面。随着试验的进行和水的蒸发导致油画下降,特别是在采样前,必须加入足量的补充水使油面回到金属条标记的位置。在每次样品采出后试验继续进行之前,要将指示器移至新的油面。

9.7 定期采样测定酸值以监测油样的氧化情况。

单位为毫米

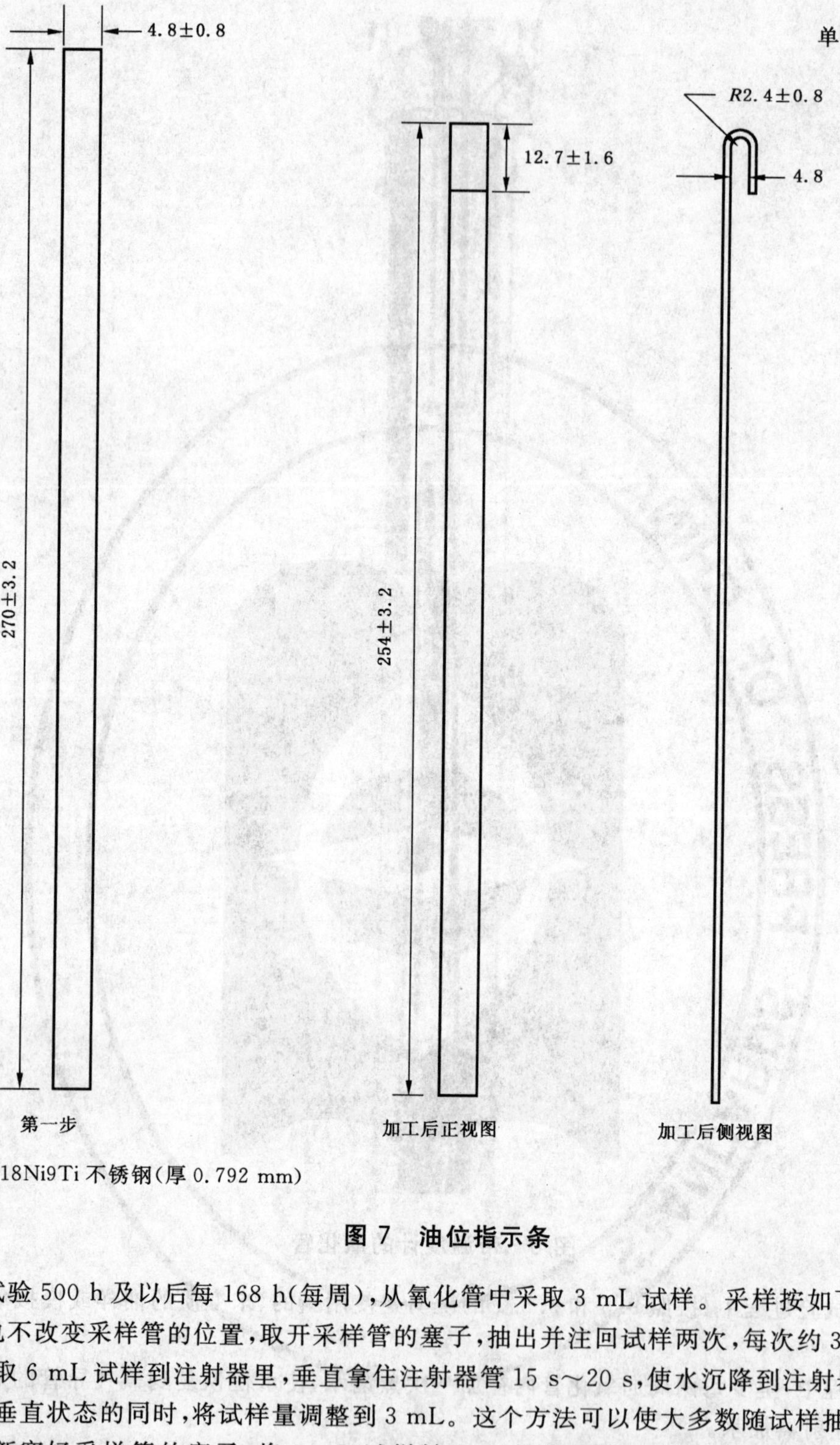

材质：1Cr18Ni9Ti 不锈钢(厚 0.792 mm)

图 7　油位指示条

9.7.1　在试验 500 h 及以后每 168 h(每周)，从氧化管中采取 3 mL 试样。采样按如下步骤进行：不中断通氧气，也不改变采样管的位置，取开采样管的塞子，抽出并注回试样两次，每次约 3 mL，以冲洗采样管。然后抽取 6 mL 试样到注射器里，垂直拿住注射器管 15 s～20 s，使水沉降到注射器管的底部，在保持注射器管垂直状态的同时，将试样量调整到 3 mL。这个方法可以使大多数随试样抽出的水再回到氧化管中。重新塞好采样管的塞子，将 3 mL 试样转入一个样品瓶中供酸值分析用，酸值测定可依据 SH/T 0163或附录 A。在从样品瓶中采样滴定前要把样品彻底摇匀。

注 1：本方法的试验结果在很大程度上受到采样程序差异的影响。因此要严格执行测酸值的采样程序和计划。但已知油的氧化寿命小于 500 h 时，要根据操作者的判断随时采样。

注 2：当酸值不大于 0.5 mgKOH/g 时，附录 A 是首选的方法，但 SH/T 0163 也允许使用。当酸值超过 0.5 mgKOH/g时，使用 SH/T 0163。SH/T 0163 和附录 A 都是用颜色转变来指示滴定终点。对于深色油品来说，使用电位滴定(如 GB/T 7304)检测终点也许会更好。

9.7.2 试验时间达到 3 000 h 以后，每 500 h±25 h 采样检测。

9.7.3 当观察显示油品接近它的试验寿命终点时，要根据操作者的判断进行附加的采样。

9.8 当测定酸值等于或大于 2.0 mgKOH/g 时，停止试验。

注：当使用这个方法测试汽轮机油时，数值 2.0 mgKOH/g 作为限制值。当氧化在这种油中快速进行时，常常遇到这个数值远远大于 2.0 mgKOH/g 的情况。这时，油品的严重氧化状态象表现出高酸值一样，也常常表现出其他降解现象：如难闻的气味、沉淀生成、催化剂线圈腐蚀、油品严重变黑以及油-水乳化物产生。如果在按原计划时间采样测酸值之前发现这些氧化现象，就应立即采样测酸值，测定的酸值如果等于或大于 2.0 mgKOH/g，停止试验。

9.8.1 如果在 10 000 h 以后酸值仍然小于 2.0 mgKOH/g，应该结束试验。

注：超过 10 000 h 以后，由于不断地采样导致金属催化剂线圈暴露到空气中。这种暴露对油品氧化寿命的影响还没有确定，方法的精密度也未作规定。

10 计算

按式(1)计算酸值达到 2.0 mgKOH/g 时的时间（氧化寿命）H，h：

$$H = A + [(2.0 - C)/(D - C)] \times (B - A) \quad \cdots\cdots (1)$$

式中：

A——最后测定酸值低于 2.0 mgKOH/g 时的时间，h；

B——测定酸值高于 2.0 mgKOH/g 时的时间，h；

C——在 A 小时的酸值，mgKOH/g；

D——在 B 小时的酸值，mgKOH/g。

11 报告

11.1 报告试样氧化至酸值达到 2.0 mgKOH/g 时计算的小时数（氧化寿命），h。

11.2 如果在 10 000 h 以后酸值仍然小于 2.0 mgKOH/g，应该结束试验。由于最大油品氧化寿命限定在了 10 000 h，因此要以大于 10 000 h（酸值=$x.xx$）的形式报告试验寿命和酸值。

12 精密度

在 700 h～3 900 h 范围内，按下列规定判断结果的可靠性（95%置信水平）。

12.1 重复性 r

同一操作者，使用同一仪器，按相同的试验方法，对同一试样测得的两个连续试验结果之差不超过式(2)的值：

$$r = 0.192\overline{X} \quad \cdots\cdots (2)$$

式中：

$\overline{X}$——两个重复测定结果的算术平均值。

12.2 再现性 R

不同操作者，在不同实验室，使用不同的仪器，用相同的方法对同一试样测得的两个单一、独立试验结果之差不超过式(3)的值：

$$R = 0.332\overline{X} \quad \cdots\cdots (3)$$

式中：

$\overline{X}$——两个测定结果的算术平均值。

注：两组重复试验结果的再现性 R'。

如果 12.2 中每个实验室各自得到的两个连续试验结果，则这两个实验室所得两组连续试验结果的平均值之差不应超过式(4)的值：

$$R' = 0.302\overline{X} \qquad (4)$$

式中：

$\overline{X}$——两个实验室各自试验结果算术平均值的平均值。

从一个或两个实验室得到两个以上的试验结果，其平均值的再现性可以按照 GB/T 17039 计算。

附 录 A
（规范性附录）
氧化试验中润滑油酸值半定量微量测定法

A.1 范围

A.1.1 本试验方法属于半定量微量测定方法，用于监测氧化试验中润滑油样品在0.02 mgKOH/g～1.0 mgKOH/g 酸值范围内的酸性组分变化，适用于汽轮机油、液压油和其他循环油。

注：这个方法是 GB/T 4945 的微量测定版本，两个方法得到的结果是相似的。

A.1.2 这个试验方法是为样品量有限的情况设计的。不宜用该方法代替精度较高的方法，如GB/T 4945或 GB/T 7304，该方法不适用于在用油的监测。

A.2 术语

下列术语适用于本标准。

酸值 acid number

滴定溶解在指定溶剂中的样品达到指定的终点时所需要碱的量，以毫克氢氧化钾每克样品表示。

注：在本试验方法中，通过将样品滴入滴定溶液使溶液颜色发生由蓝绿到橙黄的转变时，加入样品的滴数与使用参考样品使滴定溶液发生相同颜色转变时所加入参考样的滴数的对比计算酸值，因为这是一种直接比较的方法，所以得到的酸值可以报告为毫克氢氧化钾每克样品。

A.3 方法概要

A.3.1 使用滴管将样品滴入一份 2.0 mL 的滴定溶液中，记录使滴定溶液由蓝绿色转变为稳定的桔黄色时需要的样品滴数。

A.3.2 用已知酸值的参考样品滴定第二份 2.0 mL 的滴定溶液，记录使滴定溶液由蓝绿色转变为稳定的桔黄色时需要的参考样品滴数。

A.3.3 利用参考样品的酸值和使滴定溶液颜色发生改变所需参考样品滴数与发生同样改变所需样品滴数的比值估算样品的酸值。

A.4 意义和用途

A.4.1 本试验方法提供了一个实验室氧化试验中的润滑油酸值半定量估算方法，所需要的样品量比试验方法 GB/T 4945，GB/T 7304 或 SH/T 0163 需要的样品量少。因而，本方法提供了一个通过测量在不同的时间间隔和各种不同的氧化试验条件下的酸值变化监测润滑油相对氧化的一个手段。

A.4.2 由于本方法是半定量方法，因此每个实验室应该针对各种氧化试验方法制定自己的指标以决定何时将本试验方法转变为更精密的酸值测定方法。

A.5 仪器

A.5.1 10 mL 玻璃烧杯或玻璃瓶。

A.5.2 2 mL～5 mL 玻璃注射器，带 20 号、12 cm 针头的 5 mL 注射器可以满足要求。

A.5.3 带橡胶头的玻璃滴管，能滴出 35 到 40 滴油。

A.6 试剂

A.6.1 试剂纯度

在所有试验中应该使用分析纯试剂。但只要试剂的纯度能够保证不影响测定精度，其他级别的试剂也允许使用。

A.6.2 酸值参比溶液

任何能够产生约 0.5 mgKOH/g 酸值的稳定的、油溶性的酸都可以采用。这个溶液要用试验方法 GB/T 4945 或 GB/T 7304 标定。已证明含有 0.20%(质量分数)十二烯基丁二酸酐的 HVI 250 基础油能够满足要求。

A.6.3 0.1 M 氢氧化钾醇溶液

将氢氧化钾溶于异丙醇中配成约 0.1 M 溶液，此溶液用溶于 100 mL 水中的纯邻苯二甲酸氢钾标定，以酚酞作指示剂检测终点。(可用市售试剂。)

警告：有腐蚀性，吸入有毒，碱性的，可引起刺激导致皮炎。

A.6.4 十二烯基丁二酸酐

警告：对皮肤和眼睛有刺激。

A.6.5 对-萘酚苯指示剂溶液

对-萘酚苯必须满足 GB/T 4945—2002 附录 A 的规格要求。在 50∶50 甲苯∶异丙醇混合溶剂中配制含对-萘酚苯 10 g/L 的溶液。

警告：易燃，蒸气有害。

注：Fisher 等公司可提供对-萘酚苯指示剂溶液。

A.6.6 异丙醇

警告：易燃，有报告显示，如果不加以抑制，当储存异丙醇的容器或试剂配制瓶变空并接近干的时候，能够产生过氧化物并形成爆炸混合物。

A.6.7 滴定溶液

在一个容积为 1 L 的塑料瓶中，将 350 mL 甲苯、350 mL 异丙醇和 7 mL 对-萘酚苯溶液混合在一起，加入 15 mL 0.1 M 氢氧化钾异丙醇溶液混匀。(警告：易燃，蒸气有害，腐蚀。)

注：滴定溶液的浓度随着时间而下降，因而需定期更换，每月更换一次可以满足要求。

A.6.8 甲苯

警告：易燃，蒸气有害。

A.7 试验步骤

A.7.1 采样

按氧化试验方法规定的步骤，从氧化管中抽取最少量的试验油。

注：因为氧化油在储存中会发生明显的变化，所以从氧化试验装置采出的油样要尽快测试。

A.7.2 用注射器向烧杯或瓶中移取 2.0 mL 滴定溶液。

A.7.3 使用滴管向滴定溶液中滴加试样，每次一滴，同时不停地摇动。

A.7.4 计算当滴定溶液由蓝绿色转变为桔黄色时所需油样的滴数。当桔黄色稳定至少 10 s 时可认为滴定完成。

A.7.5 用酸值参比溶液代替试样作为 2.0 mL 滴定溶液的滴定剂重复 7.2～7.4 步骤，两个烧杯的终点颜色应该一致。

A.8 计算和报告

A.8.1 按式(A.1)计算油样的酸值 A_n，mgKOH/g：

$$A_n = \frac{A \times B}{C} \qquad \text{(A.1)}$$

式中：

A——在 7.5 中酸值参比溶液的滴数；

B——参比溶液的酸值；

C——在7.4中油样的滴数。

A.8.2 按式(A.2)的形式报告结果，mgKOH/g：

$$A_n = x.xx \quad \text{(A.2)}$$

A.9 精密度和偏差

按下述规定判断试验结果的可靠性(95%置信水平)。

A.9.1 精密度

本试验方法的精密度是通过8个实验室对酸值(以KOH计)范围从0.06 mg/g～1.1 mg/g的9个样品的测试结果进行实验室间统计检验确定的。

A.9.1.1 重复性 r_a

同一操作者，使用同一仪器，按相同的试验方法，对同一试样测得的两个连续试验结果之差不超过式(A.3)的值：

$$r_a = 0.2 \times \overline{A_n} \quad \text{(A.3)}$$

式中：

$\overline{A_n}$——两个测定结果的算术平均值。

A.9.1.2 再现性 R_a

不同操作者，在不同实验室，使用不同的仪器，用相同的方法对同一试样测得的两个单一、独立试验结果之差不超过式(A.4)的值：

$$R_a = 0.7 \times \overline{A_n} \quad \text{(A.4)}$$

式中：

$\overline{A_n}$——两个测定结果的算术平均值。

A.9.2 偏差

因为酸值仅仅是根据试验方法确定的，所以这个试验方法不存在偏差。

附 录 B
（资料性附录）
催化剂线圈的封存方法

B.1 材料

B.1.1 试管：硼硅玻璃制，长 250 mm，外径 25 mm，内径约 22 mm。

B.1.2 盖子：供试管用，聚乙烯制，设计成圆筒型能紧扣试管外表面。

B.1.3 干燥剂包：硅胶颗粒。

B.1.4 冲洗管：不锈钢或玻璃制，外径约 5 mm，长 305 mm，用于把氮气传送到试管的底部。

B.1.5 氮气：最低纯度 99.7%。

警告：高压下的压缩气体。该气体能减少供呼吸的氧气。

B.2 步骤

用冲洗管向一个新的试管中通氮气，吹出散落的灰尘。试管外观必须清洁干燥。使试管倾斜一定的角度，将催化剂线圈轻轻滑入试管中。加入一个折叠成纵向适合于试管的干燥剂包。把氮气冲洗管插入试管的中部，再到底部，并用氮气冲洗试管几秒钟。在抽出冲洗管后立即用一个聚乙烯盖子密封试管。

ICS 21.060.40
J 13

中华人民共和国国家标准

GB/T 12617.1—2006
代替 GB/T 12617—1990

开口型沉头抽芯铆钉 10、11级

Open end blind rivets with break pull mandrel and countersunk head—Property class 10,11

(ISO 15978:2002,Open end blind rivets with break pull mandrel and countersunk head—AlA/St,MOD)

2006-07-05 发布 2006-12-01 实施

中华人民共和国国家质量监督检验检疫总局
中国国家标准化管理委员会 发布

前言

本部分是国家标准“抽芯铆钉”产品系列标准之一。该系列包括：

a) GB/T 12615.1—2004 封闭型平圆头抽芯铆钉 11级；
b) GB/T 12615.2—2004 封闭型平圆头抽芯铆钉 30级；
c) GB/T 12615.3—2004 封闭型平圆头抽芯铆钉 06级；
d) GB/T 12615.4—2004 封闭型平圆头抽芯铆钉 51级；
e) GB/T 12616.1—2004 封闭型沉头抽芯铆钉 11级；
f) GB/T 12617.1—2006 开口型沉头抽芯铆钉 10、11级；
g) GB/T 12617.2—2006 开口型沉头抽芯铆钉 30级；
h) GB/T 12617.3—2006 开口型沉头抽芯铆钉 12级；
i) GB/T 12617.4—2006 开口型沉头抽芯铆钉 51级；
j) GB/T 12617.5—2006 开口型沉头抽芯铆钉 20、21、22级；
k) GB/T 12618.1—2006 开口型平圆头抽芯铆钉 10、11级；
l) GB/T 12618.2—2006 开口型平圆头抽芯铆钉 30级；
m) GB/T 12618.3—2006 开口型平圆头抽芯铆钉 12级；
n) GB/T 12618.4—2006 开口型平圆头抽芯铆钉 51级；
o) GB/T 12618.5—2006 开口型平圆头抽芯铆钉 20、21、22级；
p) GB/T 12618.6—2006 开口型平圆头抽芯铆钉 40、41级。

本部分是GB/T 12617的第1部分。

本部分修改采用ISO 15978:2002《开口型沉头抽芯盲铆钉 AlA/St》(英文版)，主要修改如下：

——ISO 15978未规定抽芯铆钉的机械性能等级与钉体和钉芯的材料牌号，本部分予以规定(见标准名称、第4、5章)；
——ISO 15978未规定包装技术要求，本部分予以规定(见第7章)；
——ISO 15978未规定简化标记，本部分按GB/T 1237的简化原则给出简化的标记示例(见8.2)。

本部分代替GB/T 12617—1990《开口型沉头抽芯铆钉》有关部分。

本部分与GB/T 12617—1990相比主要变化如下：

——取消d=6 mm，增加d=2.4 mm和4.8 mm的钉体直径规格(见表1)；
——全面调整了钉体长度规格的系列及范围(见表1)；
——未引用GB/T 12619—1990《抽芯铆钉技术条件》，在本部分中给出铆钉孔直径、推荐的铆接范围(见表1和表2)；
——本部分仅规定了两种铝的钉体材料、两种钢的钉芯材料及相应的机械性能等级(10、11级)，并有别于旧标准(见第4、5章)；
——增加附录A。

本部分的附录A是资料性附录。

本部分由中国机械工业联合会提出。

本部分由全国紧固件标准化技术委员会(SAC/TC 85)归口。

本部分由机械科学研究院负责起草，上海安字实业有限公司参加起草。

本部分由全国紧固件标准化技术委员会秘书处负责解释。

本部分所代替标准的历次版本发布情况为：

——GB /T 12617—1990。

开口型沉头抽芯铆钉　10、11级

1　范围

GB/T 12617 的本部分规定了钉体直径 d=2.4 mm～5 mm、钉体材料为铝合金(AlA)、钉芯材料为钢(St)、性能等级为10级和11级的开口型沉头抽芯铆钉的机械特性和应用数据。

2　规范性引用文件

下列文件中的条款通过 GB/T 12617 的本部分的引用而成为本部分的条款。凡是注日期的引用文件,其随后所有的修改单(不包括勘误的内容)或修订版均不适用于本部分,然而,鼓励根据本部分达成协议的各方研究是否可使用这些文件的最新版本。凡是不注日期的引用文件,其最新版本适用于本部分。

GB/T 90.1　紧固件　验收检查(GB/T 90.1—2002,idt ISO 3269:2000)

GB/T 90.2　紧固件　标志与包装

GB/T 699　优质碳素结构钢

GB/T 1237　紧固件标记方法(GB/T 1237—2000,eqv ISO 8991:1986)

GB/T 3098.18　紧固件机械性能　盲铆钉试验方法(GB/T 3098.18—2004,ISO 14589:2000,Blind rivets—Mechanical testing,IDT)

GB/T 3098.19　紧固件机械性能　抽芯铆钉

GB/T 3099.2　紧固件术语　盲铆钉(GB/T 3099.2—2004,ISO 14588:2000,Blind rivets—Terminology and definitions,IDT)

GB/T 3190　变形铝及铝合金化学成分

GB/T 3206　优质碳素结构钢丝

3　尺寸

3.1　总则

尺寸代号和标注符合 GB/T 3099.2 的规定。

3.2　铆钉尺寸

铆钉尺寸见图1和表1。

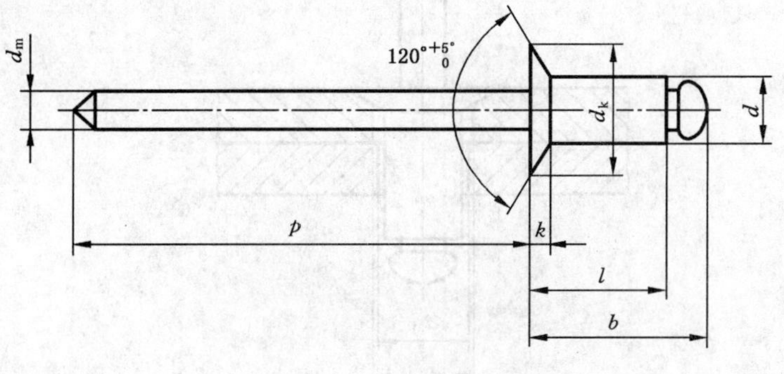

图1　铆钉尺寸

表 1 尺 寸

单位为毫米

钉体	d	公称	2.4	3	3.2	4	4.8	5
		max	2.48	3.08	3.28	4.08	4.88	5.08
		min	2.25	2.85	3.05	3.85	4.65	4.85
	d_k	max	5.0	6.3	6.7	8.4	10.1	10.5
		min	4.2	5.4	5.8	6.9	8.3	8.7
	k	max	1	1.3	1.3	1.7	2	2.1
钉芯	d_m	max	1.55	2	2	2.45	2.95	2.95
	p	min	25			27		
盲区长度	b	max	$l_{max}+3.5$	$l_{max}+3.5$	$l_{max}+4$	$l_{max}+4$	$l_{max}+4.5$	$l_{max}+4.5$
铆钉长度 l[a]			推荐的铆接范围[b]					
公称=min		max						
4		5	1.5~2.0	—		—	—	
6		7	2.0~4.0	2.0~3.5		—	—	
8		9	4.0~6.0	3.5~5.0		2.0~5.0	2.5~4.0	
10		11	6.0~8.0	5.0~7.0		5.0~6.5	4.0~6.0	
12		13	8.0~9.5	7.0~9.0		6.5~8.5	6.0~8.0	
16		17	—	9.0~13.0		8.5~12.5	8.0~12.0	
20		21	—	13.0~17.0		12.5~16.5	12.0~15.0	
25		26	—	17.0~22.0		16.5~21.5	15.0~20.0	
30		31	—	—		—	20.0~25.0	

注：铆钉体的尺寸按附录 A 给出的计算公式求出。

a 公称长度大于 30 mm 时，应按 5 mm 递增。为确认其可行性以及铆接范围可向制造者咨询。

b 符合表 1 尺寸和第 4 章规定的材料组合与性能等级的铆钉铆接范围，用最小和最大铆接长度表示。最小铆接长度仅为推荐值。某些使用场合可能使用更小的长度。

3.3 铆钉孔直径

用于被铆接件的铆钉孔直径（d_{h1}）如图 2 所示，其尺寸在表 2 中给出。

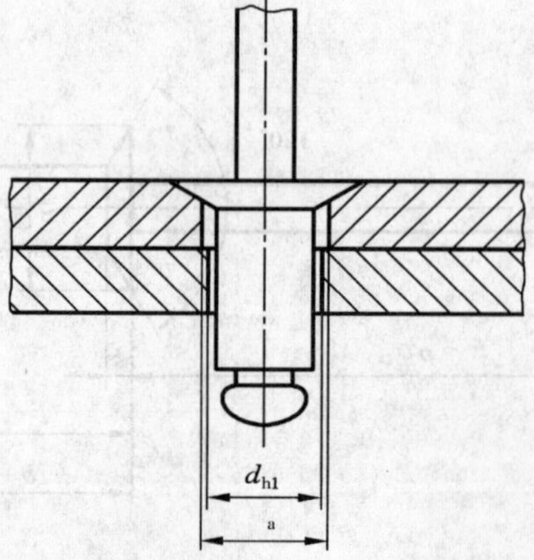

a 加大的铆钉孔。

图 2 为便于对中加大的铆钉孔

不符合表 2 给出的数值,可能造成安装的困难和(或)降低表 4 规定的剪切和拉力载荷。

如有必要(便于对中),仅在铆钉插入一侧的被铆接件上制出大于表 2 规定的孔径,如图 2 所示。这也可能降低表 4 规定的剪切和拉力载荷。

表 2 铆钉孔直径

单位为毫米

公称直径 d	d_{h1} min	d_{h1} max
2.4	2.5	2.6
3	3.1	3.2
3.2	3.3	3.4
4	4.1	4.2
4.8	4.9	5.0
5	5.1	5.2

4 材料组合与表面处理

铆钉应由铝合金(AlA)制造的钉体和钢(St)制造的钉芯组成,推荐采用表 3 的性能等级与材料组合,其性能应符合第 5 章的规定。

表 3 机械性能等级与材料组合[a]

性能等级	钉体材料			钉芯材料		
	种类	材料牌号	标准编号	种类	材料牌号	标准编号
10	铝合金	5052、5A02	GB/T 3190	钢	10、15、35、45	GB/T 699 GB/T 3206
11	铝合金	5056、5A05	GB/T 3190	钢	10、15、35、45	GB/T 699 GB/T 3206

a 按 GB/T 3098.19 规定。ISO 15978 未规定机械性能等级与材料牌号。

材料技术条件由制造者确定。

铆钉的钉体表面不经处理,即是本色的。钉芯表面处理由制造者确定,可以涂油、磷化涂油或镀锌。

5 机械性能

5.1 剪切载荷、拉力载荷与钉芯断裂载荷

按 GB/T 3098.18 的规定进行试验时,10 级和 11 级的最小剪切载荷、最小拉力载荷与最大钉芯断裂载荷均应符合表 4 规定。

表 4 剪切载荷、拉力载荷与钉芯断裂载荷[a]

单位为牛顿

公称直径 d/mm	10 级 剪切载荷 min	10 级 拉力载荷 min	11 级 剪切载荷 min	11 级 拉力载荷 min	钉芯断裂载荷 max
2.4	250	350	350	550	2 000
3	400	550	550	850	3 000
3.2	500	700	750	1 100	3 500
4	850	1 200	1 250	1 800	5 000
4.8	1 200	1 700	1 850	2 600	6 500
5	1 400	2 000	2 150	3 100	6 500

a 按 GB/T 3098.19 规定。ISO 15978 未规定机械性能等级。

5.2 钉芯拆卸力

按 GB/T 3098.18 的规定进行试验时，10 级和 11 级的拆卸钉芯的载荷应大于 10 N。

5.3 钉头保持能力

按 GB/T 3098.18 的规定进行试验，施加表 5 规定的钉头保持试验载荷时，10 级和 11 级的钉芯在铆钉中的残留部分不应被压出。

表 5 钉头保持试验载荷[a]

公称直径 d/ mm	钉头保持试验载荷/ N
2.4	10
3	15
3.2	15
4	20
4.8	25
5	25

a 按 GB/T 3098.19 规定。

6 工作质量

铆钉表面应无毛刺和有害缺陷，并有完整的头、杆形状。

铆接后，当放大 5 倍目测检查时，铆钉不应有开裂的痕迹。

7 验收检查、标志与包装

如无其他协议，应按 GB/T 90.1 进行验收检查；按 GB/T 90.2 进行标志与包装。

8 标记

8.1 标记方法按 GB/T 1237 规定。

8.2 标记示例

公称直径 d=4 mm、公称长度 l=12 mm、钉体由铝合金(AlA)制造、钉芯由钢(St)制造、性能等级为 10 级的开口型沉头抽芯铆钉的标记：

抽芯铆钉 GB/T 12617.1 4×12

附 录 A
（资料性附录）
计 算 公 式

A.1 总则

本部分规定的抽芯铆钉符合下列计算公式和公差。

A.2 钉体直径

最大钉体直径按下式计算：

$$d_{max} = d_{公称} + 0.08\ \text{mm}$$

最小钉体直径按下式计算：

$$d_{min} = d_{公称} - 0.15\ \text{mm}$$

A.3 头部直径

最大头部直径按下式计算：

$$d_{k\ max} = 2.1 d_{公称}$$

圆整到小数点后1位。

A.4 头部直径公差

头部直径公差为：

h16 用于 $d_{公称} \leqslant 3.2$ mm；

h17 用于 $d_{公称} > 3.2$ mm。

A.5 头部高度

最大头部高度按下式计算：

$$k_{max} = 0.415 d_{公称}$$

圆整到小数点后1位。

A.6 铆钉孔直径

抽芯铆钉用铆钉孔直径按下式计算：

$$d_{h1\ max} = d_{公称} + 0.2\ \text{mm}$$

$$d_{h1\ min} = d_{公称} + 0.1\ \text{mm}$$

ICS 21.060.40
J 13

中华人民共和国国家标准

GB/T 12617.2—2006
代替 GB/T 12617—1990

开口型沉头抽芯铆钉 30级

Open end blind rivets with break pull mandrel and countersunk head—Property class 30

(ISO 15980:2002, Open end blind rivets with break pull mandrel and countersunk head—St/St, MOD)

2006-07-05 发布　　2006-12-01 实施

中华人民共和国国家质量监督检验检疫总局
中国国家标准化管理委员会　发布

前言

本部分是国家标准“抽芯铆钉”产品系列标准之一。该系列包括：

a) GB/T 12615.1—2004 封闭型平圆头抽芯铆钉 11级；

b) GB/T 12615.2—2004 封闭型平圆头抽芯铆钉 30级；

c) GB/T 12615.3—2004 封闭型平圆头抽芯铆钉 06级；

d) GB/T 12615.4—2004 封闭型平圆头抽芯铆钉 51级；

e) GB/T 12616.1—2004 封闭型沉头抽芯铆钉 11级；

f) GB/T 12617.1—2006 开口型沉头抽芯铆钉 10、11级；

g) GB/T 12617.2—2006 开口型沉头抽芯铆钉 30级；

h) GB/T 12617.3—2006 开口型沉头抽芯铆钉 12级；

i) GB/T 12617.4—2006 开口型沉头抽芯铆钉 51级；

j) GB/T 12617.5—2006 开口型沉头抽芯铆钉 20、21、22级；

k) GB/T 12618.1—2006 开口型平圆头抽芯铆钉 10、11级；

l) GB/T 12618.2—2006 开口型平圆头抽芯铆钉 30级；

m) GB/T 12618.3—2006 开口型平圆头抽芯铆钉 12级；

n) GB/T 12618.4—2006 开口型平圆头抽芯铆钉 51级；

o) GB/T 12618.5—2006 开口型平圆头抽芯铆钉 20、21、22级；

p) GB/T 12618.6—2006 开口型平圆头抽芯铆钉 40、41级。

本部分是GB/T 12617的第2部分。

本部分修改采用ISO 15980:2002《开口型沉头抽芯盲铆钉 St/St》(英文版)，主要修改如下：

——ISO 15980未规定抽芯铆钉的机械性能等级与钉体和钉芯的材料牌号，本部分予以规定(见标准名称、第4、5章)；

——ISO 15980未规定包装技术要求，本部分予以规定(见第7章)；

——ISO 15980未规定简化标记，本部分按GB/T 1237的简化原则给出简化的标记示例(见8.2)。

本部分代替GB/T 12617—1990《开口型沉头抽芯铆钉》有关部分。

本部分与GB/T 12617—1990相比主要变化如下：

——增加d=2.4 mm、4.8 mm和6.4 mm的钉体直径规格(见表1)；

——全面调整了钉体长度规格的系列及范围(见表1)；

——未引用GB/T 12619—1990《抽芯铆钉技术条件》，在本部分中给出铆钉孔直径、推荐的铆接范围(见表1和表2)；

——本部分仅规定了一种钢的钉体材料、一种钢的钉芯材料及相应的机械性能等级(30级)，并有别于旧标准(见第4、5章)；

——增加附录A。

本部分的附录A是资料性附录。

本部分由中国机械工业联合会提出。

本部分由全国紧固件标准化技术委员会(SAC/TC 85)归口。

本部分由机械科学研究院负责起草，上海安字实业有限公司参加起草。

本部分由全国紧固件标准化技术委员会秘书处负责解释。

本部分所代替标准的历次版本发布情况为：

——GB/T 12617—1990。

开口型沉头抽芯铆钉 30级

1 范围

GB/T 12617的本部分规定了钉体直径 d=2.4 mm～6.4 mm、钉体材料为钢(St)、钉芯材料为钢(St)、性能等级为30级的开口型沉头抽芯铆钉的机械特性和应用数据。

2 规范性引用文件

下列文件中的条款通过GB/T 12617的本部分的引用而成为本标准的条款。凡是注日期的引用文件,其随后所有的修改单(不包括勘误的内容)或修订版均不适用于本部分,然而,鼓励根据本部分达成协议的各方研究是否可使用这些文件的最新版本。凡是不注日期的引用文件,其最新版本适用于本部分。

GB/T 90.1 紧固件 验收检查(GB/T 90.1—2002,idt ISO 3269:2000)

GB/T 90.2 紧固件 标志与包装

GB/T 699 优质碳素结构钢

GB/T 1237 紧固件标记方法(GB/T 1237—2000,eqv ISO 8991:1986)

GB/T 3098.18 紧固件机械性能 盲铆钉试验方法(GB/T 3098.18—2004,ISO 14589:2000,Blind rivets—Mechanical testing,IDT)

GB/T 3098.19 紧固件机械性能 抽芯铆钉

GB/T 3099.2 紧固件术语 盲铆钉(GB/T 3099.2—2004,ISO 14588:2000,Blind rivets—Terminology and definitions,IDT)

GB/T 3206 优质碳素结构钢丝

GB/T 5267.1 紧固件 电镀层(GB/T 5267.1—2002,ISO 4042:1999,IDT)

GB/T 9800 电镀锌和电镀镉层的铬酸盐转化膜(GB/T 9800—1988,eqv ISO 4520:1981)

3 尺寸

3.1 总则

尺寸代号和标注符合GB/T 3099.2的规定。

3.2 铆钉尺寸

铆钉尺寸见图1和表1。

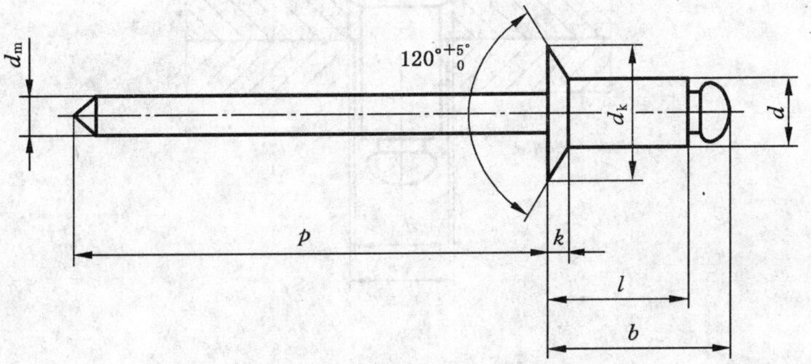

图1 铆钉尺寸

表 1 尺 寸

单位为毫米

钉体	d	公称	2.4	3	3.2	4	4.8	5	6	6.4
		max	2.48	3.08	3.28	4.08	4.88	5.08	6.08	6.48
		min	2.25	2.85	3.05	3.85	4.65	4.85	5.85	6.25
	d_k	max	5.0	6.3	6.7	8.4	10.1	10.5	12.6	13.4
		min	4.2	5.4	5.8	6.9	8.3	8.7	10.8	11.6
	k	max	1	1.3	1.3	1.7	2	2.1	2.5	2.7
钉芯	d_m	max	1.5	2.15	2.15	2.8	3.5	3.5	3.4	4
	p	min	25			27				
盲区长度	b	max	$l_{max}+3.5$	$l_{max}+3.5$	$l_{max}+4$	$l_{max}+4$	$l_{max}+4.5$	$l_{max}+4.5$	$l_{max}+5$	$l_{max}+5.5$
铆钉长度 l[a]			推荐的铆接范围[b]							
公称=min		max								
6		7	1.5~3.5	1.5~3.0		2.0~3.0	—		—	—
8		9	3.5~5.5	3.0~5.0		3.0~5.0	2.5~4.0		—	—
10		11	—	5.0~6.5		5.0~6.5	4.0~6.0		3.0~4.0	3.0~4.0
12		13	5.5~9.5	6.5~8.0		6.5~8.0	6.0~8.0		4.0~6.0	4.0~6.0
16		17	—	8.0~12.0		8.0~12.0	8.0~11.0		6.0~10.0	6.0~9.0
20		21	—	12.0~16.0		12.0~16.0	11.0~15.0		10.0~14.0	9.0~13.0
25		26	—	—		—	15.0~19.5		14.0~19.0	13.0~19.0

注：铆钉体的尺寸按附录 A 给出的计算公式求出。

[a] 公称长度大于 25 mm 时，应按 5 mm 递增。为确认其可行性以及铆接范围可向制造者咨询。

[b] 符合表 1 尺寸和第 4 章规定的材料组合与性能等级的铆钉铆接范围，用最小和最大铆接长度表示。最小铆接长度仅为推荐值。某些使用场合可能使用更小的长度。

3.3 铆钉孔直径

用于被铆接件的铆钉孔直径(d_{h1})如图 2 所示，其尺寸在表 2 中给出。

不符合表 2 给出的数值，可能造成安装的困难和(或)降低表 4 规定的剪切和拉力载荷。

如有必要(便于对中)，仅在铆钉插入一侧的被铆接件上制出大于表 2 规定的孔径，如图 2 所示。这也可能降低表 4 规定的剪切和拉力载荷。

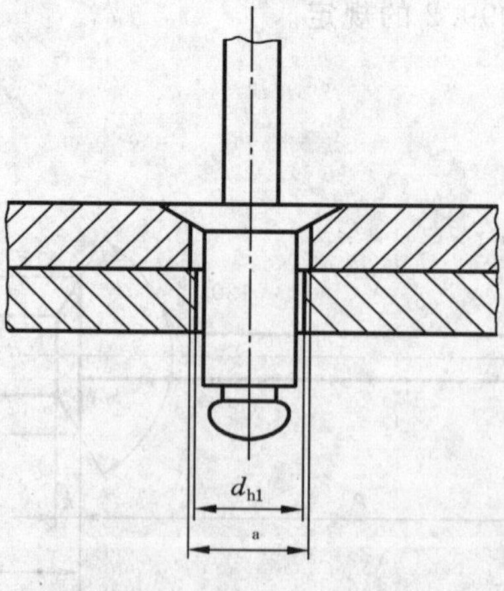

[a] 加大的铆钉孔。

图 2 为便于对中加大的铆钉孔

表 2 铆钉孔直径

单位为毫米

公称直径 d	d_{h1} min	d_{h1} max
2.4	2.5	2.6
3	3.1	3.2
3.2	3.3	3.4
4	4.1	4.2
4.8	4.9	5.0
5	5.1	5.2
6	6.1	6.2
6.4	6.5	6.6

4 材料组合与表面处理

铆钉应由钢(St)制造的钉体和钢(St)制造的钉芯组成，推荐采用表 3 的性能等级与材料组合，其性能应符合第 5 章的规定。

表 3 机械性能等级与材料组合[a]

性能等级	钉体材料			钉芯材料		
	种类	材料牌号	标准编号	种类	材料牌号	标准编号
30	碳素钢	08F、10	GB/T 699 GB/T 3206	碳素钢	10、15、 35、45	GB/T 699 GB/T 3206

a 按 GB/T 3098.19 规定。ISO 15980 未规定机械性能等级与材料牌号。

材料技术条件由制造者确定。

铆钉的钉体表面应进行电镀锌处理，其最小镀层厚度应为 5 μm(GB/T 5267.1)。铬酸盐转化膜为 c2C(GB/T 9800)。表面处理的完整标记为 Fe/Zn5c2C。镀层厚度应在铆钉头部进行测量。

钉芯表面处理由制造者确定，可以涂油、磷化涂油或镀锌。

5 机械性能

5.1 剪切载荷、拉力载荷与钉芯断裂载荷

按 GB/T 3098.18 的规定进行试验时，30 级的最小剪切载荷、最小拉力载荷与最大钉芯断裂载荷应符合表 4 规定。

表 4 剪切载荷、拉力载荷与钉芯断裂载荷[a]

单位为牛顿

公称直径 d/mm	剪切载荷 min	拉力载荷 min	钉芯断裂载荷 max
2.4	650	700	2 000
3	950	1 100	3 200
3.2	1 100[b]	1 200	4 000
4	1 700	2 200	5 800
4.8	2 900[b]	3 100	7 500

表 4（续）

单位为牛顿

公称直径 d/ mm	剪切载荷 min	拉力载荷 min	钉芯断裂载荷 max
5	3 100	4 000	8 000
6	4 300	4 800	12 500
6.4	4 900	5 700	13 000

[a] 按 GB/T 3098.19 规定。

[b] 按 GB/T 3098.19 规定，数据待生产验证（含选用材料牌号）。

5.2 钉芯拆卸力

按 GB/T 3098.18 的规定进行试验时，30 级的拆卸钉芯的载荷应大于 10 N。

5.3 钉头保持能力

按 GB/T 3098.18 的规定进行试验，施加表 5 规定的钉头保持试验载荷时，30 级的钉芯在铆钉中的残留部分不应被压出。

表 5 钉头保持试验载荷[a]

公称直径 d/ mm	钉头保持试验载荷/ N
2.4	30
3	35
3.2	35
4	40
4.8	45
5	45
6	50
6.4	50

[a] 按 GB/T 3098.19 规定。

6 工作质量

铆钉表面应无毛刺和有害缺陷，并有完整的头、杆形状。

铆接后，当放大 5 倍目测检查时，铆钉不应有开裂的痕迹。

7 验收检查、标志与包装

如无其他协议，应按 GB/T 90.1 进行验收检查；按 GB/T 90.2 进行标志与包装。

8 标记

8.1 标记方法按 GB/T 1237 规定。

8.2 标记示例

公称直径 d=4 mm、公称长度 l=12 mm、钉体由钢（St）制造、钉芯由钢（St）制造、性能等级为 30 级的开口型沉头抽芯铆钉的标记：

抽芯铆钉 GB/T 12617.2 4×12

附 录 A
（资料性附录）
计 算 公 式

A.1 总则

本部分规定的抽芯铆钉符合下列计算公式和公差。

A.2 钉体直径

最大钉体直径按下式计算：

$$d_{max} = d_{公称} + 0.08\ \text{mm}$$

最小钉体直径按下式计算：

$$d_{min} = d_{公称} - 0.15\ \text{mm}$$

A.3 头部直径

最大头部直径按下式计算：

$$d_{k\ max} = 2.1d_{公称}$$

圆整到小数点后1位。

A.4 头部直径公差

头部直径公差为：

h16 用于 $d_{公称} \leqslant 3.2$ mm；

h17 用于 $d_{公称} > 3.2$ mm。

A.5 头部高度

最大头部高度按下式计算：

$$k_{max} = 0.415d_{公称}$$

圆整到小数点后1位。

A.6 铆钉孔直径

抽芯铆钉用铆钉孔直径按下式计算：

$$d_{h1\ max} = d_{公称} + 0.2\ \text{mm}$$

$$d_{h1\ min} = d_{公称} + 0.1\ \text{mm}$$

ICS 21.060.40
J 13

GB

中华人民共和国国家标准

GB/T 12617.3—2006
代替 GB/T 12617—1990

开口型沉头抽芯铆钉 12级

Open end blind rivets with break pull mandrel and countersunk head—Property class 12

(ISO 15982:2002, Open end blind rivets with break pull mandrel and countersunk head—AlA/AlA, MOD)

2006-07-05 发布 2006-12-01 实施

中华人民共和国国家质量监督检验检疫总局
中国国家标准化管理委员会 发布

前言

本部分是国家标准“抽芯铆钉”产品系列标准之一。该系列包括：

a) GB/T 12615.1—2004 封闭型平圆头抽芯铆钉 11级；
b) GB/T 12615.2—2004 封闭型平圆头抽芯铆钉 30级；
c) GB/T 12615.3—2004 封闭型平圆头抽芯铆钉 06级；
d) GB/T 12615.4—2004 封闭型平圆头抽芯铆钉 51级；
e) GB/T 12616.1—2004 封闭型沉头抽芯铆钉 11级；
f) GB/T 12617.1—2006 开口型沉头抽芯铆钉 10、11级；
g) GB/T 12617.2—2006 开口型沉头抽芯铆钉 30级；
h) GB/T 12617.3—2006 开口型沉头抽芯铆钉 12级；
i) GB/T 12617.4—2006 开口型沉头抽芯铆钉 51级；
j) GB/T 12617.5—2006 开口型沉头抽芯铆钉 20、21、22级；
k) GB/T 12618.1—2006 开口型平圆头抽芯铆钉 10、11级；
l) GB/T 12618.2—2006 开口型平圆头抽芯铆钉 30级；
m) GB/T 12618.3—2006 开口型平圆头抽芯铆钉 12级；
n) GB/T 12618.4—2006 开口型平圆头抽芯铆钉 51级；
o) GB/T 12618.5—2006 开口型平圆头抽芯铆钉 20、21、22级；
p) GB/T 12618.6—2006 开口型平圆头抽芯铆钉 40、41级。

本部分是GB/T 12617的第3部分。

本部分修改采用ISO 15982:2002《开口型沉头抽芯盲铆钉 AlA/AlA》(英文版)，主要修改如下：

——ISO 15982未规定抽芯铆钉的机械性能等级与钉体和钉芯的材料牌号，本部分予以规定(见标准名称、第4、5章)；
——ISO 15982未规定包装技术要求，本部分予以规定(见第7章)；
——ISO 15982未规定简化标记，本部分按GB/T 1237的简化原则给出简化的标记示例(见8.2)。

本部分代替GB/T 12617—1990《开口型沉头抽芯铆钉》有关部分。

本部分与GB/T 12617—1990相比主要变化如下：

——取消d=3 mm、5 mm和6 mm，增加d=2.4 mm、4.8 mm和6.4 mm的钉体直径规格(见表1)；
——全面调整了钉体长度规格的系列及范围(见表1)；
——未引用GB/T 12619—1990《抽芯铆钉技术条件》，在本部分中给出铆钉孔直径、推荐的铆接范围(见表1和表2)；
——本部分仅规定了一种铝合金的钉体材料、一种铝合金的钉芯材料及相应的机械性能等级(12级)，并有别于旧标准(见第4、5章)；
——增加附录A。

本部分的附录A是资料性附录。

本部分由中国机械工业联合会提出。

本部分由全国紧固件标准化技术委员会(SAC/TC 85)归口。

本部分由机械科学研究院负责起草，上海安字实业有限公司参加起草。

本部分由全国紧固件标准化技术委员会秘书处负责解释。

本部分所代替标准的历次版本发布情况为：

——GB /T 12617—1990。

开口型沉头抽芯铆钉　12 级

1　范围

GB/T 12617 的本部分规定了钉体直径 d=2.4 mm～6.4 mm、钉体材料为铝合金(AlA)、钉芯材料为铝合金(AlA)、性能等级为 12 级的开口型沉头抽芯铆钉的机械特性和应用数据。

2　规范性引用文件

下列文件中的条款通过 GB/T 12617 的本部分的引用而成为本部分的条款。凡是注日期的引用文件,其随后所有的修改单(不包括勘误的内容)或修订版均不适用于本部分,然而,鼓励根据本部分达成协议的各方研究是否可使用这些文件的最新版本。凡是不注日期的引用文件,其最新版本适用于本部分。

GB/T 90.1　紧固件　验收检查(GB/T 90.1—2002,idt ISO 3269:2000)

GB/T 90.2　紧固件　标志与包装

GB/T 1237　紧固件标记方法(GB/T 1237—2000,eqv ISO 8991:1986)

GB/T 3098.18　紧固件机械性能　盲铆钉试验方法(GB/T 3098.18—2004,ISO 14589:2000,Blind rivets—Mechanical testing,IDT)

GB/T 3098.19　紧固件机械性能　抽芯铆钉

GB/T 3099.2　紧固件术语　盲铆钉(GB/T 3099.2—2004,ISO 14588:2000,Blind rivets—Terminology and definitions,IDT)

GB/T 3190　变形铝及铝合金化学成分

3　尺寸

3.1　总则

尺寸代号和标注符合 GB/T 3099.2 的规定。

3.2　铆钉尺寸

铆钉尺寸见图 1 和表 1。

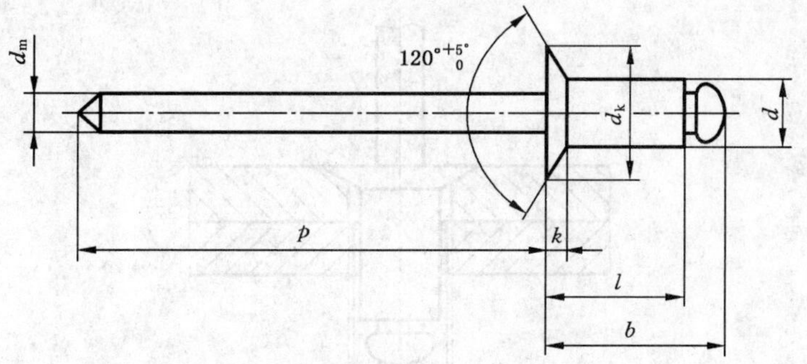

图 1　铆钉尺寸

表 1 尺寸

单位为毫米

钉体	d	公称	2.4	3.2	4	4.8	6.4
		max	2.48	3.28	4.08	4.88	6.48
		min	2.25	3.05	3.85	4.65	6.25
	d_k	max	5.0	6.7	8.4	10.1	13.4
		min	4.2	5.8	6.9	8.3	11.6
	k	max	1	1.3	1.7	2	2.7
钉芯	d_m	max	1.6	2.1	2.55	3.05	4
	p	min	25			27	
盲区长度	b	max	$l_{max}+3$	$l_{max}+3$	$l_{max}+3.5$	$l_{max}+4$	$l_{max}+5.5$
铆钉长度 l			推荐的铆接范围[a]				
公称=min		max					
6		7	1.5~4.0	2.5~3.5	—		—
8		9	—	3.5~5.0	2.0~5.0	2.5~4.0	
10		11	—	5.0~7.0	5.0~6.5	4.0~6.0	—
12		13	—	7.0~9.0	6.5~8.5	6.0~8.0	3.0~6.0
16		17	—	9.0~13.0	8.5~12.5	8.0~12.0	6.0~10.0
20		21	—	13.0~17.0	12.5~16.5	12.0~15.0	10.0~14.0

注：铆钉体的尺寸按附录 A 给出的计算公式求出。

a 符合表 1 尺寸和第 4 章规定的材料组合与性能等级的铆钉铆接范围，用最小和最大铆接长度表示。最小铆接长度仅为推荐值。某些使用场合可能使用更小的长度。

3.3 铆钉孔直径

用于被铆接件的铆钉孔直径(d_{h1})如图 2 所示，其尺寸在表 2 中给出。

不符合表 2 给出的数值，可能造成安装的困难和(或)降低表 4 规定的剪切和拉力载荷。

如有必要(便于对中)，仅在铆钉插入一侧的被铆接件上制出大于表 2 规定的孔径，如图 2 所示。这也可能降低表 4 规定的剪切和拉力载荷。

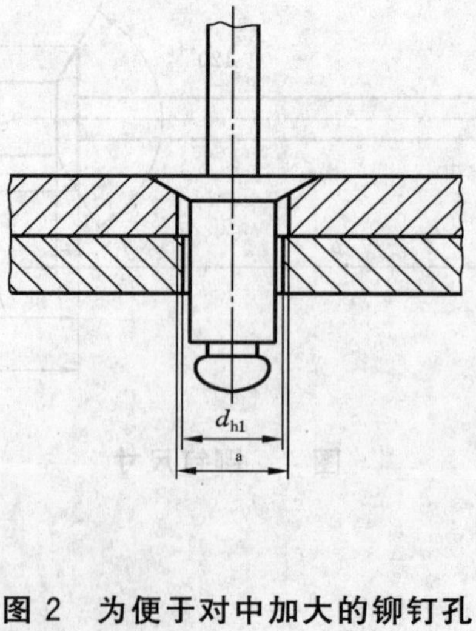

a 加大的铆钉孔。

图 2 为便于对中加大的铆钉孔

表2 铆钉孔直径

单位为毫米

公称直径 d	d_{h1}	
	min	max
2.4	2.5	2.6
3.2	3.3	3.4
4	4.1	4.2
4.8	4.9	5.0
6.4	6.5	6.6

4 材料组合与表面处理

铆钉应由铝合金(AlA)制造的钉体和铝合金(AlA)制造的钉芯组成,推荐采用表3的性能等级与材料组合,其性能应符合第5章的规定。

表3 机械性能等级与材料组合[a]

性能等级	钉体材料			钉芯材料		
	种类	材料牌号	标准编号	种类	材料牌号	标准编号
12	铝合金	5052、5A02	GB/T 3190	铝合金	7A03、5183	GB/T 3190

a 按GB/T 3098.19规定。ISO 15982未规定机械性能等级与材料牌号。

材料技术条件由制造者确定。

铆钉的钉体和钉芯表面不经处理,即是本色的。

5 机械性能

5.1 剪切载荷、拉力载荷与钉芯断裂载荷

按GB/T 3098.18的规定进行试验时,12级的最小剪切载荷、最小拉力载荷与最大钉芯断裂载荷均应符合表4规定。

表4 剪切载荷、拉力载荷与钉芯断裂载荷[a]

单位为牛顿

公称直径 d/ mm	剪切载荷 min	拉力载荷 min	钉芯断裂载荷 max
2.4	250	350	1 100
3.2	500	700[b]	1 800
4	850	1 200[b]	2 700
4.8	1 200[b]	1 700[b]	3 700
6.4	2 200[b]	3 150[b]	6 300

a 按GB/T 3098.19规定。

b 按GB/T 3098.19规定,大于ISO 15982的规定值。

5.2 钉芯拆卸力

按GB/T 3098.18的规定进行试验时,12级的拆卸钉芯的载荷应大于10 N。

5.3 钉头保持能力

按GB/T 3098.18的规定进行试验,施加表5规定的钉头保持试验载荷时,12级的钉芯在铆钉中的残留部分不应被压出。

表 5 钉头保持试验载荷[a]

公称直径 d/ mm	钉头保持试验载荷/ N
2.4	10
3.2	15
4	20
4.8	25
6.4	30[b]

a 按 GB/T 3098.19 规定。

b ISO 15982 规定为 50 N。

6 工作质量

铆钉表面应无毛刺和有害缺陷，并有完整的头、杆形状。

铆接后，当放大 5 倍目测检查时，铆钉不应有开裂的痕迹。

7 验收检查、标志与包装

如无其他协议，应按 GB/T 90.1 进行验收检查；按 GB/T 90.2 进行标志与包装。

8 标记

8.1 标记方法按 GB/T 1237 规定。

8.2 标记示例

公称直径 $d=4$ mm、公称长度 $l=12$ mm、钉体由铝合金（AlA）制造、钉芯由铝合金（AlA）制造、性能等级为 12 级的开口型沉头抽芯铆钉的标记：

抽芯铆钉 GB/T 12617.3 4×12

附 录 A
(资料性附录)
计 算 公 式

A.1 总则

本部分规定的抽芯铆钉符合下列计算公式和公差。

A.2 钉体直径

最大钉体直径按下式计算：

$$d_{max} = d_{公称} + 0.08\ mm$$

最小钉体直径按下式计算：

$$d_{min} = d_{公称} - 0.15\ mm$$

A.3 头部直径

最大头部直径按下式计算：

$$d_{k\ max} = 2.1 d_{公称}$$

圆整到小数点后1位。

A.4 头部直径公差

头部直径公差为：

h16　用于 $d_{公称} \leqslant 3.2$ mm；

h17　用于 $d_{公称} > 3.2$ mm。

A.5 头部高度

最大头部高度按下式计算：

$$k_{max} = 0.415 d_{公称}$$

圆整到小数点后1位。

A.6 铆钉孔直径

抽芯铆钉用铆钉孔直径按下式计算：

$$d_{h1\ max} = d_{公称} + 0.2\ mm$$

$$d_{h1\ min} = d_{公称} + 0.1\ mm$$

ICS 21.060.40
J 13

中华人民共和国国家标准

GB/T 12617.4—2006
代替 GB/T 12617—1990

开口型沉头抽芯铆钉 51级

Open end blind rivets with break pull mandrel and countersunk head—Property class 51

(ISO 15984:2002,Open end blind rivets with break pull mandrel and countersunk head—A2/A2,MOD)

2006-07-05 发布　　2006-12-01 实施

中华人民共和国国家质量监督检验检疫总局
中国国家标准化管理委员会　发布

前言

本部分是国家标准“抽芯铆钉”产品系列标准之一。该系列包括：

a) GB/T 12615.1—2004 封闭型平圆头抽芯铆钉 11级；
b) GB/T 12615.2—2004 封闭型平圆头抽芯铆钉 30级；
c) GB/T 12615.3—2004 封闭型平圆头抽芯铆钉 06级；
d) GB/T 12615.4—2004 封闭型平圆头抽芯铆钉 51级；
e) GB/T 12616.1—2004 封闭型沉头抽芯铆钉 11级；
f) GB/T 12617.1—2006 开口型沉头抽芯铆钉 10、11级；
g) GB/T 12617.2—2006 开口型沉头抽芯铆钉 30级；
h) GB/T 12617.3—2006 开口型沉头抽芯铆钉 12级；
i) GB/T 12617.4—2006 开口型沉头抽芯铆钉 51级；
j) GB/T 12617.5—2006 开口型沉头抽芯铆钉 20、21、22级；
k) GB/T 12618.1—2006 开口型平圆头抽芯铆钉 10、11级；
l) GB/T 12618.2—2006 开口型平圆头抽芯铆钉 30级；
m) GB/T 12618.3—2006 开口型平圆头抽芯铆钉 12级；
n) GB/T 12618.4—2006 开口型平圆头抽芯铆钉 51级；
o) GB/T 12618.5—2006 开口型平圆头抽芯铆钉 20、21、22级；
p) GB/T 12618.6—2006 开口型平圆头抽芯铆钉 40、41级。

本部分是 GB/T 12617 的第4部分。

本部分修改采用 ISO 15984:2002《开口型沉头抽芯盲铆钉 A2/A2》(英文版)，主要修改如下：

——ISO 15984 未规定抽芯铆钉的机械性能等级与钉体和钉芯的材料牌号，本部分予以规定(见标准名称、第4、5章)；

——ISO 15984 未规定包装技术要求，本部分予以规定(见第7章)；

——ISO 15984 未规定简化标记，本部分按 GB/T 1237 的简化原则给出简化的标记示例(见8.2)。

本部分代替 GB/T 12617—1990《开口型沉头抽芯铆钉》有关部分。

本部分与 GB/T 12617—1990 相比主要变化如下：

——取消 d=6 mm，增加 d=4.8 mm 的钉体直径规格(见表1)；

——全面调整了钉体长度规格的系列及范围(见表1)；

——未引用 GB/T 12619—1990《抽芯铆钉技术条件》，在本部分中给出铆钉孔直径、推荐的铆接范围(见表1和表2)；

——本部分仅规定了一种奥氏体不锈钢的钉体材料、一种奥氏体不锈钢的钉芯材料及相应的机械性能等级(51级)；并有别于旧标准(见第4、5章)；

——增加附录A。

本部分的附录A是资料性附录。

本部分由中国机械工业联合会提出。

本部分由全国紧固件标准化技术委员会(SAC/TC 85)归口。

本部分由机械科学研究院负责起草，上海安宇实业有限公司参加起草。

本部分由全国紧固件标准化技术委员会秘书处负责解释。

本部分所代替标准的历次版本发布情况为：

——GB /T 12617—1990。

开口型沉头抽芯铆钉 51级

1 范围

GB/T 12617 的本部分规定了钉体直径 d=3 mm～5 mm、钉体材料为奥氏体不锈钢(A2)、钉芯材料为奥氏体不锈钢(A2)、性能等级为 51 级的开口型沉头抽芯铆钉的机械特性和应用数据。

2 规范性引用文件

下列文件中的条款通过 GB/T 12617 的本部分的引用而成为本部分的条款。凡是注日期的引用文件,其随后所有的修改单(不包括勘误的内容)或修订版均不适用于本部分,然而,鼓励根据本部分达成协议的各方研究是否可使用这些文件的最新版本。凡是不注日期的引用文件,其最新版本适用于本部分。

GB/T 90.1　紧固件　验收检查(GB/T 90.1—2002,idt ISO 3269:2000)

GB/T 90.2　紧固件　标志与包装

GB/T 1220　不锈钢棒

GB/T 1237　紧固件标记方法(GB/T 1237—2000,eqv ISO 8991:1986)

GB/T 3098.6　紧固件机械性能　不锈钢螺栓、螺钉和螺柱(GB/T 3098.6—2000,idt ISO 3506-1:1997)

GB/T 3098.18　紧固件机械性能　盲铆钉试验方法(GB/T 3098.18—2004,ISO 14589:2000,Blind rivets—Mechanical testing,IDT)

GB/T 3098.19　紧固件机械性能　抽芯铆钉

GB/T 3099.2　紧固件术语　盲铆钉(GB/T 3099.2—2004,ISO 14588:2000,Blind rivets—Terminology and definitions,IDT)

GB/T 4232　冷顶锻用不锈钢丝

3 尺寸

3.1 总则

尺寸代号和标注符合 GB/T 3099.2 的规定。

3.2 铆钉尺寸

铆钉尺寸见图 1 和表 1。

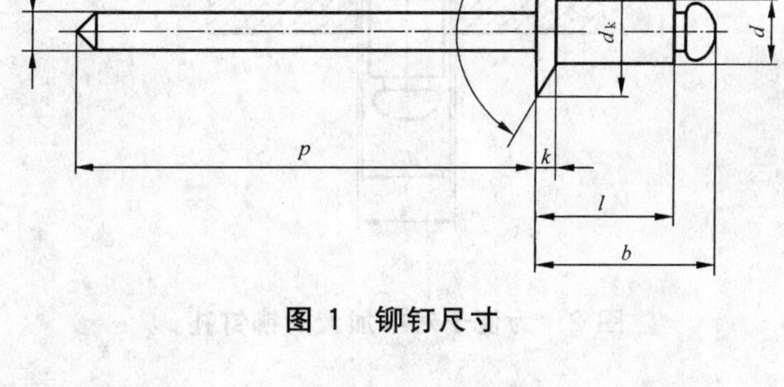

图 1　铆钉尺寸

表 1 铆 钉 尺 寸

单位为毫米

钉体	d	公称	3	3.2	4	4.8	5
		max	3.08	3.28	4.08	4.88	5.08
		min	2.85	3.05	3.85	4.65	4.85
	d_k	max	6.3	6.7	8.4	10.1	10.5
		min	5.4	5.8	6.9	8.3	8.7
	k	max	1.3	1.3	1.7	2	2.1
钉芯	d_m	max	2.05	2.15	2.75	3.2	3.25
	p	min	25			27	
盲区长度	b	max	$l_{max}+4$	$l_{max}+4$	$l_{max}+4.5$	$l_{max}+5$	$l_{max}+5$

铆钉长度 l 公称＝min	铆钉长度 l max	推荐的铆接范围[a]		
6	7	1.5～3.0	1.0～2.5	—
8	9	3.0～5.0	2.5～4.5	2.5～4.0
10	11	5.0～6.5	4.5～6.5	4.0～6.0
12	13	6.5～8.5	6.5～8.5	6.0～8.0
14	15	8.5～10.5	8.5～10.0	—
16	17	10.5～12.5	10.0～12.0	8.0～11.0
18	19	—	—	11.0～13.0

注：铆钉体的尺寸按附录 A 给出的计算公式求出。

[a] 符合表 1 尺寸和第 4 章规定的材料组合与性能等级的铆钉铆接范围，用最小和最大铆接长度表示。最小铆接长度仅为推荐值。某些使用场合可能使用更小的长度。

3.3 铆钉孔直径

用于被铆接件的铆钉孔直径(d_{h1})如图 2 所示，其尺寸在表 2 中给出。

不符合表 2 给出的数值，可能造成安装的困难和(或)降低表 4 规定的剪切和拉力载荷。

如有必要(便于对中)，仅在铆钉插入一侧的被铆接件上制出大于表 2 规定的孔径，如图 2 所示。这也可能降低表 4 规定的剪切和拉力载荷。

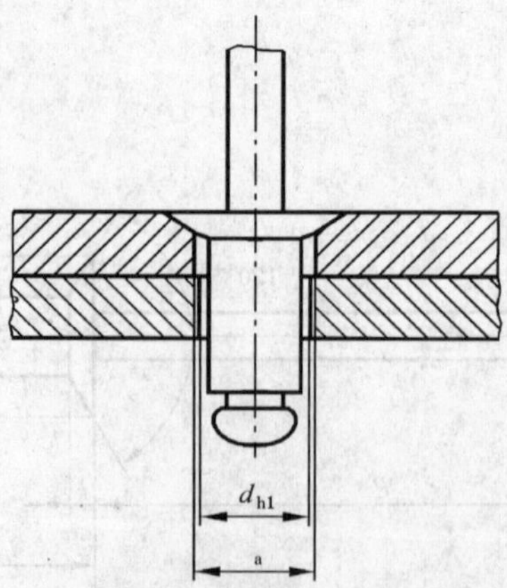

[a] 加大的铆钉孔。

图 2 为便于对中加大的铆钉孔

表 2 铆钉孔直径

单位为毫米

公称直径 d	d_{h1}	
	min	max
3	3.1	3.2
3.2	3.3	3.4
4	4.1	4.2
4.8	4.9	5.0
5	5.1	5.2

4 材料组合与表面处理

铆钉应由奥氏体不锈钢(A2，GB/T 3098.6)制造的钉体和奥氏体不锈钢(A2，GB/T 3098.6)制造的钉芯组成，推荐采用表 3 的性能等级与材料组合，其性能应符合第 5 章的规定。

表 3 机械性能等级与材料组合[a]

性能等级	钉体材料			钉芯材料		
	种类	材料牌号	标准编号	种类	材料牌号	标准编号
51	不锈钢	0Cr18Ni9 1Cr18Ni9	GB/T 1220	不锈钢	0Cr18Ni9 2Cr13	GB/T 4232

a 按 GB/T 3098.19 规定。ISO 15984 未规定机械性能等级与材料牌号。

材料技术条件由制造者确定。

铆钉的钉体和钉芯表面不经处理，即是本色的。

5 机械性能

5.1 剪切载荷、拉力载荷与钉芯断裂载荷

按 GB/T 3098.18 的规定进行试验时，51 级的最小剪切载荷、最小拉力载荷与最大钉芯断裂载荷应符合表 4 规定。

表 4 剪切载荷、拉力载荷与钉芯断裂载荷[a]

单位为牛顿

公称直径 d/mm	剪切载荷 min	拉力载荷 min	钉芯断裂载荷 max
3	1 800[b]	2 200[b]	4 100
3.2	1 900[b]	2 500[b]	4 500
4	2 700	3 500	6 500
4.8	4 000	5 000	8 500
5	4 700	5 800	9 000

a 按 GB/T 3098.19 规定。

b 按 GB/T 3098.19 规定，该数据待生产验证(含选用材料牌号)。

5.2 钉芯拆卸力

按 GB/T 3098.18 的规定进行试验时，51 级的拆卸钉芯的载荷应大于 10 N。

5.3 钉头保持能力

按 GB/T 3098.18 的规定进行试验，施加表 5 规定的钉头保持试验载荷时，51 级的钉芯在铆钉中的残留部分不应被压出。

表 5 钉头保持试验载荷[a]

公称直径 d/ mm	钉头保持试验载荷/ N
3	35
3.2	35
4	40
4.8	45
5	45

a 按 GB/T 3098.19 规定。

6 工作质量

铆钉表面应无毛刺和有害缺陷，并有完整的头、杆形状。

铆接后，当放大 5 倍目测检查时，铆钉不应有开裂的痕迹。

7 验收检查、标志与包装

如无其他协议，应按 GB/T 90.1 进行验收检查；按 GB/T 90.2 进行标志与包装。

8 标记

8.1 标记方法按 GB/T 1237 规定。

8.2 标记示例

公称直径 d=4 mm、公称长度 l=12 mm、钉体由奥氏体不锈钢(A2)制造、钉芯由奥氏体不锈钢(A2)制造、性能等级为 51 级的开口型沉头抽芯铆钉的标记：

抽芯铆钉 GB/T 12617.4 4×12

附 录 A
（资料性附录）
计 算 公 式

A.1 总则

本部分规定的抽芯铆钉符合下列计算公式和公差。

A.2 钉体直径

最大钉体直径按下式计算：

$$d_{max}=d_{公称}+0.08\ mm$$

最小钉体直径按下式计算：

$$d_{min}=d_{公称}-0.15\ mm$$

A.3 头部直径

最大头部直径按下式计算：

$$d_{k\ max}=2.1d_{公称}$$

圆整到小数点后1位。

A.4 头部直径公差

头部直径公差为：

h16 用于 $d_{公称}\leqslant 3.2$ mm；

h17 用于 $d_{公称}>3.2$ mm。

A.5 头部高度

最大头部高度按下式计算：

$$k_{max}=0.415d_{公称}$$

圆整到小数点后1位。

A.6 铆钉孔直径

抽芯铆钉用铆钉孔直径按下式计算：

$$d_{h1\ max}=d_{公称}+0.2\ mm$$

$$d_{h1\ min}=d_{公称}+0.1\ mm$$

ICS 21.060.40
J 13

中华人民共和国国家标准

GB/T 12617.5—2006
代替 GB/T 12617—1990

开口型沉头抽芯铆钉 20、21、22 级

Open end blind rivets with break pull mandrel and countersunk head—Property class 20,21,22

(ISO 16583:2002,Open end blind rivets with break pull mandrel and countersunk head—Cu/St or Cu/Br or Cu/SSt,MOD)

2006-07-05 发布　　　　2006-12-01 实施

中华人民共和国国家质量监督检验检疫总局
中国国家标准化管理委员会　发布

前 言

本部分是国家标准“抽芯铆钉”产品系列标准之一。该系列包括：

a) GB/T 12615.1—2004 封闭型平圆头抽芯铆钉 11级；
b) GB/T 12615.2—2004 封闭型平圆头抽芯铆钉 30级；
c) GB/T 12615.3—2004 封闭型平圆头抽芯铆钉 06级；
d) GB/T 12615.4—2004 封闭型平圆头抽芯铆钉 51级；
e) GB/T 12616.1—2004 封闭型沉头抽芯铆钉 11级；
f) GB/T 12617.1—2006 开口型沉头抽芯铆钉 10、11级；
g) GB/T 12617.2—2006 开口型沉头抽芯铆钉 30级；
h) GB/T 12617.3—2006 开口型沉头抽芯铆钉 12级；
i) GB/T 12617.4—2006 开口型沉头抽芯铆钉 51级；
j) GB/T 12617.5—2006 开口型沉头抽芯铆钉 20、21、22级；
k) GB/T 12618.1—2006 开口型平圆头抽芯铆钉 10、11级；
l) GB/T 12618.2—2006 开口型平圆头抽芯铆钉 30级；
m) GB/T 12618.3—2006 开口型平圆头抽芯铆钉 12级；
n) GB/T 12618.4—2006 开口型平圆头抽芯铆钉 51级；
o) GB/T 12618.5—2006 开口型平圆头抽芯铆钉 20、21、22级；
p) GB/T 12618.6—2006 开口型平圆头抽芯铆钉 40、41级。

本部分是GB/T 12617的第5部分。

本部分修改采用ISO 16583:2002《开口型沉头抽芯盲铆钉 Cu/St或Cu/Br或Cu/SSt》(英文版)，主要修改如下：

——ISO 16583未规定抽芯铆钉的机械性能等级与钉体和钉芯的材料牌号，本部分予以规定(见标准名称、第4、5章)；
——ISO 16583未规定包装技术要求，本部分予以规定(见第7章)；
——ISO 16583未规定简化标记，本部分按GB/T 1237的简化原则给出简化的标记示例(见8.2)。

本部分代替GB/T 12617—1990《开口型沉头抽芯铆钉》有关部分。

本部分与GB/T 12617—1990相比主要变化如下：

——取消$d=5$ mm和6 mm，增加$d=4.8$ mm的钉体直径规格(见表1)；
——全面调整了钉体长度规格的系列及范围(见表1)；
——未引用GB/T 12619—1990《抽芯铆钉技术条件》，在本部分中给出铆钉孔直径、推荐的铆接范围(见表1和表2)；
——本部分仅规定了一种铜的钉体材料，钢的、青铜的和不锈钢的钉芯材料及相应的机械性能等级(20、21和22级)；并有别于旧标准(见第4、5章)；
——增加附录A。

本部分的附录A是资料性附录。

本部分由中国机械工业联合会提出。

本部分由全国紧固件标准化技术委员会(SAC/TC 85)归口。

本部分由机械科学研究院负责，上海安宇实业有限公司参加起草。

本部分由全国紧固件标准化技术委员会秘书处负责解释。

本部分所代替标准的历次版本发布情况为：

——GB /T 12617—1990。

开口型沉头抽芯铆钉 20、21、22 级

1 范围

GB/T 12617 的本部分规定了钉体直径 d=3 mm～4.8 mm、钉体材料为铜(Cu)、钉芯材料为钢(St)或青铜(Br)或不锈钢(SSt)、性能等级为 20 级、21 级和 22 级的开口型沉头抽芯铆钉的机械特性和应用数据。

2 规范性引用文件

下列文件中的条款通过 GB/T 12617 的本部分的引用而成为本部分的条款。凡是注日期的引用文件，其随后所有的修改单(不包括勘误的内容)或修订版均不适用于本部分，然而，鼓励根据本部分达成协议的各方研究是否可使用这些文件的最新版本。凡是不注日期的引用文件，其最新版本适用于本部分。

GB/T 90.1 紧固件 验收检查(GB/T 90.1—2002,idt ISO 3269:2000)

GB/T 90.2 紧固件 标志与包装

GB/T 699 优质碳素结构钢

GB/T 1237 紧固件标记方法(GB/T 1237—2000,eqv ISO 8991:1986)

GB/T 3098.18 紧固件机械性能 盲铆钉试验方法(GB/T 3098.18—2004,ISO 14589:2000, Blind rivets—Mechanical testing,IDT)

GB/T 3098.19 紧固件机械性能 抽芯铆钉

GB/T 3099.2 紧固件术语 盲铆钉(GB/T 3099.2—2004,ISO 14588:2000, Blind rivets—Terminology and definitions,IDT)

GB/T 3206 优质碳素结构钢丝

GB/T 4232 冷顶锻用不锈钢丝

GB/T 14956 专用铜及铜合金线

3 尺寸

3.1 总则

尺寸代号和标注符合 GB/T 3099.2 的规定。

3.2 铆钉尺寸

铆钉尺寸见图 1 和表 1。

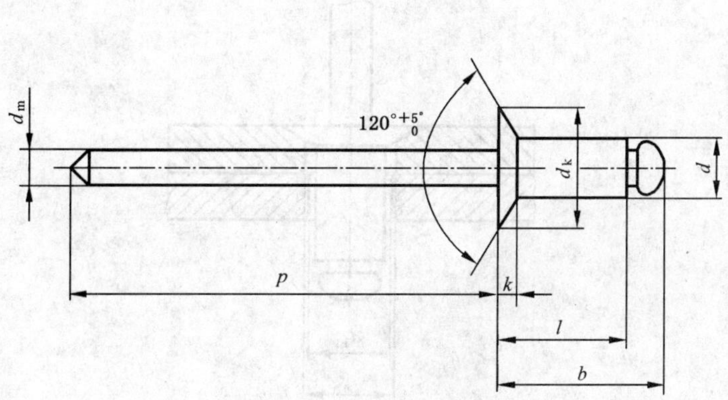

图 1 铆钉尺寸

表 1 尺 寸 单位为毫米

钉体	d	公称	3	3.2	4	4.8
		max	3.08	3.28	4.08	4.88
		min	2.85	3.05	3.85	4.65
	d_k	max	6.3	6.7	8.4	10.1
		min	5.4	5.8	6.9	8.3
	k	max	1.3	1.3	1.7	2
钉芯	d_m	max	2	2	2.45	2.95
	p	min	25			27
盲区长度	b	max	$l_{max}+3.5$	$l_{max}+4$	$l_{max}+4$	$l_{max}+4.5$
铆钉长度 l			推荐的铆接范围[a]			
公称＝min	max					
5	6		1.5～2.0		2.0～2.5	—
6	7		2.0～3.0		2.5～3.5	—
8	9		2.0～3.0		3.5～5.0	2.5～4.0
10	11		5.0～7.0		5.0～7.0	4.0～6.0
12	13		7.0～9.0		7.0～8.5	6.0～8.0
14	15		9.0～11.0		8.5～10.0	8.0～10.0
16	17		—		10.0～12.5	10.0～12.0
18	19		—		—	12.0～14.0
20	21		—			14.0～16.0

注：铆钉体的尺寸按附录 A 给出的计算公式求出。

[a] 符合表 1 尺寸和第 4 章规定的材料组合与性能等级的铆钉铆接范围，用最小和最大铆接长度表示。最小铆接长度仅为推荐值。某些使用场合可能使用更小的长度。

3.3 铆钉孔直径

用于被铆接件的铆钉孔直径(d_{h1})如图 2 所示，其尺寸在表 2 中给出。

不符合表 2 给出的数值，可能造成安装的困难和(或)降低表 4 规定的剪切和拉力载荷。

如有必要(便于对中)，仅在铆钉插入一侧的被铆接件上制出大于表 2 规定的孔径，如图 2 所示。这也可能降低表 4 规定的剪切和拉力载荷。

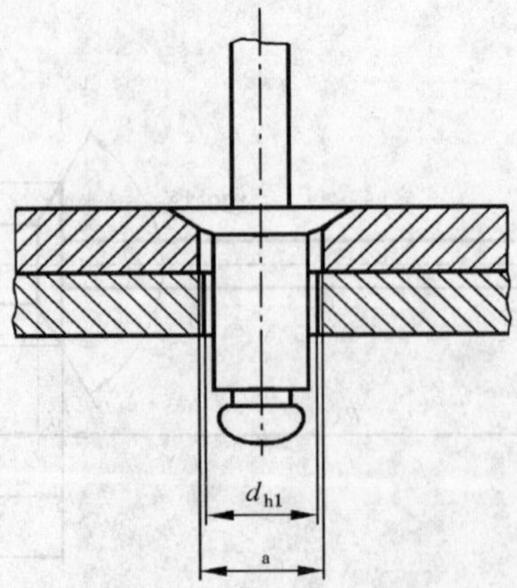

[a] 加大的铆钉孔。

图 2 为便于对中加大的铆钉孔

表 2 铆钉孔直径

单位为毫米

公称直径 d	d_{h1} min	d_{h1} max
3	3.1	3.2
3.2	3.3	3.4
4	4.1	4.2
4.8	4.9	5.0

4 材料组合与表面处理

铆钉应由铜(Cu)制造的钉体和钢(St)或青铜(Br)或不锈钢(SSt)制造的钉芯组成,推荐采用表 3 的性能等级与材料组合,其性能应符合第 5 章的规定。

表 3 机械性能等级与材料组合[a]

性能等级	钉体材料			钉芯材料		
	种类	材料牌号	标准编号	种类	材料牌号	标准编号
20	铜	T1 T2 T3	GB/T 14956	钢	10、15、 35、45	GB/T 699 GB/T 3206
21	铜	T1 T2 T3	GB/T 14956	青铜	由供需双方协议	
22	铜	T1 T2 T3	GB/T 14956	不锈钢	0Cr18Ni9 1Cr18Ni9	GB/T 4232

a 按 GB/T 3098.19 规定。ISO 16583 未规定机械性能等级与材料牌号。

材料技术条件由制造者确定。

钉体表面不经处理,即是本色的。

钢钉芯表面处理由制造者确定,可以磷化涂油或镀锌。

青铜钉芯表面不经处理,即是本色的。

不锈钢钉芯表面不经处理,即是本色的。

5 机械性能

5.1 剪切载荷、拉力载荷与钉芯断裂载荷

按 GB/T 3098.18 的规定进行试验时,20 级、21 级和 22 级的最小剪切载荷、最小拉力载荷与最大钉芯断裂载荷应符合表 4 规定。

表 4 剪切载荷、拉力载荷与钉芯断裂载荷[a]

单位为牛顿

公称直径 d/mm	剪切载荷 min	拉力载荷 min	钉芯断裂载荷 max
3	760	950	3 000
3.2	800	1 000	3 000
4	1 500[b]	1 800	4 500
4.8	2 000	2 500	5 000

a 按 GB/T 3098.19 规定。

b 按 GB/T 3098.19 规定,数据待生产验证(含选用材料牌号)。

5.2 钉芯拆卸力

按 GB/T 3098.18 的规定进行试验时，20 级、21 级和 22 级的拆卸钉芯的载荷应大于 10N。

5.3 钉头保持能力

按 GB/T 3098.18 的规定进行试验，施加表 5 规定的钉头保持试验载荷时，20 级、21 级和 22 级的钉芯在铆钉中的残留部分不应被压出。

表 5 钉头保持试验载荷[a]

公称直径 d/ mm	钉头保持试验载荷/ N
3	15
3.2	15
4	20
4.8	25

[a] 按 GB/T 3098.19 规定。

6 工作质量

铆钉表面应无毛刺和有害缺陷，并有完整的头、杆形状。

铆接后，当放大 5 倍目测检查时，铆钉不应有开裂的痕迹。

7 验收检查

如无其他协议，应按 GB/T 90.1 进行验收检查；按 GB/T 90.2 进行标志与包装。

8 标记

8.1 标记方法按 GB/T 1237 规定。

8.2 标记示例

公称直径 d=4mm、公称长度 l=12mm、钉体由铜(Cu)制造、钉芯由钢(St)制造、性能等级为 20 级的开口型沉头抽芯铆钉的标记：

抽芯铆钉 GB/T 12617.5 4×12

附　录　A
（资料性附录）
计　算　公　式

A.1　总则

本部分规定的抽芯铆钉符合下列计算公式和公差。

A.2　钉体直径

最大钉体直径按下式计算：

$$d_{max}=d_{公称}+0.08\ mm$$

最小钉体直径按下式计算：

$$d_{min}=d_{公称}-0.15\ mm$$

A.3　头部直径

最大头部直径按下式计算：

$$d_{k\ max}=2.1d_{公称}$$

圆整到小数点后1位。

A.4　头部直径公差

头部直径公差为：
h16　用于 $d_{公称}\leqslant 3.2$ mm；
h17　用于 $d_{公称}>3.2$ mm。

A.5　头部高度

最大头部高度按下式计算：

$$k_{max}=0.415d_{公称}$$

圆整到小数点后1位。

A.6　铆钉孔直径

抽芯铆钉用铆钉孔直径按下式计算：

$$d_{h1\ max}=d_{公称}+0.2\ mm$$
$$d_{h1\ min}=d_{公称}+0.1\ mm$$

ICS 21.060.40
J 13

中华人民共和国国家标准

GB/T 12618.1—2006
代替 GB/T 12618—1990

开口型平圆头抽芯铆钉 10、11级

Open end blind rivets with break pull mandrel and protruding head—Property class 10,11

(ISO 15977:2002,Open end blind rivets with break pull mandrel and protruding head—AlA/St,MOD)

2006-07-05 发布　　　　2006-12-01 实施

中华人民共和国国家质量监督检验检疫总局
中国国家标准化管理委员会　发布

前　言

本部分是国家标准"抽芯铆钉"产品系列标准之一。该系列包括：

a) GB/T 12615.1—2004 封闭型平圆头抽芯铆钉 11级；
b) GB/T 12615.2—2004 封闭型平圆头抽芯铆钉 30级；
c) GB/T 12615.3—2004 封闭型平圆头抽芯铆钉 06级；
d) GB/T 12615.4—2004 封闭型平圆头抽芯铆钉 51级；
e) GB/T 12616.1—2004 封闭型沉头抽芯铆钉 11级；
f) GB/T 12617.1—2006 开口型沉头抽芯铆钉 10、11级；
g) GB/T 12617.2—2006 开口型沉头抽芯铆钉 30级；
h) GB/T 12617.3—2006 开口型沉头抽芯铆钉 12级；
i) GB/T 12617.4—2006 开口型沉头抽芯铆钉 51级；
j) GB/T 12617.5—2006 开口型沉头抽芯铆钉 20、21、22级；
k) GB/T 12618.1—2006 开口型平圆头抽芯铆钉 10、11级；
l) GB/T 12618.2—2006 开口型平圆头抽芯铆钉 30级；
m) GB/T 12618.3—2006 开口型平圆头抽芯铆钉 12级；
n) GB/T 12618.4—2006 开口型平圆头抽芯铆钉 51级；
o) GB/T 12618.5—2006 开口型平圆头抽芯铆钉 20、21、22级；
p) GB/T 12618.6—2006 开口型平圆头抽芯铆钉 40、41级。

本部分是GB/T 12618的第1部分。

本部分修改采用ISO 15977:2002《开口型平圆头抽芯盲铆钉 AlA/St》(英文版)，主要修改如下：

——ISO 15977未规定抽芯铆钉的机械性能等级与钉体和钉芯的材料牌号，本部分予以规定(见标准名称、第4、5章)；
——ISO 15977未规定包装技术要求，本部分予以规定(见第7章)；
——ISO 15977未规定简化标记，本部分按GB/T 1237的简化原则给出简化的标记示例(见8.2)。

本部分代替GB/T 12618—1990《开口型扁圆头抽芯铆钉》有关部分。

本部分与GB/T 12618—1990相比主要变化如下：

——增加d=2.4 mm、4.8 mm和6.4 mm的钉体直径规格(见表1)；
——全面调整了钉体长度规格的系列及范围(见表1)；
——未引用GB/T 12619—1990《抽芯铆钉技术条件》，在本部分中给出铆钉孔直径、推荐的铆接范围(见表1和表2)；
——本部分仅规定了两种铝的钉体材料、两种钢的钉芯材料及相应的机械性能等级(10、11级)，并有别于旧标准(见第4、5章)；
——增加附录A。

本部分的附录A是资料性附录。

本部分由中国机械工业联合会提出。

本部分由全国紧固件标准化技术委员会(SAC/TC 85)归口。

本部分由机械科学研究院负责起草，上海安字实业有限公司参加起草。

本部分由全国紧固件标准化技术委员会秘书处负责解释。

本部分所代替标准的历次版本发布情况为：

——GB/T 12618—1990。

开口型平圆头抽芯铆钉 10、11级

1 范围

GB/T 12618 的本部分规定了钉体直径 d=2.4 mm～6.4 mm、钉体材料为铝合金(AlA)、钉芯材料为钢(St)、性能等级为10级和11级的开口型平圆头抽芯铆钉的机械特性和应用数据。

2 规范性引用文件

下列文件中的条款通过GB/T 12618的本部分的引用而成为本部分的条款。凡是注日期的引用文件,其随后所有的修改单(不包括勘误的内容)或修订版均不适用于本部分,然而,鼓励根据本部分达成协议的各方研究是否可使用这些文件的最新版本。凡是不注日期的引用文件,其最新版本适用于本部分。

GB/T 90.1 紧固件 验收检查(GB/T 90.1—2002,idt ISO 3269:2000)

GB/T 90.2 紧固件 标志与包装

GB/T 699 优质碳素结构钢

GB/T 1237 紧固件标记方法(GB/T 1237—2000,eqv ISO 8991:1986)

GB/T 3098.18 紧固件机械性能 盲铆钉试验方法(GB/T 3098.18—2004,ISO 14589:2000,Blind rivets—Mechanical testing,IDT)

GB/T 3098.19 紧固件机械性能 抽芯铆钉

GB/T 3099.2 紧固件术语 盲铆钉(GB/T 3099.2—2004,ISO 14588:2000, Blind rivets—Terminology and definitions,IDT)

GB/T 3190 变形铝及铝合金化学成分

GB/T 3206 优质碳素结构钢丝

3 尺寸

3.1 总则

尺寸代号和标注符合GB/T 3099.2的规定。

3.2 铆钉尺寸

铆钉尺寸见图1和表1。

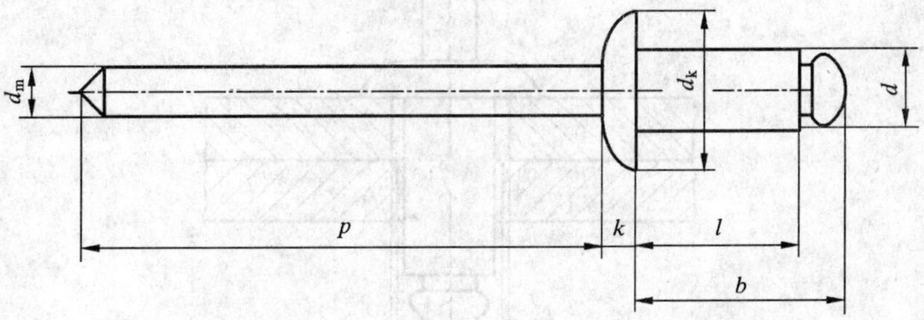

图1 铆钉尺寸

表 1 尺 寸

单位为毫米

钉体	d	公称	2.4	3	3.2	4	4.8	5	6	6.4
		max	2.48	3.08	3.28	4.08	4.88	5.08	6.08	6.48
		min	2.25	2.85	3.05	3.85	4.65	4.85	5.85	6.25
	d_k	max	5.0	6.3	6.7	8.4	10.1	10.5	12.6	13.4
		min	4.2	5.4	5.8	6.9	8.3	8.7	10.8	11.6
	k	max	1	1.3	1.3	1.7	2	2.1	2.5	2.7
钉芯	d_m	max	1.55	2	2	2.45	2.95	2.95	3.4	3.9
	p	min	25				27			
盲区长度	b	max	$l_{max}+3.5$	$l_{max}+3.5$	$l_{max}+4$	$l_{max}+4$	$l_{max}+4.5$	$l_{max}+4.5$	$l_{max}+5$	$l_{max}+5.5$
铆钉长度 l[a]			推荐的铆接范围[b]							
公称＝min	max									
4	5		0.5～2.0	0.5～1.5		—	—		—	—
6	7		2.0～4.0	1.5～3.5		1.0～3.0	1.5～2.5		—	—
8	9		4.0～6.0	3.5～5.0		3.0～5.0	2.5～4.0		2.0～3.0	—
10	11		6.0～8.0	5.0～7.0		5.0～6.5	4.0～6.0		3.0～5.0	—
12	13		8.0～9.5	7.0～9.0		6.5～8.5	6.0～8.0		5.0～7.0	3.0～6.0
16	17		—	9.0～13.0		8.5～12.5	8.0～12.0		7.0～11.0	6.0～10.0
20	21		—	13.0～17.0		12.5～16.5	12.0～15.0		11.0～15.0	10.0～14.0
25	26		—	17.0～22.0		16.5～21.0	15.0～20.0		15.0～20.0	14.0～18.0
30	31		—	—		—	20.0～25.0		20.0～25.0	18.0～23.0

注：铆钉体的尺寸按附录 A 给出的计算公式求出。

a 公称长度大于 30 mm 时，应按 5 mm 递增。为确认其可行性以及铆接范围可向制造者咨询。

b 符合表 1 尺寸和第 4 章规定的材料组合与性能等级的铆钉铆接范围，用最小和最大铆接长度表示。最小铆接长度仅为推荐值。某些使用场合可能使用更小的长度。

3.3 铆钉孔直径

用于被铆接件的铆钉孔直径（d_{h1}）如图 2 所示，其尺寸在表 2 中给出。

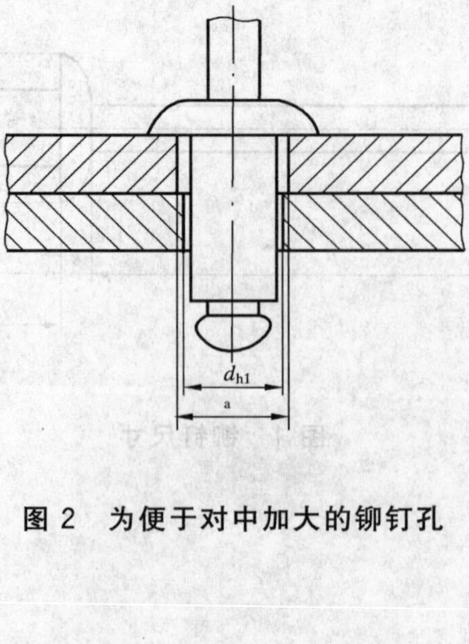

a 加大的铆钉孔。

图 2 为便于对中加大的铆钉孔

不符合表2给出的数值，可能造成安装的困难和(或)降低表4规定的剪切和拉力载荷。

如有必要(便于对中)，仅在铆钉插入一侧的被铆接件上制出大于表2规定的孔径，如图2所示。这也可能降低表4规定的剪切和拉力载荷。

表2 铆钉孔直径

单位为毫米

公称直径 d	d_{h1} min	d_{h1} max
2.4	2.5	2.6
3	3.1	3.2
3.2	3.3	3.4
4	4.1	4.2
4.8	4.9	5.0
5	5.1	5.2
6	6.1	6.2
6.4	6.5	6.6

4 材料组合与表面处理

铆钉应由铝合金(AlA)制造的钉体和钢(St)制造的钉芯组成，推荐采用表3的性能等级与材料组合，其性能应符合第5章的规定。

表3 机械性能等级与材料组合[a]

性能等级	钉体材料			钉芯材料		
	种类	材料牌号	标准编号	种类	材料牌号	标准编号
10	铝合金	5052 5A02	GB/T 3190	钢	10、15、 35、45	GB/T 699 GB/T 3206
11		5056 5A05				

a 按 GB/T 3098.19 规定。ISO 15977 未规定机械性能等级与材料牌号。

材料技术条件由制造者确定。

铆钉的钉体表面不经处理，即是本色的。

钉芯表面处理由制造者确定，可以涂油、磷化涂油或镀锌。

5 机械性能

5.1 剪切载荷、拉力载荷与钉芯断裂载荷

按 GB/T 3098.18 的规定进行试验时，10级和11级的最小剪切载荷、最小拉力载荷与最大钉芯断裂载荷应符合表4规定。

表 4　剪切载荷、拉力载荷与钉芯断裂载荷[a]

单位为牛顿

公称直径 d/mm	10 级 剪切载荷 min	10 级 拉力载荷 min	11 级 剪切载荷 min	11 级 拉力载荷 min	钉芯断裂载荷 max
2.4	250	350	350	550	2 000
3	400	550	550	850	3 000
3.2	500	700	750	1 100	3 500
4	850	1 200	1 250	1 800	5 000
4.8	1 200	1 700	1 850	2 600	6 500
5	1 400	2 000	2 150	3 100	6 500
6	2 100	3 000	3 200	4 600	9 000
6.4	2 200	3 150	3 400	4 850	11 000

a　按 GB/T 3098.19 规定。ISO 15977 未规定机械性能等级。

5.2　钉芯拆卸力

按 GB/T 3098.18 的规定进行试验时，10 级和 11 级的拆卸钉芯的载荷应大于 10 N。

5.3　钉头保持能力

按 GB/T 3098.18 的规定进行试验，施加表 5 规定的钉头保持试验载荷时，10 级和 11 级的钉芯在铆钉中的残留部分不应被压出。

表 5　钉头保持试验载荷[a]

公称直径 d/mm	钉头保持试验载荷/N
2.4	10
3	15
3.2	15
4	20
4.8	25
5	25
6	30
6.4	30[b]

a　按 GB/T 3098.19 规定。

b　按 GB/T 3098.19 规定，ISO 15977 规定为 50 N。

6　工作质量

铆钉表面应无毛刺和有害缺陷，并有完整的头、杆形状。

铆接后，当放大 5 倍目测检查时，铆钉不应有开裂的痕迹。

7　验收检查、标志与包装

如无其他协议，应按 GB/T 90.1 进行验收检查；按 GB/T 90.2 进行标志与包装。

8 标记

8.1 标记方法按 GB/T 1237 规定。

8.2 标记示例

公称直径 d=4 mm、公称长度 l=12 mm、钉体由铝合金(AlA)制造、钉芯由钢(St)制造、性能等级为 10 级的开口型平圆头抽芯铆钉的标记：

抽芯铆钉 GB/T 12618.1 4×12

附 录 A
(资料性附录)
计 算 公 式

A.1 总则

本部分规定的抽芯铆钉符合下列计算公式和公差。

A.2 钉体直径

最大钉体直径按下式计算：

$$d_{max}=d_{公称}+0.08\ mm$$

最小钉体直径按下式计算：

$$d_{min}=d_{公称}-0.15\ mm$$

A.3 头部直径

最大头部直径按下式计算：

$$d_{k\ max}=2.1d_{公称}$$

圆整到小数点后1位。

A.4 头部直径公差

头部直径公差为：

h16 用于 $d_{公称}\leqslant 3.2$ mm；

h17 用于 $d_{公称}>3.2$ mm。

A.5 头部高度

最大头部高度按下式计算：

$$k_{max}=0.415d_{公称}$$

圆整到小数点后1位。

A.6 铆钉孔直径

抽芯铆钉用铆钉孔直径按下式计算：

$$d_{h1\ max}=d_{公称}+0.2\ mm$$

$$d_{h1\ min}=d_{公称}+0.1\ mm$$

ICS 21.060.40
J 13

中华人民共和国国家标准

GB/T 12618.2—2006
代替 GB/T 12618—1990

开口型平圆头抽芯铆钉 30级

Open end blind rivets with break pull mandrel and protruding head—Property class 30

(ISO 15979:2002,Open end blind rivets with break pull mandrel and protruding head—St/St,MOD)

2006-07-05 发布　　2006-12-01 实施

中华人民共和国国家质量监督检验检疫总局
中国国家标准化管理委员会　发布

前　言

本部分是国家标准"抽芯铆钉"产品系列标准之一。该系列包括：

a) GB/T 12615.1—2004　封闭型平圆头抽芯铆钉　11 级；
b) GB/T 12615.2—2004　封闭型平圆头抽芯铆钉　30 级；
c) GB/T 12615.3—2004　封闭型平圆头抽芯铆钉　06 级；
d) GB/T 12615.4—2004　封闭型平圆头抽芯铆钉　51 级；
e) GB/T 12616.1—2004　封闭型沉头抽芯铆钉　11 级；
f) GB/T 12617.1—2006　开口型沉头抽芯铆钉　10、11 级；
g) GB/T 12617.2—2006　开口型沉头抽芯铆钉　30 级；
h) GB/T 12617.3—2006　开口型沉头抽芯铆钉　12 级；
i) GB/T 12617.4—2006　开口型沉头抽芯铆钉　51 级；
j) GB/T 12617.5—2006　开口型沉头抽芯铆钉　20、21、22 级；
k) GB/T 12618.1—2006　开口型平圆头抽芯铆钉　10、11 级；
l) GB/T 12618.2—2006　开口型平圆头抽芯铆钉　30 级；
m) GB/T 12618.3—2006　开口型平圆头抽芯铆钉　12 级；
n) GB/T 12618.4—2006　开口型平圆头抽芯铆钉　51 级；
o) GB/T 12618.5—2006　开口型平圆头抽芯铆钉　20、21、22 级；
p) GB/T 12618.6—2006　开口型平圆头抽芯铆钉　40、41 级。

本部分是 GB/T 12618 的第 2 部分。

本部分修改采用 ISO 15979:2002《开口型平圆头抽芯盲铆钉　St/St》(英文版)，主要修改如下：

——ISO 15979 未规定抽芯铆钉的机械性能等级与钉体和钉芯的材料牌号，本部分予以规定(见标准名称、第 4、5 章)；

——ISO 15979 未规定包装技术要求，本部分予以规定(见第 7 章)；

——ISO 15979 未规定简化标记，本部分按 GB/T 1237 的简化原则给出简化的标记示例(见 8.2)。

本部分代替 GB/T 12618—1990《开口型扁圆头抽芯铆钉》有关部分。

本部分与 GB/T 12618—1990 相比主要变化如下：

——增加 d=2.4 mm、4.8 mm 和 6.4 mm 的钉体直径规格(见表 1)；

——全面调整了钉体长度规格的系列及范围(见表 1)；

——未引用 GB/T 12619—1990《抽芯铆钉技术条件》，在本部分中给出铆钉孔直径、推荐的铆接范围(见表 1 和表 2)；

——本部分仅规定了一种钢的钉体材料、一种钢的钉芯材料及相应的机械性能等级(30 级)，并有别于旧标准(见第 4、5 章)；

——增加附录 A。

本部分的附录 A 是资料性附录。

本部分由中国机械工业联合会提出。

本部分由全国紧固件标准化技术委员会(SAC/TC 85)归口。

本部分由机械科学研究院负责起草，上海安字实业有限公司参加起草。

本部分由全国紧固件标准化技术委员会秘书处负责解释。

本部分所代替标准的历次版本发布情况为：

——GB/T 12618—1990。

开口型平圆头抽芯铆钉　30 级

1　范围

GB/T 12618 的本部分规定了钉体直径 d=2.4 mm～6.4 mm、钉体材料为钢(St)、钉芯材料为钢(St)、性能等级为 30 级的开口型平圆头抽芯铆钉的机械特性和应用数据。

2　规范性引用文件

下列文件中的条款通过 GB/T 12618 的本部分的引用而成为本部分的条款。凡是注日期的引用文件，其随后所有的修改单(不包括勘误的内容)或修订版均不适用于本部分，然而，鼓励根据本部分达成协议的各方研究是否可使用这些文件的最新版本。凡是不注日期的引用文件，其最新版本适用于本部分。

GB/T 90.1　紧固件　验收检查(GB/T 90.1—2002,idt ISO 3269:2000)

GB/T 90.2　紧固件　标志与包装

GB/T 699　优质碳素结构钢

GB/T 1237　紧固件标记方法(GB/T 1237—2000,eqv ISO 8991:1986)

GB/T 3098.18　紧固件机械性能　盲铆钉试验方法(GB/T 3098.18—2004,ISO 14589:2000, Blind rivets—Mechanical testing, IDT)

GB/T 3098.19　紧固件机械性能　抽芯铆钉

GB/T 3099.2　紧固件术语　盲铆钉(GB/T 3099.2—2004,ISO 14588:2000, Blind rivets—Terminology and definitions,IDT)

GB/T 3206　优质碳素结构钢丝

GB/T 5267.1　紧固件　电镀层(GB/T 5267.1—2002, ISO 4042:1999,IDT)

GB/T 9800　电镀锌和电镀镉层的铬酸盐转化膜(GB/T 9800—1988,eqv ISO 4520:1981)

3　尺寸

3.1　总则

尺寸代号和标注符合 GB/T 3099.2 的规定。

3.2　铆钉尺寸

铆钉尺寸见图 1 和表 1。

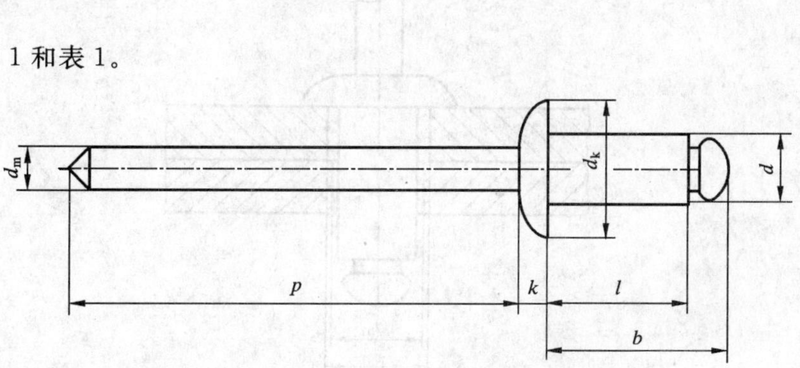

图 1　铆钉尺寸

表 1 尺　　寸

单位为毫米

钉体	d	公称	2.4	3	3.2	4	4.8	5	6	6.4
		max	2.48	3.08	3.28	4.08	4.88	5.08	6.08	6.48
		min	2.25	2.85	3.05	3.85	4.65	4.85	5.85	6.25
	d_k	max	5.0	6.3	6.7	8.4	10.1	10.5	12.6	13.4
		min	4.2	5.4	5.8	6.9	8.3	8.7	10.8	11.6
	k	max	1	1.3	1.3	1.7	2	2.1	2.5	2.7
钉芯	d_m	max	1.5	2.15	2.15	2.8	3.5	3.5	3.4	4
	p	min	25			27				
盲区长度	b	max	$l_{max}+3.5$	$l_{max}+3.5$	$l_{max}+4$	$l_{max}+4$	$l_{max}+4.5$	$l_{max}+4.5$	$l_{max}+5$	$l_{max}+5.5$
铆钉长度 l[a]			推荐的铆接范围[b]							
公称＝min	max									
6	7		0.5～3.5	0.5～3.0		1.0～3.0	—		—	—
8	9		3.5～5.5	3.0～5.0		3.0～5.0	2.5～4.0		—	—
10	11		—	5.0～6.5		5.0～6.5	4.0～6.0		3.0～4.0	3.0～4.0
12	13		5.5～9.5	6.5～8.0		6.5～9.0	6.0～8.0		4.0～6.0	4.0～6.0
16	17		—	8.0～12.0		9.0～12.0	8.0～11.0		6.0～10.0	6.0～9.0
20	21		—	12.0～16.0		12.0～16.0	11.0～15.0		10.0～14.0	9.0～13.0
25	26		—	—		—	15.0～19.5		14.0～19.0	13.0～19.0
30	31		—	—		16.0～25.0	19.5～25.0		19.0～24.0	19.0～24.0

注：铆钉体的尺寸按附录 A 给出的计算公式求出。

a　公称长度大于 30 mm 时，应按 5 mm 递增。为确认其可行性以及铆接范围可向制造者咨询。

b　符合表 1 尺寸和第 4 章规定的材料组合与性能等级的铆钉铆接范围，用最小和最大铆接长度表示。最小铆接长度仅为推荐值。某些使用场合可能使用更小的长度。

3.3　铆钉孔直径

用于被铆接件的铆钉孔直径（d_{h1}）如图 2 所示，其尺寸在表 2 中给出。

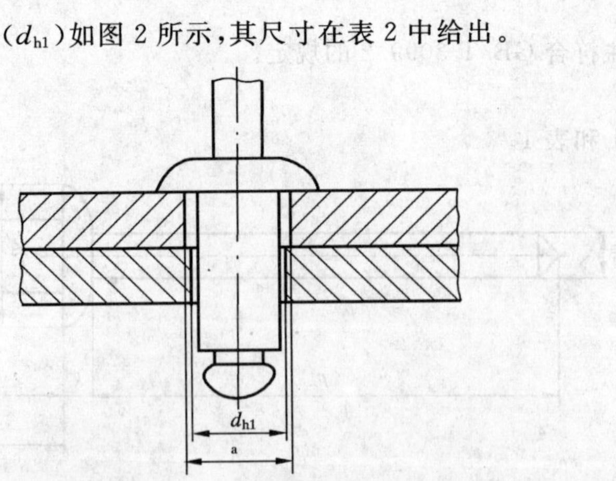

a　加大的铆钉孔。

图 2　为便于对中加大的铆钉孔

不符合表 2 给出的数值，可能造成安装的困难和(或)降低表 4 规定的剪切和拉力载荷。

如有必要(便于对中)，仅在铆钉插入一侧的被铆接件上制出大于表 2 规定的孔径，如图 2 所示。这也可能降低表 4 规定的剪切和拉力载荷。

表 2　铆钉孔直径

单位为毫米

公称直径 d	d_{h1}	
	min	max
2.4	2.5	2.6
3	3.1	3.2
3.2	3.3	3.4
4	4.1	4.2
4.8	4.9	5.0
5	5.1	5.2
6	6.1	6.2
6.4	6.5	6.6

4　材料组合与表面处理

铆钉应由钢(St)制造的钉体和钢(St)制造的钉芯组成，推荐采用表 3 的性能等级与材料组合，其性能应符合第 5 章的规定。

表 3　机械性能等级与材料组合[a]

性能等级	钉体材料			钉芯材料		
	种类	材料牌号	标准编号	种类	材料牌号	标准编号
30	碳素钢	08F、10	GB/T 699 GB/T 3206	碳素钢	10、15、35、45	GB/T 699 GB/T 3206

a　按 GB/T 3098.19 规定。ISO 15979 未规定机械性能等级与材料牌号。

材料技术条件由制造者确定。

铆钉的钉体表面应进行电镀锌处理，其最小镀层厚度应为 5 μm(GB/T 5267.1)。铬酸盐转化膜为 c2C(GB/T 9800)。表面处理的完整标记为 Fe/Zn5c2C。镀层厚度应在铆钉头部进行测量。

钉芯表面处理由制造者确定，可以涂油、磷化涂油或镀锌。

5　机械性能

5.1　剪切载荷、拉力载荷与钉芯断裂载荷

按 GB/T 3098.18 的规定进行试验时，30 级的最小剪切载荷、最小拉力载荷与最大钉芯断裂载荷应符合表 4 规定。

表 4 剪切载荷、拉力载荷与钉芯断裂载荷[a]

单位为牛顿

公称直径 d/ mm	剪切载荷 min	拉力载荷 min	钉芯断裂载荷 max
2.4	650	700	2 000
3	950	1 100	3 200
3.2	1 100[b]	1 200	4 000
4	1 700	2 200	5 800
4.8	2 900[b]	3 100	7 500
5	3 100	4 000	8 000
6	4 300	4 800	12 500
6.4	4 900	5 700	13 000

a 按 GB/T 3098.19 规定。

b 按 GB/T 3098.19 规定，数据待生产验证(含选用材料牌号)。

5.2 钉芯拆卸力

按 GB/T 3098.18 的规定进行试验时，30 级的拆卸钉芯的载荷应大于 10 N。

5.3 钉头保持能力

按 GB/T 3098.18 的规定进行试验，施加表 5 规定的钉头保持试验载荷时，30 级的钉芯在铆钉中的残留部分不应被压出。

表 5 钉头保持试验载荷[a]

公称直径 d/ mm	钉头保持试验载荷/ N
2.4	30
3	35
3.2	35
4	40
4.8	45
5	45
6	50
6.4	50

a 按 GB/T 3098.19 规定。

6 工作质量

铆钉表面应无毛刺和有害缺陷，并有完整的头、杆形状。

铆接后，当放大 5 倍目测检查时，铆钉不应有开裂的痕迹。

7 验收检查、标志与包装

如无其他协议，应按 GB/T 90.1 进行验收检查；按 GB/T 90.2 进行标志与包装。

8 标记

8.1 标记方法按 GB/T 1237 规定。

8.2 标记示例

公称直径 $d=4$ mm、公称长度 $l=12$ mm、钉体由钢(St)制造、钉芯由钢(St)制造、性能等级为 30 级的开口型平圆头抽芯铆钉的标记：

抽芯铆钉 GB/T 12618.2 4×12

附 录 A
（资料性附录）
计 算 公 式

A.1 总则

本部分规定的抽芯铆钉符合下列计算公式和公差。

A.2 钉体直径

最大钉体直径按下式计算：

$$d_{max}=d_{公称}+0.08\ mm$$

最小钉体直径按下式计算：

$$d_{min}=d_{公称}-0.15\ mm$$

A.3 头部直径

最大头部直径按下式计算：

$$d_{k\ max}=2.1d_{公称}$$

圆整到小数点后1位。

A.4 头部直径公差

头部直径公差为：

h16 用于 $d_{公称}\leqslant3.2$ mm；

h17 用于 $d_{公称}>3.2$ mm。

A.5 头部高度

最大头部高度按下式计算：

$$k_{max}=0.415d_{公称}$$

圆整到小数点后1位。

A.6 铆钉孔直径

抽芯铆钉用铆钉孔直径按下式计算：

$$d_{h1\ max}=d_{公称}+0.2\ mm$$

$$d_{h1\ min}=d_{公称}+0.1\ mm$$

ICS 21.060.40
J 13

中华人民共和国国家标准

GB/T 12618.3—2006
代替 GB/T 12618—1990

开口型平圆头抽芯铆钉 12级

Open end blind rivets with break pull mandrel and protruding head—Property class 12

(ISO 15981:2002,Open end blind rivets with break pull mandrel and protruding head—AlA/AlA,MOD)

2006-07-05 发布 2006-12-01 实施

中华人民共和国国家质量监督检验检疫总局
中国国家标准化管理委员会 发布

前　言

本部分是国家标准“抽芯铆钉”产品系列标准之一。该系列包括：

a) GB/T 12615.1—2004　封闭型平圆头抽芯铆钉　11级；
b) GB/T 12615.2—2004　封闭型平圆头抽芯铆钉　30级；
c) GB/T 12615.3—2004　封闭型平圆头抽芯铆钉　06级；
d) GB/T 12615.4—2004　封闭型平圆头抽芯铆钉　51级；
e) GB/T 12616.1—2004　封闭型沉头抽芯铆钉　11级；
f) GB/T 12617.1—2006　开口型沉头抽芯铆钉　10、11级；
g) GB/T 12617.2—2006　开口型沉头抽芯铆钉　30级；
h) GB/T 12617.3—2006　开口型沉头抽芯铆钉　12级；
i) GB/T 12617.4—2006　开口型沉头抽芯铆钉　51级；
j) GB/T 12617.5—2006　开口型沉头抽芯铆钉　20、21、22级；
k) GB/T 12618.1—2006　开口型平圆头抽芯铆钉　10、11级；
l) GB/T 12618.2—2006　开口型平圆头抽芯铆钉　30级；
m) GB/T 12618.3—2006　开口型平圆头抽芯铆钉　12级；
n) GB/T 12618.4—2006　开口型平圆头抽芯铆钉　51级；
o) GB/T 12618.5—2006　开口型平圆头抽芯铆钉　20、21、22级；
p) GB/T 12618.6—2006　开口型平圆头抽芯铆钉　40、41级。

本部分是GB/T 12618的第3部分。

本部分修改采用ISO 15981:2002《开口型平圆头抽芯盲铆钉　AlA/AlA》(英文版),主要修改如下：

——ISO 15981未规定抽芯铆钉的机械性能等级与钉体和钉芯的材料牌号,本部分予以规定(见标准名称、第4、5章)；
——ISO 15981未规定包装技术要求,本部分予以规定(见第7章)；
——ISO 15981未规定简化标记,本部分按GB/T 1237的简化原则给出简化的标记示例(见8.2)。

本部分代替GB/T 12618—1990《开口型平圆头抽芯铆钉》有关部分。

本部分与GB/T 12618—1990相比主要变化如下：

——取消d=3 mm、5 mm和6 mm,增加d=2.4 mm、4.8 mm和6.4 mm的钉体直径规格(见表1)；
——全面调整了钉体长度规格的系列及范围(见表1)；
——未引用GB/T 12619—1990《抽芯铆钉技术条件》,在本部分中给出铆钉孔直径、推荐的铆接范围(见表1和表2)；
——本部分仅规定了一种铝合金的钉体材料、一种铝合金的钉芯材料及相应的机械性能等级(12级),并有别于旧标准(见第4、5章)；
——增加附录A。

本部分的附录A是资料性附录。

本部分由中国机械工业联合会提出。

本部分由全国紧固件标准化技术委员会(SAC/TC 85)归口。

本部分由机械科学研究院负责起草,上海安字实业有限公司参加起草。

本部分由全国紧固件标准化技术委员会秘书处负责解释。

本部分所代替标准的历次版本发布情况为：

——GB/T 12618—1990。

开口型平圆头抽芯铆钉 12级

1 范围

GB/T 12618 的本部分规定了钉体直径 d=2.4 mm～6.4 mm、钉体材料为铝合金(AlA)、钉芯材料为铝合金(AlA)、性能等级为 12 级的开口型平圆头抽芯铆钉的机械特性和应用数据。

2 规范性引用文件

下列文件中的条款通过 GB/T 12618 的本部分的引用而成为本部分的条款。凡是注日期的引用文件,其随后所有的修改单(不包括勘误的内容)或修订版均不适用于本部分,然而,鼓励根据本部分达成协议的各方研究是否可使用这些文件的最新版本。凡是不注日期的引用文件,其最新版本适用于本部分。

GB/T 90.1 紧固件 验收检查(GB/T 90.1—2002,idt ISO 3269:2000)

GB/T 90.2 紧固件 标志与包装

GB/T 1237 紧固件标记方法(GB/T 1237—2000,eqv ISO 8991:1986)

GB/T 3098.18 紧固件机械性能 盲铆钉试验方法(GB/T 3098.18—2004,ISO 14589:2000, Blind rivets—Mechanical testing,IDT)

GB/T 3098.19 紧固件机械性能 抽芯铆钉

GB/T 3099.2 紧固件术语 盲铆钉(GB/T 3099.2—2004,ISO 14588:2000, Blind rivets—Terminology and definitions,IDT)

GB/T 3190 变形铝及铝合金化学成分

3 尺寸

3.1 总则

尺寸代号和标注符合 GB/T 3099.2 的规定。

3.2 铆钉尺寸

铆钉尺寸见图 1 和表 1。

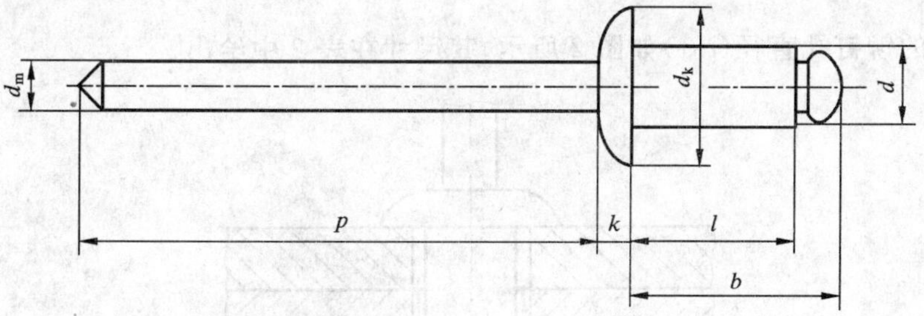

图 1 铆钉尺寸

表 1 尺　　寸

单位为毫米

钉体	d	公称	2.4	3.2	4	4.8	6.4
		max	2.48	3.28	4.08	4.88	6.48
		min	2.25	3.05	3.85	4.65	6.25
	d_k	max	5.0	6.7	8.4	10.1	13.4
		min	4.2	5.8	6.9	8.3	11.6
	k	max	1	1.3	1.7	2	2.7
钉芯	d_m	max	1.6	2.1	2.55	3.05	4
	p	min	25			27	
盲区长度	b	max	$l_{max}+3$	$l_{max}+3$	$l_{max}+3.5$	$l_{max}+4$	$l_{max}+5.5$
铆钉长度 l			推荐的铆接范围[a]				
公称=min	max						
5	6		—	0.5～1.5			
6	7		0.5～3.0	1.5～3.5	1.0～3.0	1.5～2.5	—
8	9			3.5～5.0	3.0～5.0	2.5～4.0	—
9	10		3.0～6.0	—		—	
10	11		—	5.0～7.0	5.0～6.5	4.0～6.0	
12	13		6.0～9.0	7.0～9.0	6.5～8.5	6.0～8.0	3.0～6.0
16	17		—	9.0～13.0	8.5～12.5	8.0～12.0	6.0～10.0
20	21		—	13.0～17.0	12.5～16.5	12.0～15.0	10.0～14.0
25	26		—	17.0～22.0	16.5～21.5	15.0～20.0	14.0～18.0
30	31		—	—	—	20.0～25.0	18.0～23.0

注：铆钉体的尺寸按附录 A 给出的计算公式求出。

[a] 符合表 1 尺寸和第 4 章规定的材料组合与性能等级的铆钉铆接范围，用最小和最大铆接长度表示。最小铆接长度仅为推荐值。某些使用场合可能使用更小的长度。

3.3 铆钉孔直径

用于被铆接件的铆钉孔直径（d_{h1}）如图 2 所示，其尺寸在表 2 中给出。

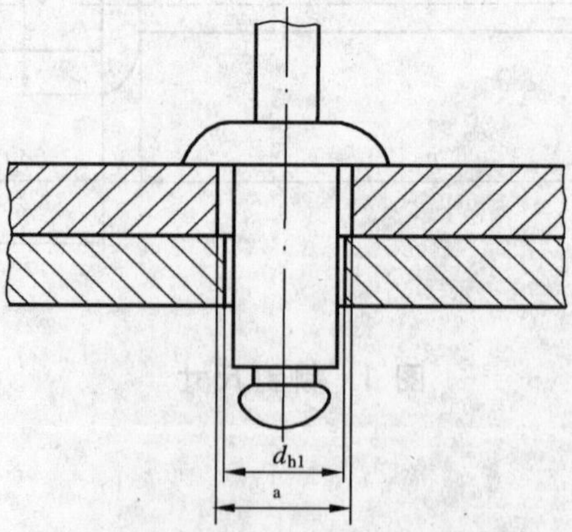

[a] 加大的铆钉孔。

图 2 为便于对中加大的铆钉孔

不符合表 2 给出的数值,可能造成安装的困难和(或)降低表 4 规定的剪切和拉力载荷。

如有必要(便于对中),仅在铆钉插入一侧的被铆接件上制出大于表 2 规定的孔径,如图 2 所示。这也可能降低表 4 规定的剪切和拉力载荷。

表 2 铆钉孔直径

单位为毫米

公称直径 d	d_{h1}	
	min	max
2.4	2.5	2.6
3.2	3.3	3.4
4	4.1	4.2
4.8	4.9	5.0
6.4	6.5	6.6

4 材料组合与表面处理

铆钉应由铝合金(AlA)制造的钉体和铝合金(AlA)制造的钉芯组成,推荐采用表 3 的性能等级与材料组合,其性能应符合第 5 章的规定。

表 3 机械性能等级与材料组合[a]

性能等级	钉体材料			钉芯材料		
	种类	材料牌号	标准编号	种类	材料牌号	标准编号
12	铝合金	5052 5A02	GB/T 3190	铝合金	7A03 5183	GB/T 3190

a 按 GB/T 3098.19 规定。ISO 15981 未规定机械性能等级与材料牌号。

材料技术条件由制造者确定。

铆钉的钉体和钉芯表面不经处理,即是本色的。

5 机械性能

5.1 剪切载荷、拉力载荷与钉芯断裂载荷

按 GB/T 3098.18 的规定进行试验时,12 级的最小剪切载荷、最小拉力载荷与最大钉芯断裂载荷应符合表 4 规定。

表 4 剪切载荷、拉力载荷与钉芯断裂载荷[a]

单位为牛顿

公称直径 d/ mm	剪切载荷 min	拉力载荷 min	钉芯断裂载荷 max
2.4	250	350	1 100
3.2	500	700[b]	1 800
4	850	1 200[b]	2 700
4.8	1 200[b]	1 700[b]	3 700
6.4	2 200[b]	3 150[b]	6 300

a 按 GB/T 3098.19 规定。

b 按 GB/T 3098.19 规定,大于 ISO 15981 的规定值。

5.2 钉芯拆卸力

按 GB/T 3098.18 的规定进行试验时,12 级的拆卸钉芯的载荷应大于 10 N。

5.3 钉头保持能力

按 GB/T 3098.18 的规定进行试验,施加表 5 规定的钉头保持试验载荷时,12 级的钉芯在铆钉中的残留部分不应被压出。

表 5 钉头保持试验载荷[a]

公称直径 d/ mm	钉头保持试验载荷/ N
2.4	10
3.2	15
4	20
4.8	25
6.4	30[b]

a 按 GB/T 3098.19 规定。

b ISO 15981 规定为 50 N。

6 工作质量

铆钉表面应无毛刺和有害缺陷,并有完整的头、杆形状。

铆接后,当放大 5 倍目测检查时,铆钉不应有开裂的痕迹。

7 验收检查、标志与包装

如无其他协议,应按 GB/T 90.1 进行验收检查;按 GB/T 90.2 进行标志与包装。

8 标记

8.1 标记方法按 GB/T 1237 规定。

8.2 标记示例

公称直径 d=4 mm、公称长度 l=12 mm、钉体由铝合金(AlA)制造、钉芯由铝合金(AlA)制造、性能等级为 12 级的开口型平圆头抽芯铆钉的标记:

抽芯铆钉 GB/T 12618.3 4×12

附 录 A
（资料性附录）
计 算 公 式

A.1 总则

本部分规定的抽芯铆钉符合下列计算公式和公差。

A.2 钉体直径

最大钉体直径按下式计算：

$$d_{max}=d_{公称}+0.08\ mm$$

最小钉体直径按下式计算：

$$d_{min}=d_{公称}-0.15\ mm$$

A.3 头部直径

最大头部直径按下式计算：

$$d_{k\ max}=2.1d_{公称}$$

圆整到小数点后1位。

A.4 头部直径公差

头部直径公差为：

h16　用于 $d_{公称}\leqslant 3.2$ mm；

h17　用于 $d_{公称}>3.2$ mm。

A.5 头部高度

最大头部高度按下式计算：

$$k_{max}=0.415d_{公称}$$

圆整到小数点后1位。

A.6 铆钉孔直径

抽芯铆钉用铆钉孔直径按下式计算：

$$d_{h1\ max}=d_{公称}+0.2\ mm$$

$$d_{h1\ min}=d_{公称}+0.1\ mm$$

ICS 21.060.40
J 13

GB

中华人民共和国国家标准

GB/T 12618.4—2006
代替 GB/T 12618—1990

开口型平圆头抽芯铆钉 51级

Open end blind rivets with break pull mandrel and protruding head—Property class 51

(ISO 15983:2002,Open end blind rivets with break pull mandrel and protruding head—A2/A2,MOD)

2006-07-05 发布　　　　2006-12-01 实施

中华人民共和国国家质量监督检验检疫总局
中国国家标准化管理委员会　发布

前　言

本部分是国家标准"抽芯铆钉"产品系列标准之一。该系列包括：

a) GB/T 12615.1—2004 封闭型平圆头抽芯铆钉 11 级；
b) GB/T 12615.2—2004 封闭型平圆头抽芯铆钉 30 级；
c) GB/T 12615.3—2004 封闭型平圆头抽芯铆钉 06 级；
d) GB/T 12615.4—2004 封闭型平圆头抽芯铆钉 51 级；
e) GB/T 12616.1—2004 封闭型沉头抽芯铆钉 11 级；
f) GB/T 12617.1—2006 开口型沉头抽芯铆钉 10、11 级；
g) GB/T 12617.2—2006 开口型沉头抽芯铆钉 30 级；
h) GB/T 12617.3—2006 开口型沉头抽芯铆钉 12 级；
i) GB/T 12617.4—2006 开口型沉头抽芯铆钉 51 级；
j) GB/T 12617.5—2006 开口型沉头抽芯铆钉 20、21、22 级；
k) GB/T 12618.1—2006 开口型平圆头抽芯铆钉 10、11 级；
l) GB/T 12618.2—2006 开口型平圆头抽芯铆钉 30 级；
m) GB/T 12618.3—2006 开口型平圆头抽芯铆钉 12 级；
n) GB/T 12618.4—2006 开口型平圆头抽芯铆钉 51 级；
o) GB/T 12618.5—2006 开口型平圆头抽芯铆钉 20、21、22 级；
p) GB/T 12618.6—2006 开口型平圆头抽芯铆钉 40、41 级。

本部分是 GB/T 12618 的第 4 部分。

本部分修改采用 ISO 15983:2002《开口型平圆头抽芯盲铆钉 A2/A2》(英文版)，主要修改如下：

——ISO 15983 未规定抽芯铆钉的机械性能等级与钉体和钉芯的材料牌号，本部分予以规定(见标准名称、第 4、5 章)；
——ISO 15983 未规定包装技术要求，本部分予以规定(见第 7 章)；
——ISO 15983 未规定简化标记，本部分按 GB/T 1237 的简化原则给出简化的标记示例(见 8.2)。

本部分代替 GB/T 12618—1990《开口型平圆头抽芯铆钉》有关部分。

本部分与 GB/T 12618—1990 相比主要变化如下：

——取消 d=6 mm，增加 d=4.8 mm 的钉体直径规格(见表 1)；
——全面调整了钉体长度规格的系列及范围(见表 1)；
——未引用 GB/T 12619—1990《抽芯铆钉技术条件》，在本部分中给出铆钉孔直径、推荐的铆接范围(见表 1 和表 2)；
——本部分仅规定了一种奥氏体不锈钢的钉体材料、一种奥氏体不锈钢的钉芯材料及相应的机械性能等级(51 级)，并有别于旧标准(见第 4、5 章)；
——增加附录 A。

本部分的附录 A 是资料性附录。

本部分由中国机械工业联合会提出。

本部分由全国紧固件标准化技术委员会(SAC/TC 85)归口。

本部分由机械科学研究院负责起草，上海安宇实业有限公司参加起草。

本部分由全国紧固件标准化技术委员会秘书处负责解释。

本部分所代替标准的历次版本发布情况为：

——GB /T 12618—1990。

开口型平圆头抽芯铆钉　51 级

1　范围

GB/T 12618 的本部分规定了钉体直径 d=3 mm～5 mm、钉体材料为奥氏体不锈钢(A2)、钉芯材料为奥氏体不锈钢(A2)、性能等级为 51 级的开口型平圆头抽芯铆钉的机械特性和应用数据。

2　规范性引用文件

下列文件中的条款通过 GB/T 12618 的本部分的引用而成为本部分的条款。凡是注日期的引用文件,其随后所有的修改单(不包括勘误的内容)或修订版均不适用于本部分,然而,鼓励根据本部分达成协议的各方研究是否可使用这些文件的最新版本。凡是不注日期的引用文件,其最新版本适用于本部分。

GB/T 90.1　紧固件　验收检查(GB/T 90.1—2002,idt ISO 3269:2000)

GB/T 90.2　紧固件　标志与包装

GB/T 1220　不锈钢棒

GB/T 1237　紧固件标记方法(GB/T 1237—2000,eqv ISO 8991:1986)

GB/T 3098.6　紧固件机械性能　不锈钢螺栓、螺钉和螺柱(GB/T 3098.6—2000,idt ISO 3506-1:1997)

GB/T 3098.18　紧固件机械性能　盲铆钉试验方法(GB/T 3098.18—2004, ISO 14589:2000, Blind rivets—Mechanical testing,IDT)

GB/T 3098.19　紧固件机械性能　抽芯铆钉

GB/T 3099.2　紧固件术语　盲铆钉(GB/T 3099.2—2004,ISO 14588:2000, Blind rivets—Terminology and definitions,IDT)

GB/T 4232　冷顶锻用不锈钢丝

3　尺寸

3.1　总则

尺寸代号和标注符合 GB/T 3099.2 的规定。

3.2　铆钉尺寸

铆钉尺寸见图 1 和表 1。

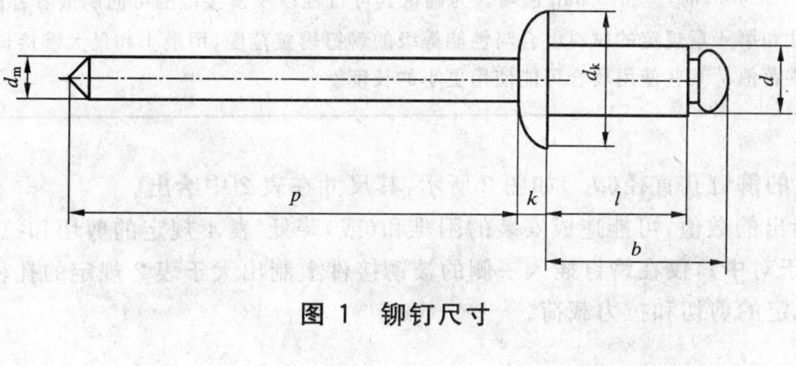

图 1　铆钉尺寸

表 1 尺寸

单位为毫米

钉体	d	公称	3	3.2	4	4.8	5
		max	3.08	3.28	4.08	4.88	5.08
		min	2.85	3.05	3.85	4.65	4.85
	d_k	max	6.3	6.7	8.4	10.1	10.5
		min	5.4	5.8	6.9	8.3	8.7
	k	max	1.3	1.3	1.7	2	2.1
钉芯	d_m	max	2.05	2.15	2.75	3.2	3.25
	p	min	25			27	
盲区长度	b	max	$l_{max}+4$	$l_{max}+4$	$l_{max}+4.5$	$l_{max}+5$	$l_{max}+5$

铆钉长度 l[a] 公称=min	max	推荐的铆接范围[b]		
6	7	0.5~3.0	1.0~2.5	1.5~2.0
8	9	3.0~5.0	2.5~4.5	2.0~4.0
10	11	5.0~6.5	4.5~6.5	4.5~6.0
12	13	6.5~8.5	6.5~8.5	6.0~8.0
14	15	8.5~10.5	8.5~10.0	
16	17	10.5~12.5	10.0~12.0	8.0~11.0
18	19	—	12.0~14.0	11.0~13.0
20	21	—	14.0~16.0	13.0~16.0
25	26	—	16.0~21.0	16.0~19.0

注：铆钉体的尺寸按附录 A 给出的计算公式求出。

a 公称长度大于 25 mm 时，应按 5 mm 递增。为确认其可行性以及铆接范围可向制造者咨询。

b 符合表 1 尺寸和第 4 章规定的材料组合与性能等级的铆钉铆接范围，用最小和最大铆接长度表示。最小铆接长度仅为推荐值。某些使用场合可能使用更小的长度。

3.3 铆钉孔直径

用于被铆接件的铆钉孔直径(d_{h1})如图 2 所示，其尺寸在表 2 中给出。

不符合表 2 给出的数值，可能造成安装的困难和(或)降低 表 4 规定的剪切和拉力载荷。

如有必要(便于对中)，仅在铆钉插入一侧的被铆接件上制出大于表 2 规定的孔径，如图 2 所示。这也可能降低表 4 规定的剪切和拉力载荷。

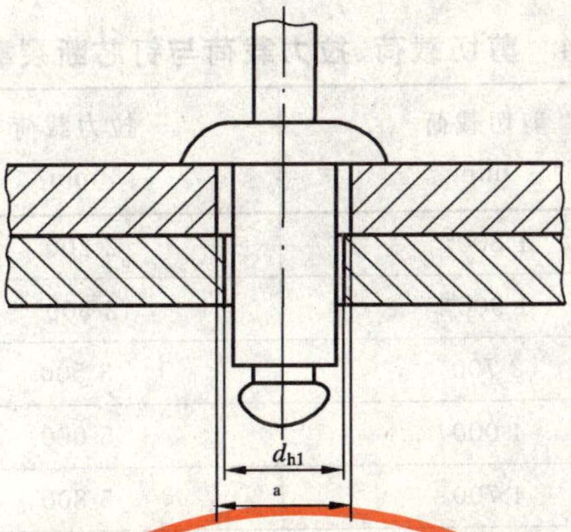

a 加大的铆钉孔。

图 2 为便于对中加大的铆钉孔

表 2 铆钉孔直径

单位为毫米

公称直径 d	d_{h1}	
	min	max
3	3.1	3.2
3.2	3.3	3.4
4	4.1	4.2
4.8	4.9	5.0
5	5.1	5.2

4 材料组合与表面处理

铆钉应由奥氏体不锈钢(A2,GB/T 3098.6)制造的钉体和奥氏体不锈钢(A2,GB/T 3098.6)制造的钉芯组成,推荐采用表 3 的性能等级与材料组合,其性能应符合第 5 章的规定。

表 3 机械性能等级与材料组合[a]

性能等级	钉体材料			钉芯材料		
	种类	材料牌号	标准编号	种类	材料牌号	标准编号
51	不锈钢	0Cr18Ni9 1Cr18Ni9	GB/T 1220	不锈钢	0Cr18Ni9 2Cr13	GB/T 4232

a 按 GB/T 3098.19 规定。ISO 15983 未规定机械性能等级与材料牌号。

材料技术条件由制造者确定。

铆钉的钉体和钉芯表面不经处理,即是本色的。

5 机械性能

5.1 剪切载荷、拉力载荷与钉芯断裂载荷

按 GB/T 3098.18 的规定进行试验时,51 级的最小剪切载荷、最小拉力载荷与最大钉芯断裂载荷应符合表 4 规定。

表 4　剪切载荷、拉力载荷与钉芯断裂载荷[a]

单位为牛顿

公称直径 d/ mm	剪切载荷 min	拉力载荷 min	钉芯断裂载荷 max
3	1 800[b]	2 200[b]	4 100
3.2	1 900[b]	2 500[b]	4 500
4	2 700	3 500	6 500
4.8	4 000	5 000	8 500
5	4 700	5 800	9 000

a　按 GB/T 3098.19 规定。

b　按 GB/T 3098.19 规定，该数据待生产验证(含选用材料牌号)。

5.2　**钉芯拆卸力**

按 GB/T 3098.18 的规定进行试验时，51 级的拆卸钉芯的载荷应大于 10 N。

5.3　**钉头保持能力**

按 GB/T 3098.18 的规定进行试验，施加表 5 规定的钉头保持试验载荷时，51 级的钉芯在铆钉中的残留部分不应被压出。

表 5　钉头保持试验载荷[a]

公称直径 d/ mm	钉头保持试验载荷/ N
3	35
3.2	35
4	40
4.8	45
5	45

a　按 GB/T 3098.19 规定。

6　工作质量

铆钉表面应无毛刺和有害缺陷，并有完整的头、杆形状。

铆接后，当放大 5 倍目测检查时，铆钉不应有开裂的痕迹。

7　验收检查、标志与包装

如无其他协议，应按 GB/T 90.1 进行验收检查；按 GB/T 90.2 进行标志与包装。

8　标记

8.1　标记方法按 GB/T 1237 规定。

8.2　标记示例

公称直径 d=4 mm、公称长度 l=12 mm、钉体由奥氏体不锈钢(A2)制造、钉芯由奥氏体不锈钢(A2)制造、性能等级为 51 级的开口型平圆头抽芯铆钉的标记：

抽芯铆钉　GB/T 12618.4　4×12

附 录 A
（资料性附录）
计 算 公 式

A.1 总则

本部分规定的抽芯铆钉符合下列计算公式和公差。

A.2 钉体直径

最大钉体直径按下式计算：

$$d_{max} = d_{公称} + 0.08\ \text{mm}$$

最小钉体直径按下式计算：

$$d_{min} = d_{公称} - 0.15\ \text{mm}$$

A.3 头部直径

最大头部直径按下式计算：

$$d_{k\,max} = 2.1\ d_{公称}$$

圆整到小数点后 1 位。

A.4 头部直径公差

头部直径公差为：

h16 用于 $d_{公称} \leqslant 3.2$ mm；

h17 用于 $d_{公称} > 3.2$ mm。

A.5 头部高度

最大头部高度按下式计算：

$$k_{max} = 0.415\ d_{公称}$$

圆整到小数点后 1 位。

A.6 铆钉孔直径

抽芯铆钉用铆钉孔直径按下式计算：

$$d_{h1\,max} = d_{公称} + 0.2\ \text{mm}$$

$$d_{h1\,min} = d_{公称} + 0.1\ \text{mm}$$

ICS 21.060.40
J 13

GB

中华人民共和国国家标准

GB/T 12618.5—2006
代替 GB/T 12618—1990

开口型平圆头抽芯铆钉 20、21、22 级

Open end blind rivets with break pull mandrel and protruding head—Property class 20,21,22

(ISO 16582:2002,Open end blind rivets with break pull mandrel and protruding head—Cu/St or Cu/Br or Cu/SSt,MOD)

2006-07-05 发布 2006-12-01 实施

中华人民共和国国家质量监督检验检疫总局
中国国家标准化管理委员会 发布

前 言

本部分是国家标准“抽芯铆钉”产品系列标准之一。该系列包括：

a) GB/T 12615.1—2004 封闭型平圆头抽芯铆钉 11级；

b) GB/T 12615.2—2004 封闭型平圆头抽芯铆钉 30级；

c) GB/T 12615.3—2004 封闭型平圆头抽芯铆钉 06级；

d) GB/T 12615.4—2004 封闭型平圆头抽芯铆钉 51级；

e) GB/T 12616.1—2004 封闭型沉头抽芯铆钉 11级；

f) GB/T 12617.1—2006 开口型沉头抽芯铆钉 10、11级；

g) GB/T 12617.2—2006 开口型沉头抽芯铆钉 30级；

h) GB/T 12617.3—2006 开口型沉头抽芯铆钉 12级；

i) GB/T 12617.4—2006 开口型沉头抽芯铆钉 51级；

j) GB/T 12617.5—2006 开口型沉头抽芯铆钉 20、21、22级；

k) GB/T 12618.1—2006 开口型平圆头抽芯铆钉 10、11级；

l) GB/T 12618.2—2006 开口型平圆头抽芯铆钉 30级；

m) GB/T 12618.3—2006 开口型平圆头抽芯铆钉 12级；

n) GB/T 12618.4—2006 开口型平圆头抽芯铆钉 51级；

o) GB/T 12618.5—2006 开口型平圆头抽芯铆钉 20、21、22级；

p) GB/T 12618.6—2006 开口型平圆头抽芯铆钉 40、41级。

本部分是GB/T 12618的第5部分。

本部分修改采用ISO 16582:2002《开口型平圆头抽芯盲铆钉 Cu/St或Cu/Br或Cu/SSt》(英文版)，主要修改如下：

——ISO 16582未规定抽芯铆钉的机械性能等级与钉体和钉芯的材料牌号，本部分予以规定(见标准名称、第4、5章)；

——ISO 16582未规定包装技术要求，本部分予以规定(见第7章)；

——ISO 16582未规定简化标记，本部分按GB/T 1237的简化原则给出简化的标记示例(见8.2)。

本部分代替GB/T 12618—1990《开口型扁圆头抽芯铆钉》有关部分。

本部分与GB/T 12618—1990相比主要变化如下：

——取消 d=5 mm和 d=6 mm，增加 d=4.8 mm的钉体直径规格(见表1)；

——全面调整了钉体长度规格的系列及范围(见表1)；

——未引用GB/T 12619—1990《抽芯铆钉技术条件》，在本部分中给出铆钉孔直径、推荐的铆接范围(见表1和表2)；

——本部分仅规定了一种铜的钉体材料，钢的、青铜的和不锈钢的钉芯材料及相应的机械性能等级(20、21和22级)；并有别于旧标准(见第4、5章)；

——增加附录A。

本部分的附录A是资料性附录。

本部分由中国机械工业联合会提出。

本部分由全国紧固件标准化技术委员会(SAC/TC 85)归口。

本部分由机械科学研究院负责起草，上海安字实业有限公司参加起草。

本部分由全国紧固件标准化技术委员会秘书处负责解释。

本部分所代替标准的历次版本发布情况为：

——GB /T 12618—1990。

开口型平圆头抽芯铆钉　20、21、22级

1　范围

GB/T 12618的本部分规定了钉体直径 d=3 mm～4.8 mm、钉体材料为铜(Cu)、钉芯材料为钢(St)或青铜(Br)或不锈钢(SSt)、性能等级为20级、21级和22级的开口型平圆头抽芯铆钉的机械特性和应用数据。

2　规范性引用文件

下列文件中的条款通过GB/T 12618的本部分的引用而成为本部分的条款。凡是注日期的引用文件,其随后所有的修改单(不包括勘误的内容)或修订版均不适用于本部分,然而,鼓励根据本部分达成协议的各方研究是否可使用这些文件的最新版本。凡是不注日期的引用文件,其最新版本适用于本部分。

GB/T 90.1　紧固件　验收检查(GB/T 90.1—2002,idt ISO 3269:2000)

GB/T 90.2　紧固件　标志与包装

GB/T 699　优质碳素结构钢

GB/T 1237　紧固件标记方法(GB/T 1237—2000,eqv ISO 8991:1986)

GB/T 3098.18　紧固件机械性能　盲铆钉试验方法(GB/T 3098.18—2004,ISO 14589:2000,Blind rivets—Mechanical testing,IDT)

GB/T 3098.19　紧固件机械性能　抽芯铆钉

GB/T 3099.2　紧固件术语　盲铆钉(GB/T 3099.2—2004,ISO 14588:2000,Blind rivets—Terminology and definitions,IDT)

GB/T 3206　优质碳素结构钢丝

GB/T 4232　冷顶锻用不锈钢丝

GB/T 14956　专用铜及铜合金线

3　尺寸

3.1　总则

尺寸代号和标注符合GB/T 3099.2的规定。

3.2　铆钉尺寸

铆钉尺寸见图1和表1。

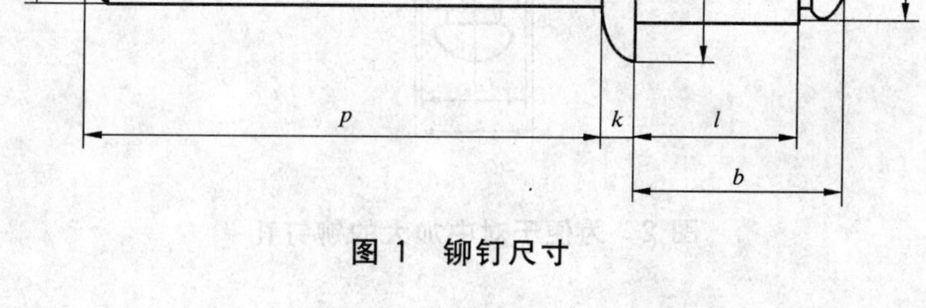

图1　铆钉尺寸

表 1 尺寸

单位为毫米

钉体	d	公称	3	3.2	4	4.8
		max	3.08	3.28	4.08	4.88
		min	2.85	3.05	3.85	4.65
	d_k	max	6.3	6.7	8.4	10.1
		min	5.4	5.8	6.9	8.3
钉芯	k	max	1.3	1.3	1.7	2
	d_m	max	2	2	2.45	2.95
	p	min	25			27
盲区长度	b	max	$l_{max}+3.5$	$l_{max}+4$	$l_{max}+4$	$l_{max}+4.5$

铆钉长度 l		推荐的铆接范围[a]		
公称＝min	max			
5	6	0.5～2.0	1.0～2.5	—
6	7	2.0～3.0	2.5～3.5	—
8	9	3.0～5.0	3.5～5.0	2.5～4.0
10	11	5.0～7.0	5.0～7.0	4.0～6.0
12	13	7.0～9.0	7.0～8.5	6.0～8.0
14	15	9.0～11.0	8.5～10.0	8.0～10.0
16	17	—	10.0～12.5	10.0～12.0
18	19	—	—	12.0～14.0
20	21	—	—	14.0～16.0

注：铆钉体的尺寸按附录 A 给出的计算公式求出。

[a] 符合表 1 尺寸和第 4 章规定的材料组合与性能等级的铆钉铆接范围，用最小和最大铆接长度表示。最小铆接长度仅为推荐值。某些使用场合可能使用更小的长度。

3.3 铆钉孔直径

用于被铆接件的铆钉孔直径(d_{h1})如图 2 所示，其尺寸在表 2 中给出。

不符合表 2 给出的数值，可能造成安装的困难和(或)降低表 4 规定的剪切和拉力载荷。

如有必要(便于对中)，仅在铆钉插入一侧的被铆接件上制出大于表 2 规定的孔径，如图 2 所示。这也可能降低表 4 规定的剪切和拉力载荷。

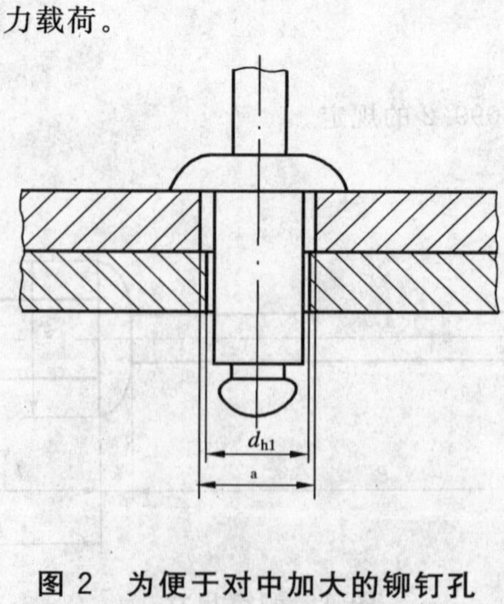

[a] 加大的铆钉孔。

图 2 为便于对中加大的铆钉孔

表 2　铆钉孔直径

单位为毫米

公称直径 d	d_{h1} min	d_{h1} max
3	3.1	3.2
3.2	3.3	3.4
4	4.1	4.2
4.8	4.9	5.0

4　材料组合与表面处理

铆钉应由铜(Cu)制造的钉体和钢(St)或青铜(Br)或不锈钢(SSt)制造的钉芯组成，推荐采用表 3 的性能等级与材料组合，其性能应符合第 5 章的规定。

表 3　机械性能等级与材料组合[a]

性能等级	钉体材料			钉芯材料		
	种类	材料牌号	标准编号	种类	材料牌号	标准编号
20	铜	T1 T2 T3	GB/T 14956	钢	10、15、 35、45	GB/T 699 GB/T 3206
21				青铜	由供需双方协议	
22				不锈钢	0Cr18Ni9 1Cr18Ni9	GB/T 4232

a　按 GB/T 3098.19 规定。ISO 16582 未规定机械性能等级与材料牌号。

材料技术条件由制造者确定。

钉体表面不经处理，即是本色的。

钢钉芯表面处理由制造者确定，可以磷化涂油或镀锌。

青铜钉芯表面不经处理，即是本色的。

不锈钢钉芯表面不经处理，即是本色的。

5　机械性能

5.1　剪切载荷、拉力载荷与钉芯断裂载荷

按 GB/T 3098.18 的规定进行试验时，20 级、21 级和 22 级的最小剪切载荷、最小拉力载荷与最大钉芯断裂载荷应符合表 4 规定。

表 4　剪切载荷、拉力载荷与钉芯断裂载荷[a]

单位为牛顿

公称直径 d/mm	剪切载荷 min	拉力载荷 min	钉芯断裂载荷 max
3	760	950	3 000
3.2	800	1 000	3 000
4	1 500[b]	1 800	4 500
4.8	2 000	2 500	5 000

a　按 GB/T 3098.19 规定。

b　按 GB/T 3098.19 规定，数据待生产验证(含选用材料牌号)。

5.2 钉芯拆卸力

按 GB/T 3098.18 的规定进行试验时，20 级、21 级和 22 级的拆卸钉芯的载荷应大于 10 N。

5.3 钉头保持能力

按 GB/T 3098.18 的规定进行试验，施加表 5 规定的钉头保持试验载荷时，20 级、21 级和 22 级的钉芯在铆钉中的残留部分不应被压出。

表 5 钉头保持试验载荷[a]

公称直径 d/ mm	钉头保持试验载荷 N
3	15
3.2	15
4	20
4.8	25

a 按 GB/T 3098.19 规定。

6 工作质量

铆钉表面应无毛刺和有害缺陷，并有完整的头、杆形状。

铆接后，当放大 5 倍目测检查时，铆钉不应有开裂的痕迹。

7 验收检查

如无其他协议，应按 GB/T 90.1 进行验收检查；按 GB/T 90.2 进行标志与包装。

8 标记

8.1 标记方法按 GB/T 1237 规定。

8.2 标记示例

公称直径 d=4 mm、公称长度 l=12 mm、钉体由铜(Cu)制造、钉芯由钢(St)制造、性能等级为 20 级的开口型平圆头抽芯铆钉的标记：

抽芯铆钉 GB/T 12618.5 4×12

附 录 A
(资料性附录)
计 算 公 式

A.1 总则

本部分规定的抽芯铆钉符合下列计算公式和公差。

A.2 钉体直径

最大钉体直径按下式计算：

$$d_{max} = d_{公称} + 0.08\ \text{mm}$$

最小钉体直径按下式计算：

$$d_{min} = d_{公称} - 0.15\ \text{mm}$$

A.3 头部直径

最大头部直径按下式计算：

$$d_{k\,max} = 2.1\ d_{公称}$$

圆整到小数点后1位。

A.4 头部直径公差

头部直径公差为：

h16 用于 $d_{公称} \leqslant 3.2$ mm；

h17 用于 $d_{公称} > 3.2$ mm。

A.5 头部高度

最大头部高度按下式计算：

$$k_{max} = 0.415\ d_{公称}$$

圆整到小数点后1位。

A.6 铆钉孔直径

抽芯铆钉用铆钉孔直径按下式计算：

$$d_{h1\,max} = d_{公称} + 0.2\ \text{mm}$$

$$d_{h1\,min} = d_{公称} + 0.1\ \text{mm}$$

ICS 21.060.40
J 13

中华人民共和国国家标准

GB/T 12618.6—2006
代替 GB/T 12618—1990

开口型平圆头抽芯铆钉 40、41级

Open end blind rivets with break pull mandrel and protruding head—Property class 40,41

(ISO 16584:2002,Open end blind rivets with break pull mandrel and protruding head—NiCu/St or NiCu/SSt,MOD)

2006-07-05 发布 2006-12-01 实施

中华人民共和国国家质量监督检验检疫总局
中国国家标准化管理委员会 发布

前　言

本部分是国家标准“抽芯铆钉”产品系列标准之一。该系列包括：

a) GB/T 12615.1—2004　封闭型平圆头抽芯铆钉　11级；
b) GB/T 12615.2—2004　封闭型平圆头抽芯铆钉　30级；
c) GB/T 12615.3—2004　封闭型平圆头抽芯铆钉　06级；
d) GB/T 12615.4—2004　封闭型平圆头抽芯铆钉　51级；
e) GB/T 12616.1—2004　封闭型沉头抽芯铆钉　11级；
f) GB/T 12617.1—2006　开口型沉头抽芯铆钉　10、11级；
g) GB/T 12617.2—2006　开口型沉头抽芯铆钉　30级；
h) GB/T 12617.3—2006　开口型沉头抽芯铆钉　12级；
i) GB/T 12617.4—2006　开口型沉头抽芯铆钉　51级；
j) GB/T 12617.5—2006　开口型沉头抽芯铆钉　20、21、22级；
k) GB/T 12618.1—2006　开口型平圆头抽芯铆钉　10、11级；
l) GB/T 12618.2—2006　开口型平圆头抽芯铆钉　30级；
m) GB/T 12618.3—2006　开口型平圆头抽芯铆钉　12级；
n) GB/T 12618.4—2006　开口型平圆头抽芯铆钉　51级；
o) GB/T 12618.5—2006　开口型平圆头抽芯铆钉　20、21、22级；
p) GB/T 12618.6—2006　开口型平圆头抽芯铆钉　40、41级。

本部分是GB/T 12618的第6部分。

本部分修改采用ISO 16584:2002《开口型平圆头抽芯盲铆钉　NiCu/St或NiCu/SSt》(英文版)，主要修改如下：

——ISO 16584未规定抽芯铆钉的机械性能等级与钉体和钉芯的材料牌号，本部分予以规定(见标准名称、第4、5章)；
——ISO 16584未规定包装技术要求，本部分予以规定(见第7章)；
——ISO 16584未规定简化标记，本部分按GB/T 1237的简化原则给出简化的标记示例(见8.2)。

本部分代替GB/T 12618—1990《开口型扁圆头抽芯铆钉》有关部分。

本部分与GB/T 12618—1990相比主要变化如下：

——取消 d=3 mm、5 mm和6 mm，增加 d=4.8 mm和6.4 mm的钉体直径规格(见表1)；
——全面调整了钉体长度规格的系列及范围(见表1)；
——未引用GB/T 12619—1990《抽芯铆钉技术条件》，在本部分中给出铆钉孔直径、推荐的铆接范围(见表1和表2)；
——本部分仅规定了一种镍铜合金的钉体材料、碳素钢的和不锈钢的钉芯材料及相应的机械性能等级(40、41级)；并有别于旧标准(见第4、5章)；
——增加附录A。

本部分的附录A是资料性附录。

本部分由中国机械工业联合会提出。

本部分由全国紧固件标准化技术委员会(SAC/TC 85)归口。

本部分由机械科学研究院负责起草，上海安字实业有限公司参加起草。

本部分由全国紧固件标准化技术委员会秘书处负责解释。

本部分所代替标准的历次版本发布情况为：

——GB /T 12618—1990。

开口型平圆头抽芯铆钉　40、41级

1　范围

GB/T 12618 的本部分规定了钉体直径 d=3.2 mm～6.4 mm、钉体材料为镍铜合金(NiCu)、钉芯材料为钢(St)或不锈钢(SSt)、性能等级为 40 级和 41 级的开口型平圆头抽芯铆钉的机械特性和应用数据。

2　规范性引用文件

下列文件中的条款通过 GB/T 12618 的本部分的引用而成为本部分的条款。凡是注日期的引用文件,其随后所有的修改单(不包括勘误的内容)或修订版均不适用于本部分,然而,鼓励根据本部分达成协议的各方研究是否可使用这些文件的最新版本。凡是不注日期的引用文件,其最新版本适用于本部分。

GB/T 90.1　紧固件　验收检查(GB/T 90.1—2002,idt ISO 3269:2000)

GB/T 90.2　紧固件　标志与包装

GB/T 699　优质碳素结构钢

GB/T 1237　紧固件标记方法(GB/T 1237—2000,eqv ISO 8991:1986)

GB/T 3098.18　紧固件机械性能　盲铆钉试验方法(GB/T 3098.18—2004,ISO 14589:2000, Blind rivets—Mechanical testing,IDT)

GB/T 3098.19　紧固件机械性能　抽芯铆钉

GB/T 3099.2　紧固件术语　盲铆钉(GB/T 3099.2—2004,ISO 14588:2000,Blind rivets—Terminology and definitions,IDT)

GB/T 3206　优质碳素结构钢丝

GB/T 4232　冷顶锻用不锈钢丝

GB/T 5235　加工镍及镍合金　化学成分和产品形状

3　尺寸

3.1　总则

尺寸代号和标注符合 GB/T 3099.2 的规定。

3.2　铆钉尺寸

铆钉尺寸见图 1 和表 1。

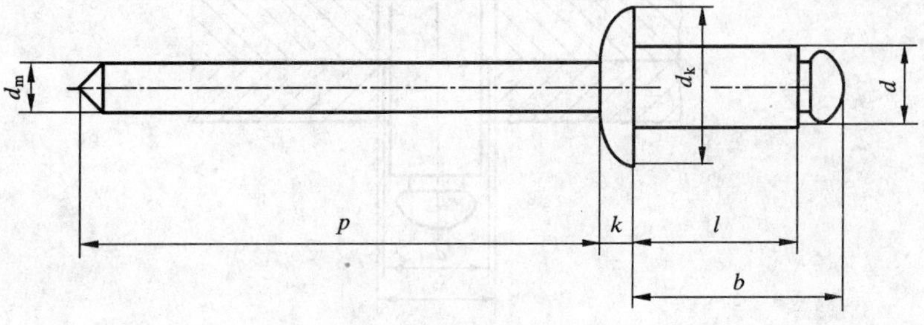

图 1　铆钉尺寸

表 1 尺 寸

单位为毫米

钉体	d	公称	3.2	4	4.8	6.4
		max	3.28	4.08	4.88	6.48
		min	3.05	3.85	4.65	6.25
	d_k	max	6.7	8.4	10.1	13.4
		min	5.8	6.9	8.3	11.6
	k	max	1.3	1.7	2	2.7
钉芯	d_m	max	2.15	2.75	3.2	3.9
	p	min	25		27	
盲区长度	b	max	$l_{max}+4$	$l_{max}+4$	$l_{max}+4.5$	$l_{max}+5.5$

铆钉长度 l		推荐的铆接范围[a]			
公称＝min	max				
5	6	1.0～3.0	1.0～3.0	—	—
6	7	—	—	2.0～4.0	—
8	9	3.0～5.0	3.0～5.0	—	—
10	11	5.0～7.0	5.0～7.0	4.0～6.0	—
12	13	7.0～9.0	7.0～9.0	6.0～8.0	3.0～6.0
14	15	—	9.0～10.5	8.0～10.0	—
16	17	—	10.5～12.5	10.0～12.0	—
18	19	—	12.5～14.5	12.0～14.0	6.0～12.0
20	21	—	14.5～16.5	14.0～16.0	—

注：铆钉体的尺寸按附录 A 给出的计算公式求出。

[a] 符合表 1 尺寸和第 4 章规定的材料组合与性能等级的铆钉铆接范围，用最小和最大铆接长度表示。最小铆接长度仅为推荐值。某些使用场合可能使用更小的长度。

3.3 铆钉孔直径

用于被铆接件的铆钉孔直径(d_{h1})如图 2 所示，其尺寸在表 2 中给出。

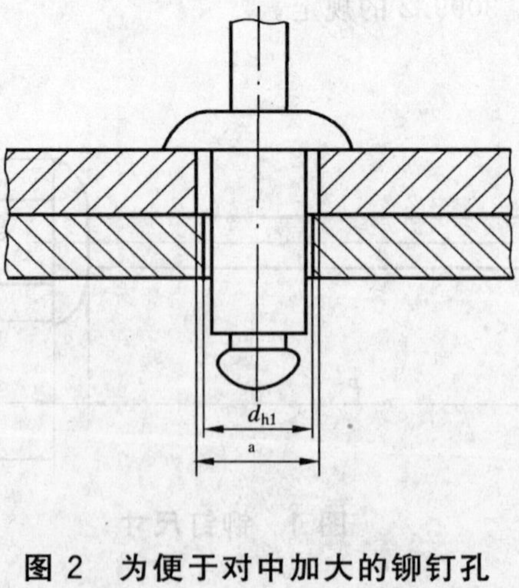

[a] 加大的铆钉孔。

图 2 为便于对中加大的铆钉孔

不符合表 2 给出的数值，可能造成安装的困难和(或)降低表 4 规定的剪切和拉力载荷。

如有必要(便于对中)，仅在铆钉插入一侧的被铆接件上制出大于表 2 规定的孔径，如图 2 所示。这也可能降低表 4 规定的剪切和拉力载荷。

表 2 铆钉孔直径 单位为毫米

公称直径 d	d_{h1}	
	min	max
3.2	3.3	3.4
4	4.1	4.2
4.8	4.9	5.0
6.4	6.5	6.6

4 材料组合与表面处理

铆钉应由镍铜合金(NiCu)制造的钉体和钢(St)或不锈钢(SSt)制造的钉芯组成，推荐采用表 3 的性能等级与材料组合，其性能应符合第 5 章的规定。

表 3 机械性能等级与材料组合[a]

性能等级	钉体材料			钉芯材料		
	种类	材料牌号	标准编号	种类	材料牌号	标准编号
40	镍铜合金	28-2.5-1.5 镍铜合金 (NiCu28-2.5-1.5)	GB/T 5235	钢	10、15、35、45	GB/T 699 GB/T 3206
41	镍铜合金	28-2.5-1.5 镍铜合金 (NiCu28-2.5-1.5)	GB/T 5235	不锈钢	0Cr18Ni9 2Cr13	GB/T 4232

a 按 GB/T 3098.19 规定。ISO 16584 未规定机械性能等级与材料牌号。

材料技术条件由制造者确定。

钉体表面不经处理，即是本色的。

钢钉芯表面处理由制造者确定，可以磷化涂油或镀锌。

不锈钢钉芯表面不经处理，即是本色的。

5 机械性能

5.1 剪切载荷、拉力载荷与钉芯断裂载荷

按 GB/T 3098.18 的规定进行试验时，40 级和 41 级的最小剪切载荷、最小拉力载荷与最大钉芯断裂载荷均应符合表 4 规定。

表 4 剪切载荷、拉力载荷与钉芯断裂载荷[a] 单位为牛顿

公称直径 d/mm	剪切载荷 min	拉力载荷 min	钉芯断裂载荷 max
3.2	1 400	1 900	4 500
4	2 200	3 000	6 500
4.8	3 300	3 700	8 500
6.4	5 500	6 800	14 700

a 按 GB/T 3098.19 规定。

5.2 **钉芯拆卸力**

按 GB/T 3098.18 的规定进行试验时，40 级和 41 级的拆卸钉芯的载荷应大于 10 N。

5.3 **钉头保持能力**

按 GB/T 3098.18 的规定进行试验，施加表 5 规定的钉头保持试验载荷时，40 级和 41 级的钉芯在铆钉中的残留部分不应被压出。

表 5 钉头保持试验载荷[a]

公称直径 d/mm	钉头保持试验载荷/N
3.2	15
4	20
4.8	25
6.4	30

[a] 按 GB/T 3098.19 规定。

6 工作质量

铆钉表面应无毛刺和有害缺陷，并有完整的头、杆形状。

铆接后，当放大 5 倍目测检查时，铆钉不应有开裂的痕迹。

7 验收检查、标志与包装

如无其他协议，应按 GB/T 90.1 进行验收检查；按 GB/T 90.2 进行标志与包装。

8 标记

8.1 标记方法按 GB/T 1237 规定。

8.2 标记示例

公称直径 d=4 mm、公称长度 l=12 mm、钉体由镍铜合金(NiCu)制造、钉芯由钢(St)制造、性能等级为 40 级的开口型平圆头抽芯铆钉的标记：

抽芯铆钉 GB/T 12618.6 4×12

附 录 A
（资料性附录）
计 算 公 式

A.1 总则

本部分规定的抽芯铆钉符合下列计算公式和公差。

A.2 钉体直径

最大钉体直径按下式计算：

$$d_{max} = d_{公称} + 0.08\ mm$$

最小钉体直径按下式计算：

$$d_{min} = d_{公称} - 0.15\ mm$$

A.3 头部直径

最大头部直径按下式计算：

$$d_{k\,max} = 2.1\ d_{公称}$$

圆整到小数点后 1 位。

A.4 头部直径公差

头部直径公差为：

h16 用于 $d_{公称} \leqslant 3.2$ mm；

h17 用于 $d_{公称} > 3.2$ mm。

A.5 头部高度

最大头部高度按下式计算：

$$k_{max} = 0.415\ d_{公称}$$

圆整到小数点后 1 位。

A.6 铆钉孔直径

抽芯铆钉用铆钉孔直径按下式计算：

$$d_{h1\,max} = d_{公称} + 0.2\ mm$$

$$d_{h1\,min} = d_{公称} + 0.1\ mm$$

ICS 13.340.40
C 73

中华人民共和国国家标准

GB/T 12624—2006
代替 GB/T 12624—1990

劳动防护手套通用技术条件

General requirements for protective gloves

(EN 420:2003 General requirements for gloves,MOD)

2006-01-12 发布　　　　2006-09-01 实施

中华人民共和国国家质量监督检验检疫总局
中国国家标准化管理委员会　发布

前　言

本标准修改采用欧洲标准 EN 420:2003《手套通用技术条件》。

本标准与 EN 420:2003 相比，存在如下少量技术差异:

——本标准删除了 EN 420:2003 中 4.2“手套材料抗水压性”。

——本标准删除了 EN 420:2003 中 4.3.3“铬(6 价)含量的要求”和附录 B“皮革　化学测试　铬(6 价)的含量的测定”。

——本标准删除了 EN 420:2003 中 4.3.4“提取蛋白质含量的要求”。

——本标准删除了 EN 420:2003 中 4.5“电气性能”。

——本标准修改了 EN 420:2003 中 5.1.1 表 1“手部尺寸”(见附录 C)。

——本标准修改了 EN 420:2003 中 7.3“生产厂商的信息”。

本标准代替 GB/T 12624—1990《劳动防护手套通用技术条件》。

本标准与 GB/T 12624—1990 相比主要变化如下:

a)　删除了劳动防护手套的分类标记、对各类手套的技术要求以及相应的试验方法;

b)　增加了劳动防护手套的结构、无害性、pH 值、舒适性和有效性等技术要求以及相应的试验方法;

c)　增加了劳动防护手套的标志要求。

本标准的附录 A 为规范性附录，附录 B 和附录 C 为资料性附录。

本标准由国家安全生产监督管理总局提出。

本标准由全国个体防护装备标准化技术委员会(SAC/TC 112)归口。

本标准起草单位:上海市劳动保护科学研究所。

本标准主要起草人:顾智世、梅灿华、唐一鸣、陈国强。

引　言

欧洲标准化委员会防护服技术委员会 CEN/TC 162 于 1994 年制定了 EN 420《手套通用技术条件》,并于 2003 年进行了修订。已在英国、法国、德国等 17 个欧洲国家贯彻执行。为了适应标准化工作的需要,进一步与国际先进标准相协调,促进贸易与交流,修改采用 EN 420 是必要的。

劳动防护手套通用技术条件

1 范围

本标准规定了劳动防护手套(以下简称“手套”)的技术要求、试验方法、标志标识和使用说明。

本标准不适用于带电作业用绝缘防护手套和医用防护手套。

2 规范性引用文件

下列文件中的条款通过本标准的引用而成为本标准的条款。凡是注日期的引用文件,其随后所有的修改单(不包括勘误的内容)或修订版均不适用于本标准,然而,鼓励根据本标准达成协议的各方研究是否可使用这些文件的最新版本。凡是不注日期的引用文件,其最新版本适用于本标准。

ISO 4044:1977 皮革 化学试验样品的制备

ISO 4045:1977 皮革 pH 值的测定

3 术语和定义

下列术语和定义适用于本标准。

3.1

手 hand

人体的一部分,从中指指尖到手腕部。

3.2

手套 glove

用来保护手或手的一部分使其免受伤害的个体防护装备。可以扩展到覆盖前臂的部分。

3.3

手套掌部 glove palm

手套覆盖手掌的部分。

3.4

手套背部 glove back

手套覆盖手背的部分。

3.5

灵活性 dexterity

手工作时的灵活程度。

3.6

危害 harzard

会对人体健康产生伤害的各种情形。

3.7

性能等级 level of performance

按相应试验结果确定的类别和等级。性能越好,级别越高。

因为性能等级是建立在试验测试的结果之上,所以它们并不必然和实际工作场所的情况相关。

4 技术要求

4.1 手套的结构

手套的设计与制造应充分考虑使用要求，使使用者在进行相关的作业活动中得到最大限度的保护和操作灵活性。

如有必要，手套应有最小穿戴和脱卸时间。

当手套的结构采用线缝时，缝线的强度不应明显降低手套的总体性能。

4.2 手套的无害性

4.2.1 一般要求

手套与使用者紧密接触部分，如手套的内衬、线、贴边等均不应有损使用者的安全和健康。

生产商对手套中已知的会产生过敏的物质，应在手套使用说明中加以注明。

4.2.2 pH 值

所有手套的 pH 值应尽可能地接近中性。

皮革手套的 pH 值应大于 3.5 小于 9.5。

4.3 舒适性和有效性

4.3.1 尺寸

4.3.1.1 手部的尺寸(见图 1)

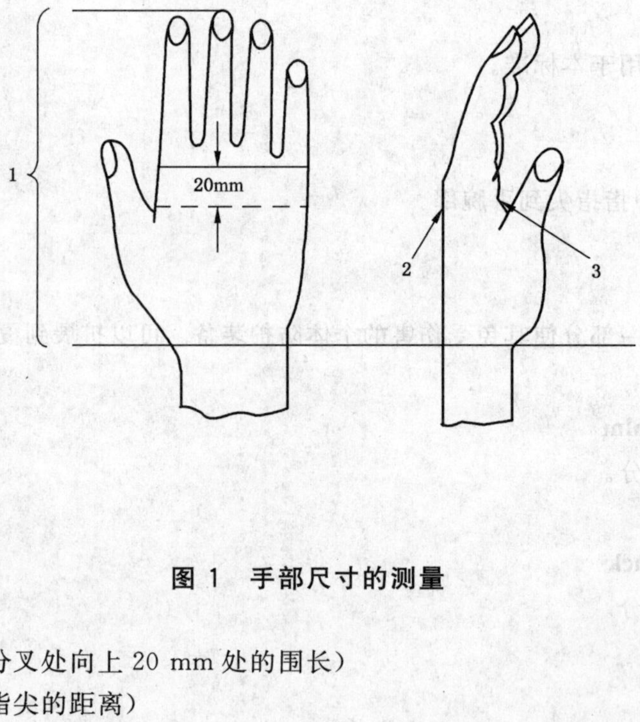

1——手长；
2——背部；
3——掌部。

图 1 手部尺寸的测量

测量两个部位：

掌围(拇指和食指的分叉处向上 20 mm 处的围长)

手长(从腕部到中指指尖的距离)

表 1 中定义了 6 个号码的手部尺寸。

4.3.1.2 手套的规格尺寸

手套的规格尺寸是根据相对应的手部尺寸而确定的。

表 2 中定义了 6 个规格的手套尺寸。

4.3.1.3 特殊尺寸要求的手套

为特殊用途而设计的手套尺寸可以不符合表 2 的要求。

生产商应通过对使用要求的详细描述，说明该手套不符合表 2 的原因。

表 1 手部尺寸

手部尺寸号码	掌围/mm	手长/mm
6	190	160
7	196	170
8	201	180
9	205	190
10	210	200
11	213	210

表 2 手套规格尺寸

手套尺寸号码	适用范围	手套的最短长度/mm
6	手部尺寸号码 6	220
7	手部尺寸号码 7	230
8	手部尺寸号码 8	240
9	手部尺寸号码 9	250
10	手部尺寸号码 10	260
11	手部尺寸号码 11	270

4.3.2 灵活性

在实现目的的前提下，手套应尽可能使使用者操作灵活。灵活性应根据 5.3 规定的测试方法进行测试，并按表 3 的规定进行分级。

表 3 性能等级-灵活性测试

性能等级	试验条件下完成的最小测试棒的直径/mm
1	11.0
2	9.5
3	8.0
4	6.5
5	5.0

4.3.3 透水汽性和吸水汽性

4.3.3.1 在特殊作业场所，手套应有一定的透水汽性。

如有必要，在按照 5.4 规定的方法测试时，皮革手套应有不少于 5 mg/(cm^2 · h)的透水汽性。

4.3.3.2 手套应尽可能地降低排汗影响。

如有必要，在按照 5.5 规定的方法测试时，皮革手套 8 h 内应有不少于 8 mg/cm^2 的吸水汽性。

5 试验方法

除非有特殊要求，所有的试验应在未使用过的手套上进行。

如果产品说明中有相关规定，则应分别在清洗前和清洗规定次数后按相关标准进行试验。相应的性能等级判定准则不变。

5.1 pH 值的测定

皮革手套的 pH 值的测定按 ISO 4045:1977 规定的方法进行。

5.2 手部和手套尺寸的测量

5.2.1 掌围用皮尺(精度：±1 mm)测量，测量部位在拇指和食指的分叉处向上 20 mm(见图 1)。

5.2.2 手长测量部位如图1所示。

5.2.3 手套长度的测量：由手套背面中指的顶部到手套的底部。

5.2.4 如果手套是用弹性材料制成的，或者手套上有一个弹性护腕，则测量手套长度应在无伸长的样品上进行。

5.3 灵活性测定

5.3.1 试样的数量和状况

试样为4双完整的新手套，没有经过任何软化处理（例如用棒槌拍打或在滚轮中挤压等）。

5.3.2 试验设备

5根研磨过的不锈钢测试棒。每根长40 mm，直径分别为5.0 mm、6.5 mm、8.0 mm、9.5 mm、11.0 mm。

5.3.3 试验方法

将测试棒放在一个平整表面上，一名训练过的测试者戴上手套用食指和拇指夹拾测试棒。测试者应在30 s内连续拾起测试棒3次。

5.3.4 试验结果

按照5.3.3规定的试验方法所能拾起的最小的测试棒的直径，即为试验结果。

5.4 透水汽性试验方法

5.4.1 适用范围

这个方法适用于所有的皮革手套。

5.4.2 原理

在一定的温湿度条件下，皮革试片被固定在运动的测试瓶口，测试瓶内装有固体干燥剂，测试瓶运动时，水汽通过皮革试片被固体干燥剂吸收，在规定时间内对测试瓶称量，则可确定这段时间内水汽通过皮革而被干燥剂吸收的重量。

5.4.3 仪器和材料

仪器设备由以下几部分组成：

a) 测试瓶　大致形状应如图2所示。配有带螺纹的盖子，盖子上有直径30 mm的圆孔，圆孔与瓶颈内径大小相等。瓶口平面与瓶颈内壁垂直。

b) 测试瓶支架　由电机带动，以(75±5) r/min的速度旋转。测试瓶安放在此圆形支架上，测试瓶的轴线与圆轴线平行，两轴线相距67 mm(见图2)。

c) 风扇　正对测试瓶口，由三个互为120°角的叶片组成。扇叶平面与圆轴线平行，扇叶尺寸为75 mm/90 mm。运动时，扇叶距瓶颈最近距离应不小于15 mm。风扇转速为(1 400±100) r/min。仪器设备使用的环境温度(20±2)℃，相对湿度(65±2)%。

d) 刚烘干的硅胶　应在(125±5)℃的烘箱内烘干至少16 h，然后在密闭容器中至少冷却6 h。硅胶颗粒直径应大于2 mm。

硅胶应在烘干之前先被筛滤一次，以取出细小颗粒和灰尘。烘箱不应密封。应使烘箱内外的空气进行持续流通。烘干硅胶比皮革样品温度高很多时不应使用。

e) 天平精确到0.001 g。用读数为0.1 mm的游标卡尺测量瓶颈内径。

单位为毫米

图2 透水汽性测试瓶和测试瓶支架

5.4.4 试样的制备

从准备测试的3只手套上切取边长为50 mm的方形试片。试片应平整没有裂痕。

除非有其他指定方法，否则按以下方法轻轻抛光粒面。将试片粒面朝上放在桌上。取一张号数为180的金刚砂纸放在试片上，用大约2 N的压力均匀地朝各个方向滑行10次。从抛光后的皮革试片上切取一块直径与瓶颈外径相等（约为34 mm）的圆形试样。

5.4.5 试验方法

为满足样品条件，在测试瓶中放入半瓶的刚烘干的硅胶。将试样使用面向内固定在瓶口上。把瓶子固定在机器上，开动电机。

在两个垂直方向用游标卡尺测量第二个瓶子的瓶颈的内径，标出直径平均值d，精确到0.1 mm。

如有必要可在试样和瓶口的接缝处涂一层蜂蜡。

当机器转动16 h后，停机，取下第一只测试瓶。将另一半刚干燥的硅胶（59.0 g±0.5 g）装入第二只测试瓶。同时把试样从第一个瓶子取下，装到第二个瓶上，粒面朝里，夹紧（见图2）。

尽可能不拖延时间，迅速将第二个带有硅胶、试样的瓶子称量并记录称量时间。把瓶子放入机器上的固定位置，开动电机。

在电机运行不小于7 h，不大于16 h的时候，关闭电机，取出瓶子并称重。记录称重时间。

注1：对于大多数的轻质皮革来说，没有必要在试样和瓶口的接缝处用蜂蜡密封。因为当盖子拧紧时，试样被很好地夹紧。但是厚度超过3 mm的皮革通常过于僵硬，应用蜂蜡进行密封。另外，如果轻质皮革的透水汽性很低或有凸出的粒面，则应进行密封。因为无法确定只靠夹具就能完全防止试样边缘的泄漏。由于这个原因，如果一个没有密封的被测试样得到的P值小于5 mg/(cm^2·h)，则应用蜂蜡密封边缘后重新测试，如此获得的结果作为试样的实测结果。甚至对于特别僵硬或者不渗透的皮革来说，用蜂蜡密封试样和第一个瓶口的接缝处也是不必要的。因为，对于瓶子的预备步骤只是为了是使试样能在水汽的流动下保持稳定平衡的状态。

注2：如果需要用蜂蜡密封第二个瓶子的瓶口，瓶子应在放入硅胶及夹紧皮革前在烘箱里加热至50℃。

5.4.6 结果计算

透水汽性以增重与时间间隔的比值P计，数值以毫克每平方厘米小时mg/(cm^2·h)表示，按式(1)计算：

$$P = \frac{7\,639\,m}{d^2 \cdot t} \qquad \cdots\cdots (1)$$

式中：

t——两次称量之间的时间间隔，单位为分(min)；

m——两次称量的增量，单位为毫克(mg)；

d——瓶子的内径，单位为毫米(mm)。

计算结果表示到小数点后一位。

手套的透水汽性应为从三个试样上测得的三个结果的平均值。

5.5 吸水汽性试验方法

5.5.1 试样

从三只手套上分别切取一块直径85 mm的圆形试样。试样应平整，没有缝合线或材质缺陷。

试样应在温度(20±2)℃，相对湿度(65±5)%的环境下放置24 h。

5.5.2 仪器设备

试验设备为一个由顶盖和底座组成的吸水汽性测试盘，开口直径为56 mm，深(30±1) mm（见图3）。

顶盖和底座之间应放置橡皮或金属密封垫帮助夹紧试样。

单位为毫米

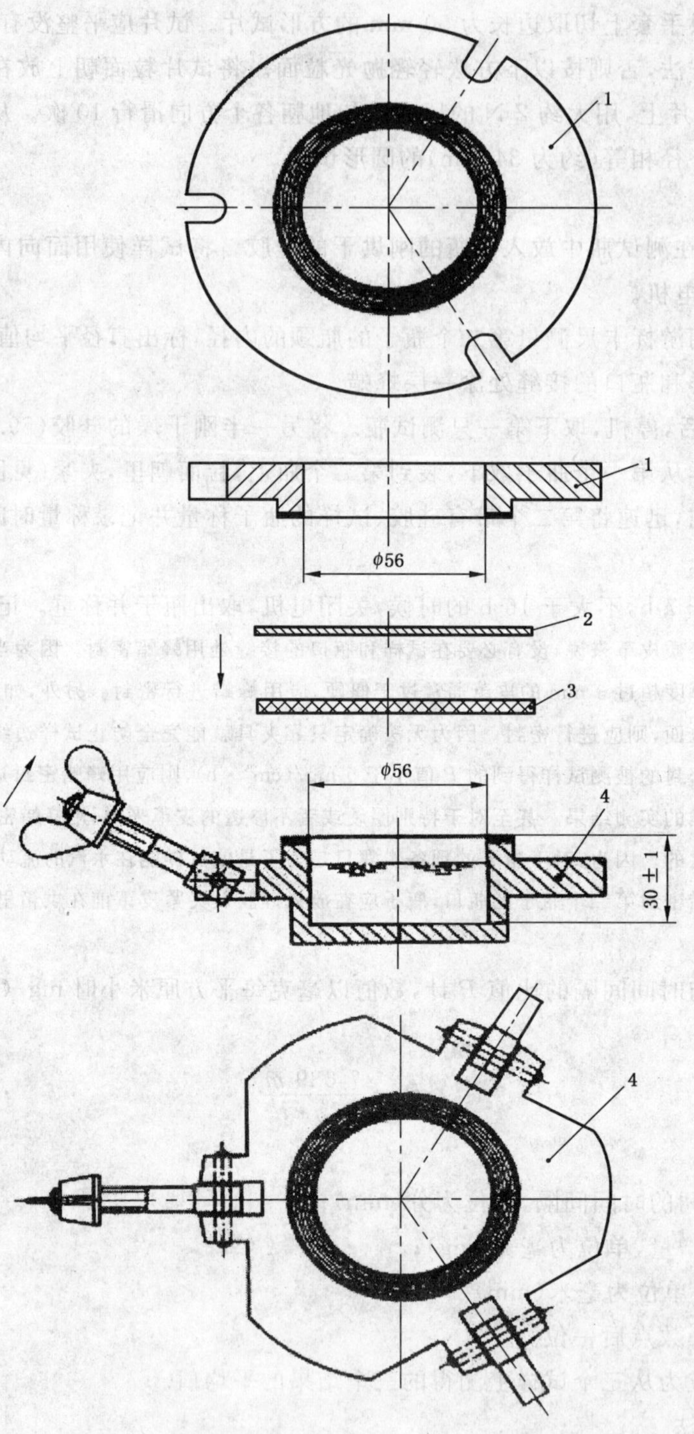

1——顶盖；

2——密封垫；

3——样品；

4——底座。

图3 吸水汽性试验装置

5.5.3 试验方法

5.5.3.1 试验环境温度为(20±2)℃，相对湿度为(65±5)%。

5.5.3.2 先对预处理后的试样称重，再把试样放在试验设备的底座上，下盖内已装有50 cm^3 的水。注意手套内面应朝下放置。垫好密封圈后盖上顶盖,轻轻拧紧固定螺栓。

5.5.3.3　8 h后,移开顶盖,迅速取出试样进行称量。

5.5.3.4　试验结果

吸水汽性以所增质量与试验表面积的比值计,数值以毫克每平方厘米(mg/cm^2)表示,计算结果表示到小数点后一位。

6　标志和使用说明

6.1　一般要求

标志标识应标注在可见、易读且在使用过程中不易脱落的地方,可能产生矛盾的其他记号不应再出现在手套上。

每只手套上的标志与外包装上的标志应一致。

6.2　标志

6.2.1　每只手套都应标注以下标志:

a)　手套商标,生产商或经销商的说明;

b)　手套名称(商业名称或代码,以便使用者知道生产商和适用范围);

c)　大小型号;

d)　如有必要,按6.2.3标上有效期。

6.2.2　手套的外包装应标注以下标志:

a)　生产商或经销商的全名及地址;

b)　6.2.1中b)、c)、d)项的信息;

c)　详细阅读使用说明的提示;

d)　当手套只能防护附录A(规范性附录)中所列出的危害时,应在外包装上印上“最低危害防护”。

e)　当手套根据相关标准测试,能达到1级或更高性能等级时,应予以标识,并标明性能等级。标识方法见附录B(资料性附录)。

f)　当手套的防护作用仅限于手的一部分时,应予以说明。

6.2.3　有效期

如果手套的防护性能明显受时间影响,即手套产出一年内虽未使用,但一项或多项性能等级已有退化,则手套和包装上应标有有效期。

6.3　使用说明

手套进入市场应至少提供以下信息。

6.3.1　生产商或经销商的全名及地址。

6.3.2　6.2.1b)所要求的信息。

6.3.3　4.3.1.3所要求的尺寸适用范围及适用场所信息。

6.3.4　附录B中标识的危害种类应有相应的性能等级。使用说明中手套的性能等级所依据的相关试验标准,应予以说明,以帮助使用者理解。

6.3.5　当手套的防护作用仅限于手的一部分时,应予以说明。

6.3.6　将手套中所含的已知的会导致过敏的物质,用清单列出。

6.3.7　使用说明书。

6.3.8　相关部件和备件。

6.3.9　运输、包装、贮藏要求。

附 录 A
（规范性附录）
关于“最低危害防护”的界定

保护使用者避免下列危害：

——仅影响皮肤表面的机械工作（园艺防护手套等）；

——轻腐蚀性并易消除影响的（清洁剂防护手套等）；

——操作灼热工件时，操作者暴露在不超过 50℃的高温危害环境及危险冲击环境下；

——既非异常又非极端的自然大气条件（季节性服装）；

——不会产生致命影响也不会产生无法消除影响的小型冲击和振动。

附 录 B
（资料性附录）
性能等级标识方法

图案	危害或应用种类	图案	危害或应用种类
	机械危害		寒冷危害
	切割		热和火焰
	电离辐射		放射性物质
	手持链锯		化学危害
	消防员的热和火危害		化学危害
	信息		微生物危害

ICS 29.160.30
K 62

中华人民共和国国家标准

GB/T 12668.4—2006/IEC 61800-4:2002

调速电气传动系统 第4部分:一般要求 交流电压1 000 V以上但不超过35 kV的交流调速电气传动系统额定值的规定

Adjustable speed electrical power drive systems—Part 4:General requirements—Rating specifications for a.c. power drive systems above 1 000 V a.c. and not exceeding 35 kV

(IEC 61800-4:2002,IDT)

2006-03-14 发布　　2006-09-01 实施

中华人民共和国国家质量监督检验检疫总局
中国国家标准化管理委员会　发布

前　言

本部分是 GB/T 12668《调速电气传动系统》的第 4 部分。目前 GB/T 12668《调速电气传动系统》总标题下包括如下几个部分：

——GB/T 12668.1—2002　调速电气传动系统　第 1 部分：一般要求　低压直流调速电气传动系统额定值的规定（IEC 61800-1：1997，IDT）；

——GB/T 12668.2—2002　调速电气传动系统　第 2 部分：一般要求　低压交流变频电气传动系统额定值的规定（IEC 61800-2：1998，IDT）；

——GB 12668.3—2003　调速电气传动系统　第 3 部分：产品的电磁兼容性标准及其特定的试验方法（IEC 61800-3：1996，IDT）；

——GB/T 12668.4　调速电气传动系统　第 4 部分：一般要求　交流电压 1 000 V 以上但不超过 35 kV 的交流调速电气传动系统额定值的规定；

——GB 12668.5　调速电气传动系统　第 5 部分：与电气、热量及其他功能相关的安全要求；

——GB/T 12668.6　调速电气传动系统　第 6 部分：带负荷运行和对应额定电流形式测量导则。

本部分等同采用 IEC 61800-4：2002《调速电气传动系统　第 4 部分：一般要求　交流电压 1 000 V 以上但不超过 35 kV 的交流调速电气传动系统额定值的规定》（英文版）。

本部分的附录 A、附录 B、附录 C 是资料性附录。

本部分由中国电器工业协会提出。

本部分由全国电力电子学标准化技术委员会调速电气传动系统半导体电力变流器标准化分技术委员会归口。

本部分起草单位：天津电气传动设计研究所、北京利德华福技术有限公司、西门子电气传动有限公司、北京 ABB 电气传动系统有限公司、山东风光电子有限公司、成都佳灵电气制造有限公司、北京合康亿盛科技有限公司。

本部分主要起草人：刘国林、伍丰林、赵相宾、倚鹏、师新利、董桂敏、温湘宁、何洪臣。

调速电气传动系统
第4部分:一般要求
交流电压1 000 V以上但不超过35 kV的
交流调速电气传动系统额定值的规定

1 范围

本部分适用于包括电力变流设备、控制设备和电动机的交流调速电气传动系统。但不包括铁路牵引传动和电动车辆传动。

本部分适用于变流器电压(线电压)范围为交流1 kV～35 kV、输入侧频率为50 Hz或60 Hz、负载侧频率至600 Hz的电气传动系统(见图1)。对电压15 kV以上的系统的要求未包括在内,由制造商和系统供应商商定。

对于电压1 kV以上、采用与低压变流器(低于1 kV)连接的降压输入变压器和/或升压输出变压器的电气传动系统,GB/T 12668.2—2002适用。

GB 12668.3—2003给出了电磁兼容性(EMC)方面的要求。

IEC 61800-5给出了对电压1 kV以上的电气传动系统的特定安全要求。

本部分给出了变流器的特性、变流器的拓扑结构及其与整个交流电气传动系统的关系。同时还说明了关于额定值、正常使用条件、过载情况、浪涌承受能力、稳定性、保护、交流电源接地、拓扑结构和试验等性能的要求。此外,本部分还给出了诸如控制方案、扭振分析的应用指南,并给出有关接地和电气传动系统部件集成的推荐方法。

2 规范性引用文件

下列文件中的条款通过GB/T 12668的本部分的引用而成为本部分的条款。凡是注日期的引用文件,其随后所有的修改单(不包括勘误的内容)或修订版均不适用于本部分,然而,鼓励根据本部分达成协议的各方研究是否可使用这些文件的最新版本。凡是不注日期的引用文件,其最新版本适用于本部分。

GB 755 旋转电机 定额和性能(GB 755—2000,idt IEC 60034-1:1996)

GB 1094.2—1996 电力变压器 第2部分 温升(eqv IEC 60076-2:1993)

GB/T 1993—1993 旋转电机冷却方法(eqv IEC 60034-6:1991)

GB/T 2900.18—1992 电工术语 低压电器(eqv IEC 60050-441:1984)

GB/T 2900.56—2002 电工术语 自动控制(IEC 60050-351:1998,IDT)

GB/T 2900.61—2002 电工术语 物理和化学(eqv IEC 60050-111:1996)

GB/T 3859.1—1993 半导体变流器 基本要求的规定(eqv IEC 60146-1-1:1991)

GB/T 3859.2—1993 半导体变流器 应用导则(eqv IEC 60146-1-2:1991)

GB/T 3859.3—1993 半导体变流器 变压器和电抗器(eqv IEC 60146-1-3:1991)

GB/T 3886.1—2001 半导体电力变流器 用于调速电气传动系统的一般要求 第1部分:关于直流电动机传动额定值的规定(idt IEC 61136-1:1992)

GB/T 4208—1993 外壳防护等级(IP代码)(eqv IEC 60529:1989)

GB/T 4942.1 旋转电机外壳防护分级(IP代码)(GB/T 4942.1—2001,idt IEC 60034-5:1991)

GB 6450—1986 干式电力变压器(eqv IEC 60726:1982)

GB 10068—2000 轴中心高为 56 mm 及以上电机的机械振动 振动的测量、评定及限值(idt IEC 60034-14:1996)

GB/T 12668.2—2002 调速电气传动系统 第 2 部分:一般要求 低压交流变频电气传动系统额定值的规定(idt IEC 61800-2:1998)

GB 12668.3—2003 调速电气传动系统 第 3 部分:产品的电磁兼容性标准及其特定的试验方法(idt IEC 61800-3:1996)

GB/T 13499—2002 电力变压器应用导则(idt IEC 60076-8:1997)

GB/T 17626.7—1998 电磁兼容 试验和测量技术 供电系统及其所连设备谐波、谐间波的测量和仪器导则(idt IEC 61000-4-7:1991)

GB/T 17950—2000 半导体变流器 第 6 部分:使用熔断器保护半导体变流器防止过电流的应用导则(idt IEC 60146-6:1992)

GB/T 18039.4—2003 电磁兼容 环境 工厂低频传导骚扰的兼容水平(IEC 61000-2-4:1994, IDT)

GB/T 18494.1—2001 变流变压器 第 1 部分:工业用变流变压器(idt IEC 61378-1:1997)

IEC 60034-2:1972 旋转电机 第 2 部分 确定旋转电机损耗和效率的试验方法(不包括牵引车辆用电机)

修正案 1(1995)

修正案 2(1996)

IEC 60034-2A:1974 旋转电机 第 2 部分 旋转电机损耗和效率的试验方法(不包括牵引车辆用电机)补充:用量热法测定电机损耗

IEC 60034-7 旋转电机 第 7 部分 旋转电机结构和安装型式的分类(IM 代码)

IEC 60034-9:1997 旋转电机 第 9 部分 噪声限值

IEC 60034-17:1998 旋转电机 第 17 部分 变频供电的笼型异步电动机应用导则

IEC 60034-18-31:1992 旋转电机 第 18 部分 旋转电机绝缘结构功能性评定 第 31 节 成型绕组试验规程 50 MVA,15 kV 及以下电机绝缘结构热评定及分级

修正案 1(1996)

IEC 60038:1983 IEC 标准电压

修正案 1(1994)

修正案 2(1997)

IEC 60050-(151):2001 国际电工词汇(IEV) 第 151 部分 电和磁的器件

IEC 60050-(441):1984 修正案 1(2000) 国际电工词汇 第 441 章 开关设备、控制设备和熔断器

IEC 60050-(551):1998 国际电工词汇(IEV) 第 551 部分 电力电子学

IEC 60050-(601):1985 国际电工词汇(IEV) 第 601 章 发电、输电和配电总则

修正案 1(1998)

IEC 60076-1:2000 电力变压器 第 1 部分 总则

IEC 60076-3:2000 电力变压器 第 3 部分 空气中绝缘水平、介电试验和外部清洁性

IEC 60076-5:2000 电力变压器 第 5 部分 承受短路的能力

IEC 60146-1-1:1991 修正案 1(1996) 半导体变流器 一般要求和电网换相变流器 第 1-1 部分基本要求的规范

IEC 60146-2:1999 半导体变流器 第 2 部分 包括直接直流变流器的自换相半导体变流器

IEC 60204-11:2000 工业机械的安全性 工业机械的电气设备 第 11 部分:对电压在 1000 V 交流或 1500 V 直流以上但不超过 36 kV 的高压电气设备的要求

IEC 60417(所有各部分)　设备用图形符号

IEC 60529:1989　修正案 1(1999)　外壳防护等级(IP 代码)

IEC 60664-1:2000　低压系统内电气设备的绝缘配合　第 1 部分:原则、要求和试验

IEC 60721-3-1:1997　环境条件分类　第 3 部分　环境参数组及其严酷程度的分类分级　存放

IEC 60721-3-2:1997　环境条件分类　第 3 部分　环境参数组及其严酷程度的分类分级　运输

IEC 60721-3-3:1994　环境条件分类　第 3 部分　环境参数组及其严酷程度的分类分级　在有气候防护场所固定使用

修正案 1(1995)

修正案 2(1996)

IEC 60726:1982　修正案 1(1986)　干式电力变压器

ISO 1680:1999　声学　旋转电机发射的大气噪声测量的试验规程

3　定义

下列定义以及 GB/T 2900.61、IEC 60050(151)、GB/T 2900.56、IEC 60050(441)、IEC 60050(551)、IEC 60050(601)、GB/T 3859.1、GB/T 3859.2 和 GB/T 3859.3 中给出的定义都适用于本部分。

3.1

系统　system

3.1.1

电压 1 kV 以上的交流电气传动系统(PDS)(见图 1)　a.c. power drive system (PDS) with voltage above 1 kV

系统组成部分:

——电力设备(可能的谐波滤波器、输入变压器、变流器部分、可能的输出变压器、交流电动机);

——控制、保护和辅助设备。

3.1.2

耦合点　point of coupling

PCC,IPC,PC:在 GB/T 18039.4 中给出这些定义如下:

——PCC 是公共电网上的公共耦合点;

——IPC 是专用电网上的厂内耦合点;

——PC 是上述两种情况中任何一种的耦合点。

3.1.3

谐波滤波器　harmonic filter

用来减少谐波电流流入相关电力系统中的电路。

3.1.4

再生(制动)　regeneration

将系统的机械能转换成电能、再送回到输入电源的过程。

注:在再生(制动)过程中,电动机作为发电机工作,且额定值可能有所不同。

3.1.5

PDS 系统效率　PDS efficiency

η_D

传动系统的效率 η_D 为电动机轴所送出的功率与从输入电源馈电线吸取的总功率之比(见图 1 和图 25),通常用百分比表示。

注:在从输入电源吸取的功率中,包括辅助电源和任何所需的励磁功率。

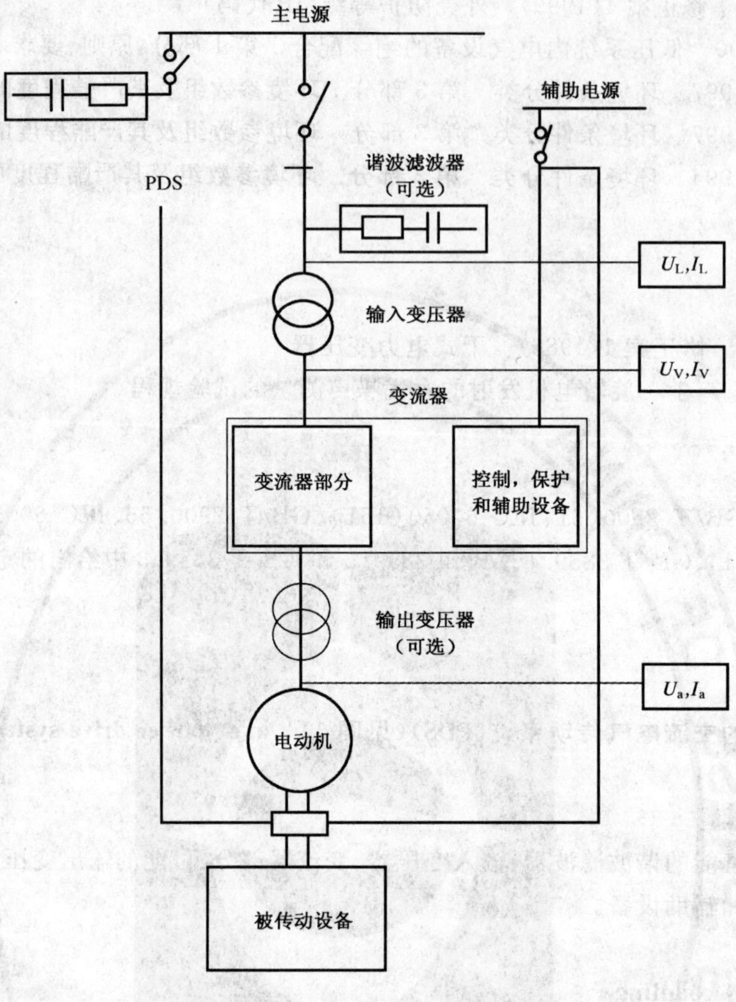

注1：图1示出主要功能部件。图中还示出可供许多电气传动系统选用的设备，其目的是提供各种可能的交流电气传动系统配置。变流器部分没有图示或者包含采用特定类型开关器件的特定拓扑结构，这是因为当前所使用的组合方式是各种各样的。变流器部分可以包括输入和/或输出谐波滤波器（单独列出的谐波滤波器除外）。见第4条和附录A。

注2：U_a 表示变流器的输出电压，U_A 表示电动机的端子电压，如果没有输出变压器且电缆长度适中，则 $U_a=U_A$。

注3：如果可靠性足够高，辅助电源也可以在内部从PDS系统引出。

图1 电压1 kV以上的交流调速电气传动系统（PDS）的功能框图

3.1.6

电力变流效率 power conversion efficiency

η_C

电力变流效率 η_C 为变流器所送出的功率与从输入电源馈电线（包括变流器辅助设备）吸取的总功率之比（见图1和图25），通常用百分比表示。

3.1.7

基波频率 fundamental frequency

根据时间函数的傅立叶变换所获得的频谱中的一个频率，频谱中的所有频率均以此为参考。对于本部分，根据所考虑的情况，基波频率与为变流器供电的电源频率相同，或者与变流器所供电的电源频率相同。

[已修改的IEV 101-14-50]

注1：在周期函数的情况下，基波频率通常与该函数本身的频率相等(见 IEV 551-20-03 和 IEV 551-20-01)。上述定义分别对应于 IEV 551-20-04 和 IEV 551-20-02 规定的“基准基波频率”的纯粹定义，因此，在不引起概念模糊的情况下可以省略术语“基准”。这个定义已为 IEC 61000-2-2 和 GB/T 18039.4 的修改版所采用。

注2：如果仍然有任何概念模糊的情况，则电源频率应当与给系统供电的同步发电机的极性和旋转速度相关。

注3：该定义可以适用于任何工业电网，不用考虑电网的负载(单个负载或组合负载，旋转电机或其他负载)，以及它是否由一台静止变流器组。

3.1.8

基波分量(或基波)　fundamental component(or fundamental)

其频率为基波频率的分量。

3.1.9

谐波频率(h 次)　harmonic frequency(order h)

一个为基波频率整数倍的频率。称谐波频率与基波频率之比为谐波次数(建议用“h”表示)(见 IEV 551-20-05、IEV 551-20-07 和 IEV 551-20-09)。

3.1.10

谐波分量　harmonic component

具有谐波频率的任何分量。通常将谐波分量的值表示为均方根值。

注：为简便起见，可以将这样一个分量简单地称为谐波。

3.1.11

谐间波频率　interharmonic frequency

不是基波频率整数倍的任何频率(见 IEV 551-20-05、IEV 551-20-07 和 IEV 551-20-09)。

注1：通过扩展谐波次数，谐间波次数为谐间波频率与基波频率之比，这个比值不是整数(建议用“m”表示)。

注2：在“$m<1$”的情况下，也可以使用“分谐波频率”这一术语(见 IEV 551-20-10)。

3.1.12

谐间波分量　interharmonic component

一个具有谐间波频率的分量。通常将谐间波分量的值表示为均方根值。

注1：为简便起见，可以将这样一个分量简单地称为谐间波。

注2：对于 IEC 61800 标准来说，正如 GB/T 17626.7 中所述，时间窗口所具有的宽度为 10 个基波周期(50 Hz 系统)或 12 个基波周期(60 Hz 系统)，也就是说大约为 200 ms。因此，两个相邻谐间波分量之间的频率差大约为 5 Hz。在其他基波频率情况下，时间窗口应当在 6 个基波周期(大约为 1 000 ms、6 Hz)与 18 个基波周期(大约为 100 ms、180 Hz)之间选择。

3.1.13

谐波含量　harmonic content

HC

一个周期量中的谐波分量之和。

[IEV 551-20-12]

注1：谐波含量是一个时间函数。

注2：为便于实际分析，可能需要进行一次周期数的近似计算。

注3：谐波含量取决于基波分量的选择。如果不能从上下文中清楚地知道所使用的基波分量，则应当加以说明。

注4：实际上，这个和数被限制在 H 次以内。

注5：谐波含量的均方根值为：

$$HC=\sqrt{\sum_{h=2}^{h=H}Q_h^2}$$

式中：

h——谐波次数(按照 3.1.9)；

Q_h——h 次谐波分量的均方根值；

H——对于本部分来说为 40。

3.1.14

总谐波畸变 total harmonic distortion

THD

一个交变量的谐波含量均方根值与其基波分量或基准基波分量均方根值之比。

[IEV 551-20-13]

$$THD = \frac{HC}{Q_1} = \sqrt{\sum_{h=2}^{h=H}\left(\frac{Q_h}{Q_1}\right)^2}$$

式中：

Q——表示电流或电压；

Q_1——基波分量的均方根值；

h——谐波次数(按照3.1.9)；

Q_h——h次谐波分量的均方根值；

H——对于本部分来说为40。

3.1.15

总畸变含量 total distortion content

DC

从一个交变量中减去其基波分量或其基准基波分量后所得到的量。

[IEV 551-20-11]

注1：总畸变含量包括谐波分量和谐间波分量(若有)。

注2：总畸变含量取决于基波分量的选择。如果不能从上下文中清楚地知道减去哪一个基波分量，则应当加以说明。

注3：总畸变含量是一个时间函数。

注4：交变量是一个具有零直流分量的周期量。

注5：总畸变含量的均方根值为：

$$DC = \sqrt{Q^2 - Q_1^2}$$

式中，除了3.1.14中的符号表示之外：

Q——该变量的总均方根值；

参见IEV 101-14-54。

3.1.16

总畸变率 total distortion ratio

TDR

一个交变量的总畸变含量均方根值与基波分量或基准基波分量均方根值之比。

[IEV 551-20-14]

$$TDR = \frac{DC}{Q_1} = \frac{\sqrt{Q^2 - Q_1^2}}{Q_1}$$

注1：总畸变率取决于基波分量的选择。如果不能从上下文中清楚地知道所使用的基波分量，则应当加以说明。

注2：可以使总畸变率逼近某一谐波次数。这个谐波次数需要指定。

注3：在因谐间波幅值低而将谐间波忽略不计的场合，可以把 *THD* 看作是 *TDR* 的近似值。

注4：在配电电网上，电压波形的畸变通常低于电流波形的畸变。因此，对与电压有关的总谐波畸变 *THD* 和总畸变率 *TDR* 这两个比值的估计会得出相同的结果。而应用于电流时则可能会有显著的差别。

3.1.17

总畸变因数 total distortion factor

TDF

一个交变量的总畸变含量均方根值与该交变量的总均方根值之比。

[IEV 551-20-16 和 IEV 101-14-55]

$$TDF=\frac{DC}{Q}=\frac{\sqrt{Q^2-Q_1^2}}{Q}$$

注 1：总畸变率取决于基波分量的选择。如果不能从上下文中清楚地知道所使用的基波分量，则应当加以说明。

注 2：TDF 与 TDR 之比等于基波分量均方根值与总均方根值之比。这就是基波因数[IEV 551-20-17 和 IEV 161-02-22]：

$$FF=\frac{Q_1}{Q}=\frac{TDF}{TDR}\leqslant 1$$

3.1.18

单个谐波畸变　individual harmonic distortion

IDR

任何一个分量与基波分量之比。

3.1.19

特征电流谐波　characteristic current harmonics

变流器设备在正常运行过程中产生的电流谐波的次数。

注 1：例如，在一个 6 脉冲变流器中，特征电流谐波为非 3 倍数的奇次谐波，$h=6k\pm1$（k 为任一整数）。

注 2：除了电源系统的频率谐波外，可能还有由于与变流器负载的相互作用而产生的其他谐波。称这些谐波为谐间波。

3.1.20

额定电压　rated voltage

额定条件下的线电压有效值。

输入变压器一次侧：　U_{LN}

变流器输入：　U_{VN}

变流器输出：　U_{aN}

电动机电压：　U_{AN}

3.1.21

额定基波电压　rated fundamental voltage

额定条件下的基波电压有效值。

输入变压器一次侧：　U_{LN1}

变流器输入：　U_{VN1}

变流器输出：　U_{aN1}

电动机基波电压：　U_{AN1}

3.1.22

额定交流电流　rated a.c. current

额定条件下的交流电流有效值。

输入变压器一次侧：　I_{LN}

变流器输入：　I_{VN}

变流器输出：　I_{aN}

电动机额定电流：　I_{AN}

3.1.23

额定基波电流　rated fundamental current

额定条件下的电流基波分量有效值。

输入变压器一次侧：　I_{LN1}

变流器输入：　I_{VN1}

变流器输出：　I_{aN1}

电动机额定基波电流：　I_{AN1}

3.1.24

过载能力　overload capability

在规定的时间内能够供给的、但不超过规定运行条件下所设定限值的最大电流。

输入变压器一次侧：　I_{LM}

变流器输入：　I_{VM}

变流器输出：　I_{aM}

电动机过载电流：　I_{AM}

3.2

PDS 系统输入参数　PDS input parameters

3.2.1

网侧输入功率　line-side input power

$\boldsymbol{P}_L$

电网输入处的总有功功率。

3.2.2

网侧输入表观功率　line-side input apparent power

$\boldsymbol{S}_L$

电网输入处的总表观功率。

3.2.3

总输入功率因数　input total power factor

$\boldsymbol{\lambda}_L$

在 PDS 系统与电源的连接处测定的总输入功率与表观功率之比。

例如：在电压为正弦电压的三相系统中

$$\lambda_L = \frac{U_L \times I_{L1} \times \sqrt{3} \times \cos\varphi_{L1}}{U_L \times I_L \times \sqrt{3}} = \frac{I_{L1}}{I_L} \times \cos\varphi_{L1}$$

注 1：功率因数包括位移 $\cos\varphi_1$ 和谐波效应，谐波效应由畸变因数 $\nu=\lambda/\cos\varphi$ 定义。

注 2：该定义适用于变流器输入（下标 V）或 CDM 输入电网侧（下标 L）。

3.2.4

电压不平衡　voltage unbalance(imbalance)

在多相系统中所出现的一种状态，即各线电压的基波分量有效值或者相邻相之间的相位角不完全相等。

注 1：通常，将这种不相等的程度表示为负序和零序分量与正序分量之比[IEV 161-08-09，已修改]。

U_{12}、U_{23} 和 U_{31} 是三个线电压，用 $\delta_{ij}=(U_{ij}-U_{average})/(3\times U_{average})$ 表示这三个线电压中每一个的偏差，用 τ 表示电压不平衡度作为负序电压幅值与正序电压幅值之比，

$$\tau = \sqrt{6 \times \sum_{1}^{3} \delta_{ij}^2}$$

注 2：注 1 中的上述公式提供了一个极好的近似式（就一个幅值为 ±20%、从对应的理想电网到中性点平衡系统的相位移为 ±15°的公差带而言，其误差小于 5%——正序或负序）。简单得多的近似式为：

$$\tau = (2/3) \times [(U_{max} - U_{min})/U_{average}]$$

提供可接受的 τ 结果在 7% 以下（绝对误差小于 1%）。另一个简单的近似式得出具有类似误差的结果：

$$\tau = \mathrm{MAX}[(U_{ij} - U_{average})/U_{average}]$$

3.2.5

电源瞬态过电压　supply transient overvoltage

在 PDS 系统处于断开状态时，在 PDS 系统的输入电源线之间可能出现的峰值瞬态电压。

3.2.6

电源瞬态能量　supply transient energy

电源系统由于瞬变而能够在 PDS 系统端子上提供的能量。

3.3

变流器　converter

3.3.1

变流器部分(电压 1 kV 以上)　converter section(voltage above 1 kV)

在 1 kV 以上但不超过 35 kV 的电压运行的电力电子变流器装置,见图 1。

3.3.2

变流器输入滤波器　converter input filter

与变流器功率输入端相连接的电路,用来减小 dv/dt(变压器绝缘的电压应力)或无线电频率发射。

3.3.3

变流器直流环节电压　converter d. c. link voltage

U_d

直流环节中电压的平均值(在输入变流器侧)。

3.3.4

变流器直流环节电流　converter d. c. link current

I_d

直流环节中电流的平均值(在输入变流器侧)。

3.3.5

缓冲器(电路)　snubber(circuit)

与一个或多个电力半导体器件相连接的分电路,用来缓冲电流或电压高上升率、过电压瞬变、开关损耗等方面的应力。

3.3.6

直流环节　d. c. link

将间接变流器的输入变流器和输出变流器连接在一起的直流电力电路,由电容器和/或电抗器组成,用来减小直流电压或直流电流的纹波。

3.3.7

变流器输出滤波器　converter output filter

与变流器功率输出端相连接的电路,用来减小 dv/dt(电动机绝缘的电压应力和产生的轴电流)或谐波(损耗)。

3.3.8

变流器交流输出功率　a. c. converter output power

P_{a1}

变流器输出端子上的基波功率。

3.3.9

变流器表观输出功率　apparent converter output power

S_a

变流器输出端子上的总表观功率。

3.3.10

动态短路输出电流　dynamic short-circuit output current

通过输出端子从变流器流入到某个短路电路中的瞬态直流或交流电流。

3.3.11

运行频率范围　operating frequency range

在规定的负载条件下,控制变流器输出的基波频率范围(f_{min},f_{max})。

3.4

PDS 系统输出参数　PDS output parameters

3.4.1

负载包迹　load envelope

转矩与转速关系曲线(见图 2 实例)中 PDS 系统应在连续负载条件下运行的区域。

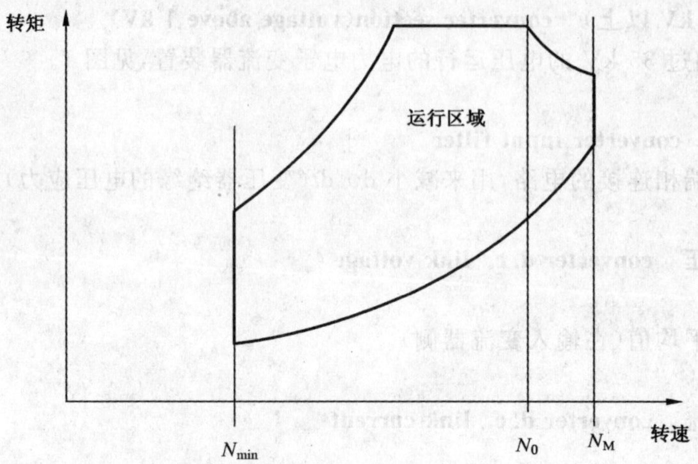

图 2　负载包迹的实例

3.4.2

最小运行转速　minimum operating speed

$\boldsymbol{N_{min}}$

被传动设备所要求的电动机最小运行转速。

3.4.3

最大运行转速　maximum operating speed

$\boldsymbol{N_M}$

被传动设备所要求的电动机最大运行转速。

3.4.4

基本转速　base speed

$\boldsymbol{N_0}$

PDS 系统能够连续提供额定转矩的最高电动机转速。

注：基本转速是恒转矩运行与弱磁运行之间的过渡点。

3.4.5

弱磁运行　field weakening operation

在基本转速(N_0)和最大转速(N_M)之间的一个转速范围内以减弱的磁通运行。

3.4.6

气隙转矩脉动　air-gap torque pulsation

在欠稳态条件下电动机气隙转矩的周期性脉动,定义为峰-峰值。

3.5

控制　control

3.5.1

控制系统　control system

提供电力变流器动作和状态信息作为各种命令和反馈结果的电子系统。

3.5.2

受控变量　controlled variable

PDS系统开环或闭环控制中的系统变量。

注：受控变量有电压、定子电流、频率、转速、转差和转矩等。

3.5.3

使用变量　service variable

通常与环境条件(如温度)相关的规定变量，需校正反馈控制系统，以维持受控变量为期望值。

3.5.4

运行变量　operating variable

除由于使用条件而引起的那些变量之外的规定变量(如调速传动的负载转矩)，需校正反馈控制系统，以维持受控变量为期望值。

3.5.5

开环控制　open-loop control

不使用受控变量测量的控制。

3.5.6

反馈控制/闭环控制　feedback control/closed-loop control

控制动作取决于受控变量测量的控制。

3.5.7

激励　stimulus

使一个系统作出响应的任何激发作用。

注：实例在7.2.2中给出。

3.5.8

扰动　disturbance

一个输入变量(不是基准变量)不期望的以及不可预测的最频繁变化。

3.5.9

时间响应　time response

一个系统中由其中一个输入变量的规定变化所产生的一个输出变量随时间的变化。

3.5.10

阶跃响应　step response

一个系统中由其中一个输入变量的一次阶跃式变化所产生的时间响应。

注：当输入变量的变化等于单位1时，称阶跃响应为单位阶跃响应。

3.6

试验　tests

3.6.1

型式试验　type test

对按照某一设计制造的一个或数个部件进行的试验，用于证明该设计满足特定的技术要求。

[已修改的IEV 151-16-16]

3.6.2

出厂试验　routine test

在制造期间或制造之后对各个部件进行的试验，用于确定其是否符合某一准则。

[已修改的IEV 151-16-17]

3.6.3

抽样试验　sampling test

在一批产品中随机抽取的一些部件上进行的试验。

[已修改的 IEV 151-16-20]

3.6.4

专门试验 special test

除型式试验和出厂试验之外，按照制造厂之意，或经过制造厂和用户或其代理人协商而进行的试验。

[GB/T 12668.2,7.1.4]

3.6.5

验收试验 acceptance test

合同上规定的、用以向用户证明该部件满足其技术规格中某些条件的试验。

[IEV 151-16-23]

3.6.6

现场调试试验 commissioning test

在现场对某台部件或设备进行的试验，为验证安装和运行的正确性。

[已修改的 IEV 151-16-24]

3.6.7

目击试验 witness test

在客户、用户或其代理人在场的情况下进行的上述任何一种试验(GB/T 12668.2,7.1.8)。

3.6.8

单个部件试验 separate component test

对构成 PDS 系统的每个主要部件(变压器、电动机等)进行的试验。

3.6.9

传动系统试验 drive system test

为确定系统的全部性能而对整套 PDS 系统进行的试验。

3.7

符号 symbols

表 1 概括列出了最常用的符号。

表 1 符 号

符 号	单 位	定 义	参 数
I_{aM}	A	3.1.24	过载电流(过载能力)
I_{aN}	A	3.1.22	额定连续输出电流
I_{aN1}	A	3.1.21	额定基波输出电流
I_d	A	3.3.4	直流环节电流
I_{LN}	A	3.1.22	PDS 系统的网侧交流额定电流
I_{LN1}	A	3.1.23	电力变流器网侧交流基波额定电流
I_{VN}	A	3.1.22	电力变流器额定输入电流
J	kgm^2		转动惯量
M_d	Nm		气隙转矩(电磁转矩)
M_s	Nm		轴转矩
N	r/min		电动机转速
N_0	r/min	3.4.4	基本转速

表 1(续)

符　号	单　位	定　义	参　数
N_M	r/min	3.4.3	最大运行转速
N_{min}	r/min	3.4.2	最小运行转速
P_{aN1}	W		变流器额定交流输出功率
P_{LN}	W	3.2.1	额定输入功率
P_S	W		输出功率(电动机轴上的)
R_{SI}		GB 12668.3 B.2.1.3.6	短路电流比 $R_{SI}=$(某一短路点时的 S_{SC})/$S_{N设备}$
S_{aN}	VA		变流器额定输出表观功率
S_{LN}	VA	3.2.2	额定输入表观功率
TDR_a	%	见 3.1.16	变流器输出总畸变率
TDR_L	%	见 3.1.16	网侧总畸变率(含谐间波)
THD_a	%	见 3.1.14	变流器输出总谐波畸变
THD_L	%	见 3.1.14	网侧总谐波畸变(不含谐间波)
U_{aN}/f_{aN}	V/Hz		电压额定值与频率额定值之比
U_{aN1}	V	3.1.21	负载侧基波交流额定电压
U_{LN}	V	3.1.20	额定系统电压
U_{VN}	V	3.1.20	变流器输入交流额定电压
U_{VN1}	V	3.1.21	变流器输入交流额定基波电压
$\cos\varphi_{L1}$		GB/T 12668.2	网侧位移因数
$\cos\varphi_{V1}$		GB/T 12668.2	变流器输入位移因数
f_{LN}	Hz		额定电网频率
η_C	%	3.1.6	电力变流效率
η_D	%	3.1.5	PDS 系统效率
η_M	%	11.1	电动机效率
η_T	%	11.1	变压器效率
η_L		3.2.3	总输入功率因数

注 1：下标“L”表示网侧(变压器一次侧)参数或变量。

注 2：下标“V”表示变流器输入侧参数或变量。

注 3：下标“d”表示直流环节参数或变量。

注 4：下标“a”表示变流器输出侧参数或变量。

注 5：下标“A”表示电动机侧参数或变量。

注 6：第二下标“N”表示额定条件。

注 7：第三下标“1”表示某一变量的基波分量(1 次)，等等。

4 电气传动系统拓扑结构概述

4.1 拓扑结构分类

可以按下述主要判据对各种电气传动系统的拓扑结构进行分类：

——变流器配置；

——换相模式；

——电动机类型。

下述情形的任何一种组合形式都可以用来构成一种电气传动系统拓扑结构。在附录A中示出了常用电气传动系统拓扑结构的实例。

变流器的分类介于采用间接变流器或直接变流器的电气传动系统之间。第二个分类判据是采用换相模式，可能是外部换相或自换相。

4.2 变流器配置

4.2.1 间接变流器

如图3所示那样，从固定频率和电压的交流输入到可变频率和电压的交流输出的电力变换采用中间直流环节来实现。

直流环节包括一个或多个滤波装置（串联电抗器、并联电容器，或两者）。

在感性直流环节的情况下，称电动机侧变流器为电流源型逆变器（CSI）。而在容性直流环节的情况下，则称其为电压源型逆变器（VSI）。

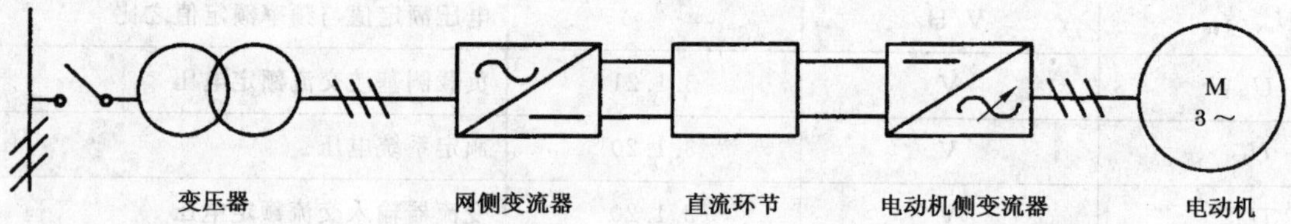

图3 采用间接变流器的电气传动系统的一般结构

4.2.2 直接变流器

如图4所示那样，从固定频率和电压的交流输入到可变频率和电压的交流输出的电力变换不用中间直流环节来实现。

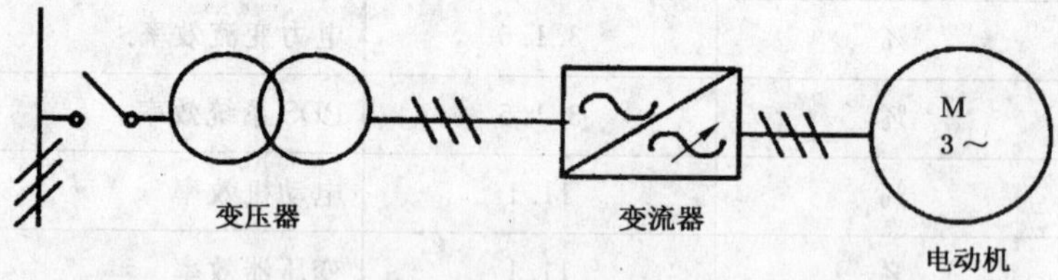

图4 采用直接变流器的电气传动系统的一般结构

在图3和图4中，变压器通常为一个网侧三相绕组以及一个或多个二次三相绕组，这取决于所连接变流器的性质。图4可以由多个6脉冲变流器模块串联和/或并联组成。有时还设有顺序控制功能，可以分别改善谐波含量和功率因数。

4.2.3 换相模式

4.2.3.1 外部换相

外部换相是指由变流器外部的一个电源所实现的换相。这种换相模式包括电网换相和负载换相。用于负载换相电动机侧变流器的间接变流器，称其为负载换相逆变器（LCI）。

4.2.3.2 自换相

自换相是指利用变流器内部的元器件实现的换相。

4.3 电动机类型

电动机的主要类型包括多相同步电动机和感应电动机。这两种类型电动机的最常用结构为三相或多个三相定子绕组系统。感应电动机还可以再细分为鼠笼型感应电动机和绕线式转子感应电动机。

图 5 示出了一种采用多个网侧和电动机侧变流器模块以及一台具有两个单独定子绕组系统的电动机的结构配置的实例。

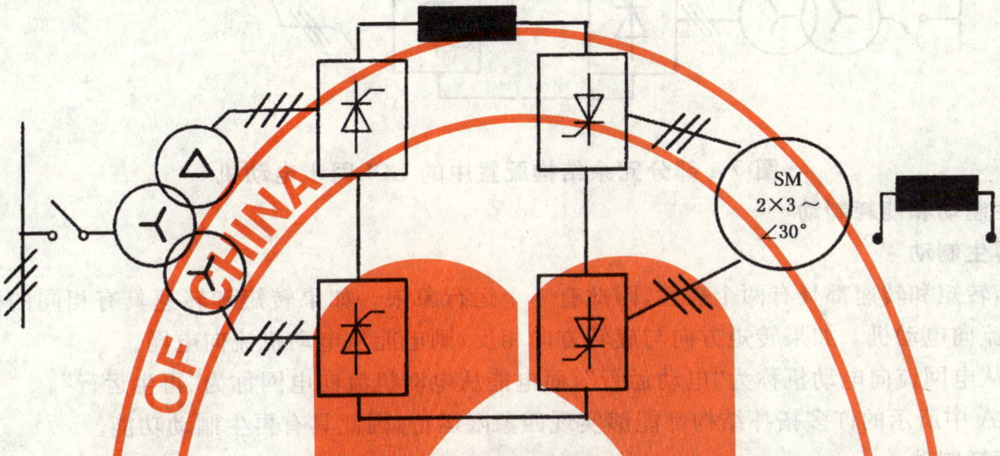

图 5 多变流器模块和单独定子绕组系统电动机的实例

4.4 旁路和冗余配置

电气传动系统可以设有旁路和/或冗余结构配置，以满足下列不同的目的：

——在系统起动过程结束时能正常地从可变频率电源切换成电网频率电源；

——在电力变流器发生故障时，能从可变频率电源紧急切换到电网频率电源，以使系统以固定转速运行；

——能够通过设有多个电力变流器通道作为在选择性上可分的子系统来获得系统的最大可用性和可靠性；

——在发生部分故障时，有时在降低功率时，其中的每个子系统均可使系统运行，因此每个传动子系统均可作为一个调频旁路通道。

注：在旁路拓扑结构情况下，应当注意考虑到不带变流器的起动条件时的电动机额定值。

图 6 示出了一种间接变流传动系统的旁路结构配置的实例：其中旁路通道可以包括用于电压等级匹配的变压器。

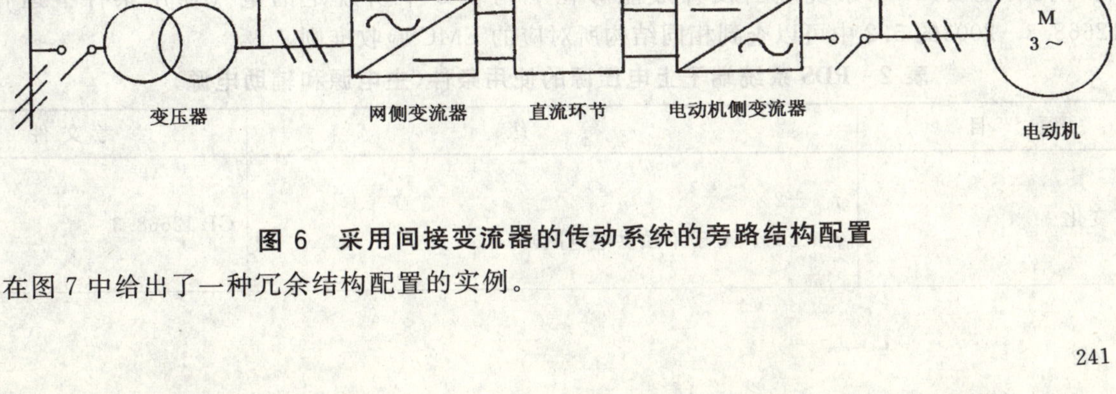

图 6 采用间接变流器的传动系统的旁路结构配置

在图 7 中给出了一种冗余结构配置的实例。

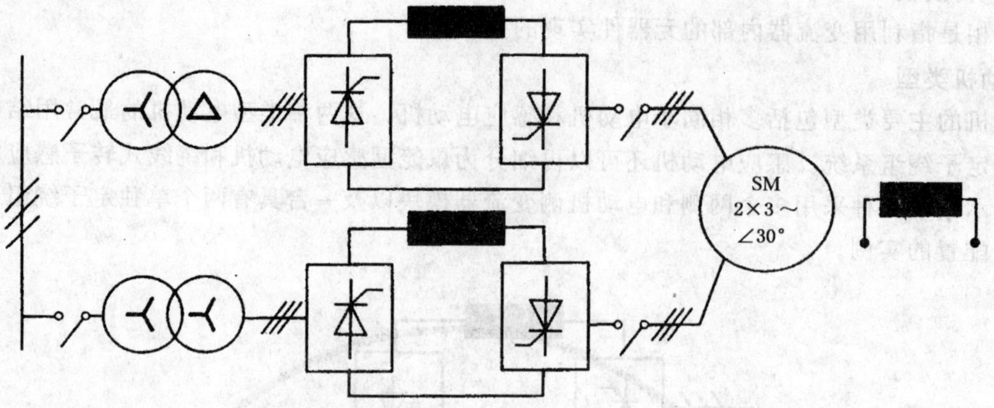

图 7 部分冗余结构配置中的 LCI 同步电动机

4.5 再生制动和能耗制动

4.5.1 再生制动

通常，转矩和转速都具有两个极性，因此有 4 个运行象限。如果转矩和转速具有相同的极性，则电能从电网流向电动机。如果转矩方向与旋转方向相反，则电能从电动机流向电网。

电能从电网流向电动机称为“电动运行”，而电能从电动机流向电网称为“再生运行”。

附录 A 中所示的许多拓扑结构都能够实现四象限运行，因此具有再生制动功能。

4.5.2 能耗制动

在能耗制动的情况下，能量耗散于电阻器中。

作为实例，图 8 示出了一种与直流环节电容器并联有一个电阻器的 VSI 逆变器传动系统。当发生电流反向时，斩波器就会控制电容器电压，使制动能量耗散于电阻器中。

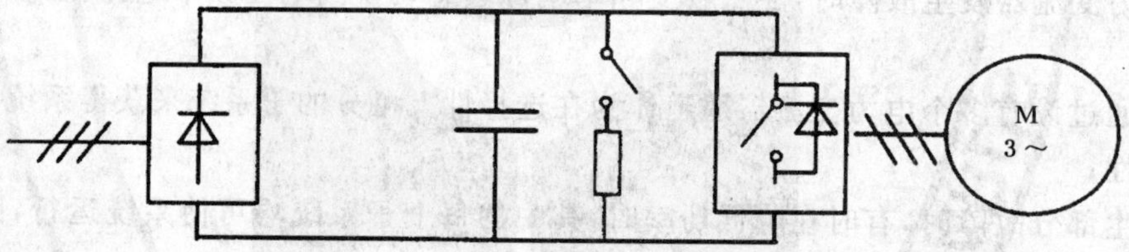

图 8 能耗制动的实例

5 使用条件

5.1 安装和运行

5.1.1 电气使用条件

5.1.1.1 正常使用条件

除非另有说明，PDS 系统应当设计成能够在下列表 2 中所规定的电气使用条件下运行。在 GB 12668.3—2003的 5.2 中可以查到相同结构所对应的 EMC 验收准则。

表 2 PDS 系统端子上电压源的使用条件(主电源和辅助电源)

项 目	等 级	参考文件
频率变化	f_{LN} ±2% f_{LN} ±4%(对于单独供电电网)	GB 12668.3

表 2(续)

项　　目	等　　级	参考文件
频率变化率	≤2% f_{LN}/s	GB 12668.3
电压变化	±10% +10%,−15%≤1 min　　(见注 1)	GB 12668.3
电压波动	最大跃变幅值: ——公差带内 12%; ——跃变间的最小时间间隔:2 s; ——上升时间:≥5 个电源周期	GB 12668.3
电压瞬时跌落	10%~50%　t≤100 ms 10%~100%　t≤5 s　　(见注 2)	GB 12668.3
电压不平衡度	主电源: 2%(零序和负序分量) 辅助电源: 3%(零序和负序分量)	GB 12668.3
电压谐波: 稳态 瞬态	 THD≤10%　稳态 THD≤15%　t≤15 s　　(见注 3)	GB 12668.3
电压谐间波: 稳态 瞬态	 IDR≤0.5%　稳态 IDR≤0.75%　t≤15 s	GB/T 18039.4 附录 A
换相缺口	深度:　40%U_{LWM} 主电源,面积:　125%×电角度 辅助电源,面积:　250%×电角度	GB 12668.3

注 1:在电压低于 100%额定电压时的额定运行,须经用户与系统供应商协商确定。

注 2:根据 GB 12668.3—2003 的表 1 中所定义的性能准则,对于主电源端口,本表中较小的电压瞬时跌落与性能准则 B 或 C 相关,最大的电压瞬时跌落与准则 C 相关。对于辅助电源端口,较小的电压瞬时跌落与性能准则 A 或 B 相关,最大的电压瞬时跌落与准则 B 相关。

注 3:这些数值表示 PDS 系统运行时的使用条件。

5.1.1.2 电源阻抗

PDS 系统的保护装置,特别是电网馈线保护装置(见 9.3),应当设计成能够在规定的短路电流比(R_{SI})的范围内正常工作。

为了满足额定性能,标准设计 PDS 系统的最小 R_{SI} 比值应当为 20,在耦合点(PC)测定。

为了满足保护条件,标准设计 PDS 系统的最大 R_{SI} 比值应当为 100,在耦合点(PC)测定。

在按用户要求设计的情况下,如果 R_{SI} 比值小于 20 或者高于 100,则应当规定出 R_{SI} 比值的实际范围。

5.1.1.3 重复性和非重复性瞬变

典型的交流电压波形包含有重复性和非重复性瞬变。这些瞬变是由于变流器换相、电网上开关设备的开关操作和电力系统上的扰动所引起的。

PDS系统应当设计成能够在由于PDS系统的变压器(见9.2.1)或给耦合点(PC)供电的其他变压器切换所引起的非重复性瞬变环境下运行。

注：如果在耦合点(PC)有可能出现异常高的过电压，则应当由用户对此作出说明。例如，6 kV电源时用户的说明如下：

——在远程切换的情况下：15 kV电压浪涌，250/2 500 μs；

——在附近切换的情况下：12.3 kV电压浪涌，50/400 μs。

5.1.1.4 异常电气使用条件

异常电气使用条件须经用户和系统供应商专门协商确定。

5.1.2 环境使用条件

5.1.2.1 气候条件

PDS系统(如果安装在不同位置，电力变压器和电动机可以除外)，应当在IEC 60721-3-3中针对3K3等级所规定的以及GB/T 3859.1的第2章针对冷却介质所规定的环境条件下运行。这些环境条件包括：

a) 冷却介质的温度范围：

空气　0℃～+40℃

进水　+5℃～+30℃

b) 环境温度范围：

+5℃～+40℃

+30℃　日平均气温

+25℃　年平均气温

c) 相对湿度：

5%～85%　无凝露

d) 海拔高度：

1 000 m　最大海拔高度

e) 粉尘和固体颗粒含量

标准设备设计是用于洁净空气、污染等级2，任何其他条件都认为是“异常的使用条件”，要求用户给出说明(关于外壳防护等级，见GB/T 4208)。

f) 长时间停机

如果能预测这样的停机时间，即使环境温度在上述规定范围内，用户也应予以说明。

5.1.2.2 机械安装条件

PDS系统(如果安装在不同位置，电力变压器和电动机可以例外)，应当安装在室内坚固的安装面上或者安装在附加壳体内，这些安装面或壳体不会对通风或冷却系统造成严重影响。为增强可靠性，可以配置空调设备。

其他的安装环境要求专门的考虑，需要加以规定并与变流器制造商商议。

对于固定设备，振动应维持在IEC 60721-3-3中等级3M1的这一正常极限范围内。超出这些极限的振动或者用于非固定设备上都认为是异常的机械条件。

表3　安装的振动极限

频　率 Hz	振　幅 mm	加　速　度 m/s^2
$2 \leq f < 9$	0.3	—
$9 \leq f < 200$	—	1

主变压器(若有)和电动机应当符合其适用的产品标准(分别为 IEC 60076 或 GB 6450 和 IEC 60034)。

5.1.2.3 异常环境使用条件

电力变流器设备、相关的传动控制和传动设备,用于偏离 GB/T 3859.1 中所列正常使用条件时,应认为是异常使用条件。对这些异常使用条件由买方确定。

对于没有在 5.1.2 中规定为正常环境条件的运行条件,买方和设备供应商应当就此进行协商。

已确定的变流器的异常使用条件如下:

a) 暴露在有害气体中;

b) 暴露在过分潮湿(相对湿度>85%)和相对湿度变化过大(超过 0.005 p.u./h)的环境中;

c) 暴露在过量尘埃中;

d) 暴露在磨蚀性尘埃中;

e) 暴露在水蒸汽或凝露中;

f) 暴露在蒸汽或油雾中;

g) 暴露在爆炸性尘埃或气体混合物中;

h) 暴露在含盐空气中;

i) 受到异常振动、冲击或倾斜;

j) 暴露在露天或滴水环境中;

k) 处于异常运输或存放条件下;

l) 遭受悬殊或突然的温度变化(超过 5 k/h);

m) 冷却水中含有引起过量的水垢、沉积、电解或者腐蚀或阻塞的酸性物质或杂质、海水和硬水;

n) 异常强度的核辐射;

o) 海拔>1 000 m 以上;

p) 户外设备。

有关主变压器(若有)和电动机的异常使用条件,参阅适用的产品标准(分别为 IEC 60076 或 GB 6450和 IEC 60034)。

5.1.3 现场调试

如果没有另外进行商定,现场调试的正常和异常使用条件与运行时的相同。

5.2 运输

5.2.1 气候条件

5.2.1.1 一般要求

设备应当能够使用供应商的包装在 IEC 60721-3-2 的等级 2K3 中所规定的环境条件下进行运输。

5.2.1.2 环境温度

-25℃～+55℃

-25℃～+70℃,最长 24 h

注 1:温度限值是指最接近设备周围(例如,集装箱内)的环境温度。

注 2:这些限值适用于不带冷却液的情况。

注 3:如果发出警告信息,则可能是最高温度的下限。

5.2.1.3 相对湿度

+40℃时小于 95 %。

注:温度与湿度的某些组合可能会引起凝露。

5.2.1.4 大气压力

范围为 86 kPa～106 kPa。

主变压器(若有)和电动机应当符合其适用的产品标准(分别为 IEC 60076 或 GB 6450 和 IEC 60034)。

5.2.1.5 **异常气候条件**

温度低于－25℃。

在预计运输温度低于－25℃的场合，需要采用加热运输方式或者拆卸下所选用的低温敏感元器件。

5.2.2 **机械条件**

5.2.2.1 **一般要求**

设备应能够使用供应商的包装在IEC 60721-3-2的等级2M1中所规定的限值范围内进行运输。这其中包括下列与振动和冲击相关的要求。

5.2.2.2 **振动限值**

振动限值见表4。

表4 运输的振动限值(见IEC 60721-3-2的等级2M1)

频　率 Hz	振　幅 mm	加速度 m/s^2
$2 \leqslant f < 9$	3.5	—
$9 \leqslant f < 200$	—	10
$200 \leqslant f < 500$	—	15

5.2.2.3 **冲击限值**

这些冲击限值对应于0.1 m自由落体高度的限值。

注1：若预计冲击和振动环境会超过这些极限值，则要求采用特殊的包装和运输。

注2：若已知运输环境不严酷，则经过元器件制造商/系统供应商、用户和承运者商定，可以降低包装要求。

注3：主变压器(若有)和电动机应当符合其适用的产品标准(分别为IEC 60076或GB 6450和IEC 60034)。

5.3 **设备存放**

5.3.1 **一般要求**

如果外包装不适用于户外存放或无保护存放，则应当在收到设备后立即将设备放置在能满足存放要求的场所。

5.3.2 **气候条件**

设备应当能够存放在IEC 60721-3-1中所规定的环境条件下。这其中包括下列要求。

a) 环境温度等级1K4：

－25℃～＋55℃

b) 相对湿度等级1K3：

5 %～95 %

c) 大气压力：

86 kPa～106 kPa

上述这些限值适用于不带冷却液的情况。

用户和系统供应商应当协商确定存放条件和期限。

对于变流器、变压器和电动机，应当优先采用其适用的产品标准(分别为IEC 60146，IEC 60076或GB 6450和IEC 60034)。

5.3.3 **特定的存放危险**

对下面几点应给予特别注意：

a) 水——除了专为户外安装而设计的设备外，其余设备均应避免雨、雪、冻雨等；

b) 凝露——应当避免温度和湿度的突然变化；

c) 腐蚀性材料——设备应当防止盐雾、危险性气体、腐蚀性液体等的侵蚀；

d) 时间——上述技术条件适用于装运和存放的总时间不超过6个月的情况。如果存放时间较长，则可能需要作专门考虑(即缩小环境温度范围，如采用 IEC 60721-3-1 的等级 1K3)；

e) 啮齿动物和霉菌——当存放条件可能受到啮齿动物或霉菌侵蚀时，在设备的技术条件中应当包括保护措施：

啮齿动物——应对设备外部材料及冷却孔和连接孔的尺寸加以规定，以防止啮齿动物侵入；

霉菌——应规定出适合于存放和工作环境的材料耐霉度等级。

6 额定值

6.1 电气传动系统(PDS)

6.1.1 一般要求

提出 PDS 系统主要功率元器件的技术规格是系统供应商的职责范围(见第 8 章)。

6.1.2 PDS 系统的输入额定值

6.1.2.1 输入电压和频率

PDS 系统的输入电压和频率额定值应当由用户指定。

按照 IEC 60038 的规定，标准电压值为：3 kV、3.3 kV、4.16 kV、6 kV、6.6 kV、10 kV、11 kV、12.47 kV、13.2 kV、13.8 kV、(15 kV)、20 kV、22 kV、24.94 kV、33 kV、34.5kV。为使系统最优化或用于特殊环境，可以规定出不同的非标准电压值。

6.1.2.2 输入电流

在额定线电压和额定 PDS 系统负载的情况下，应当由系统供应商提供下列几个输入电流：

——PDS 系统总电流有效值－I_{LN}，如果辅助设备是由与 PDS 系统相同的电网以相同的电压等级供电，则 PDS 系统总电流有效值可能还包括辅助设备所需的电流 I_{XLN}；

——包括基波在内的 PDS 系统谐波电流频谱－I_{LNh}，h 最高为 25 或 40；

——包括每个电源可能涉及到的谐波在内的辅助设备所需电流－I_{XNj}。

系统供应商应当在规定的最小交流电网阻抗(包括变流器电源变压器在内)时，在没有电源电压畸变的情况下指定这些电流值。

6.1.3 PDS 系统的输出额定值

6.1.3.1 运行转速范围

应当采用下列参数来定义运行转速范围：

——N_{min}＝最小运行转速；

——N_0＝基本转速；

——N_M＝最大运行转速。

涉及到临界转速时，要求系统供应商和被传动设备供应商就此进行协调(见 9.4.1)。

6.1.3.2 转矩和功率额定值

PDS 系统的连续输出额定值和允许过载能力应当根据电动机轴在上述所定义转速时的可用连续和过载转矩或功率加以规定。

涉及到转矩脉动时，要求系统供应商和被传动设备供应商就此进行协调(见 9.4)。

6.1.3.3 运行象限

上述额定值都应当是在系统供应商与用户商定后针对所有运行象限给定的。

6.1.4 PDS 系统的效率和损耗

应当指定在确定总效率时所包括的 PDS 子系统。效率确定过程见第 11 章。

注：同自通风电动机的损耗一样，所有辅助设备(例如，冷却系统、励磁、控制)的损耗均包括在 PDS 系统的损耗中。

系统供应商应当规定出额定负载和基本转速时 PDS 系统的损耗或效率。如果给定保证值，则 PDS 系统的损耗或效率应当始终以额定值和额定条件为基准。在这种情况下，应当使用下列功率损耗容差：

——整个系统　　　0％＋7％；

——变流器　　　　　0%+10%；

——变压器和电动机　0%+10%，按照其可能有的产品标准的规定；

——其他部件　　　　按照其产品标准(若有)的规定，或者 0 % + 10 %，在其他情况下。

图 9 给出了效率和损耗随转速变化的实例。

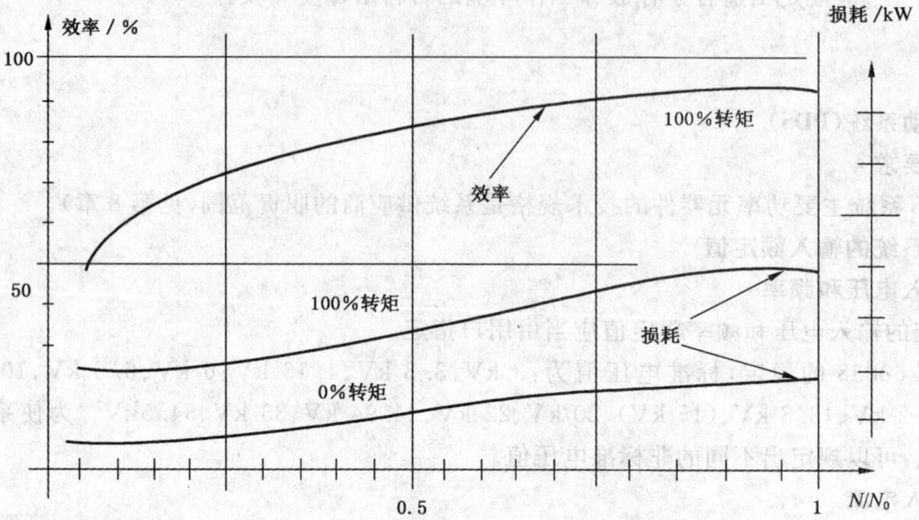

图 9　恒磁通运行时 PDS 系统效率和损耗的典型曲线

6.1.5　PDS 系统的过载能力

除了连续负载条件下的额定值以外(见 6.1.2.2)，系统供应商还可以规定出每种特定过载条件下的额定电流附加值；也就是说，系统供应商可以根据不同类型的负载给变流器设备规定出不同的额定值。过载能力适用于额定转速范围。

可以将 PDS 系统的过载能力按间歇负载工作制或重复负载工作制规定。可在 GB/T 3886.1 中查到更多的分类和计算方法。关于特定过载条件，用户和系统供应商/部件制造商应当就此进行协商确定。

例如，在 GB/T 3859.1—1993 的表 8 中给出了典型的过载幅值和持续时间。

对于任何一种类型的负载工作循环，整个循环内的电流有效值都不能超出电流额定值。表 5 和图 10 示出了在 10 分钟负载工作循环情况下 1 min 过载的 3 种常见的实例。

表 5　最大连续负载随过载减小的实例

过　载		减小的连续负载	
幅值 I_{aM} 额定值的标幺值	持续时间 t_{aM} min	I_{aR} 的最大幅值 额定值的标幺值	持续时间(t_s-t_{aM}) min
1.5	1	0.928	9
1.25	1	0.968	9
1.1	1	0.988	9

对于重复负载工作制，变流器的基波电流额定值应至少相当于整个电动机负载工作循环期间内电动机电流的有效值，并且变流器的过载能力应当能够满足该负载工作循环。

对于连续负载工作制，变流器的基波电流额定值 I_{aN1} 应至少相当于提供电动机规定的连续转矩所必需的电动机连续电流。在间歇负载工作制情况下，过载不能使变流器电流超过其过载额定值。

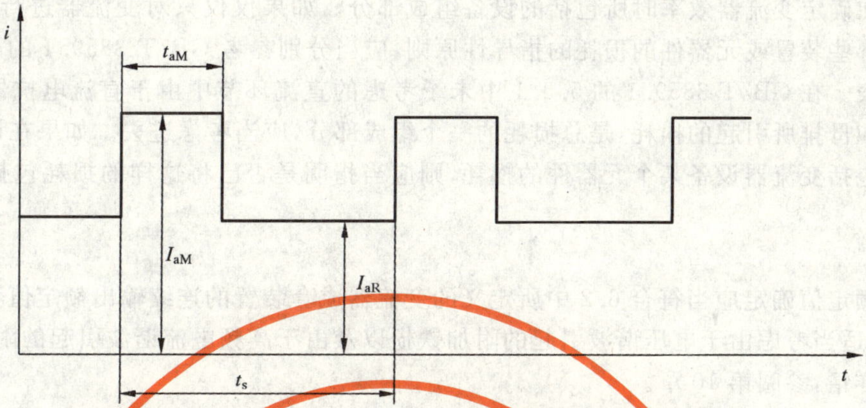

图 10 过载工作循环的实例

6.2 变流器

6.2.1 变流器的输入额定值

变流器制造商应当规定出变流器装置的输入电压和频率的额定值。电网频率的标准值为 50 Hz 或 60 Hz。

应当规定出电网额定电压和额定 PDS 系统负载时的输入电流额定值：

——变流器输入电流额定值－I_{VN}；

——包括基波在内的变流器输入谐波电流频谱－I_{VNh}，h 最高为 25 或 40。

这些输入额定值应当在规定的交流电网最小阻抗(包括变压器)时予以规定。

如果 PDS 系统包括有输入变压器，PDS 系统制造商应当规定出中性点(在变压器的变流器侧)的接地状态(见 9.3)。

6.2.2 变流器的输出额定值

特定或典型输出阻抗(包括电动机和可能有的变压器)时的运行频率和电压范围应当采用下列参数定义：

——U_{aN1}＝额定基波输出电压；

——f_{min}＝最小运行频率；

——f_M＝最大运行频率。

应当规定出额定输出电压和额定 PDS 系统负载时的额定输出电流：

——变流器输出电流总有效值－I_{aN}；

——包括基波在内的变流器输出谐波电流频谱－I_{aNh}，h 最高为 25 或 40；在系统集成需要的场合，系统供应商应当在规定或典型输出阻抗(包括电动机和可能有的变压器)时规定出该值，见第 9 章。

应当规定出额定输出电流和额定 PDS 系统负载时的额定输出线电压：

——变流器输出电压总有效值－U_{aN}；

——包括基波在内的变流器输出谐波电压频谱－U_{aNh}，h 最高为 25 或 40；在系统集成需要的场合，系统供应商应当在规定或典型输出阻抗(包括电动机和可能有的变压器)时规定出该值，见第 9 章；

——变流器输出电压的上升时间，在系统集成需要的场合，见第 9 章。

6.2.3 效率和损耗

在 3.1.6 中给出了电力变流效率的定义。

通常是采用计算或测量方法或者通过这两种方法相结合来确定效率(见第 11 章)。

应规定出在确定变流器效率时所包括的设备组成部分。如果仅仅只对变流器进行定义，关于其中是否应当包括哪些装置或元器件的损耗的指导性原则，应当分别参考 GB/T 3859.1 的 5.5.1 和 5.5.2 中所包括的列表。在 GB/T 3859.1 的 5.5.1 中未予考虑的直流环节中由于直流电抗器和/或电容器、熔断器(若有)和母排所引起的损耗，是总损耗的一个组成部分，应当考虑进去。如果在计算效率时不能确定是否应当包括变流器设备某个元器件的损耗，则应当指明是否已将这样的损耗包括在所表明的效率中。

6.3 变压器

变压器的额定值确定应当符合 6.2 中所定义的变流器成套装置的连续输出额定值和过载能力。

同时，还应适当考虑由于电压谐波引起的附加铁损以及由于高频电流谐波引起的附加杂散损耗。

有关其他详情，参阅第 10 章。

包括绝缘要求在内的电压波形特性，应当按照 8.2 和 8.4 的要求加以考虑。

变压器应当符合 GB/T 3859.3 中的要求。

6.4 电动机

6.4.1 电动机的输入额定值

系统供应商应当采用下列参数来定义特定或典型输出阻抗(包括电动机和可能有的变压器)时的运行频率和电压范围。

——U_{AN1} = 电动机额定基波电压；

——f_{min} = 最小频率；

——f_M = 最大频率。

频率和电压范围由 PDS 系统供应商定义。电动机端子电压的谐波和上升时间应当由系统供应商提供，见第 9 章。

系统供应商应当提供电动机额定电压、基本转速和 PDS 系统额定负载时的电动机电流：

——电动机电流总有效值(I_{AN})；

——电动机电流的基波和相关谐波频谱(I_{Anh})，应当在特定或典型输出阻抗(包括电动机以及可能有的变压器和滤波器)时加以规定；

——电动机励磁电流，若有的话；

——辅助电源。

注：应当适当考虑由于高频电流谐波引起的附加损耗。因此，与正弦电源条件下的电动机额定电流相比，在 PDS 系统实际运行条件下，可以考虑将规定的电动机电流额定值稍微降低一些。

6.4.2 电动机的输出额定值

负载包迹(见 3.1.4)应当由系统供应商、用户和被传动设备供应商协商确定。电动机连续运行和过载运行的能力应当符合 PDS 系统所要求的所有运行输出条件。

电动机额定功率是最大连续输出转矩和基本转速的乘积。该功率不必与负载(包括系统惯量)所需的最大功率相一致。在特殊情况下，可以选择更大的电动机额定值，以便能够用于严酷的过载条件或电流谐波含量。

7 控制性能要求

7.1 稳态性能

7.1.1 稳态

当基准变量和运行变量保持恒定的时间达到 3 倍于控制系统调节时间以上、而且使用变量保持恒定的时间达到 3 倍于设备最长时间常数(例如，速度传感器的热时间常数)以上时，控制系统就处于稳态。诸如转矩、转速、位置等这类传动系统变量的稳态性能，应当按照 7.1.2 和 7.1.3 的要求加以规定。

7.1.2 偏差带

偏差带(见图 11)是指由于使用条件或工作条件在其规定范围内变化，直接受控变量(除非规定另一个变量)在稳态条件时的总偏差。偏差带可用下列两种方式表示：

a) 用直接受控(或规定的其他)变量对理想最大值的一个百分比表示，见7.1.3中的实例；

b) 对于如位置这类不易确定其基值的变量，则用一个绝对数值表示。

如果系统供应商与用户之间没有另外商定，表示直接受控变量的信号应该经过具有100 ms时间常数的一阶低通滤波器滤波，以消除信号中的噪声和纹波。

注：不能使用偏差带来规定与稳态控制性能无关的项目(例如，转矩脉动，见8.4.4.4；或者由于负载转矩或电动机转矩脉动引起的转速脉动，见7.2.2.6)。

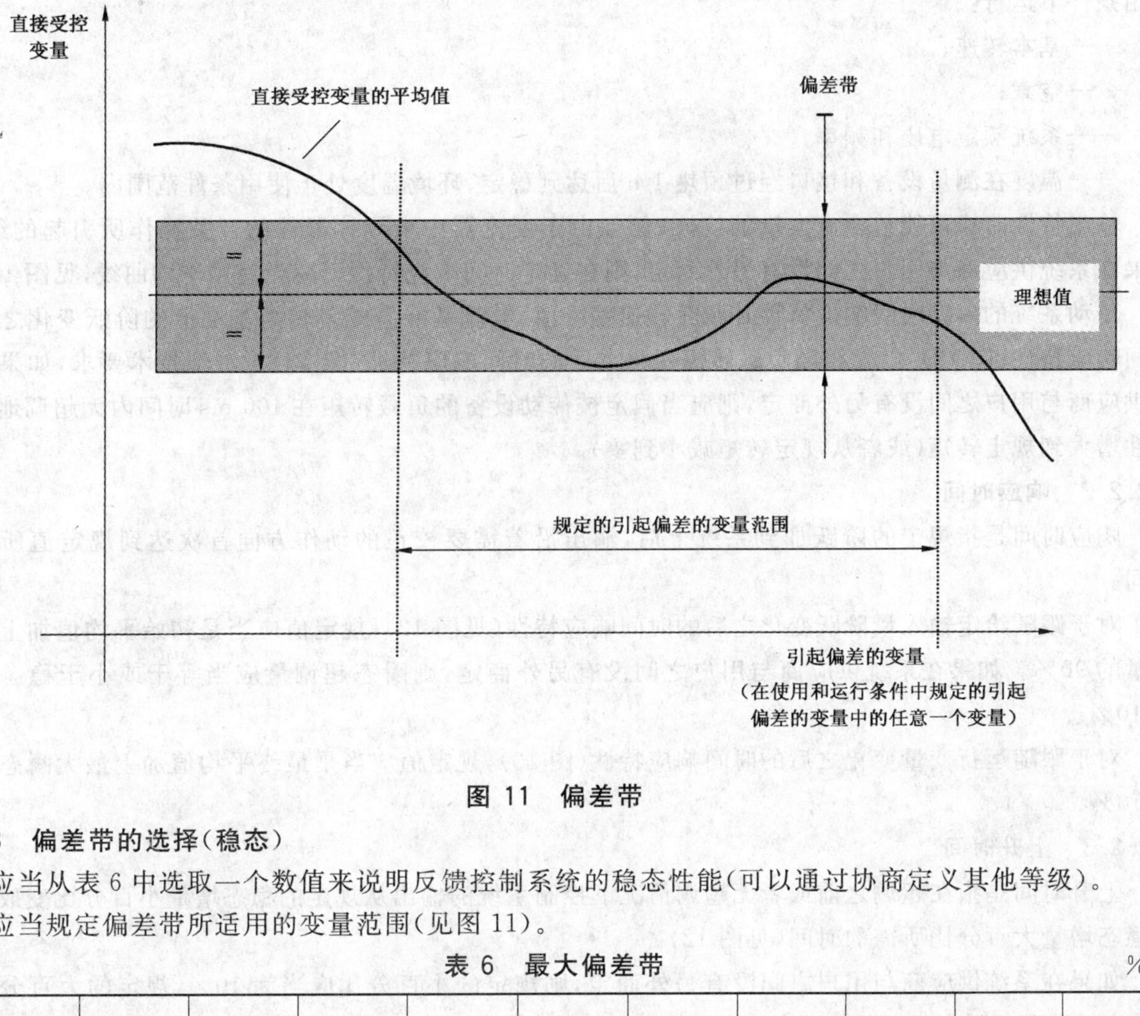

图11 偏差带

7.1.3 偏差带的选择(稳态)

应当从表6中选取一个数值来说明反馈控制系统的稳态性能(可以通过协商定义其他等级)。

应当规定偏差带所适用的变量范围(见图11)。

表6 最大偏差带 %

±20	±10	±5	±2	±1	±0.5	±0.2	±0.1	±0.05	±0.02	±0.01

实例：传动系统采用一台由变频器供电的60 Hz、1 780 r/min电动机。该传动系统的最大转速为2 000 r/min，规定的转速控制偏差带为±0.5%。运行条件：转速范围为0～2 000 r/min，负载转矩范围为0至额定转矩；使用条件：环境温度范围为+5℃～+40℃。

因此，当转速基准值、负载转矩和环境温度均在其规定的范围内时，实际转速与理想值(转速基准值)的偏差为：2 000 r/min的±0.5%=±10 r/min。

例如，如果转速基准值为1 200 r/min，电动机的实际转速则是1 200 r/min±10 r/min，即在1 190 r/min和1 210 r/min。

7.2 动态性能

7.2.1 一般要求

传动系统应当具有电流限制或定时加速功能。

如果认为动态性能很重要(见附录B),用户和系统供应商就应当采用下列定义对技术要求进行协商。

7.2.2 时间响应特性

7.2.2.1 概述

时间响应特性是指在规定的运行和使用条件下,施加规定输入所产生的输出与时间的关系曲线(见10.3.4)。

如果在用户和系统供应商之间没有另外商定,则传动系统应当在施加规定输入以前在下列运行和使用条件下运行:

——基本转速;

——空载;

——系统额定电压和频率;

——温度在测量设备和接口经过预热1 h后达到稳定,环境温度处于使用条件范围内。

输出特性曲线可能包含有大量的纹波,例如由于变流器中半导体器件的开关操作所引起的纹波。如果在系统供应商与用户之间没有另外商定,则在确定时间响应特性时应当使用平均曲线,见图12。

传动系统的典型时间响应特性是跟随转速基准值、电流基准值或者转矩基准值的阶跃变化之后的时间响应特性(图12),以及跟随负载转矩变化之后的时间响应特性(图13)。对于技术要求,如果在系统供应商与用户之间没有另外商定,则应当假定被传动设备的负载转矩在100 ms时间内无超调地从零线性增大到规定转矩(或者从规定转矩减小到零)。

7.2.2.2 响应时间

响应时间是指规定的阶跃加到系统上后,输出沿着需要校正的动作方向首次达到规定值所需的时间。

对于跟随给定输入量阶跃变化之后的时间响应特性(见图12),规定值应当是初始平均值加上稳态增量的90%。如果在系统供应商与用户之间没有另外商定,则瞬态超调量应当等于或小于稳态增量的10%。

对于跟随运行变量变化之后的时间响应特性(图13),规定值应当是最终平均值加上最大瞬态偏差的10%。

7.2.2.3 上升时间

上升时间是指在超调之前或者无超调情况下控制系统的输出从规定的稳态增量小百分比变成规定的稳态增量大百分比所需的时间(见图12)。

如果在系统供应商与用户之间没有另外商定,则规定的小百分比应当为10%,规定的大百分比应当为90%,而且瞬态超调量应当等于或小于稳态增量的10%。

如果“上升时间”这个术语不限制,则上升时间可理解为对阶跃变化的响应。否则,应当规定出激励的模式和幅值。

7.2.2.4 调节时间

调节时间是指对系统突加一个规定的给定之后一个规定变量进入并保持在一个以其最终值为中心的规定窄偏差带内所需的时间。

对于跟随给定输入量阶跃变化之后的时间响应特性(见图12),如果在系统供应商与用户之间没有另外商定,则规定偏差带应当为稳态增量的±2%。

对于跟随运行变量变化之后的时间响应特性(见图13),如果在系统供应商与用户之间没有另外商定,则规定偏差带应当为最大瞬态偏差的±5%。

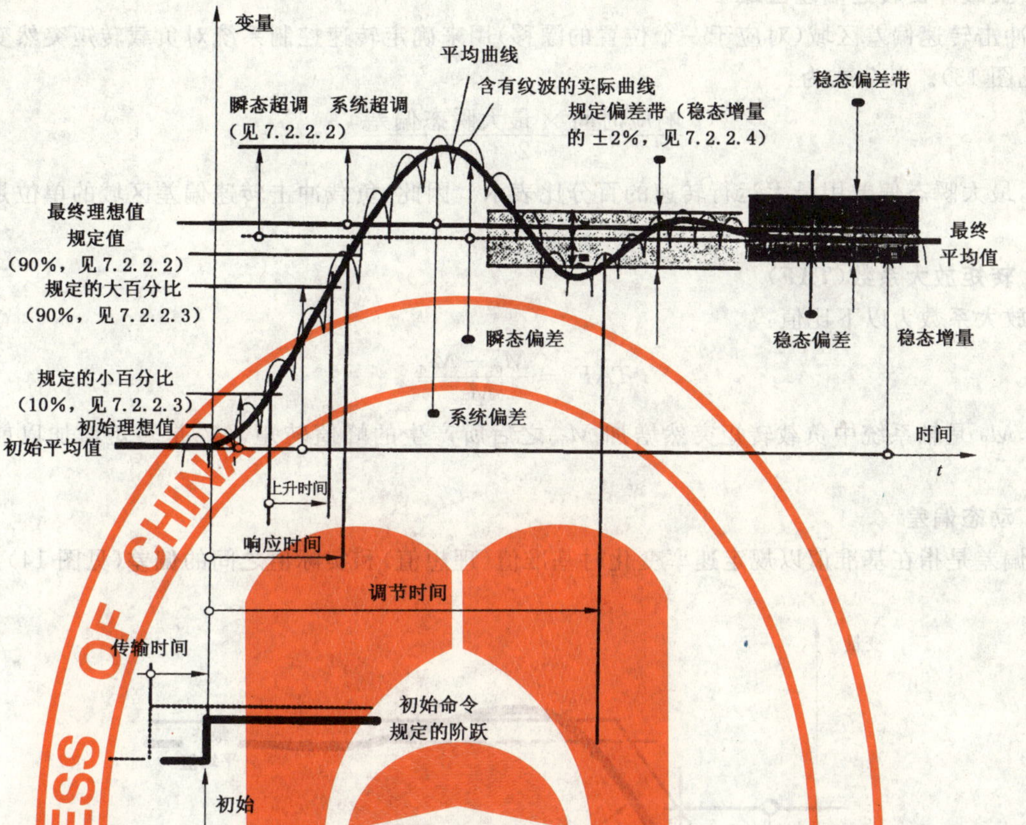

图 12 随给定输入阶跃变化的时间响应-运行变量不变

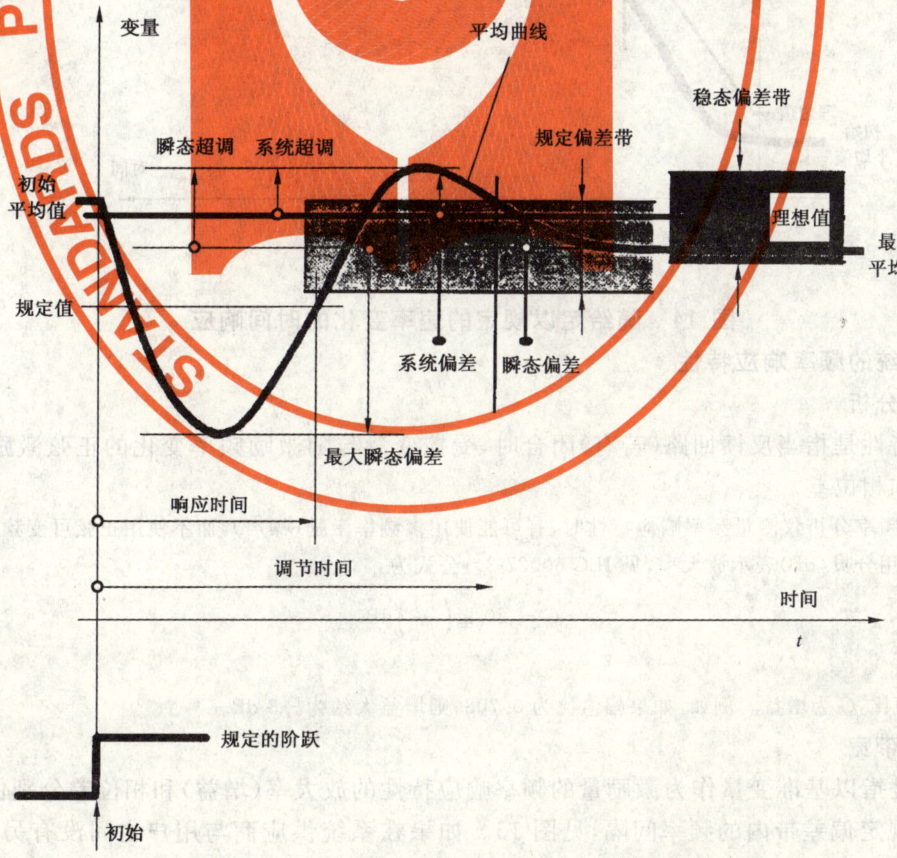

图 13 随运行变量变化的时间响应——给定不变

7.2.2.5 负载冲击转速偏差区域

负载冲击转速偏差区域(对应于一个位置的漂移)用来确定转速控制系统对负载转矩突然变化的响应特性(见图 13)。其公式为：

$$\frac{\text{响应时间} \times \text{最大瞬态偏差}}{2}$$

式中,最大瞬态偏差用最大运行转速的百分比表示。因此,负载冲击转速偏差区域的单位是百分数秒(%s)。

7.2.2.6 转矩放大系数(***TAF***)

转矩放大系数为以下比值：

$$TAF = \frac{M_p - M_{ini}}{M_{inc}}$$

式中,M_P 是轴系统中负载转矩突然增加 M_{inc} 之后所产生的峰值转矩,M_{ini} 是转矩增加以前的初始转矩。

7.2.2.7 动态偏差

动态偏差是指在基准值以规定速率变化时基准值(理想值)和实际值之间的偏差(见图 14)。

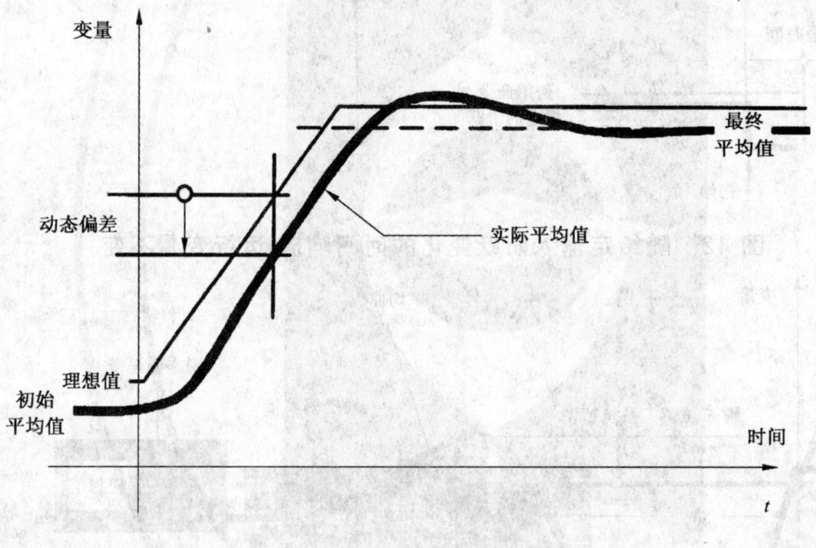

图 14 随给定以规定的速率变化的时间响应

7.2.3 控制系统的频率响应特性

7.2.3.1 频率分析

频率响应特性是指当反馈回路(若有)闭合时,受控变量与随激励频率变化的正弦激励量之间的幅值比(放大率)和相位差。

注 1：当使用频率分析仪测量频率响应特性时,有可能使用多频率激励(噪声),而不使用正弦可变频率激励。

注 2：通常采用分贝(dB)表示放大率,见 IEC 60027-3。公式为：

$$G = 20\ \lg\left(\frac{F_2}{F_1}\right) \text{dB}$$

式中：

F_2/F_1 为幅值比,G 为增益。例如,如果幅值比为 0.708,则增益大约为−3 dB。

7.2.3.2 控制带宽

控制带宽是指以基准变量作为激励量的频率响应特性的放大率(增益)和相位差分别保持在以0 dB和 0°为中心的规定偏差带内的频率间隔,见图 15。如果在系统供应商与用户之间没有另外商定,则规定偏差带应当分别为±3 dB 和±90°。

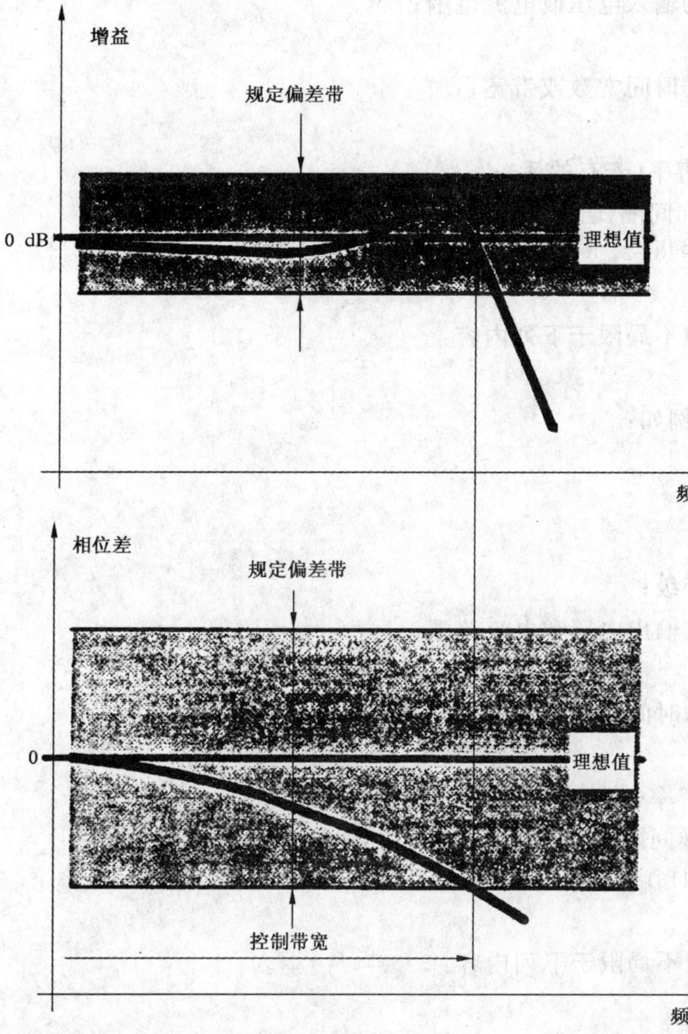

注：图中所示实例的控制带宽受规定相位偏差带的限制。

图 15　控制系统的频率响应特性——基准值作为激励量

7.2.3.3　扰动灵敏度

扰动灵敏度是指激励量为一个规定运行变量时的频率响应特性放大率。其典型实例为电动机转速对负载转矩脉动的灵敏度，见 B.3。

注：只有在受控变量幅值和激励量幅值都用标幺值(p.u.)表示时才可能用 dB 表示灵敏度。

7.3　过程控制接口性能

7.3.1　一般要求

系统供应商必需尽可能在初期与用户协商并确定过程控制接口及其性能(见 8.1)。在确定时应当使用下面的列表内容。

7.3.2　模拟输入性能

规定的项目可以包括但不局限于下列内容：

——模拟输入的数量；

——模拟输入的类型，例如：

　·单端电压输入；

　·差动电压输入；

　·电流回路输入；

——输入的绝缘电压等级；

——与输入类型相关的输入电压或电流范围；
——输入阻抗；
——硬件低通滤波器的时间常数或带宽；
——增益和偏移误差；
——A/D 变换器的分辨率(若有的话)；
——A/D 变换器的采样间隔(若有的话)。

注：更完整的列表见 IEC 61131-2。

7.3.3 模拟输出性能

规定的项目可以包括但不局限于下列内容：
——模拟输出的数量；
——模拟输出的类型,例如：
· 单端电压输出；
· 差动电压输出；
· 电流回路输出；
——输出的绝缘电压等级；
——与输出类型相关的输出电压和电流范围；
——最大负载；
——硬件低通滤波器的时间常数或带宽；
——增益和偏移误差；
——D/A 变换器的分辨率(若有的话)；
——D/A 变换器的采样间隔(若有的话)。

注：更完整的列表见 IEC 61131-2。

7.3.4 数字输入性能

规定的项目可以包括但不局限于下列内容：
——数字输入的数量；
——数字输入的类型,例如：
· 继电器输入；
· 光电耦合器输入；
——输入的绝缘电压等级；
——额定控制电压和类型(交流或直流)；
——输入电阻；
——输入的传输延时。

7.3.5 数字输出性能

规定的项目可以包括但不局限于下列内容：
——数字输出的数量；
——数字输出的类型,例如：
· 继电器输出,常开触点；
· 继电器输出,常闭触点；
· 晶体管输出,常开；
——输出的绝缘电压等级；
——最大电压和类型(交流或直流)；
——最大电流和类型(交流或直流)；
——输出的操作延时；

——从输入到输出的传输延时。

注：更完整的列表见 IEC 61131-2。

7.3.6 通信链路的性能

规定的项目可以包括但不局限于下列内容：

——通信链路的数量；

——通信链路的类型，例如：

· 现场调试和维护链路；

· 自动化系统链路；

——物理接口的类型(连接器和电缆的类型)；

——所使用的协议；

——最大数据传输速率，bits/s(位/秒，bps)；

——链路上可以连接的电缆的最大长度；

——同一通信电缆或通信总线系统可连接的链路的最大数量。

8 PDS 系统的主要部件

8.1 职责

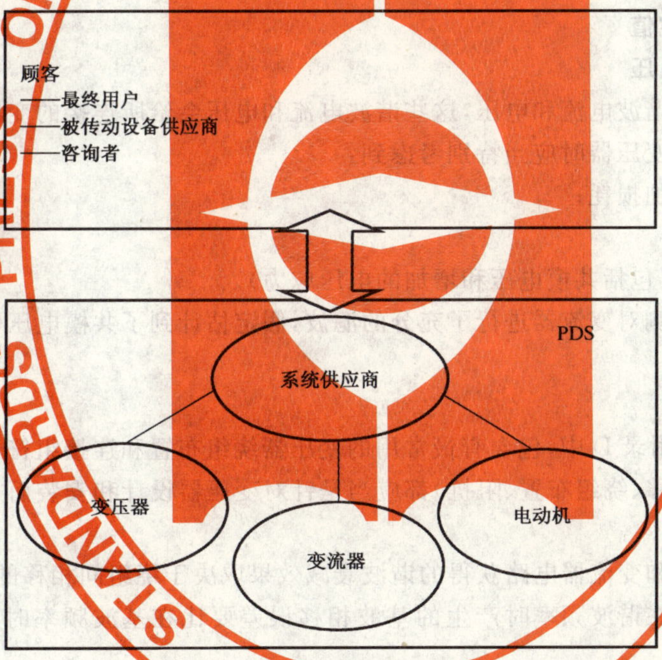

图 16 系统供应商的职责

系统供应商一般负责：

——与用户就 PDS 系统的外部接口进行澄清和商定(见第 7 章和第 9 章)；

——与用户就 PDS 系统的性能规格进行澄清和商定(见第 7 章和第 9 章)，并就试验的接收准则进行澄清和商定；

——与部件制造商就传动系统主要部件(变压器，变流器，电动机，见第 8 章)的技术规格以及试验的接收准则进行澄清和商定。

被传动设备供应商一般负责机械成套设备。在临界状态情况下(见 9.4)，建议在系统供应商与被传动设备供应商之间建立直接联系。

系统供应商负责组织有关变流器、成套设备、被传动设备和电动机方面的专家之间必要的合作。

8.2 变压器

8.2.1 简介

本条款介绍用于电气传动系统(PDS)主电力电路中的变压器和电抗器。变压器可以用于PDS系统的电网(电源系统)侧,或者用于PDS系统的负载(电动机)侧。变压器的用途包括:

——电压匹配;

——隔离;

——谐波消除。

PDS系统中使用的标准变压器结构型式为干式和油浸线圈式。这些要求旨在保证变压器对于传动系统工作制的适用性。

变压器的基本额定值应当符合GB/T 3859.3中的规定。

当变压器作为PDS系统的组成部分供货时,应当对其额定值进行适当的确定,以满足以下两项的要求:

——稳态负载;

——任何瞬时过载。

对于通常以调速方式运行的传动系统,变压器的额定值应当确定为能在稳态基础上提供所需的功率。可以采用周期性过载计算出变压器负载的表观功率(kVA)有效值。

8.2.2 技术规格与额定值

8.2.2.1 谐波电流和电压

变流器模块可引起谐波电流和电压,这些谐波电流和电压会给所连接的变压器造成附加应力(热应力、绝缘应力)。在设计变压器时应当特别考虑到:

——每个绕组的附加损耗;

——附加铁耗;

——附加绝缘要求(包括共模电压和增加的电压应力)。

如果在变压器的阀侧对变流器进行了充分的滤波,假定估计到了共模电压(绝缘要求),就可以考虑采用标准变压器。

8.2.2.2 绕组布置

在IEC 60076-1的附录D中,包含有最常用的变压器绕组布置和连接组符号。

显然,要求(例如相移、绕组布置、阻抗)都应当是针对变压器设计和安装而规定的。

8.2.2.3 相移要求

需由多脉冲变压器和变流器电路获得的谐波衰减效果取决于绕组间相移的精度。应当规定出基波频率时绕组间的移相。在谐波频率时产生的基波相移误差要比在基波频率时产生的基波相移误差高得多。

例如,一个12脉冲PDS系统的一个2°基波相移误差所产生的5次谐波相位误差为$(5+1)°\times 2°=12°$,7次谐波相位误差为$(7-1)°\times 2°=12°$。在电流源型变流器情况下对应的相对值为:

$$\frac{I_5}{I_1}=\frac{1}{5}\times\sin\left(\frac{12°}{2}\right)=0.021 \text{ 和 } \frac{I_7}{I_1}=\frac{1}{7}\times\sin\left(\frac{12°}{2}\right)=0.015$$

为了消除高次谐波,需在延伸三角形绕组或曲折连接绕组时采用15°相移。在这样的情况下,最值得注意的是11次谐波,而且2°相位误差所产生的影响会高得多。

对于12脉冲变压器,最后所获得的相位误差,包括变压器绕组的相位误差并最终包括晶闸管控制系统的相位误差在内,应当保持在基波周期的2°以下。

8.2.2.4 铭牌要求

下列要求以IEC 60076-1的7.1中的要求为基础。除了IEC 60076-1的7.1中的铭牌数据以外,还应提供下列信息：

a) 变压器的类型(例如，变流器电源变压器、变流器输出自耦变压器等)，作为对PDS系统中所用变压器功能的说明；

b) 输入和输出的相数。或者，变压器输入和输出的三相绕组数量；

c) 额定频率范围(若有的话)；

d) 额定电压范围(若有的话)；

e) 连接组符号，或以度数列出的移相。

8.2.2.5 环境要求

温度要求按 GB/T 3859.3 的规定：

——环境温度：40℃

——日平均温度：30℃

——年平均温度：25℃

8.2.3 阻抗

8.2.3.1 一般要求

输入变压器阻抗应当按照谐波辐射和故障电流要求进行协调。典型的阻抗范围是 6%～12%(通常按照 IEC 60076 的规定)。

8.2.3.2 换相电抗

对于电网换相变流器来说，换相电抗是一个很重要的参数。在 GB/T 3859.3 的 5.1.1 中给出了换相电抗的测量方法。

8.2.3.3 自换相变流器的阻抗

换相电抗对自换相变流器性能的影响不大。但是，变压器阻抗可能对限制谐波电流或故障电流很重要。对于自换相变流器来说，通常该阻抗被看作是在标准变压器试验中测量的变压器短路阻抗。见 IEC 60076-1 的 10.4。另一种可行的方法可能是测量出所考虑的频率时的短路阻抗。

8.2.4 共模电压和直流电压

8.2.4.1 一般要求

任何可能把异常电压条件施加在变压器绕组上的电力变流器运行条件，都应当由变压器供应商确定。有些类型的变流器可能会将电压偏移施加到输入或输出变压器上。这些电压偏移会产生下列两个共性问题：

——由于共模电压而使绝缘应力增加；

——由于直流电压或直流电流磁化而使铁心饱和。

8.2.4.2 共模电压引起的绝缘应力

使绝缘应力增加的最常见的机理是，在变流器中的开关动作时，使与变流器连接的绕组的中性点偏离接地点。该共模电压将会把高于正常应力的应力施加在变压器绝缘上。在确定变压器的绝缘等级时，应当通过明确规定共模电压(优先采用)或者为受影响的绕组规定合适的绝缘等级，将共模电压考虑在内。

在规定所需的绝缘电压等级时，也应当考虑到由于电压快速上升时间和电压反射(包括电力电缆)所引起的附加电压应力。

8.2.4.3 直流分量引起的铁心饱和

变流器可能会在输入或输出端产生能使所连接的变压器铁心饱的电压或电流。变压器设计人员应当知道可能施加到变压器上的直流电压或直流电流的大小，以便能够进行合适的设计。可能还需要进行低磁通密度铁心设计和带气隙的铁心设计。

在采用串联耦合变流器的情况下，应当考虑将每个变流器的直流偏移电压相加。

8.2.5 特殊要求

8.2.5.1 冷却系统

按照 IEC 60076-1 和 GB 6450 中的规定。

8.2.5.2 噪声要求

由于非正弦电流和电压的原因，需预计到噪声发射的等级会增大。

在变压器制造商、系统供应商和用户之间，需要协商并规定出噪音发射等级的极限以及最终所必需的次要噪声降低措施。除非另有规定，变压器噪声发射的测量方法应当符合 IEC 60076-1 中的规定。

8.2.5.3 电压精度

按照 IEC 60076 中的规定。

8.2.5.4 桥路的并联连接

应当特别注意桥路并联连接的情况(空载电压精度、相移、每个二次绕组的短路阻抗)。

8.2.5.5 一次绕组和二次绕组之间的屏蔽

为了防止高压瞬变由于电容性耦合而转移到二次绕组上，建议采用静电屏蔽。这种静电屏蔽也对电源线干扰的共模阻抗具有 EMC 作用。由于这两个原因，屏蔽接地的电感应当低。

8.2.5.6 短路要求

变流器使变压器上发生短路的可能性比在正常工作制时的可能性更大。设计人员应当知道变频器中发生短路的危险，并针对合适的短路等级和发生短路的频度而设计变压器。

8.3 变流器和相关的控制装置

8.3.1 目的

本条款旨在涉及作为 PDS 系统组成部分的变流器的性能和要求。变流器由变流器部分(可能包括输入和输出滤波器)、变流器控制装置、保护装置和辅助装置组成。通常，需参阅 IEC 60146。

8.3.2 设计要求

8.3.2.1 防护等级

防护等级的定义应当符合 GB/T 4208 中的规定。

8.3.2.2 腐蚀性环境

如果超过污染等级 2，则应当采取适当措施以确保变流器环境保持在非腐蚀性环境。在变流器环境中，应当使洁净空气保持正压，或者应当使用合适的空气过滤器。

8.3.2.3 冷却

8.3.2.3.1 一般要求

三种类型的常用冷却方式为强迫风冷、去离子液体冷却和蒸发冷却。对于环境苛刻的应用场合，建议采用冗余冷却方式。变流器制造商应当负责在考虑到工作电压、电流和负载工作周期的情况下适当地设计冷却系统。

8.3.2.3.2 空气冷却

如果冷却空气源含有可能损坏变流器冷却通道的颗粒，则应配备空气过滤器。

8.3.2.3.3 液体冷却

就液体冷却变流器来说，冷却介质应当具有足够高的电阻率，以便将对地漏电流和各部件不同电位间的漏电流限制在非破坏性的安全水平上。应当对电阻率进行监控，而且应当在低电阻率和很低电阻率时分别引起报警或跳闸。为此特别建议对流量、容器液位和水温进行监控以提供适当的保护。应当特别注意对由于材料不匹配而引起的电解电流加以限制，例如在同一冷却回路中不能使用铝和铜。

8.3.2.4 音频噪声

如果在用户和制造商之间没有另外进行商定，在 1 m 距离处测得的噪声级应当低于 85 dB。如果需要符合当地更加严格的标准规范，则在系统供应商和用户之间应当就此进行商定。

8.3.2.5 电源连接件

所有的电源连接件都应当具有足够的工作面积，而且应当提供机械应力消除支撑点。当采用屏蔽电缆时，应当在电源连接件的四周提供屏蔽接地连接点。

8.3.2.6 保护

变流器保护应当符合 9.3 中所规定的要求。

主电源接线端子应当按照 GB/T 3859.1 中的规定清楚地标识出来。

铭牌应当符合 GB/T 3859.1 和 IEC 60146-2 中规定的要求。

由于变流器的易损性质，其存放和运输应当符合 5.2 和 5.3 中规定的要求。除了所规定的要求以外，变流器制造商还应当提供特殊说明。

8.4 电动机

8.4.1 简介

系统设计人员应当确保在所有实际运行条件下应力等级均不超过电动机的耐受能力，并制定有关验证过程和方法的协议。

在本条款中涉及到用于 PDS 系统中的电压 1 kV 以上的最常用交流电动机。电动机结构可以包括通用型标准设计以及面向特殊用途的设计。除了标准型电动机设计之外，也可以考虑采用新技术，例如永磁电动机和其他特定方案。

在这一应用领域中，还有许多不同类型的电动机可供使用。大多数为感应电动机和同步电动机。其相数一般为 3 相或 6 相。其中大多数电动机的相数为 3 的倍数。

在 IEC 60034 的相关产品标准中覆盖了对常用电动机的要求。本条款所考虑的内容是作为 PDS 系统一个组成部分的电动机的集成和接口。

8.4.2 设计要求

除非另有规定，电动机的外壳应当符合 GB/T 4942.1 中规定的要求。

除非另有规定，电动机的冷却系统应当符合 GB/T 1993 中规定的要求。

除非另有规定，电动机的安装应当符合 IEC 60034-7 中规定的要求。

由于转速与自通风冷却系统的热传导能力以及逆变器供电电动机运行过程中所产生的附加谐波损耗的相关性，在设计时应当特别注意(见 IEC 60034-17)。

除非另有规定，在逆变器供电的条件下，环境温度和冷却温度以及电动机绕组绝缘系统的耐热等级和温升均应符合 GB 755 中规定的要求。

8.4.3 性能要求

正常变流器供电运行条件下的运行特性如 6.2.2 和 6.4.2 中所定义。

在三相电动机情况下，有时可能需要直接旁通到网侧或者变压器二次侧运行(见 4.4)。而在相数为 3 的倍数的绕组系统情况下，电动机以部分绕组运行也是可能的。

用户应当明确地对这样一种旁路运行的性能和额定条件进行定义，尤其是：

——所必需的起动性能；

——最终不同的额定转矩。

8.4.4 机械系统集成要求

8.4.4.1 对破坏性轴电压和轴承电流的防护

如果在系统供应商和用户之间没有另外进行商定，则应当在电动机非传动端配备轴承绝缘措施。

除了建议采用的惯用接地手段(见 9.2.3)之外，可能还需要采取其他的防护措施(见 9.2.4.6)。尤其是在电动机电压(包括变流器所产生的共模电压)中存在高频分量时需要采取这些防护措施。

8.4.4.2 音频噪声发射

与电网供电运行相比，变流器给电动机供电时会使噪声发射增加(见 IEC 60034-17)。电动机制造商应当针对预期用途规定出电动机由变流器供电时噪声的期望值。

在系统供应商与用户之间需要协商并规定出噪声发射等级的限值以及最终所必需的次要噪声降低措施。除非另有规定，电动机噪声发射的测量方法应当符合 IEC 60034-9 中规定的要求。

8.4.4.3 电动机振动和横向谐振

除非另有规定，所允许的振动强度限值以及测量方法应当按照 GB 10068 中所定义的要求。

在这种情况下，在被传动设备供货商、电动机制造商和系统供应商之间应当协商并规定出有关电动机正确安装（基础、机械设备对准和连接）的明确责任。应当特别注意整套机械设备的横向谐振频率（见 9.4）。

8.4.4.4 转矩脉动和扭振问题

在变流器供电电动机中，由于电压和电流谐波的原因，会在电磁作用下产生转矩脉动。

在正常运行过程中以及在故障条件下，应当避免对机械结构元件的干扰或有害影响，例如应当避免激发电动机和被传动设备的扭转谐振。

系统供应商需要定义并组织实施必要的分析和纠正措施，而且需要在设计过程中在变频器、电动机和被传动设备专家之间的密切合作下进行（见 9.4.2）。

8.4.5 电动机绕组绝缘系统的电压应力

8.4.5.1 职责

系统设计人员应当确保在所有运行条件下电压应力等级都不超过绝缘系统的电压应力耐受能力（见8.4.5.2和8.4.5.3）。因此，系统设计人员应负责根据变流器的拓扑结构、电缆类型和长度等因素，在考虑到可能的电压反射的情况下，规定出电动机接线端子上的电压应力等级。绝缘应力的相关参数有：瞬时电压峰值、上升时间峰值、重复率等。

电动机制造商应当按照系统供应商的技术规范检查电压应力耐受能力。为确保不出现电动机绝缘工作寿命降低的情况，由于变流器运行所引起的实际应力应当低于电动机绕组绝缘系统的重复电压应力耐受能力（见 8.4.5.2 和 8.4.5.3）。

8.4.5.2 绕组应力的类型及其限制图

存在 3 种不同的绝缘应力（见图 17）。

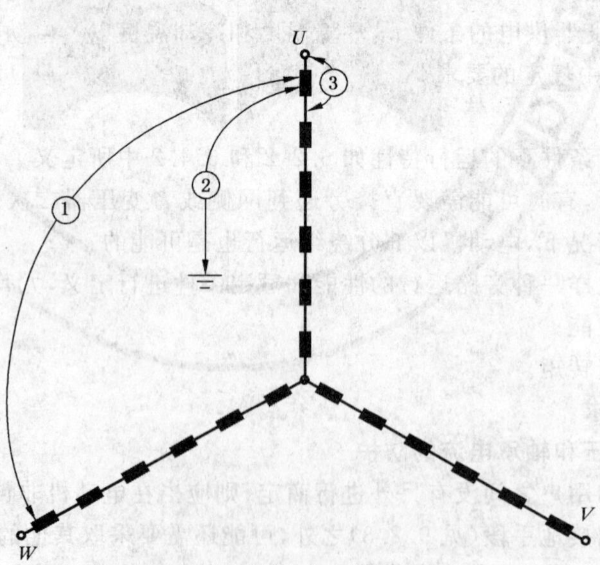

① 线间主绝缘；

② 线与机座间主绝缘；

③ 第一个线圈中匝间绝缘。

图 17 绝缘应力分布类型

在由电网(正弦、低频)供电的电动机中,大部分应力都存在于线间绝缘和线与机座间绝缘中。匝间绝缘的电压应力比较低;但是,如果是由变流器供电的电动机,该应力则可能变得非常重要,需要对此更加重视。

在由变流器供电的运行中,电动机电压为非正弦电压,通常具有重复性瞬态电压跃变,例如这些瞬态电压跃变是由 PWM 逆变器以较高脉冲频率快速开关操作所引起的或者是由晶闸管逆变器的负载侧换相缺口所引起的(见 A.2.5)。在电动机由 PWM 电压源逆变器通过较长电缆供电的情况下,每个瞬态电压跃变均会在电动机和变流器接线端子上引起反射作用,通常会引起振荡性电压超调(图 18)。

t_a 是电压跃变(包括上述反射现象)的峰值上升时间。在 IEC 60034-17 中,t_a 被定义为使电压从包括超调在内的总瞬态电压 ΔU 的 10%变成 90%时所需的时间(见图 18)。

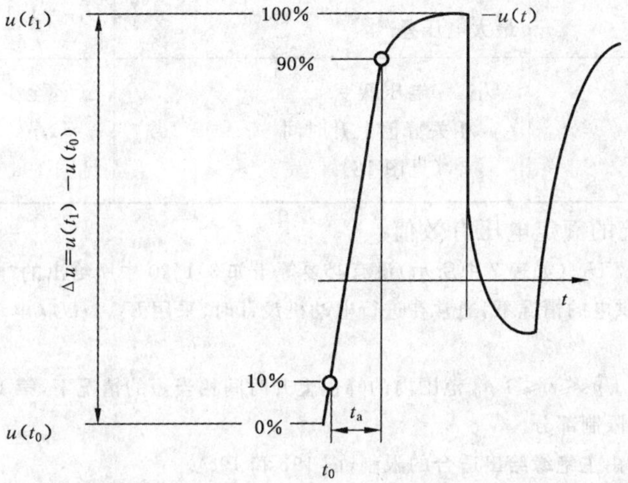

图 18　电动机接线端子上瞬态电压的定义

可以用图 19a)、19b)和 19c)中给出的分界线来描述在不使绕组绝缘系统工作寿命降低的情况下绕组绝缘系统的重复性电压应力耐受能力。这些分界线指的是包括电动机接线端子上的电压反射在内的允许脉冲电压。

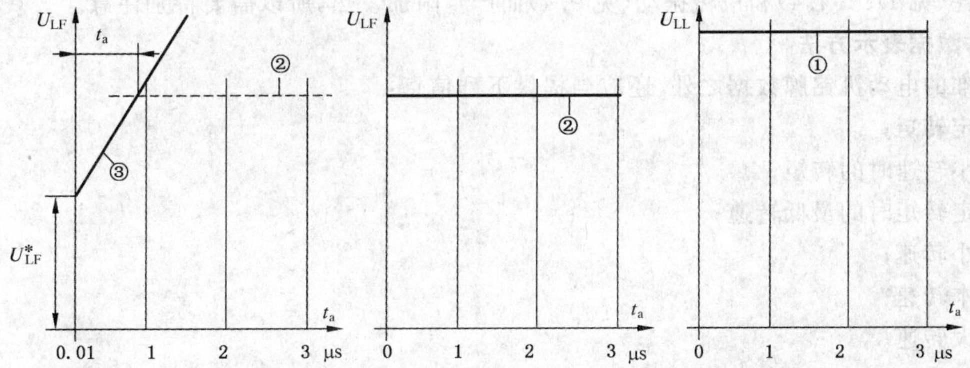

a) 由匝间绝缘和绕组设计确定　　b) 由线与机座间主绝缘确定　　c) 由线间主绝缘确定

这些图中的数字共同引自图 17 和表 7。

图 19　电动机接线端子上的允许脉冲电压(包括电压反射和阻尼)随峰值上升时间 t_a 变化的关系曲线

图 19 说明:

——匝间应力分布类型 δ 适合于典型峰值上升时间 $t_a \leqslant 1\ \mu s$ 情况下的瞬态电压跃变 ΔU_{LF}(图 19a);

——对于线与机座间应力分布类型 σ 而言,电压差在按照图 19b 所示的主绝缘耐受能力范围内;

——对于线间应力分布类型 α 而言,电压差在按照图 19c 所示的主绝缘耐受能力范围内。

8.4.5.3 **常规设计电动机的典型电压应力耐受能力**

从具有常规电压公差的电网供电运行时的绝缘应力推导，高压电动机的常规设计至少需给出一个如表7的右侧一栏中所述的耐受能力。如果不能从电动机制造商处获得更详细的信息，则这些公式可供参考，而且用来描述最小值。一般建议采用更高的电压限制。

表7 电动机绝缘系统的限制部分和典型的电压应力耐受能力

绝缘系统的限制部分	适合的电压峰值	3相电动机的电压应力耐受能力
① 线间主绝缘	· U_{LL}线间 · 电压差	$U_{LL}=1.1\quad U_{Ins}\sqrt{2}\approx 1.6U_{Ins}$
② 线与机座间主绝缘	U_{LF}线与机座间 最大电压差	$U_{LF}=1.1\quad U_{Ins}\sqrt{2/3}\approx 0.9U_{Ins}$
③ 第一个线圈的匝间绝缘	ΔU_{LF}　电压跃变 t_a　相关峰值上升时间 （见图18）	ΔU_{LF}至少为3 kV $t_a\approx 1\ \mu s$ 见图19a

U_{Ins}是电动机绝缘系统的额定电压有效值。

注1：“绝缘系统额定电压”U_{Ins}（如表7中所示）没有必要等于如3.1.20中所给出的“电动机额定电压”U_A。

注2：在电动机由逆变器供电的情况下，通常在进行电动机设计时，采用$U_{Ins}>U_A$（电动机）这一改进型绝缘系统的设计比较合适。

注3：如图19a所示，在$0.1\ \mu s\leqslant t_a\leqslant 1\ \mu s$范围内的峰值上升时间相当短的情况下，第1个线圈的匝间绝缘是允许瞬态电压跃变ΔU_{LF}的限制部分。

当$t_a>1\ \mu s$时，通常由主绝缘给出适合的限制（图19b和19c）。

注4：因为每相中半导体器件的开关时间不一样，因此线电压和线与机座间电压具有相应的瞬态电压跃变$\Delta U_{LL}=\Delta U_{LF}$。

8.4.5.4 **电动机绕组绝缘系统的功能评价**

应当按照IEC 60034-18-31中规定的试验程序对额定电压为1 000 V以上的电动机中使用的绕组绝缘系统进行试验。因为变流器供电运行会产生诸如电压应力增加和高频重复率这类附加应力因素，由于谐波损耗（见11.2.4.4）和机械振动（见9.4）而产生附加发热，所以需要特别注意。

8.4.6 **基本数据表示方法**

除了标准的电动机铭牌数据之外，还应当提供下列信息：

——额定转矩；

——最小转速时的转矩；

——额定转矩时的最低转速；

——最小转速；

——基本转速；

——最大转速。

下列附加信息对于正确地进行系统设计和电动机安装来说十分必要，应当单独（例如在产品文件资料中）提供这些信息：

——转子转动惯量，如果需要，还应提供电动机轴的刚性，以便按照8.4.4.4和9.4中规定的要求对扭振进行分析研究；

——按照8.4.5.3中规定的要求提供诸如额定电压U_{Ins}之类的绝缘系统附加数据，或者有关电压应力的其他信息以及耐受能力；

——旋转方向，以及可能有的限制；

——电动机冷却系统的空气流量及环境要求；

——电动机阻抗(如果需要的话);

——相关的安装尺寸;

——轴、尺寸和平衡应当符合相关标准规定的要求;在没有其他规定的情况下,"半键平衡"(half key balancing)是恰当的;

——电动机的质量(转子、定子);

——运输、装卸和存放规程;

——安全与维护规程。

9 PDS系统集成要求

9.1 一般条件

9.1.1 概述

通常,PDS系统由下列主要子系统组成(见图20):

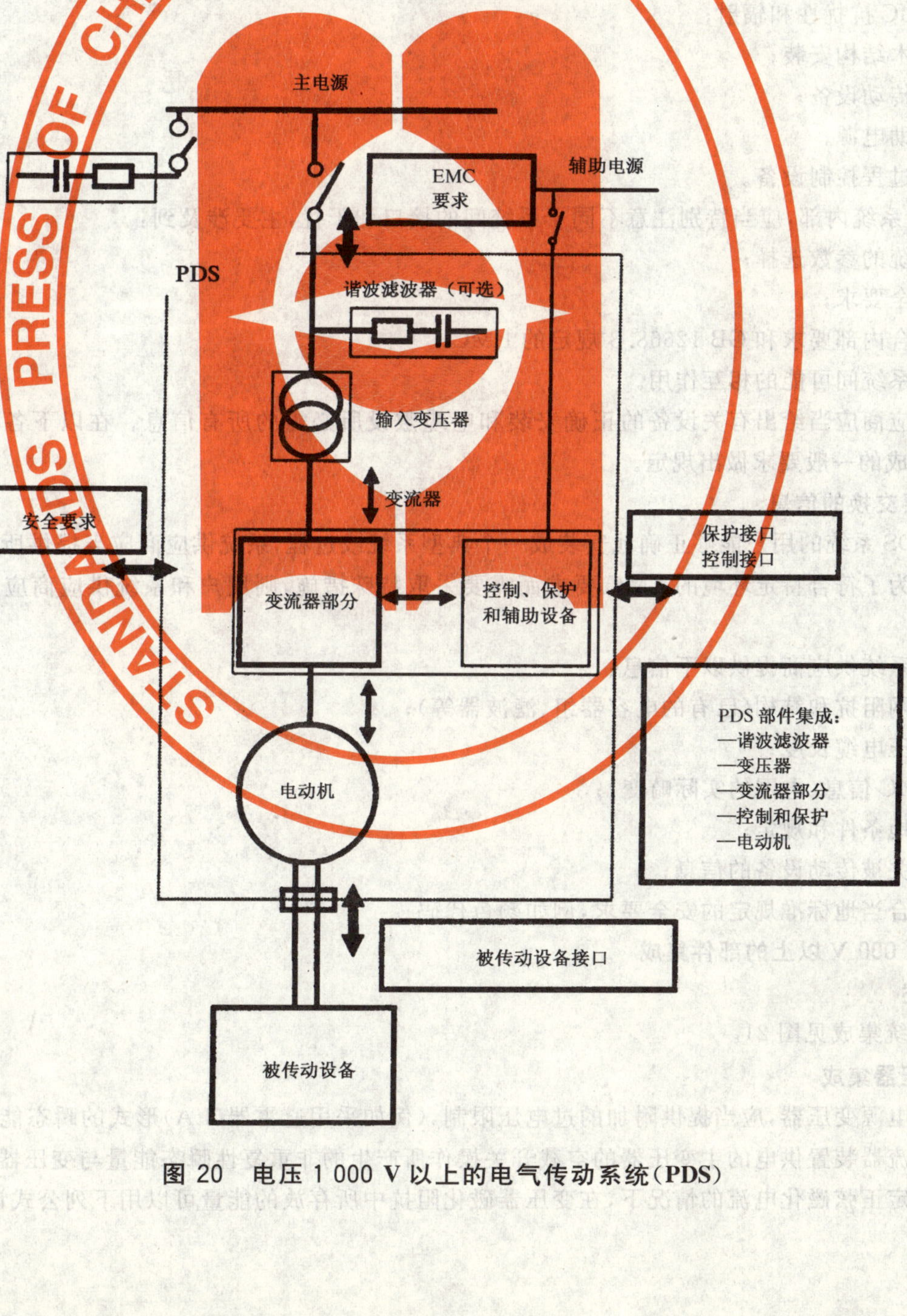

图20 电压1 000 V以上的电气传动系统(PDS)

——变压器；

——变流器部分；

——控制和保护；

——电动机；

——谐波滤波器(如果需要的话)。

9.1.2 传动系统部件之间的相互作用

在预期使用的场所安装由各主要部件构成的PDS系统时，需要一定的专门技能，这些技能不但涉及到PDS系统本身的正确操作，而且还涉及到PDS系统局部环境范围内的相互作用。对于电压超过1 kV的交流PDS系统，应当特别注意与环境的整合，尤其是与下列环境的相互作用：

——主电源；

——主断路器；

——主电力电缆；

——EMC抗扰性和辐射；

——土木结构安装；

——被传动设备；

——辅助电源；

——主过程控制设备。

在PDS系统内部，应当特别注意不同子系统间的接口和干扰，主要涉及到：

——系统的参数选择；

——安全要求；

——符合内部要求和GB 12668.3规定的EMC；

——子系统间可能的相互作用。

系统供应商应当给出有关设备的正确安装和电缆敷设所必需的所有信息。在以下各分条款中对PDS系统集成的一般要求做出规定。

9.1.3 需要交换的信息

为使PDS系统的用户能够正确地安装成一个典型系统或过程，系统供应商应当提供所必需的文件资料。如果为了符合特定环境的EMC要求而需要采取特殊措施，则用户和系统供应商应当尽早就此进行商定。

应当向系统供应商提供以下信息：

——电网阻抗和结构(已有的电容器组、滤波器等)；

——高压电缆长度；

——EMC信息(电网的实际畸变)；

——接地条件和规定；

——有关被传动设备的信息；

——符合当地标准规定的安全要求，例如颜色代码。

9.2 电压1 000 V以上的部件集成

9.2.1 概述

PDS系统集成见图21。

9.2.2 变压器集成

对于主电源变压器，应当提供附加的过电压限制，(例如采用避雷器(LA)形式的瞬态能量吸收)。

由给变流器装置供电的主变压器的空载开关操作所产生的非重复性瞬态能量与变压器磁化能量E相关。在假定正弦磁化电流的情况下，在变压器磁化阻抗中所存放的能量可以用下列公式计算出来：

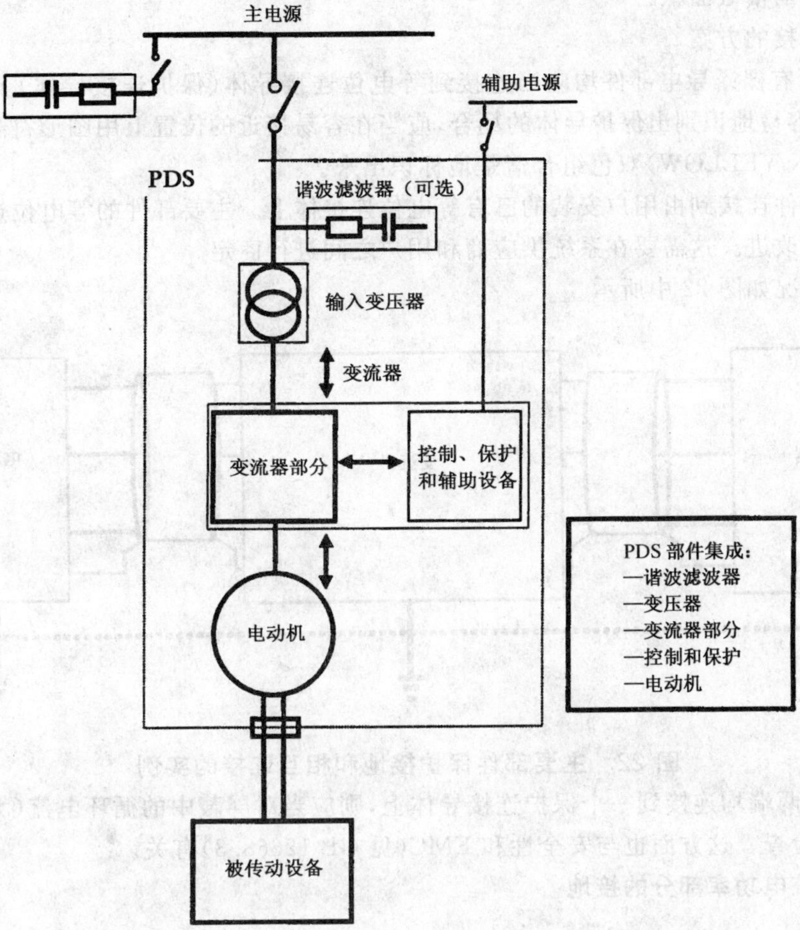

图 21 PDS 系统集成

$$E = \frac{i_{\mathrm{mpu}}}{4 \times \pi \times f_{\mathrm{LN}}} \times S_{\mathrm{N}}$$

式中：

i_{mpu}——磁化电流，相对于变压器额定电流(标幺值)；

f_{LN}——额定频率，单位为赫兹(Hz)；

S_{N}——变压器的表观功率，单位为伏安(VA)。

9.2.3 接地要求

9.2.3.1 主要部件的等电位连接

传动系统的接地方案(地线、接地、屏蔽)应当考虑到：

——由于 PDS 系统的接地点所引起的共模应力；

——EMC 问题。

应当对主要部件之间的保护连接电路和等电位连接(其相互连接)加以考虑。通常，还需要考虑到当地的要求。在系统供应商和用户之间，应当对保护连接方案进行商定。该方案应当覆盖整个 PDS 系统，包括：

——变压器；

——主变流器；

——电动机。

下列几项都是重要的实例：

——保护连接的材料；

——保护连接的横截面积；

——等电位连接的方案。

PDS系统的所有裸露导电部件均应当连接到等电位连接导体(保护连接导体)上。在不能通过其形状、位置或结构容易地识别出保护导体的场合,应当在容易接近的位置上用图形符号IEC 60417-5019或者绿-黄(GREEN-YELLOW)双色组合清楚地标识出来。

将每个主要部件连接到由用户安装的已有等电位连接体上。主要部件的等电位连接可以选择通过直接相互连接加以改进。这需要在系统供应商和用户之间进行商定。

电力电缆的情况如图22中所示。

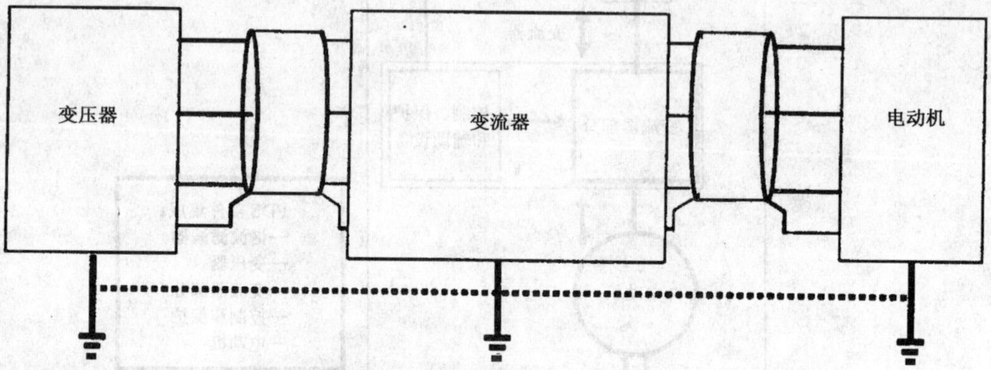

图22　主要部件保护接地和相互连接的实例

如果将屏蔽的两端均连接到一个保护连接导体上,则应当对屏蔽中的循环电流(大部分为磁感应电流)的热负载进行检查。这方面也与安全性和EMC(见GB 12668.3)有关。

9.2.3.2　PDS系统电功率部分的接地

9.2.3.2.1　接地

作为整套系统,可以在不同的地点进行PDS系统的接地。应当根据系统的性质选择接地的位置:可能有的公共变压器的中性点、公共直流母线的中点、任意一个变频器输出滤波器的星形中性点或者电动机的星形中性点。

接地阻抗可以是电阻性、电容性的或者是一种直接连接。应当将接地阻抗连接到一个保护接地导体上。由于EMC原因,可以采用一个单独的等电位连接导体来连接PDS系统功率部分接地的保护连接导体。

接地点和接地型式以及PDS系统的拓扑结构(带或不带输出滤波器),决定了最终的绝缘应力(见8.2)。

9.2.3.2.2　故障条件

规定出在任何故障条件下(按照IEC 60204-11规定)涉及到以下两个方面的特殊要求,是系统供应商的职责范围:

——主要部件之间(由于在故障条件下的大电流)所必需的相互连接及其最小截面;

——电力电缆的屏蔽电流。

9.2.3.2.3　漏电流

漏电流是由于变频器输出电压的高频谐波含量(包括共模电压)以及电缆系统、变压器绕组和电动机绕组的对地寄生电容所引起的。因此应当遵循变压器外壳、电动机机座和电缆铠装或屏蔽的既定安全接地操作规程。

9.2.4　变流器运行的绝缘要求

9.2.4.1　特定约束条件

施加到不同设备上的对地电压应力取决于PDS系统功率部分的接地点。

在上升时间短和开关频率高的情况下需要特别注意。在这样的情况下，在典型的电力电缆系统中会产生电压反射。这种电压反射会对所有连接的功率部件产生一个附加应力。

在考虑到以下几个方面的情况下规定出典型的绝缘应力，是系统供应商的职责范围：

——PDS系统功率部分的接地点和阻抗；

——共模问题；

——电压反射；

——故障条件；

——PDS系统的主要功率部件，例如：变压器绕组、变流器、电力电缆、电动机绕组和电动机轴承以及电动机轴的接地。

9.2.4.2 变压器绕组

对于变压器绕组，需要按照由传动系统拓扑结构和PDS系统功率部分接地方案所计算的绝缘应力(峰值、共模、峰值上升时间、脉冲频率、反射)进行定义。

在由PDS系统设计人员编制的变压器技术规格中应当包括这些值。

9.2.4.3 变流器

对于变流器，需要按照由传动系统拓扑结构和PDS系统功率部分接地方案所计算的绝缘应力(峰值、共模、峰值上升时间、脉冲频率、反射)进行定义。

在9.2中，以所定义的电压应力等级为基础对关于爬电、间隙、脉冲试验和交流电压试验等级的要求进行定义。

9.2.4.4 电力电缆

对于电力电缆，需要按照由传动系统拓扑结构和PDS系统功率部分接地方案所计算的绝缘应力(峰值、共模、峰值上升时间、脉冲频率、反射)进行定义。

在由PDS系统设计人员编制的电力电缆技术规格中应当包括这些值。

9.2.4.5 电动机绕组

见8.4.5。

在对可能有的逆变器输出滤波器和电动机绝缘进行设计时，应当使电动机绝缘应力始终处于在8.4.5.3中定义的极限范围内(包括共模效应)。

9.2.4.6 轴电压和电动机轴承

见8.4.4.1。

在某些情况下，要求采取附加的绝缘措施，例如：

——通过所有电动机轴承的绝缘与轴的适当接地相结合来排除静电效应，使电动机轴与电动机机座完全隔离；

——采用绝缘的联轴器连接被传动设备。

也可以根据逆变器的拓扑结构，特别是在PWM电压源逆变器情况下，考虑采用下列手段进行滤波：

——共模滤波器；

——dv/dt限制；

——正弦滤波器。

如果需要采取附加的措施，系统供应商应当提出建议。

9.2.5 内部电源接口的要求

9.2.5.1 一般要求

PDS系统的电源接口可以是多重接口。应当针对包括电流谐波含量效应的电力传输定义出不同的电源链接，例如：电力变压器和变流器之间的电源链接、输入变流器和可能有的输出变流器之间的直流环节母线、或者变流器和电动机之间的电源链接。在设计时应当考虑到反射、可能的电容耦合、磁耦合或辐射。

最好应当采用多相电缆将电缆并联起来。在没有这类合适电缆可供使用的场合，只要多相系统在物理结构上是针对每一组并联电缆而构成的，就可以使用单芯电缆。

9.3 保护接口

PDS系统应当包含所必需的保护功能、系统部件保护以及普遍高的系统可用性。精心设计的保护将防止传动系统内部和外部发生意外事故。这应当包括表8中所列出的保护功能。

表8 PDS系统的保护功能

网侧电源	报警	跳闸	备注
断电、缺相	×	×	
电网过电压	×	×	
电网欠电压	×	×	
电网电压不平衡	×	×	
电网馈线	报警	跳闸	备注
过电流		×	
过载	×	×	
变压器	报警	跳闸	备注
瓦斯继电器(巴克霍尔茨继电器)	×	×	仅浸油式
过热	×	×	
冷却介质故障	×	×	
油位低	×		仅浸油式
变流器	报警	跳闸	备注
过电流	×	×	换相失灵、短路等
过载	×	(×)	热过载
过电压	×	×	
接地故障	×	(×)	
冷却故障	×	(×)	
过热	×	(×)	
辅助电源故障	×	×	
过程控制通信故障	×	(×)	
速度反馈丢失	×		
电动机	报警	跳闸	备注
电动机过/欠电压	×	×	
电动机过电流	×	×	
过载	×	(×)	热过载
超速	×	×	
绕组过热	×	×	
轴承过热	×	×	
高强度振动	×	×	
冷却故障	×	(×)	
润滑故障	×	×	

注1：振动防护功能可以由被传动设备供应商负责。

注2：(×)：根据条件应用。

注3：应当考虑到供电电网在IPC处的阻抗(见5.1.1.2)和PDS系统的输入阻抗(见8.2.3)。

通常,PDS保护系统的要求及其范围随传动系统功率的增大而增加。对于大型或重要的传动系统,建议采用诊断系统帮助用户进行故障时的诊断分析。

9.4 被传动设备接口

9.4.1 临界转速

系统供应商、用户和被传动设备供应商,应当就整套机械设备的最终横向临界转速的计算和适用的当地要求达成一致意见(见8.4.4.3)。应当特别注意:

——考虑到轴承布置和基础的刚性的影响;

——避免任何在阻尼作用不足的情况下以接近横向临界转速(±20%)连续运行。

在有源轴承(例如磁性轴承)的情况下,以横向临界转速连续运行是可能的。

9.4.2 扭振分析

对于PDS系统和被传动设备而言,扭振分析是一种重要的系统设计工具,用来检查整套机械设备中的扭振应力,例如,尤其是用来检查下列运行条件下的扭振应力:

起动:

——电动机接线端子上一相或三相短路;

——变流器可能发生换相失灵的影响;

——在静态条件下转矩谐波分量的影响。

对于PDS系统和被传动设备,建议进行扭振分析,尤其是在电动机的转动惯量与被传动设备的转动惯量之间存在共振危险的情况下。最相关的情况有:

——被传动设备的转动惯量高于电动机转动惯量的一半;实际上,随着被传动设备转动惯量的增大(与电动机转动惯量相比),高扭振应力的危险也会增大;

——变流器换相失败可能会产生比电动机的三相短路转矩更高的动态转矩;

——在电动机的电磁转矩(气隙转矩)范围内,在稳态时或者在起动过程中任何频率低于100 Hz的分量都可能会超过标称转矩的1%;

——任何高于5 MVA的传动系统;

——具有长轴连接和/或复杂的机械结构配置。

为了进行扭振分析,系统供应商应当提供:

——整个转速范围内的气隙转矩脉动(包括谐波成分);

——传动端用轴的机械图,包括材料特性。

为了进行扭振分析,被传动设备供应商应当提供:

——整个转速范围内任何负载转矩脉动的情况(包括谐波成分);

——轴的机械图,包括材料特性。

10 试验

10.1 试验的实施

应当在合同文件中就试验的实施和试验要求达成一致意见。本条款规定各种不同类型的试验。对于主要部件,即电动机、变压器和变流器,应当按照相应的国家标准和行业标准中规定的要求进行单独试验。在本部分中概述了传动系统、调速、谐波等所涉及的附加试验要求。

通常,要求只对一台装置进行型式试验。而应当对所有装置进行出厂试验。如果已经对同样的装置进行了型式试验,则系统供应商应当随其投标一起提供试验报告。

应当在合同中就诸如组合试验这类专门试验(见3.6.4)和验收试验达成一致意见。

应当在合同中就为了按照本部分第11章所定义的那样确定出单个器件和系统的损耗、从而确定出效率而要求的试验达成一致意见。

通常,应当在装运之前由系统供应商实施试验。其他安排则应当在订货之前达成一致意见。

应当在订单中对目击试验进行规定。如果没有另外进行商定，系统供应商应当在所有目击试验之前至少10个工作日通知用户或其授权代表。在没有得到用户或其代表对试验的认可或者用户的弃权声明的情况下，系统供应商不能越过任何目击试验而继续进行下去。系统供应商还应当及时将合同中商定的其他试验通知用户。用户将决定是自己还是其授权代表应当参加这些试验。系统供应商可以以任何方式继续进行。

在进行所计划的试验以前，系统供应商应当及时将试验程序连同相关验收准则发送给用户或其授权代表，并得到他们的认可。

10.2 PDS系统单个部件试验项目

10.2.1 PDS系统部件标准试验项目综述(见表9)

表9 PDS系统部件的标准试验项目

PDS 系统部件	标准
谐波滤波器	GB/T 3859.3
变压器	GB/T 3859.3第5章、GB/T 18494.1
电动机	GB 755、IEC 60034-2
变流器	见表10
控制和保护	见表10

注1：如果需要在与设计时所用条件不同的条件下对谐波滤波器进行试验，则可能会影响到调谐条件、部件负载和试验结果。

注2：如果为了确定出效率和温升需要进行系统满载热运行试验，则无需为此再进行变压器和电动机的单独试验。

如果适用，滤波器的型式试验应当验证是否能满足滤波器的性能参数。如果这样做切实可行，该型式试验还应当验证是否符合关于最大电压和电流应力以及温度等级的设计准则。

注3：通常，还需要进行附加现场调试试验。

注4：该滤波器可以是公用设备滤波器。

如果适用，理想的方式应当是通过进行一次包括有功谐波电流和电压畸变(见10.3)的满载热运行试验确定出设备的温升。

如果变压器的型式试验是以IEC 60076或GB 6450所规定的、只考虑到基波正弦分量的单项损耗法为基础，则应当对有功谐波分量所造成的损耗和温升记录下满足要求的裕度。应当在试验开始之前对这些损耗和相关的温度裕度进行理论上的计算。

如果与上述条款中规定的试验不矛盾的话，IEC 60076和中规定的所有试验也适用于变流器用变压器。

应当以额定基波电流和最大谐波电流畸变为基础计算出上文所定义的损耗和温度。

可以认为在GB/T 3859.3的第5章中规定的试验是可适用于变压器的专门试验。

按照IEC 60034的规定对电动机进行的单独试验，并不保证PDS系统和被传动设备的预期运行性能。应当通过提供信息或者通过对由具有下述特性的变流器供电的电动机进行试验的方式对纹波和谐波含量加以考虑。该变流器的特性类似于将用来给电动机供电的变流器的特性。如果是那样的话，系统供应商应当提供有关如何考虑到所有相关现象的信息，例如：

——扭振分析所需的气隙脉动转矩分量和转子转动惯量；

——效率确定所需的附加损耗；

——总的温升；

——附加噪声。

注5：如果电动机有2个相移为30°的三相绕组，则应当计算出等效试验电压和试验电流。

在传动系统负载包迹的基础上，电动机的温升应当在最小转速和额定转速时测定；如果传动系统具有恒功率范围，则应当在基本转速时测定；如果与额定转速不同，则在最大转速时测定。应当以这些测量的结果为基础决定是否由于冷却系统(消除损耗)和/或调制方法(产生损耗)的缘故而需要进行进一步的测量。

10.2.2 变流器和控制装置的标准试验项目

10.2.2.1 综述(见表10)

表10 变流器作为部件的标准试验项目

试验	型式试验	出厂试验	专门试验	标准和子条款
绝缘(见注1)	×	×		GB/T 3859.1 中的 6.4.1
轻载和运行(见注2)	×	×		GB/T 3859.1 中的 6.4.2 IEC 60146-2 中的 7.3.5
额定电流/输出	×			GB/T 3859.1 中的 6.4.3 IEC 60146-2 中的 7.3.6
过电流能力(见注3)			×	GB/T 3859.1 中的 6.4.10 IEC 60146-2 中的 7.3.7
均流	×			10.2.2.3
均压	×			10.2.2.3
相间纹波电压和纹波电流			×	GB/T 3859.1 中的 6.4.17
功率损耗确定(见附录C)	×			GB/T 3859.1 中的 6.4.5 IEC 60146-2 中的 7.3.9
温升(见注4)	×			GB/T 3859.1 中的 6.4.6
固有电压调整率测量			×	GB/T 3859.1 中的 6.4.8
辅助设备检查	×	×		GB/T 3859.1 中的 6.4.11
控制装置特性检查	×	×		见 10.2.2.2 和注 2
保护装置检查	×	×		GB/T 3859.1 中的 6.4.13
声频噪声(现场调试试验)			×	GB/T 3859.1 中的 6.4.16
功率因数			×	
其他试验			×	GB/T 3859.1 中的 6.4.21

注1：可以在使电力半导体器件短路的情况下进行绝缘试验。元器件制造商应当已经对这些器件的绝缘等级单独进行了检查。

注2：可以采用一台功率小于指定电动机功率的电动机进行轻载试验。但是，其电压和转速/频率范围应该相匹配。

注3：变流器的过电流反映PDS系统的过载能力(6.1.4)。应当在规定的间隔时间内施加规定的短时过电流值或者实际负载起动顺序。

注4：温度试验应当验证满足电力半导体以及其他关键器件(例如电容器和印刷线路板PWB)要求的温度裕度。为了记录下半导体器件的温度裕度，变流器制造商应当在开始试验之前对其结温进行理论计算。

10.2.2.2 绝缘试验、功能试验、控制装置试验

变流器的绝缘试验应当考虑到最大瞬态和稳态电压峰值。

功能试验应当至少包括下列几项：

——按照规定的负载范围起动并加速到最小运行转速；

——如果与额定值不同，则以适当大小的转速整定值稳定运行，如果可能，需包括额定转速和最大转速；

——在上述运行转速之间稳定加速和减速。

注：对于试验来说，有些附加转动惯量可能是合适的。

额定电流试验和过电流试验应当作为系统试验(见10.3)的组成部分来实施，或者在已有给变流器加载的相关设备可供使用的场合作为一项特殊器件试验来实施。

可以采用一台较小功率的试验电动机和适度定标的测量设备进行控制功能/控制装置的出厂试验。轻载试验(见10.3.3.1或表10)也对一些控制功能进行检查。通过适度定标，就可以对电流限制功能以及可能涉及到的加速和减速功能进行试验。

可以采用具有较低额定值的电动机来进行控制装置的型式试验。

10.2.2.3 保护和特殊项目

可以通过模拟由相关开关操作所引起的故障来进行保护功能/保护装置的出厂试验。

对于保护功能的型式试验，系统供应商应当提出合适的试验程序。

均流试验——如果传动系统中采用并联连接的电力半导体和/或变流器，则应当检查均流的情况。这种均流试验应当在额定输出电流条件下进行。

实际情况有：

——输入整流器和/或逆变器采用12脉冲结构配置时；

——电动机定子具有两个并联绕组(采用6相结构配置)时。

电流平衡应当足以保证在(取自部件公差、设计裕度、使用条件等值的)最恶劣条件下所有器件所承受的应力均不超过设计值。在试验开始之前应当确认出这些设计限值。

均压试验——如果有2个或多个电力半导体和/或变流器串联连接，则应当检查均压情况。电压分压应当足以保证在(取自部件公差、设计裕度、使用条件等的)最恶劣条件下所有器件所承受的应力均不超过设计值。在试验开始之前应当辨别出这些设计极限。

10.3 传动系统试验

10.3.1 一般要求

除非在表11的参考标准中另有规定，传动系统试验均应是专门试验，应当以合同形式进行商定。如果实施传动系统试验，则其中的一些试验将取代10.2中所述的试验。

进行传动系统试验时需要有一个负载：可以是被传动设备、一种经校准的负载、或者是另一种规定的负载设备。如果需要进行效率测定，则需要对该负载机组进行校准。如果有2个传动系统可供使用，则可以采用背靠背法进行试验。关于效率的确定，见第11章。

下面的表11给出了PDS系统试验的项目。

表11 传动系统试验项目

稳态性能试验	参考标准或条款
轻载试验	10.3.3.1
负载特性试验(负载包迹试验)	10.3.3.2
负载工作制试验(间歇负载试验)	10.3.3.3
允许满载电流-转速试验	10.3.3.4
温升试验	10.3.3.5
效率	10.3.3.6和第11章
网侧电流畸变含量	10.3.3.7
功率因数	10.3.3.8
辅助设备检查	10.3.3.9

表 11(续)

稳 态 性 能 试 验	参 考 标 准 或 条 款
保护设备协调性检查	10.3.3.10
异常使用条件下的特性检查	10.3.3.11
轴电流/轴承绝缘	10.3.3.12
音频噪声	10.3.3.13
转矩脉动	10.3.3.14
电动机振动	10.3.3.15
EMC 试验	10.3.3.16 和 GB 12668.3
动态性能试验	10.3.4
电流限制和电流环试验	10.3.4.1
转速环试验	10.3.4.2
自动再启动/再加速	10.3.4.3

10.3.2 试验方案

关于测量电路,见图 23。在该图中,可以直接测量或者通过测量计算出下列物理变量:

——电压 U;

——电流 I;

——转速 N;

——转矩 M;

——温度 θ;

——有功功率 P 等;

——附加测量项目可能是振动测量、声学测量和信号扰动测量。

注:如果需要进行效率测定,则在选择测量仪器时应当特别注意。这些测量仪器应当具有足够包括 40 次以下谐波的带宽和足够将损耗规定在 10%以内的精度,能够测量出真实有效值。参阅第 11 章。

10.3.3 稳态性能试验

10.3.3.1 轻载试验

电动机的轴与一个负载相耦合,该负载能够为正在试验中的传动系统提供条件,以便能够检验控制系统的功能。如果在系统供应商和用户之间达成协议,则可以采用空载试验。

注:负载为被传动设备;或者为了试验,负载可以是对被传动设备的仿真。

10.3.3.2 负载特性试验

应当至少在最小转速和额定转速时在规定负载范围的转矩特性曲线上部进行测量,而且如果与额定值不相同,则应当在最大转速和最大转矩时进行测量。测量的数据如下:

——变压器输入端的电压 U_L、电流 I_L 和功率 P_L;

——变流器输入端的电压 U_V、电流 I_V 和功率 P_V;

——电动机输入端的电压 U_a、电流 I_a 和功率 P_a;

——每个主要部件的温升。

注 1:系统供应商和用户需要就进行该项试验的地点进行商定,可以是在车间、在现场调试过程中或者在另一个试验场地。

注 2:如果为进行损耗和效率计算也需要采用该项试验,则可以参考第 11 章中对计算方法和仪器仪表使用的介绍。否则,采用精度满足基波正弦波形要求的仪器就足够了。

注 3:负载可以是被传动设备、一种负载机组,也可以是采用背靠背结构配置的同类传动设备。

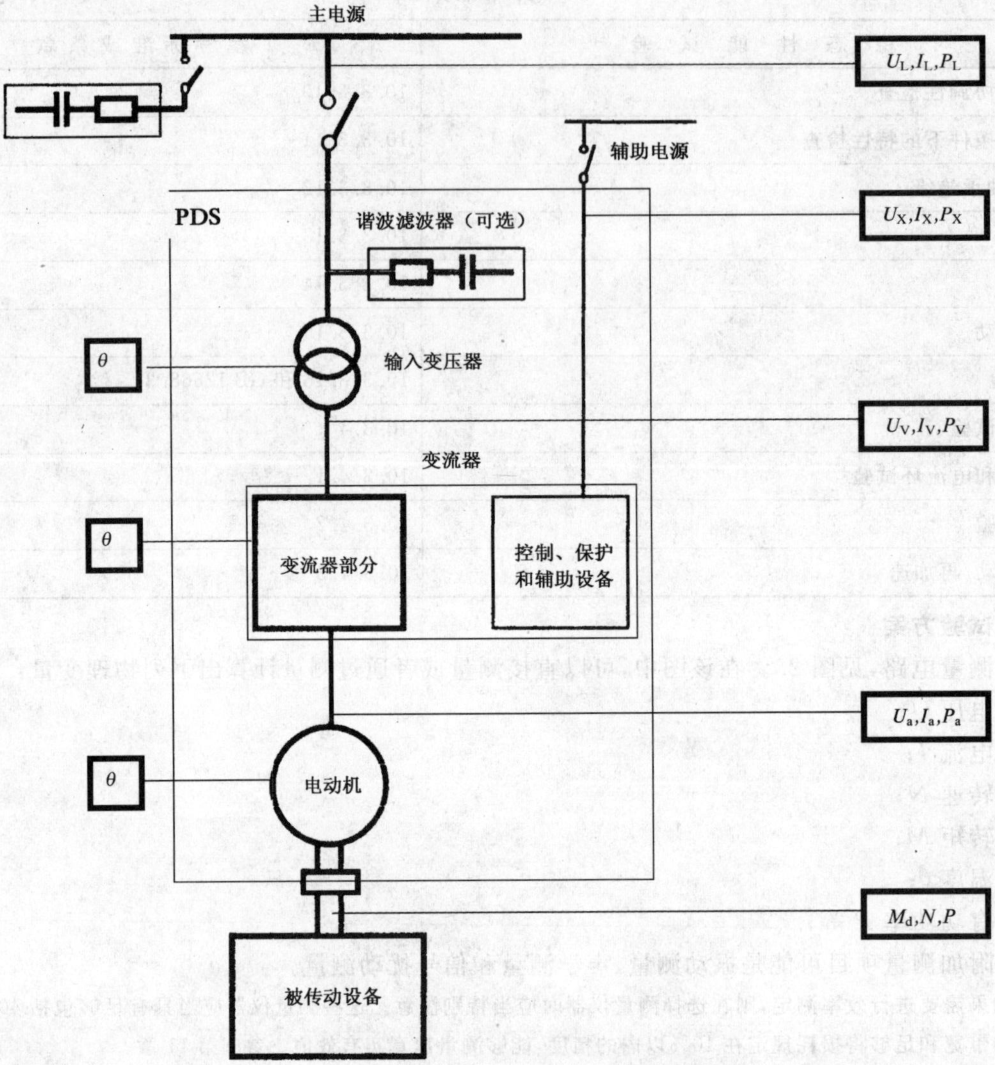

图 23　传动系统试验的参考测量点

10.3.3.3　**负载工作制试验**

只有在用户定义出一种间歇负载工作循环时该项试验才是实质性的。

电动机应当与一种负载相耦合，该负载能够在长期运行过程中保证所定义的负载工作制分布，以验证所有设备的温升是否能在额定值范围内达到稳定状态。

10.3.3.4　**允许满载电流—转速的试验**

该项试验应当确定出所定义负载范围以上的电流裕度并因此而确定出可能有的转矩裕度。该项试验是以系统供应商提供的理论计算为基础的，并且应当验证在规定的冷却条件下温升是否仍然处于所商定的极限范围内。

10.3.3.5　**温升试验**

温升试验是负载特性试验的组成部分，见 10.3.3.2。温升试验需要持续到所有温度都稳定为止。

10.3.3.6　**效率**

见 6.1.4 和 11。

10.3.3.7　**网侧电流畸变含量**

最好在额定运行条件下采用 GB/T 17626.7 所规定的仪器和技术进行该项测量。应当至少测量出 40 次谐波以内的谐波。

应当知道试验过程中PC上的短路条件,并在试验记录中标识出来。

如果为传动系统设计有专用的滤波器,则应当在试验过程中连接该滤波器。

10.3.3.8 功率因数

应当作为负载特性试验的组成部分来进行功率因数测量,见10.3.3.2。

10.3.3.9 辅助设备检查

应当对未进行全面试验的所有辅助设备的功能进行检查。例如,这类设备有电动机风扇、润滑油、外部断路器、隔离开关等。

注:如果方便,可以在进行轻载试验的同时进行该项检查,见10.3.3.1。

10.3.3.10 保护设备协调性的检查

应当尽可能地在不使设备的元器件所承受的应力超过其额定值的情况下对这些保护设备进行检查。为了使应力降低,建议减小整定值。

由于保护设备种类繁多,因此应当在需遵循的试验程序中制定出具体细节。至少应当包括下列几项内容:

a) 紧急停机功能的验证,如果适用的话;

b) 所有报警和跳闸功能的试验/仿真,尤其是:

——超速;

——过压;

——过载;

c) 速度反馈信号丢失;

d) 接地故障;

e) 电流/转矩限制功能的试验。

10.3.3.11 异常使用条件下的性能检查

异常使用条件主要指的是在相关国家标准和行业标准对相关设备规定以外的环境条件,例如温度、湿度、含盐空气、海拔高度等。

对于这类条件,可能需要进行特殊的设计或确定出特殊的额定值标准,或者要求额外的保护涂层等,而且应当由用户在其要求中规定出来。防护措施和试验准则应当以合同形式商定下来。

10.3.3.12 轴电流/轴承绝缘

轴电流可能是由于电动机电压和电流中的共模效应和谐波所造成的。尽管轴电流的幅值小,但这些电流却可能会损坏滚动或滑动轴承。系统供应商和用户应当就是否存在轴电流的试验方法进行商定。

10.3.3.13 音频噪声

该项试验应当按照ISO 1680和IEC 60034-9中规定的要求进行。

注:低音频等级可能要求使用消声外罩。

10.3.3.14 转矩脉动

若配备有足够灵敏的测量设备可供使用,就可以在空载条件下采用转速和/或电流测量方法测量出气隙转矩脉动的相关等级。理论情况下,在负载惯量已知、适当负载及PDS系统与轴装式转矩检测设备机械耦合连接的情况下,来测量特定的PDS系统中产生的气隙转矩脉动。然后才有可能计算出气隙转矩脉动。

10.3.3.15 电动机振动

应当按照GB 10068中规定的要求并在与负载特性试验相同的负载点上进行振动试验,见10.3.3.2。

10.3.3.16 EMC试验

EMC(电磁兼容性)试验的有关规定见GB 12668.3。

10.3.4 动态性能试验

10.3.4.1 电流限制和电流环

这些试验用来表征变流器或传动系统的动态性能，与被传动设备无关。

要求变流器达到其预定的电流限制点，可通过使负载递增变化或者使转速基准值跃变。可以按需要对电流上升时间、超调量、持续时间以及阻尼特性进行分析。

电流环带宽和谐波分析，可以用来确定电流基准值和电流测量(反馈)值之间的响应。

应当在与负载特性试验相同的转速点上进行这些试验，见 10.3.3.2。

10.3.4.2 转速环

通过在空载或轻载时提供并正确选择一个转速基准值跃变来测量转速响应。该跃变不应当触发电流限制功能。

可以提供一个小的负载跃变，以便测量出转速响应与负载的关系。该跃变不应当触发电流限制功能。

应当在与负载特性试验相同的转速点上进行这些试验，见 10.3.3.2。

10.3.4.3 自动再启动和再加速

如果用户规定了这些功能，则应当对其进行检查。

10.3.5 背靠背试验

背靠背试验要求第二个具有相应特性的 PDS 系统。在背靠背试验中，一个 PDS 系统起电动机作用，另一个则起发电机作用。图 24 示出了这种背靠背试验的示意图。

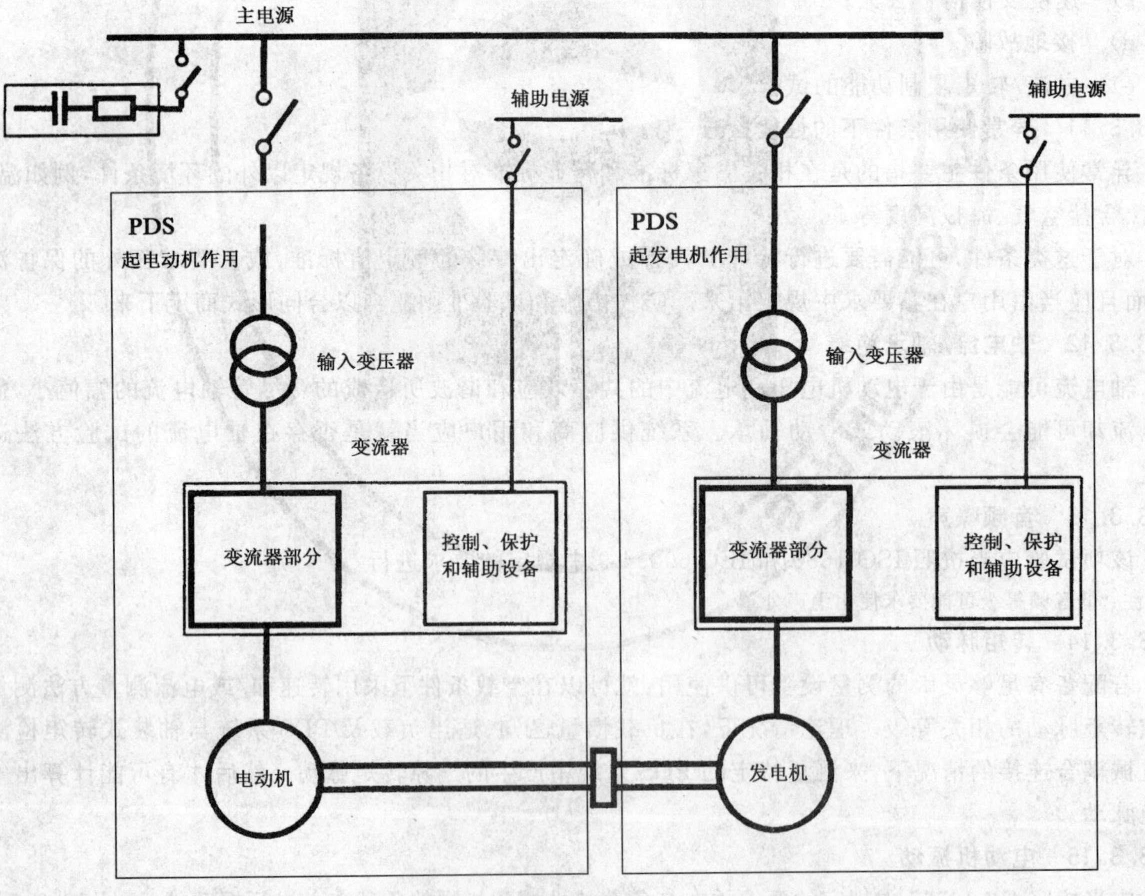

图 24 背靠背试验

10.3.6 零功率因数试验

根据系统供应商和用户之间的商定，可以对电流源型变流器进行零功率因数试验而不进行实际传动系统试验。

零功率因数试验的含义是变流器在零功率因数条件下向正在进行试验中的同步电动机提供额定电流或过载电流，电动机不带机械负载。

在这种情况下，可以在合适的实际试验中进行变流器额定电流试验、过载能力试验、温升试验、功率损耗确定、控制设备特性检查以及保护装置检查。

11 效率确定

11.1 一般要求

可以采用两种方法来确定传动系统总效率：单项损耗法和系统满载试验。采用第一种方法时，假设是按照相关标准中规定的理想基波正弦波形，先单独确定各单个系统部件的损耗，然后总计各单项损耗(见表 9)，再加上由于非正弦电压和电流波形引起的附加损耗。传动系统总损耗是所有单个部件损耗的总和。

第二种方法可以确定出被配置成能够在其预期运行条件下工作的系统的真实损耗。下列两类方法可适用于按照第二种方法确定损耗。

a) 通过输入和输出功率的直接测量确定损耗。这种方法要求非常精确地测量系统(或者在需要时测量每个系统部件)的输入和输出部分中的功率，输出功率可以利用经过校准的负载机组进行测量(见 11.3)。

b) 直接测量损耗。基本上可以采用背靠背结构(如果适用的话)或者借助量热法进行这种测量。

通过直接测量损耗，方法 b)可以得出更为精确的结果，而且就其特点在于高效率值的系统来说，方法 b)更为可取。

系统供应商和用户应当在合同和订单中商定出所要采用的方法以及需要测量的负载点。

用于各单个系统部件和整套传动系统的通用效率计算公式为：

$$效率(\eta)\% = \frac{输出功率(P_{out})}{输入功率(P_{in})} \times 100\% \text{ 或}$$

$$效率(\eta)\% = \frac{[输入功率(P_{in}) - 损耗(P_{loss})]}{输入功率(P_{in})} \times 100\% \text{ 或}$$

$$效率(\eta)\% = \frac{输出功率(P_{out})}{[输出功率(P_{out}) + 损耗(P_{loss})]} \times 100\%$$

在这三个公式中，根据可利用的测量点确定出一种选择。通常，采用第二个或第三个公式确定单项损耗，可以获得更高的精确度。在这种情况下，因为电缆损耗常常不在系统供应商的控制之下，所以这些损耗通常被忽略。

注：在选择测量仪器时应当特别注意。这些测量仪器应当具有足够包括 40 次以下谐波的带宽和足够将损耗规定在 7% 总公差(见 6.1.4)以及每个主要部件各为 10% 范围以内的精度，能够测量出真实有效值。

PDS 系统的硬件配置和单个部件效率见图 25。

PDS 系统各单个部件效率的定义如下：

——变压器效率：从耦合点到变流器输入端子，见 11.2.2；

——电力变流效率：见 3.1.6；

——电动机效率：从电气输入端子到机械输出，见 11.2.4；

——PDS 系统效率：见 3.1.5。

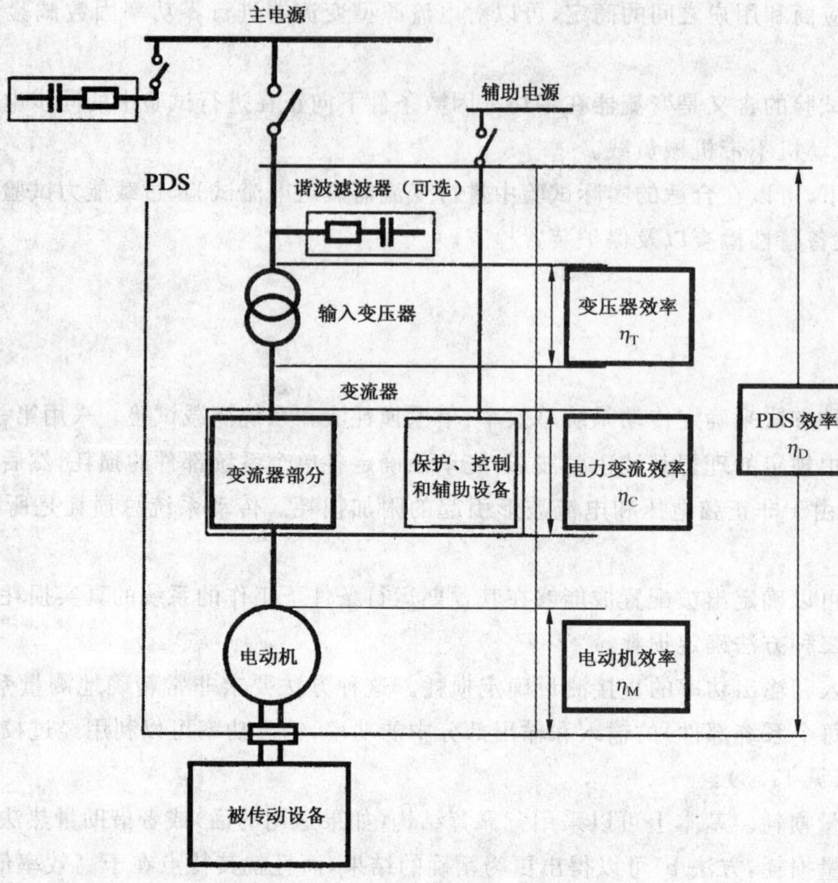

图 25　PDS 系统的硬件配置和单个部件效率

11.2　单项损耗法

11.2.1　一般要求

应当采用与传动系统各单个部件(变压器、电抗器、电动机和变流器)相关国家标准或行业标准标准。此外，制造商应当计算出由于非正弦电压和/或电流波形所造成的附加损耗。这些方法都应当通过对相同设计和额定值的各单个部件进行测量来加以验证。

对于由于设计、时间或其他原因而没有已经过验证的计算方法可供使用的情况，下列各分条款提供用于计算附加谐波损耗的经验公式。而且假定由谐波电流和电压所造成的附加损耗以基波损耗的固定系数给出。只有在手头没有更为可靠的数据时才可以使用这些系数。

注：采用这种方法确定的损耗只能用于效率计算，而不能用来确定温升。

11.2.2　变压器损耗

在 GB/T 3859.3 和 GB/T 18494.1 中规定了对变流器变压器的特殊要求。这两个标准是分别参照 IEC 60076(普通液冷变压器)和 IEC 60726(直接空冷变压器)而制定的。应当按照这些标准的要求确定出基本铁损和铜损以及相关的杂散损耗和辅助设备损耗。

如果没有另外进行商定，则谐波损耗的确定应当以下列关于给二极管或晶闸管桥供电的输入变压器的假定为根据。变压器的电压畸变与电流畸变相比要小。因此，附加损耗主要发生在绕组中，并且主要取决于这些绕组的设计。附加谐波损耗 $P_{h,1}$ 应当按下式计算：

$$P_{h,1} = k_1 \times P_{Cu,1}$$

式中：

k_1=0.3，绕组电流为 6 脉冲或者少于 6 脉冲时，或者；

$k_1=0.2$,绕组电流为 12 脉冲或者多于 12 脉冲时;

$P_{Cu,1}$是变压器绕组铜损的基波分量。

这个系数也包括附加杂散损耗。对于最优化设计的变压器而言,这些值可以低得多。变压器的总损耗 P_{total}为:

$$P_{total} = P_1 + P_{h,1} + P_X$$

式中:

P_1——GB/T 3859.3 所规定的基波损耗;

P_X——可能有的辅助设备损耗。

11.2.3 电力变流器

11.2.3.1 一般要求

通常,变流器由一个 6 或 12 脉冲的电网换相输入整流器、一个由电抗器和/或电容器构成的中间环节滤波器和一个输出逆变器组成。逆变器既可以是电流源负载换相型的,也可以是电压源脉宽调制(PWM)型的。

通常,变流器损耗包括:

——半导体导通损耗(见附录 C);

——半导体开关损耗(见附录 C);

——保护装置(缓冲器)损耗(见附录 C);

——变流器滤波器;

——辅助设备损耗;

——控制和保护装置等用电源;

——冷却介质用风扇和/或泵。

关于各个部件以及损耗确定方法,在 GB/T 3859.1 和GB/T 3859.2中叙述;另外,关于特殊电力半导体和缓冲器损耗的计算,见附录 C。

引起辅助设备损耗的装置可能为整流器和逆变器部件所共有。

11.2.3.2 整流器

整流器的损耗应当在额定(基本)负载和额定(基本)触发角时确定;如果这些值是不同的,则应当在最大负载和相应触发角时确定。

11.2.3.3 逆变器

如果逆变器为负载换相型的,则其损耗基本上与整流器的损耗相同,而且在 GB/T 3859.1 和 GB/T 3859.2中包括了该项目。这种逆变器的损耗应当在额定(基本)负载和额定(基本)触发角时确定;如果这些值是不同的,则应当在最大负载和相应触发角时确定。

在 IEC 60146-2 中包括了自换相逆变器。

这种逆变器的损耗应当在采用正确的相关 PWM 模式的情况下在额定(基本)负载时确定;如果不同,则应当在最大负载时确定。

11.2.3.4 直流环节电抗器

在 GB/T 3859.3 中包含有电抗器的技术规格。

包括谐波分量在内的损耗应当按照经过验证的方法计算。如果没有这样的方法可供使用,则下列系数可以用作可依靠的数据。

应当以额定直流环节直流电流为基础按照下式计算出由纹波电流所造成的附加损耗:

$$P_{h,2} = k_2 \times I^2 R_{d.c.}$$

式中:

$k_2=0.10$,空心时;

$k_2=0.15$,铁心时;

$R_{d.c.}$是与直流电流的铜损对应的电阻。

这个公式可适用于电流源逆变器(CSI)中的电抗器和电压源逆变器(VSI)中的电抗器。

11.2.3.5 直流环节电容器

通常,电容器的损耗可以忽略不计。

11.2.3.6 其他损耗

应当分别包括由于辅助电路、保护装置、冷却等所造成的其他损耗。

11.2.4 电动机损耗

11.2.4.1 一般要求

按照 IEC 60034-2 的规定,有下列两种可供选择的单独试验方法:

——用一台经过校准的电动机来驱动要进行试验的电动机;

——将电动机连接到一个可调正弦电压源上。

通常,第一种方法最适用于同步电动机,而第二种方法最适用于感应电动机。但是,如果只有电压可调而频率不可调,则只能以电源频率下的转速确定效率。

这两种可供选择的方法均能够确定出下列各单个损耗分量:

——摩擦和通风损耗;

——铁心损耗;

——定子绕组损耗(I^2R 损耗);

——转子损耗。

测量也应当包括励磁损耗和相关的辅助设备(例如润滑油泵和独立通风机)的损耗。

11.2.4.2 单绕组电动机

在 IEC 60034-2:1972 中给出了用来确定电动机以纯正弦电压和电流运行时的效率的方法。此外,在 IEC 60034-2:1972 的附录 A 中包括了将谐波损耗计算在内的暂定方法。

11.2.4.3 双绕组电动机

如果三相绕组之间的相移为零,则可以将绕组并联连接起来进行试验,而且两种可供选择的方法均可采用。

如果三相系统具有一个相互相移,并且绕组的两端不适用于进行绕组的串联连接,则唯一的试验方法只能是采用一台经过校准的电动机驱动被测试电动机来进行试验,因为不太可能有可调移相电源可供使用。

在短路测量过程中,应当使两个三相绕组独立短路。

11.2.4.4 谐波损耗

如果没有就谐波损耗的确定方法另外进行商定,则应当以下列假定为根据:与变压器工作相似,附加谐波损耗主要发生在绕组(电动机的定子绕组和转子绕组)中。

如果电流的波形是一种准方波波形,则应当按下式估算出附加谐波损耗 $P_{h,3}$:

$$P_{h,3} = m \times k_3 \times I_1^2 \times R_{M,1}$$

式中:

m 为相数;

k_3=0.15,三相绕组时;

k_3=0.10,六相绕组时。

对于由电压源变流器供电的感应电动机而言,情况就复杂得多;这主要取决于调制方法、脉冲模式和电动机设计,尤其是转子鼠笼。作为可依靠的数据,应当采用下列系数:

k_3=0.10,在额定转速的80%以下的范围内正弦 PWM 时或者在采用 3 电平 PWM 变流器时;

k_3=0.20,在额定转速的80%以上 PWM 时以及在每个基波周期至少为 6 个脉冲时;

k_3=0.30,在高速时不采用 PWM 时,也就是在 6 拍运行时。

用来计算 $P_{h,3}$ 的公式只对额定电流(I_{N1})有效,因为对于电压源变流器而言电流谐波含量确实与负载无关。

在上式中,$R_{M,1}$ 是在基频时一相的定子电阻($R_{S,1}$)和折算到定子绕组的转子电阻($R'_{R,1}$)之和。

$$R_{M,1}=(R_{S,1}+R'_{R,1})$$

指定的系数 k_3 考虑到了附加谐波和杂散负载损耗。

对于定子侧的转子相电阻,应当通过测量额定电流和堵转转子时的短路损耗确定出来。对于 m 相感应电动机,按下列公式计算出定子损耗:

$$R'_R=\frac{(P_{SC}-mI_N^2R_S)}{mI_N^2}$$

式中:

I_N——额定定子电流。

11.3 满载系统试验

11.3.1 一般要求

按照原理,这是获得系统真实损耗并进而获得效率的唯一途径。同时也是在进行现场调试以前测量各单个设备真实温升的唯一途径。

该方法要求使用一台功率至少与传动电动机功率相同的负载机组。电动机的轴功率需要通过电动机轴转速和转矩测量出来,或者该负载机组需要经过校准。如果有两台完全相同的再生回馈式传动装置可供使用,则应当采用背靠背试验方案。

在图 23 中示出了测量方案、符号和指标。原则上,可以通过输入和输出功率之差来直接测量出各单个设备的主要电源电路损耗:

$$P_{loss}=\sum(P_{in}-P_{out})=(P_L-P_V)+(P_V-P_a)+(P_a-P_S)+P_X$$

由于涉及到高效率,因而最后所得到的损耗在两个比较大的数值之间形成一个比较小的差值。因此,上式中第二个等式表示每个主要部件单独测量结果,会得出一个更高的精确度。同样,测量仪器的精度也应当很高,通常应当为 0.02%或更好;仪器的带宽应当达 40 次谐波。其他详情见 IEC 60034-2 的修正案 2。

11.3.2 变压器损耗

除了直接测量的损耗以外,变压器损耗由可能相关的诸如强迫冷却用风扇或泵之类的辅助设备损耗组成。其他辅助设备损耗,例如结构和外罩中的杂散损耗,已包括在 P_L 中。

变压器的效率为:

$$\eta_T=\frac{P_V}{P_L+P_{Aux,1}}$$

如果相关,滤波器损耗应当单独测量出来,但不应作为变压器损耗的组成部分。

11.3.3 变流器损耗

直接测量中未包括的辅助设备损耗可能有:

——可能相关的冷却风扇和泵;

——外部电源。

最后所得到的变流器效率为:

$$\eta_C=\frac{P_a}{P_V+P_{Aux,2}}$$

11.3.4 电动机损耗

直接测量中未包括的辅助设备损耗可能有:

——由外部电源供电的冷却风扇;

——用于二次冷却介质的由外部电源供电的泵;

——励磁系统电源；

——外部润滑油泵。

注：只需考虑泵和泵用电动机损耗以及外部传输损耗。泵的其余做功包括在主电动机轴承损耗中。

如果采用背靠背方法，则不能通过测量直接得出轴功率 P_S。应当将两台相同的电机(一台起电动机作用，另一台起发电机作用)调整到尽可能接近于相同的电压、电流和功率因数值，通常调整到额定电压、额定电流和额定功率因数值。两台电机之间的平均值应当被认为是测量参数。作为电动机输入功率 P_a 和发电机输出功率 P'_a 之间的差值而得出的损耗的二分之一，应当被认为是传动电动机主损耗：

$$P_{loss,3}=\frac{1}{2}\cdot(P_a-P'_a)$$

电动机效率为：

$$\eta_M=\frac{P_S}{P_a+P_{Aux,3}}=\frac{P_a-P_{loss,3}}{P_a+P_{Aux,3}}$$

11.3.5 谐波滤波器

如果谐波滤波器是传动系统的一个组成部分，无论是耦合连接到变压器的二次侧还是通过单独的绕组耦合连接，测量出的滤波器损耗将作为变压器损耗的一部分。可以通过单独测量将这些损耗分离出来。

如果滤波器位于变压器一次侧的某个位置上，则要求进行单独测量以验证滤波器损耗。

11.3.6 传动系统总效率

传动系统总效率为：

$$\eta_{drive}=\frac{P_S}{P_L+\sum P_{Aux}}=\frac{P_a-P_{loss,3}}{P_L+\sum P_{Aux}}$$

注1：所介绍的满载直接测量法只是以电气测量为基础。如果用量热法测量取代某些电气测量，则其中有一种测量将需要考虑到微小的热传导，例如从电机机座至周围环境的辐射热和传导热等。

注2：在为上述测量进行计划和编制记录时，要确保将所有辅助设备的损耗包括在内，但只考虑一次。

附 录 A
(资料性附录)
最常用的传动系统拓扑结构

A.1 目的

本附录旨在给出最常用的传动系统拓扑结构的简化方框图。关于通用信息,应当参阅本部分第4章。可以增加某些设备选件,例如不同的滤波器、变压器、能量回馈单元等。

这些简化方框图采用一个开关符号来表示可以由其控制信号关断的半导体开关。注意:如果没有二极管符号与开关符号并联,则该半导体开关应当具有反向阻断能力。

A.2 采用间接变流器的传动系统拓扑结构

A.2.1 采用同步电动机的负载换相逆变器(LCI)传动系统

传动系统的基本结构如图 A.1 中所示。

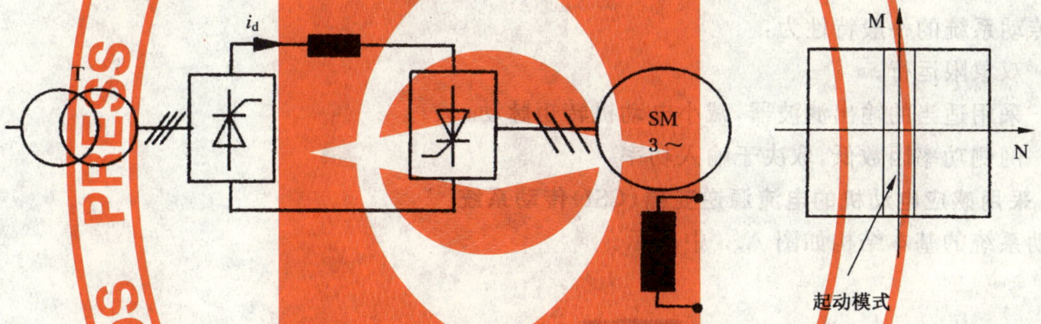

图 A.1 LCI 同步电动机传动系统的基本结构

这种传动系统的主要组成部分如下:

——网侧电网换相变流器;

——电动机侧负载换相变流器;

——直流环节中的直流电抗器;

——同步电动机;

——励磁系统,给电动机磁场供电。

该传动系统的一般特性为:

——四象限运行;

——最小转速以下时的脉动转矩(起动模式时);

——网侧功率因数低,取决于输入功率。

A.2.2 采用感应电动机的负载换相逆变器(LCI)传动系统

传动系统的基本结构如图 A.2 中所示。

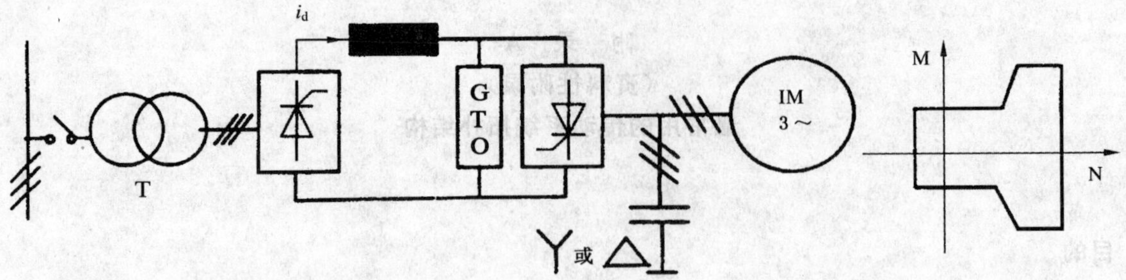

图 A.2 LCI 感应电动机传动系统的基本结构

这种传动系统的主要组成部分如下：

——网侧电网换相变流器；

——电动机侧外部换相变流器；

——直流电抗器；

——公用可关断器件(GTO)；

——输出电容器组；

——感应电动机。

该传动系统的一般特性为：

——双象限运行；

——采用适当的输出滤波器，减小电动机转矩脉动；

——网侧功率因数低，取决于输入功率。

A.2.3 采用感应电动机的电流源逆变器(CSI)传动系统

传动系统的基本结构如图 A.3 中所示。

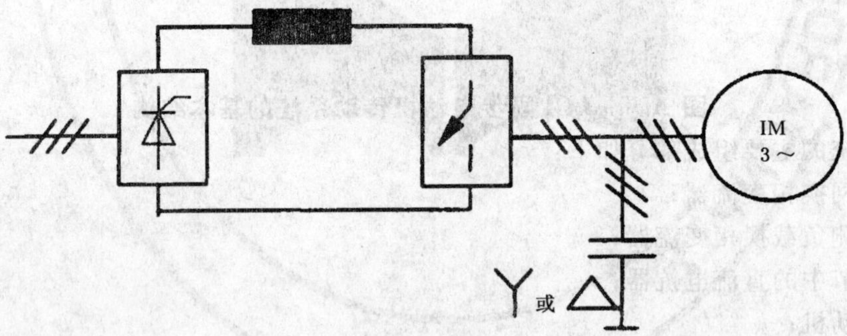

图 A.3 感应电动机传动系统用自换相 PWM-CSI 逆变器的基本结构

这种传动系统的主要组成部分如下：

——网侧电网换相变流器；

——电动机侧自换相变流器；

——直流环节电抗器；

——输出电容器组；

——感应电动机。

该传动系统的一般特性为：

——四象限运行；

——电动机转矩脉动低(若采用 PWM 技术,则可忽略不计);
——网侧功率因数低,取决于输入功率。

A.2.4 采用感应电动机的双电流源逆变器(CSI)传动系统

传动系统的基本结构如图 A.4 中所示。

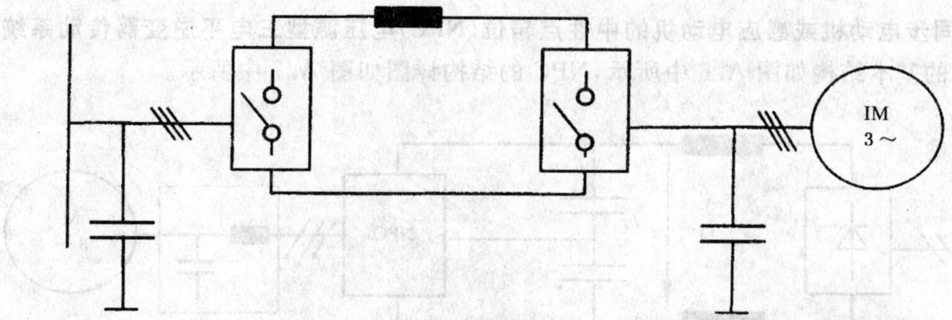

图 A.4 感应电动机传动系统的双 CSI-PWM 变流器拓扑结构

这种传动系统的主要组成部分如下:
——输入电容器组;
——网侧自换相变流器;
——电动机侧自换相变流器;
——直流电抗器;
——输出电容器组;
——感应电动机。

该传动系统的一般特性为:
——四象限运行;
——电动机转矩脉动低(若采用 PWM 技术,则可忽略不计);
——网侧功率因数接近于 1;
——输入电流谐波含量减少。

A.2.5 采用同步电动机或感应电动机的电压源逆变器(VSI)传动系统

传动系统的基本结构如图 A.5 中所示。

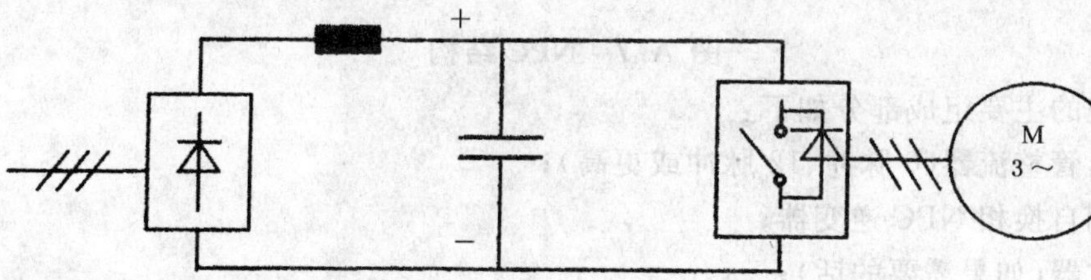

图 A.5 三相 VSI 传动系统

这种传动系统的主要组成部分如下:
——网侧二极管整流器;
——电动机侧自换相变流器;
——直流电抗器(如果需要的话);
——直流环节中的直流电容器组;
——同步电动机或感应电动机;

——励磁系统，如果采用同步电动机的话。

该传动系统的一般特性为：

——双象限运行；

——电动机转矩脉动低(若采用PWM技术，则可忽略不计)；

——网侧位移功率因数高。

A.2.6 采用同步电动机或感应电动机的中性点箝位(NPC)电压源型三电平逆变器传动系统

传动系统的基本结构如图A.6中所示，NPC的结构详图如图A.7中所示。

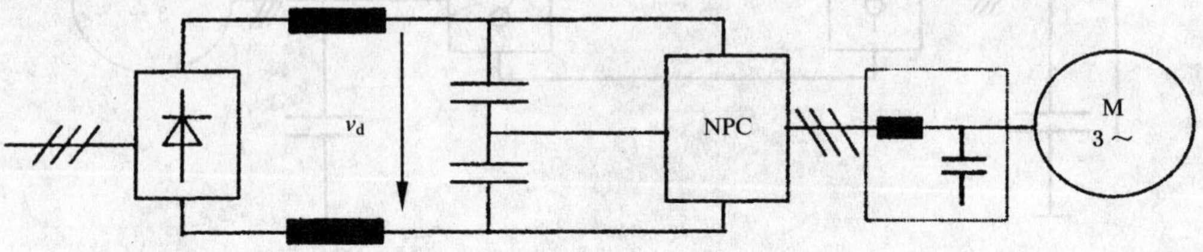

图 A.6 NPC电压源型逆变器传动系统

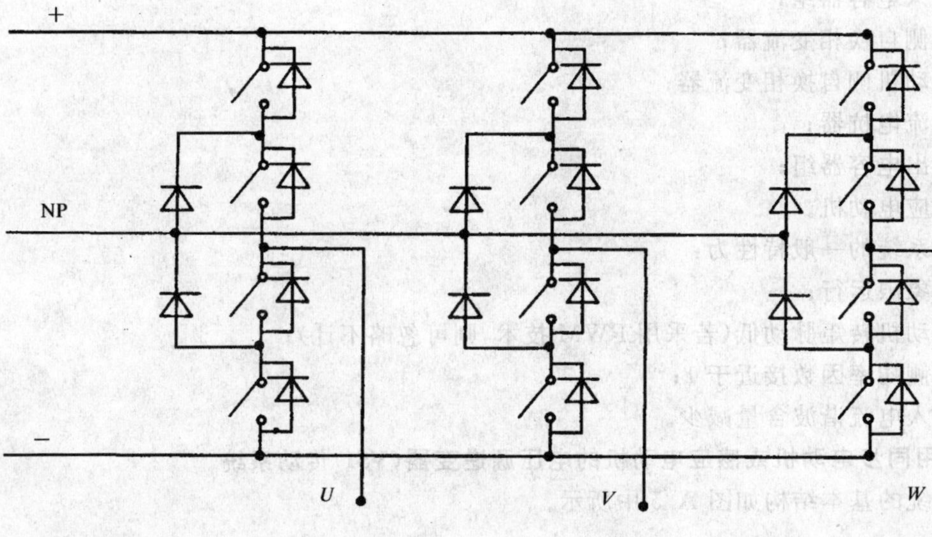

图 A.7 NPC结构

这种传动系统的主要组成部分如下：

——网侧二极管整流器(6脉冲、12脉冲或更高)；

——电动机侧自换相NPC逆变器；

——直流电抗器(如果需要的话)；

——直流电容器组；

——同步电动机或感应电动机；

——励磁系统，如果采用同步电动机的话。

该传动系统的一般特性为：

——双象限运行；

——采用NPC前端变流器时，四象限运行；

——采用PWM技术，电动机转矩脉动低；

——三电平PWM；

——网侧位移功率因数高；

——采用高脉冲数二极管整流器，网侧谐波含量低。

A.2.7　采用同步电动机或感应电动机的电压源多电平浮充电平衡电容器(FSC)逆变器传动系统

传动系统的基本结构如图 A.8 中所示，多电平逆变器的结构详图如图 A.9 中所示。

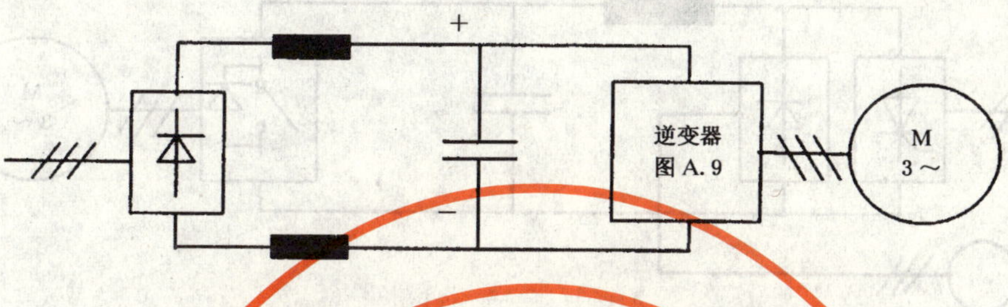

图 A.8　电压源多电平逆变器传动系统

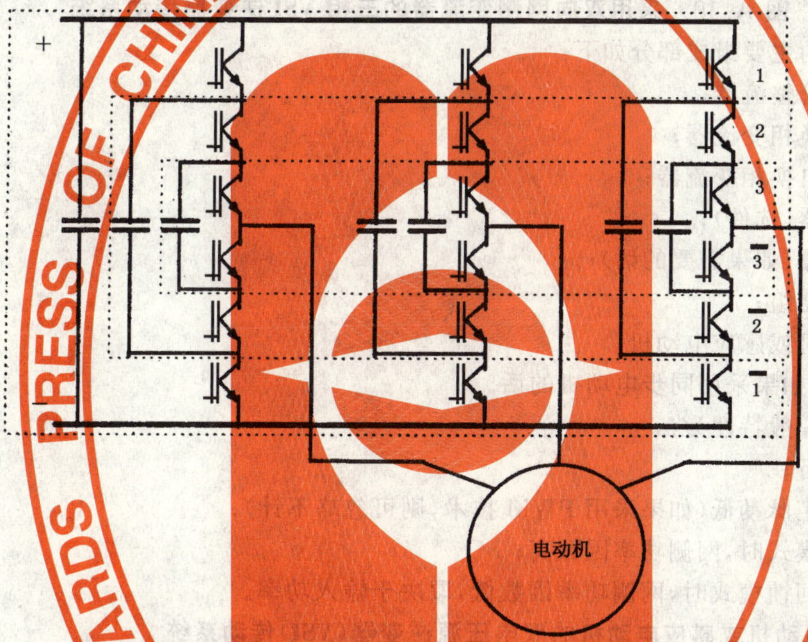

图 A.9　多电平逆变器结构

这种传动系统的主要组成部分如下：

——网侧二极管整流器，通常为 12 脉冲；

——直流电抗器(如果需要的话)；

——直流电容器组；

——电动机侧自换相多电平变流器，包括浮充电平衡电容器；

——同步电动机或感应电动机；

——励磁系统，如果采用同步电动机的话。

该传动系统的一般特性为：

——双象限运行；

——采用多电平逆变器结构作为前端变流器时，四象限运行；

——采用 PWM 技术和多电平结构，电动机转矩脉动低；

——网侧位移功率因数高；

——采用高脉冲数二极管整流器，网侧谐波含量低。

A.2.8　采用同步电动机或感应电动机的具有双向网侧变流器的电压源逆变器传动系统

传动系统的基本结构如图 A.10 中所示；该图是以图 A.5 为基础增加了再生能量回馈变流器部分而得到的。对于 NPC 逆变器(图 A.6)或者多电平逆变器(图 A.8)，也可以采用同样的改型。

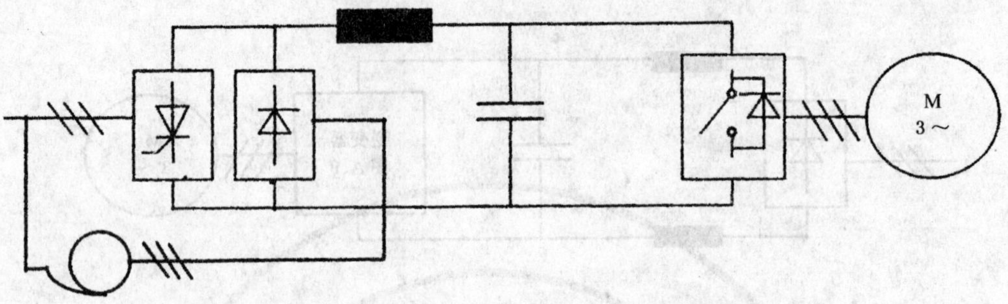

图 A.10　采用双向网侧变流器的三相 VSI 逆变器传动系统

这种传动系统的主要组成部分如下：

——网侧二极管整流器；

——网侧电网换相变流器；

——电动机侧自换相变流器；

——自耦变压器(选件)；

——直流电抗器(如果需要的话)；

——直流电容器组；

——同步电动机或感应电动机；

——励磁系统，如果采用同步电动机的话。

该传动系统的一般特性为：

——四象限运行；

——电动机转矩脉动低(如果采用 PWM 技术，则可忽略不计)；

——电动运行模式时，网侧功率因数高；

——再生能量回馈模式时，网侧功率因数低，取决于输入功率。

A.2.9　采用同步电动机或感应电动机的双电压源逆变器(VSI)传动系统

传动系统的基本结构如图 A.11 中所示；该图是以图 A.5 为基础用自换相逆变器替代网侧二极管整流器而得到的。对于 NPC 逆变器(图 A.6)或者多电平逆变器(图 A.8)，也可以采用同样的改型。

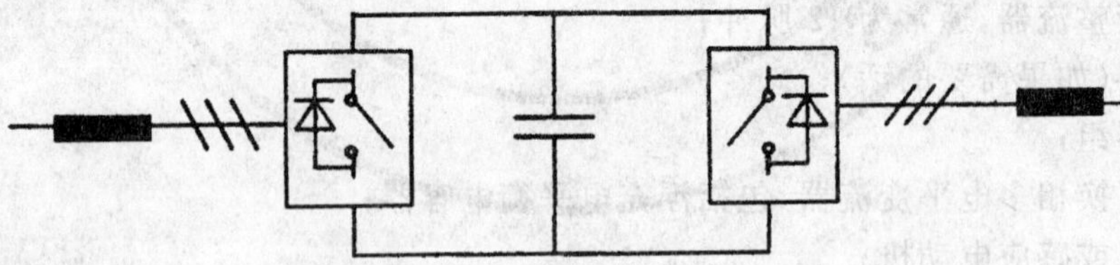

图 A.11　双电压源逆变器(VSI)传动系统

这种传动系统的主要组成部分如下：

——网侧电抗器；

——网侧自换相变流器；

——电动机侧自换相变流器；

——直流电容器组；

——同步电动机或感应电动机；

——励磁系统，如果采用同步电动机的话。

该传动系统的一般特性为：

——四象限运行；

——电动机转矩脉动低(若采用 PWM 技术，则可忽略不计)；

——网侧功率因数接近于 1；

——输入电流谐波含量减少。

A.2.10 采用多个二次绕组变压器的电压源型多电平逆变器传动系统

传动系统的基本结构如图 A.12 中所示。每个功率模块(PM)的详图如图 A.13 中所示。

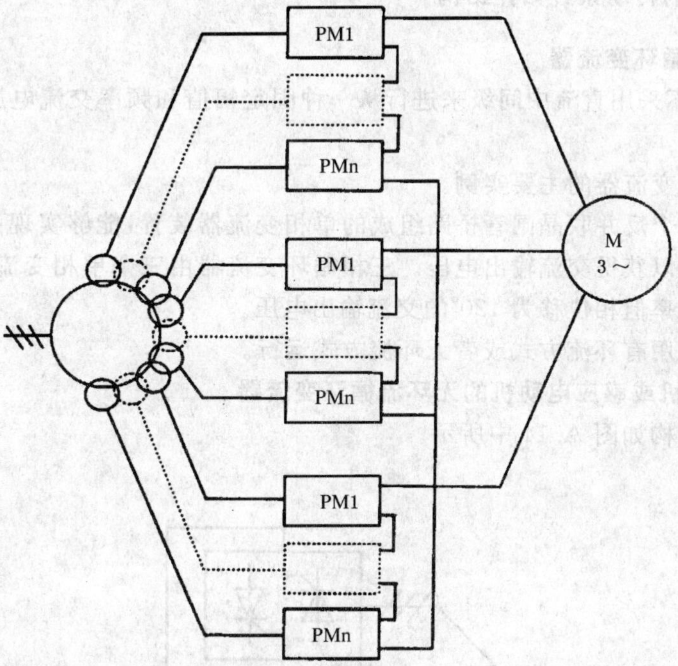

图 A.12 电压源型多电平逆变器传动系统

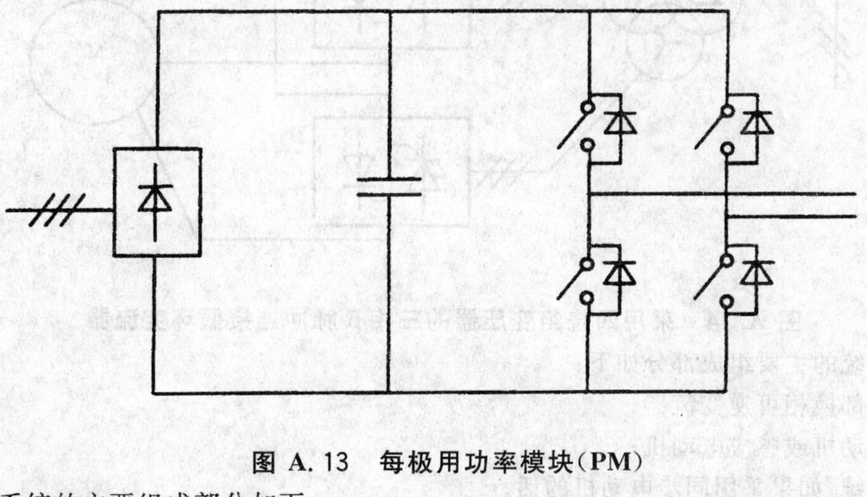

图 A.13 每极用功率模块(PM)

这种传动系统的主要组成部分如下：

——电动机每相各用 N 个所连接的功率模块(PM)串(每个 PM 以带独立直流环节的单相逆变器

为基础)；

——以隔离二次电压给所有功率模块供电的变压器；

——同步电动机或感应电动机；

——励磁系统，如果采用同步电动机的话。

该传动系统的一般特性为：

——双象限运行；

——电动机转矩脉动低(若采用 PWM 技术，则可忽略不计)；

——网侧功率因数接近于 1；

——输入电流谐波含量减少。

A.3 采用直接变流器的传动系统拓扑结构

A.3.1 直接变流器与循环变流器

在直接变流器中，不采用直流中间级来进行从一种固定幅值和频率交流电压到另一种可变幅值和频率交流电压的变换。

循环变流器是直接变流器的主要实例。

其基本单元是由两个反并联晶闸管桥路组成的单相变流器装置，能够实现四象限运行。每个桥路的触发角均经适当调制以获得交流输出电压。三相循环变流器由三个单相变流器装置组成，经过控制产生具有相同幅值和频率但相位移为 120°的交流输出电压。

循环变流器可以采用有环流方式或者无环流方式运行。

A.3.2 采用同步电动机或感应电动机的无环流循环变流器

传动系统的基本结构如图 A.14 中所示。

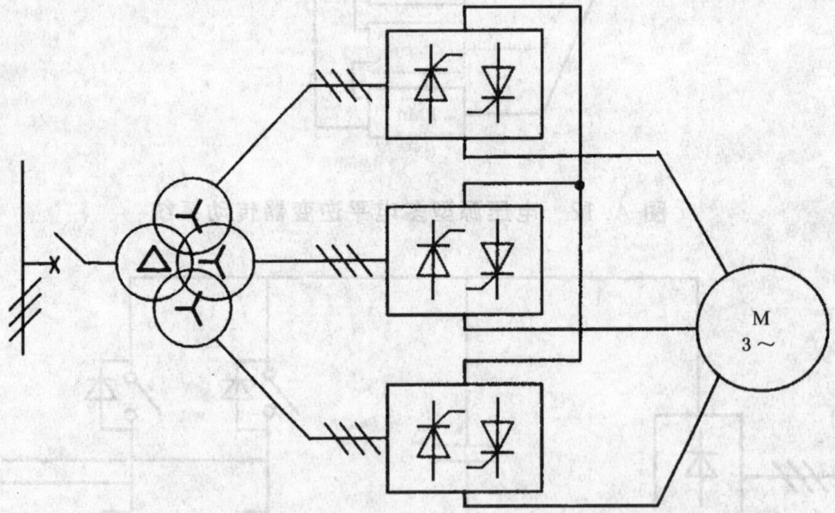

图 A.14 采用四绕组变压器的三相 6 脉冲连接循环变流器

这种传动系统的主要组成部分如下：

——三个外部换相可逆变流器；

——同步电动机或感应电动机；

——励磁系统，如果采用同步电动机的话。

该传动系统的一般特性为：

——四象限运行；

——低转速运行(最大输出频率大约为电网频率的 1/3～1/2)；
——转矩脉动可忽略不计；
——网侧功率因数低。

A.3.3 采用同步电动机或感应电动机的有环流循环变流器

传动系统的基本结构如图 A.15 中所示。

图 A.15 有环流循环变流器

这种传动系统的主要组成部分如下：
——三个外部可逆变流器，包括用来限制环流的电抗器；
——同步电动机或感应电动机；
——励磁系统，如果采用同步电动机的话。
该传动系统的一般特性为：
——四象限运行；
——低转速运行(最大输出频率大约为电网频率的 4/5)；
——转矩脉动可忽略不计；
——网侧功率因数低。

A.3.4 其他结构配置

在其他传动系统配置中，如果转速调节范围有限，则使用其中的一些结构配置，例如采用双馈感应电动机的 PDS 系统：
——将转子转差功率回馈到供电电网的静止 Scherbius 传动系统；

注：Kraemer 传动系统不再或者很少使用，对于该系统而言，转子转差功率通过二极管整流器馈给，用离合器将直流并励电动机连接在相同轴上。

——可以进行超前或滞后定子电流控制的四象限转子馈电式传动系统。
根据超同步转速或次同步转速所需的转速调节范围，这些结构配置提供的变流器额定值低于电动机额定值。

附 录 B
(资料性附录)
转速控制性能和机械系统

B.1 概述

为了尽最大可能地综合考虑诸如高精度、快速响应、低转矩脉动、机械参数变化鲁棒性、无传感器运行等这类所需性能方面，有许多类型的转速控制策略可供采用。控制策略的选择取决于传动系统的所需性能以及被传动设备的要求。

然而，转速控制的性能在很大程度上取决于与电动机轴相连接的机械系统的特性。因此，至关重要的一点就是：确认被传动设备供应商在许多情况下应对转速控制的性能负责。

本附录的目的首先是提供有关转速控制性能与机械参数之间关系的信息，其次是给出有关转速控制系统技术规格的指导原则。

B.2 转速控制的基本类型

基本上有3种类型的转速控制系统，见图B.1：

a) 开环控制，无反馈；

b) 闭环控制，有间接(计算)反馈。根据变流器的电压、磁通、电流、脉冲数等这类电变量进行计算；

c) 闭环控制，有直接(传感器)反馈。

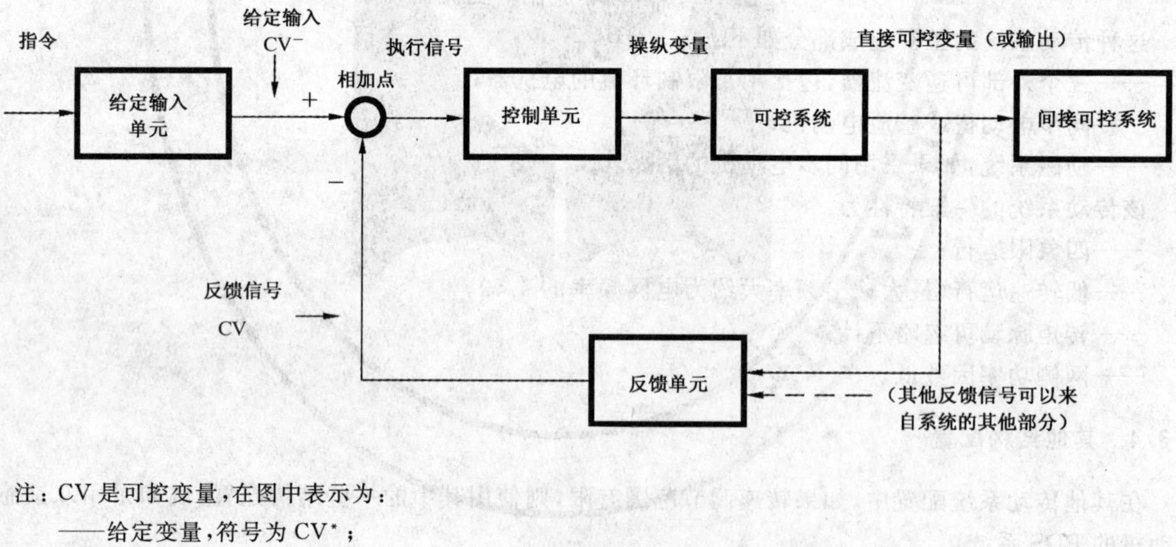

注：CV是可控变量，在图中表示为：

——给定变量，符号为CV*；

——测量的实际值，符号为CV。

图 B.1 包含有基本单元的反馈控制系统方框图

B.3 扭振弹性对转速控制性能的影响

B.3.1 对转矩脉动的阻尼

提到转矩，重要的是要区分：

——由电机产生的电磁转矩(气隙转矩)；

——轴上的机械转矩。

后一个变量由于负载反作用而涉及到整个机械系统。因此，除非另有规定，则按常规假定“转矩”是不考虑负载反作用和损耗情况下的电磁转矩。

通过轴和/或齿轮传动机构将电动机连接到被传动设备上，会产生一个 NTF（固有扭振频率），根据转动惯量和传动装置的弹性按照下列公式计算出该 NTF。

$$NTF = \frac{1}{2\pi}\sqrt{\frac{K(J_M + J_D)}{J_M J_D}}$$

式中：

J_M——转子的转动惯量，单位为千克二次方米（kgm^2）；

J_D——被传动设备的转动惯量，单位为千克二次方米（kgm^2）；

K——扭振刚性，单位为牛米每弧度（Nm/rad）（$1/K$=弹性）；

NTF——自然扭振频率，单位为赫兹（Hz）。

这个公式适用于双转动惯量系统，见图 B.2。（具有 3 个或更多惯量的系统涉及到 2 个或更多的 NTF。但实际上只有 1 个或 2 个最低的 NTF 才是有效的）。

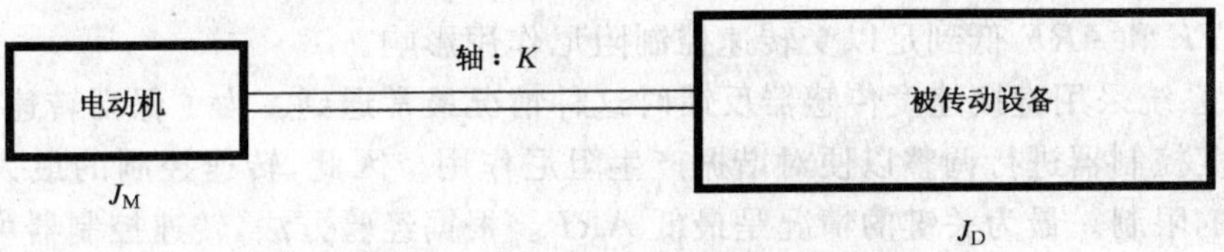

图 B.2　双转动惯量系统的机械图

如果脉动频率接近或者就是其中一个 NTF，则电动机的电磁转矩脉动或者被传动设备的负载转矩脉动可能会对轴产生高应力。这种情况对开环转速控制特别有效。

但是，采用闭环转速控制时，控制系统也许能够对扭转振动产生阻尼作用。对成功阻尼作用的要求为：

——最有效的 NTF 正好处于转矩控制器的带宽内（见 7.2.3.1）。通常，NTF 应当低于3 dB时转矩控制带宽的 1/2（转矩控制带宽的粗略估算值为 $F_{3\,dB} = 0.5/TR$，其中 TR 为转矩（或电流）控制的响应时间）；

——转速测量系统中的延迟要小，通常小于转矩控制器的上升时间；

——转速测量系统的精度高；

——需正确调整转速控制器。

闭环转速控制对扭转振动产生阻尼作用的这种能力是以对电动机和负载转矩脉动的补偿为基础的。通过抵消转矩基准值变化来对这些脉动进行补偿。为了产生良好的阻尼作用，要求转速测量系统具有高精度和优良的动态性能，这是因为补偿是以快速改变转速基准值与电动机转速测量值之差为基础的。通常，这些转速差非常小，而且必然随着振动强度等级的降低而减小。

与对电动机转矩脉动产生阻尼作用相比，对负载转矩脉动产生阻尼作用要困难得多。其原因，一部分是因为机械系统的复杂性，一部分是因为机械系统的高衰减率。前者使补偿变得困难，后者则使之变得难以辨别出由于负载转矩脉动所引起的电动机转速变化。

B.3.2　转速控制的动态性能

除了 NTF 外，转速控制的动态性能还取决于机械系统的扭转反谐振频率（ARF），见图 B.2。

$$ARF = \frac{1}{2\pi}\sqrt{\frac{K}{J_D}}$$

式中：

J_D——被传动设备的转动惯量，单位为千克二次方米(kgm^2)；

K——扭振刚性，单位为牛米每弧度(Nm/rad)($1/K$=弹性)；

ARF——反谐振频率，单位为赫兹(Hz)。

这个公式适用于双转动惯量系统（具有3个或更多惯量的系统涉及到2个或更多的ARF。但实际上只有最低的ARF才是有效的）。

将NTF与ARF的计算公式进行比较，很显然，始终是$ARF<NTF$。负载惯量与电动机惯量之比J_D/J_M越大，这两个频率之差将越大。注意：ARF只由被传动设备的特性所定义。

有3种基本情况：

a) 在所有的NTF和ARF中，至少有10个频率太高以致于不能受转速控制阻尼作用影响（见B.3.1中的列表）。

在这种情况下，转速控制的动态性能只由转矩控制器或者转速测量系统的动态性能所决定。注意：采用PDS系统时，由于大功率设备的有效NTF和ARF通常非常低，在20 Hz～30 Hz以下，因而很少遇到这种情况。唯一例外是，采用间接转速反馈的转速控制系统由于与转速估算相关联的延时长而使这种情况可能有效。

b) 有效NTF和ARF低到足以受转速控制阻尼作用影响。

在PDS系统采用直接速度传感器反馈时这种情况最常遇到。为了保证转速控制的稳定性，需要对速度控制器进行调整以便对谐振产生阻尼作用。因此，转速控制的最大性能受到机械系统特性的限制。最为关键的情况是最低ARF。根据经验方法，转速控制器可达到的响应时间为$1/ARF$。例如，如果ARF=10 Hz，响应时间则大约为1/10 Hz=100 ms。

c) 有效谐振频率中至少有一个频率太高以致于不能受阻尼作用影响但没有高到足以被忽略的程度。

为了防止转速控制器放大谐振振动，转速控制器需要配备一个使谐振频率信号衰减的滤波器。但其缺点是这样一个滤波器经常会大大地降低转速控制的动态性能。

总之，在大多数情况下，以使谐振频率变得足够高来适应情况a)的这样一种方式为采用直接转速传感器反馈的PDS系统设计被传动设备，从经济和技术上来讲，往往是不可行的。情况c)的动态性能往往不如情况b)的动态性能，于是情况b)就是正确的选择。因而，为了满足规定的动态转速控制性能，被传动设备的最低ARF需要足够高，而且控制系统性能需要能够对谐振频率产生阻尼作用。

实例

转速控制的规定响应时间为80 ms。因此，所要求的ARF应当至少为1/80 ms=12.5 Hz。如果被传动设备的转动惯量J_D为3 000 kgm^2，对于具有两个转动惯量的系统而言，所要求的轴扭振刚性应当为：

$$K=J_D(2\pi\times ARF)^2=3\times10^3(2\pi\times12.5)^2=18.5\ \text{MNm/rad}$$

如果电动机的转动惯量为7 000 kgm^2，则NTF为：

$$NTF=\frac{1}{2\pi}\sqrt{\frac{K(J_M+J_D)}{J_MJ_D}}=\frac{1}{2\pi}\sqrt{\frac{18.5\times10^6(7\times10^3+3\times10^3)}{7\times10^3\times3\times10^3}}\approx14.9\ \text{Hz}$$

为了能够对NTF产生阻尼作用，转矩控制的带宽$F_{3\,dB}$应当至少是NTF的两倍，即$2\times14.9\ \text{Hz}\approx30$ Hz。这样就可规定出转矩控制的最大响应时间为$0.5/F_{3dB}$=17 ms。

注：只有在两个转动惯量与一个轴相连接这一假设成立时，本实例才有效。实际上，机械系统更为复杂，还包括有联轴器和齿轮的转动惯量。此外，在某些情况下，还需要考虑到电动机和被传动设备的基础结构。因此，最好是由专家来进行机械设计。

B.4 齿轮间隙的影响

当转矩有可能反向时（例如，由四象限变流器供电的传动系统中，转速基准值阶跃式下降，要求传动系统减速)，齿轮间隙会将非线性引入传动系统中。

转矩反向使齿轮间隙打开，造成电动机与被传动设备断开很短时间，并最终导致电动机轴上的系统转动惯量减小。因此，转速控制器需在很短的时间内清除这一齿轮间隙。此时，系统就可能会因冲击而进入扭转振动，这样的扭转振动需经过若干周期后(根据系统的阻尼因数而定)才被阻尼掉。

这种暂时性的振动可以采用专门的齿轮间隙补偿功能加以减低，但不能永远消除。因此，在传动系统动态性能非常好的生产过程中，需要使齿轮间隙减至最小。

B.5 转速控制系统的选择准则

B.5.1 开环转速控制

开环转速控制具有两个主要优点。首先，开环转速控制不需要速度传感器；其次，无需准确知道电动机参数值。因此，这种类型的转速控制特别适用于并联连接的电动机以及远离 BDM/CDM 的电动机。

在开环感应电动机转速控制时(开环控制的同步电动机不是 PDS 系统的常用型式)，其固有的正常稳态偏差带为±1%～±2%(典型值)。但是，如果该 PDS 系统是一个闭环控制系统(例如压力、水位等控制系统)的组成部分，则转速偏差由控制外环校正，因而不是问题。

尽管如此，开环转速控制的动态稳定性和动态控制性能仍然不好，这其中不包括要求短时响应时间的应用场合。在某些情况下，由于不能对扭转振动产生阻尼作用，有限的动态性能就可能会引起扭转振动问题。尤其是在要求连续低速运行时，由于 6 次谐波转矩频率通常会在(5/6)Hz～(50/6)Hz(即大约为0.8 Hz～8 Hz)这一逆变器频率范围时与最低扭转谐振频率重合，因而会涉及到这一问题。

B.5.2 采用间接反馈的转速控制

采用间接反馈的转速控制的主要优点有：

——无需速度传感器；

——转速的稳态偏差小于开环控制的稳态偏差。

其缺点是，感应电动机转速的估算准确度取决于所使用的电动机模型参数的准确度。因此，例如估算误差就可能取决于电动机温度。此外，当转速低于基本转速的 10%或 15%时，电动机电压测量中的误差开始起主要作用，从而使估算误差增大。

采用同步电动机时，由于电动机具有同步特性，其稳态性能要好得多。但是，由于上述电压测量问题，在 PDS 系统低速运行时可能会受到一些限制。

动态性能在很大程度上取决于转速估算的方法。通常，电动机转速越高，性能就越好。但是，即使是电动机以基本转速或高于基本转速运行，也许也不可能对扭转谐振产生阻尼作用。

采用间接反馈的转速控制适用于针对负载转矩变化慢而要求良好稳态性能的应用场合。

B.5.3 闭环转速控制

闭环转速控制提供最佳的控制性能。当然，在要求窄偏差带和小测量延时时，速度传感器和转速控制系统的特性很重要。

采用闭环控制时，不管负载转矩如何，一直到零转速，PDS 系统都可以准确运行。但要注意的是，例如 LCI(负载换相逆变器)传动系统由于受其本身工作原理限制，在以高转矩低速运行时仍然可能会受到一些限制。

对于诸如轧机传动这类要求动态性能的应用场合以及要求以高转矩连续低速运行的应用场合，建议采用闭环转速控制。此外，对于有些应用场合，为了增大对扭转谐振的固有低机械阻尼作用，可能需要采用高性能闭环控制。

B.6 转速控制性能的规定

转速控制性能的规定是一个难题，因为常常很难知道被传动设备实际上需要什么样的转速控制性能才能令人满意地运行。结果，通常的做法是，为了安全起见只是规定出真正需要的值。

但是，这样的严格规定，由于需要高性能速度传感器，而且在某些情况下为了获得更高的 *ARF* 需在电动机和被传动设备之间采用刚性更高、价格更昂贵的轴，可能会导致设备成本增加。

此外，响应时间短这一规定意味着需要对转速控制器进行相应的调整。但是对于转速控制系统这又意味着要求具有较低的稳定性裕度。刚开始时，系统可能会采用这种调整值进行正常工作。但是，随着时间的推移，由于机械零部件的磨损，齿轮间隙会增大。齿轮间隙增大会进一步减小转速控制的稳定性裕度，结果又使出现扭振的可能性增大并进一步增大机械磨损。这样就可能会使机械零部件（例如主轴、联轴器、齿轮等）的寿命缩短。

总之，最高性能的规定可能不是理想的规定，而为了得出每个传动系统的正确值，就需要小心谨慎。

附 录 C
（资料性附录）
电力半导体的损耗

C.1 晶闸管

C.1.1 导通损耗（正向电压降损耗）

在晶闸管处于导通时，正向电流和正向电压降 U_F 会在稳定状态中产生导通损耗。

晶闸管导通损耗可以表示为：

$$P_{on} = U_{T0} \times I_{Tav} + r_T \times I_{Trms}^2$$

式中：

P_{on}——正向电压降损耗或者导通损耗，单位为瓦（W）；

U_{T0}——晶闸管导通电压（正向门槛电压降），单位为伏（V）；

r_T——晶闸管导通电阻，单位为欧（Ω）；

I_{Tav}——晶闸管阳极电流平均值，单位为安（A）；

I_{Trms}——晶闸管阳极电流有效值，单位为安（A）。

C.1.2 正向漏电流损耗

如果在晶闸管阳极和阴极端子之间带有正向电压并且晶闸管保持在断态，则从阳极至阴极的漏电流会引起正向漏电流损耗。通常，由于晶闸管正向漏电流很小，因而正向漏电流损耗可以忽略不计。

C.1.3 反向漏电流损耗

在晶闸管反向阻断期间，从阴极至阳极的漏电流会引起反向漏电流损耗。通常，由于晶闸管反向漏电流很小，因而反向漏电流损耗可以忽略不计。但是，在采用高压晶闸管时或者以较高频率运行时，开关损耗会增加。

C.1.4 开关损耗（导通损耗和关断损耗）

除了高频输出逆变器或高频 PWM 逆变器用（最近变成自换相器件的应用领域）和高压用以外，在其他应用中开关损耗均可忽略不计。

C.1.5 门极功率损耗

晶闸管门极功率取决于门极电流和门极-阴极电压。通常，在大功率应用中可以忽略这种损耗。

C.2 可关断晶闸管（GTO）/门极换相可关断晶闸管（GCT）

C.2.1 导通损耗（正向电压降损耗）

当 GTO 处于导通时，正向电流和正向电压降 U_T 会在稳定状态中产生导通损耗。

$$P_{Ton} = U_{T0} \times I_{Tav} + r_T \times I_{Trms}^2$$

式中：

P_{Ton}——正向电压降损耗或者导通损耗，单位为瓦（W）；

U_{T0}——晶闸管导通电压（正向门槛电压降），单位为伏（V）；

r_T——晶闸管导通电阻，单位为欧（Ω）；

I_{Tav}——晶闸管阳极电流平均值，单位为安（A）；

I_{Trms}——晶闸管阳极电流有效值，单位为安（A）。

C.2.2 正向漏电流损耗

如果在 GTO/GCT 阳极和阴极端子之间带有正向电压并且 GTO/GCT 保持在断态，则从阳极至阴极的漏电流会引起正向漏电流损耗。通常，由于GTO正向漏电流很小，因而正向漏电流损耗可以忽略不计。

C.2.3 续流二极管正向电压降损耗

二极管导通损耗：

$$P_{Don} = U_{F0} \times I_{Fav} + r_F \times I_{Frms}^2$$

式中：

P_{Don}——正向电压降损耗或者导通损耗，单位为瓦(W)；

U_{F0}——二极管导通电压(正向门槛电压降)，单位为伏(V)；

r_F——二极管导通电阻，单位为欧(Ω)；

I_{Fav}——二极管阳极电流平均值，单位为安(A)；

I_{Frms}——二极管阳极电流有效值，单位为安(A)。

C.2.4 续流二极管开关损耗

二极管关断损耗：

$$P_{Dturn\text{-}off} = \frac{1}{2} \times U \times I_{rr} \times t_{rr2} \times f_{to}$$

式中：

$P_{Dturn\text{-}off}$——二极管关断损耗，单位为瓦(W)；

U——二极管反向电压，单位为伏(V)；

I_{rr}——二极管反向电流(峰值)，单位为安(A)；

t_{rr2}——二极管反向恢复衰变时间，单位为秒(s)；

f_{to}——不同于逆变器开关频率的二极管关断频率，单位为每秒(s^{-1})。

注：二极管的关断频率等于或小于逆变器的开关频率，取决于拓扑结构、控制策略和运行方式。

C.2.5 门极功率损耗

GTO/GCT门极功率取决于门极电流和门极-阴极电压。通常，GTO/GCT要求大的门极电流，其结果是：与传统的晶闸管技术相比较，门极损耗变得更大。通过测量平均门极-阴极电压($V_{g(ave)}$)和平均门极电流($I_{g(ave)}$)可以测量出平均门极损耗。

C.2.6 开关损耗

$$P_{switching} = \sum(E_{on} + E_{off}) \times f_{switching} \quad \text{(1个循环的总和)}$$

式中：

$P_{switching}$——开关损耗，单位为瓦(W)；

E_{on}——每个开关循环的导通能量，单位为焦(J)；

E_{off}——每个开关循环的关断能量，单位为焦(J)；

$f_{switching}$——开关频率，单位为每秒(s^{-1})。

导通损耗：

在导通延迟时间($t_{d(on)}$)和电流上升时间(t_r)期间所产生的损耗。

$$E_{on} = \int_0^{t_r} I_T \times U_D \mathrm{d}t \quad \text{(每1个开关循环)}$$

式中：

E_{on}——每个开关循环的导通能量，单位为焦(J)；

I_T——阳极电流，单位为安(A)；

U_D——阳极-阴极电压，单位为伏(V)；

t_r——电流上升时间，单位为秒(s)。

关断损耗：

在关断延迟时间($t_{d(off)}$)和电流下降时间(t_f)期间所产生的损耗。

$$E_{off}=\left[\int_0^{t_f} I_T\times U_D\times dt\right]+\left[I_T\times U_T\times t_{d(off)}\right]+E_d \quad (每个开关循环)$$

式中：

E_{off}——每个开关循环的关断能量,单位为焦(J);

E_{tl}——拖尾电流时的关断能量,单位为焦(J);

I_T——阳极电流,单位为安(A);

U_D——阳极-阴极电压,单位为伏(V);

U_T——GTO导通电压,单位为伏(V);

t_f——电流下降时间,单位为秒(s);

$t_{d(off)}$——关断延迟时间,单位为秒(s)。

对于某些GTO应用场合,由于在器件中存有大量的GTO累积电荷,因而缓冲再生电路很重要。参见C.4.3。通常,在GCT应用中不需要缓冲再生电路。波形见图C.1。

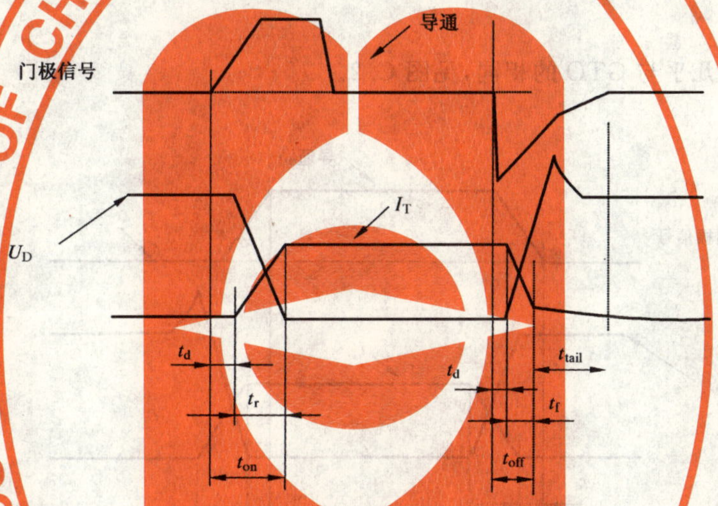

图C.1 GTO/GCT开关波形

C.3 IGBT

C.3.1 导通损耗(正向电压降损耗)

当IGBT导通时,正向电流和IGBT集电极-发射极饱和电压$V_{ce(SAT)}$会引起稳态导通损耗。

$$P_{Ton}=U_{To}\times I_{Tav}+r_T\times I_{Trms}^2$$

式中：

P_{Ton}——正向电压降损耗或者导通损耗,单位为瓦(W);

$U_{ce(SAT)}$——晶体管导通电压(饱和门槛电压降),单位为伏(V);

r_T——晶体管导通电阻,单位为欧(Ω);

I_{Tav}——晶体管集电极电流平均值,单位为安(A);

I_{Trms}——晶体管集电极电流有效值,单位为安(A)。

C.3.2 正向漏电流损耗

当在IGBT集电极和发射极端子之间带有正向电压并且IGBT保持在断态时,从集电极流至发射极的漏电流会引起正向漏电流损耗。此外,续流二极管反向漏电流也会引起损耗。

C.3.3 正向电压降损耗(续流二极管导通损耗)

最为常见的做法是,将续流二极管组装在IGBT模块中。通常,续流二极管损耗不能测量,也不能从 IGBT 损耗中分离出来。

$$P_{\mathrm{Don}} = U_{\mathrm{F0}} \times I_{\mathrm{Fav}} + r_{\mathrm{F}} \times I_{\mathrm{Frms}}^2$$

式中：

P_{Don}——正向电压降损耗或者导通损耗，单位为瓦(W)；

U_{F0}——二极管导通电压(正向门槛电压降)，单位为伏(V)；

r_{F}——二极管导通电阻，单位为欧(Ω)；

I_{Fav}——二极管阳极电流平均值，单位为安(A)；

I_{Frms}——二极管阳极电流有效值，单位为安(A)。

C.3.4　续流二极管开关损耗(续流二极管关断损耗)

最常见的做法是，将续流二极管组装在 IGBT 模块中。通常，续流二极管损耗不能测量，也不能从 IGBT 损耗中分离出来。

C.3.5　门极功率损耗

由于 IGBT 是一种 MOS 控制的器件且具有高门极阻抗，因而对于 IGBT 器件可以忽略门极功率。

C.3.6　开关损耗

IGBT 的开关波形几乎与 GTO 的相同，见图 C.2。

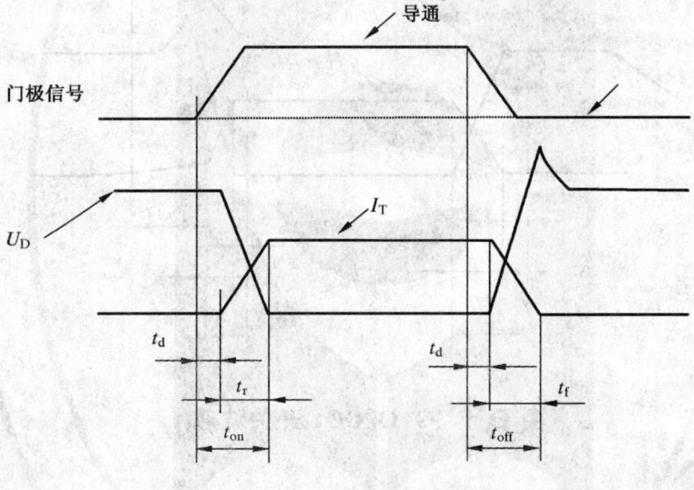

图 C.2　IGBT 开关波形

$$P_{\mathrm{switching}} = \sum(E_{\mathrm{on}} + E_{\mathrm{off}}) \times f_{\mathrm{switching}} \quad \text{(1 个循环的总和)}$$

式中：

$P_{\mathrm{switching}}$——开关损耗，单位为瓦(W)；

E_{on}——每个开关循环的导通能量，单位为焦(J)；

E_{off}——每个开关循环的关断能量，单位为焦(J)；

$f_{\mathrm{switching}}$——开关频率，单位为每秒(s^{-1})。

导通损耗：

在导通延迟时间($t_{\mathrm{d(on)}}$)和电流上升时间(t_{r})期间所产生的损耗。

$$E_{\mathrm{on}} = \int_0^{t_{\mathrm{r}}} I_{\mathrm{C}} \times U_{\mathrm{CE}}\,\mathrm{d}t \quad \text{(每 1 个开关循环)}$$

式中：

E_{on}——每个开关循环的导通能量，单位为焦(J)；

I_C——集电极电流，单位为安(A)；

U_{CE}——集电极-发射极电压，单位为伏(V)；

t_r——电流上升时间，单位为秒(s)。

关断损耗：

在关断延迟时间($t_{d(off)}$)和电流下降时间(t_f)期间所产生的损耗。

$$E_{off}=\left[\int_0^{t_f} I_C \times U_{CE} \times dt\right]+\left[I_C \times U_{CE(SAT)} \times t_{d(off)}\right]$$

式中：

E_{off}——每个开关循环的关断能量，单位为焦(J)；

I_C——集电极电流，单位为安(A)；

U_{CE}——集电极-发射极电压，单位为伏(V)；

$U_{CE(SAT)}$——集电极-发射极饱和电压，单位为伏(V)；

t_f——电流下降时间，单位为秒(s)；

$t_{d(off)}$——关断延迟时间，单位为秒(s)。

C.4 缓冲器损耗

C.4.1 晶闸管限压缓冲器

限压缓冲器损耗可以表示为：

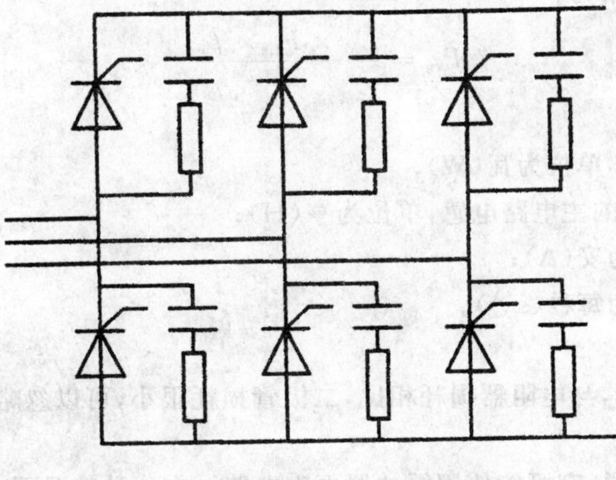

图 C.3 三相晶闸管桥路

$$P_{sn}=P_{lf}+P_{hf} \quad （每臂）$$

$$P_{sf}=20 \times f^2 \times (C_S/n)^2 \times U_{LL}^2 \times R_S \times n \times (1+0.5\sin^2\alpha) \quad （每臂）$$

$$P_{sc}=(10.5/6) \times f \times (C_S/n) \times U_{LL}^2 \times [\sin^2\alpha+\sin^2(\alpha+u)] \quad （每臂）$$

式中：

P_{sn}——缓冲器总损耗，单位为瓦(W)；

P_{sf}——电网频率时的缓冲器损耗，单位为瓦(W)；

P_{sc}——由于换相引起的缓冲器损耗，单位为瓦(W)；

R_S——缓冲电阻器，单位为欧(Ω)；

C_S——缓冲电容器，单位为法(F)；

U_{LL}——变流器交流端子上的线电压，单位为伏(V)；

f——变流器频率(晶闸管变流器-电网侧:电源频率,晶闸管逆变器 -电动机侧:逆变器输出频率),单位为每秒(s^{-1});

α——触发延迟角,单位为度(°);

u——重叠角度,单位为度(°);

n——串联的晶闸管个数。

C.4.2　采用公用 RCD 箝位的电压源逆变器

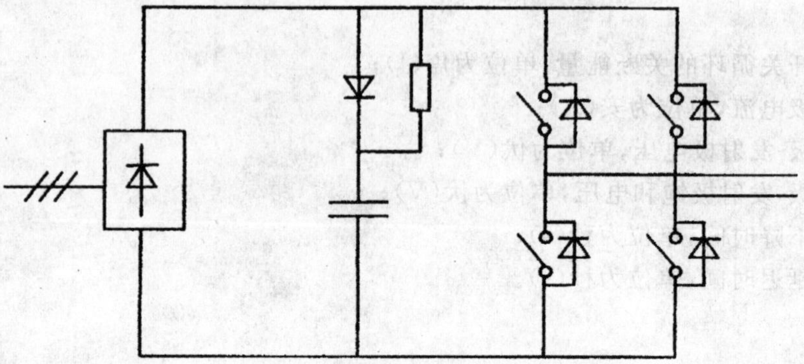

图 C.4　公用 RCD 箝位

箝位电阻器损耗可以表示为:

$$P_{rs}=\frac{L_M\times I_{off}^2\times f_{sw}}{2}$$

式中:

P_{rs}——箝位电阻器损耗,单位为瓦(W);

L_M——开关期间起作用的主电路电感,单位为亨(H);

I_{off}——关断电流,单位为安(A);

f_{sw}——开关频率,单位为每秒(s^{-1})。

箝位二极管损耗:

在采用 RCD 箝位的场合,与电阻器损耗相比,二极管损耗很小,可以忽略不计。

C.4.3　缓冲器再生电路损耗

对于某些变流器电路来说,有可能使用缓冲器再生电路。在这种情况下,每个元件的损耗均应包括在内。

C.4.4　换相电路损耗

对于晶闸管逆变器来说,换相电路很重要。换相电路损耗包括换相电容器损耗、换相电抗器损耗、功率器件损耗等。

ICS 71.040.40
G 10

GB

中华人民共和国国家标准

GB/T 12684—2006
代替 GB/T 12684.1～12684.8—1990

工业硼化物　分析方法

Methods of test for boron compound for industrial use

2006-09-01 发布　　　　2007-02-01 实施

中华人民共和国国家质量监督检验检疫总局
中国国家标准化管理委员会　发布

前言

本标准修改采用英国标准BS 5688:Part 1:1979《工业用硼酸、氧化硼、四硼酸二钠、过硼酸钠和粗硼酸钠的试验方法　第1部分:硼酸中硼酸含量的测定》、BS 5688:Part 5:1979《工业用硼酸、氧化硼、四硼酸二钠、过硼酸钠和粗硼酸钠的试验方法　第5部分:硼酸、氧化硼、四硼酸二钠和粗硼酸钠中硫含量的测定》、BS 5688:Part 16:1979《工业用硼酸、氧化硼、四硼酸二钠、过硼酸钠和粗硼酸钠的试验方法　第16部分:硼酸、氧化硼和四硼酸二钠中氯化物含量的测定　汞量法》、BS 5688:Part 17:1979《工业用硼酸、氧化硼、四硼酸二钠、过硼酸钠和粗硼酸钠的试验方法　第17部分:硼酸、氧化硼、四硼酸二钠、过硼酸钠与粗硼酸钠中铁含量的测定　邻菲啰啉分光光度法》(英文版)。

本标准根据英国标准BS 5688:Part 1:1979、BS 5688:Part 5:1979、BS 5688:Part 16:1979、BS 5688:Part 17:1979(英文版)重新起草。

在采用英国标准(英文版)时,本标准做了一些修改,有关技术性差异及结构性差异已编入正文中并在它们涉及的条款的页边空白处用垂直单线标识。附录B、附录C给出了这些技术性差异和结构性差异及原因的一览表以供参考。

本标准代替GB/T 12684.1—1990《工业硼酸　硼酸含量的测定》、GB/T 12684.2—1990《工业硼酸　水不溶物含量的测定》、GB/T 12684.3—1990《工业硼酸　硫酸盐含量的测定　还原滴定法》、GB/T 12684.4—1990《工业硼酸　硫酸盐含量的测定　目视比浊法》、GB/T 12684.5—1990《工业硼酸　氯化物含量的测定)、GB/T 12684.6—1990《工业硼酸　铁含量的测定》、GB/T 12684.7—1990《工业硼酸　氨含量的测定》、GB/T 12684.8—1990《工业硼酸　重金属含量的测定》。

本标准与GB/T 12684.1～12684.8—1990相比主要技术变化如下:

——对氢氧化钠标准滴定溶液的浓度进行了调整(本版的4.1,GB/T 12684.1—1990版的3.2)。

本标准的附录A为规范性附录、附录B和附录C为资料性附录。

本标准由中国石油和化学工业协会提出。

本标准由全国化学标准化技术委员会无机化工分会(SAC/TC 63/SC 1)归口。

本标准主要起草单位:天津出入境检验检疫局、成都市蜀阳硼业有限公司、天津化工研究设计院。

本标准主要起草人:刘绍从、张莱、高淑兰、王彦。

本标准所代替标准的历次发布情况为:GB/T 12684.1～12684.8—1990。

工业硼化物 分析方法

1 范围

本标准规定了工业硼酸中硼酸含量、水不溶物含量、硫酸盐含量、氨含量和重金属含量的测定，工业硼酸、氧化硼和四硼酸二钠中氯化物含量的测定，工业硼酸、氧化硼、四硼酸二钠、过硼酸钠和粗硼酸钠中铁含量的测定。

本标准适用于工业硼化物中相应物质含量的测定方法。

2 规范性引用文件

下列文件中的条款通过本标准的引用而成为本标准的条款。凡是注日期的引用文件，其随后所有的修改单(不包括勘误的内容)或修订版本均不适用于本标准，然而，鼓励根据本标准达成协议的各方研究是否可使用这些文件的最新版本。凡是不注日期的引用文件，其最新版本适用于本标准。

GB/T 3049—2006 工业用化工产品铁含量测定的通用方法 1,10 菲啰啉分光光度法(ISO 6685:1982(E),IDT)

GB/T 3051—2000 无机化工产品中氯化物含量测定的通用方法 汞量法

GB/T 6682—1992 分析实验室用水规格和试验方法(eqv ISO 3696:1987)

GB/T 12737—1991 化工产品中痕量硫酸盐测定的通用方法 还原滴定法(eqv ISO 6228:1980)

HG/T 3696.1 无机化工产品化学分析用标准滴定溶液的制备

HG/T 3696.2 无机化工产品化学分析用杂质标准溶液的制备

HG/T 3696.3 无机化工产品化学分析用制剂及制品的制备

3 安全提示

本试验方法中使用的部分试剂具有毒性或腐蚀性，操作者必须小心谨慎！如溅到皮肤上应立即用水冲洗，严重者应立即治疗。使用易燃品时，严禁使用明火加热。

4 试验方法

本标准所用试剂和水，在没有注明其他要求时，均指分析纯试剂和 GB/T 6682—1992 中规定的三级水。试验中所需标准溶液、制剂及制品，在没有注明其他要求时，均按 HG/T 3696.1、HG/T 3696.2、HG/T 3696.3 的规定制备。

4.1 工业硼酸中硼酸含量的测定

4.1.1 方法提要

用甘露醇(或转化糖)强化硼酸，以酚酞作指示剂，用氢氧化钠标准滴定溶液滴定。

4.1.2 试剂

4.1.2.1 活性炭；

4.1.2.2 盐酸溶液：1+23；

4.1.2.3 甘露醇(中性)：称取(5.00±0.01)g 甘露醇，用 50 mL 水溶解，加 5 滴酚酞指示液，用氢氧化钠溶液(0.8 g/L)中和时，其用量应不大于 0.30 mL。

4.1.2.4 转化糖溶液：称取 500 g 白砂糖，置于 1 000 mL 烧杯中。加入 350 mL 水，在不断搅拌下加热使之全部溶解，并加热至沸腾。在搅拌下冷却至 90℃，加入 25 mL 盐酸溶液，继续搅拌(3～4)min，再加入 25 mL 氢氧化钠溶液(20 g/L)和适量活性炭。在 80℃水浴上放置 20 min 以上,以脱掉溶液的颜色。然后过滤,把滤液收集于清洁的玻璃容器中。稀释至 750 mL,摇匀,备用。

该溶液在使用前,加入 5 滴酚酞指示液,滴加氢氧化钠溶液(4 g/L)至所呈粉红色与标准颜色对照液的相同。

4.1.2.5　标准颜色对照液:将 50 mL 硼砂溶液(3.81 g/L)、100 mL 水、2.5 mL 盐酸标准滴定溶液(4.1.2.6)和 10 滴酚酞指示液混匀。

4.1.2.6　盐酸标准滴定溶液:$c(HCl)$为 0.20 mol/L;

4.1.2.7　氢氧化钠标准滴定溶液:$c(NaOH)$约 0.20 mol/L;

4.1.2.8　酚酞指示液;

4.1.2.9　溴甲酚绿-甲基红-酚酞混合指示液:将溴甲酚绿-甲基红指示液与酚酞指示液等体积混合。

4.1.3　分析步骤

称取约 0.4 g 试样,精确至 0.000 2 g,置于 250 mL 锥形瓶中。加入 60 mL 水,加热溶解,但应避免沸腾。将试验溶液冷却至室温,加入 7 g 甘露醇,5 滴酚酞指示液,用氢氧化钠标准滴定溶液滴定至试验溶液所呈粉红色与等体积标准颜色对照液相同。

同时作空白试验。

碳氨法硼酸中硼酸含量的测定按附录 A 规定进行。

注 1:可以用 35 mL 转化糖溶液代替甘露醇,但在仲裁分析工作中必须使用甘露醇。

注 2:可以用 10 滴溴甲酚绿-甲基红-酚酞混合指示液代替酚酞指示液,用氢氧化钠标准滴定溶液滴定至试验溶液由绿色变为灰色(整个变色过程为红-灰-绿-灰)。

4.1.4　结果计算

硼酸含量以硼酸(H_3BO_3)的质量分数 w_1 计,数值以%表示,按公式(1)计算:

$$w_1=\frac{[(V-V_0)/1\,000]cM}{m}\times 100=\frac{(V-V_0)cM}{10m} \qquad \cdots\cdots(1)$$

式中:

V——滴定试验溶液所消耗的氢氧化钠标准滴定溶液(4.1.2.10)的体积的数值,单位为毫升(mL);

V_0——滴定空白试验溶液所消耗的氢氧化钠标准滴定溶液(4.1.2.10)的体积的数值,单位为毫升(mL);

c——氢氧化钠标准滴定溶液浓度的准确数值,单位为摩尔每升(mol/L);

m——试料质量的数值,单位为克(g);

M——硼酸摩尔质量的数值,单位为克每摩尔(g/mol)(M=61.83)。

取平行测定结果的算术平均值为测定结果,两次平行测定结果的绝对差值不大于 0.2%。

4.2　工业硼酸中水不溶物含量的测定

4.2.1　设备

4.2.1.1　玻璃砂坩埚:滤板孔径(5~15)μm。

4.2.2　分析步骤

称取约 20 g 试样,精确至 0.01 g,置于 500 mL 烧杯中,用 400 mL 热水溶解,置于沸水浴上保温 30 min,趁热用已于(105±2)℃下恒量的玻璃砂坩埚过滤,用 180 mL 热水,分 6 次,每次 30 mL,洗涤不溶物。

将带有不溶物的玻璃砂坩埚置于电热干燥箱内,在(105±2)℃干燥至恒量。

4.2.3　结果计算

水不溶物含量以质量分数 w_2 计,数值以%表示,按公式(2)计算:

$$w_2 = \frac{m_2 - m_1}{m} \times 100 \quad \cdots\cdots\cdots\cdots\cdots\cdots\cdots\cdots(2)$$

式中：

m_1——玻璃砂坩埚质量的数值，单位为克(g)；

m_2——玻璃砂坩埚和不溶物质量的数值，单位为克(g)；

m——试料的质量的数值，单位为克(g)。

取平行测定结果的算术平均值为测定结果，两次平行结果的绝对差值：优等品应不大于 0.002%，一等品和合格品不大于 0.003%。

4.3 工业硼酸中硫酸盐含量的测定

4.3.1 还原滴定法

4.3.1.1 方法提要

同 GB/T 12737—1991 第 2 章。

4.3.1.2 试剂

同 GB/T 12737—1991 第 3 章。

4.3.1.3 设备

同 GB/T 12737—1991 第 4 章。

4.3.1.4 分析步骤

称取约 1 g 试样，精确至 0.001 g，置于还原瓶中。使用乙酸汞标准滴定溶液{$c[Hg(CH_3COO)_2]$为 0.001 0 mol/L}，按 GB/T 12737—1991 中 5.1.1 和 5.1.3 操作。同时进行空白试验。

4.3.1.5 结果计算

硫酸盐含量以硫酸根(SO_4)的质量分数 w_3 计，数值以%表示，按公式(3)计算：

$$w_3 = \frac{[(V - V_0)/1\,000]cM}{m} \times 100 = \frac{c(V - V_0)M}{10m} \quad \cdots\cdots\cdots\cdots\cdots\cdots(3)$$

式中：

V——滴定试验溶液所消耗的乙酸汞标准滴定溶液的体积的数值，单位为毫升(mL)；

V_0——滴定空白试验溶液所消耗的乙酸汞标准滴定溶液的体积的数值，单位为毫升(mL)；

c——乙酸汞标准滴定溶液浓度的准确数值，单位为摩尔每升(mol/L)；

m——试料的质量的数值，单位为克(g)；

M——硫酸根的摩尔质量的数值，单位为克每摩尔(g/mol)(M=96.00)。

取平行测定结果的算术平均值为测定结果，两次平行测定结果之差不大于 0.02%。

4.3.2 目视比浊法

4.3.2.1 方法提要

在酸性介质中，用氯化钡与试料中的硫酸盐形成硫酸钡沉淀，与标准比浊溶液比较。

4.3.2.2 试剂

a) 乙醇：体积分数为 95%；

b) 二水氯化钡溶液：250 g/L；

c) 盐酸溶液：1+5；

d) 硫酸盐标准溶液：1 mL 溶液中含硫酸盐(SO_4)0.1 mg。

配制：用移液管取 10 mL 按 HG/T 3696.2 配制的硫酸盐(SO_4^{2-})标准溶液，置于 100 mL 容量瓶中，用水稀释至刻度，摇匀。

4.3.2.3 分析步骤

a) 标准比浊溶液的制备

取 7 个 50 mL 比色管，用移液管依次加入 0.50 mL、1.00 mL、2.00 mL、3.00 mL、4.00 mL、

5.00 mL、6.00 mL 硫酸盐标准溶液，加水至约 25 mL，各加入 5 mL 乙醇、1 mL 盐酸溶液，在不断摇动下加入 3 mL 氯化钡溶液，用水稀释至刻度，摇匀。放置 10 min。

b) 测定

称取约 2 g 试样，精确至 0.01 g，置于 250 mL 烧杯中，加入适量水使之溶解，完全转入 250 mL 容量瓶中，稀释至刻度，摇匀。如果试验溶液混浊，则应干过滤后备用。

用移液管移取 25 mL 试验溶液，置于 50 mL 比色管中，以下操作按 4.3.2.3 的 a)所述，从“加入 5 mL乙醇……”开始，到“放置 10 min”为止。与标准比浊溶液比较，观察确定与试验溶液浊度相近的标准比浊溶液中所含硫酸盐的量。测定应与标准比浊溶液的制备同时进行。

4.3.2.4 结果计算

硫酸盐含量以硫酸根(SO_4^{2-})的质量分数 w_4 计，数值以%表示，按公式(4)计算：

$$w_4 = \frac{m_1}{m \times \frac{25}{250} \times 1\ 000} \times 100 = \frac{m_1}{m} \qquad \cdots\cdots(4)$$

式中：

m_1——与试验溶液浊度相近的标准比浊溶液中所含硫酸盐的质量，单位为毫克(mg)；

m——试料的质量的数值，单位为克(g)。

取平行测定结果的算术平均值为测定结果，两次平行测定结果之差不大于 0.03%。

4.4 工业硼酸、氧化硼和四硼酸二钠(硼砂)中氯化物含量的测定

4.4.1 方法提要

同 GB/T 3051—2000 第 3 章。

4.4.2 试剂

同 GB/T 3051—2000 第 4 章。

4.4.3 设备

同 GB/T 3051—2000 第 5 章。

4.4.4 分析步骤

称取约 2 g 试样，精确至 0.01 g，置于锥形瓶中，加入 10 mL 水，加热溶解，稍冷，在硼酸未析出前，加入 30 mL 体积分数为 95%乙醇，冷却至室温。同 GB/T 3051—2000 第 6 章。所使用的硝酸汞标准滴定溶液的浓度：$c[1/2Hg(NO_3)_2]$约为 0.001 mol/L。

4.4.5 结果计算

氯化物盐含量以氯(Cl)的质量分数 w_5 计，数值以%表示，按公式(5)计算：

$$w_5 = \frac{[(V - V_0)/1\ 000]cM}{m} \times 100 = \frac{c(V - V_0)M}{10m} \qquad \cdots\cdots(5)$$

式中：

V——滴定试验溶液所消耗的硝酸汞标准滴定溶液的体积的数值，单位为毫升(mL)；

V_0——滴定空白试验溶液所消耗的硝酸汞标准滴定溶液的体积的数值，单位为毫升(mL)；

c——硝酸汞标准滴定溶液浓度的准确数值，单位为摩尔每升(mol/L)；

m——试料的质量的数值，单位为克(g)；

M——氯的摩尔质量的数值，单位为克每摩尔(g/mol)(M=35.45)。

取平行测定结果的算术平均值为测定结果，两次平行测定结果之差不大于：优等品和一等品为 0.003%，合格品为 0.02%。

4.5 工业硼酸、氧化硼和四硼酸二钠(硼砂)、过硼酸钠和粗硼酸钠中铁含量的测定

4.5.1 方法提要

同 GB/T 3049—2006 第 3 章。

4.5.2 试剂

同 GB/T 3049—2006 第 4 章。

4.5.3 仪器

4.5.3.1 分光光度计：带有厚度为 2 cm 的吸收池。

4.5.4 分析步骤

4.5.4.1 工作曲线的绘制

按 GB/T 3049—2006 中 6.3 操作，选用 2 cm 吸收池及其对应的铁标准溶液用量，绘制工作曲线。

4.5.4.2 试样的显色

称取约 2 g 试样，精确至 0.01 g，置于 150 mL 高型烧杯中。加入 20 mL 盐酸溶液（1＋1），盖上表面皿，在放有石棉网的电炉上小心加热，蒸发至干。稍冷后，加入 10 mL 盐酸溶液（1＋5），再加水至约 30 mL，加热使残余物完全溶解，冷却至室温。同时做空白试验。将试验溶液和空白试验溶液，分别转移到 100 mL 容量瓶中，然后按 GB/T 3049—2006 中 6.4.1 从"加水至约 60 mL……"开始进行操作。

4.5.4.3 试样的吸光度测定

同 GB/T 3049—2006 中 6.3.3。

4.5.5 结果计算

铁含量以铁（Fe）的质量分数 w_6 计，数值以％表示，按公式（6）计算：

$$w_6 = \frac{m_1 - m_0}{m \times 1\,000} \times 100 = \frac{m_1 - m_0}{10m} \qquad \cdots\cdots(6)$$

式中：

m_1——根据测得的试验溶液的吸光度从工作曲线上查出的铁的质量的数值，单位为毫克（mg）；

m_0——根据测得的空白试验溶液的吸光度从工作曲线上查出的铁的质量的数值，单位为毫克（mg）；

m——试料质量的数值，单位为克（g）。

取平行测定结果的算术平均值为测定结果，两次平行测定结果的绝对差值不大于 0.000 3％。

4.6 工业硼酸中氨含量的测定

4.6.1 方法提要

用水溶解试样，以溴甲酚绿-甲基红指示液为指示剂，用盐酸标准滴定溶液滴定。

4.6.2 试剂

4.6.2.1 盐酸标准滴定溶液：$c(HCl)$ 约为 0.1 mol/L；

4.6.2.2 溴甲酚绿-甲基红指示液。

4.6.3 分析步骤

称取约 1 g 试样，精确至 0.01 g，置于 250 mL 锥形瓶中，加入 50 mL 水，加热溶解，冷却至室温，加入 10 滴溴甲酚绿-甲基红指示液，用盐酸标准滴定溶液（4.6.2.1）滴定至溶液由绿色变为暗红色。

4.6.4 结果计算

氨含量以氨（NH_3）的质量分数 w_7 计，数值以％表示，按公式（7）计算：

$$w_7 = \frac{(V/1\,000)cM}{m} \times 100 = \frac{cVM}{10m} \qquad \cdots\cdots(7)$$

式中：

V——滴定中消耗的盐酸标准滴定溶液（4.6.2.1）的体积的数值，单位为毫升（mL）；

c——盐酸标准滴定溶液浓度的准确数值，单位为摩尔每升（mol/L）；

m——试料的质量的数值，单位为克（g）；

M——氨的摩尔质量的数值，单位为克每摩尔（g/mol）（M＝17.03）。

取平行测定结果的算术平均值为测定结果，两次平行测定结果之差不大于 0.03％。

4.7 工业硼酸中重金属含量的测定

4.7.1 方法提要

用酒石酸钾钠掩蔽易水解的高价金属离子，在碱性介质中，用硫代乙酰胺水解出的 H_2S 与重金属离子作用，溶液呈棕黄色，与标准比色溶液比较，确定重金属含量。

4.7.2 试剂

4.7.2.1 酒石酸钾钠溶液：200 g/L；

4.7.2.2 氢氧化钠溶液：200 g/L；

4.7.2.3 硫代乙酰胺溶液：20 g/L；

4.7.2.4 铅标准溶液：1 mL 溶液中含铅(Pb)0.010 mg；用移液管移取 1 mL 按 HG/T 3696.2 配制的铅(Pb)标准溶液，置于 100 mL 容量瓶中，用水稀释至刻度，摇匀。此溶液现用现配。

4.7.3 分析步骤

4.7.3.1 标准比色溶液的制备

用移液管移取 2 mL 铅标准溶液，置于 50 mL 比色管中，加入 10 mL 水、1 mL 酒石酸钾钠溶液，1 mL氢氧化钠溶液和 1 mL 硫代乙酰胺溶液，稀释至刻度，摇匀，放置 3 min。

4.7.3.2 测定

称取约 2 g 试样，精确至 0.01 g，置于 50 mL 烧杯中，加入 10 mL 水、1 mL 酒石酸钾钠溶液，滴加氢氧化钠溶液至试料完全溶解，并过量 1 mL。

将试验溶液全部转入 50 mL 比色管中，加入 1 mL 硫代乙酰胺溶液，稀释至刻度，摇匀，放置 3 min，和标准比色溶液比较，其颜色不得深于标准。

测定应与标准比色溶液的制备同时进行。

附 录 A
（规范性附录）
碳氨法硼酸中硼酸含量的测定

称取约 0.5 g 试样，精确至 0.000 2 g，置于 250 mL 锥形瓶中，加入 60 mL 水，加热溶解，但应避免沸腾。冷却至室温，加入 7 g 甘露醇或 35 mL 转化糖溶液，再加入 10 滴溴甲酚绿-甲基红-酚酞混合指示液，用氢氧化钠标准滴定溶液滴定至试液由绿色变为灰色，加热沸腾 5 min，冷却至室温，继续滴定至灰色。

附 录 B
（资料性附录）
本标准与英国标准技术性差异及其原因

表 B.1 给出了本标准与英国标准技术性差异及其原因。

表 B.1　本标准与英国标准技术性差异及其原因一览表

本标准的章条编号	技术性差异	原因
4.2	本标准列出工业硼酸中水不溶物含量的分析方法	英国标准没有此项分析方法，而 GB/T 538《工业硼酸》中涉及到。
4.3.2	本标准 4.3 工业硼酸中硫酸盐含量的测定除了 4.3.1 还原滴定法，还在 4.3.2 列出目视比浊法	操作简便，适于生产中控制产品质量。
4.6	本标准列出工业硼酸中氨含量的测定	英国标准没有此项分析方法，而 GB/T 538《工业硼酸》中涉及到。
4.7	本标准列出工业硼酸中重金属含量的测定	英国标准没有此项分析方法，而 GB/T 538《工业硼酸》中涉及到。

附　录　C
（资料性附录）
本标准与英国标准结构性差异及其原因

表C.1给出了本标准与英国标准结构性差异及其原因。

表 C.1　本标准与英国标准结构性差异及其原因一览表

本标准章条编号	英国标准章条编号
4.1	BS 5688:Part 1:1979(1984)
4.3.1	BS 5688:Part 5:1979(1984)
4.4	BS 5688:Part 16:1979(1984)
4.5	BS 5688:Part 17:1979(1984)

注：英国标准是以系列标准形式给出工业硼酸、氧化硼、四硼酸二钠、过硼酸钠和粗硼酸钠中相应物质含量的测定方法。

ICS 65.100.30
G 25

中华人民共和国国家标准

GB 12685—2006
代替 GB 12685—1990

三环唑原药

Tricyclazole technical

2006-08-24 发布　　2007-04-01 实施

中华人民共和国国家质量监督检验检疫总局
中国国家标准化管理委员会 发布

前言

本标准的第3章、第5章为强制性的，其余为推荐性的。

本标准代替GB 12685—1990《三环唑原药》。

本标准与GB 12685—1990《三环唑原药》的主要差异为：

——三环唑含量分析方法增加液相色谱法并作为仲裁法。

——三环唑含量取消了分等分级，改为≥95.0%。

——加热减量取消了分等分级，改为干燥减量≤1.0%。

——酸度控制取消了分等分级，改为≤0.5%。

本标准由中国石油和化学工业协会提出。

本标准由全国农药标准化技术委员会(CSBTS/TC 133)归口。

本标准负责起草单位：沈阳化工研究院。

本标准参加起草单位：东阳市东农化工有限公司、常州市丰登农药厂、江苏长青化工集团有限公司、四川省化学工业研究院。

本标准主要起草人：张丕龙、武铁军、楼少巍、徐国新、王银花、于海平、陈茹娟。

本标准于1990年首次发布。本标准为第一次修订。

三 环 唑 原 药

该产品有效成分三环唑的其他名称、结构式和基本物化参数如下：

ISO 通用名称：tricyclazole

化学名称：5-甲基-[1,2,4]-三唑并[3,4-b]苯并噻唑。

结构式：

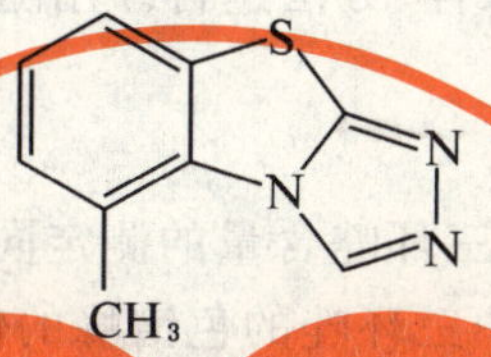

实验式：$C_9H_7N_3S$。

相对分子质量：189.24（按 2001 年国际相对原子质量计）。

生物活性：杀菌。

熔点：(187～188)℃。

沸点：275℃。

蒸气压(25℃)：2.7×10^{-2} mPa。

溶解度(25℃,g/L)：水 1.6，三氯甲烷＞500，甲醇中 5，丙酮 10.4，二甲苯 2.1。

稳定性：不易被水和光分解，对紫外光稳定。

1 范围

本标准规定了三环唑原药的要求、试验方法以及标志、标签、包装、贮运。

本标准适用于由三环唑和生产中产生的杂质组成的三环唑原药。

2 规范性引用文件

下列文件中的条款通过本标准的引用而成为本标准的条款。凡是注日期的引用文件，其随后所有的修改单（不包括勘误的内容）或修订版均不适用于本标准，然而，鼓励根据本标准达成协议的各方研究是否可使用这些文件的最新版本。凡是不注日期的引用文件，其最新版本适用于本标准。

GB/T 601　化学试剂　标准滴定溶液的制备

GB/T 1604　商品农药验收规则

GB/T 1605—2001　商品农药采样方法

GB 3796　农药包装通则

3 要求

3.1　组成和外观：本品应由三环唑和相关的生产杂质组成，应为浅棕黄色至棕红色粉末或灰白色粉末，无可见的外来物和填加的改性剂。

3.2　三环唑原药应符合表 1 要求。

表 1 三环唑原药质量控制项目指标

项 目		指 标
三环唑质量分数/%	≥	95.0
干燥减量/%	≤	1.0
酸度(以 H_2SO_4 计)/%	≤	0.5

4 试验方法

4.1 抽样

按 GB/T 1605—2001 中“商品原药采样”方法进行。用随机数表法确定抽样的包装件;最终抽样量应不少于 100 g。

4.2 鉴别试验

4.2.1 液相色谱法——本鉴别试验可与三环唑含量的测定同时进行。在相同的色谱操作条件下,试样溶液中某色谱峰的保留时间与标样溶液中三环唑的色谱峰的保留时间,其相对差值应在 1.5%以内。

4.2.2 气相色谱法——本鉴别试验可与三环唑含量的测定同时进行。在相同的色谱操作条件下,试样溶液中某色谱峰的保留时间与标样溶液中三环唑的色谱峰的保留时间,其相对差值应在 1.5%以内。

4.3 三环唑质量分数的测定

4.3.1 液相色谱法(仲裁法)

4.3.1.1 方法提要

试样用流动相溶解,以乙腈+水为流动相,使用 ODS 为填充物的不锈钢柱和紫外检测器,对试样中的三环唑进行反相液相色谱分离和测定。

4.3.1.2 试剂和溶液

乙腈:色谱纯;

水:二次蒸馏水;

三环唑标样:已知质量分数≥99.0%。

4.3.1.3 仪器

液相色谱仪:具有紫外可变波长检测器和定量进样阀;

色谱数据处理机或色谱工作站;

色谱柱:200 mm×4.6 mm(i.d.)不锈钢柱,内装 ODS(C18)、粒径为 5 μm 的填充物(或具有相同柱效的其他反相色谱柱);

过滤器:滤膜孔径约 0.45 μm;

微量进样器:50 μL。

4.3.1.4 液相色谱操作条件

流动相:体积比 ψ(乙腈:水)=30:70;

流动相流量:0.9 mL/min;

柱温:室温(温差变化应不大于 2℃);

检测波长:250 nm;

进样体积:5 μL;

保留时间:三环唑 8.7 min。

上述液相色谱操作条件,系典型操作参数。可根据不同仪器特点,对给定的操作参数作适当调整,以期获得最佳效果。典型的三环唑原药的液相色谱图见图 1。

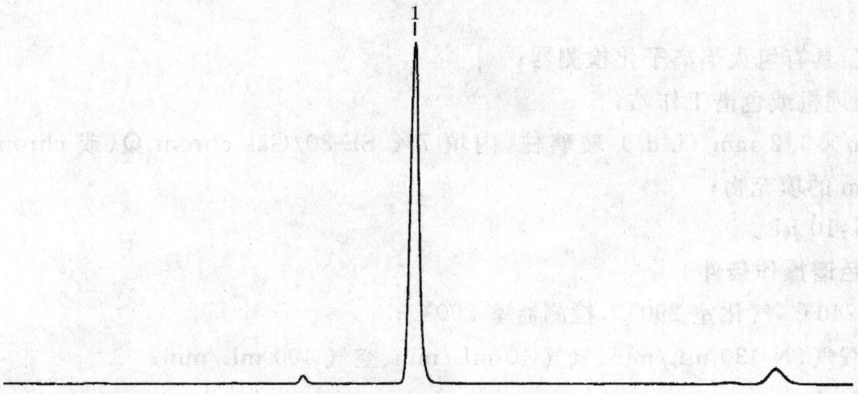

1——三环唑。

图 1　三环唑原药的液相色谱图

4.3.1.5　测定步骤

4.3.1.5.1　标样溶液的配制

称取三环唑标样 0.1 g(精确至 0.000 2 g)，置于 50 mL 容量瓶中，加入乙腈溶解，定容并摇匀。用液管移取上述溶液 5 mL 置于另一 50 mL 容量瓶中，用乙腈稀释并定容。

4.3.1.5.2　试样溶液的配制

称取含三环唑 0.1 g 的试样(精确至 0.000 2 g)，置于 50 mL 容量瓶中，加入乙腈溶解，定容并摇匀。用称液管移取上述溶液 5 mL 置于另一 50 mL 容量瓶中，用乙腈稀释并定容。

4.3.1.5.3　测定

在上述色谱操作条件下，待仪器稳定后，连续注入数针标样溶液，直至相邻两针三环唑峰面积相对变化小于 1.2%后，按照标样溶液、试样溶液、试样溶液、标样溶液的顺序进样分析。

4.3.1.6　计算

将测得的两针试样溶液以及试样前后两针标样溶液中三环唑的峰面积分别进行平均。试样中三环唑的质量分数 w_1(%)按式(1)计算：

$$w_1 = \frac{A_2 \cdot m_1 \cdot w}{A_1 \cdot m_2} \quad \cdots\cdots(1)$$

式中：

A_1——标样溶液中三环唑峰面积的平均值；

A_2——试样溶液中三环唑峰面积的平均值；

m_1——标样的质量，单位为克(g)；

m_2——试样的质量，单位为克(g)；

w——三环唑标样中三环唑的质量分数，%。

4.3.1.7　允许差

两次平行测定结果之差，应不大于 1.0%，取其算术平均值作为测定结果。

4.3.2　气相色谱法

4.3.2.1　方法提要

试样用三氯甲烷溶解，以正二十四烷为内标物，使用 SE-30/Gas chrom Q 填充物的色谱柱和氢火焰离子化检测器，对试样中的三环唑进行气相色谱分离和测定。

4.3.2.2　试剂和溶液

三氯甲烷；

正二十四烷：不应含有干扰分析的杂质；

内标溶液：称取 4.8 g 正二十四烷，于 1 000 mL 容量瓶中，用三氯甲烷溶解并稀释至刻度，摇匀。

三环唑标样：已知质量分数≥99.0%。

4.3.2.3 **仪器**

气相色谱仪：具有氢火焰离子化检测器；

色谱数据处理机或色谱工作站；

色谱柱：1 m×3.2 mm (i. d.) 玻璃柱，内填 7% SE-30/Gas chrom Q(或 chromosorb W-HP)，180 μm～250 μm 的填充物；

微量进样器：10 μL。

4.3.2.4 **气相色谱操作条件**

温度：柱温 240℃，气化室 290℃，检测器室 290℃；

气体流量：载气(N_2)30 mL/min、氢气 40 mL/min、空气 400 mL/min；

进样量：2.0 μL；

保留时间：三环唑 3 min；内标物 6 min。

上述气相色谱操作条件，系典型操作参数。可根据不同仪器特点，对给定的操作参数作适当调整，以期获得最佳效果。典型三环唑原药的气相色谱图见图 2。

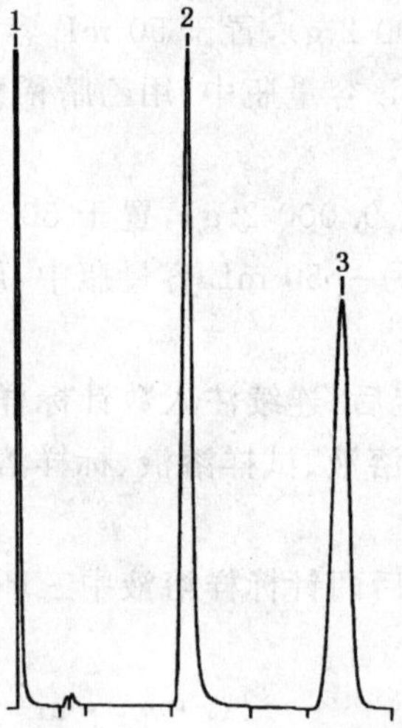

1——溶剂；
2——三环唑；
3——正二十四烷。

图 2 三环唑原药的气相色谱图

4.3.2.5 **测定步骤**

4.3.2.5.1 **标样溶液的配制**

称取三环唑标样 0.1 g(精确至 0.000 2 g)，置于一 25 mL 具塞玻璃瓶中，用移液管准确加入 25 mL 内标溶液，摇匀。

4.3.2.5.2 **试样溶液的配制**

称取含三环唑 0.1 g 的试样(精确至 0.000 2 g)，置于一 25 mL 具塞玻璃瓶中，用与 4.3.2.5.1 同一支移液管准确加入 25 mL 内标溶液，摇匀。

4.3.2.5.3 **测定**

在上述操作条件下，待仪器基线稳定后，连续注入数针标样溶液，计算各针三环唑与内标物峰面积之比的重复性，待相邻两针三环唑与内标物峰面积比的相对变化小于 1.2%时，按照标样溶液、试样溶液、试样溶液、标样溶液的顺序进行测定。

4.3.2.6 **计算**

将测得的两针试样溶液以及试样前后两针标样溶液中三环唑与内标物峰面积比分别进行平均。试样中三环唑的质量分数 w_1(%)按式(2)计算：

$$w_1 = \frac{\gamma_2 \cdot m_1 \cdot w}{\gamma_1 \cdot m_2} \quad \cdots\cdots(2)$$

式中：

γ_1——标样溶液中，三环唑与内标物峰面积比的平均值；

γ_2——试样溶液中，三环唑与内标物峰面积比的平均值；

m_1——三环唑标样的质量，单位为克(g)；

m_2——试样的质量，单位为克(g)；

w——标样中三环唑的质量分数，%。

4.3.2.7 **允许差**

两次平行测定结果之差，应不大于1.0%，取其算术平均值作为测定结果。

4.4 **干燥减量的测定**

4.4.1 **仪器与器具**

称量瓶：内径50 mm，高20 mm；

烘箱：100℃±2℃；

干燥器。

4.4.2 **测定步骤**

将称量瓶放入100℃±2℃的烘箱中烘1.0 h，然后放入干燥器中冷却至室温称量(精确至0.000 2 g)。重复上述步骤，直至称量瓶恒重为止。在称量瓶中称入10 g试样(铺平称量，精确至0.000 2 g)。将称量瓶放入烘箱中，不加盖烘1.0 h，盖上盖，取出并放入干燥器内冷却至室温称量(精确至0.000 2 g)。重复上述操作，直至称量瓶和试样恒重为止。

以质量分数表示的干燥减量w_2(%)按式(3)计算：

$$w_2 = \frac{m_1 - m_2}{m_1 - m_0} \times 100 \quad \cdots\cdots(3)$$

式中：

m_0——称量瓶恒重质量，单位为克(g)；

m_1——试样和称量瓶质量，单位为克(g)；

m_2——试样和称量瓶恒重质量，单位为克(g)。

4.5 **酸度的测定**

4.5.1 **试剂和溶液**

丙酮；

乙酸；

氢氧化钠标准滴定溶液$c(NaOH)$ = 0.02 mol/L，按GB/T 601配制；

缓冲溶液：将100 mL 120 g/L乙酸溶液和100 mL 40 g/L氢氧化钠溶液混合，用去离子水稀释到1 000 mL。

4.5.2 **仪器**

pH计：准确到0.01pH，应有温度补偿；

电磁搅拌器；

玻璃电极：使用前应在水中浸泡24 h；

饱和甘汞电极。

4.5.3 **测定步骤**

a) 使用上述pH计和电极，在20℃时测定100 mL丙酮和10 mL缓冲溶液的混合液的pH值。

b) 称取试样1 g(精确至0.001 g)，置于一个200 mL烧杯中，加入100 mL丙酮和10 mL水，用氢氧化钠标准滴定溶液滴定到20℃时丙酮-缓冲溶液混合液的pH值为终点。

4.5.4 计算

以质量分数表示的酸度 w_3(%),按式(4)计算:

$$w_3 = \frac{c \cdot V \cdot M}{m} \times 100 \quad \cdots\cdots (4)$$

式中:

c——氢氧化钠标准滴定溶液的实际浓度,单位为摩尔每升(mol/L);

V——滴定试样溶液,消耗氢氧化钠标准滴定溶液的体积,单位为毫升(mL);

m——试样的质量,单位为克(g);

M——硫酸的摩尔质量,单位为克每摩尔(g/mol),$[M(\frac{1}{2}H_2SO_4) = 49]$。

4.6 产品的检验与验收

产品的检验与验收,应符合 GB/T 1604 的规定。极限数值的处理,采用修约值比较法。

5 标志、标签、包装、贮运

5.1 三环唑原药的标志、标签和包装,应符合 GB 3796 的规定。

5.2 三环唑原药应用清洁的塑料桶或衬塑铁桶包装,注意不能使其直接接触金属。每桶净含量一般为 50 kg 或 200 kg。

5.3 也可根据用户要求或订货协议,采用其他形式的包装,但需符合 GB 3796 的规定。

5.4 三环唑原药包装件应贮存在通风、干燥的库房中。

5.5 贮运时,严防潮湿和日晒,不得与食物、种子、饲料混放,避免与皮肤、眼睛接触,防止由口鼻吸入。

5.6 安全:本品属中等毒性农药,吞噬或吸入均有毒,可经皮肤渗入。使用本品时要戴护镜和胶皮手套以及其他必要的防护衣物。如皮肤、眼睛不慎沾上本品,应立即用大量清水冲洗。误服者立即送医院急救。

5.7 验收期:三环唑原药的验收期为 1 个月。从交货之日起,在 1 个月内完成产品的质量验收,其各项指标均应符合标准要求。

ICS 77.120.99
H 14

GB

中华人民共和国国家标准

GB/T 12690.14—2006

稀土金属及其氧化物中非稀土杂质 化学分析方法 钛量的测定

Chemical analysis methods of non-rare earth impurities in rare earth metals and their oxides—Determination of titanium in rare earth metals

2006-04-13 发布　　2006-10-01 实施

中华人民共和国国家质量监督检验检疫总局
中国国家标准化管理委员会　发布

前　言

本部分首次发布。

两个方法分析范围有重叠部分时，以方法2作为仲裁方法。

本部分由国家发展和改革委员会稀土办公室提出。

本部分由全国稀土标准化技术委员会归口并负责解释。

本部分由北京有色金属研究总院、中国有色金属工业标准计量质量研究所负责起草。

本部分方法1由包头稀土研究院起草。

本部分方法1由北京有色金属研究总院、江西南方稀土高技术股份有限公司参加起草。

本部分方法1主要起草人：崔爱端、杜梅。

本部分方法1主要验证人：刘鹏宇、刘鸿、钟道国。

本部分方法2由包头稀土研究院起草。

本部分方法2由北京有色金属研究总院、江西南方稀土高技术股份有限公司参加起草。

本部分方法2主要起草人：刘晓杰、许涛。

本部分方法2主要验证人：杨萍、邝静。

稀土金属及其氧化物中非稀土杂质化学分析方法 钛量的测定

电感耦合等离子体发射光谱法(方法 1)

1 范围

本方法规定了单一稀土金属及混合稀土金属中钛含量的测定方法。

本方法适用于单一稀土金属及混合稀土金属中钛含量的测定。测定范围:0.005 0%～0.50%。

2 方法原理

试料经硝酸溶解,氢氟酸分离稀土同时络合钛,直接以等离子光谱仪进行测定。

3 试剂

3.1 焦硫酸钾。

3.2 硝酸(ρ1.42 g/mL)。

3.3 氢氟酸(ρ1.14 g/mL)。

3.4 盐酸(ρ1.19 g/mL)。

3.5 硼酸溶液(50 g/L)。

3.6 硫酸溶液(5%)。

3.7 钛标准贮存溶液:称取 0.166 9 g 氧化钛(TiO_2,＞99.99%,105℃烘 1 h)于铂坩埚中,加入 4 g 焦硫酸钾(3.1),于 650℃～700℃熔融 10 min(中间摇一次),取下冷却,用硫酸溶液(3.6)浸取,移入至 200 mL容量瓶中,用硫酸溶液(3.6)稀释至刻度,混匀。此溶液 1 mL 含 500 μg 钛。

3.8 钛标准溶液:移取 10 mL 钛标准贮存溶液(3.7)于 250 mL 容量瓶中,加入 25 mL 盐酸(3.4),用水稀释至刻度,混匀。此溶液 1 mL 含 20 μg 钛。

3.9 氩气(纯度＞99.99%)。

4 仪器与设备

4.1 电感耦合等离子体光谱仪。

4.2 光源:氩等离子体光源,使用功率不大于 1.75 kW。

5 试样

将试样去掉氧化层,制成屑状,立即称量。

6 分析步骤

6.1 分析试液的制备

6.1.1 称取 1.000 0 g 试样(5),置于 200 mL 聚四氟乙烯烧杯中,缓慢加入 5 mL 硝酸(3.2),待溶解后,加入 50 mL 水,加热至沸。滴加 2 mL 氢氟酸(3.3),边加热边搅动,至沸。保温 10 min,放置冷却,移入至 100 mL 容量瓶中,用水稀释至刻度,混匀。待沉淀完全后,用两张慢速滤纸干过滤。

6.1.2 按表1分取试液(6.1.1)于50 mL容量瓶中,加入5 mL硼酸溶液(3.5),用水稀释至刻度,混匀。待用。

表1

钛质量分数/%	0.005 0~0.10	>0.10~0.50
分取体积/mL	10.00	2.00

6.2 系列标准溶液的制备

移取0 mL、1.00 mL、5.00 mL钛标准溶液(3.8)于3个50 mL容量瓶中,加入1 mL盐酸(3.4),5 mL硼酸溶液(3.5),用水稀释至刻度,混匀。系列标准溶液浓度见表2。

表2

系列标准溶液序号	1	2	3
系列标准溶液浓度/(μg/mL)	0.00	0.40	2.00

6.3 测定

6.3.1 分析线及线性范围见表3。

表3

分析线波长/nm	337.2	338.3
线性范围/(μg/mL)	0~2	0~2

6.3.2 将系列标准溶液(6.2)及试样溶液(6.1.2)依次进行氩等离子体光谱测定。

7 分析结果的计算

将系列标准溶液(6.2)的含量输入计算机,由计算机直接输出分析试液(6.1.2)中钛的浓度。按式(1)计算试样中钛的质量分数(%):

$$w(\mathrm{Ti}) = \frac{c \cdot V_1 \cdot V_3}{V_2 \cdot m \times 10^6} \times 100 \qquad \cdots\cdots (1)$$

式中:

c——计算机输出的分析试液(6.1.2)中钛的浓度,单位为微克每毫升(μg/mL);

V_1——试液总体积(6.1.1),单位为毫升(mL);

V_2——分取试液体积(6.1.2),单位为毫升(mL);

V_3——分析试液体积(6.1.2),单位为毫升(mL);

m——试料质量,单位为克(g)。

8 精密度

8.1 重复性

在重复性条件下获得的两次独立测试结果的测定值,在以下给出的平均值范围内,这两个测试结果的绝对差值不超过重复性限(r),超过重复性限(r)的情况不超过5%。重复性限(r)按表4数据采用线性内插法求得。

表4

钛质量分数/%	0.006 8	0.027	0.41
重复性限(r)/%	0.001 5	0.002	0.02
注:重复性限(r)为2.8×Sr,Sr为重复性标准差。			

8.2 允许差

实验室之间分析结果的差值应不大于表5所列允许差。

表5

钛质量分数/%	0.005 0～0.010	>0.010～0.050	>0.050～0.10	>0.10～0.50
允许差/%	0.002 0	0.005	0.010	0.02

9 质量保证与控制

每周用自制的控制标样(如有国家级或行业级标样时，应首先使用)校核一次本标准分析方法的有效性，当过程失控时，应找出原因，纠正错误，重新进行校核。

二安替比啉分光光度法(方法2)

10 范围

本标准规定了单一稀土金属及混合稀土金属中钛含量的测定方法。

本标准适用于单一稀土金属及混合稀土金属中钛含量的测定。测定范围：0.005 0%～0.50%。

11 方法原理

试样以硝酸溶解，经硫酸冒烟，将三价钛氧化成四价钛，在盐酸介质中，加入二安替吡啉甲烷进行显色，于分光光度计上波长420 nm处测量其吸光度。

12 试剂

12.1 焦硫酸钾

12.2 盐酸(ρ1.19 g/mL)。

12.3 硝酸(ρ1.42 g/mL)。

12.4 硫酸(ρ1.84 g/mL)。

12.5 过氧化氢(ρ1.10 g/mL)。

12.6 盐酸(1+1)。

12.7 硫酸(1+1)。

12.8 硫酸(5+95)。

12.9 抗坏血酸(100 g/L)：使用时现配。

12.10 二安替吡啉甲烷溶液(50 g/L)：0.5 mol/L盐酸溶液。

12.11 钛标准贮存溶液：称取0.166 9 g经110℃烘干的二氧化钛于铂金坩埚中，加入4 g焦硫酸钾(12.1)于650℃～700℃熔融30 min(中间摇2次)，取下冷却，熔块用硫酸(12.8)提取，溶解至清亮，并转移至1 000 mL容量瓶中，用硫酸(12.8)稀释至刻度，混匀，此溶液1 mL含100 μg钛。

12.12 钛标准溶液：取20.00 mL钛标准贮存溶液(12.11)于100 mL容量瓶中，用硫酸(12.8)稀释至刻度，混匀，此溶液1 mL含20 μg钛。

12.13 钛标准溶液：取10.00 mL钛标准贮存溶液(12.11)于250 mL容量瓶中，用硫酸(12.8)稀释至刻度，混匀，此溶液1 mL含4 μg钛。

13 仪器

721分光光度计。

14 试样

金属试样去掉表面氧化层，将其加工成厚度不大于 1 mm 的碎屑，取样后，立即称量。

15 分析步骤

15.1 试料

按表 6 称取 0.500 0 g 试样(14)，精确至 0.000 1 g。

表 6

钛质量分数/%	移入容量瓶/mL	移取试液(15.3.1)体积/mL	吸收池厚度/cm
0.005～0.010	50.00	10.00	3
>0.010～0.10	100.00	5.00	1
>0.10～0.50	250.00	5.00	1

15.2 测定次数

独立地进行 2 次测定，取其平均值。

15.3 测定

15.3.1 将试料(15.1)置于 100 mL 烧杯中，加入 5 mL 硝酸(12.3)，加热使试料溶解完全，继续加热至蒸干，取下，冷却后加 2 mL 硫酸(12.7)，盖上表皿，加热至冒大烟，大烟过后，取下，稍冷，以硫酸(12.8)冲洗表面皿及杯壁，加热溶解盐类至溶液清亮，取下，冷却。移入表 6 所规定的容量瓶中，以水稀释至刻度，混匀。

15.3.2 根据试料含钛量，按表 6 移取试料溶液(15.3.1)于 50 mL 容量瓶中，加入 5 mL 抗坏血酸(12.9)，混匀，加入 10.0 mL 盐酸(12.6)，加入 10.0 mL 二安替吡啉甲烷溶液(12.10)，以水稀释至刻度。混匀，放置 40 min。

15.3.3 将部分试液(15.3.2)移入表 6 所规定的吸收池中，以试剂空白为参比，于分光光度计波长 420 nm处测量其吸光度，从工作曲线上查出相应钛量。

15.4 工作曲线的绘制

15.4.1 钛的质量分数为 0.005 0%～0.050%范围的工作曲线绘制：移取 0 mL、1.00 mL、1.50 mL、2.00 mL、2.50 mL、3.00 mL、4.00 mL、4.50 mL、5.00 mL 钛标准溶液(12.13)于一组 50 mL 容量瓶中，以下按(15.3.2)进行。

15.4.2 钛的质量分数为大于 0.050%～0.50%范围的工作曲线绘制：称取 0 mL、1.00 mL、1.50 mL、2.00 mL、2.50 mL、3.00 mL、4.00 mL、4.50 mL、5.00 mL 钛标准溶液(12.12)于一组 50 mL 容量瓶中，以下按(15.3.2)进行。

15.4.3 将部分系列标准溶液(15.4.1 或 15.4.2)移入表 6 所规定的吸收池中，以试剂溶液(未加钛标准溶液)为参比，于分光光度计波长 420 nm 处测定吸光度。以钛量为横坐标，吸光度值为纵坐标，绘制工作曲线。

16 分析结果表述

按式(2)计算钛的质量分数(%)

$$w(\mathrm{Ti}) = \frac{m_1 \times 10^{-6}}{m_2 \times V_1 / V_0} \times 100 \qquad \cdots\cdots(2)$$

式中：

m_1——自工作曲线上查得的钛量，单位为微克(μg)；

m_2——称取试料质量，单位为克(g)；

V_1——移取试液体积，单位为毫升(mL)；

V_0——分析试液体积(15.3.1)，单位为毫升(mL)。

17 精密度

17.1 重复性

在重复性条件下获得的2次独立测试结果的测定值，在以下给出的平均值范围内，这两个测试结果的绝对差值不超过重复性限(*r*)，超过重复性限(*r*)的情况不超过5%。重复性限(*r*)按表7数据采用线性内插法求得。

表7

钛质量分数/%	重复性限(*r*)/%
0.006 4	0.000 4
0.026	0.003
0.41	0.02
注：重复性限(*r*)为2.8×Sr，Sr为重复性标准差。	

17.2 允许差

实验室之间分析结果的差值应不大于表8所列允许差。

表8

钛质量分数/%	允许差/%
0.005 0～0.010	0.000 8
>0.010～0.050	0.003
>0.050～0.10	0.010
>0.10～0.50	0.02

18 质量控制与保证

每周用自制的控制标样(如有国家级或行业级标样时，应首先使用)校核一次本标准分析方法的有效性。当过程失控时，应找出原因，纠正错误，重新进行校核。

ICS 77.120.99
H 14

中华人民共和国国家标准

GB/T 12690.15—2006
代替 GB/T 12690.16—1990，GB/T 12690.28—2000

稀土金属及其氧化物中非稀土杂质化学分析方法 钙量的测定

Chemical analysis methods for non-rare earth metals and their oxide—Determination of calcium oxide content

2006-04-13 发布　　2006-10-01 实施

中华人民共和国国家质量监督检验检疫总局
中国国家标准化管理委员会　发布

前言

本部分代替 GB/T 12690.16—1990《稀土金属及其氧化物化学分析方法　火焰原子吸收光谱法测定钙量》、GB/T 12690.28—2000《稀土金属及其氧化物化学分析方法　电感耦合等离子体发射光谱法测定稀土氧化物中氧化钙》，本部分与前一版本相比主要变化如下：

——电感耦合等离子体发射光谱法及火焰原子吸收光谱法只作文字编辑，并增加了精密度(重复性)条款。

两个方法的分析范围有重叠部分时，以方法1作为仲裁方法。

本部分由国家发展和改革委员会稀土办公室提出。

本部分由全国稀土标准化技术委员会归口并负责解释。

本部分由北京有色金属研究总院、中国有色金属工业标准计量质量研究所负责起草。

本部分方法1由北京有色金属研究总院、江阴加华新材料资源有限公司起草。

本部分方法1由上海跃龙新材料股份有限公司参加起草。

本部分方法1主要起草人：刘文华、杨惠晴。

本部分方法1主要验证人：谈世群、封望亭。

本部分方法2由北京有色金属研究总院、江阴加华新材料资源有限公司起草。

本部分方法2由包头稀土研究院参加起草。

本部分方法2主要起草人：吴海洲、谢建伟。

本部分所代替标准的历次版本发布情况为：

——GB/T 12690.16—1990、GB/T 12690.28—2000。

稀土金属及其氧化物中非稀土杂质化学分析方法　钙量的测定

电感耦合等离子体发射光谱法(方法 1)

1　范围

本标准规定了稀土金属及其氧化物中钙量的测定方法。

本标准适用于稀土金属及其氧化物中钙量的测定，测定范围：0.000 5%～0.050%。

2　方法原理

试样以盐酸或硝酸溶解，在稀酸介质中，直接以氩等离子体光源激发，进行光谱测定，以基体匹配法校正基体对测定的影响。

3　试剂

3.1　过氧化氢(30%)。

3.2　盐酸(1+1)。

3.3　硝酸(1+1)。

3.4　氧化钙标准贮存溶液：称取 1.785 7 g 经 110℃烘干的无水碳酸钙于 200 mL 烧杯中，加 40 mL 盐酸(3.2)溶解，煮沸以除尽二氧化碳。冷却至室温，溶液移入 1 000 mL 容量瓶中，用水稀释至刻度，混匀。此溶液 1 mL 含 1 mg 氧化钙。

3.5　氧化钙标准溶液：将氧化钙标准贮存溶液(3.4)用盐酸(1+19)稀释成 1 mL 含 5 μg 氧化钙的标准溶液。

3.6　氧化镧基体溶液：称取 25.000 g 经 900℃ 灼烧 1 h 的氧化镧(氧化钙含量<0.000 1%)，置于 500 mL烧杯中，加 100 mL 水，在低温加热并不断搅拌下，缓慢加入 100 mL 盐酸(3.2)或硝酸(3.3)。继续加热至完全溶解，冷却至室温。溶液移入 500 mL 容量瓶中，用水稀释至刻度，混匀。此溶液 1 mL 含 50 mg 氧化镧。

3.7　氧化铈基体溶液：称取 25.000 g 经 900℃ 灼烧 1 h 的氧化铈(氧化钙含量<0.000 1%)，置于 500 mL烧杯中，加 100 mL 水，在低温加热并不断搅拌下，缓慢加入 100 mL 硝酸(3.3)，滴加过氧化氢(3.1)助溶。继续加热至完全溶解，冷却至室温。溶液移入 500 mL 容量瓶中，用水稀释至刻度，混匀。此溶液 1 mL 含 50 mg 氧化铈。

3.8　氧化镨基体溶液：称取 25.000 g 经 900℃ 灼烧 1 h 的氧化镨(氧化钙含量<0.000 1%)，置于 500 mL烧杯中，加 100 mL 水，在低温加热并不断搅拌下，缓慢加入 100 mL 盐酸(3.2)或硝酸(3.3)。继续加热至完全溶解，冷却至室温。溶液移入 500 mL 容量瓶中，用水稀释至刻度，混匀。此溶液 1 mL 含 50 mg 氧化镨。

3.9　氧化钕基体溶液：称取 25.000 g 经 900℃ 灼烧 1 h 的氧化钕(氧化钙含量<0.000 1%)，置于 500 mL烧杯中，加 100 mL 水，在低温加热并不断搅拌下，缓慢加入 100 mL 盐酸(3.2)或硝酸(3.3)。继续加热至完全溶解，冷却至室温。溶液移入 500 mL 容量瓶中，用水稀释至刻度，混匀。此溶液 1 mL 含 50 mg 氧化钕。

3.10　氧化钐基体溶液：称取 25.000 g 经 900℃ 灼烧 1 h 的氧化钐(氧化钙含量<0.000 1%)，置于

500 mL烧杯中，加 100 mL 水，在低温加热并不断搅拌下，缓慢加入 100 mL 盐酸(3.2)或硝酸(3.3)。继续加热至完全溶解，冷却至室温。溶液移入 500 mL 容量瓶中，用水稀释至刻度，混匀。此溶液 1 mL 含 50 mg 氧化钐。

3.11　氧化铕基体溶液：称取 25.000 g 经 900℃ 灼烧 1 h 的氧化铕(氧化钙含量＜0.000 1%)，置于 500 mL烧杯中，加 100 mL 水，在低温加热并不断搅拌下，缓慢加入 100 mL 盐酸(3.2)或硝酸(3.3)。继续加热至完全溶解，冷却至室温。溶液移入 500 mL 容量瓶中，用水稀释至刻度，混匀。此溶液 1 mL 含 50 mg 氧化铕。

3.12　氧化钆基体溶液：称取 25.000 g 经 900℃ 灼烧 1 h 的氧化钆(氧化钙含量＜0.000 1%)，置于 500 mL烧杯中，加 100 mL 水，在低温加热并不断搅拌下，缓慢加入 100 mL 盐酸(3.2)或硝酸(3.3)。继续加热至完全溶解，冷却至室温。溶液移入 500 mL 容量瓶中，用水稀释至刻度，混匀。此溶液 1 mL 含 50 mg 氧化钆。

3.13　氧化铽基体溶液：称取 25.000 g 经 900℃ 灼烧 1 h 的氧化铽(氧化钙含量＜0.000 1%)，置于 500 mL烧杯中，加 100 mL 水，在低温加热并不断搅拌下，缓慢加入 100 mL 盐酸(3.2)或硝酸(3.3)。继续加热至完全溶解，冷却至室温。溶液移入 500 mL 容量瓶中，用水稀释至刻度，混匀。此溶液 1 mL 含 50 mg 氧化铽。

3.14　氧化镝基体溶液：称取 25.000 g 经 900℃ 灼烧 1 h 的氧化镝(氧化钙含量＜0.000 1%)，置于 500 mL烧杯中，加 100 mL 水，在低温加热并不断搅拌下，缓慢加入 100 mL 盐酸(3.2)或硝酸(3.3)。继续加热至完全溶解，冷却至室温。溶液移入 500 mL 容量瓶中，用水稀释至刻度，混匀。此溶液 1 mL 含 50 mg 氧化镝。

3.15　氧化钬基体溶液：称取 25.000 g 经 900℃ 灼烧 1 h 的氧化钬(氧化钙含量＜0.000 1%)，置于 500 mL烧杯中，加 100 mL 水，在低温加热并不断搅拌下，缓慢加入 100 mL 盐酸(3.2)或硝酸(3.3)。继续加热至完全溶解，冷却至室温。溶液移入 500 mL 容量瓶中，用水稀释至刻度，混匀。此溶液 1 mL 含 50 mg 氧化钬。

3.16　氧化铒基体溶液：称取 25.000 g 经 900℃ 灼烧 1 h 的氧化铒(氧化钙含量＜0.000 1%)，置于 500 mL烧杯中，加 100 mL 水，在低温加热并不断搅拌下，缓慢加入 100 mL 盐酸(3.2)或硝酸(3.3)。继续加热至完全溶解，冷却至室温。溶液移入 500 mL 容量瓶中，用水稀释至刻度，混匀。此溶液 1 mL 含 50 mg 氧化铒。

3.17　氧化钇基体溶液：称取 25.000 g 经 900℃ 灼烧 1 h 的氧化钇(氧化钙含量＜0.000 1%)，置于 500 mL烧杯中，加 100 mL 水，在低温加热并不断搅拌下，缓慢加入 100 mL 盐酸(3.2)或硝酸(3.3)。继续加热至完全溶解，冷却至室温。溶液移入 500 mL 容量瓶中，用水稀释至刻度，混匀。此溶液 1 mL 含 50 mg 氧化钇。

3.18　氩气(＞99.99%)。

4　仪器

4.1　电感耦合等离子体发射光谱仪，分辨率＜0.006 nm(200 nm 处)。

4.2　氩等离子体光源。

5　试样

将试样于 900℃灼烧 1 h，置于干燥器中，冷却至室温，立即称量。

6　分析步骤

6.1　试料

按表 1 称取试料，精确至 0.000 1 g。

表 1

氧化钙含量(质量分数)/%	试样量 / g
0.000 5～0.005 0	0.250
>0.005 0～0.050	0.100

6.2 **测定次数**

称取二份试料,进行平行测定,取其平均值。

6.3 **空白试验**

随同试料以及与试料所含稀土成分相同、质量相等的稀土氧化物(氧化钙含量<0.000 1%)进行空白试验。

6.4 **分析溶液的配制**

将试料(6.1)置于 50 mL 烧杯中,加 5.00 mL 盐酸(3.2)或硝酸(3.3),低温加热溶解至清,冷却至室温。将溶液移入至 25 mL 容量瓶中,用水稀释至刻度,混匀,待用。

6.5 **标准溶液的配制**

按表 2 分别移取与试样所含稀土成分相同的稀土基体溶液(3.6～3.17)及氧化钙标准溶液于 25 mL容量瓶中,加入 2.00 mL 盐酸(3.2)或硝酸(3.3),用水稀释至刻度,混匀,待用。

表 2

标准溶液序号	相应稀土标准溶液(3.6～3.17) mL	钙标准溶液(3.5) mL
1	5.00	0.00
2	5.00	0.20
3	5.00	1.00
4	5.00	2.00
5	5.00	3.00
6	2.00	1.00
7	2.00	2.00
8	2.00	4.00
9	2.00	8.00
10	2.00	12.00

6.6 **测定**

6.6.1 推荐分析线见表 3。

表 3

元 素	分析线 / nm	元 素	分析线 / nm
La	393.366,396.847	Gd	393.366,396.847
Ce	396.847	Tb	393.366,396.847
Pr	393.366	Dy	393.366
Nd	393.366	Ho	393.366,396.847
Sm	396.847	Er	393.366,396.847
Eu	393.366,396.847	Y	393.366,396.847

6.6.2 根据分析溶液中氧化钙含量选择相应的标样溶液系列。氧化钙含量为 0.000 5%～0.005%时,选用序号 1～5 标准溶液;氧化钙含量为>0.005%～0.05%时,选用序号 6～10 标准溶液。

6.6.3 将分析溶液(6.4)与标准溶液(6.5)同时进行氩等离子光谱测定。

7 分析结果的表述

7.1 将标准溶液(6.5)的含量直接输入计算机,根据标准溶液(6.5)和分析溶液(6.4)的强度值,由计算机计算、校正并输出分析溶液(6.4)待测稀土氧化物中氧化钙的浓度。

按式(1)计算待测稀土氧化物中氧化钙的质量分数(%)：

$$w\,(\mathrm{X}) = \frac{c \cdot V_0 \times 10^{-6}}{m_0} \times 100 \quad \cdots\cdots(1)$$

式中：

c——自工作曲线上查得氧化钙的质量浓度，单位为微克每毫升(μg / mL)；

V_0——试液总体积，单位为毫升(mL)；

m_0——试料的质量，单位为克(g)。

7.2 按式(2)计算稀土金属中钙的质量分数(%)：

$$w\,(\mathrm{X}) = \mathrm{CaO}\,\% \times 0.714\,7 \quad \cdots\cdots(2)$$

式中：

CaO %——由7.1条求得的氧化钙的质量分数；

0.714 7——由氧化钙换算成钙量的系数。

8 精密度

8.1 重复性

在重复性条件下获得的两次独立测试结果的测定值，在以下给出的平均值范围内，这两个测试结果的绝对差值不超过重复性限(r)，超过重复性限(r)的情况不超过5%。重复性限(r)按表4数据采用线性内插法求得。

表4

氧化钙质量分数 / %	重复性限 (r) / %
0.000 5	0.000 4
0.000 9	0.000 5
0.001 7	0.000 6
0.012	0.002
0.034	0.002
0.046	0.005

注：重复性限(r)为2.8×Sr，Sr为重复性标准差。

8.2 允许差

实验室之间分析结果的差值应不大于表5所列允许差。

表5

氧化钙质量分数 / %	允许差 / %
0.000 5～0.002 0	0.000 4
＞0.002 0～0.010	0.000 8
＞0.010～0.020	0.002
＞0.020～0.030	0.003
＞0.030～0.050	0.006

9 质量保证与控制

每周用自制的控制标样(如有国家级或行业级标样时，应首先使用)校核一次本标准分析方法的有效性。当过程失控时，应找出原因，纠正错误，重新进行校核。

火焰原子吸收光谱法(方法 2)

10 范围

本标准规定了稀土金属及其氧化物中氧化钙含量的测定方法。

本标准适用于稀土金属及其氧化物中氧化钙含量的测定，测定范围：0.010% ～ 0.30%。

11 方法原理

试样经盐酸或硝酸溶解，在稀酸介质中，用空气-乙炔火焰，在原子吸收分光光度计波长 422.7 nm 处测量氧化钙的吸光度。用标准加入法计算氧化钙的含量。

12 试剂

12.1 硝酸(1.42 g/mL)。

12.2 过氧化氢(30%)。

12.3 盐酸(1+1)。

12.4 钙标准贮存溶液：称取 2.497 2 g 经 110℃ 烘干的碳酸钙于 200 mL 烧杯中，加 40 mL 盐酸(12.3)溶解。煮沸除尽二氧化碳，冷却至室温，移入 1 000 mL 容量瓶中，用水稀释至刻度，混匀。此溶液 1 mL 含 1 mg 钙。

12.5 钙标准溶液：移取 10.00 mL 钙贮存溶液(12.4)于 250 mL 容量瓶中，用水稀释至刻度，混匀。此溶液 1 mL 含 40 μg 钙。

12.6 乙炔(>99.99%)。

13 仪器

原子吸收分光光度计，附钙空心阴极灯。

在仪器最佳工作条件下，凡达到下列指标者均可使用。

灵敏度：在与测量样品溶液的基体相一致的溶液中，钙的特征浓度应不大于 0.11 μg/mL。

精密度：用最高浓度的标准溶液测量 10 次吸光度，其标准偏差不超过平均吸光度的 1.0%。用最低浓度的标准溶液(不是零标准溶液)测量 10 次吸光度，其标准偏差不超过最高溶液浓度平均吸光度 0.5%。

工作曲线线性：将工作曲线按浓度等分成五段，最高段的吸光度差值与最低段的吸光度差值之比，应不小于 0.7。

14 分析步骤

14.1 测定次数

称取二份试料进行平行测定，取其平均值。

14.2 试料

按表 6 称取试料(氧化物试样需经 900℃ 预灼烧 2 h，金属试样需去掉表面氧化层)，精确至 0.000 1 g。

表 6

氧化钙质量分数/%	试样量/g	溶解除二氧化铈外的试料加入盐酸(12.3)体积/mL	溶解二氧化铈试料,加入硝酸(12.1)体积与过氧化氢(12.2)体积之比/(mL： mL)
0.01～0.03	2.000 0	12	10：5
＞0.03～0.10	0.500 0	6	5：2.5
＞0.10～0.30	0.100 0	5	5：1.5

14.3　空白试验

随同试料做空白试验。

14.4　测定

14.4.1　试料的溶解

14.4.1.1　将除二氧化铈外的试料(14.2)置于 100 mL 烧杯中,按表 6 加入盐酸(12.3),低温加热至溶解完全,冷却至室温。

14.4.1.2　将二氧化铈试料(14.2)置于 100 mL 烧杯中,按表 6 加入硝酸(12.1)和过氧化氢(12.2)低温加热至溶解完全,煮沸赶尽过氧化氢,冷却至室温。

14.4.2　将溶液(14.4.1)移入 50 mL 容量瓶中,用水稀释至刻度,混匀。

14.4.3　移取 4 份 5.00 mL 试液(14.4.2)于一组 10 mL 比色管中,分别加入 0 mL、0.50 mL、1.00 mL、1.50 mL 钙标准溶液(12.5),用水稀释至刻度,混匀。

14.4.4　使用空气-乙炔火焰,在原子吸收分光光度计波长 422.7 nm 处,以水调零测量试液(14.4.3)的吸光度。以钙浓度为横坐标,吸光度为纵坐标绘制标准加入曲线,用外推法从标准加入曲线上查得被测溶液的钙浓度。

15　分析结果的计算与表述

15.1　按式(3)计算稀土金属中钙的质量分数(%):

$$w\,(X) = \frac{(c - c_0) \cdot V \cdot V_2 \times 10^{-6}}{mV_1} \times 100 \quad \cdots\cdots\cdots\cdots (3)$$

式中:

c ——从标准加入曲线上查得的被测试液的钙质量浓度,单位为微克每毫升(μg/ mL);

c_0——从标准加入曲线上查得的试料空白溶液的钙质量浓度,单位为微克每毫升(μg/ mL);

V ——试液的总体积,单位为毫升(mL);

V_2——被测试液的体积,单位为毫升(mL);

m——试料的质量,单位为毫升(mL);

V_1——移取试液的体积,单位为毫升(mL)。

15.2　按式(4)计算稀土氧化物中氧化钙的质量分数(%):

$$w\,(X) = \mathrm{Ca}\,\% \times 1.399 \quad \cdots\cdots\cdots\cdots (4)$$

式中:

Ca%——由 15.1 条求得的钙的质量分数;

1.399——由钙量换算成氧化钙量的系数。

16　精密度

16.1　重复性

在重复性条件下获得的两次独立测试结果的测定值,在以下给出的平均值范围内,这两个测试结果的绝对差值不超过重复性限(*r*),超过重复性限(*r*)的情况不超过 5%。重复性限(*r*)按表 7 数据采用线性内插法求得：

表 7

氧化钙质量分数 / %	重复性限（r）/ %
0.014	0.001
0.018	0.001
0.041	0.003
0.048	0.003
0.100	0.006
0.120	0.006
注：重复性限(r)为 2.8×Sr，Sr 为重复性标准差。	

16.2 允许差

实验室之间分析结果的差值应不大于表 8 所列允许差。

表 8

氧化钙质量分数 / %	允许差 / %
0.010～0.020	0.002
＞0.020～0.040	0.003
＞0.040～0.080	0.005
＞0.080～0.16	0.010
＞0.16～0.30	0.02

17 质量保证与控制

每周用自制的控制标样(如有国家级或行业级标样时，应首先使用)校核一次本标准分析方法的有效性。当过程失控时，应找出原因，纠正错误，重新进行校核。

ICS 65.020
B 30

中华人民共和国国家标准

GB/T 12728—2006
代替 GB/T 12728—1991

食用菌术语

Terms of edible mushroom

2006-06-02 发布　　　　2006-12-01 实施

中华人民共和国国家质量监督检验检疫总局
中国国家标准化管理委员会　发布

前言

本标准根据近年来食用菌科研、生产、贸易发展的需要，对 GB/T 12728—1991《食用菌术语》进行了修订。

本标准与 GB/T 12728—1991 相比主要变化如下：

1）修订了标准的英文名称，由原名《Terms of edible fungus》改为《Terms of edible mushroom》。

2）增加了新术语，删除了目前已经不用的技术术语。

3）将“生产术语”分为“菌种生产”和“栽培”用语两节，因此，第 2 章“术语和定义”由七节增加为八节。

4）修订了不准确的术语定义。

5）增加了附录 A《常见食用菌中文、英文、拉丁文名称对照表》。

本标准自实施之日起代替 GB/T 12728—1991。

本标准的附录 A 为资料性附录。

本标准由中华人民共和国农业部提出并归口。

本标准起草单位：中国微生物菌种保藏管理委员会农业微生物中心、中国农业科学院土壤肥料研究所。

本标准主要起草人：张金霞、罗信昌、贾身茂、黄年来、黄晨阳、郑素月。

本标准历次版本的发布情况为：

——GB/T 12728—1991。

食 用 菌 术 语

1 范围

本标准规定了食用菌形态结构、生理生态、遗传育种、菌种生产、栽培、病虫害和保藏加工等方面有关的中英文术语。

本标准适用于食用菌的科研、教学、生产和加工。

2 术语和定义

2.1 基本术语

2.1.1

真菌 fungus

一类营异养生活，不进行光合作用；具有真核细胞；营养体为单细胞或丝状菌丝；细胞壁含有几丁质或纤维素；具有无性和有性繁殖特征的生物。

2.1.2

大型真菌 macrofungus

子实体肉眼可见、徒手可采的真菌。

2.1.3

蘑菇 mushroom

大型真菌的俗称。见大型真菌。按用途分为食用菌、药用菌、有毒菌和用途未知菌四大类。多数为担子菌，少数为子囊菌。

2.1.4

食用菌 edible mushroom

可食用的大型真菌，常包括食药兼用和药用大型真菌。多数为担子菌，如双孢蘑菇、香菇、草菇、牛肝菌等。少数为子囊菌，如羊肚菌、块菌等。

2.1.5

药用菌 medicinal mushroom

特指具药用价值并收入《中国药典》的大型真菌。如灵芝。

2.1.6

担子菌 basidiomycete

有性孢子外生在担子上的真菌。如银耳、香菇等。

2.1.7

子囊菌 ascomycete

有性孢子内生于子囊的真菌。如羊肚菌、块菌、虫草等。

2.1.8

伞菌 agaric

泛指子实体伞状的大型真菌。如牛肝菌、金针菇等。

2.1.9

胶质菌 jelly fungus

泛指子实体胶质的大型真菌。如木耳、银耳等。

2.1.10

霉菌　mould

具管状菌丝营养体并产生大量孢子的小型真菌。

2.1.11

放线菌　actinomycete

分枝丝状的单细胞原核生物。

2.1.12

酵母菌　yeast

营出芽繁殖的单细胞真菌。

2.1.13

细菌　bacterium

以裂殖方式繁殖的单细胞原核生物。

2.1.14

病毒　virus

营专性寄生生活无细胞结构具核酸和蛋白质的生物。完全依靠寄主细胞代谢系统进行繁殖。

2.1.15

类病毒　viroid

营专性寄生生活无细胞结构的核酸大分子。完全依靠寄主细胞代谢系统进行繁殖。

2.1.16

朊病毒　prion

一种只由蛋白质组成的具有传染性的致病因子。

2.1.17

微生物　microorganism

只有借助于显微镜才能观察到个体结构的微小或超微小的生物类群。包括细菌、放线菌、真菌、支原体、病毒、类病毒、朊病毒等。

2.1.18

生物量　biomass

培养基质中所有生长的培养物的总量。也称生质。

2.1.19

培养　culture

在一定环境条件下,用人工培养基使微生物生长繁殖。食用菌生产中特指创造适宜条件使菌丝生长的过程。

2.1.20

纯培养　pure culture

只让单一微生物生长繁殖的培养或只有单一微生物的培养物。

2.1.21

继代培养　subculture

通过移植培养使物种得以延续的方法。

2.1.22

培养基　medium

具有适宜的理化性质,用于微生物培养的基质。

2.1.23

完全培养基　complete medium

添加蛋白胨、酵母膏或马铃薯浸出物等天然物质的培养基。

2.1.24

选择性培养基　selective medium

适合于分离和培养特定微生物的培养基。

2.1.25

合成培养基　synthetic medium

全部由已知化学成分组成的培养基。

2.1.26

转化率　converted efficiency

单位质量培养料的风干物质所培养产生出的子实体或菌丝体风干干重，常用百分数表示。如风干料 100 kg 产生了风干子实体 10 kg，即为转化率 10%。

2.1.27

生物学效率　biological efficiency

单位质量培养料的风干物质所培养产生出的子实体或菌丝体质量(鲜重)，常用百分数表示。如风干料 100 kg 产生了新鲜子实体 50 kg，即为生物学效率 50%。

2.2　形态结构

2.2.1

菌丝　hypha

丝状真菌的结构单位，由管状细胞组成，有隔或无隔，是菌丝体的构成单元。

2.2.2

菌丝体　mycelium

菌丝的集合体。

2.2.3

初生菌丝体　primary mycelium

由担孢子萌发形成的菌丝体。多数在每个细胞内含有一个单倍体的核。也常称为单核菌丝。

2.2.4

次生菌丝体　secondary mycelium

初生菌丝经细胞质融合形成的双核菌丝。也常称为双核菌丝。

2.2.5

锁状联合　clamp connection

一种锁状桥接的菌丝结构，是异宗结合担子菌次生菌丝的特征。

2.2.6

假锁状联合　pseudo-clamp connection

四极性异宗结合担子菌中由于 A 基因配套 B 基因不配套形成的锁状细胞，在这种锁状细胞菌丝中，细胞核不能迁移，不能正常出菇。

2.2.7

气生菌丝　aerial hypha

生长在培养基表面空间的菌丝。

2.2.8

基内菌丝　substrate hypha

生长在培养基内的菌丝。

2.2.9

匍匐菌丝　appressed mycelium

贴生在固体培养基表面的菌丝。也称贴生菌丝。

2.2.10

线状贴生菌丝　strandy mycelium

呈线状贴生于固体培养基表面的菌丝。

2.2.11

菌落　colony

在固体培养基上形成的单个生物群体。

2.2.12

菌索　rhizomorph

某些真菌菌丝集结而成的绳索状结构。又称根状菌索、菌丝束。

2.2.13

原基　primordium

尚未分化的原始子实体的组织团。

2.2.14

菇蕾　button

由原基分化的有菌盖和菌柄的幼小子实体。

2.2.15

耳芽　primordium of *Auricularia*

尚未分化子实层的木耳属真菌的幼小子实体。

2.2.16

子实体　fruit body

产生孢子的真菌组织器官。如子囊果、担子果。食用菌中供食用的菇体和耳片都是子实体。

2.2.17

担子果　basidiocarp

产生担子的子实体。

2.2.18

子囊果　ascocarp

产生子囊的子实体。

2.2.19

子囊　ascus

产生子囊孢子的囊状细胞。

2.2.20

担子　basidium

担子菌发生核融合和减数分裂并产生担孢子的细胞结构。

2.2.21

孢子　spore

真菌经无性或有性过程所产生的繁殖单元。

2.2.22

有性孢子　sexual spore

经减数分裂而形成的孢子。如担孢子、子囊孢子。

2.2.23

无性孢子 asexual spore

未经减数分裂形成的孢子。如分生孢子。

2.2.24

子囊孢子 ascospore

产生于子囊中的有性孢子。如羊肚菌的子囊孢子。

2.2.25

担孢子 basidiospore

在担子上产生的有性孢子。如香菇的担孢子。

2.2.26

分生孢子 conidium

一种无性孢子,通常着生于分生孢子梗上。

2.2.27

分生孢子梗 conidiophore

一种着生分生孢子的特化菌丝。

2.2.28

粉孢子 oidium

一种薄壁的无性孢子。通常由营养菌丝直接断裂而成。

2.2.29

芽孢子 blastospore

由出芽方式形成的无性孢子。又称酵母状分生孢子。

2.2.30

厚垣孢子 chlamydospore

具厚壁能抵抗不良环境的无性孢子。

2.2.31

孢子囊 sporangium

包裹无性孢子的囊状细胞。

2.2.32

菌核 sclerotium

由营养菌丝集结成的坚硬的能抵抗不良环境的休眠体。如茯苓、猪苓等菌丝体在地下所形成的块状物。

2.2.33

孢子印 spore print

子实体上孢子散落沉积形成的菌褶或菌管着生模式的图像。也称孢子纹、孢子堆。孢子印及其颜色是伞菌分类依据之一。

2.2.34

菌盖 pileus;cap

伞菌生长在菌柄上产生孢子的组织结构,由菌肉和菌褶或菌管组成,也是多数食用菌的主要食用部分。

2.2.35

菌褶 lamellae;gill

垂直于菌盖下侧呈辐射状排列的片状结构,其上形成担子,产生担孢子。

2.2.36

菌管　tube

子实体上着生孢子的管状结构。

2.2.37

子实层　hymenium

子实体上孕育孢子的层状结构。

2.2.38

囊状体　cystidium

间生在子实层中的囊状不孕细胞。又称隔胞、间胞。

2.2.39

侧丝　paraphysis

生于子实层中的不孕丝状细胞。

2.2.40

菌柄　stipe;stalk

上支持菌盖、下连接基质的子实体上的柱状组织结构。

2.2.41

侧生　lateral

菌柄偏离菌盖中央的着生方式。

2.2.42

中生　central

菌柄着生于菌盖中央的着生方式。

2.2.43

内菌幕　inner veil

某些伞菌菌盖与菌柄相连接覆盖菌褶的菌膜。

2.2.44

外菌幕　universal veil

包裹在整个原基或菌蕾外面的膜状物。

2.2.45

菌环　annulus

某些伞菌菌柄上呈环状的内菌幕残余物。

2.2.46

菌托　volva

位于菌柄基部的外菌幕残留物。也称脚苞。

2.2.47

菌肉　context

菌盖上着生菌褶或菌孔的组织结构。

2.2.48

丝膜　cortina

某些伞菌菌盖边缘垂下的幕状或蛛网状物。

2.2.49

菌髓　trama

一些担子菌组成菌盖或产生子实层组织的中心部分。

2.2.50

菌裙 indusiun

竹荪属真菌中自菌柄上部下垂的裙样网状结构。又称菌膜网。

2.2.51

产孢结构 gleba

担子菌的腹菌和子囊菌的块菌中子实体内部产生孢子的组织。如竹荪的菌盖部分、黑孢块菌包被内的部分。又称造孢组织。

2.3 生理生态

2.3.1

生活史 life cycle

食用菌生活史,一般是指有性孢子→菌丝→子实体→有性孢子的整个生长发育循环周期。

2.3.2

腐生 saprophytism

以死的动植物体或有机质作为营养来源的生存方式。

2.3.3

腐生菌 saprophyte;saprobe

以死的动植物体或有机质为营养的微生物。

2.3.4

寄生 parasitism

一种生物从另一种活的生物体内摄取养分为营养来源的生存方式。

2.3.5

寄生菌 parasite

从活的生物体上摄取养分的微生物。

2.3.6

共生 symbiotism

两种不同的生物共同生活,彼此提供所需营养物质的互惠互利的生存方式。

2.3.7

兼性寄生 facultative parasitism

以寄生为主、兼营腐生的生存方式。

2.3.8

兼性腐生 facultative saprophytism

以腐生为主、兼营寄生的生存方式。

2.3.9

伴生现象 commensalism

两种真菌共同生存在同一基物上,其中一种对另外一种的生长发育有促进作用。

2.3.10

木腐菌 wood rotting mushroom

自然生长在木本植物上可引起木材腐烂的大型真菌。人工栽培的食用菌多数是木腐菌,如香菇、金针菇等。

2.3.11

草腐菌 straw rotting mushroom

自然生长在草本植物残体上的大型真菌。人工栽培的食用菌有的是草腐菌,如草菇、双孢蘑菇。

2.3.12

白腐菌　white rotting mushroom

以分解树木或木材中木质素为主要碳源，引起树木或木材白色腐朽的大型真菌。如平菇。

2.3.13

褐腐菌　brown rotting mushroom

以分解树木或木材中的纤维素和半纤维素为主要碳源，但不利用木质素，引起树木或木材褐色腐朽的真菌。如茯苓。

2.3.14

土生菌　geophilous mushroom

自然生长在富含有机质的土壤中的各类大型真菌。如羊肚菌。

2.3.15

粪生菌　coprophilous mushroom

以腐熟动物粪便为营养源的腐生大型真菌。如粪污鬼伞。

2.3.16

蘑菇圈　fairy ring

蘑菇在地上呈圈状生长的现象。

2.3.17

林地蘑菇　mushroom in forest land

生长在森林落叶层上的大型真菌。也称森林蘑菇。

2.3.18

菌根　mycorrhiza

真菌和植物根系结合形成的共生体。

2.3.19

菌根真菌　mycorrhizal fungus

能与植物根系发生互惠共生关系形成菌根的真菌。如松口蘑与赤松。由于真菌菌丝深入植物根部程度的不同又有外生菌根和内生菌根之分。

2.3.20

代谢产物　metabolite

生物在新陈代谢过程中所产生的物质。

2.3.21

拮抗现象　antagonism

具有不同遗传基因的菌落间互相抑制产生不生长区带或形成不同形式线形边缘的现象。

2.3.22

菌龄　period of spawn running

接种后菌丝在培养基物中生长发育的时间。

2.3.23

营养生长　vegetative growth

食用菌菌丝体在培养基质中吸收营养不断生长的过程。

2.3.24

生殖生长　reproductive growth

食用菌菌丝体扭结形成子实体原基、分化、生长发育的全过程。

2.4 遗传育种

2.4.1

有性繁殖 sexual reproduction

经过核融合和减数分裂的繁殖过程。

2.4.2

无性繁殖 asexual reproduction

没有减数分裂的繁殖过程。

2.4.3

同宗结合 homothallism

同一担孢子萌发的菌丝间细胞可融合并能形成子实体的有性繁殖方式。

2.4.4

初级同宗结合 primary homothallism

单个单核担孢子萌发的菌丝间细胞可融合并能形成子实体的有性繁殖方式。如草菇。

2.4.5

次级同宗结合 secondary homothallism

单个双核担孢子萌发的菌丝间细胞可融合并能形成子实体的有性繁殖方式。如双孢蘑菇。

2.4.6

异宗结合 heterothallism

由两个可亲和性的单核菌丝相结合,产生子实体的有性繁殖方式。

2.4.7

多核菌丝 multinucleate hypha

细胞中含有两个以上细胞核的菌丝。

2.4.8

单核菌丝 monokaryotic hypha

细胞中含有一个细胞核的菌丝。

2.4.9

双核菌丝 dikaryotic hypha

细胞中含有两个不同性遗传特征单倍细胞核的菌丝。

2.4.10

双核化 dikaryotization

异宗结合担子菌中两个可亲和单核体细胞融合形成双核菌丝的过程。

2.4.11

异核现象 heterokaryosis

一个细胞中含有两个或更多不同基因型的细胞核。

2.4.12

单核化 monokaryotization

在原生质体制备中,获得单核原生质体的过程。

2.4.13

准性生殖 parasexual reproduction

一种不经过生殖细胞而在体细胞中发生基因重组的生殖方式。

2.4.14

单、单交配 mon-mon mating

食用菌中两个单核菌丝间的交配。

2.4.15

双、单交配　di-mon mating

食用菌中双核菌丝与单核菌丝间的交配。

2.4.16

亲和性　compatibility

异宗结合高等真菌的带有不同交配因子的单核体杂交可育的特性。

2.4.17

不亲和性　incompatibility

异宗结合高等真菌的单核体间由于交配因子相同不可杂交的特性。

2.4.18

交配型　mating type

根据交配因子的个体间能否完成交配结合而确定的结合类型。

2.4.19

同核体　homokaryon

菌丝或孢子内含有相同基因型的细胞核。

2.4.20

异核体　heterokaryon

菌丝或孢子内含有两个或更多不同基因型的细胞核。

2.4.21

质配　plasmogamy

两个不同性细胞质的融合。

2.4.22

核配　karyogamy

两个不同性细胞核的融合。

2.4.23

极性　polarity

表示遗传因子中"性基因"的性质和数量。

2.4.24

二极性　bipolarity

亲和性由一对独立分离的因子所决定。

2.4.25

四极性　tetrapolarity

亲和性由两对独立分离的因子所决定。

2.4.26

基因　gene

遗传物质的最小功能单位。

2.4.27

基因工程　genetic engineering

对携带遗传信息的分子进行设计和施工的分子工程。又称遗传工程。

2.4.28

基因组　genome

细胞中所有的DNA，包括所有的基因和基因间隔区。

2.4.29

基因文库 gene library

含有全部基因组 DNA 片段插入克隆载体获得的分子克隆的总和。

2.4.30

转基因菇 gene modified mushroom

带有外源基因的食用菌。

2.4.31

克隆 clone

无性繁殖系。DNA 克隆即将 DNA 的限制性酶切片断插入克隆载体，导入宿主细胞，经过无性繁殖，以获得相同的 DNA 扩增分子。

2.4.32

分子标记 molecular marker

用特异 DNA 片段或蛋白质作为区别特征的遗传标记。

2.4.33

杂种优势 hybrid vigor

杂交子代在诸多性状上表现的优于亲本的现象。

2.4.34

分离 isolation

从基物、子实体、菌丝培养物中取得纯菌种的过程。

2.4.35

孢子分离 spore isolation

从孢子中获得纯培养物的方法。

2.4.36

单孢分离 single spore isolation

分离单个孢子获得纯培养物的方法。

2.4.37

多孢分离 multispore isolation

采用分离多孢子获得纯培养物的方法。

2.4.38

组织分离 tissue isolation

从子实体组织中获得纯培养物的方法。

2.4.39

基质分离 substrate isolation

从食用菌生存的基物中分离获得纯培养物的方法。

2.4.40

移植 transfer

菌种从一种基物移接到另外的基物中培养的过程。

2.4.41

接种 inoculation

菌种移植到培养基物中的操作。

2.4.42

接种物 inoculum

用于开始培养的原始体。

2.4.43

菌种老化　senescence

菌种随着培养时间的增加，生理机能衰退的现象。

2.4.44

菌种退化　degeneration

菌种在生长和栽培过程中，由于遗传变异导致优良性状下降。

2.4.45

菌种复壮　rejuvenation

良种繁育中防止菌种退化的技术措施。

2.4.46

驯化　domestication

将野生种经过分离、培养、选择成为可以进行人工栽培品种的过程。

2.4.47

单孢杂交　monosporous hybridization

利用单孢子分离物(单核菌丝体)进行配对组合，经培养筛选，选育新品种的方法。

2.4.48

多孢杂交　multisporous hybridization

用多孢子随机杂交，选育新品种的方法。

2.4.49

诱变育种　induced breeding

采用紫外线、X 光线、γ 射线照射或采用化学诱变剂处理，诱导 DNA 突变，获得新菌株。

2.4.50

原生质体融合　protoplast fusion

通过理化方法使原生质体融合。

2.4.51

原生质体再生　protoplast regeneration

原生质体重新长出细胞壁，恢复细胞形态的过程。

2.5　菌种生产

2.5.1

品种　variety

经各种方法选育出来的具特异性、一致(均一)性和稳定性可用于商业栽培的食用菌纯培养物。

2.5.2

菌株　strain

种内或变种内在遗传特性上有区别的培养物。

2.5.3

分离物　isolate

未经性状鉴定和性能检验测试的培养物。

2.5.4

种性　characters of variety

食用菌的品种特性。一般包括生理特性、农艺性状和商品性状。

2.5.5

混合培养　mix culture

在同一个培养单元中同时培养两种或多种微生物。

2.5.6

菌种　culture

生长在适宜基质上具结实性的菌丝培养物，包括母种、原种和栽培种。

2.5.7

母种　stock culture

经各种方法选育得到的具有结实性的菌丝体纯培养物及其继代培养物。也称一级种、试管种。

2.5.8

原种　mother spawn

由母种移植、扩大培养而成的菌丝体纯培养物。也称二级种。

2.5.9

栽培种　spawn

由原种移植、扩大培养而成的菌丝体纯培养物。栽培种只能用于栽培，不可再次扩大繁殖菌种。也称三级种。

2.5.10

消毒　disinfection

采用物理或化学方法消除有害微生物的方法。

2.5.11

灭菌　sterilization

采用物理或化学方法杀灭一切微生物的方法。

2.5.12

无菌　sterile

不含活菌体。

2.5.13

冷却　cooling

将刚灭菌完毕的培养料，置于洁净通风的场所使温度下降的过程。

2.5.14

无菌操作　sterile operation

在无菌条件下的操作过程。

2.5.15

萌发　germination

一般指孢子长出菌丝的现象。在食用菌生产中，接种物在培养基质中恢复生长也常称为萌发。

2.5.16

生长速度　growth rate

在一定条件下，单位时间内菌丝体生长的长度。常以长满容器所需的天数表示。

2.5.17

角变　sectoring

因菌丝体局部变异或感染病毒而导致菌丝变细、生长缓慢、菌丝体表面特征成角状异常的现象。

2.5.18

高温圈　high-temperatured line

食用菌菌种在培养过程中受高温和通气不足的不良影响，培养物出现的圈状发黄、发暗或菌丝变稀弱的现象。

2.5.19

木屑培养料　sawdust substrate

以阔叶树木屑为主要原料的培养基。

2.5.20

草料培养料　straw substrate

以草本植物为主要原料的培养基。

2.5.21

谷粒培养料　grain substrate

以禾谷类种籽为主要原料的培养基。

2.5.22

粪草培养料　compost substrate

以各种有机肥和草本植物残体为主要原料,经发酵腐熟作原料的培养基。

2.5.23

木塞培养料　wood-pieces substrate

以种木为主要原料的培养基。

2.5.24

种木　wood-pieces

木塞培养基中具一定形状和大小的木质颗粒。也称种粒。

2.5.25

木屑种　sawdust spawn

生长在木屑培养料上的菌种。

2.5.26

草料种　straw spawn

生长在草料培养料上的菌种。

2.5.27

谷粒种　grain spawn

生长在各种谷粒培养料上的菌种。

2.5.28

粪草种　compost spawn

生长在粪草培养料上的菌种。

2.5.29

木塞种　wood-pieces spawn

生长在木塞培养料上的菌种。

2.5.30

液体菌种　liquid spawn

培养基为液体状态的菌种。

2.5.31

固体菌种　solid spawn

生长在固体培养料上的菌种。

2.5.32

菌材　mycelia colonized wood logs

以木枝或细小段木为培养基的药用菌栽培种。

2.5.33

菌种保藏　culture preservation

使菌种免受其他微生物污染，保持其固有遗传、生理、形态及其各种有研究和利用价值特性的微生物学技术。

2.5.34

菌种贮藏　spawn storage

菌种放置在洁净、低温、通风、避光的条件下，使其免受其他微生物污染，并保持活力和使用价值的过程。

2.6 栽培

2.6.1

栽培　cultivation

人工培育食(药)用菌子实体或菌核的过程。

2.6.2

菇房　mushroom house

泛指具备栽培菇类条件的各类建筑物。

2.6.3

发菌室　spawn-running room

培养食(药)用菌菌丝体的专用建筑物。

2.6.4

保护地栽培　mushroom growing under protection

在各种园艺设施中食(药)用菌的栽培。

2.6.5

一场制　one zone system

发菌和出菇在同一场地。

2.6.6

二场制　two-zone system

菌丝体培养和子实体培育在两个场地进行。

2.6.7

发菌场　bed-logs laying yard

食用菌段木栽培中，接种后发菌的场地。

2.6.8

产菇(耳)场　raising yard

食用菌段木栽培中，出菇(耳)的场地。

2.6.9

菇(耳)场　mushroom yard

各种食(药)用菌栽培的场所。

2.6.10

天然菇(耳)场　natural mushroom yard

利用自然林木遮荫，或略加人工改造，用于食(药)用菌段木栽培的场地。

2.6.11

荫棚　mushroom shed

具遮阳、防晒、降温效果的菇棚。

2.6.12

生产季节　produce season

按照气候的自然变化和食用菌生长发育对外界条件的要求，安排完成接种、菌丝培养、出菇采收一个完整生产周期的时间。

2.6.13

反季节栽培　off-season cultivation

采取改换品种、调整环境条件、改变栽培方式等多项栽培措施，使自然出菇期外出菇。也称错季栽培。

2.6.14

周年栽培　year-round cultivation

一年四季进行的食用菌栽培。

2.6.15

春季栽培　spring cultivation

食用菌春季接种的栽培。

2.6.16

夏季栽培　summer cultivation

食用菌夏季接种的栽培。

2.6.17

秋季栽培　autumn cultivation

食用菌秋季接种的栽培。

2.6.18

工厂化栽培　factory cultivation

利用微生物技术和现代环境工程技术，在完全人工控制环境条件下食用菌的室内周年栽培。

2.6.19

覆土栽培　casing soil cultivation

完成发菌后覆盖泥炭土或泥土使之出菇。

2.6.20

生料栽培　cultivation on un-sterilized substrate

利用没有经过灭菌处理的培养料进行的栽培。

2.6.21

熟料栽培　cultivation on sterilized substrate

利用经灭菌处理的培养料进行的栽培。

2.6.22

发酵料栽培　cultivation on compost

培养料堆积发酵后，进行食用菌栽培的方法。

2.6.23

段木栽培　cut-log cultivation

利用木段栽培食(药)用菌的方法。

2.6.24

砍花栽培　wood cutting cultivation

在一定季节，将树木砍倒后，用斧在原木上砍出深浅、疏密、排列不同的斜口，以承接飘浮在空中的野生香菇孢子的栽培方法。

2.6.25

代料栽培　substitute cultivation

利用各种农林废弃物代替原木栽培食(药)用菌。

2.6.26

床架式栽培　shelf cultivation

利用搭架分层,铺设菌床的立体栽培方式。

2.6.27

盘式栽培　tray cultivation

利用浅盘作为培养容器,栽培食用菌的方式。

2.6.28

菇树　trees used for mushroom growing

用来栽培食(药)用菌的树木。

2.6.29

段木　log

按一定规格锯断的尚未接种的木段。

2.6.30

菇木　bed-log

接种后的段木。

2.6.31

抽水　water drawing

菇树砍伐后,暂不剔枝,留下枝叶以便蒸发多余的水分促进树体死亡的过程。也称"抽水"干燥。

2.6.32

剔枝　trimming

菇树抽水后,将多余枝条剔除。

2.6.33

截断　cutting

剔枝后将菇木按一定长度截成小段。

2.6.34

树皮盖　bark cover

段木栽培时用来覆盖接种穴的树皮盖子。

2.6.35

上堆发菌　pile up

把接种后的菇(耳)木按一定形式堆叠起来,使尽快发菌。

2.6.36

击木惊蕈　stimulating fruiting by log taping

香菇段木栽培中,起架前敲打菇木以刺激出菇。

2.6.37

起架　staking-up

把长满菌丝的菇(耳)木,按一定形式架起以利出菇(耳)。

2.6.38

主料　main substrate

以满足食用菌生长发育所需要的碳源为主要目的的原料。多为木质纤维素类的农林副产品,如木屑、棉籽壳、麦秸、稻草等。

2.6.39

辅料　supplement

以满足食用菌生长发育所需要的有机氮源为主要目的的原料。多为较主料含氮量高的糠、麸、饼肥、鸡粪、大豆粉、玉米粉等。

2.6.40

消毒剂　disinfectant

用于杀灭介质中有害微生物，使其达到无害化要求的制剂。如甲醛、苯酚等。

2.6.41

化学添加剂　chemical supplement

泛指培养料中的各种化工产品，包括化肥类、无机盐类、植物生长调节剂、杀虫剂、杀菌剂等。

2.6.42

碳氮比　carbon-nitrogen ratio

培养料中碳与氮的含量比。常用英文缩写"C/N"表示。

2.6.43

预湿　preliminarily wet

堆料前将培养料浇湿或浸湿的方法。

2.6.44

培养料　substrate

为食用菌生长繁殖提供营养的物质。如木屑、棉籽壳、麦麸、米糠等。

2.6.45

堆肥　compost

经过堆制发酵的培养料。

2.6.46

粪草料　straw-manure compost

以畜禽粪和秸秆为主要原料的堆肥。

2.6.47

合成料　synthetic compost

以秸秆和化肥为主要原料的堆肥。

2.6.48

堆制　composting

将培养料按一定方法堆制发酵的过程。

2.6.49

发酵　fermentation

培养料在微生物作用下有机质分解，产生二氧化碳、水和热量的过程。

2.6.50

发酵热　fermentation heat

在发菌期间产生的热量。

2.6.51

前发酵　outdoor fermentation; phase Ⅰ

培养料在室外堆制自然发酵的过程。又称室外发酵、一次发酵。

2.6.52

后发酵　indoor fermentation;phase Ⅱ

经一次发酵的培养料,在室内控温条件下进行巴氏消毒的发酵过程。又称室内发酵、二次发酵。

2.6.53

发汗　sweat out

培养料堆制发酵后期或二次发酵期间,自身发热,维持料温,散发热气,在表面出现水珠的现象。

2.6.54

好气发酵　aerobic fermentation

培养料在通气充足状况下的发酵。

2.6.55

厌气发酵　anaerobic fermentation

培养料在通气不良状况下的发酵。

2.6.56

白化现象　albinism

在前发酵期间,产生的白色放线菌群。

2.6.57

堆制过度　over-composting

培养料的堆制发酵时间过长,造成过分腐熟、营养流失的现象。也称发酵过度、发酵过热。

2.6.58

堆制不足　under-composting

培养料的堆制时间不够,未达到腐熟程度。

2.6.59

酸败　spoiling

培养料在堆制发酵或生料栽培过程中,由于环境条件控制不当,产生大量产酸微生物,导致培养料发酵腐败发酸或生料栽培发菌失败的现象。

2.6.60

翻堆　turning

培养料发酵期间或接种后培养物堆叠在一起时,定期翻动调换位置。

2.6.61

进料　filling

培养料前发酵结束后,运进菇房的过程。又称进房。

2.6.62

翻料　turning over and mixing

培养料进房经消毒或后发酵后,将培养料翻动散发游离氨、混匀、铺平的过程。又称翻架。

2.6.63

菌棒　artificial bed-log

特指代料栽培食用菌接种后长有菌丝的棒状菌体。也称菌筒、人造菇木。

2.6.64

播种　spawning

发酵料或生料栽培的接种方式。

2.6.65

穴播　hole spawning;dibble

将菌种播种在培养料的洞穴内。

2.6.66

撒播　broadcast spawning

将菌种均匀撒放在培养料上。

2.6.67

层播　layer spawning

将菌种在培养料内分层播种的方式。

2.6.68

混播　mixed spawning

将菌种与培养料均匀混合的播种方式。

2.6.69

条播　drill spawning

将培养料挖成条形沟将菌种播入的方式。

2.6.70

播种量　spawning quantity

菌种用量(湿重)与培养料干重之比,常用百分数表示。如 100 kg 干培养料用了 10 kg 菌种,即为播种量 10%。又称接种量。

2.6.71

定植　colonization

接种后,接种物菌丝开始向培养料中生长。俗称"吃料"。

2.6.72

覆土　casing

将覆土材料覆盖在已长满菌丝的培养料表面。

2.6.73

爬菌　mycelium growing up to casing

菌丝体向覆土层生长。

2.6.74

搔菌　scratching

搔动培养料表面的菌丝,形成机械损伤,刺激子实体形成的技术措施。

2.6.75

退菌　mycelium atrophy

在不适宜环境条件下或由于病虫害为害,菌丝体在培养基中萎缩、消亡的过程。

2.6.76

调水　watering

向覆土层喷水,调节覆土湿度的操作。

2.6.77

结菇水　cropping water

覆土层内菌丝体完成生长后,间歇向覆土层喷重水,以促进菌丝体扭结形成原基的水分管理。

2.6.78

出菇水　fruiting water

原基发育成至绿豆或黄豆大小的菇蕾时,间歇向覆土层喷重水,以促进子实体发育的水分管理。

2.6.79

出菇部位　fruiting depth in casing layer

子实体在覆土层内着生的深浅。出菇部位适中,利于获得优质高产。

2.6.80

发菌水 mycelium running water

越冬后，向覆土或培养料喷水，促进菌丝恢复生长。

2.6.81

菇潮 flush

在一定时间内子实体较大量集中发生的现象，菇潮在一个生长周期内可间歇发生若干次。

2.6.82

补水 supplementing water

特指子实体发生前或发生间歇期水分不足时，采用注水或浸水方式向基质中补充水分。

2.6.83

催蕾 inducement to primordium

采取控温、控湿、通风、振动及适当光照等方法促进菇蕾形成的技术措施。

2.6.84

养菌 mycelium renewing out of flush

采菇后调控环境条件，使其利于菌丝调整生理代谢、吸收和积累养分、继续生长，以利于下潮菇的发生。

2.6.85

菇床整理 bed clean

采收后将留在菇床上的子实体碎片、异物清理干净，剔除老菌丝束（老根），适当补土等的一系列操作。

2.6.86

最适温度 optimal temperature

最有利于食（药）用菌生长发育的温度。

2.6.87

最低温度 minimal temperature

食（药）用菌生长发育的温度范围的下限。

2.6.88

最高温度 maximal temperature

食（药）用菌生长发育的温度范围的上限。

2.6.89

料温 substrate temperature

培养料内的温度。

2.6.90

温差刺激 stimulating by temperature change

低温和高温相互交替作用对子实体形成的刺激。

2.6.91

菌丝徒长 over growth of hypha

培养基过富或培养温度偏高，使菌丝营养生长过于旺盛的现象。

2.6.92

菌丝结块 clumping of over grown hypha

徒长的菌丝密集成块。

2.6.93

转色　colouring

香菇菌丝在培养料内生长到一定阶段，由代谢产生色素而使表层变为褐色的过程。

2.6.94

菌皮　coat

在菌种生产和代料栽培中，完成培养后或由于培养时间过长菌体表面变成的皮状物。

2.6.95

瘤状突起　tumour outstanding

香菇菌丝生长达到生理成熟后，在菌皮下或菌皮表层密集，结成的瘤状物。

2.6.96

吐黄水　yellow water exudation

菌丝培养期间分泌的液体，常积聚在培养基表面，呈黄色水珠状。

2.6.97

刺孔　holing

在菌袋表面，刺以细孔，以利气体交换、排湿和散热的操作。

2.6.98

蹲菇　mushroom repressing

将幼菇在适宜子实体生长发育温度的下限环境中持续一定时间，使其缓慢生长，以形成菌盖肥厚、菌肉致密、菌柄短粗的优质菇的过程。

2.6.99

桑椹期　mulberry-like phase

米粒状连接成如桑椹的平菇原基期。

2.6.100

珊瑚期　coral-like phase

平菇菌柄已出现，菌盖尚未分化的生长时期。

2.6.101

针头期　pinhead phase

伞菌出菇期在培养料表层出现的白色小点状的原基原始期。

2.6.102

钮扣期　button phase

伞菌的菇蕾生长到钮扣大小的时期。

2.6.103

卵形期　egg phase

有外菌幕的食用菌子实体长到卵形的时期。如草菇、竹荪等。

2.6.104

伸长期　elongation phase

草菇子实体外菌幕破裂，菌盖伸长的时期。

2.6.105

草被　cover-hay

栽培草菇时，覆盖在已接种草堆周围的稻草层。

2.6.106

菇房管理　management of mushroom house

以所栽培食用菌所需环境条件为调控目标，对菇房进行环境调节和控制的技术措施。

2.6.107

商品菇 commercial mushroom

可作为商品准予进入市场的食用菌干、鲜产品。

2.7 病虫害

2.7.1

杂菌 weed mould

食(药)用菌培养中引起污染的微生物。

2.7.2

侵染 infection

培养物受到其他微生物的侵入感染。

2.7.3

损伤 injury

培养物或菇体因受物理、化学、生物等因素的作用,使机体部分或整体受到伤害。

2.7.4

罹病 fall ill

子实体因受其他微生物侵染,使机体呈现病症。

2.7.5

污染 contamination

在培养过程中混有其他微生物。

2.7.6

污染源 source of contamination

带有孳生杂菌、病原菌、害虫及有毒物质的场所或物体。

2.7.7

侵染性病害 infective disease

食用菌受到其他生物的侵染而引起的病害。如双孢蘑菇湿泡病。也称非生理性病害。

2.7.8

生理性病害 physiological disease

食用菌受不良环境条件影响而引起的病害。如高浓度二氧化碳引起的子实体畸形。也称非侵染性病害。

2.7.9

病虫害综合防治 integrated control of disease and insect

以农业防治为主,生物防治、物理防治和化学防治为辅的病虫害防治措施。

2.7.10

真菌病害 fungal disease

由真菌侵染引起的病害。

2.7.11

细菌病害 bacterial disease

由细菌侵染引起的病害。

2.7.12

线虫病害 nematode disease

由线虫侵染引起的病害。

2.7.13

病毒病害　viral disease

由病毒侵染引起的病害。

2.7.14

虫蛀菇　maggot damaged mushroom

带虫或有虫为害过的菇体。

2.7.15

畸形菇　deformed mushroom

因受物理、化学、生物等不良因素影响形成的变形菇。

2.7.16

风斑菇　wind-blown spotted mushroom

食用菌子实体因受干风吹袭，使表面出现褐斑。

2.7.17

霉烂菇　spoiled mushroom

有肉眼可见的霉菌或腐败的菇。

2.7.18

黄斑菇　yellow-spotted mushroom

有肉眼可见黄色病斑的菇。

2.7.19

泡水菇　soaked mushroom

浸水后，使含水量超过规定标准的鲜菇。也称浸水菇。

2.7.20

薄皮开伞　early opening

双孢蘑菇由于高温导致子实体盖薄，未成熟时即开伞的现象。

2.7.21

硬开伞　forced opening

栽培中由于气温骤然降低，双孢蘑菇的菌盖与菌柄间裂开的现象。

2.7.22

空根白心　hollow stipe

双孢蘑菇菌柄内出现白色疏松的“菌髓”或变空的现象。

2.8　保藏加工

2.8.1

保藏　preservation

在一定条件下使产品不腐败不变质的贮藏方式。

2.8.2

冷藏　cold preservation

将产品置于适宜的低温条件下的保藏。

2.8.3

罐藏　canning

把新鲜产品装入密闭容器内，注入适当浓度的液汁，密封后经灭菌处理的保藏。

2.8.4

速冻　quick freezing

使产品在低温条件下迅速冻结，达到长时间冻结保藏的目的。

2.8.5

风干　air drying

在自然条件下，使样品水分去除的方法。

2.8.6

烘干　oven-drying

采用人工加热方法使产品脱水成为干制品。

2.8.7

吸水率　ratio of absorbed water

干食用菌用水浸泡，沥干表面水分后的湿重与干重之比，常用数字表示。如 1 kg 黑木耳浸水泡发后湿重 15 kg，其吸水率为 15。也称泡发度、干湿比。

2.8.8

风干率　air dry rate

鲜食用菌自然风干成干品的干鲜百分比。如 1 kg 鲜香菇自然风干成干香菇 100 g，其风干率为 10%。

2.8.9

保鲜　fresh-keeping

降低产品的新陈代谢，使之保持新鲜。

2.8.10

保鲜期　shelf life；marketable life

产品保持新鲜的时间范围。也称货架寿命。

2.8.11

真空保鲜　vacuum refreshing

在真空条件下，使产品保持新鲜的方法。

2.8.12

辐射保鲜　radiation fresh-keeping

采用一定剂量的 γ、^{60}Co 等射线照射产品，降低产品新陈代谢和酶活力的保鲜方法。

2.8.13

罐头菇　canned mushroom

以罐装形式保存和出售的食用菌。

2.8.14

盐水菇　salted mushroom

用盐渍方法保存的食用菌。

2.8.15

醋渍菇　vinegar mushroom

用醋渍方法保存的食用菌。

2.8.16

整菇　whole mushroom

以完整子实体做成的加工菇。

2.8.17

片菇　sliced mushroom

纵切成片状的罐头菇或干菇。

2.8.18

碎菇　pieces mushroom

不规则食用菌碎片(块)的加工菇。

2.8.19

菇粉　mushroom powder

干菇粉碎成的粉状物。有时特指经超细粉碎的食(药)用菌干粉。

2.8.20

鲜菇　fresh mushroom

采收整理后,未经任何保鲜处理直接销售的食用菌。

2.8.21

保鲜菇　fresh-keeping mushroom

特指经脱水和低温技术处理并经冷链运输销售的鲜菇。

2.8.22

干菇　dry mushroom

采用自然干燥或人工干燥方法加工的食用菌。

2.8.23

商品率　economic rate

可上市商品与采收时产品的百分比。如采收产品 100 kg,经修整后可以上市商品 80 kg,商品率为 80%。

2.8.24

吨耗　fresh mushroom per ton

加工 1 t 罐头菇所需要鲜菇的质量。

2.8.25

固形物　solid matter

含有固、液两相物质的罐头产品中的固相物质,常用质量分数表示。

2.8.26

冻害　freezing injury

鲜菇由于冰点或冰点以下的低温引起的组织冻结而无法恢复造成的伤害。

2.8.27

冷害　cooling injury

鲜菇由 0℃以上的低温引起的组织伤害。如草菇和肺形侧耳在低温下出现的组织出水和软化。

附 录 A
（资料性附录）
常见食用菌中文、英文、拉丁文名称对照表

表 A.1 常见食用菌中文、英文、拉丁文名称对照表

中文名称	商品名称或俗称	拉 丁 学 名	英文名称或英文商品名称
双孢蘑菇	白蘑菇、洋蘑菇	*Agaricus bisporus* (Lange) Sing.	White Button Mushroom Common Mushroom Cultivated Mushroom
巴西蘑菇	姬松茸、巴氏蘑菇	*Agaricus blazei* Murr.	Hime Matsutake
柱状田头菇	杨树菇、茶薪菇、柳松菇	*Agrocybe cylindracea* (DC. ex Fr.) R. Maire	Black Poplar Mushroom South Poplar Mushroom
黑木耳	木耳、云耳、光木耳	*Auricularia auricula* (L. ex Hook.) Underw.	Wood Ear Jew's Ear Egypt Ear
毛木耳	黄背木耳、白背木耳、紫木耳	*Auricularia polytricha* (Mont.) Sacc.	Velvet Wood Ear
美味牛肝菌	白牛肝菌	*Boletus edulis* Bull. ex Fr.	Cep King Bolete
鸡油菌		*Cantharellus cibarius* Fr.	Chanterelle
毛头鬼伞	鸡腿菇	*Coprinus comatus* (Müll. ex Fr.) Gray	Shaggy Mane Lawyer's Wig
蛹虫草	北冬虫夏草、北虫草	*Cordyceps militaris* (L.) Link.	Scarlet Caterpillar Fungus
冬虫夏草	虫草	*Cordyceps sinensis* (Berk.) Sacc.	Chinese Caterpillar Fungus
长裙竹荪	竹荪	*Dictyophora indusiata* (Vent. ex Pers.) Fischer	Long Net Stinkhorn
短裙竹荪	竹荪	*Dictyophora duplicata* (Bosc.) Fischer	Netted Stinkhorn
牛舌菌	牛排菌	*Fistulina hepatica* (Schaeff.) Fr.	Beefsteak Fungus Ox-tongue Mushroom
金针菇	冬菇	*Flammulina velutipes* (Curt. ex Fr.) Sing.	Winter Mushroom Golden Mushroom
灵芝	赤芝、红芝	*Ganoderma lucidum* (Leyss. ex Fr.) Karst.	Ling Zhi Reishi
松杉灵芝	韩国灵芝	*Ganoderma tsugae* Murr.	Ling Zhi Reishi
紫芝	中华灵芝	*Ganoderma sinensis* Zhao, Xu et Zhang	Ling Zhi Reishi
猪苓	黑猪苓、粉猪苓、黑猪粪、野猪粪	*Grifola umbellata* (Pers. ex Fr) Pilát.	Zhuling Umbrella Polypore

表 A.1(续)

中文名称	商品名称或俗称	拉 丁 学 名	英文名称或英文商品名称
猴头菌	猴头、猴头蘑	*Hericium erinaceus*（Bull.）Pers.	Monkey Head Mushroom Lion's Mane Hedgehog Mushroom
亚侧耳	元蘑	*Hohenbuehelia serotina*（Schrad. ex Fr.）Sing.	Autumn Oyster Mushroom
斑玉蕈	真姬菇、海鲜菇	*Hypsizygus marmoreus*（Peck）Bigelow	Beech Mushroom Bigelow
香菇	香菇	*Lentinula edodes*（Berk.）Pegler	Oak Mushroom Black Forest Mushroom Shiitake
花脸香蘑	花脸蘑	*Lepista sordida*（Fr.）Sing.	Sordid Blewitt
榆离褶伞	真姬菇	*Lyophyllum ulmarium*（Bull. ex Fr.）Fühn.	Reahead
真姬离褶伞	西麦姬	*Lyophyllum shimeji*（Kawam.）Hongo	Shimeji
羊肚菌	羊肚菌	*Morchella* spp.	Morel
光滑环绣伞	滑菇、珍珠蘑、滑子蘑	*Pholiota namekò*（T. Ito）S. Ito et Imai	Slime Mushroom Viscid Mushroom
鲍鱼侧耳	鲍鱼菇	*Pleurotus abalonus* Han, Chen & Cheng	Abalone Mushroom Maple Oyster Mushroom
金顶侧耳	榆黄菇、榆黄蘑、金顶蘑	*Pleurotus citrinopileatus* Sing.	Golden Oyster Mushroom
白黄侧耳	姬菇、小平菇	*Pleurotus cornucopiae*（Paul. ex Pers.）Roll.	Black Oyster Mushroom
盖囊侧耳	泡囊侧耳、鲍鱼菇	*Pleurotus cystidiosus* O. K. Miller	The Maple Oyster Mushroom Miller's Oyster Mushroom
淡红平菇	红平菇	*Pleurotus djamor*（Fr.）Boedjin	Pink Oyster Mushroom Salmon Oyster Mushroom Straw Berry Oyster Mushroom Flamingo Mushroom
桃红平菇	红平菇	*Pleurotus salmoneostramineus* L. Vass	Pink Oyster Mushroom Salmon Oyster Mushroom Straw Berry Oyster Mushroom The Flamingo Mushroom
刺芹侧耳	杏鲍菇	*Pleurotus eryngii* var. *eryngii*（DC. ex Fr）Quél.	King Oyster Mushroom
阿魏侧耳	阿魏蘑	*Pleurotus eryngii*（DC. ex Fr）Quél. var. *ferulae* Lanzi	Ferule Mushroom
白灵侧耳	白灵菇	*Pleurotus nebrodensis*（Inzenga）Quél.	White Ferula Mushroom
糙皮侧耳	平菇、侧耳	*Pleurotus ostreatus*（Jacq. ex Fr.）Kummer	Oyster Mushroom
佛州侧耳	佛罗里达侧耳、白平菇、平菇	*Pleurotus florida* Eger	Oyster Mushroom

表 A.1(续)

中文名称	商品名称或俗称	拉丁学名	英文名称或英文商品名称
肺形侧耳	凤尾菇、秀珍菇	*Pleurotus pulmonarius* (Fr.) Quél.	Indian Oyster Mushroom Phoenix Mushroom
核侧耳	虎奶菇	*Pleurotus tuber-regium* (Fr.) Sing.	Tiger Milk Mushroom
茯苓	茯苓	*Poria cocos* (Fr.) Wolf	Tuckahoe Hoelen Fuling
绣球菌	绣球花	*Sparassis crispa* (Wulf.) Fr.	Cauliflower Mushroom
皱环球盖菇	大球盖菇	*Stropharia rugoso-annulata* Farlow ex Murr.	Wine Red Stropharia Wine Cap Mushroom
云芝	彩色云芝、杂色云芝	*Trametes versicolor* (L. ex Fr.) Pilat	Many Zoned Polypore
银耳	白木耳	*Tremella fuciformis* Berk.	White Jelly Fungus Silver Ear
大白口蘑	金福菇、洛巴口蘑、巨大口蘑	*Tricholoma giganteum* Massee	Gigant Trich
松口蘑	松茸	*Tricholoma matsutake* (S. Ito et Imai) Sing.	Pine Trich Pine Mushroom
蒙古口蘑	白蘑、口蘑	*Tricholoma mongolicum* Imai	Mongolian Mushroom
块菌	块菌	*Tuber* spp.	Truffle
草菇	麻菇、兰花菇、稻草菇	*Volvariella volvacea* (Bull. ex Fr.) Sing.	Straw Mushroom Paddy Straw Mushroom Chinese Mushroom Nanhua Mushroom

中文索引

R

S

T

W

X

Y

英文索引

ICS 01.040.01
J 81

GB

中华人民共和国国家标准

GB/T 12738—2006
代替 GB/T 12738—1991

索道 术语

Term of ropeway

2006-11-11 发布 2007-02-01 实施

中华人民共和国国家质量监督检验检疫总局
中国国家标准化管理委员会 发布

前言

本标准代替 GB/T 12738—1991《连续搬运设备　架空索道术语》。

本标准与 GB/T 12738—1991 相比主要变化如下：

——标准名称由"《连续搬运设备　架空索道术语》"变更为"《索道　术语》"。

内容变更为：

——将 GB/T 12738—1991 中"本标准规定了架空索道主要类型、参数、装置、机构和零部件的术语及其含义"变更为"本标准规定了索道主要类型、参数、装置、机构和零部件的术语及其定义"；

——将 GB/T 12738—1991 中"本标准适用于往复式、循环式和货运架空索道"变更为"本标准适用于架空索道、缆车和拖牵索道"；

——增加了与缆车有关的术语和定义(2.3-2.3.2.3,5.11,4.8,5.1.10.2)；

——增加了与拖牵索道有关的术语和定义(2.4-2.4.2.1,3.2.4,5.2-5.2.5.1,6.7)；

——索道类型增加了 2.2.3.1-2.2.3.1.2,2.2.3.2,2.2.4-2.2.4.2.1,2.2.11 条；

——在本标准的第 10 章中合并了 GB/T 12738—1991 中第 3 章和第 4 章的内容，并增加了部分条款的内容；

——增加了第 3 章，即"3 钢丝绳、末端固定装置和张紧装置"；

——将 GB/T 12738—1991 中有关绳索和运载工具的支承与导向、安全保护装置、安全指示装置及电气系统的内容合并到"4 钢丝绳和运载工具的支承与导向、安全保护装置以及安全指示装置"中，并增加了部分内容；

——将 GB/T 12738—1991 中有关运载工具、抱索器的内容合并到"5 运载工具、抱索器、拖牵器及其附属装置"中，并增加了拖牵器的内容；

——将 GB/T 12738—1991 中有关线路、站房、结构及零部件的内容合并到"6 站房、线路、线路设施以及拖牵道"中，并增加了拖牵道的内容；

——将驱动系统和制动器单独列为"7 驱动系统和制动器"；

——增加了"8 应急运行及救援"；

——增加了"9 运行"。

本标准由全国索道、游艺机及游乐设施标准化技术委员会提出。

本标准由全国索道、游艺机及游乐设施标准化技术委员会归口。

本标准起草单位：国家架空索道安全监督检验中心。

本标准主要起草人：纪兵、刘京本、石奉强、吴鸿启、张定海、郑洪恩。

本标准所代替标准的历次版本发布情况为：

——GB/T 12738—1991。

索道 术语

1 范围

本标准规定了索道主要类型、参数、装置、机构和零部件的术语及其定义。

本标准适用于架空索道、缆车和拖牵索道。

2 类型

2.1

索道 ropeway

由动力驱动,利用柔性绳索牵引运载工具运送人员或物料的运输系统,包括架空索道、缆车和拖牵索道等。

2.1.1

货运索道 material ropeway

输送物料的索道。

2.1.2

客运索道 passenger ropeway

输送人员的索道。

2.2

架空索道 aerial ropeway

以架空的柔性绳索承载,用来输送物料或人员的索道。

2.2.1

循环式架空索道 circulating ropeway

运载工具在线路上循环运行的架空索道。

2.2.1.1

连续循环式架空索道 continuously circulating ropeway

运载工具在线路上以恒定速度运行的循环式架空索道。

2.2.1.2

间歇循环式架空索道 intermittent circulating ropeway

运载工具在线路上间歇运行(走-停-走)的循环式架空索道。

2.2.1.3

脉动循环式架空索道 pulsatile circulating ropeway

运载工具在线路上脉动运行(快行-慢行-快行-慢行)的循环式架空索道。

2.2.2

往复式架空索道 to-and-fro ropeway

reversible aerial tramway

运载工具在线路上往复运行的架空索道。

2.2.2.1

单侧往复式架空索道 single to-and-fro ropeway

single-reversible tramway

运载工具只在线路的一侧钢丝绳上运行的往复式架空索道。

2.2.2.2

双侧往复式架空索道 double to-and-fro ropeway

double-reversible tramway

运载工具分别在线路两侧钢丝绳上运行的往复式架空索道。

2.2.3

单线架空索道 mono-cable ropeway

一根钢丝绳既承载又牵引的架空索道。

2.2.3.1

单线循环式架空索道 mono-cable continuously circulating ropeway

一根钢丝绳既承载又牵引的循环式架空索道。

2.2.3.1.1

单线循环式固定抱索器架空索道 fixed grip mono-cable ropeway

采用固定抱索器的单线循环式架空索道。

2.2.3.1.2

单线循环式脱挂抱索器架空索道 detached grip mono-cable ropeway

采用脱挂抱索器的单线循环式架空索道。

2.2.3.2

单线往复式架空索道 mono-cable to-and-fro ropeway

一根钢丝绳既承载又牵引的往复式架空索道。

2.2.3.3

双环路单线架空索道 double loop mono-cable circulating detachable ropeway

每侧有两条同步运行的运载索绕成双环路系统的单线架空索道(图 1)。

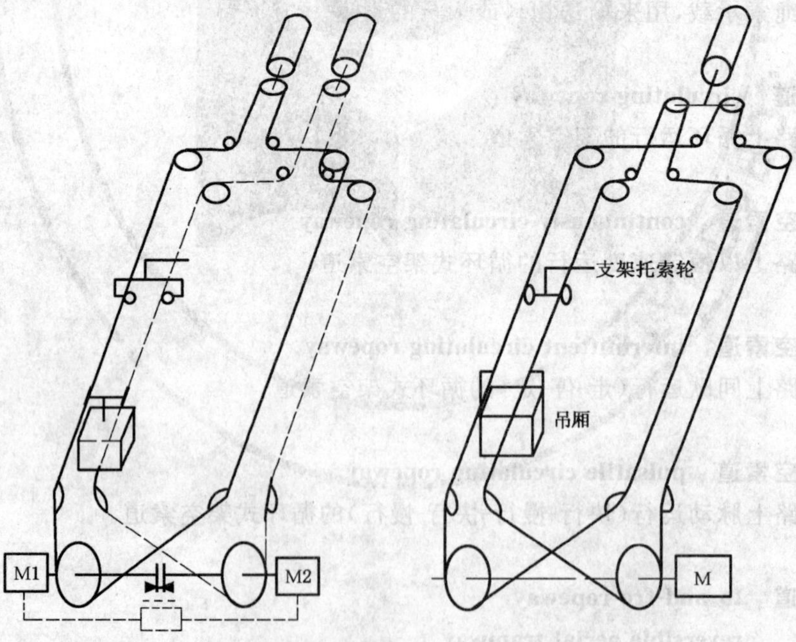

图 1

2.2.4

双线架空索道 bi-cable ropeway

同时具有承载索和牵引索(包括平衡索),其中承载索可以是单承载或双承载,牵引索可以是单牵引或双牵引的索道。

2.2.4.1

双线循环式架空索道　bi-cable circulating ropeway

同时具有承载索(单承载或双承载)和一根牵引索的循环式架空索道。

2.2.4.2

双线往复式架空索道　to-and-fro bi-cable ropeway

同时具有承载索(单承载或双承载)和牵引索(包括平衡索,单牵引或双牵引)的往复式架空索道。

2.2.4.2.1

双环路双线往复式架空索道　funifor

在线路两侧的运载工具,分别由独立的驱动装置驱动、彼此可以相互救护的双线往复式架空索道(图 2)。

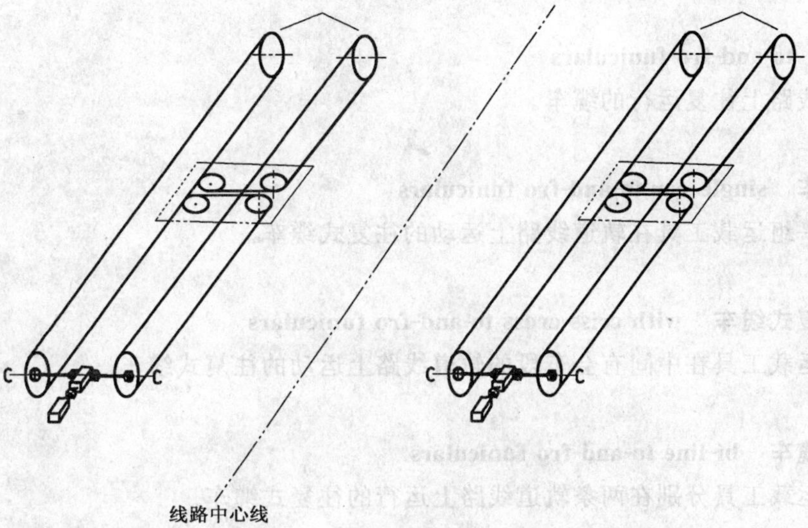

图 2

2.2.5

吊椅式客运架空索道　chair lift

运载工具为吊椅的客运架空索道。

2.2.6

吊篮式客运架空索道　bucket lift

运载工具为吊篮的客运架空索道。

2.2.7

吊厢式客运架空索道　gondola lift

运载工具为吊厢的客运架空索道。

2.2.8

堆栈式货运索道　disposal material ropeway

堆积物料的专用货运索道。

2.2.9

自行式架空索道　self-propelled ropeway

具有驱动装置的运载工具在承载索上能行走的架空索道。

2.2.10

可移式架空索道　portable ropeway

借助人力或辅助设备,可以从一个场地搬移到另一个场地的架空索道。

2.2.11

救援索道　succor ropeway

rescue ropeway

客运索道不能运行时，将线路上的乘客沿钢丝绳救援到安全地方的备用索道。

2.3

缆车　funiculars

运载工具沿地面轨道或由固定结构支承的轨道运行的索道。

2.3.1

循环式缆车　circulating funiculars

运载工具与钢丝绳可以脱开和挂接，并在线路上循环运行的缆车。

2.3.2

往复式缆车　to-and-fro funiculars

运载工具在线路上往复运行的缆车。

2.3.2.1

单往复式缆车　single-car to-and-fro funiculars

只有一个或一组运载工具在轨道线路上运动的往复式缆车。

2.3.2.2

有会车段往复式缆车　with criss-cross to-and-fro funiculars

两个或两组运载工具在中间有会车段的轨道线路上运动的往复式缆车。

2.3.2.3

双线往复式缆车　bi-line to-and-fro funiculars

两个或两组运载工具分别在两条轨道线路上运行的往复式缆车。

2.4

拖牵索道　ski-tow

draglift

用绳索牵引，在地面上运送乘客的索道。

2.4.1

低位拖牵索道　low surface lifts

拖牵索距地面高度小于 2 m 的拖牵索道。

2.4.2

高位拖牵索道　high surface lifts

拖牵索距地面高度在 2 m 以上的拖牵索道。

2.4.2.1

脱挂抱索器式拖牵索道　detachable draglift

拖牵器可以和拖牵索脱开或挂接的拖牵索道。

3　钢丝绳、末端固定装置和张紧装置

3.1

固定索　static rope

fixed rope

至少有一端锚固的钢丝绳。

3.1.1

承载索　carrying rope

轨索　track rope

支承运载工具、运行小车可以沿其运动的固定索。

3.1.2

张紧索　tension rope

连接张紧重锤或张紧装置所使用的固定索。

3.1.3

制动索　brake rope

起制动作用的固定索。

3.1.4

信号索　signal rope

用于传输诸如控制信号、视频信号或电话通讯的固定索。

3.1.5

锚拉索　guy rope

anchor rope

用于拉紧支架的固定索。

3.2

运动索　moving rope

按一定方向作纵向运动的绳索。

3.2.1

运载索　carrying-hauling rope

在单线架空索道中既承载又牵引运载工具的运动索。

3.2.2

牵引索　haulage rope; haul rope

用于牵引运载工具运行的运动索。

3.2.3

平衡索　counter rope

与运载工具相连接而不经过驱动轮的运动索。

3.2.4

拖牵索　towing rope

拖拉索　haul rope

牵引拖牵器沿预定线路运行的运动索。

3.2.5

无极绳；绳环　rope loop

通过编接形成闭环的运动索。

3.2.6

救援索　evacuation rope

用于移动救援车的运动索。

3.3

末端固定装置　end fixing

termination

将绳索的一个端头与被绳索拉住的部件相连接的装置。

3.4

双端锚固　double anchorage

固定索的两端均被锚固的状态。

3.5

可测可调装置　measurable and adjustable equipment

双端锚固后可测量和调整钢丝绳张力的装置。

3.6

双重锚固　double anchorage

增加一套绳卡以保证安全锚固。

3.7

钢丝绳编接　splicing of rope

通过绳股间的摩擦力将两个绳头连接起来的方式。

4　钢丝绳和运载工具的支承与导向、安全保护装置以及安全指示装置

4.1

绳轮　wheel

sheave

绳索绕过的旋转支承。

4.1.1

导向轮　deflection sheave

改变绳索方向的绳轮。

4.1.1.1

驱动轮　driving sheave

将动力传递给绳索的绳轮。

4.1.1.2

迂回轮　return sheave

绳索通过转角站或者端站时能够改变绳索运动方向的绳轮。

4.1.1.3

张紧轮　tension sheave

张紧索绕过的绳轮。

4.1.1.4

辊轮　roller

在接触点其半径小于绳索弯曲半径的绳轮。

4.2

托索轮　support sheave or roller

向上支承绳索的绳轮或辊轮。

4.3

压索轮　compression sheave or roller

向下压住绳索的绳轮或辊轮。

4.4

轮组　roller battery

依次排列用于改变运动索方向的一组导向轮及其支承结构。

4.5

组合式托压索轮组　support/compression roller battery

由托索轮和压索轮共同组成的轮组。

4.6

支索器　suspended haul rope support

在具有双承载索的双线架空索道中,与两承载索连接并装备一个或多个辊轮,为牵引索提供中间线路支承的部件。

4.7

滚子链　roller chain

钢丝绳安放在一系列相互连接形成链条的链节中,用来改变轨索运动方向的装置。

4.8

脱轨　derailment

运行小车或缆车的车轮离开其正常位置的状态。

4.9

脱索　derailment of rope

deropement

绳索离开其正常支承位置的状态。

4.10

限制器　limiter

停止或限制索道运行的装置。

4.10.1

钢丝绳断绳停车器　slack rope stop

当牵引索断裂时,索道能停止运行的装置。

4.10.2

抱索异常停止器　malgrip stop

经过挂接器时,抱索器几何形状不正确或夹紧力未达到额定值时,能够使索道自动停止运行的保护装置。

4.10.3

车距限制器　car spacing limiter

限制运载工具位置间距的装置。

4.10.4

下车位置限位器　over disembarkation position stop

当运载工具超过下车位置时能够自动停车的装置。

4.10.5

逆转限制器　reverse turn limiter

当运载工具脱开后能够防止其反向滑行的装置。

4.10.6

脱索保护装置　derail stop

当钢丝绳脱离开绳槽时能自动停车的装置。

4.10.7

减摆器　swing absorber

能够减小车辆摆动的装置。

4.10.8

防跳装置　guard against jump device

既能保证轨索不脱离鞍座又不妨碍轨索纵向运动的装置。

4.10.9

防碰报警装置　anti-collision warning device

运载工具在过支架时，防止因偏摆量超过额定间隙而与支架相碰的报警装置。

4.10.10

破断开关　fracture-rod switch

derail shutdown switch

索道运行异常时，使安全电路断开而立即停车的装置。

4.10.11

捕捉器　rope catcher

rope bracket

为抓住脱轨的绳索而设置的装置。

4.10.12

钢丝绳复位器　rope reengagement device

为把从旋转支承上脱轨的钢丝绳恢复原位而设置的装置。

4.10.13

防脱轨装置　anti-derailleur

为防止脱轨而设置的装置。

4.11

部件的失效保险功能　fail-safe action of a component

无论任何故障都不会明显降低其固有的作用力的部件功能。

注：该功能可以保证部件始终保持其初始位置状态，而不会出现功能失效的任何可能，例如靠重力或碟形弹簧组压力保持状态的部件即具有失效保险功能；对于靠电气、液压、气压或蓄能器的压力保持状态的部件则不具有失效保险功能。

4.12

指示器　indicator

传送信号的指示装置。

4.12.1

位置指示器　position monitor

提供运载工具在线路上的位置信息并可用于自动控制或监测索道运行的装置。

4.12.2

张紧行程指示器　tension travel indicator

显示张紧装置行程及位置的装置。

4.12.3

车门显示器　door lock indicator

显示车门状态的装置。

4.12.4

脱索指示器　derailment detector

当运动索脱索时能被检测到的装置。

4.12.5

钢丝绳搭碰检测装置　inspection device of touch of the rope

在往复式架空索道或缆车中，通过测量牵引索对地阻抗以便检测牵引索脱索或与承载索搭碰或缠绕，实现停车的检测装置。

4.12.6

风速警报器 anemometer

当风速超过允许值时能够自动发出警报信号的装置。

4.13

安全电路 safety control circuit

在索道沿线和站房内设置的、由安全装置组成的连锁电路。

5 运载工具、抱索器、拖牵器及其附属装置

5.1

运载工具 carriers

吊具 carriers

在架空索道或缆车上用于承载人员或物料的部件。

5.1.1

封闭式运载工具 closed carriers

既保护乘客免受恶劣天气的影响又能避免乘客在无助情况下于线路之间下车的运载工具。

5.1.1.1

吊厢 cabin

gondola

架空索道中使用的封闭式运载工具。

5.1.1.2

客车 carriage

在缆车或往复式架空索道中使用的封闭式运载工具。

5.1.2

敞开式运载工具 open carrier

不封闭的运载工具。

5.1.2.1

吊椅 chair

形状类似座椅的敞开式运载工具。

5.1.2.1.1

罩式吊椅 covered chair

装备了可移动式外罩、保护乘客免受恶劣天气影响的吊椅。

5.1.2.1.2

吊篮 basket

形状类似篮筐的敞开式运载工具。

5.1.3

车组式运载工具 group of carriers

多个顺序连接、作为一组使用的运载工具。

5.1.4

自行式运载工具 self-powered carrier

自身装备了驱动装置的运载工具。

5.1.5

有乘务员运载工具　attended carrier

accompanied carrier

配备了乘务员的运载工具。

5.1.6

货车　car

运送物料用的运载工具。

5.1.6.1

单线货运索道货车　monocable ropeway car

单线货运索道上所使用的运载工具。

5.1.6.2

双线货运索道货车　bi-cable ropeway car

双线货运索道上所使用的运载工具。

5.1.6.3

底开式货车　bottom opening ropeway car

车厢厢底可以打开卸料的货车。

5.1.6.4

托盘式货车　tray type car

带有托盘、用来运送成件物品的货车。

5.1.6.5

有盖货车　tilting type car

车厢带有厢盖的货车。

5.1.7

检修车　maintenance carrier

用于检查维修线路及设备的运载工具。

5.1.8

加油车　oiling car

为承载索加润滑油的运载工具。

5.1.9

运行小车　carrier truck

与吊架相连接、行走在承载索上的行走机构。

5.1.9.1

水平牵引运行小车　horizontal type carriage

在架空索道中，牵引索与承载索平行布置的运行小车。

5.1.9.2

下部牵引运行小车　under type carriage

在架空索道中，牵引索布置在承载索下方的运行小车。

5.1.10

客车制动器　onboard brake

在客车上安装的、作用在承载索上的制动器。

5.1.10.1

运行小车制动器　carrier truck brake

在双线架空索道中，作用在轨索上的客车制动器。

5.1.10.2

轨道制动器　track brake

在缆车中,作用在一个或多个轨道上的客车制动器。

5.1.11

吊架　suspension

在架空索道运载工具中,使厢体、座椅或篮体与抱索器或运行小车相连接的部件。

5.1.12

安全围栏　safety bar

在吊椅上安装的用于防止乘客在运行中掉出以及在站房内上下车时可放下或抬起的部件。

5.2

拖牵器　tow-hanger

在拖牵索道中由抱索器和用于牵引乘客的部件组成的装置。

5.2.1

拖牵圆盘　platter

在拖牵索道中,直接与乘客相连的盘形部件。

5.2.2

T 型杆　T-bar

在拖牵索道中,与乘客直接相连、具有倒 T 型结构的部件。

5.2.3

J 型杆　J-bar

具有 J 型结构的小型单人吊架。

5.2.4

吊杆　rod

在吊架中把 J 型杆或拖牵圆盘与抱索器相连接的刚性部件。

5.2.5

弹簧盒　spring box

在吊架中,能使抱索器与 T 型杆、J 型杆或拖牵圆盘之间的线长自动与牵引条件相适应的部件。

5.2.5.1

拉绳　towing cord

T 型杆或拖牵圆盘连接到弹簧盒上的绳索。

5.3

抱索器　grip

在运载工具或吊架上直接与牵引索或运载索相连接的部件。

5.3.1

固定抱索器　fixed grip

在索道运行过程中,在绳索上保持固定位置不能脱开的抱索器。

5.3.2

脱挂抱索器　detachable grip

到达索道站内时,能够与牵引索或运载索脱开的抱索器。

5.3.2.1

挂接　attachment

脱挂抱索器与牵引索或运载索相连接的过程。

5.3.2.2

脱开　detachment

脱挂抱索器与牵引索或运载索相分离的过程。

5.3.3

重力式抱索器　weight-operated grip

借助货车重力抱紧牵引索或运载索的抱索器。

5.3.4

螺旋式抱索器　screw type grip

强迫式抱索器　coercive grip

用螺旋强制抱紧牵引索或运载索的抱索器。

5.3.5

四连杆抱索器　four-bar linkage grip

具有四连杆机构的重力式抱索器。

5.3.6

鞍式抱索器　saddle type grip

automatic grip

利用两个带有凸齿形鞍形槽使其卡入运载索螺旋槽内的抱索器。

5.3.7

弹簧式抱索器　spring grip

利用弹簧力抱紧钢丝绳的抱索器。

5.3.8

抱卡　clamp

在固定抱索器或脱挂抱索器中环绕绳索、用足够压力压紧绳索以免打滑的装置。

5.4

挂接器　locking rail

locking frame

coupling rail

coupling frame

使抱索器能够与牵引索或运载索自动挂接的装置。

5.5

脱开器　unlocking rail

unlocking frame

uncoupling rail

uncoupling frame

使抱索器能够与牵引索或运载索自动脱开的装置。

5.6

悬挂导轨　suspended rail

悬挂在上方用于运载工具行走的刚性导轨。

5.6.1

单头扁轨　flat bottom rail

single bulb rail

一头可作为运载工具行走接触面的轨道。

5.6.2

双头扁轨　double bulb rail

两头皆可作为运载工具行走接触面的轨道。

5.6.3

铸造吊钩 cast-iron suspending hook

固结扁轨用的铸造悬挂装置。

5.6.4

焊接吊钩 welded suspending hook

固结扁轨用的焊接悬挂装置。

5.6.5

角座 cleat

连接扁轨用的角状固定座。

5.6.6

槽形轨道 channel suspending rail

接触面呈槽形的轨道。

5.6.7

停车轨道 shunt rail

用于停放运载工具的轨道。

5.7

扁轨连接板 fishplate

扁轨对接时连接两扁轨的鱼尾板。

5.8

道岔 rail switch

能够使站内的运载工具从一条轨道过渡到另一条轨道上的转向装置。

5.8.1

垂直道岔 vertical switch

道岔岔轨可以围绕一点在垂直方向转动的道岔。

5.8.2

水平道岔 horizontal switch

道岔岔轨可以围绕一点在水平方向转动的道岔。

5.8.3

左向道岔 left hand switch

从搭接点位置出发,使一条线路向左分岔运行的道岔(图3)。

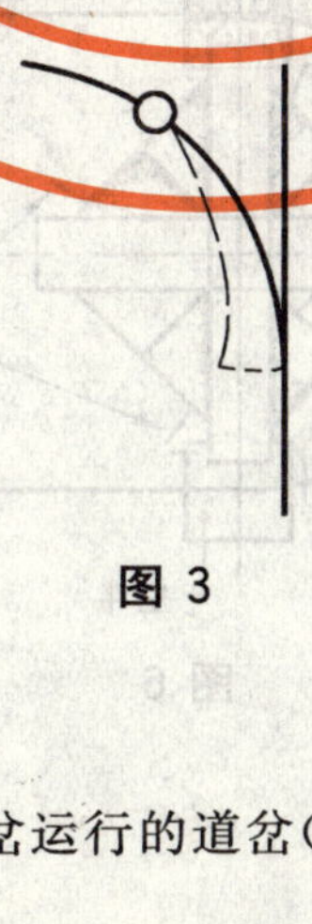

图 3

5.8.4

右向道岔 right hand switch

从搭接点位置出发,使一条线路向右分岔运行的道岔(图4)。

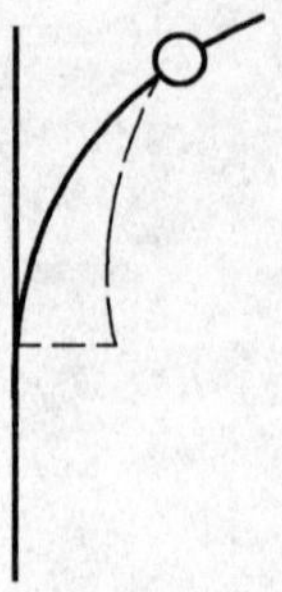

图 4

5.8.5

十字道岔　crossing switch

在站内连接十字交叉轨道的道岔(图 5)。

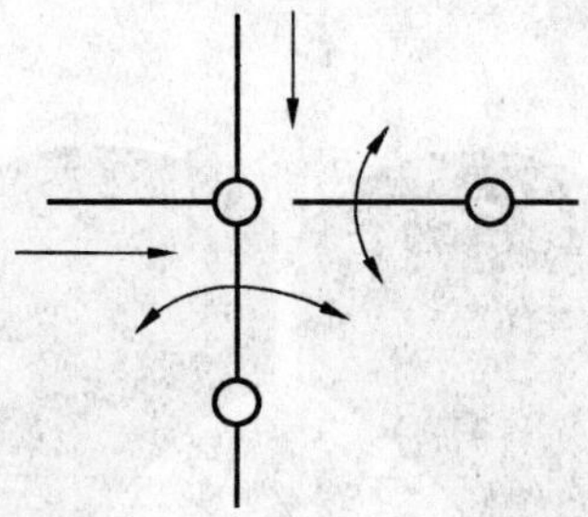

图 5

5.9

站内机械化设施　mechanization device in station

在站内可代替人工进行装卸车、推车等作业的机械设施(图 6)。

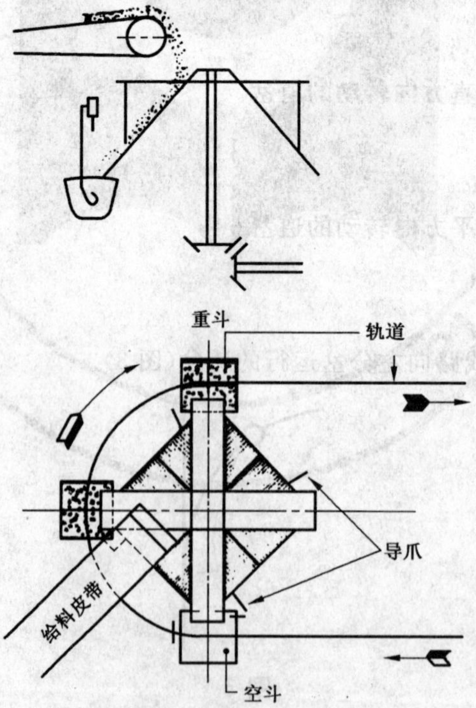

图 6

5.9.1

计重装置　gravity measure device

计量货物载重量的装置。

5.9.2

回转式装料机　rotating distributor

货运索道上的自动装载设备。

5.9.3

运载工具加速装置　carrier acceleration device

发车器　car feeder

在站内安装的、将运载工具加速到挂接所要求速度的装置。

5.9.4

运载工具减速装置　carrier deceleration device

在站内安装的、将进入站房内脱开的运载工具减速到一定值的装置。

5.9.5

止爪停车器　claw stopper

用止爪来阻止轨道上的运载工具运行的停车装置。

5.9.6

阻车器　kick-up block

阻止轨道上的运载工具运行的装置。

5.9.7

推车器　car pusher

由驱动装置带动推爪推动运载工具沿着轨道运行的装置。

5.10

上车传送带　loading band

在上车区段安装的、用于降低运载工具与乘客之间的相对速度以便乘客顺利上车的设备。

5.11

错车段　Abt passing loop

会车段　Abt passing loop

在缆车中，客车在此处错车的轨道。

6　站房、线路、线路设施以及拖牵道

6.1

站房　station

线路起止站和分段相衔接的设施。

6.1.1

驱动站　driving station

驱动装置所在的站房。

6.1.2

迂回站　return station

牵引索或运载索在此自动迂回的站房。

6.1.3

中间站　intermediate station

建在驱动站和迂回站之间的站房。

6.1.4

交汇站　junction station

两条或两条以上的索道在此交汇的站房。

6.1.5

转角站　angle station

为使索道的运行方向有较大改变而设置的站房。

6.1.6

锚固站　anchorage station

锚固承载索的站房。

6.1.7

双锚固站　double anchorage station

相邻张紧区段承载索的末端在此锚固的站房。

6.1.8

张紧站　tension station

设置张紧装置的站房。

6.1.9

双张紧站　double tension station

相邻张紧区段承载索的末端在此张紧的站房。

6.1.10

张锚站　anchorage-tension station

相邻两区段承载索末端一端锚固一端张紧的站房。

6.1.11

上站　mountain station

upper station

驱动站和迂回站中相对位置较高的站房。

6.1.12

下站　valley station

lower station

驱动站和迂回站中相对位置较低的站房。

6.1.13

上车区/下车区　loading/unloading area

允许乘客上下运载工具的专用区域。

6.1.14

上车站台/下车站台　loading/unloading platform

允许乘客上下运载工具的专用平台。

6.2

线路　route

line

运载工具能够顺利通行的路线。

6.2.1

线路侧形　line profile

索道路线中心线的纵断面。

6.2.1.1

凸起侧形　convex profile

纵断面呈向上凸起地段的线路侧形。

6.2.1.2

凹陷侧形　concave profile

纵断面呈向下凹陷地段的线路侧形。

6.2.1.3

平坦侧形　level or uniformly inclined profile

纵断面呈等坡度地段的线路侧形。

6.2.2

高差(*H*)　difference in level

索道从起点站口到终点站口或部分区段两端索底标高之差(m)。

6.2.2.1

支架间高差(*h*)　difference in level between the trestles

相邻两支架索底标高之差(m)。

6.2.3

水平长度(*L*)　horizontal length

索道从起点站口到终点站口或部分区段两端之间的水平投影长度(m)。

6.2.3.1

平距　horizontal length

相邻两点之间的水平距离(m)。

6.2.3.2

跨距(*l*)　span

相邻两支架中心线之间的水平距离(m)。

6.2.4

斜长(*L′*)　sloping length

索道从起点站口到终点站口或部分区段两端之间的斜线长度(m)。

6.2.5

索距(*K*)　gauge

track centers

支架两侧承载索或运载索中心线之间的距离,对于双环路单线架空索道,索距为双承载索或双环路几何中心线之间的距离(m)。

6.2.6

弦线　chord

绳索在相邻两支架顶部之间的连线。

6.2.6.1

弦倾角(*β*)　chord inclination

弦线与水平线的夹角(图7)。

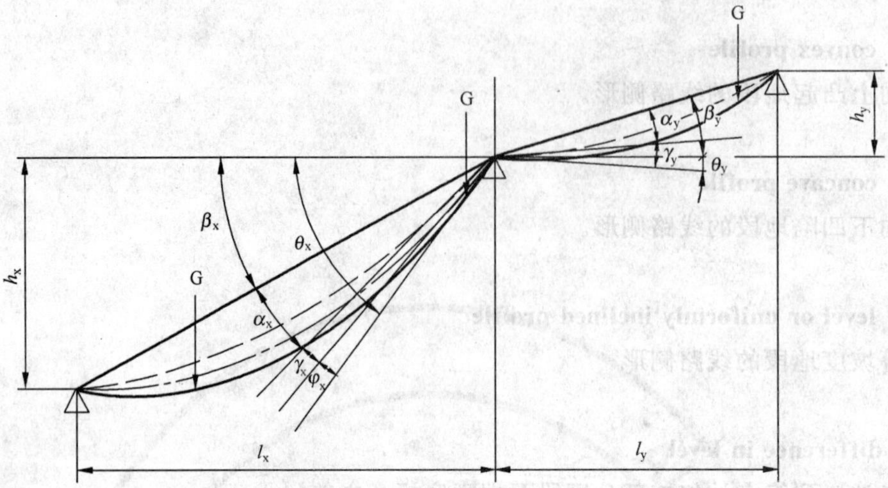

图 7

6.2.7

悬曲线　curve of suspension rope

绳索在跨距之间悬挂时所形成的曲线。

6.2.7.1

自由悬曲线　curve of suspension empty rope

空绳在跨距之间自由悬挂时，由绳索自重所形成的曲线。

6.2.8

垂度(f)　sag

在跨距内绳索悬曲线任一点与弦线之间的垂直距离(m)。

6.2.9

倾角　rope inclination angle

绳索在支架处悬曲线的切线与弦线之间所形成的夹角。

6.2.9.1

自重倾角(α)　unloaded rope inclination angle

当绳索受最大或最小张力时，绳索在支架处悬曲线的切线与弦线的夹角。

6.2.9.2

有载倾角(γ)　loaded rope inclination angle

在支架处，绳索有载荷时悬曲线的切线与自由悬曲线的切线之间所形成的夹角。

6.2.9.2.1

车辆行进角(ϕ)　approach angle

当运载工具接近支架时，绳索悬曲线在支架处的切线与绳索有载时的切线所形成的夹角。

6.2.10

爬坡角(θ)　upgrade angle

运载工具处绳索悬曲线的切线与水平线所形成的夹角。

6.2.11

弦折角(δ)　deflection angle of chord

支架处相邻两跨距的弦线所形成的折角。

6.2.12

最大折角　maximum deflection angle

当绳索满载而张力最小时，支架处相邻跨绳索悬曲线的切线所形成的夹角。

6.2.13

最小折角　minimum deflection angle

当绳索空载而张力最大时，支架处相邻跨绳索悬曲线的切线所形成的夹角。

6.2.14

离地高度　height above ground

运载工具最低点与地面、水面、雪面、冰面或障碍物等物体顶面之间的垂直距离。

6.2.15

最大坡度　maximum gradient

在线路上某区段内所形成的最大倾斜度(%)。

6.2.16

平均坡度　average gradient

整个线路或部分区段内两端的高差与相应水平距离的比值(%)。

6.3

线路设施　line equipment

在站房之间构成索道部分的所有固定设施。

6.3.1

支架　trestle

在索道线路上用以支承绳索的构筑物。

6.3.1.1

T 形支架　T-trestle

竖立在线路上呈 T 形的支架。

6.3.1.2

Γ 形支架　Γ-trestle

竖立在线路上呈 Γ 形的支架。

6.3.1.3

门形支架　portal trestle

竖立在线路上、横梁两端可以伸出悬臂、呈门字形的支架。

6.3.1.4

箱形支架　box-section trestle

横断面为箱形的支架。

6.3.1.5

桁架式支架　lattice trestle

具有桁架结构的支架。

6.3.1.6

圆筒形支架　round tubular trestle

断面呈圆筒形的支架。

6.3.1.7

钢筋混凝土支架　armored concrete trestle

用钢筋混凝土建成的支架。

6.3.1.8

钢支架　steel trestle

用型钢焊接或铆接成的支架。

6.3.1.9

可调式支架　adjustable trestle

可调整位置的支架。

6.3.1.10

支架检修平台　assembly platform

安装在支架上作为检修用的平台。

6.3.1.11

支架爬梯　ladder

支架上装设的供检修人员上下的爬梯。

6.3.1.12

起吊架　assembly lifting beam

设置在支架顶部用来提升钢丝绳或其他设备的臂架。

6.3.1.13

支架横担　cross beam

支架上承托鞍座或运载索托索轮的横梁。

6.3.1.14

支架导向装置　guard rails

在支架侧面装设的引导运载工具安全通过的导向设施。

6.3.2

鞍座　saddle

带鞍形沟槽、支承承载索的构件。

6.3.2.1

固定式鞍座　fixed saddle

固定不动、用于支承承载索的构件。

6.3.2.2

摇摆式鞍座　oscillating saddle

根据承载索倾角变化可转动一定角度的鞍座。

6.3.2.3

偏斜鞍座　deflecting saddle

引导承载索、使其倾斜的鞍座。

6.3.2.4

硬轨桥　pressure frame

承压架　pressure frame

用以代替在凸起区段上多个支架的构架。

6.3.2.5

滚子链底座　roller chain saddle

在承载索张紧端辊子链的下面，用来承托承载索的带有导轨的支承装置。

6.4

保护桥　protection bridge

架设在地面上方的桥式保护设施。

6.5

保护网　protection net

架设在地面上方的网式保护设施。

6.6

工作平台　work platform

维修操作用的平台结构。

6.7

拖牵道　tow-track

借助拖牵器等装置牵引乘客沿其运行的地面路线。

7　驱动系统和制动器

7.1

驱动和制动系统　driving and braking system

动力供应系统，包括驱动机、传动单元以及在规定条件下索道运行所需的控制装置、安全装置以及制动装置。

7.1.1

驱动机　drive

带动运动索运行的驱动装置。

7.1.1.1

主驱动机　main drive

用于保证正常运行的驱动装置。

7.1.1.2

辅助驱动机　auxiliary drive

不同于主驱动机的驱动装置，在主驱动机出现故障时，可代替主驱动机提供动力，功率可能减小，但在正常运行时具有和主驱动机同等的安全等级。

7.1.1.3

紧急驱动机　recovery drive

当其他驱动装置不可用时，用来回收运载工具的专用驱动装置。

7.1.1.4

救援驱动机　evacuation drive

救援系统所用的驱动装置。

7.1.1.5

立式驱动机　vertical drive

驱动轮垂直安装的驱动装置。

7.1.1.6

卧式驱动机　horizontal drive

驱动轮水平安装的驱动装置。

7.1.1.7

差动机构　differential machinery

在双牵引往复式架空索道中，在驱动机的两绳轮之间安装的用于微调两牵引索之间张力以达到相互平衡的装置。

7.1.1.8

调绳装置　adjustable rope device

在双牵引往复式架空索道中，在驱动机处安装的用于调整两牵引索之间长度的装置。

7.2

工作制动器　service brake

安装在驱动机上主要用于在正常运行条件下停车并且使索道保持静止状态的机械制动器。

7.3

安全制动器　safety brake

在索道出现故障的情况下，用于紧急停车的制动器。

7.4

停车　stop

使索道保持静止状态。

7.4.1

正常停车　normal stop

工作停车　service stop

驱动机断电后，工作制动器动作使索道停止运行。

7.4.2

安全停车　safe stop

驱动机断电后，工作制动器立即动作，紧急制动器在延时一段时间后起制动作用，使索道停止运行。

7.4.3

紧急停车　emergency stop

在可能危及乘客、设备或其他人员安全的情况下使索道立即停止运行。

7.5

维修开关　maintenance switch

维修时为防止索道意外启动而设置的用于保护维修人员的手动安全开关。

8　应急运行及救援

8.1

应急运行　recovery

使用专门程序及索道自有资源将运载工具和乘客拉回站房的操作过程。

8.2

救援　evacuation

rescue

索道无法开动时将乘客转移到安全地点所采取的措施。

8.3

救援方案　evacuation plan

为疏散乘客应执行的程序文件的总和，包含人员及物资。

8.4

垂直救援　vertical rescue

利用救援设备直接将乘客自上而下从运载工具上救援到地面的方式。

8.5

水平救援　horizontal rescue

利用救援设备沿索道线路将乘客转移到临近支架上或站房内的方式。

9　运行

9.1

运行　operation

借助索道运送乘客或物料的行为。

9.1.1

正常作业条件　normal operating condition

满足所有下列条件的作业条件称为正常作业条件：

——索道处于正常工作状态，必要的人员位于工作岗位；

——天气、能见度以及其他外部条件不需要采取特别措施；

——乘客没有不舒适感觉；

——主驱动机工作。

9.1.2

倒转　runback

与正常运行方向相反的运行状态。

9.1.3

主要负责人　controller

对索道运行具有全面法定权力、经济和技术职责的自然人或法人。

9.1.4

乘务员　attendant

conductor

在索道运行期间，坐在运载工具内对其运行有特定职责的工作人员。

9.1.5

客运索道作业人员　operator

负责检查、维护、操作和管理索道并保证其安全运行的人员。

10　性能参数

10.1

工作循环　operation cycle

运载工具运送载荷从起点运行，到再次回到起点的全部工作过程。

10.2

工作周期　operating cycle time

循环时间　operating cycle time

运载工具循环一圈所用的时间(s)。

10.3

运载工具间距(I_c)　car spacing in meters

线路上相邻两个运载工具之间的距离(m)。

10.4

运载工具发车时间间隔(t_c)　car spacing in seconds

线路上相邻两个运载工具之间的时间间隔(s)。

10.5

小时发车数(m_c)　number of cars sent per hour

一个小时内向线路上发送运载工具的数量。

11　载荷参数

11.1

运量(Q)　transport capacity

单位时间运送人员或货物的数量(指单程，p/h 或 t/h)。

注：p 代表人数，t 代表货物重量(kN)，h 代表时间(小时)。

11.2

有效载荷(G_y) useful load

pay load

运载工具内的人员及物品重力(N)。

11.3

运载工具自重力(G_c) dead load

weight of a car

包括运行小车和吊架等机构在内的运载工具的自身重力(N)。

11.4

运载工具总重力(G) total suspended load

suspended load capacity

运载工具自重力加有效载荷(N)。

11.5

均布载荷 uniform load

在绳索上均匀分布的载荷。

11.5.1

重载侧线路均布载荷(q_z) load-side uniformity load

在重载侧线路上,运载工具间距内单位长度的重力(N/m)。

11.5.2

空载侧线路均布载荷(q_k) empty-side uniformity load

在空载侧线路上,运载工具间距内单位长度的重力(N/m)。

11.6

集中载荷 concentrated load

在绳索上集中分布的载荷。

11.7

承载索单位重力(q_c) unit weight of the carrying rope

承载索单位长度重力(N/m)。

11.8

牵引索单位重力(q_Q) unit weight of the hauling rope

牵引索单位长度重力(N/m)。

11.9

运载索单位重力(q_y) unit weight of the transport rope

运载索单位长度重力(N/m)。

11.10

平衡索单位重力(q_p) unit weight of the counter rope

平衡索单位长度重力(N/m)。

11.11

轮压(P_r) wheel load

一个车轮作用在承载索上的最大径向载荷(N)。

11.12

车辆轮压总和(P) car pressure

一个运载工具作用在承载索上的最大径向载荷(N)。

11.13

横向载荷 transverse load

作用在各支承点上且与绳索轴心线垂直的载荷(N)。

11.13.1

支架垂直载荷（*V*）　vertical load on trestle

作用在支架鞍座上或托索轮上的垂直载荷(N)。

11.13.2

支架水平载荷（*H*）　horizontal load on trestle

作用在支架鞍座上或托索轮上的水平载荷(N)。

11.14

车厢内地板面积（*A*）　floor area

车厢内地板净面积(m^2)。

11.15

比压　specific press

单位面积上产生的压力。

11.16

额定张紧力　nominal tension

通过重锤式张紧装置作用在绳索上的理论静态力，或在使用其他张紧装置的情况下，取规定的张紧力限定值的平均值。

11.17

轮径比　bending ratio

绳轮中轮衬底圆直径(*D*)与钢丝绳名义直径(*d*)的比值或导靴、鞍座、滚子链底座的曲率半径(*R*)与钢丝绳名义直径(*d*)的比值。

11.18

横向载荷系数　transverse force factor

钢丝绳中某点的拉力与部件作用在该点的垂直力的比值。

11.19

靠贴系数　dependent factor

在托索轮或鞍座上，作用在绳索上的横向力与绳索自重所产生的压力的比值。

11.20

体形系数　bodily form factor

根据物体的形状所确定的风载系数。

中文索引

英文索引

A

B

C

D

E

T

U

V

W

ICS 31.200
L 56

中华人民共和国国家标准

GB/T 12750—2006/IEC 60748-11:1990
代替 GB/T 12750—1991

半导体器件 集成电路 第11部分:半导体集成电路分规范(不包括混合电路)

Semiconductor devices—Integrated circuits—Part 11: Sectional specification for semiconductor integrated circuits excluding hybrid circuits

(IEC 60748-11:1990,IDT)

2006-08-23 发布　　2007-02-01 实施

中华人民共和国国家质量监督检验检疫总局
中国国家标准化管理委员会　发布

前　言

《半导体器件　集成电路》分为如下几个部分：

——GB/T 16464—1996　半导体器件　集成电路　第1部分：总则(idt IEC 60748-1:1984)

——GB/T 17574—1998　半导体器件　集成电路　第2部分：数字集成电路(idt IEC 60748-2:1985)

——GB/T 17940—2000　半导体器件　集成电路　第3部分：模拟集成电路(idt IEC 60748-3:1986)

——IEC 60748-4　半导体器件　集成电路　第4部分：接口集成电路

——IEC 60748-5　半导体器件　集成电路　第5部分：半定制集成电路

——IEC 60748-11　半导体器件　集成电路　第11部分：半导体集成电路分规范(不包括混合电路)

本标准为第11部分，等同采用IEC 60748-11:1990《半导体器件　集成电路　第11部分：半导体集成电路分规范(不包括混合电路)》(英文版)。

本标准代替GB/T 12750—1991《半导体集成电路分规范(不包括混合电路)》，本标准除等同IEC 60748-11外，还将1995年和1999年的IEC两次修改单内容纳入本标准。

本标准与GB/T 12750—1991相比，存在如下技术性差异：

——为保持本标准中涉及到的IEC标准体系的统一性和完整性，引用文件一律引用IEC原文。

——删除了GB/T 12750—1991中的附录A"加速试验程序"。

——增加了规范性附录"起草空白详细规范的指南和格式"。

——表7中顺序按照IEC原文改为A、B和D。

——12.5.3.1条中增加相关系数的一个公式。

——表9中改变了采用LTPD的B、C和D组试验的抽样要求。

为便于使用，本标准做了如下编辑性修改：

a)　删除国际标准中的前言。

b)　将IEC原文前言中的引用文件纳入本标准附录B的引用文件中。

c)　按照GB/T 1.1的要求编制国家标准，将IEC原文中涉及到的表号和页码重新加以编排。

d)　原文C组试验的"*"没有标注原出处，现明确在C5分组。

e)　为了达到表9中涉及到的分组与B组分组的一致性，去掉不存在的B5a分组。

本标准的附录A为规范性附录，附录B为资料性附录。

本标准由中华人民共和国信息产业部提出。

本标准由全国半导体器件标准化技术委员会归口。

本标准起草单位：中国电子技术标准化研究所(CESI)。

本标准主要起草人：王琪。

半导体器件　集成电路
第11部分:半导体集成电路分规范
(不包括混合电路)

1　范围

本分规范适用于已封装的半导体集成电路,包括多片集成电路,但不包括混合电路。

2　总则

本规范应与有关的总规范一起使用,并为评定包括数字、模拟及接口电路在内的半导体集成电路,规定了质量评定程序、检验要求、筛选顺序、抽样要求、试验和测量程序的详细内容。

所有用确定工艺制造的器件允许应用能力批准程序(见IEC QC 001002 11.7,但目前集成电路的能力批准程序尚在考虑之中)来代替鉴定批准程序。

如果需要且技术上可行,则对用上述确定工艺生产的任一型号或一组型号产品可以补充应用质量一致性检验规则(见IEC 60747-10 3.6和本规范5章～9章)。

本规范的所有要求在未被新条款“能力批准程序”(在考虑中)的要求修改前,将继续有效。

2.1　有关文件

IEC 60747-10/QC 700000:1984。

2.2　温度推荐值

IEC 60748-1 Ⅵ,5。

2.3　电压推荐值

IEC 60748-1 Ⅵ,6。

2.4　与制造过程有关的定义

2.4.1　生产线

生产线定义为一套包括一个或多个下述制造阶段的工艺操作:

1)　扩散;

2)　芯片制备;

3)　装配;

4)　最终加工和最终电测试;

5)　筛选(适用时)。

注:这些阶段不含质量评定程序。

1)　扩散

该阶段是从制造的初始阶段到划片前最后一道工序这一制造工艺操作。

2)　芯片制备

该阶段是将晶园划分为芯片的制造工艺操作。就本规范而言,在制造厂方便时,可将这一阶段划入扩散阶段或者装配阶段。

3)　装配

该阶段是芯片粘接、引线键合和封装这一制造工艺操作。

4)　最终加工和最终电测试

该阶段是批放行前的最后一道制造工艺操作,包括:

——电镀在内的引出端后处理(如果有);
——涂覆;
——标志;
——最终电测试。

5) 筛选(适用时)

该阶段可作为装配和/或最终加工的组成部分。

其定义见下面第8章。

2.4.2 生产批

一个生产批通常由在一周内在相同生产线上通过相同工艺制造的相同型号的器件组成。

2.4.3 制造过程的更改

1) 重要更改的定义

对按照已批准的规范供货的产品而言,能影响产品质量或性能,或会使产品从器件的一个结构相似组转到另一个(新的或已存在的)组(见第6章)的制造工艺或技术的任何变动均视为重要更改。检查长有责任确定变动是否属于重要更改。

下面3)中给出了重要更改的一些示例。

2) 重要更改的程序

必须将任何重要更改的通知书及证明保持质量的试验数据递交国家监督检查机构(NSI)。

3) 重要更改的示例

a) 芯片烧接

——从合金粘接变为环氧树脂粘接。

改换设备但未改变工艺,或者用预制金片代替镀金表面,均不能视为重要更改。

b) 晶片钝化

——从氮化硅变为二氧化硅;
——钝化层的顺序改变。

钝化层的淀积方法改变不能视为重要更改。

c) 封装材料

——从陶瓷变为塑料;
——从塑料A变为塑料B。

d) 金属化

——金属化层从金变为铝。

e) 芯片尺寸和/或芯片版图设计

——保护层和/或阻挡层的采用。

f) 键合

——从热压变为超声方法;
——从金键合丝变为铝丝。

g) 质量一致性检验期间的功能验证

——试验程序中任何试验步骤的减少。

3 转包

当已批准的制造厂涉及IEC QC 001002中11.1.2有关转包的条款时,制造厂应保证满足下述条件:

——转包的制造工艺可以是将筛选并入其内的扩散工艺或者装配工艺。装配后的筛选也可以单独转包。而最终加工仅能与整个装配工艺[除可以单独转包的电镀外(见上述2.4.1)]一起转包。

NSI 应确知认证电子元器件质量评定体系(IECQ)内器件的检查长:

- 已获取 IECQ 地区外任一制造过程的全部评定和检验文件,包括每个受检样本的检验记录;
- 定期核实按商定条件实施质量评定和检验的情况。

当部分工艺从一个制造场所转移到 IECQ 地区内的制造厂时,应向认证器件的检查长提供转移程序并取得他的同意。NSI 应得到通知并收到有关文件。

检查要求和制造程序的任何更改应向认证器件的检查长报告,而重要更改则应由检查长向 NSI 报告(见上述 2.4.3)。

批准的制造厂应按详细规范的规定对认证器件进行验收试验,在 IECQ 地区之外的工厂只要得到 NSI 的监督,也可进行这些验收试验。此外,验收试验也可以转包给 IECQ 地区内已批准的试验室。

4 制造的初始阶段

本分规范中该阶段的定义如下。

4.1 双极型器件

改变纯 P 型或纯 N 型单晶半导体材料的第一道工序。

4.2 单极型器件(例如 MOS、场效应器件)

基片的第一次氧化或基片上的第一次淀积。

5 质量评定程序

5.1 鉴定批准程序

一般采用 IEC QC 001002 的 11.3.1 方法 b),其抽样要求应符合本规范表 8 和表 9 的规定。

然而,只要所采用的抽样要求在有关的空白详细规范里有规定,则允许采用《程序规则》11.3.1 方法 a)。

5.1.1 检验批

检验批的定义见 IEC QC 001002 的 12.2。

此外,从中抽取样品用于 A、B 和 C 组检验的批应由相同生产线(见上述 2.4.1 和下述 6.2.1)生产的符合下述条件的器件组成:

——A 组和 B 组:一个检验批包括由检验批代码所表示的一个月内或连续 4 周内生产的器件。

——C 组:提交周期检验的样品应是以连续 3 个月检验批代码或连续 13 周检验批代码所表示的 3 个月内制造的器件。

——D 组:提交周期检验的样品应是以连续 12 个月检验批代码或连续 52 周检验批代码所表示的 12 个月内制造的器件。

5.2 能力批准程序

见 IEC 60747-10 新版本 3.10(在考虑中)。

6 结构相似性程序

6.1 总则

6.1.1 目的

结构相似性程序用于减少应经受试验的检验批数量。

6.1.2 原则

对适用于一组器件型号的某项试验而言,如果遵循本章所述的以及适用于该项试验的结构相似性一般和特殊的判别规则(见表 1),则可对组内的一个型号进行该项试验,而获得的结果可认为代表组内所有的型号。那些判据的确定系基于这样的原则,即对代表型号验证的一致性和可靠性有关的那些型号至少提供了同样的一致性和可靠性保证。

表 1 结构相似性对应试验判别规则

试验	判别规则 装配线(6.2.1)	外壳外形和尺寸(6.2.2)	封装门类(6.2.3)	封装材料(6.2.4)	封装方法(6.2.5)	外引线材料(6.2.6)	最终加工(6.2.7)	标志方法(6.2.8)	引出端数(6.2.9)	内部连线(6.2.10)	芯片粘接(6.2.11)	芯片面积比(6.2.12)	扩散线(6.2.1)	芯片制造工艺(6.2.13)	密度(6.2.14)	工作电源电压(6.2.15)	工作温度范围(6.2.16)	功能和电特性判据(6.2.17)	功耗(6.2.18)
尺寸(主要的)	×	×	×	×	×	×	×												
浸洗液	×			×	×			×											
盐雾	×			×		×	×	×											
可焊性	×		×		×	×	×												
引出端强度	×		×		×	×	×												
密封	×		×	×	×	×	×		×										
湿热(空封器件)	×		×	×	×	×	×	×											
冲击—振动—稳态加速度	×		×	×	×	×			×	×	×	×							
耐焊接热	×		×	×	×	×			×	×	×	×							
温度快速变化	×		×	×	×	×			×	×	×	×							
湿热(非空封器件)	×		×	×	×	×	×	×	×	×	×	×	×	×	×	×			
贮存	×		×	×	×	×	×	×		×	×		×	×					
电耐久性	×		×	×	×	×	×			×	×		×	×	×	×	×	×	×
相关性验证(适用时)													×	×	×	×	×	×	×
25℃和最高、最低温度下的附加动态特性													×	×		×	×	×	
25℃和最高、最低温度下的附加功能和静态特性													×	×		×	×	×	
特殊的电试验													×	×		×	×	×	

注:表中的×表示该项判别规则对于所对应的试验来说是强制性的。

结构相似性程序不能用于 A 组检验中的电气试验和目检。

6.1.3 应用条件

1) 依次规定的试验和测量

本章中描述的结构相似性程序适用于单项试验。

当依次规定几项试验时,应根据下述原则:

对分组内一系列试验的结构相似性编组而言,其判别规则取决于全部试验中最本质的试验。

注:该原则用于 B5/C5 分组时,最本质的试验即为"温度快速变化"。

2) 应用于质量评定程序

结构相似性程序专门应用于质量评定程序,详细应用条件在第 7 章给出。

6.1.4 结构相似性一般规则

1) 可选一个型号作为一组型号的代表进行规定的试验,选取的型号在各周期可以不同,仅取决于该周期内生产的型号;
2) 对组内所有有关型号,应允许采用相同的加速试验程序;
3) 一组型号满足了特定的判别规则,如果仍在特性上存在重大差异,则有关试验应选用能为该项试验提供最大失败风险的最严格的器件作为代表型号;
4) 如果一个器件型号出现失效,则应认为与该代表型号有关的所有器件要受影响;
5) 如果器件按第 8 章程序提交筛选,且相同生产线采用了几种筛选顺序,则器件只能按其经受的相同筛选顺序分组。

6.2 结构相似性对应试验规则

表 1 给出了适用于 B 组和周期检验的结构相似性对应试验判别规则。

6.2.1~6.2.18 对这些判别规则作了详细说明。

使用表 1 的示例:

C3 分组要求进行引出端强度试验。

对于该项试验,结构相似性有下列要求(见表 1):

6.2.1——装配线;

6.2.3——封装族;

6.2.5——封装方法;

6.2.6——外引线材料;

6.2.7——最终加工。

满足上述各条全部要求的器件,对于"引出端强度"试验而言,可视为结构相似。

6.2.1 生产线

器件应在相同的:

——扩散线;

——和/或装配线;

(见 2.4.1)上制造的。

6.2.2 外壳外形和尺寸

详细规范里规定的外壳外形和尺寸应相同。

6.2.3 封装族

(见 IEC 60191-4 规定的标准形式)

从封装族的角度来考虑结构相似性,电路应安装于符合下述判别规则的外壳内:

——相同工艺的封装门类;

——相同的引出端形式和标称截面;

——相同的单一形式、相同的标称尺寸和相同的引出端数。

6.2.4 **封装材料**

封装材料应相同。

6.2.5 **封装方法**

用于空封的外壳密封方法或用于非空封的材料和方法应相同。

6.2.6 **外引线材料**

用于外引线及涂层的材料应相同(另见 6.2.7)。

6.2.7 **最终加工**

不包括标志方法(另见 6.2.8)和最终电测试(见 2.4.1 的 4)),对一个完整器件进行的最终加工过程应相同。

6.2.8 **标志方法**

标志的方法和外壳上采用的涂层应相同。

6.2.9 **引出端数**

只要组内器件的最多和最少引出端数之差符合下述要求,就可构成单独一组。

——引出端数不多于 24 的外壳,差不大于 4;

——引出端数多于 24 的外壳,差不大于 8。

6.2.10 **内部连线和内引线键合的材料**

内部连线的材料和标称截面应相同。形成内引线键合的材料和方法也应相同。

6.2.11 **芯片粘接**

芯片粘接所用的材料和方法应相同。

6.2.12 **芯片面积比**

一组器件内最大与最小芯片面积比应不超过 2。

6.2.13 **芯片制造工艺**

应按相同工艺生产芯片,即:

——基本技术和基本工艺相同(如肖特基、NMOS、CMOS 等);

——钝化类型相同;

——版图设计规则和设计数据相同;

——执行基本功能的单元相同;

——金属化方法和材料相同;

——基片材料和性能相同。

6.2.14 **密度**

器件的密度为单元数与芯片面积之比,按下式给出:

$$D_C = \frac{单元数}{芯片面积}$$

单元的定义并不重要,只要应用结构相似性规则时,组内各型号均采用相同的定义即可。

有关型号的密度与受试器件密度之比应小于 2。

6.2.15 **工作电源电压**

族规范和/或详细规范规定的工作电源电压应相同。

6.2.16 **工作温度范围**

族规范和/或详细规范规定的工作温度范围应相同。

6.2.17 **功能和电特性判据**

该判据意味着应满足下述两个要求:

1) 在一个结构相似性编组里,所有的器件型号都应规定在同一空白详细规范及同一族规范(适用时)里。

2) 适用时,对代表型号及有关的型号均有效的特定功能或电特性判据,按空白详细规范和/或族规范的要求。

6.2.18 **功耗**

有关型号与受试器件功耗之比通常应小于1.2。然而，该比值也可以提高，只要有关型号结温的升高不超过5℃即可。

7 组和分组

各组试验应按下表(表2～表6)：

表2 分组

组	Ⅰ类	Ⅱ类	Ⅲ类
A	×	×	×
B	×[a]	×	×
C[b]	×[a]	×	×
D[b]		×	×
筛选			×

a 一年进行一次，但可焊性每3个月一次。

b 提交该组试验的样品应预先通过A组和B组试验。

包含在分组里的特性在空白详细规范里规定，并在IEC 60748号标准有关部分的Ⅲ“额定值和特性”中已强制性地列入。

表3 A组：逐批

分组	检验或试验	试验条件	AQL Ⅰ类	AQL Ⅱ类和Ⅲ类
A1	外部目检	IEC 60747-10 的4.2.1.1	1.0	0.4
A2	除另有规定外，25℃下功能验证	按详细规范规定	0.15	0.1
A2a	(不适用于Ⅰ类) 最高工作温度下的功能验证[a]		—	0.4
A2b	(不适用于Ⅰ类) 最低工作温度下的功能验证[a]		—	0.4
A3	25℃下的静态特性	见相关标准	0.65	0.25
A3a	最高工作温度下的静态特性[a]		1.5	0.4
A3b	最低工作温度下的静态特性[a]		2.5	0.4
A4	除另有规定外，25℃下的动态特性		1.5	0.65
A4a	(不适用于Ⅰ类) 最高工作温度下的动态特性[a]		—	1.0
A4b	(不适用于Ⅰ类) 最低工作温度下的动态特性[a]		—	1.0

a 如果制造厂能定期证明两个极限温度下的试验结果与25℃下的试验结果相关(见12.5)，则制造厂可以使用T_{amb}=25℃下的试验结果。在这种情况下，与另一个分组的试验重复时，则不需要重复该试验。

表 4　B 组:逐批

(Ⅰ类情况见总规范 IEC 60747-10　2.6)

分组	检验或试验	引用标准	条　件
B1	尺寸	IEC 60747-10,4.2.2 和附录 B	
B2c	电额定值验证	见相关标准	适用时,按规定
B4	可焊性	IEC 60749 Ⅱ,2.1	按规定
B5	(仅适用于空封器件) 密封 细检漏 粗检漏 非空封器件和环氧封的空封器件 温度快速变化 随后: ——外部目检 ——强加速湿热 ——电测试	 IEC 60068-2-17 或 IEC 60749 Ⅲ,7.3 或 7.4 IEC 60068-2-17 IEC 60749 Ⅲ,1.1 IEC 60747-10　4.2.1.1 IEC 60749 Ⅲ,5 见 A2、A3 分组	 Qk 试验 严酷度:60 h 漏率:相当于 Qc 试验严格度 60 h Qc 试验 方法 3 液体: ——1 阶段:液体 1* ——2 阶段:液体 2** 10 次循环 严酷度 3,24 h 同 A2,A3[a]
B8	电耐久性	见相关标准	168 h,条件按本规范 12.3 及(适用时)12.4 的规定
CRRL	放行批证明记录		按空白详细规范的规定,给出计数检查资料

*　全氟化碳液体沸点超过 50℃,例如:全氟-N-乙烷为主要成分。

**　全氟化碳液体沸点超过 150℃,例如:全氟-磷酸三丁脂胺为主要成分。

[a]　空白详细规范可允许减少 A3、A3a 和 A3b 分组试验项目至一个分组的最小要求。

表 5 C 组:周期

分组	检验或试验	引用标准	条件
C1	尺寸	IEC 60747-10 的 4.2.2 和附录 B	
C2a	环境温度下的电特性	见相关标准	按规定
C2b	最高和最低工作温度下的电特性[a]	见相关标准	按规定,如极限温度下测量
C2c	电额定值验证:瞬态能量额定值[b]	见相关标准	按规定,如静电敏感器件(见 IEC 60747-1)
C3	引出端强度	IEC 60749 Ⅱ,1	按相应封装规定,如拉力或转矩
C4	耐焊接热	IEC 60749 Ⅱ,2.2	按规定
C5	温度快速变化[b] a)空封器件 温度快速变化 随后: 电测试 密封,细检漏 密封,粗检漏 b)非空封器件和环氧封的空封器件 温度快速变化 随后: 外部目检 稳态湿热* 电测试	 IEC 60749 Ⅲ,1.1 见 A2、A3 分组 IEC 60749 Ⅲ,7.3 或 7.4 IEC 60068-2-17 试验 Qc IEC 60749 Ⅲ,1.1 IEC 60747-10,4.2.1.1 IEC 60749 Ⅲ,5B 见 A2、A3 分组	 10 次循环 同 A2、A3 分组 按规定 按规定 500 次循环 严酷度 1,24 h 同 A2、A3 分组
C5a**	盐雾	IEC 60749 Ⅲ,8	
C6	稳态加速度(用于空封器件)[b]	IEC 60749 Ⅱ,5	按规定
C7	稳态湿热 ——用于空封器件[b] ——用于非空封器件和环氧封空封器件 随后: 电测试	 IEC 60749 Ⅲ,5A IEC 60749 Ⅲ,5B 见 A2、A3 分组	严酷度:Ⅱ类、Ⅲ类为 56d,Ⅰ类为 21d 严酷度 1 偏置:按详细规范规定 时间:Ⅱ类、Ⅲ类 1 000 h,Ⅰ类 500 h 同 A2、A3 分组[c]
C8	电耐久性	见相关标准	时间:1 000 h,条件按本规范 12.3 及(适用时)12.4 的规定
C9**	高温贮存(若详细规范中规定)	IEC 60749 Ⅲ,2	时间和温度按分规范或详细规范规定
C11	标志耐久性	IEC 60749 Ⅳ,2	方法 1
CRRL	放行批证明记录	—	按空白详细规范的规定,给出计数检查资料

* 将为“强加速湿热”代替。

** 在详细规范中自行规定。

a 适用时,应在本规范 C2b 分组定期验证相关性(见本规范 A2a、A2b、A3a、A3b、A4a、A4b)。

b 在连续 3 次通过该试验后,周期可放宽为一年一次。

c 空白详细规范可允许减少 A3 分组试验项目。

表 6 D 组

分组	检验或试验	引用标准	条 件
D8*	电耐久性 时间:4 000 h Ⅰ类:不适用 Ⅱ类和Ⅲ类:按详细规范规定	见相关标准	按本规范 12.3 和(适用时)12.4 的规定
D12	瞬态能量		在详细规范中规定测试电压
* 在详细规范中自行规定。			

8 筛选

当详细规范或合同规定了筛选时,应按表 7 对生产批中所有器件进行。

筛选通常在 A、B、C 组检验之前进行。若在满足了逐批的 A 组、B 组和周期的 C 组检验要求后进行筛选,则应重新进行可焊性、密封和 A 组检验(见 6.1.4 e))。空白详细规范可以规定筛选后需要增加的试验。

筛选顺序按表 7 规定。

表 7 筛选

步骤	检验或试验	引用标准	条 件	顺 序		
				A	B	D
1*	内部目检	—	在考虑中	×		
2	高温稳定	—	时间和温度按详细规范规定	×	×	
3	温度快速变化	IEC 60749,Ⅲ,1.1	按详细规范规定	×	×	
4*	稳态加速度	IEC 60749,Ⅱ,5	在最严格的方向上,加速度大小按详细规范规定	×	×	
5*	密封	IEC 60749,Ⅲ,7.3 或 7.4,和 IEC 60068-2-17 Qc 试验	方法 7.3 或 7.4 随后 Qc 试验	×	×	
6	电测试					
6A	电测试(老炼前)	见相关标准	若详细规范中要求,选择参数(变量),剔除不合格品	×		
6B	电测试(老炼前)	见相关标准	若详细规范中要求,选择参数(属性),剔除不合格品		×	×
6C	电测试 (终点电测试后)	见相关标准	按详细规范规定,剔除不合格品[a]			
7	老炼	见相关标准或按详细规范规定	按详细规范规定 时间: 除在空白详细规范中另有规定外	× 240 h	× 168 h	× 168 h
8	电测试(老炼后)	见相关标准	按 6A 或 6B 规定,剔除不合格品	×[a]	×[a]	×

* 除详细规范另有规定外,不适用于非空封器件。(其他试验在考虑中)。

a 对于单片集成电路,不合格品超过 5%,对于多片集成电路,不合格品超过 10%,则批拒收。可在详细规范中对批拒收规定更小的百分比。

9 抽样要求

表 8 和表 9 为空白详细规范提供了抽样要求。

表 8 A 组试验的抽样要求

分组	LTPD[a]			AQL					
	Ⅰ类	Ⅱ类	Ⅲ类	Ⅰ类		Ⅱ类		Ⅲ类	
				IL	AQL	IL	AQL	IL	AQL
A1	7	3	3	Ⅱ	1.0	Ⅱ	0.4	Ⅱ	0.4
A2	1	0.7	0.7	Ⅱ	0.15	Ⅱ	0.1	Ⅱ	0.1
A2a	—	3	3	—	—	Ⅱ	0.4	Ⅱ	0.4
A2b	—	3	3	—	—	Ⅱ	0.4	Ⅱ	0.4
A3	5	2	2	Ⅱ	0.65	Ⅱ	0.25	Ⅱ	0.25
A3a	10	3	3	S4	1.5	S4	0.4	S4	0.4
A3b	20	3	3	S4	2.5	S4	0.4	S4	0.4
A4	10	5	5	S4	1.5	S4	0.65	S4	0.65
A4a	—	7	7	—	—	S4	1.0	S4	1.0
A4b	—	7	7	—	—	S4	1.0	S4	1.0

a 批允许不合格品率，最大合格判定数为 4。

表 9 采用 LTPD 的 B、C 和 D 组试验的抽样要求

分组		LTPD[a]		
		Ⅰ类	Ⅲ类 筛选等级 A	Ⅱ类和Ⅲ类 其他筛选等级
B1	C1	15	15	15
B2a	C2a	20	20	20
B2b	C2b	20	20	20
B2c	C2c	20	20	20
	C3[b]	20	20	20
B4[b]		10	10	10
	C4	10	10	10
B5	C5	10	10	10
	C5a	50	50	50
	C6	15	15	15
	C7	15	15	15
B8		（不适用）	10	10
	C8 D8	10	5	5
	C9	15	5	15
	C11	20	20	20

a 批允许不合格品率，最大合格判定数为 2。

b 对于 C3(引出端强度)和 B4(可焊性)分组，LTPD 适用于分配给至少 4 个被试器件的引线数。

10 引出端识别

参见 IEC 60747-1，Ⅵ，8。

11 附加资料

在考虑中。

12 试验和测量程序

实施 IEC 详细规范的要求需要下列分条款涉及到的不同试验和测量程序。

除所列之外,新的或改进的试验和测试程序将在后续 IEC 活动中出现。

在 IEC 出版物未正式发表期间,通过引用表决文件可以将符合投票程序并且宣布与出版物一致的方法引用在详细规范中。

其他试验和测量程序均应在详细规范中规定。

12.1 电测试方法

数字电路见 IEC 60748-2。

模拟电路见 IEC 60748-3。

接口电路见 IEC 60748-4。

或其他相关标准的Ⅳ。

12.2 机械和气候试验方法

IEC 60749 和/或 IEC 60068。

12.3 电耐久性试验

一般要求见 IEC 60748-1 Ⅷ,3。

具体要求见 IEC 60748-2,IEC 60748-3,IEC 60748-4 Ⅴ,2。

应按下述要求确定进行耐久性试验的条件。

功耗、工作温度和电源电压的选择应按以下程序:

a) 电路的功耗应为详细规范所允许的最大值;

b) 环境温度或参考点温度应当是在 a)的功耗下详细规范所允许的最大值;

c) 如果没有 a)或 b)的限制,电源电压应为详细规范所允许的最大值。

试验条件和要求应在详细规范里规定。

耐久性试验的时间应在相关详细规范中规定:

——168^{+72}_{-10} h;

——1 000 h,2 000 h 和 4 000 h 应作为试验的最少时间。

D 组电耐久性试验的时间是 C 组和 D 组电耐久性试验的累加时间。

这些试验除 D 组外,均视为非破坏性试验。

12.4 加速试验程序

加速试验程序见 IEC 60747-10 第 2 版。

12.5 相关测量

12.5.1 范围

如果能证明在不同条件下得到的试验结果是相关的,则在极限温度下规定的静态和动态特性测量可以在别的温度(如室温)下进行。此方法也适用于其他情况,如对动态参数,可在不同负载网络下测量。相关的程度可用统计方法来确定和论证。

通过完备的技术知识,了解对所考虑的特性有影响的参数和解释收集到的数据也可能建立起相关性。

12.5.2 要求

下列条件满足后允许采用相关测量:

——有关的总规范、分规范、族规范或空白详细规范应明确允许采用相关测量并规定要求相关的程度；

——相关性在鉴定批准时初次验证并要定期予以验证。

12.5.3 **方法**

提供两种方法：第Ⅰ种是根据参数测量和统计计算；第Ⅱ种凭经验。

12.5.3.1 **方法Ⅰ**

在两种不同条件下测量各个参数，通过两组读数(x_i，y_i)计算相关系数如下：

$$\text{平均值：}\bar{x}=\frac{1}{n}\sum_{i=1}^{n}x_i \qquad \bar{y}=\frac{1}{n}\sum_{i=1}^{n}y_i$$

$$\text{标准偏差：}S_x=\sqrt{\frac{\sum_{i=1}^{n}x_i^2-n\bar{x}^2}{n-1}}$$

$$S_y=\sqrt{\frac{\sum_{i=1}^{n}y_i^2-n\bar{y}^2}{n-1}}$$

$$\text{协方差：}S_{xy}=\frac{1}{n-1}\left(\sum x_iy_i-\frac{1}{n}\sum x_i\sum y_i\right)$$

$$\text{相关系数：}\gamma_{xy}=\frac{S_{xy}}{S_xS_y}$$

$$\gamma_{xy}=\frac{\sum_{i=1}^{n}x_iy_i-n\bar{x}\bar{y}}{\sqrt{\left(\sum_{i=1}^{n}x_i^2-n\bar{x}^2\right)\left(\sum_{i=1}^{n}y_i^2-n\bar{y}^2\right)}}$$

注：许多计算机和计算器备有这类计算程序，给出的公式仅作说明用。

相关测量的测试极限值必须设定：

——可以通过绘出两组读数的曲线并研究其差值；

——或者用平均值($\bar{x}$，$\bar{y}$)间的差值调整非相关极限来完成。

必须规定相关系数的值，0.85是其最低要求。如果相关系数小于规定值，本方法不适用。

12.5.3.2 **方法Ⅱ**

本方法基于：

——对工艺技术的深刻了解；

——对影响器件性能的所有参数的充分了解；

——在各种不同试验条件下积累大量数据。

用这种资料可能确定相关测量读数的初始测试极限。当NSI要求时应提供采用的理论模式。采用一种反复调整方式，将初始极限调整到满足下述验证要求。

12.5.4 **相关性验证**

相关性验证在两种不同情况下进行：

——在每一器件型号鉴定期间；

——定期(不超过一年)验证相关性。

为在规定的测试条件(如详细规范规定的最低或最高温度)下测试极限值，应测量满足相关测试极限的125个器件所组成的样本。如果出现一次以上拒收，则有关参数的相关性无效。对被鉴定的每种型号重复这一过程。

对耐久性试验有效的结构相似性也适用于相关性验证。

附 录 A
（规范性附录）
起草空白详细规范的指南和格式

目 录

第一部分 指南

第二部分 空白详细规范(BDS)通用结构

第一部分　指南

1　范围

本通用空白详细规范(GBDS)为编制包含在IEC质量评定体系中半导体集成电路单个空白详细规范提供了一个导则,特别是:

——编号和条款内容;

——相关文件的引用;

——总体结构。

2　目的和用途

本通用空白详细规范的目的是建立一个半导体集成电路空白详细规范的标准格式,从而使所有这样的空白详细规范有一个统一的结构。它的目的是通过一个许可的系统检查证明它所包含的信息是充分的也是必要的,从而简化他们编写的准备工作。

在IECQ体系中,空白详细规范完善了TC 47中每一类型集成电路的标准。总规范和分规范一起给出了产品质量评定体系的通用要求。

GBDS对体现在空白详细规范中的技术内容和质量检验要求提出了一个标准布局。

每一特定类型的集成电路空白详细规范都应包括GBDS第二部分规定的内容。每一章的标题和编号都在此部分规定。图1阐述了空白详细规范中应罗列的每一章的顺序。

注:当一个条款不适用时,可在标题下指明,也可省略此条而无需对随后的条款重新编号。

3　TC 47/SC 47A的IECQ规范体系

对应本规范第一部分,第2章,TC 47/SC 47A IECQ规范体系如图2所示。

4　引用文件

1)　程序准则
IEC QC 001002。

2)　总规范
IEC 60747-10。

3)　分规范
IEC 60748-11。

4)　半导体器件-集成电路
IEC 60747-1。
IEC 60748-1。
IEC 60748-2。
IEC 60748-3。
IEC 60748-4。

5)　简图用图形符号
标准图形符号目录(在考虑中)。
IEC 60617-12,60617-13。

6)　外壳外形
IEC 60191-2。

7)　机械和气候试验方法
IEC 60749。

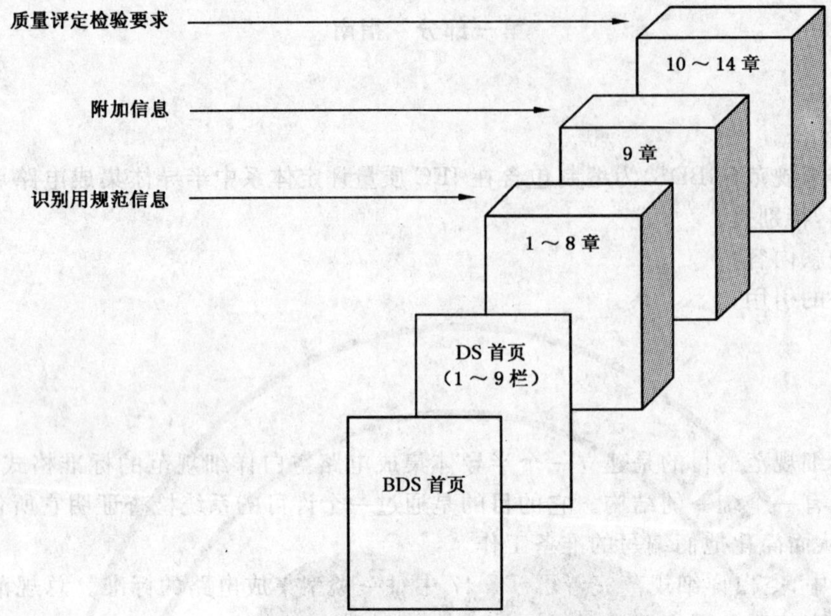

注 1：BDS 首页的内容对可能出现在 DS 首页中的信息给出了指南。

注 2：当在本附录第二部分给出时，BDS 首页和 DS 首页应重新编写，但是要对 BDS 首页的标题有一个合适的变化。

图 1

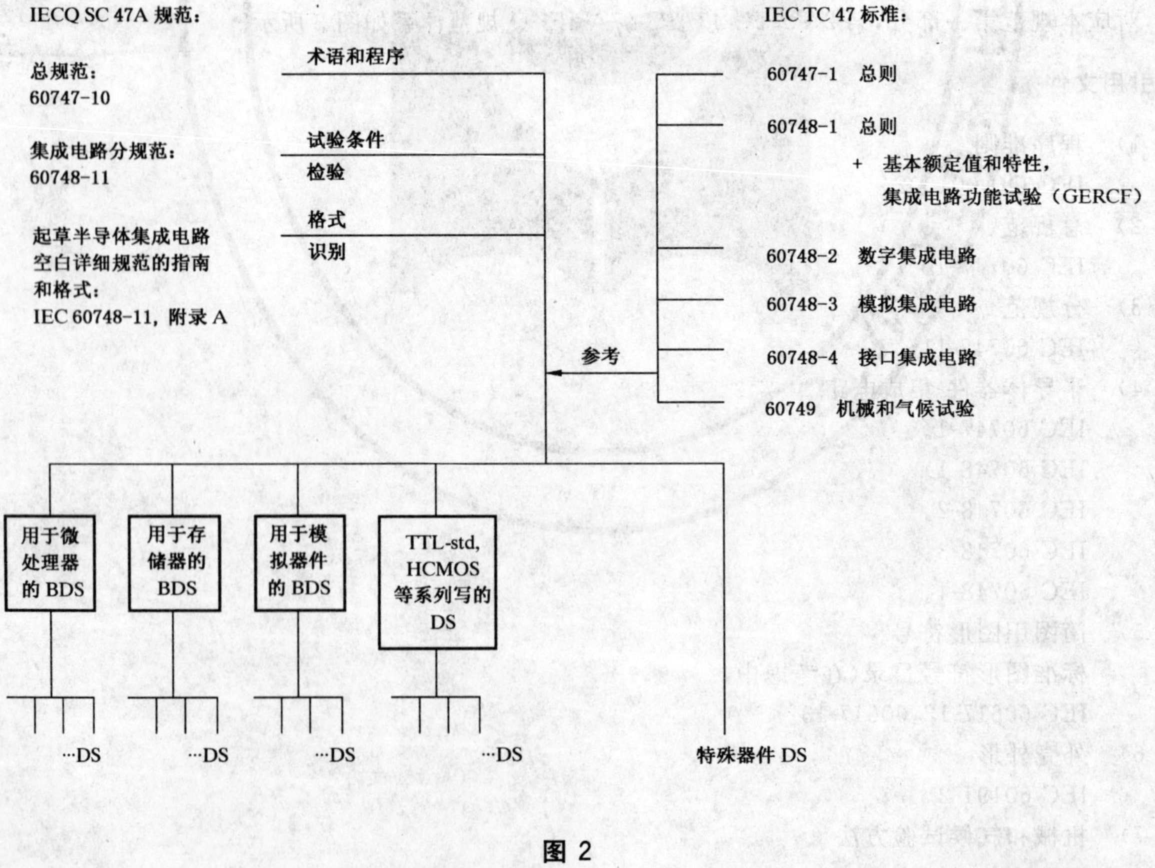

图 2

第二部分　空白详细规范(BDS)通用结构
半导体集成电路空白详细规范

引言

IEC 电子元器件质量评定体系遵循 IEC 章程并在 IEC 授权下工作。该体系的目的是确定质量评定程序,以这种方式使一个参加国按有关规范要求放行的电子元器件无需进一步试验而为其他所有参加国同样接受。

本空白详细规范是半导体器件一系列空白详细规范之一,并应与下列标准一起使用:

IEC 60747-10/QC 700000:半导体器件　第 10 部分:分立器件和集成电路总规范

要求的资料

本页和下页方括号内的数字与下列各项要求的资料相对应,这些资料应填入本规范相应的栏中。

详细规范的识别

[1] 授权发布详细规范的国家标准机构名称。

[2] 详细规范的 IECQ 编号。

[3] 总规范和分规范的编号和版本号。

[4] 详细规范的国家编号、发布日期和国家标准体系要求的任何资料。

器件的识别

[5] 主要功能和型号,例如:微处理器集成电路 68000。

[6] 典型结构(材料、主要工艺)和封装的信息。

如果器件有多种派生产品,应当给出相互之间的差别。例如,以对照表的形式列出各自性能的特点。

对于静电敏感器件,详细规范中应增加静电敏感标识。

[7] 外形图、引出端识别、标志和/或引用有关的外形标准。

[8] 对应于总规范 2.6 质量评定类别。

[9] 参考数据

[本规范下页方括号给出的条款构成了详细规范的首页,这些条款仅供指导详细规范的编写,而不应纳入详细规范中。]

[当任一条款指导编写可能引起混淆时,应在方括号内说明。]

<table>
<tr><td>[国家代表机构(NAI)(和发布规范的团体)名称(地址)。] [1]</td><td>[IECQ 详细规范的编号、版本号和/或日期。] [2]</td></tr>
<tr><td>评定电子元器件质量的依据: [3]
总规范:
IEC 60747-10/QC 700000
分规范:
IEC 60748-11/QC 790100
[和国家编号,若有不同。]</td><td>[详细规范的国家编号。] [4]
[若国家编号与 IECQ 编号相同,本栏可不填写。]</td></tr>
<tr><td colspan="2">详细规范:[主要功能] [5]
[有关器件的型号。]
订货资料:见本规范 1.2。</td></tr>
<tr><td>机械说明 [7]</td><td>简要说明 [6]</td></tr>
<tr><td rowspan="5">外形标准:
[应给出标准封装资料,IEC 编号(如有则需遵循)和/或国家编号。]
外形图:
[可移入本规范第 8 章或在该章给出更详细的资料。]
引出端识别:
[画出引出端排列图,包括图形符号。]
标志:[字母和数字,或色码。]
[若要求,详细规范应规定器件上标志的内容。]
[见总规范 2.5 和/或本规范 1.1。]</td><td>应用:
功能:
典型结构:[硅、单片、双极、MOS。]
封装:[空封或非空封。]
[派生产品的特性对照表。]
注意:静电敏感器件。</td></tr>
<tr><td>质量评定类别 [8]</td></tr>
<tr><td>[总规范 2.6。]</td></tr>
<tr><td>参考数据 [9]</td></tr>
<tr><td>[能区别不同型号的最重要性能数据。]</td></tr>
<tr><td colspan="2">按本规范鉴定合格的器件,其制造厂的有关资料可在现行合格产品目录(QPL)中查到。</td></tr>
</table>

1 标志和订货信息

1.1 标志

见总规范 2.5。

详细规范用诸如字母、数字和/或代码等形式描述标志相关信息。

当标志包含内容超出了总规范 2.5 的规定，例如有制造厂内部使用信息，应当加以说明。

如果所有信息已经包含在首页中的[7]栏，应标识出。

1.2 订货信息

除另有规定外，订购一个特定器件至少包含以下内容：

——准确的型号(和标称电压值，适用时)；

——详细规范引用 IECQ 版本号和/或日期；

——分规范第 9 章定义的评定质量目录和适用时分规范第 8 章规定的筛选程序；

——送货包装；

——其他特殊要求。

2 相关应用描述

目的：

本章用于解释器件的应用。

内容：

这里给出用于整机或电路上和相关器件的信息概述。见 IEC 60748-1，Ⅵ，10.2。

3 功能描述

目的：

本章用于规定和描述器件功能。

内容：

这里给出的项目从 IEC 60748-1，Ⅵ，10.3 中选择。

4 极限值

目的：

本章用于定义器件绝对最大额定值。

本章不用于检验，仅适用于器件的使用。

内容：

这里给出的项目从 IEC 60748-1，Ⅵ，10.4 中选择。

如果极限值被检验，参考 IEC 60748-1，Ⅶ，包括试验方法。

这些值按照 IEC 60748-1，Ⅵ，10.4.1 和 10.4.2 编写。

5 工作条件

目的：

本章给出了工作条件，这些条件可以用作检验。

内容：

这里给出的适用于器件的项目从 IEC 60748-1，Ⅵ，10.5.1 到 10.5.9 选择。

6 电特性

目的：

本章用于规定器件的电特性，显示特性保证。

内容：

质量评定需要的静态和动态或交流特性从器件基本额定值和特性中选择，参考 IEC 60748-1，Ⅵ，10.2 和 10.3。

适用时，需要的时序和电容信息根据 IEC 60748-1，Ⅵ，10.6.3 和 10.6.4 给出。

7 编程

目的：

本章仅适用于可编程器件。如果器件不具备此功能，应写出条款号，并注明“不适用”。

本章最重要的目的是规定器件的正确程序，因为要考虑到影响它的最终可靠性。

内容：

在本章中，所有关于编程条件的信息、算法和验证程序都应给出。也可参见 IEC 60748-1，Ⅵ，10.7。

8 机械和环境额定值、特性和数据

任何适用的机械和/或环境额定值参考 IEC 60748-1，Ⅵ，10.8（也可参考 IEC 60747-1，Ⅵ，7）给出。

9 附加资料

在本章，附加资料仅在规范和器件使用需要时给出，此处给出的信息不用于检验。

在空白详细规范中，标明此处不用于检验并给出一些可能给出的例子。

适用时，参见 IEC 60748-1，Ⅵ，10.9。

10 筛选

要求时，空白详细规范参考分规范第 8 章，若需要，给出附加技术要求。

11 质量评定程序

空白详细规范应规定质量批准程序或能力批准程序是否适用。

11.1 质量批准程序

见总规范，第 3 章和分规范 5.1。

11.2 能力批准程序

在考虑中。

12 结构相似性程序

见分规范第 6 章。

13 试验条件和检验要求

13.1 总则

空白详细规范用于维持详细规范中试验的统一表述。

尽可能地参考更高层次的文件（分规范、总规范）。这避免了文本的重复，同时它的好处在于：对更高层次的文件的更改也自动适用于所有空白详细规范（这样使所有的详细空白规范遵从于分规范或总规范的修订，避免了所有空白详细规范的后续更新）。

13.2 样品要求和检验批要求

对于样品要求，空白详细规范参考分规范第 9 章和总规范 3.7。

空白详细规范应给出对 A 组在详细规范中应选择 AQL 和 LTPD 的指导。

对检验批的格式，空白详细规范应参考分规范 5.1.1 和 IEC QC 001002 12.2。

如果适用于结构相似性器件的程序被应用,空白详细规范应参考分规范第6章和IEC QC 001002 8.5.3。

如果对于质量批准被允许使用IEC QC 001002,11.3.1方法a),空白详细规范应给出样本要求(见分规范第9章)。

13.3 检验表

空白详细规范应使用用于代表试验的下列格式:

表[1,2,3,4]

组[A,B,C或D]

[一般表述形式]

分组	检验或试验	引用标准	试验条件	极限值	
				最小值	最大值

空白详细规范根据分规范第7章和总规范3.6.1的要求,将不同试验分入各分组。

对于试验,用到下列参考:

——内部目检　　总规范4.2.1或IEC 60749,Ⅰ,5;

——尺寸　　总规范4.2.2;

——功能验证　　空白详细规范第3章;

——电试验　　IEC 60748相关部分Ⅳ;

——相关测试(允许时)　　分规范12.5;

——机械和气候试验　　分规范12.2或总规范4.4或IEC 60749或IEC 60068;

——电耐久性试验　　分规范12.3和12.4或IEC 60748-1,Ⅷ,3或IEC 60748,Ⅴ,2相关部分。

如果相关测试被允许,空白详细规范应标注出被允许的相关试验,并给出分规范要求的细节。

对于电耐久性试验,空白详细规范应给出详细内容:

——适用的电路;

——偏置条件(适用时);

——使用的电信号(适用时)。

或要求详细规范给出的细节。

对电耐久性试验后进行的测试,空白详细规范应参考IEC 60748,Ⅴ,2的相关部分。

对A组中的电特性试验,空白详细规范应参考本空白详细规范第6章给出的电特性或能指导详细规范的编写。

以上说明也适用于B组和C组电特性试验,这些试验不在A组中进行。除非参考了A组的相关试验。

空白详细规范第6章所列的所有电特性应在A组、B组和/或C组中试验,应指出需要进行试验的参数的分组。

不用于检验的电特性应在第9章:附加信息中给出。

(空白)详细规范应标明哪些试验是非破坏性的(ND),哪些是破坏性的(D)。

13.4 延迟交货

除另有规定外,见IEC 60747-10的3.6.7规定。

14 附加测量方法

见总规范4.3.1.1。

附 录 B
（资料性附录）
引 用 文 件

本规范引用文件如下：

——IEC 60068-2-17:1978 基本环境试验规程 第2部分:试验-试验Q:密封

——IEC 60191-2:1966 半导体器件机械标准化 第2部分:尺寸

——IEC 60191-4:1987 半导体器件机械标准化 第4部分:半导体器件封装外形图类型的划分和编号系统

——IEC 60617-12:1983 简图用图形符号 第12部分:二进制逻辑元件

——IEC 60617-13:1978 简图用图形符号 第13部分:模拟元件

——IEC 60747-1:1983 半导体器件 分立器件和集成电路 第1部分:总则

——IEC 60747-10:1984 半导体器件 第10部分:分立器件和集成电路总规范

——IEC 60748-1:1984 半导体器件 集成电路 第1部分:总则

——IEC 60748-2:1985 半导体器件 集成电路 第2部分:数字集成电路

——IEC 60748-3:1986 半导体器件 集成电路 第3部分:模拟集成电路

——IEC 60748-4:1987 半导体器件 集成电路 第4部分:接口集成电路

——IEC 60749:1984 半导体器件 机械和气候试验方法

——QC 001002:1986 电子元器件IEC质量评定体系程序规则

ICS 77.140.50
H 46

中华人民共和国国家标准

GB/T 12754—2006
代替 GB/T 12754—1991

彩色涂层钢板及钢带

Prepainted steel sheet

2006-02-05 发布 2006-08-01 实施

中华人民共和国国家质量监督检验检疫总局
中国国家标准化管理委员会 发布

前　言

本标准是在总结我国彩色涂层钢板及钢带的生产、使用情况，同时参考 EN 10169-1:2003《连续有机涂层(卷涂)钢板产品　第一部分:一般信息(定义、材料、公差、试验方法)》(英文版)、ENV 10169-2:1999《连续有机涂层(卷涂)钢板产品　第二部分:建筑外用产品》(英文版)、EN 10169-3:2003《连续有机涂层(卷涂)钢板产品　第三部分:建筑内用产品》(英文版)、AS/NZS 2728:1997《建筑内/外用预涂层金属板材的性能要求》、ASTM A755M-03《以热镀金属镀层钢板为基板并采用卷涂工艺生产的建筑外用预涂层钢板》的基础上对 GB/T 12754—1991《彩色涂层钢板及钢带》进行了修订。

本标准代替 GB/T 12754—1991《彩色涂层钢板及钢带》。

本标准与 GB/T 12754—1991 相比主要变化如下：

——增加第 3 章“术语和定义”；

——增加牌号命名方法的规定，给出了彩涂板的牌号；

——基板类型中增加了热镀铝锌合金基板和热镀锌铝合金基板，取消了冷轧基板；

——面漆种类中增加了高耐久性聚酯和聚偏氟乙烯，取消了丙烯酸、塑料溶胶和有机溶胶；

——增加涂层结构和热镀锌基板表面结构的分类；

——增加第 5 章“订货所需信息”；

——调整可供尺寸范围；

——增加彩涂板厚度允许偏差的规定，修改了长度、宽度、外形允许偏差(见附录 A)；

——增加彩涂板的力学性能的规定(见附录 B)；

——增加基板类型和镀层重量的规定；

——对正面涂层性能指标重新进行了分类、调整、补充和完善，增加了反面涂层性能的规定；

——表面质量中增加了老化导致的缺陷的说明；

——增加资料性附录“国内外彩涂板常用基板近似牌号(钢级)对照表”(见附录 C)；

——增加资料性附录“彩涂板使用环境腐蚀性的描述”(见附录 D)；

——增加资料性附录“彩涂板的选择”(见附录 E)；

——增加资料性附录“彩涂板的储存、运输和装卸”(见附录 F)；

——增加资料性附录“彩涂板的加工”(见附录 G)；

——增加资料性附录“彩涂板的使用寿命和耐久性”(见附录 H)；

——增加资料性附录“彩涂板大气暴露试验场”(见附录 I)。

本标准的附录 A、附录 B 是规范性附录，附录 C、附录 D、附录 E、附录 F、附录 G、附录 H 和附录 I 是资料性附录。

本标准由中国钢铁工业协会提出。

本标准由全国钢标准化技术委员会归口。

本标准负责起草单位：宝山钢铁股份有限公司。

本标准参加起草单位：武汉钢铁公司、迅兴金属建材有限公司、冶金工业信息标准研究院、北京首钢富路仕彩涂板有限公司。

本标准主要起草人：李玉光、徐宏伟、涂树林、王晓虎、孙忠明、施鸿雁、黄锦花、郗钊。

本标准所代替标准的历次版本发布情况为：

GB/T 12754—1991。

彩色涂层钢板及钢带

1 范围

本标准规定了彩色涂层钢板及钢带的术语和定义、分类和代号、尺寸、外形、重量、技术要求、检验和试验、包装、标志及质量证明书等。

本标准适用于建筑内、外用途的彩色涂层钢板及钢带(以下简称为彩涂板)。家电及其他用途的彩涂板可参考使用。

2 规范性引用文件

下列文件中的条款通过本标准的引用而成为本标准的条款。凡是注日期的引用文件,其随后所有的修改单(不包括勘误的内容)或修订版均不适用于本标准,然而,鼓励根据本标准达成协议的各方研究是否可使用这些文件的最新版本。凡是不注日期的引用文件,其最新版本适用于本标准。

GB/T 228　金属材料　室温拉伸试验方法(eqv ISO 6892:1998)

GB/T 247　钢板和钢带检验、包装、标志及质量证明书的一般规定

GB/T 1766—1995　色漆和清漆　涂层老化的评级方法

GB/T 1839　钢产品镀锌层质量试验方法

GB/T 2975　钢及钢产品力学性能试验取样位置及试样制备(eqv ISO 377:1997)

GB/T 13448　彩色涂层钢板及钢带试验方法

GB/T 17505　钢及钢产品交货一般技术要求(eqv ISO 404:1992(E))

3 术语和定义

下列术语和定义适用于本标准。

3.1

彩涂板　prepainted steel sheet

在经过表面预处理的基板上连续涂覆有机涂料(正面至少为二层),然后进行烘烤固化而成的产品。

3.2

基板　steel substrate

用于涂覆涂料的钢带。

3.3

正面　top side

通常指彩涂板两个表面中对颜色、涂层性能、表面质量等有较高要求的一面。

3.4

反面　bottom side

彩涂板相对于正面的另一个表面。

3.5

建筑外用　building exterior applications

受外部大气环境影响的用途。

3.6

建筑内用　building interior applications

受内部气氛影响的用途。

3.7

硬度　hardness

涂层抵抗擦划伤、摩擦、碰撞、压入等机械作用的能力。

3.8

柔韧性　flexibility

涂层与基板共同变形而不发生破坏的能力。

3.9

附着力　adhesion

涂层间或涂层与基板间结合的牢固程度。

3.10

使用寿命　life to the first major maintenance

从生产结束时开始到原始涂层的性能下降到必须对其进行大修才能维持其对基板的保护作用时的间隔时间。

3.11

耐久性　durability

涂层达到规定使用寿命的能力。

3.12

老化　weathering

涂层在使用环境的影响下性能逐渐发生劣化的现象。

4　分类和代号

4.1　牌号命名方法

彩涂板的牌号由彩涂代号、基板特性代号和基板类型代号三个部分组成，其中基板特性代号和基板类型代号之间用加号“+”连接。

4.1.1　彩涂代号

彩涂代号用“涂”字汉语拼音的第一个字母“T”表示。

4.1.2　基板特性代号

a)　冷成形用钢

电镀基板时由三个部分组成，其中第一部分为字母“D”，代表冷成形用钢板；第二部分为字母“C”，代表轧制条件为冷轧；第三部分为两位数字序号，即 01、03 和 04。

热镀基板时由四个部分组成，其中第一和第二部分与电镀基板相同，第三部分为两位数字序号，即 51、52、53 和 54；第四部分为字母“D”，代表热镀。

b)　结构钢

由四个部分组成，其中第一部分为字母“S”，代表结构钢；第二部分为 3 位数字，代表规定的最小屈服强度(单位为 MPa)，即 250、280、300、320、350、550；第三部分为字母“G”，代表热处理；第四部分为字母“D”，代表热镀。

4.1.3　基板类型代号

“Z”代表热镀锌基板、“ZF”代表热镀锌铁合金基板、“AZ”代表热镀铝锌合金基板、“ZA”代表热镀锌铝合金基板，“ZE”代表电镀锌基板。

4.2　彩涂板的牌号及用途

彩涂板的牌号及用途如表 1。

表 1

彩涂板的牌号					用途
热镀锌基板	热镀锌铁合金基板	热镀铝锌合金基板	热镀锌铝合金基板	电镀锌基板	
TDC51D+Z	TDC51D+ZF	TDC51D+AZ	TDC51D+ZA	TDC01+ZE	一般用
TDC52D+Z	TDC52D+ZF	TDC52D+AZ	TDC52D+ZA	TDC03+ZE	冲压用
TDC53D+Z	TDC53D+ZF	TDC53D+AZ	TDC53D+ZA	TDC04+ZE	深冲压用
TDC54D+Z	TDC54D+ZF	TDC54D+AZ	TDC54D+ZA	—	特深冲压用
TS250GD+Z	TS250GD+ZF	TS250GD+AZ	TS250GD+ZA	—	结构用
TS280GD+Z	TS280GD+ZF	TS280GD+AZ	TS280GD+ZA	—	
—	—	TS300GD+AZ	—	—	
TS320GD+Z	TS320GD+ZF	TS320GD+AZ	TS320GD+ZA	—	
TS350GD+Z	TS350GD+ZF	TS350GD+AZ	TS350GD+ZA	—	
TS550GD+Z	TS550GD+ZF	TS550GD+AZ	TS550GD+ZA	—	

4.3 彩涂板的分类及代号

彩涂板的分类及代号如表 2。如需表 2 以外用途、基板类型、涂层表面状态、面漆种类、涂层结构和热镀锌基板表面结构的彩涂板应在订货时协商。

表 2

分类	项目	代号
用途	建筑外用	JW
	建筑内用	JN
	家电	JD
	其他	QT
基板类型	热镀锌基板	Z
	热镀锌铁合金基板	ZF
	热镀铝锌合金基板	AZ
	热镀锌铝合金基板	ZA
	电镀锌基板	ZE
涂层表面状态	涂层板	TC
	压花板	YA
	印花板	YI
面漆种类	聚酯	PE
	硅改性聚酯	SMP
	高耐久性聚酯	HDP
	聚偏氟乙烯	PVDF
涂层结构	正面二层、反面一层	2/1
	正面二层、反面二层	2/2
热镀锌基板表面结构	光整小锌花	MS
	光整无锌花	FS

5 订货内容

订货时需方应提供如下信息：

a) 产品名称(钢板或钢带)
b) 本产品标准号
c) 牌号
d) 产品规格
e) 尺寸、不平度精度
f) 钢卷内径(钢带时)
g) 基板镀层重量
h) 基板表面结构(热镀锌基板时)
i) 涂层结构
j) 涂层表面状态
k) 面漆种类和颜色
l) 重量
m) 包装方式
n) 用途
o) 其他特殊要求

6 尺寸、外形、重量及允许偏差

6.1 尺寸

6.1.1 彩涂板的尺寸范围按表3的规定。

6.1.2 彩涂板的厚度为基板的厚度，不包含涂层厚度。

6.1.3 彩涂板的尺寸允许偏差应符合附录A的规定。

表 3 单位为毫米

项　目	公 称 尺 寸
公称厚度	0.20～2.0
公称宽度	600～1 600
钢板公称长度	1 000～6 000
钢卷内径	450、508或610

6.2 外形

彩涂板的外形允许偏差应符合附录A的规定。

6.3 重量

彩涂板按实际重量交货。

6.4 特殊要求

如对尺寸、外形、重量及允许偏差有特殊要求应在订货时协商。

7 技术要求

7.1 力学性能

7.1.1 彩涂板的力学性能应符合附录B的规定，如对力学性能有特殊要求应在订货时协商。

7.1.2 供方如能保证，可以用基板的力学性能代替彩涂板的力学性能。

7.2 基板类型和镀层重量

7.2.1 彩涂板的基板类型如表 2,如需其他类型的基板应在订货时协商。

7.2.2 热镀锌基板、热镀锌铁合金基板、热镀铝锌合金基板和热镀锌铝合金基板应进行光整处理,其中热镀锌基板的表面结构应为光整小锌花或光整无锌花,如采用其他表面结构的基板应在订货时协商。

7.2.3 各类型基板在不同腐蚀性环境中推荐使用的公称镀层重量如表 4。

表 4

单位为克/平方米

基板类型	公称镀层重量		
	使用环境的腐蚀性		
	低	中	高
热镀锌基板	90/90	125/125	140/140
热镀锌铁合金基板	60/60	75/75	90/90
热镀铝锌合金基板	50/50	60/60	75/75
热镀锌铝合金基板	65/65	90/90	110/110
电镀锌基板	40/40	60/60	—
注:使用环境的腐蚀性很低和很高时,镀层重量由供需双方在订货时协商。			

7.2.4 镀层重量每面三个试样平均值应不小于相应面的公称镀层重量,单个试样值应不小于相应面公称镀层重量的 85%。

7.3 正面涂层性能

7.3.1 涂料种类

7.3.1.1 彩涂板的面漆种类见表 2,如需其他种类的面漆应在订货时协商。

7.3.1.2 底漆种类通常由供方确定,需方如有要求应在订货时协商。

7.3.2 涂层厚度

7.3.2.1 涂层厚度为初涂层和精涂层厚度之和。

7.3.2.2 涂层厚度应不小于 20 μm,如小于 20 μm 应在订货时协商,

7.3.2.3 涂层厚度为三个试样平均值,单个试样值应不小于最小规定值的 90%。

7.3.3 涂层色差

涂层色差通常由供方确定,需方如有要求应在订货时协商。

7.3.4 涂层光泽

7.3.4.1 涂层光泽使用 60°镜面光泽,光泽分为低、中、高三级,各级别的光泽度应符合表 5 的规定。

表 5

级别(代号)	光泽度
低(A)	≤40
中(B)	>40~≤70
高(C)	>70

7.3.4.2 光泽度三个试样值均应符合表 5 的相应规定,每批产品光泽度差值应不大于 10 个光泽单位。

7.3.4.3 涂层光泽通常按低、中光泽供货,需高光泽时应在合同中注明,如对光泽度有特殊要求应在订货时协商。

7.3.5 涂层硬度

涂层硬度通常用铅笔硬度试验进行评价,如需用耐磨性、耐划伤等试验作进一步评价应在订货时协商。

7.3.5.1 **铅笔硬度试验**

7.3.5.1.1 各种面漆的铅笔硬度应符合表6的规定，如对铅笔硬度有特殊要求应在订货时协商。

表6

面漆种类	铅笔硬度 不小于
聚酯	F
硅改性聚酯	
高耐久性聚酯	HB
聚偏氟乙烯	

7.3.5.1.2 铅笔硬度三个试样值均应符合表6的相应规定。

7.3.6 **涂层柔韧性/附着力**

涂层柔韧性/附着力通常用弯曲试验和反向冲击试验进行评价，如需用划格、杯突等试验作进一步评价应在订货时协商。

7.3.6.1 **弯曲试验**

7.3.6.1.1 弯曲性能分为低、中、高三级，各级别的T弯值应符合表7的规定。

7.3.6.1.2 弯曲试验三个试样值均应符合表7的相应规定。

7.3.6.1.3 弯曲试样用胶带剥离后弯曲处不应有涂层剥落，距试样边部10 mm以内的涂层脱落不计，如要求弯曲处无肉眼可见的开裂应在订货时协商。

表7

级别(代号)	T弯值 不大于
低(A)	5T
中(B)	3T
高(C)	1T

7.3.6.1.4 T弯通常按低级供货，需中、高级时应在合同中注明，如对T弯值有特殊要求应在订货时协商。

7.3.6.1.5 彩涂板的厚度大于0.80 mm或规定的最小屈服强度不小于550 MPa时对T弯值不作要求。

7.3.6.2 **反向冲击试验**

7.3.6.2.1 反向冲击性能分为低、中、高三级，各级别的冲击功应符合表8的规定。

表8

单位为焦耳

级别(代号)	冲击功 不小于
低(A)	6
中(B)	9
高(C)	12

7.3.6.2.2 反向冲击试验三个试样值均应符合表8的相应规定。

7.3.6.2.3 反向冲击试样用胶带剥离后变形区不应有涂层剥落，如要求变形区无肉眼可见的开裂应在订货时协商。

7.3.6.2.4 反向冲击通常按低级供货，需中、高级时应在订货时说明，如对冲击功有特殊要求应在订货时协商。

7.3.6.2.5 彩涂板的厚度小于0.40 mm或规定的最小屈服强度不小于550 MPa时对冲击功不作要求。

7.3.7 涂层耐久性

涂层耐久性通常用耐中性盐雾试验和紫外灯加速老化试验进行评价，如需用氙灯加速老化、耐湿热和耐二氧化硫湿热等试验作进一步评价应在订货时协商。

7.3.7.1 耐中性盐雾试验

7.3.7.1.1 各种面漆的耐中性盐雾试验时间应符合表9的规定，如对试验时间有特殊要求应在订货时协商。

表9

单位为小时

面漆种类	耐中性盐雾试验时间 不小于
聚酯	480
硅改性聚酯	600
高耐久性聚酯	720
聚偏氟乙烯	960

7.3.7.1.2 耐中性盐雾试验三个试样值均应符合表9的相应规定。

7.3.7.1.3 在表9规定的时间内，试样起泡密度等级和起泡大小等级应不大于GB/T 1766中规定的3级，但不允许起泡密度等级和起泡大小等级同时为3级。

7.3.7.1.4 供方如能保证，可不做耐中性盐雾检验。

7.3.7.2 紫外灯加速老化试验

7.3.7.2.1 各种面漆的紫外灯加速老化试验时间应符合表10的规定，如对试验时间有特殊要求应在订货时协商。

表10

单位为小时

面漆种类	试验时间 不小于	
	UVA-340	UVB-313
聚酯	600	400
硅改性聚酯	720	480
高耐久性聚酯	960	600
聚偏氟乙烯	1 800	1 000

7.3.7.2.2 紫外灯加速老化试验三个试样值均应符合表10的相应规定。

7.3.7.2.3 在表10规定的时间内，试样应无起泡、开裂，粉化应不大于GB/T 1766中规定的1级。

7.3.7.2.4 面漆为聚酯和硅改性聚酯时通常用UVA-340进行评价，如用UVB-313进行评价应在订货时说明。面漆为高耐久性聚酯和聚偏氟乙烯时通常用UVB-313进行评价，如用UVA-340进行评价应在合同中注明。

7.3.7.2.5 供方如能保证，可不做紫外灯加速老化检验。

7.3.8 其他性能

如对耐有机溶剂、耐酸碱、耐污染、耐沸水和耐干热等性能有要求应在订货时协商。

7.4 反面涂层性能

7.4.1 涂层厚度

涂层为一层时，其厚度应不小于5 μm。涂层为二层时，其厚度应不小于12 μm，如小于12 μm应在订货时协商。

7.4.2 其他性能

涂料种类、涂层色差、涂层光泽、涂层硬度、涂层柔韧性/附着力、涂层耐久性等性能通常由供方确定，需方如有要求应在订货时协商。

7.5 **表面质量**

7.5.1 钢板表面不应有气泡、缩孔、漏涂等对使用有害的缺陷。

7.5.2 对于钢卷，由于没有机会切除带缺陷部分，因此钢卷允许带缺陷交货，但有缺陷的部分应不超过每卷总长度的5%。

7.5.3 彩涂板在使用过程中会发生老化，出现失光、变色、粉化、起泡、开裂、剥落和生锈等缺陷，如对使用过程中出现以上缺陷有要求应在订货时协商。

7.6 **印花板**

正面涂层性能由供需双方在订货时协商，其他技术要求应符合7.1、7.2、7.4和7.5的规定。

7.7 **压花板**

7.7.1 压花板的技术要求由供需双方在订货时协商。

7.7.2 供方应保证压花前的彩涂板的技术要求符合7.1、7.2、7.3、7.4和7.5的规定。

8 检验、试验和复验

8.1 彩涂板的外观用肉眼检查。

8.2 彩涂板的尺寸、外形应用合适的测量工具测量。

8.3 每批彩涂板的检验项目、试样数量、试样位置和试验方法应符合表11的规定。

表 11

<table>
<tr><th>序号</th><th>检验项目</th><th>试样数量</th><th>试样位置</th><th>试验方法</th><th>备注</th></tr>
<tr><td>1</td><td>涂层厚度</td><td rowspan="8">3个/批</td><td rowspan="8">在板宽的1/2处取一个，在两边距边部50 mm处各取一个</td><td rowspan="7">GB/T 13448</td><td>测量点为距边部不小于50 mm的任意点</td></tr>
<tr><td>2</td><td>镜面光泽</td><td>—</td></tr>
<tr><td>3</td><td>铅笔硬度</td><td>—</td></tr>
<tr><td>4</td><td>弯曲</td><td>试样方向为纵向（沿轧制方向）</td></tr>
<tr><td>5</td><td>反向冲击</td><td>—</td></tr>
<tr><td>6</td><td>耐中性盐雾</td><td>平板试样</td></tr>
<tr><td>7</td><td>紫外灯加速老化</td><td>UVA-340采用12小时为一循环周期：8 h紫外光照，黑板温度60℃±3℃，4 h冷凝，黑板温度50℃±3℃。
UVB-313采用8小时为一循环周期：4 h紫外光照，黑板温度60℃±3℃，4 h冷凝，黑板温度50℃±3℃</td></tr>
<tr><td>8</td><td>镀层重量</td><td>GB/T 1839</td><td>—</td></tr>
<tr><td>9</td><td>拉伸试验</td><td>1个/批</td><td>GB/T 2975</td><td>GB/T 228</td><td>拉伸试样不去除镀层</td></tr>
</table>

8.4 彩涂板应按批检验，每批应由不大于30吨的同牌号、同规格、同镀层重量，以及涂层厚度、涂料种类和颜色相同的彩涂板组成。

8.5 彩涂板的复验应符合GB/T 17505的规定。

9 包装、标志及质量证明书

彩涂板的包装、标志及质量证明书应符合GB/T 247的规定；另外，标志中还应包括基板镀层重量、面漆种类、颜色等内容。

10 国内外彩涂板常用基板近似牌号(钢级)对照表

国内外彩涂板常用基板近似牌号(钢级)对照表见附录C。

11 彩涂板使用环境腐蚀性的描述

彩涂板使用环境腐蚀性的描述见附录D。

12 彩涂板的选择

彩涂板的选择见附录E。

13 彩涂板的储存、运输和装卸

彩涂板的储存、运输和装卸见附录F。

14 彩涂板的加工

彩涂板的加工见附录G。

15 彩涂板的使用寿命和耐久性

彩涂板的使用寿命和耐久性见附录H。

16 彩涂板大气暴露试验场

彩涂板大气暴露试验场见附录I。

附 录 A
（规范性附录）
彩涂板的尺寸、外形允许偏差

A.1 尺寸允许偏差

A.1.1 厚度允许偏差

A.1.1.1 热镀基板彩涂板的厚度(不包括涂层)允许偏差

热镀基板(热镀锌基板、热镀锌铁合金基板、热镀铝锌合金基板、热镀锌铝合金基板)彩涂板的厚度允许偏差应符合表 A.1 的规定，其中 TDC51D 和 TS550GD 系列彩涂板的厚度允许偏差应符合表 A.1 中规定的最小屈服强度不大于 280 MPa 的相应规定。

表 A.1

规定的最小屈服强度/MPa	公称厚度/mm	下列公称宽度时的厚度允许偏差/mm					
		普通精度 PT.A			高级精度 PT.B		
		≤1 200	>1 200～1 500	>1 500	≤1 200	>1 200～1 500	>1 500
<280	0.30～0.40	±0.05	±0.06	—	±0.03	±0.04	—
	>0.40～0.60	±0.06	±0.07	±0.08	±0.04	±0.05	±0.06
	>0.60～0.80	±0.07	±0.08	±0.09	±0.05	±0.06	±0.06
	>0.80～1.00	±0.08	±0.09	±0.10	±0.06	±0.07	±0.07
	>1.00～1.20	±0.09	±0.10	±0.11	±0.07	±0.08	±0.08
	>1.20～1.60	±0.11	±0.12	±0.12	±0.08	±0.09	±0.09
	>1.60～2.00	±0.13	±0.14	±0.14	±0.09	±0.10	±0.10
≥280	0.30～0.40	±0.06	±0.07	—	±0.04	±0.05	—
	>0.40～0.60	±0.07	±0.08	±0.09	±0.05	±0.06	±0.07
	>0.60～0.80	±0.08	±0.09	±0.11	±0.06	±0.07	±0.07
	>0.80～1.00	±0.09	±0.11	±0.12	±0.07	±0.08	±0.08
	>1.00～1.20	±0.11	±0.12	±0.13	±0.08	±0.09	±0.09
	>1.20～1.60	±0.13	±0.14	±0.14	±0.09	±0.11	±0.11
	>1.60～2.00	±0.15	±0.17	±0.17	±0.11	±0.12	±0.12

A.1.1.2 电镀锌基板彩涂板的厚度(不包括涂层)允许偏差

电镀锌基板彩涂板的厚度允许偏差应符合表 A.2 的规定。

A.1.1.3 彩涂板的厚度小于 0.30 mm 时的厚度允许偏差由供需双方协商。

A.1.2 宽度允许偏差

A.1.2.1 热镀基板彩涂板的宽度允许偏差

热镀基板彩涂板的宽度允许偏差应符合表 A.3 的规定。

A.1.2.2 电镀锌基板彩涂板的宽度允许偏差

电镀锌基板彩涂板的宽度允许偏差应符合表 A.4 的规定。

表 A.2 单位为毫米

公称厚度	下列公称宽度时的厚度允许偏差					
	普通精度 PT. A			高级精度 PT. B		
	≤1 200	>1 200～1 500	>1 500	≤1 200	>1 200～1 500	>1 500
0.30～0.40	±0.04	±0.05	—	±0.025	±0.035	—
>0.40～0.60	±0.05	±0.06	±0.07	±0.035	±0.045	±0.05
>0.60～0.80	±0.06	±0.07	±0.08	±0.045	±0.05	±0.05
>0.80～1.00	±0.07	±0.08	±0.09	±0.05	±0.06	±0.06
>1.00～1.20	±0.08	±0.09	±0.10	±0.06	±0.07	±0.07
>1.20～1.60	±0.10	±0.11	±0.11	±0.07	±0.08	±0.08
>1.60～2.00	±0.12	±0.13	±0.13	±0.08	±0.09	±0.09

表 A.3 单位为毫米

公称宽度	宽度允许偏差	
	普通精度 PW. A	高级精度 PW. B
≤1 200	+5 0	+2 0
>1 200～1 500	+6 0	+2 0
>1 500	+7 0	+3 0

表 A.4 单位为毫米

公称宽度	宽度允许偏差	
	普通精度 PW. A	高级精度 PW. B
≤1 200	+4 0	+2 0
>1 200～1 500	+5 0	+2 0
>1 500	+6 0	+3 0

A.1.3 长度允许偏差

彩涂板的长度允许偏差应符合表 A.5 的规定。

表 A.5 单位为毫米

公称长度	长度允许偏差	
	普通精度 PL. A	高级精度 PL. B
≤2 000	+6 0	+3 0
>2 000	+0.003×公称长度 0	+0.001 5×公称长度 0

A.2 外形允许偏差

A.2.1 脱方度

钢板应切成直角，脱方度应不大于钢板宽度的1%。

A.2.2 镰刀弯

彩涂板的镰刀弯在任意2 000 mm长度上应不大于6 mm。钢板的长度不大于2 000 mm时，其镰刀弯应不大于钢板实际长度的0.3%。

A.2.3 不平度

钢板的不平度应符合表A.6的规定，其中TDC51D系列钢板的不平度应符合表A.6中规定的最小屈服强度小于280MPa的相应规定，规定的最小屈服强度大于350 MPa的钢板的不平度由供需双方协商。

表 A.6

规定的最小屈服强度/MPa	公称宽度/mm	下列公称厚度时的不平度/mm 不大于					
		普通精度 PF. A			高级精度 PF. B		
		<0.70	0.70~<1.2	≥1.2~2.0	<0.70	0.70~<1.2	≥1.2~2.0
<280	≤1 200	10	8	6	5	4	3
	>1 200~1 500	13	10	8	6	5	4
	>1 500	18	15	13	8	7	6
280~≤350	≤1 200	13	11	8	8	6	5
	>1 200~1 500	16	13	11	9	8	6
	>1 500	21	18	17	12	10	9

A.3 厚度的测量点为距边部不小于20 mm的任意点。

附 录 B
（规范性附录）
彩涂板的力学性能

B.1 热镀基板彩涂板的力学性能

热镀基板彩涂板的力学性能应符合表 B.1 和表 B.2 的规定。

表 B.1

牌 号	屈服强度[a]/MPa	抗拉强度/MPa	断后伸长率(L_0=80 mm, b=20 mm)/% 不小于	
			公称厚度/mm	
			≤0.7	>0.70
TDC51D+Z、TDC51D+ZF、TDC51D+AZ、TDC51D+ZA	—	270～500	20	22
TDC52D+Z、TDC52D+ZF、TDC52D+AZ、TDC52D+ZA	140～300	270～420	24	26
TDC53D+Z、TDC53D+ZF、TDC53D+AZ、TDC53D+ZA	140～260	270～380	28	30
TDC54D+Z、TDC54D+AZ、TDC54D+ZA	140～220	270～350	34	36
TDC54D+ZF	140～220	270～350	32	34

注：拉伸试验试样的方向为横向（垂直轧制方向）。

a 当屈服现象不明显时采用 $R_{P0.2}$，否则采用 R_{eL}。

表 B.2

牌 号	屈服强度[a]/MPa 不小于	抗拉强度/MPa 不小于	断后伸长率(L_0=80 mm, b=20 mm)/% 不小于	
			公称厚度/mm	
			≤0.70	>0.70
TS250GD+Z、TS250GD+ZF、TS250GD+AZ、TS250GD+ZA	250	330	17	19
TS280GD+Z、TS280GD+ZF、TS280GD+AZ、TS280GD+ZA	280	360	16	18
TS300GD+AZ	300	380	16	18
TS320GD+Z、TS320GD+ZF、TS320GD+AZ、TS320GD+ZA	320	390	15	17
TS350GD+Z、TS350GD+ZF、TS350GD+AZ、TS350GD+ZA	350	420	14	16
TS550GD+Z、TS550GD+ZF、TS550GD+AZ、TS550GD+ZA	550	560	—	—

注：拉伸试验试样的方向为纵向（沿轧制方向）。

a 当屈服现象不明显时采用 $R_{P0.2}$，否则采用 R_{eH}。

B.2 电镀锌基板彩涂板的力学性能

电镀锌基板彩涂板的力学性能应符合表 B.3 的规定。

表 B.3

牌　　号	屈服强度[a,b]/MPa	抗拉强度/MPa 不小于	断后伸长率(L_0=80 mm,b=20 mm)/% 不小于		
			公称厚度/mm		
			≤0.50	0.50～≤0.7	>0.7
TDC01+ZE	140～280	270	24	26	28
TDC03+ZE	140～240	270	30	32	34
TDC04+ZE*	140～220	270	33	35	37

注:拉伸试验试样的方向为横向(垂直轧制方向)。

a　当屈服现象不明显时采用 $R_{P0.2}$,否则采用 R_{eL}。

b　公称厚度 0.50～≤0.7 mm 时,屈服强度允许增加 20 MPa;公称厚度≤0.50 mm 时,屈服强度允许增加 40 MPa。

附 录 C
（资料性附录）
国内外彩涂板常用基板近似牌号(钢级)对照表

C.1 热镀锌基板和热镀锌铁合金基板

热镀锌基板和热镀锌铁合金基板国内外近似牌号(钢级)对照表见表 C.1。

表 C.1

EN 10142：2000、EN 10147：2000	JIS G 3302：1998	ASTM A653M-04a	GB/T 2518—2004
DX51D+Z、DX51D+ZF	SGCC	CS	02
DX52D+Z、DX52D+ZF	SGCD1	FS	03
DX53D+Z、DX53D+ZF	SGCD2	DDS	04
DX54D+Z、DX54D+ZF	SGCD3	—	05
S250GD+Z、S250GD+ZF	SGC340	SS255	250
S280GD+Z、S280GD+ZF	—	SS275	280
S320GD+Z、S320GD+ZF	—	—	320
S350GD+Z、S350GD+ZF	SGC440	SS340	350
S550GD+Z、S550GD+ZF	SGC570	SS550	550

C.2 热镀铝锌合金基板

热镀铝锌合金基板国外近似牌号(钢级)对照表见表 C.2。

表 C.2

EN 10215：1995	JIS G 3321：1998	ASTM A792M-03	AS/NZS 1397：2001
DX51D+AZ	SGLCC	CS	G2
DX52D+AZ	SGLCD	FS	G3
DX53D+AZ	—	DS	—
DX54D+AZ	—	—	—
S250GD+AZ	—	SS255	G250
S280GD+AZ	—	SS275	—
—	SGLC400	—	G300
S320GD+AZ	—	—	—
S350GD+AZ	SGLC440	SS340	G350
S550GD+AZ	SGLC570	SS550	G550

C.3 热镀锌铝合金基板

热镀锌铝合金基板国外近似牌号(钢级)对照表见表 C.3。

表 C.3

EN 10214：1995	JIS G 3317：1994	ASTM A875M-02a
DX51D+ZA	SZACC	CS
DX52D+ZA	SZACD1	FS
DX53D+ZA	SZACD2	DDS
DX54D+ZA	SZACD3	—
S250GD+ZA	SZAC340	SS255
S280GD+ZA	—	SS275
S320GD+ZA	—	—
S350GD+ZA	SZAC440	SS340
S550GD+ZA	SZAC570	SS550

C.4 电镀锌基板

电镀锌基板国外近似牌号(钢级)对照表见表 C.4。

表 C.4

EN 10152:2003	JIS G 3313：1998	ASTM A591M-98
DC01+ZE	SECC	CS
DC03+ZE	SECD	DS
DC04+ZE	SECE	DDS

附 录 D
（资料性附录）
彩涂板使用环境腐蚀性的描述

D.1 彩涂板使用时可能直接或部分暴露于外部环境即大气环境中，此时主要考虑大气环境的腐蚀。另外，也可能在相对封闭的内部环境即内部气氛中使用，此时主要考虑内部气氛的腐蚀。

D.2 使用环境腐蚀性等级

GB/T 19292.1—2003《金属和合金的腐蚀 大气腐蚀性 分类》(ISO 9223:1992,IDT)根据碳钢、锌、铝等金属第一年腐蚀速率测量值对大气腐蚀性进行了分类，但是彩涂板还缺乏使用环境（指大气环境和内部气氛）腐蚀性分类的数据，因此本标准仅定性的将大气环境和内部气氛腐蚀性分为5个等级即C1、C2、C3、C4、C5，其腐蚀性依次增强。表D.1示例性的给出了不同腐蚀性等级对应的典型大气环境和内部气氛。

表 D.1

腐蚀性	腐蚀性等级	典型大气环境示例	典型内部气氛示例
很低	C1	—	干燥清洁的室内场所，如办公室、学校、住宅、宾馆
低	C2	大部分乡村地区、污染较轻的城市	室内体育场、超级市场、剧院
中	C3	污染较重的城市、一般工业区、低盐度海滨地区	厨房、浴室、面包烘烤房
高	C4	污染较重的工业区、中等盐度海滨地区	游泳池、洗衣房、酿酒车间、海鲜加工车间、蘑菇栽培场
很高	C5	高湿度和腐蚀性工业区、高盐度海滨地区	酸洗车间、电镀车间、造纸车间、制革车间、染房

D.3 大气环境腐蚀性

D.3.1 影响彩涂板耐大气腐蚀性的关键因素是大气中腐蚀介质的种类、浓度和涂层表面被潮湿薄膜覆盖的时间即潮湿时间。腐蚀介质的种类越多、浓度越高，潮湿时间越长，大气的腐蚀性越高。

D.3.2 GB/T 15957—1995《大气环境腐蚀性分类》根据大气环境中存在的腐蚀介质（主要是二氧化硫和氯化物）及其浓度将大气环境分为乡村大气、城市大气、工业大气和海洋大气四种类型。但实际大气环境是复杂多样的，可能还存在硫化氢、氟化氢、氮的氧化物、工业粉尘等各种各样的腐蚀介质，因此GB/T 15957中的大气环境分类并不完善，也不可能包括所有的大气环境，对此应有充分的认识。另外，在特定作业环境中，如化工厂、冶炼厂、火力发电厂等场所周围的大气环境即微观环境可能与该地区的大气环境存在很大差异，此时微观环境可能比大气环境更重要，因此应尽可能对微观环境的腐蚀性做出准确的判断，并在分析大气腐蚀性时给予特别关注。

D.3.3 潮湿时间取决于气候条件，如相对湿度、温度、光照时间、风力等因素。潮湿薄膜的形成通常与下列因素有关：

a) 大气相对湿度增大；

b) 涂层表面温度达到露点或露点以下产生冷凝作用；

c) 涂层表面沉积吸潮性物质；

d) 结露、降雨、融雪等直接湿润涂层表面。

采取通风、干燥、清洁等措施可以减少潮湿薄膜的形成，缩短潮湿的时间。

D.4 内部气氛腐蚀性

D.4.1 与大气环境腐蚀性相同，影响彩涂板耐内部气氛腐蚀性的关键因素也是内部气氛中腐蚀介质的种类、浓度和潮湿时间。腐蚀介质的种类越多、浓度越高，潮湿时间越长，内部气氛的腐蚀性越高。

D.4.2 在分析内部气氛的腐蚀性时，应首先研究内部气氛中包含的腐蚀介质的种类和浓度。

D.4.3 潮湿时间取决于内部气氛的相对湿度、温度、通风条件等因素。潮湿薄膜的形成通常与下列因素有关：

a) 内部气氛的相对湿度增大；
b) 涂层表面温度达到露点或露点以下产生冷凝作用；
c) 涂层表面沉积吸潮性物质；
d) 涂层表面被直接湿润。

采取通风、干燥、清洁等措施可以减少潮湿薄膜的形成，缩短潮湿的时间。

D.5 其他腐蚀(老化)因素

D.5.1 光照

光照(特别是紫外光)是导致涂层老化的主要原因之一，彩涂板在使用过程中通常会受到光照的影响，因此光照强度和光照时间是分析环境腐蚀性时必须考虑的重要因素。

D.5.2 温度

涂层长时间处于温度过高、过低或温差过大的环境中会加速涂层老化。

D.5.3 化学品

彩涂板在使用过程中应尽量避免与酸碱、有机溶剂、洗涤剂、清洁剂等化学品直接接触，以免腐蚀涂层。

D.5.4 沉积物

工业粉尘、悬浮颗粒等物质长时间沉积在涂层表面易导致涂层老化。

D.5.5 微生物

在潮湿、通风不畅的环境下涂层表面容易长霉菌，降低彩涂板的使用寿命。

D.5.6 机械磨损

彩涂板表面经受风沙吹打、机械摩擦的作用后会发生磨蚀。

D.5.7 水和土壤腐蚀

应尽可能避免彩涂板与水和土壤直接接触，以减少由此导致的腐蚀。

D.5.8 与其他材料的相互作用

彩涂板有时可能与其他材料接触或一同使用，由于材料性质不同，因此应注意材料之间是否会发生相互影响。

D.6 实际使用环境中存在多种影响因素并存在且相互影响，此时应找出主要影响因素，并尽可能确定这些因素之间的关系，从而对使用环境做出全面、准确的判断。

附 录 E
（资料性附录）
彩涂板的选择

E.1 合理的选材不仅可以满足使用要求，而且可以最大限度的降低成本。如果选材不当，其结果可能是材料性能超过了使用要求，造成不必要的浪费，也可能是达不到使用要求，造成降级或无法使用。因此，需方应高度重视合理选材的重要性，必要时应向有关专家咨询。

E.2 彩涂板的选择主要指力学性能、基板类型和镀层重量、正面涂层性能和反面涂层性能的选择。用途、使用环境的腐蚀性、使用寿命、耐久性、加工方式和变形程度等是选材时考虑的重要因素。

E.3 力学性能、基板类型和镀层重量的选择

E.3.1 力学性能主要依据用途、加工方式和变形程度等因素进行选择。在强度要求不高、变形不复杂时，可采用 TDC51D、TDC52D 系列的彩涂板。当对成形性有较高要求时就应选择 TDC53D、TDC54D 系列的彩涂板。对于有承重要求的构件，应根据设计要求选择合适的结构钢，如 TS280GD、TS350GD 系列的彩涂板。剪切、弯曲、辊压等是彩涂板常用的加工方式，订货时应根据每种加工方式的特点进行选择。实际生产时通常用基板的力学性能代替彩涂板的力学性能，而彩涂工艺可能导致基板的力学性能发生变化。另外，力学性能也可能随储存时间的增加而发生变化。这些都会增加彩涂板加工成形时出现吕德斯带或折痕的可能性，对此应予以注意。

E.3.2 基板类型和镀层重量主要依据用途、使用环境的腐蚀性、使用寿命和耐久性等因素进行选择。防腐是彩涂板的主要功能之一，基板类型和镀层重量是影响彩涂板耐腐蚀性的主要因素，建筑用彩涂板通常选用热镀锌基板和热镀铝锌合金基板，主要是因为这两种基板的耐蚀性较好。电镀锌基板受工艺限制，锌层通常较薄，耐蚀性相对较差，且生产成本较高，因此很少使用。镀层重量应根据使用环境的腐蚀性来确定，在腐蚀性高的环境中应使用耐蚀性好、镀层重量大的基板，以确保达到规定的使用寿命和耐久性。另外，选择基板时还应注意各类基板切口耐腐蚀性的差异。

E.4 正面涂层性能的选择

E.4.1 正面涂层性能的选择主要指涂料种类、涂层厚度、涂层色差、涂层光泽、涂层硬度、涂层柔韧性/附着力、涂层耐久性以及其他性能的选择。

E.4.2 涂料种类

E.4.2.1 面漆

常用的面漆有聚酯、硅改性聚酯、高耐久性聚酯和聚偏氟乙烯，不同面漆的硬度、柔韧性/附着力、耐久性等方面存在一定的差异。聚酯是目前使用量最大的涂料，耐久性一般，涂层的硬度和柔韧性好，价格适中。硅改性聚酯通过有机硅对聚酯进行改性，耐久性和光泽、颜色的保持性有所提高，但涂层的柔韧性略有降低。高耐久性聚酯既有聚酯的优点，又在耐久性方面进行了改进，性价比较高。聚偏氟乙烯的耐久性优异，涂层的柔韧性好，但硬度相对较低，可提供的颜色也较少，价格昂贵。各种面漆详细的性能指标可参考有关资料或向专家咨询。面漆主要根据用途、使用环境的腐蚀性、使用寿命、耐久性、加工方式和变形程度等因素来确定。

E.4.2.2 底漆

常用的底漆有环氧、聚酯和聚氨酯，不同底漆的附着力、柔韧性、耐腐蚀性等方面存在一定的差异。环氧与基板的结合力良好，耐腐蚀性较高，但柔韧性不如其他底漆。聚酯与基板的结合力好，柔韧性优异，但耐腐蚀性不如环氧。聚氨酯是综合性能相对较好的底漆。各种底漆详细的性能指标可参考有关资料或向专家咨询。底漆通常由供方根据生产工艺、用途、使用环境的腐蚀性以及与面漆的匹配关系来选择。

E.4.3 涂层厚度

涂层厚度与彩涂板的耐腐蚀性有密切关系，耐腐蚀性通常随涂层厚度的增加而升高，订货时应根据使用环境的腐蚀性、使用寿命和耐久性等因素来确定合适的涂层厚度。

E.4.4 涂层色差

彩涂板在生产和使用过程中都可能出现色差，由于色差受生产组织、颜色深浅、使用时间、使用环境、用途等多种因素的影响，因此通常由供需双方在订货时协商。

E.4.5 涂层光泽

涂层光泽主要依据用途和使用习惯进行选择。例如，建筑用彩涂板通常选择中、低光泽，家电用彩板通常选择高光泽。

E.4.6 涂层硬度

涂层硬度是涂层抵抗擦划伤、摩擦、碰撞、压入等机械作用的能力，与彩涂板的耐划伤性、耐磨性、耐压痕性等性能有密切联系，主要依据用途、加工方式、储存运输条件等因素进行选择。

E.4.7 涂层柔韧性/附着力

涂层柔韧性/附着力与彩涂板的可加工性有密切联系，主要依据加工方式、变形程度等进行选择。在变形速度快、变形程度大时应选择冲击功高和 T 弯值小的彩涂板。

E.4.8 涂层耐久性

涂层耐久性是彩涂板在使用过程中体现出来的性能，通常用使用寿命的长短进行衡量。涂层耐久性与涂料种类、涂层厚度、使用环境的腐蚀性等因素有密切的关系。大气暴露试验是评价涂层耐久性比较可靠的方法，但是大气暴露试验存在试验时间长、试验成本高、管理难度大等问题，因此主要用于基础研究和科研开发。为了满足生产、验收等工作的需要，人们开发了一系列人工老化试验来对耐久性进行评价，其中较常用的是耐中性盐雾试验和紫外灯加速老化试验。前者主要评价涂层耐氯离子腐蚀的能力，后者主要评价涂层耐光(特别是紫外光)老化的能力。此外，彩涂板可能会用于酸雨、潮湿等特殊环境，此时还应选择相应的人工老化试验进行评价。需要注意的是由于人工老化试验通常无法完全模拟实际使用环境，因此确定人工老化试验结果和实际使用寿命之间直接和确切的对应关系是非常困难的。

E.4.9 其他性能

某些使用环境要求彩涂板具有良好的耐有机溶剂性、耐酸碱性、耐污染性等性能，对于这些特殊性能应给予足够重视，以便满足使用的要求。

E.5 反面涂层性能的选择

反面涂层的性能通常由供方根据用途、使用环境来选择。使用环境的腐蚀性不高时，反面通常只涂覆一层，主要起装饰作用。如果反面粘贴隔热材料，应在订货时说明，以便供方在反面涂覆有良好粘结性能的涂料。使用环境的腐蚀性高时应涂覆二层，以提高耐腐蚀性。

附　录　F
（资料性附录）
彩涂板的储存、运输和装卸

F.1　储存、运输和装卸是影响彩涂板质量的重要环节，如果操作不当，储存、运输和装卸过程中可能出现划伤、压印、腐蚀等各种缺陷。为尽可能减少和避免各类缺陷的产生，下面简要介绍一些操作中的注意事项。关于储存、运输和装卸方面的具体规定可参考有关资料或向专家咨询。

F.2　储存

a)　彩涂板应存放在干净整洁的环境中，避免各种腐蚀性介质的侵蚀。

b)　储存场地的地面应平坦、无硬物并有足够的承重能力。

c)　卧式钢卷应放在橡皮垫、垫木、托架等装置上，捆带锁扣应朝上，不能直接放在地面上或运输工具上。

d)　为避免产生压伤，钢卷通常不堆垛存放。钢板堆垛存放时应严格限制堆垛层数，将重量和尺寸大的板包放在下面。

e)　产品应存放在干燥通风的室内环境中，避免露天存放以及存放在易发生结露和温差变化大的地方。

f)　储存场地应留有足够的空间供吊运设备使用。

g)　应对钢板和钢卷的存储位置进行合理的安排以便于取用，尽可能减少不必要的移动。

h)　应注意彩涂板的力学性能和涂层性能可能会随储存时间的增加而变化。

F.3　运输和装卸

a)　产品应按照出厂时的状态进行运输，不能随意拆卸原有包装。

b)　装卸时吊具与产品间应加橡皮垫以防止发生碰伤，有条件的情况下应使用专用吊具。

c)　运输车辆的车厢应打扫干净，车底板上应铺橡皮垫或其他防护装置，车厢四周也应采取必要的防护措施，防止包装产生压痕或碰伤。

d)　立式包装的钢卷在运输和装卸时也应保持立式。

e)　产品应固定牢固，避免在运输时产生相对移动或滚动而造成产品损伤或发生意外事故。

f)　钢板在取出时不能拖拉，以防止切口和切断时产生的毛刺擦伤下面的钢板。钢板应轻拿轻放，不要碰到其他硬物。

附 录 G
（资料性附录）
彩涂板的加工

G.1 加工是影响彩涂板质量的重要环节，为了保证产品质量，下面简要介绍加工时的一些注意事项。关于加工方面的具体规定可参考有关资料或向专家咨询。

G.2 彩涂板因其表面有涂层，因此在加工时与普通冷轧板和镀层板存在很多不同的地方，最主要的区别就是必须在保证涂层完好的前提下进行成形加工。加工时的注意事项如下：

a) 力学性能（如屈服强度、抗拉强度、伸长率）是衡量成形性的重要指标，是确定和调整加工工艺的重要参数，是加工时考虑的主要因素之一。

b) 涂层性能（如铅笔硬度、T 弯值、冲击功）与加工性能有密切的联系，是加工时考虑的另一个主要因素。

c) 彩涂板的部分力学性能（如屈服强度、伸长率）和部分涂层性能（如铅笔硬度、T 弯值、冲击功）通常会随储存时间的增加而变化，从而对加工成形产生影响，对此应给予足够的重视。

d) 零件的形状复杂、变形程度较大时，应采用多道次成形。如果一次成形，可能会因变形量过大破坏涂层的附着力。

e) 加工时应根据模具形状、变形特点、工艺条件等因素设定合适的间隙，间隙设定时应考虑涂层的厚度。

f) 大多数涂层可作为固体润滑剂，并可满足多数成形工艺的润滑要求，有些涂料可通过调整配方提高涂层的润滑性。如涂层的润滑性不足，可通过涂油、涂蜡、覆可剥离保护膜等方法提高润滑性。但应注意湿润滑剂容易吸污物，应在安装前清除，可剥离保护膜在加工结束后也应尽快去除。

g) 应根据设备状况、工艺条件、零件形状等因素设定合理的加工速度，变形速度过高容易导致涂层剥落。温度低时涂层的柔韧性降低，因此应避免低温加工。若环境温度较低，应将材料预热到一定温度后再进行加工。

h) 加工时产生的切口断面易发生腐蚀，因此应采取必要的防护措施，如涂防护涂料、嵌封条等。

i) 加工时应尽量减少切断面的毛刺，防止毛刺划伤表面。

j) 应保持所有与涂层接触的表面干净整洁，及时清理加工时产生的切屑和金属颗粒，防止异物损坏涂层表面。

k) 加工时应尽量减少成型辊辊面或模具表面的磨损，保持接触面光洁，防止涂层表面产生压痕、划伤等缺陷。

l) 应尽可能采用工厂预先装配然后再送现场进行安装的施工方式，安装时应采取保护措施防止损坏涂层。

m) 加工时如发现涂层表面破损应及时采用专用修补涂料进行修补，防止破损处发生腐蚀。

附 录 H
（资料性附录）
彩涂板的使用寿命和耐久性

使用寿命和耐久性是工程设计、产品设计时考虑的重要指标，并与投资、选材、维护等工作密切相关。本标准根据实际使用要求将彩涂板的使用寿命和耐久性分为5个级别，如表H.1和表H.2的规定。

表 H.1

使用寿命	使用寿命等级	使用时间/年
短	L1	≤5
中	L2	>5～10
较长	L3	>10～15
长	L4	>15～20
很长	L5	>20

表 H.2

耐久性	耐久性等级	使用时间/年
低	D1	≤5
中	D2	>5～10
较高	D3	>10～15
高	D4	>15～20
很高	D5	>20

附 录 I
（资料性附录）
彩涂板大气暴露试验场

I.1 目前，国内可进行彩涂板大气暴露试验的场地很多，本标准选取了国家材料环境腐蚀试验站网中的部分试验场供参考，如需要也可选择其他合适的试验场。

I.2 国内部分大气暴露试验场介绍

I.2.1 北京大气暴露试验场

北京大气暴露试验场位于北京西郊，该地区年平均气温不高，温差大，湿度不大。因处于市郊乡村环境，故大气中的污染物较少。可作为暖温带亚湿润乡村气候地区的试验场地。

I.2.2 沈阳大气暴露试验场

沈阳大气暴露试验场位于沈阳市区，该地区年平均气温较低，温差大，湿度不大。因处于市区，故二氧化硫、氮氧化物等为主要的大气污染物。可作为中温带亚湿润城市气候地区的试验场地。

I.2.3 海拉尔大气暴露试验场

海拉尔大气暴露试验场位于内蒙古自治区海拉尔市郊，该地区年平均气温低，温差大，湿度不大，日照时间长且辐射强。因处于草原地区，常年风速较大，空气清新。可作为中温带亚干旱乡村气候地区的试验场地。

I.2.4 青岛大气暴露试验场

青岛大气暴露试验场位于山东省青岛市小麦岛上，该地区年平均气温不高，温差不大，湿度适中。因处于四周环海地区，故大气中海盐粒子的含量较高。可作为暖温带湿润海洋气候地区的试验场地。

I.2.5 武汉大气暴露试验场

武汉大气暴露试验场位于武汉市内，该地区年平均气温较高，温差不大，湿度较大。因处于市区，故二氧化硫、氮氧化物等为主要的大气污染物。可作为北亚热带湿润城市气候地区的试验场地。

I.2.6 广州大气暴露试验场

广州大气暴露试验场位于广州花都区，该地区年平均气温高，温差小，湿度大，日照时间虽然不长但辐射强。因靠近市区，故也存在一定程度的大气污染。可作为南亚热带湿润城市气候地区的试验场地。

I.2.7 琼海大气暴露试验场

琼海大气暴露试验场位于海南省琼海市郊，该地区年平均气温高，温差小，湿度大，日照充足且辐射强。因处于乡村地区，故大气污染物较少。可作为北热带湿润乡村气候地区的试验场地。

I.2.8 万宁大气暴露试验场

万宁大气暴露试验场位于海南省万宁市的海边，该地区年平均气温高，温差小，湿度大，日照充足且辐射强。因靠近海边，故大气中海盐粒子的含量较高。可作为北热带湿润海洋气候地区的试验场地。

I.2.9 江津大气暴露试验场

江津大气暴露试验场位于重庆江津市郊，该地区年平均气温较高，温差不大，湿度大。大气中二氧化硫含量高、酸雨腐蚀严重是该地区的显著特征。可作为中亚热带湿润酸雨气候地区的试验场地。

I.2.10 敦煌大气暴露试验场

敦煌大气暴露试验场位于甘肃省敦煌市郊，该地区年平均气温不高，温差大，湿度低，日照充足且辐射强。沙尘暴频发是该地区的显著特征，它会造成彩涂板表面的磨蚀，有些沙粒本身可能带有盐碱，也会对彩涂板产生腐蚀。可作为南温带干旱沙漠气候地区的试验场地。

ICS 29.220.01
K 80

中华人民共和国国家标准

GB/T 12786—2006
代替 GB/T 12786—1991

自动化内燃机电站通用技术条件

General specification for automatic electric power plant with internal combustion engines

2006-03-06 发布 2006-08-01 实施

中华人民共和国国家质量监督检验检疫总局
中国国家标准化管理委员会 发布

前　言

本标准按照 GB/T 1.1—2000《标准化工作导则　第1部分：标准的结构和编写规则》的要求，结合 GB/T 2820 系列标准的有关内容对 GB 12786—1991《自动化柴油发电机组技术条件》进行了补充和修订。

其主要差异为：

——按 GB/T 2820.12—2002 要求，机组按切换时间进行分类；

——性能指标按 GB/T 2820 系列标准的要求；

——试验方法按 GB/T 20136—2006《内燃机电站通用试验方法》的要求。

本标准由中国电器工业协会提出。

本标准由兰州电源车辆研究所归口。

本标准由兰州电源车辆研究所负责起草。

本标准主要起草人：张洪战、王丰玉、薛晨。

本标准自发布之日起代替 GB 12786—1991。

自动化内燃机电站通用技术条件

1 范围

本标准规定了自动化内燃机电站(以下简称电站)的技术要求、试验方法、检验规则等。

本标准适用于功率范围不超过 3 150 kW 的陆用交流工频内燃机电站。60 Hz 电站也可参照使用。

2 规范性引用文件

下列文件中的条款通过本标准的引用而成为本标准的条款。凡是注日期的文件,其随后所有的修改单(不包括勘误的内容)或修订版均不适用本标准,然而,鼓励根据本标准达成协议的各方研究是否可以使用这些文件的最新版本。凡是不注日期的文件,其最新版本适用于本标准。

GB 755—2000 旋转电机 定额和性能(idt IEC 60034-1:1996)

GB 1589—2004 道路车辆外廓尺寸 轴荷及质量限值

GB/T 2681—1981 电工成套装置中的导线颜色

GB/T 2423.16—1999 电工电子产品基本环境试验 第 2 部分 试验 J 和导则 长霉(idt IEC 60068-2-10:1988)

GB/T 2820.1—1997 往复式内燃机驱动的交流发电机组 第 1 部分:用途、定额和性能(eqv ISO 8528-1:1993)

GB/T 2820.2—1997 往复式内燃机驱动的交流发电机组 第 2 部分:发动机(eqv ISO 8528-2:1993)

GB/T 2820.3—1997 往复式内燃机驱动的交流发电机组 第 3 部分:发电机组用交流发电机(eqv ISO 8528-3:1993)

GB/T 2820.4—1997 往复式内燃机驱动的交流发电机组 第 4 部分:控制装置和开关装置(eqv ISO 8528-4:1993)

GB/T 2820.5—1997 往复式内燃机驱动的交流发电机组 第 5 部分:发电机组(eqv ISO 8528-5:1993)

GB/T 2820.6—1997 往复式内燃机驱动的交流发电机组 第 6 部分:试验方法(eqv ISO 8528-6:1993)

GB/T 2820.8—2002 往复式内燃机驱动的交流发电机组 第 8 部分:对小功率发电机组的要求和试验(ISO 8528-8:1995,MOD)

GB/T 2820.9—2002 往复式内燃机驱动的交流发电机组 第 9 部分:机械振动的测量和评价(ISO 8528-9:1997,MOD)

GB/T 2820.12—2002 往复式内燃机驱动的交流发电机组 第 12 部分:对安全装置的应急供电(ISO 8528-12:1997,MOD)

GB/T 4712—1996 自动化柴油发电机组分级要求

GB/T 6072.1—2000 往复式内燃机 性能 第 1 部分:标准基准状况,功率、燃料消耗和机油消耗的标定及试验方法(idt ISO 3046-1:1995)

GB/T 13306 标牌

GB/T 20136—2006 内燃机电站通用试验方法

JB/T 8194—2001 内燃机电站名词术语

3 术语和定义

GB/T 2820.1～2820.6—1997、GB/T 2820.12—2002、GB/T 6072.1—2000 和 JB/T 8194—2001 确定的术语和定义适用于本标准。

4 分类

4.1 自动化内燃机电站按 GB/T 2820.12—2002 的规定进行分类，见表 1。

表 1

电　站	不断电	短时间断电	长时间断电	
切换时间	0	<0.5 s	<15 s	>15 s
类　别	1	2	3	4

4.2 典型类别示例

表 1 所规定的类别的典型示例见表 2。

表 2

类　别	典　型　示　例
1	电网电压的下降值超过额定电压的 10%。用户在 0 s 的切换时间应得到其安全装置所需要的功率。不断电电站的设计取决于所要求的电压和频率的偏差。
2	电网电压的下降值超过额定电压的 10%。用户在 0.5 s 的切换时间内应得到其安全装置所需要的功率。短时间断电电站的设计取决于所要求的电压和频率的偏差。
3	电网电压的下降值超过额定电压的 10%，持续时间长于 0.5 s。在 15 s 的最大切换时间内，用户的安全装置应能按若干个加载步骤得到所需求的 100% 的功率。
4	电网电压的下降值超过额定电压的 10%，持续时间长于 0.5 s。在 15 s 的最大切换时间之后，用户的安全装置应能通过两次加载得到所需求功率的 80%。在之后 5 s 之内应能得到 100% 的功率。

5 一般技术要求

5.1 总则

5.1.1 电站应符合本标准的规定，电站的各配套件，本标准未作规定者，应符合各自技术条件的规定。

5.1.2 对电站有特殊要求时，经用户和制造商协商，在产品技术条件中进行补充规定。

5.1.3 功率的确定按 GB/T 2820.1—1997 中 13.3.1～13.3.3 的规定。

5.2 环境条件

5.2.1 输出额定功率的条件

5.2.1.1 标准基准条件

电站在下列条件下应能输出额定功率：

a) 绝对大气压力：100 kPa；

b) 环境温度：298 K (25℃)；

c) 空气相对湿度：30%。

5.2.1.2 额定现场条件

在现场条件未知且订购方又未另做规定的情况下，电站在下列额定现场条件下应能输出额定功率：

a) 绝对大气压力:89.9 kPa(或海拔高度:1 000 m);

b) 环境温度:313 K(40℃);

c) 空气相对湿度:60%。

5.2.1.3 现场条件

电站应能在合同规定的现场条件下输出额定功率。

5.2.2 输出规定功率(允许修正功率)的条件

电站在下列条件下应能输出规定功率并可靠地工作,其具体条件应在产品技术条件中明确。

5.2.2.1 海拔高度

不超过 4 000 m。

5.2.2.2 环境温度

下限值分别为−40℃、−25℃、−15℃、5℃;

上限值分别为 40℃、45℃、50℃。

5.2.2.3 相对湿度、凝露和霉菌

a) 综合因素:按表 3 的规定。

表 3

环境温度上限值/℃		40	40	45	50
相对湿度	最湿月平均最高相对湿度/%	90(25℃时)1)	95(25℃时)1)		
	最干月平均最高相对湿度/%	—	—	10(40℃时)2)	
凝露		—	有	—	
霉菌		—	有	—	

1) 指该月的平均最低温度为 25℃,月平均最低温度是指该月每天最低温度的月平均值。

2) 指该月的平均最高温度为 40℃,月平均最高温度是指该月每天最高温度的月平均值。

b) 长霉:电站电气零部件经长霉试验后,表面长霉等级应不超过 GB/T 2423.16—1999 规定的 2 级。

5.2.2.4 现场条件

电站运行的现场条件应由用户明确确定,且应对任何特殊的危险条件如爆炸大气环境和易燃气体环境加以说明。

5.2.3 功率修正

电站的实际工作条件或试验条件比 5.2.1 规定恶劣时,其输出的规定功率应不低于如下修正后之值:对原动机为柴油机的电站,其功率为按 GB/T 6072.1—2000 规定换算出试验条件下的柴油机功率后再折算成的电功率,但此电功率最大不得超过发电机的额定功率。

对采用其他原动机的电站,其功率修正方法按产品技术条件的规定。

5.2.4 环境温度的修正

当试验海拔高度超过 1 000 m(但不超过 4 000 m 时),环境温度的上限值按海拔高度每增加 100 m 降低 0.5℃修正。

5.3 运行方式

5.3.1 电站的实际运行方式有持续运行和限时运行两种。

5.3.2 在 5.2.1 规定条件下,电站在试验室应能按表 4 规定正常地连续运行 12 h。

表 4

序号	功 率 标 定	连续运行的时间及所带负载的量
1	以持续功率(COP)定额标定	以 COP 定额连续运行 11 h,然后按 110%COP 定额运行 1 h
2	以持续功率(COP)定额和基本功率(PRP)定额标定	以 PRP 定额连续运行 11 h,然后按 110%PRP 定额运行 1 h
3	以持续功率(COP)定额、基本功率(PRP)定额和限时运行功率(LTP)定额标定	以 PRP 定额连续运行 11 h,然后按 LTP 定额运行 1 h

5.4 启动要求

5.4.1 常温启动:电站在常温(非增压柴油电站不低于 5℃,增压柴油电站不低于 10℃,汽油电站不低于−10℃)下经 3 次启动应能成功。

5.4.2 低温启动和带载:在低温下使用的电站应有低温启动措施,在环境温度−40℃(或−25℃)时,对功率不大于 250 kW 的电站应能在 30 min 内顺利启动,并应有在启动成功后 3 min 内带规定负载工作的能力;对功率大于 250 kW 的电站,在低温下的启动时间及带载工作时间按产品技术条件的规定。

5.5 指标限值

5.5.1 电气性能指标

5.5.1.1 电站的性能指标一般应满足表 5 中 G2 级的规定。表 2 给出的电站类别的性能指标列于表 6。

表 5

序号	参数		符号	单位	参考标准条款		运行极限值 性能等级 G1 级	性能等级 G2 级	性能等级 G3 级	性能等级 G4 级
1	频率降		δf_{st}	%	GB/T 2820.5—1997	5.1.1	≤8	≤5	≤3	AMC[1]
2	稳态频率带		β_f	%		5.1.4	≤2.5	≤1.5[2]	≤0.5	AMC
3	相对的频率整定下降范围		$\delta f_{s,do}$	%		5.2.1.1	≥(2.5+δf_{st})			AMC
4	相对的频率整定上升范围		$\delta f_{s,up}$	%		5.2.1.2	≥+2.5[3]			AMC
5	频率整定变化速率		γ_f	%/s		5.2.2	0.2~1			AMC
6	(对初始频率的)瞬态频率偏差	100%突减功率	δf_d	%		5.3.3	≤+18	≤+12	≤+10	AMC
		突加功率[4)5)]					≤−(15+δf_{st})[4]	≤−(10+δf_{st})[4]	≤−(7+δf_{st})[4]	
7	(对额定频率的)瞬态频率偏差	100%突减功率	δf_{dyn}	%		5.3.4	≤+18	≤+12	≤+10	AMC
		突加功率[4)5)]					≤−15[4] ≤−25[5]	≤−10[4] ≤−20[5]	≤−7[4] ≤−15[5]	
8	频率恢复时间		$t_{f,in}$	s		5.3.5	≤10[6]	≤5[6]	≤3[6]	AMC
			$t_{f,de}$				≤10[4]	≤5[4]	≤3[4]	
9	相对的频率容差带		α_f	%		5.3.6	3.5	2	2	AMC
10	稳态电压偏差		δU_{st}	%		7.1.4	≤±5 ≤±10[7]	≤±2.5 ≤±1[8]	≤±1	AMC
11	电压不平衡度		$\delta U_{2,0}$	%		7.1.5	1[9]	1[9]	1[9]	1[9]
12	电压整定范围		ΔU_s	%		7.2.1	±5			AMC
13	电压整定变化速率		γ_U	%/s		7.2.4	0.2~1			AMC

表 5(续)

序号	参数		符号	单位	参考标准条款		运行极限值			
							性能等级 G1 级	性能等级 G2 级	性能等级 G3 级	性能等级 G4 级
14	瞬态电压偏差	100%突减功率	δU^{+}_{dyn}	%	GB/T 2820.5—1997	7.3.3	≤+35	≤+25	≤+20	AMC
		突加功率4)5)	δU^{-}_{dyn}				≤−25 4)	≤−20 4)	≤−15 4)	
15	电压恢复时间10)		$t_{U,in}$	s		7.3.5	≤10	≤6	≤4	
			$t_{U,de}$				≤10 4)	≤6 4)	≤4 4)	
16	电压调制11)12)		$\hat{U}_{mod,s}$	%		7.3.7	AMC	0.3 13)	0.3	AMC
17	有功功率分配14)	80%和100%标定定额之间	ΔP	%		13.1	—	≤±5	≤±5	AMC
		20%和80%标定定额之间						≤±10	≤±10	
18	无功功率分配	20%和100%标定定额之间	ΔQ	%		13.2	—	≤±10	≤±10	AMC

1) AMC 为按制造厂和用户之间的协议。

2) 电站选用单缸或两缸发动机的情况下,该值可达 2.5。

3) 不需并联运行时,转速或电压的整定不变是允许的。

4) 对用涡轮增压发动机的电站,这些数据适用于按 GB/T 2820.5—1997 中图 6 和图 7 增加最大允许功率。

5) 适用于火花点火气体发动机。

6) 该规定值仅是当卸去 100%负载时的常用值;制动扭矩仅是由电站的机械损耗提供的,所以恢复时间将只取决于电站的总惯量和机械效率,这样,由于用途和/或发动机型式不同引起的变化会很大。

7) 额定容量不大于 10 kVA 的电站。

8) 当考虑无功电流特性时,对带同步发电机的电站在并联运行时的最低要求:频率漂移范围应不超过±5%。

9) 在并联运行的情况下,该值应减为 0.5。

10) 除非另有规定,用于计算电压恢复时间的容差带应等于 $2\times\delta U_{st}\times U_{r}/100$。

11) 运行极限值不包括在稳态极限内。

12) 若因发动机所迫出现发电机的扭转振动,将导致电压调制超过极限,发电机制造厂须予以合作以减小振动或提供专门的励磁调节器。

13) 对选用单缸或两缸发动机的电站,该值可为±2。

14) 当使用该容差时,并联运行电站的有功标定负载或无功标定负载的总额按容差值减小。

表 6

参数	符号	单位	参考标准		类别 1	类别 2	类别 3	类别 4
频率降	δf_{st}	%	GB/T 2820.5—1997	5.1.1	AMC1)	AMC	5	4
稳态频率带	β_{f}	%		5.1.4	AMC	AMC	1.5	0.5
瞬态频率偏差	δf_{dyn}	%		5.3.4	AMC	AMC	−10	−10
稳态电压偏差	δU_{st}	%		7.1.4	AMC	AMC	±2.5	±1
瞬态电压偏差	ΔU^{-}_{dyn} ΔU^{+}_{dyn}	%		7.3.3	AMC	AMC	+20 −15	+10 −10
电压恢复时间	$t_{u,de}$ $t_{u,in}$	s		7.3.5	AMC	AMC	4	4

表 6(续)

参数	符号	单位	参考标准	类别			
				1	2	3	4
不对称负载电流比	I_2/I_N 2)	I	GB/T 2820.3—1997 中 10.1	33 3) 15 4)	33 3) 15 4)	33 3) 15 4)	33 3) 15 4)
总电压谐波含量	K_u	%	—	AMC	AMC	—	5 5)
注：所有其他参数值见 GB/T 2820.5—1997。							
1) AMC 即制造商和用户确定的协议。 2) 也可见 GB 755—2000 的规定。 3) 额定容量不大于 300 kVA 的电站。 4) 额定容量大于 300 kVA 的电站。 5) 适用线性对称负载下中性导体与各导体之间的电压。							

5.5.1.2 并联

a) 型号规格相同和容量比不大于 3∶1 的电站在 20%～100%总额定功率范围内应能稳定地并联运行，且可平稳转移负载的有功功率和无功功率，其有功功率和无功功率的分配差度应不大于表 5 中的规定。

b) 容量比大于 3∶1 的电站并联，各电站承担负载的有功功率和无功功率分配差度按产品技术条件规定。

5.5.1.3 启动电动机

三相电站空载时应能直接启动成功表 7 中规定的空载四极鼠笼型三相异步电动机。

表 7

单位为千瓦(kW)

序 号	电站额定功率 P	电动机额定功率
1	$P \leqslant 40$	$0.7P$
2	$40 < P \leqslant 75$	30
3	$75 < P \leqslant 120$	55
4	$120 < P \leqslant 250$	75
5	$250 < P \leqslant 3\ 150$	AMC

5.5.1.4 温升

电站在运行中，交流发电机各绕组的实际温升应不超过按 GB 755—2000 中表 8 对温升限值进行修正后的值；电站其他各部件的温度(或温升)应符合各自产品规范的规定。

5.5.1.5 蓄电池启动电站连接电缆

启动电站时，连接电缆上的总压降应不超过标定蓄电池电压的 8%。

5.5.1.6 冷热态电压变化

电站在额定工况下从冷态到热态的电压变化：对采用可控励磁装置发电机的电站应不超过±2%额定电压；对采用不可控励磁装置发电机的电站应不超过±5%额定电压。

5.5.1.7 不对称负载下的线电压偏差

额定功率不大于 250 kW 的三相电站在一定的三相对称负载下，在其中任一相(对可控硅励磁者指接可控硅的一相)上再加 25%额定相功率的电阻性负载，当该相的总负载电流不超过额定值时应能正常工作，线电压的最大(或最小)值与三线电压平均值之差应不超过三线电压平均值的±5%。

5.5.1.8 畸变率

电站在空载额定电压时的线电压波形正弦性畸变率应不大于下列规定值：

单相电站和额定功率小于 3 kW 的三相电站为 15%；

额定功率为 3 kW～250 kW 的三相电站为 10%；

额定功率大于 250 kW 的电站为 5%。

5.5.2 机械性能指标

5.5.2.1 额定功率在 10 kW 以下的电站的机械强度和机械稳定性应满足下列要求：

a) 机组在冲击试验器上应能承受 1.0 J±0.05 J 冲击能量的撞击，无损坏。

b) 机组从 20 cm 的高度自由跌落至混凝土地板上，无机械或电气安全性的损坏。

c) 电站在空载沿任一方向放置在倾斜 15°的斜面上后，不得倾翻或溢出燃油、水。

d) 电站放置在倾斜 4°粗糙的混凝土斜面上的四个不同位置，各个位置绕垂直轴线依次间隔 90°。电站在空载和额定功率下运行 30 min 后，其位置变化量应不超过 10 mm。

5.5.2.2 电站(使用现场组装的机组除外)各部分结构应能承受在下列条件下运输或行驶时的振动和冲击：

a) 里程：汽车电站和挂车电站鉴定试验和型式试验行驶 1 500 km，出厂试验行驶 50 km，发电机组鉴定试验和型式试验运输 1 000 km。

b) 路面：不平整的土路及坎坷不平的碎石路为试验里程的 60%；柏油或水泥路面为试验里程的 40%。

c) 速度：在不平整的土路及坎坷不平的碎石路面上为 20 km/h～30 km/h；在柏油或水泥路面为 30 km/h～40 km/h。

5.5.3 安全要求

5.5.3.1 电站各独立电气回路对地及回路间的绝缘电阻应不低于表 8 规定。冷态绝缘电阻只供参考，不作考核。

表 8

单位为兆欧(MΩ)

条件		回路额定电压/V		
		≤230	400	6 300
冷态	环境温度为 15℃～35℃，空气相对湿度为 45%～75%	2	2	AMC
	环境温度为 25℃，空气相对湿度为 95%	0.3	0.4	6.3
热态		0.3	0.4	6.3

5.5.3.2 电站各独立电气回路对地及回路间应能承受试验电压数值为表 9 规定、频率为 50 Hz、波形尽可能为实际正弦波、历时 1 min 的绝缘介电强度试验而无击穿或闪络现象。

表 9

部位	回路额定电压/V	试验电压/V
二次回路对地	<100	750
一次回路对地，一次回路对二次回路	≥100	(1 000+2 倍额定电压)×80%，最低 1 200
注：发动机的电气部分，半导体器件及电容器等不作此项试验。		

5.5.3.3 电站应有良好的接地端子并有明显的标志。

5.5.4 电站的燃油消耗率和机油消耗率(g/(kW·h))应分别不高于表 10、表 11 的规定。

表 10

电站额定功率 P/kW	$P\leqslant3$	$3<P\leqslant5$	$5<P\leqslant12$	$12<P\leqslant24$	$24<P\leqslant40$	$40<P\leqslant75$	$75<P\leqslant120$	$120<P\leqslant250$	$250<P\leqslant600$	$600<P\leqslant1\ 250$	$P>1\ 250$
燃油消耗率 g/(kW·h)	AMC	360	340	320	300	290	280	270	260	250	AMC
注：燃油消耗率的允差值最大不超过标定值的+5%，重油的基准低热值为 42 000 kJ/kg。											

表 11

电站额定功率 P/kW	$P\leqslant12$	$12<P\leqslant40$	$40<P\leqslant1\ 250$	$P>1\ 250$
机油消耗率/(g/(kW·h))	5.0	4.5	4.0	AMC

5.5.5 可靠性和维修性

电站的平均故障间隔时间和平均修复时间应符合表 12 的规定。

表 12

额定转速/(r/min)	平均故障间隔时间(不短于)/h	平均修复时间(不长于)/h
3 000	AMC	AMC
1 500	500	3
1 000	800	3
750,600,500	1 000	3

5.5.6 对环境污染的限制指标

5.5.6.1 电站根据需要设置减振装置；常用电站振动加速度、速度、位移有效值应符合表 13 的规定值。

表 13

内燃机的标定转速 n/r/min	电站额定功率 P/kW	振动位移有效值[1)]/mm			振动速度有效值/(mm/s)			振动加速度有效值/(m/s^2)		
		内燃机[2),3)]	发电机[2)]		内燃机[2),3)]	发电机[2)]		内燃机[2),3)]	发电机[2)]	
			数值 1	数值 2		数值 1	数值 2		数值 1	数值 2
$2\ 000\leqslant n\leqslant3\ 600$	$P\leqslant12$(单缸机)	—	1.11	1.27	—	70	80	—	44	50
	$P\leqslant40$	—	0.8	0.95	—	50	60	—	31	38
	$P>40$	—	0.64[4)]	0.8[4)]	—	40[4)]	50[4)]	—	25[4)]	31[4)]
$1\ 300\leqslant n<2\ 000$	$P\leqslant8$	—	—	—	—	—	—	—	—	—
	$8<P\leqslant40$	—	0.64	—	—	40	—	—	25	—
	$40<P\leqslant100$	—	0.4	0.48	—	25	30	—	16	19
	$100<P\leqslant200$	0.72	0.4	0.48	45	25	30	28	16	19
	$P>200$	0.72	0.32	0.45	45	20	28	28	13	18
$720<n<1\ 300$	$200\leqslant P\leqslant1\ 000$	0.72	0.32	0.39	45	20	24	28	13	15
	$P>1\ 000$	0.72	0.29	0.35	45	18	22	28	11	14
$n\leqslant720$	$P>1\ 000$	0.72	0.24 (0.16)[5)]	0.32 (0.24)[5)]	45	15 (10)[5)]	20 (15)[5)]	28	9.5 (6.5)[5)]	13 (9.5)[5)]

表 13(续)

内燃机的标定转速 n/r/min	电站额定功率 P/kW	振动位移有效值[1]/mm			振动速度有效值/(mm/s)			振动加速度有效值/(m/s^2)		
		内燃机[2),3)]	发电机[2)]		内燃机[2),3)]	发电机[2)]		内燃机[2),3)]	发电机[2)]	
			数值 1	数值 2		数值 1	数值 2		数值 1	数值 2

1) 表中位移有效值 S_{rms} 和加速度有效值 a_{rms} 可用表中的速度有效值 V_{rms} 按下式求得：

$S_{rms}=0.015\ 9V(rms)$

$a_{rms}=0.628\ V(rms)$

2) 对于法兰止口连接的电站，在 GB/T 2820.9—2002 图 1a 的测点 5 的测量值应满足对发电机所要求的数值。

3) 额定功率大于 100 kW 的电站有确定的数值，而额定功率小于 100 kW 的电站无代表性数值。

4) 这些数值应得到制造商和用户的认可。

5) 括号内的数值适用于安装在混凝土基础上的电站。此时，从 GB/T 2820.9—2002 图 1a 和图 1b 的测点 7 和测点 8 测得的轴向振动数值应为括号内数值的 50%。

5.5.6.2 在距电站柴油机和发电机机体 1 m 处的噪声声压级平均值：对于功率不大于 250 kW 的电站噪声声压级平均值应不大于 102 dB(A)；对功率大于 250 kW 的电站、额定转速 3 000 r/min 的电站和使用增压柴油机的电站，其噪声声压级由产品技术条件规定。

5.5.6.3 对有抑制无线电干扰要求的电站，应有抑制无线电干扰的措施，其干扰值应不大于表 14 和表 15的规定值。

表 14

频率/MHz	端子干扰电压	
	MV	dB
0.15	3 000	69.5
0.25	1 800	65.1
0.35	1 400	62.9
0.60	920	59.0
0.80	830	58.0
1.00	770	58.0
1.50	680	56.7
2.50	550	54.8
3.50	420	54.0
5.00	400	52.0
10.00	400	52.0
30.00	400	52.0

表 15

频段 f_d/MHz		$0.15\leqslant f_d\leqslant 0.50$	$0.50<f_d\leqslant 2.50$	$2.50<f_d\leqslant 20.00$	$20.00<f_d\leqslant 300.00$
干扰场强	$\mu V/m$	100	50	20	50
	dB	40	34	26	34

5.5.6.4 当有要求时，电站的排气烟度和排出的有害物质允许浓度按产品技术条件的要求。

5.6 相序

三相电站的相序:对采用输出插头插座者,应按顺时针方向排列(面向插座);对采用设在控制屏上的接线端子者,从屏正面看应自左到右或自上而下、由里到外排列。

5.7 外观质量

5.7.1 电站的焊接应牢固,焊缝应均匀,无裂纹、药皮、溅渣、焊穿、咬边、漏焊及气孔等缺陷,焊渣、焊药应清除干净。

5.7.2 电站的控制屏表面应平整,布线合理、安全,接触良好,层次分明,整齐美观,导线颜色符合GB 2681—1981的规定。

5.7.3 电站涂漆部分的漆膜应均匀,无明显裂纹、脱落、流痕、气泡、划伤等现象。

5.7.4 电站的镀层光滑,无漏镀、斑点、锈蚀等现象。

5.7.5 电站外表面颜色应符合产品技术条件的规定。

5.7.6 电站的紧固件应无松动。

5.8 指示装置

电站电气仪表应按GB/T 2820.4—1997中7.1条的规定配装。电站控制屏各监测仪表(柴油机仪表除外)的准确度等级:频率表应不低于5.0级,其他应不低于2.5级。柴油机仪表应符合柴油机的产品技术条件的规定。监测仪表的指针转动应灵活、指示准确。

5.9 外形尺寸

电站的外形尺寸应符合GB 1589—2004的规定。

5.10 质量

电站的质量应符合产品技术条件的规定。

6 自动化性能

6.1 自动维持准备运行状态

电站应急启动和快速加载时的机油压力、机油温度、冷却水温度应符合产品技术条件的规定。

6.2 自动启动

a) 接自控或遥控的启动指令后,电站应能自动启动;对于与市电电网并用的3类、4类电站,当电网电压下降(符合GB/T 2820.12—2002中第10章的规定)或中断供电时,电站应能自动启动;常用供电系统发生故障的时间短于0.5 s时,不应启动发动机,1、2类电站除外。

b) 电站自动启动第3次失败时,应发出启动失败信号,设有备用电站时,程序启动系统应能自动将启动指令传递给备用电站。

c) 从自动启动指令发出至向负载供电的时间应根据需要在产品技术条件中明确。

d) 电站自动启动成功后,首次加载量对于额定功率不大于250 kW者,不小于50%额定负载;对于额定功率大于250 kW者,按产品技术条件规定。

e) 电站接通额定负载后应能自动可靠运行。

f) 电站自动启动的成功率应不低于98%。

6.3 自动启动供电和自动停机

接自控或遥控的停机指令后,电站应能自动停机;对于与市电电网并用的3类、4类电站,当电网恢复正常后,电站应能自动切换和自动停机,由电网向负载供电,其停机方式按GB/T 2820.12—2002中10.1条的规定。

6.4 自动并联与解列

6.4.1 接自控或遥控的并联与解列指令后,两台同型号的电站应能自动并联与解列。

a) 通常,当第一台电站单机运行时功率持续达到产品技术条件规定时,自控系统应向第二台电站发出启动指令,使其自动投入并联运行。

b) 当两台并联电站的总输出功率持续减小到不大于总额定功率的40%时，自控系统应向两台并联电站中的一台发出解列和停机的指令，对于继续减小功率的情况按产品技术条件的规定。

6.4.2 两台电站并联运行时，应能自动分配输出的有功功率和无功功率，其值应符合表5的规定。

6.4.3 自控或遥控装置应有控制第三台电站的能力。

a) 当两台已并联运行电站中的一台发生一级故障时，应先启动第三台电站并使其自动投入并联运行后再使故障电站解列。

b) 当两台已并联运行电站中的一台发生二级故障时，故障电站应自动解列并停机，自动切断一部分负载(通常是次要负载)，使继续运行的电站不出现不允许的过载。同时启动第三台电站并使其自动投入并联运行，恢复正常供电。

注1：一级故障指电站发生故障后仍允许运行一段时间(备用电站投入运行所需时间)的故障。

注2：二级故障指电站发生故障后须立即停机的故障。

6.5 自动补给

6.5.1 燃油、机油、冷却水自动补充应符合产品技术条件的规定。

6.5.2 按表16规定的时间自动对已放电的蓄电池充电到其额定容量的80%。

表16

电站类别	1类	2类	3类	4类
时 间	AMC	AMC	<10 h	<6 h

6.5.3 对于用压缩空气启动的内燃发动机，在热态和冷态两种情况下，储气瓶的规格和数量应能使内燃发动机以5倍的点火转速运转，并有自动压缩机系统在45 min内为储气瓶充气且达到工作压力。

6.6 无人值守时间

电站无人值守时间应按GB/T 4712—1996在产品技术条件中明确。

6.7 自动保护

6.7.1 电站应有下列保护功能，并能进行声光报警。

a) 短路保护；

b) 过载保护；

c) 过速度保护；

d) 过热保护；

e) 低油压保护。

6.7.2 对于要求并联运行的三相电站，应有逆功率保护。

6.8 其他

6.8.1 电站的自动停机和手动停机均应有正常停机和紧急停机两种。

6.8.2 电站的预润滑、启动和停机、调频和调压、并联和解列、送电和停电等应能手动控制。

6.8.3 对于远程监控的自动化电站，应测量频率整定变化速率和电压整定变化速率。

7 成套性

7.1 电站的成套性按供需双方的协议。

7.2 每台电站应随附下列文件：

a) 合格证；

b) 使用说明书，其内容至少包括：技术数据，结构和用途说明，安装、保养和维修规程，电路原理图和电气接线；

c) 备品清单：备件和附件清单，专用工具和通用工具清单；

d) 产品履历书。

7.3 电站应按备品清单配齐维修用的工具及备附件，在保修期内能用所配工具及备件进行已损零部件的修理和更换。

8 标志、包装和储运

8.1 电站的标牌应固定在明显位置，其尺寸和要求按 GB/T 13306 要求的规定。

8.2 电站的铭牌应包括下列内容：

a) 本标准的代号和编号；

b) 制造厂名称或标记；

c) 类别：按表 1；

d) 电站编号；

e) 电站制造年份；

f) 相数；

g) 额定转速，r/min；

h) 额定功率，kW，按 GB/T 2820.1—1997 中 13 加词头 COP、PRP 或 LTP；

i) 额定频率，Hz；

j) 额定电压，V；

k) 额定电流，A；

l) 额定功率因数，$\cos\varphi$；

m) 最高海拔高度，m；

n) 最高环境温度，℃；

o) 质量，kg；

p) 外形尺寸，$l \times b \times h$，mm。

8.3 电站及其备附件在包装前，凡未经涂漆或电镀保护的裸露金属，应采取临时性防锈保护措施。

8.4 电站的包装应能防雨，牢固可靠，有明显、正确、不易脱落的识别标志。

8.5 电站的包装应根据需要能进行水路运输、铁路运输和汽车运输。

8.6 电站按产品技术条件规定的贮存期和方法贮存应无损。

9 试验项目和试验方法

9.1 检验用仪器仪表

9.1.1 在工厂试验室的检验

电站检验在制造厂的试验台条件下进行，鉴定检验和型式检验用于测量下列电气参数的仪表的准确度应为：

电流：0.5%；

电压：0.5%；

功率：0.5%；

频率：0.5%；

功率因数：0.5%（1.0%）。

出厂检验允许采用 1.0 级准确度的仪器仪表进行测量。

9.1.2 在现场条件下的检验

电站在安装现场条件下进行检验，用于测量电气参数的仪表的准确度由产品技术条件或在合同中明确，最低不得低于 GB/T 2820.6—1997 中的 6.6.1 条的规定。

9.2 试验项目和试验方法

9.2.1 试验项目和试验方法按表 17 的规定。

表 17

序号	试验项目名称	出厂试验	型式试验	鉴定试验	结果应满足本标准	GB/T 20136—2006 试验方法章条号
1	检查外观	△	△	△	5.7	方法 201
2	检查成套性	△	△	△	7	方法 202
3	检查标志和包装	△	△	△	8	方法 203
4	测量质量	—	—	△	5.10	方法 204
5	测量绝缘电阻	△	△	△	5.5.3.1	方法 101
6	耐电压试验	△	△	△	5.5.3.2	方法 102
7	检查常温启动性能	△	△	△	5.4.1	方法 206
8	检查低温启动措施	△	△	△	5.4.2	方法 207
9	检查相序	△	△	△	5.6	方法 208
10	检查控制屏各指示装置	△	△	△	5.8	方法 210
11	冲击试验	—	—	△	5.5.2.1	GB/T 2820.8—2002 中 6.1.1 条的规定
12	跌落试验	—	—	△	5.5.2.1	
13	倾斜运行试验	—	—	△	5.5.2.1	方法 614
14	测量电压整定范围	△	△	△	5.5.1.1	方法 408
15	测量频率降	△	△	△	5.5.1.1	方法 401
16	测量稳态频率带	△	△	△	5.5.1.1	方法 402
17	测量相对的频率整定上升范围和下降范围	—	△	△	5.5.1.1	方法 403
18	测量(对初始频率的)瞬态频率偏差和(对额定频率的)瞬态频率偏差	—	△	△	5.5.1.1	方法 405
19	瞬态频率偏差和频率恢复时间	—	△	△	5.5.1.1	方法 405
20	测量稳态电压偏差	△	△	△	5.5.1.1	方法 406
21	测量电压不平衡度	—	△	△	5.5.1.1	方法 407
22	测量瞬态电压偏差和电压恢复时间	—	△	△	5.5.1.1	方法 410
23	测量电压调制	—	△	△	5.5.1.1	方法 411
24	检查直接启动电动机的能力	—	—	△	5.5.1.3	方法 417
25	检查冷热态电压变化	—	△	△	5.5.1.6	方法 418
26	测量在不对称负载下的线电压偏差	—	△	△	5.5.1.7	方法 419
27	测量线电压波形正弦性畸变率	—	△	△	5.5.1.8	方法 423
28	连续运行试验	—	△	△	5.3	方法 429

表 17(续)

序号	试验项目名称	出厂试验	型式试验	鉴定试验	结果应满足本标准	GB/T 20136—2006 试验方法章条号
29	测量温升	—	△	△	5.5.1.4	方法 430
30	并联运行试验	—	—	△	5.5.1.1	方法 431
31	测量燃油消耗率	—	—	△	5.5.4	方法 501
32	测量机油消耗率	—	—	△	5.5.4	方法 502
33	测量振动值	—	—	△	5.5.6.1	方法 601
34	测量噪声级	—	—	△	5.5.6.2	方法 602
35	测量传导干扰	—	—	△	5.5.6.3	方法 603
36	测量辐射干扰	—	—	△	5.5.6.3	方法 604
37	测量有害物质的浓度	—	—	△	5.5.6.4	方法 605
38	测量烟度	—	—	△	5.5.6.4	方法 606
39	高温试验	—	—	△	5.2.2	方法 607
40	低温试验	—	—	△	5.2.2	方法 608
41	湿热试验	—	—	△	5.2.2	方法 609
42	长霉试验	—	—	△	5.2.2	方法 611
43	运输试验	—	—	△	5.5.2.2	方法 615
44	可靠性和维修性试验	—	—	△	5.5.5	方法 703
45	检查自动维持准备运行状态	—	—	△	6.1	方法 211
46	检查自动启动供电和自动停机	△	△	△	6.3	方法 213
47	检查自动启动成功率	—	△	△	6.2	方法 212
48	检查自动补充电*	△	△	△	6.5.2	方法 214
49	检查自动补充气*	△	△	△	6.5.3	方法 215
50	检查自动补给燃油*	△	△	△	6.5.1	方法 216
51	检查短路保护功能	—	△	△	6.7.1	方法 303,304
52	检查过载保护功能	—	△	△	6.7.1	方法 305
53	检查过速度保护功能	△	△	△	6.7.1	方法 309
54	检查过热保护功能	△	△	△	6.7.1	方法 311
55	检查逆功率保护*	—	—	△	6.7.2	方法 306
56	检查某些自控项目进行手控的可能性	△	△	△	6.8	方法 217
57	频率整定变化速率*	—	—	△	6.8	方法 404
58	电压整定变化速率*	—	—	△	6.8	方法 409
59	检查无人值守时间	—	—	△	6.6	方法 704
60	并联运行试验*	—	—	△	6.4	方法 412

注 1：表中"△"为包括该项目。

注 2：表中带"*"的项目，有此功能时做。

9.2.2 在电站初始运行之前及任何改进或修理后重新运行之前都要按 GB/T 2820.12—2002 中 11.2 的要求进行试验。

10 检验规则

10.1 电站的试验分出厂试验、型式试验和鉴定试验，各类试验的项目按 9.2.1 规定。

电站均应进行出厂试验。

正常生产的电站自上次检验算起经 3 年或当国家质量监督检验机构要求时应进行型式试验，型式试验的电站为 1 台。

新产品试制（包括转厂生产）完成时应进行鉴定试验，鉴定试验的电站为 2 台（额定功率大于 250 kW、无并联要求的电站允许为 1 台）。

对于要求多台并联的电站，并联试验电站为 3 台。

10.2 凡属下列情况，应进行有关项目的试验：

10.2.1 供需双方协议补充试验项目时；

10.2.2 产品的设计或工艺上的变更足以影响产品性能时；

10.2.3 出厂试验结果和以前的试验结果出现不允许的偏差时。

10.3 除另有规定和协议外，各项试验均在生产厂试验站当时所具有的条件（环境温度、空气相对湿度、大气压力）下进行。

10.4 出厂试验中，只要有一项试验结果不符合本标准规定，应找出原因并排除故障复试，若经第 3 次复试后仍不合格，则断为不合格品。每次复试均应记载复试次数、缺陷、缺陷分析及排除缺陷的方法。

型式试验中和 10.2 条规定的试验中，只要有一项试验结果不符合本标准的规定，则应在同一批产品中另抽加倍数量的产品，对该项目进行复检，若仍不合格，产品生产暂停，对该批产品的该项目逐台检验，直到找出原因并排除故障确认其合格后方能恢复生产。

10.5 检验时使用的测量仪器仪表应有定期校验的合格证。

10.6 除另有规定外，各电气指标均在电站控制屏输出端考核。

11 生产厂的保证

在用户遵守生产厂的使用说明书规定的情况下，生产厂应保证电站自发货之日起不超过 12 个月，且使用期不超过原动机生产厂规定的保用期内能良好地运行，如在规定的时间内因制造质量不良而导致电站损坏或不能正常工作，并有技术记录可查时，生产厂应免费予以修理或更换零部件。

ICS 13.220.20
C 81

中华人民共和国国家标准

GB 12791—2006
代替 GB 12791—1991

点型紫外火焰探测器

Point type ultraviolet flame detectors

2006-07-17 发布　　　　2007-04-01 实施

中华人民共和国国家质量监督检验检疫总局
中国国家标准化管理委员会　发布

前　言

本标准的第3章、第4章、第5章、第6章内容为强制性，其余为推荐性。

本标准是对GB 12791—1991《点型紫外火焰探测器性能要求及试验方法》的修订。本标准参考了欧洲标准EN 54-10《自动火灾探测系统——第10部分火焰探测器》。

本标准与GB 12791—1991相比主要变化如下：

——部分采用了欧洲标准EN 54-10的技术要求；

——增加了射频电磁场辐射抗扰度试验、射频场感应的传导骚扰抗扰度试验、静电放电抗扰度试验、电快速瞬变脉冲群抗扰度试验、浪涌（冲击）抗扰度试验、恒定湿热（耐久）试验和振动（正弦）（耐久）试验；

——更改了冲击试验和火灾灵敏度试验的试验方法；

——增加了检验规则和说明书的要求。

本标准自实施之日起，同时代替GB 12791—1991。

本标准由中华人民共和国公安部提出。

本标准由全国消防标准化技术委员会第六分技术委员会归口。

本标准负责起草单位：公安部沈阳消防研究所。

本标准主要起草人：宋希伟、丁宏军、刘程、郭春雷、李惠菁、王泓燕、李克亭、王菲。

点型紫外火焰探测器

1 范围

本标准规定了点型紫外火焰探测器的一般要求、要求和试验方法、检验规则和标志。

本标准适用于一般工业与民用建筑中安装的波长范围低于 300 nm 的点型紫外火焰探测器。对于在其他环境中安装的具有特殊性能的点型紫外火焰探测器，除特殊性能由有关标准另行规定外，也应执行本标准。

2 规范性引用文件

下列文件中的条款通过本标准的引用而成为本标准的条款。凡是注日期的引用文件，其随后所有的修订单（不包括勘误的内容）或修订版均不适用于本标准，然而，鼓励根据本标准达成协议的各方研究是否可使用这些文件的最新版本。凡是不注日期的引用文件，其最新版本适用于本标准。

GB 9969.1 工业产品使用说明书 总则

GB 12978 消防电子产品检验规则

GB 16838 消防电子产品环境试验方法及严酷等级

GB/T 17626.2—1998 电磁兼容 试验和测量技术 静电放电抗扰度试验(idt IEC 61000-4-2:1995)

GB/T 17626.3—1998 电磁兼容 试验和测量技术 射频电磁场辐射抗扰度试验(idt IEC 61000-4-3:1995)

GB/T 17626.4—1998 电磁兼容 试验和测量技术 电快速瞬变脉冲群抗扰度试验(idt IEC 61000-4-4:1995)

GB/T 17626.5—1999 电磁兼容 试验和测量技术 浪涌（冲击）抗扰度试验(idt IEC 61000-4-5:1995)

GB/T 17626.6—1998 电磁兼容 试验和测量技术 射频场感应的传导骚扰抗扰度(idt IEC 61000-4-6:1996)

3 一般要求

3.1 总则

点型紫外火焰探测器（以下称探测器）若要符合本标准，应首先满足本章要求，然后按第 4 章规定进行试验，并满足试验要求。

3.2 报警确认灯

探测器应具有红色报警确认灯。当被监视区域火灾参数符合报警条件时，探测器报警确认灯应点亮，并保持至被复位。通过报警确认灯显示探测器其他工作状态时，被显示状态应与火灾报警指示时的状态有明显区别。可拆卸探测器的报警确认灯可安装在探头或其底座上。确认灯点亮时在其正前方 6 m 处，照度不超过 500 lx 的环境条件下，应清晰可见。

3.3 辅助设备连接

探测器连接其他辅助设备（例如远程确认灯、控制继电器等）时，与辅助设备连接线的开路和短路不应影响探测器的正常工作。

3.4　出厂设置

除非使用特殊手段(如专用工具或密码)或破坏封条,否则探测器的出厂设置不应被改变。

3.5　响应性能现场设置

探测器的响应性能如果可在探测器或在与其相连的控制和指示设备上进行现场设置,则应满足以下要求:

a)　当制造商声明所有设置均满足本标准的要求时,探测器在任意设置的条件下均应满足本标准的要求,且对于现场设置应只能通过专用工具、密码或探头与底座的分离等手段实现。

b)　当制造商声明某一设置不满足本标准的要求时,该设置应只能通过专用工具、密码手段实现,且应在探测器上或有关文件中明确标明该项设置不能满足本标准的要求。

3.6　可拆卸探测器

当可拆卸探测器探头与底座分离时,应为控制和指示设备发出故障信号提供识别手段。

3.7　控制软件要求

3.7.1　总则

对于依靠软件控制而符合本标准要求的探测器,应满足3.7.2、3.7.3和3.7.4的要求。

3.7.2　软件文件

3.7.2.1　制造商应提交软件设计资料。资料应有充分的内容证明软件设计符合本标准要求并应至少包括以下内容:

a)　主程序的功能描述(如流程图或结构图),包括:

——各模块及其功能的主要描述;

——各模块相互作用的方式;

——程序的全部层次;

——软件与探测器硬件相互作用的方式;

——模块调用的方式,包括中断过程。

b)　存储器地址分配情况(如程序、特定数据和运行数据)。

c)　软件及其版本唯一识别标识。

3.7.2.2　若检验需要,制造商应能提供至少包含以下内容的详细的设计文件:

a)　系统总体配置概况,包括所有软件和硬件部分。

b)　程序中每个模块的描述,包括:

——模块名称;

——执行任务的描述;

——接口的描述,包括数据传输方式、有效数据的范围和验证。

c)　全部源代码清单,包括全局变量和局部变量、常量和注释、充分的程序流程的说明。

d)　设计和执行过程中使用的应用软件。

3.7.3　软件设计

为确保探测器的可靠性,软件设计应满足下述要求:

a)　软件应为模块化结构;

b)　手动和自动产生数据接口的设计应禁止无效数据导致程序运行错误;

c)　软件设计应避免产生程序锁死。

3.7.4　程序和数据的存贮

3.7.4.1　满足本标准要求的程序和出厂设置等预置数据应存贮在不易丢失信息的存储器中。改变上述存储器内容应通过特殊工具或密码实现,并且不允许在探测器正常运行时进行。

3.7.4.2 现场设置的数据应被存贮在探测器无外部供电情况下信息至少能保存 14 d 的存储器中，除非有措施在探测器电源恢复后 1 h 内对该数据进行恢复。

3.8 使用说明书

探测器应有相应的中文使用说明书。使用说明书的内容应满足 GB 9969.1 要求，并与产品性能一致。

4 要求与试验方法

4.1 总则

4.1.1 试验的大气条件

除在有关条文另有说明外，则各项试验均在下述大气条件下进行：

——温度：15℃～35℃；

——湿度：25%RH～75%RH；

——大气压力：86 kPa～106 kPa。

4.1.2 试验的正常监视状态

若在试验方法中要求探测器在正常监视状态下工作时，应将试样与制造商提供的控制和指示设备连接；在有关条文中没有特殊要求时，应保证探测器的工作电压为额定工作电压，并在试验期间保持工作电压稳定。

注：探测器的检测报告应注明试验期间探测器配接的控制和指示设备的型号、制造商等内容。

4.1.3 探测器的安装

探测器应按制造商规定的正常安装方式安装。如果使用说明书给出多种安装方式，试验中应采用对探测器工作最不利的安装方式。

4.1.4 容差

除在有关条文另有说明外，各项试验数据的容差均为±5%；环境条件参数偏差应符合 GB 16838 的有关规定。

4.1.5 试验样品(以下称试样)

10 套探测器，并在试验前予以编号。

4.1.6 试验前检查

4.1.6.1 试样在试验前进行外观检查，应符合下述要求：

a) 表面无腐蚀、涂覆层脱落和起泡现象，无明显划伤、裂痕、毛刺等机械损伤；

b) 紧固部位无松动。

4.1.6.2 试样在试验前应按第 3 章要求对试样进行检查，符合要求后方可进行试验。

4.1.7 试验程序

按表 1 规定的程序进行试验。

表 1

序号	条目	试验项目	试样编号
1	4.3	一致性试验	1～10
2	4.4	重复性试验	2
3	4.5	方位试验	3
4	4.6	通电试验	1
5	4.7	电源参数波动试验	1

表 1（续）

序 号	条 目	试验项目	试样编号
6	4.8	环境光线干扰试验	4
7	4.9	高温（运行）试验	8
8	4.10	低温（运行）试验	9
9	4.11	恒定湿热（运行）试验	4
10	4.12	恒定湿热（耐久）试验	5
11	4.13	腐蚀试验	2
12	4.14	绝缘电阻试验	6
13	4.15	耐压试验	6
14	4.16	振动（正弦）（运行）试验	10
15	4.17	振动（正弦）（耐久）试验	10
16	4.18	冲击试验	10
17	4.19	碰撞试验	7
18	4.20	射频电磁场辐射抗扰度试验	3
19	4.21	射频场感应的传导骚扰抗扰度试验	3
20	4.22	静电放电抗扰度试验	3
21	4.23	电快速瞬变脉冲群抗扰度试验	3
22	4.24	浪涌（冲击）抗扰度试验	3
23	4.25	火灾灵敏度试验	7～10

4.2 响应阈值测量

4.2.1 目的

测量探测器的响应阈值。

4.2.2 设备

紫外火焰试样检测装置是一台专用设备，它由光学轨道、紫外光源、减光片、快门、调制器、试样支架和其他有关部件组成（如图 1 所示）。该设备应满足 4.2、4.4～4.8 的试验要求。

4.2.2.1 光学轨道

主要技术参数：

长度：2 m；

平直度：小于 0.04 mm。

4.2.2.2 紫外光源

紫外光源采用纯度不低于 99.9% 的甲烷燃烧产生的火焰。在试验过程中，光源辐射能的变化量不应大于 ±5%。

4.2.2.3 减光片

减光片起衰减紫外辐射作用，本检测装置中采用中性紫外减光片，可通过波长大于 200 nm、小于 300 nm 的紫外辐射，其透过率视具体试验要求而定。

4.2.2.4　调制器(选用)

调制器由斩光器和直流电动机组成,直流电动机驱动斩光器以所需频率旋转,对火焰燃烧产生的辐射进行调制(如图 2 所示)。

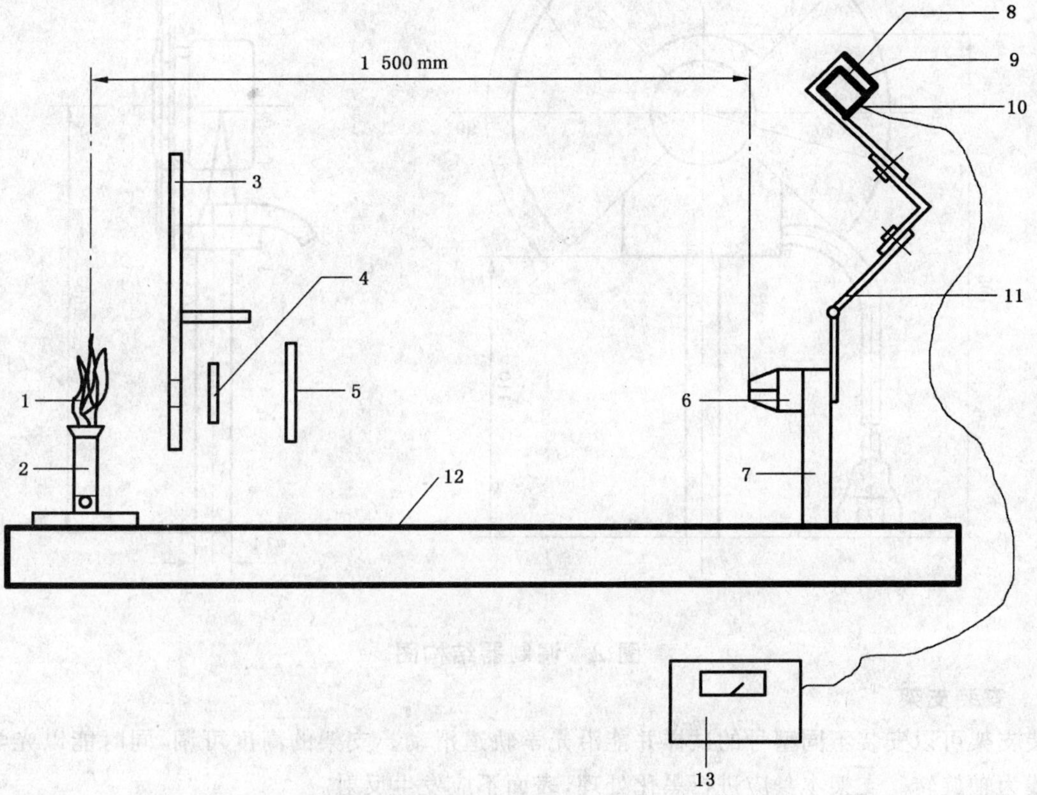

1——火焰;
2——甲烷气燃烧炉;
3——调制器;
4——减光片;
5——快门;
6——试样;
7——试样支架;
8——传感器接收面;
9——UV 滤光片;
10——传感器;
11——可调机构;
12——光学轨道;
13——辐射计。

图 1　紫外火焰试样检测装置结构图

单位为毫米

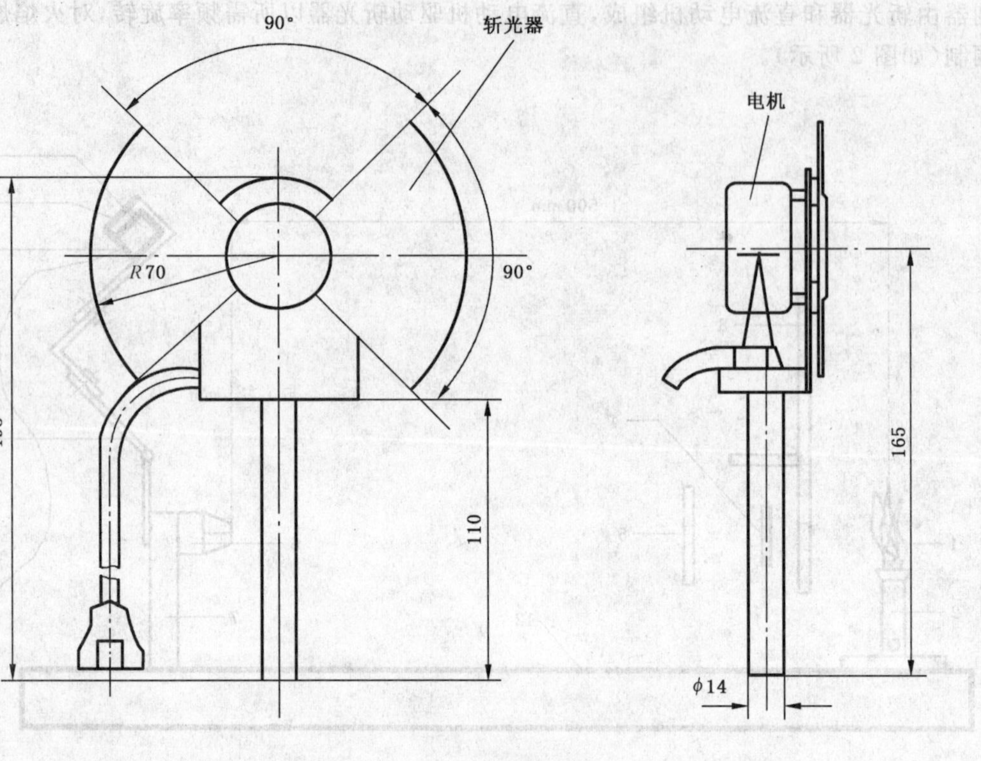

图 2 调制器结构图

4.2.2.5 安装支架

安装支架可以安装不同型号的试样并能沿光学轨道滑动。支架的高度可调，同时能以光学轨道轴心的垂线为轴旋转。支架本身应进行黑化处理，表面不应发生反射。

4.2.3 方法

4.2.3.1 安装试样

将试样安装在试验装置的支架上，使其与光源处于同一水平线上，能最大限度地接受紫外光源的辐射，接通控制或指示设备，使其处于正常监视状态并保持稳定。

用辐射计在距光源 1 500 mm 处测量光源的辐射能。

将试样的支架移到距光源 1 500 mm 处。

4.2.3.2 测量试样响应点 ***D*** 值

沿着光学轨道反复移动试样的安装支架，确定试样在 30 s 内可靠响应且距光源距离最大时的位置，即试样响应点。测量该点与光源的距离，即试样响应点 D 值。

根据光学原理，试样响应点与光源之间的距离 D 的平方与光源对试样传感面辐射的有效功率 S 成反比关系，即：

$$S = K/D^2 \text{（}K\text{ 为变换常数）}$$

对于随机响应特性的试样，必须先反复测量其响应阈值至少 6 次，直至下一次的响应阈值的变化不超出前几次测量的响应阈值平均值的 10%。

对于有闪烁频率要求的试样，必须将调制器调在厂方给定的闪烁频率上（包括 0）。

4.2.3.3 计算响应阈值比

比较两次测量的响应阈值，大者为 S_{max}，小者为 S_{min}，分别对应 D_{max} 和 D_{min}，响应阈值比 $S_{max} : S_{min} = D_{max}^2 : D_{min}^2$。

4.3　一致性试验

4.3.1　目的

检验探测器的响应阈值分布的一致性。

4.3.2　试验方法

按 4.2.3 条规定方法，分别测量 10 只试样响应点 D 值，其中最大值为 D_{max}，最小值为 D_{min}，计算响应阈值比 $S_{max}:S_{min}$。

4.3.3　要求

响应阈值比 $S_{max}:S_{min}$ 应不大于 2.0。

4.3.4　设备

紫外火焰试样检测装置。

4.4　重复性试验

4.4.1　目的

检验探测器连续工作的稳定性。

4.4.2　方法

按 4.2.3 条规定方法，在试样正常工作的任意一方位上连续测量 6 次响应点 D 值，其中最大值为 D_{max}，最小值为 D_{min}，计算响应阈值比 $S_{max}:S_{min}$。

4.4.3　要求

响应阈值比 $S_{max}:S_{min}$ 应不大于 1.3。

4.4.4　试验设备

紫外火焰试样检测装置。

4.5　方位试验

4.5.1　目的

确定探测器视锥角，检验试样在视锥角内不同角度的响应性能。

4.5.2　方法

按 4.2.3 条规定方法测量试样响应点 D 值。每测量一次后，将试样转动一个角度，使试样的轴线与光轴的夹角分别为 0°、15°、30°、45°、60°。其中最大值为 D_{max}，最小值为 D_{min}，计算响应阈值比 $S_{max}:S_{min}$。

4.5.3　要求

试样视锥角应不小于 60°，响应阈值比 $S_{max}:S_{min}$ 应不大于 2.0。

4.5.4　设备

紫外火焰试样检测装置。

4.6　通电试验

4.6.1　目的

检验探测器在正常大气条件下工作的稳定性。

4.6.2　试验方法

使试样在正常监视状态下连续运行 7 d。试验后，按 4.2.3 条规定方法测量试样响应点 D 值，与该试样在一致性试验中的响应点 D 值相比较，大者为 D_{max}，小者为 D_{min}，计算响应阈值比 $S_{max}:S_{min}$。

4.6.3　要求

试验期间，试样不应发出火灾报警信号或故障信号；试验后，响应阈值比 $S_{max}:S_{min}$ 应不大于 1.3。

4.6.4　试验设备

紫外火焰试样检测装置。

4.7 电源参数波动试验

4.7.1 目的

检验探测器对电源参数变化的适应性。

4.7.2 试验方法

分别使试样工作电压比额定电压降低15%和升高10%，按4.2.3条规定方法测量响应点D值。与该试样在一致性试验中的响应点D值相比较，三者中最大值为D_{max}，最小值为D_{min}，计算响应阈值比$S_{max}:S_{min}$。

4.7.3 要求

试验期间，试样不应发出火灾报警信号或故障信号；试验后，响应阈值比$S_{max}:S_{min}$应不大于1.6。

4.7.4 设备

紫外火焰试样检测装置。

4.8 环境光线干扰试验

4.8.1 目的

检验探测器在环境光线作用下性能的稳定性。

4.8.2 试验方法

4.8.2.1 安装试样

将环境光线干扰模拟装置放置在紫外火焰试样检测装置光源与试样之间(如图3所示)，使其与试样的距离为500 mm。

单位为毫米

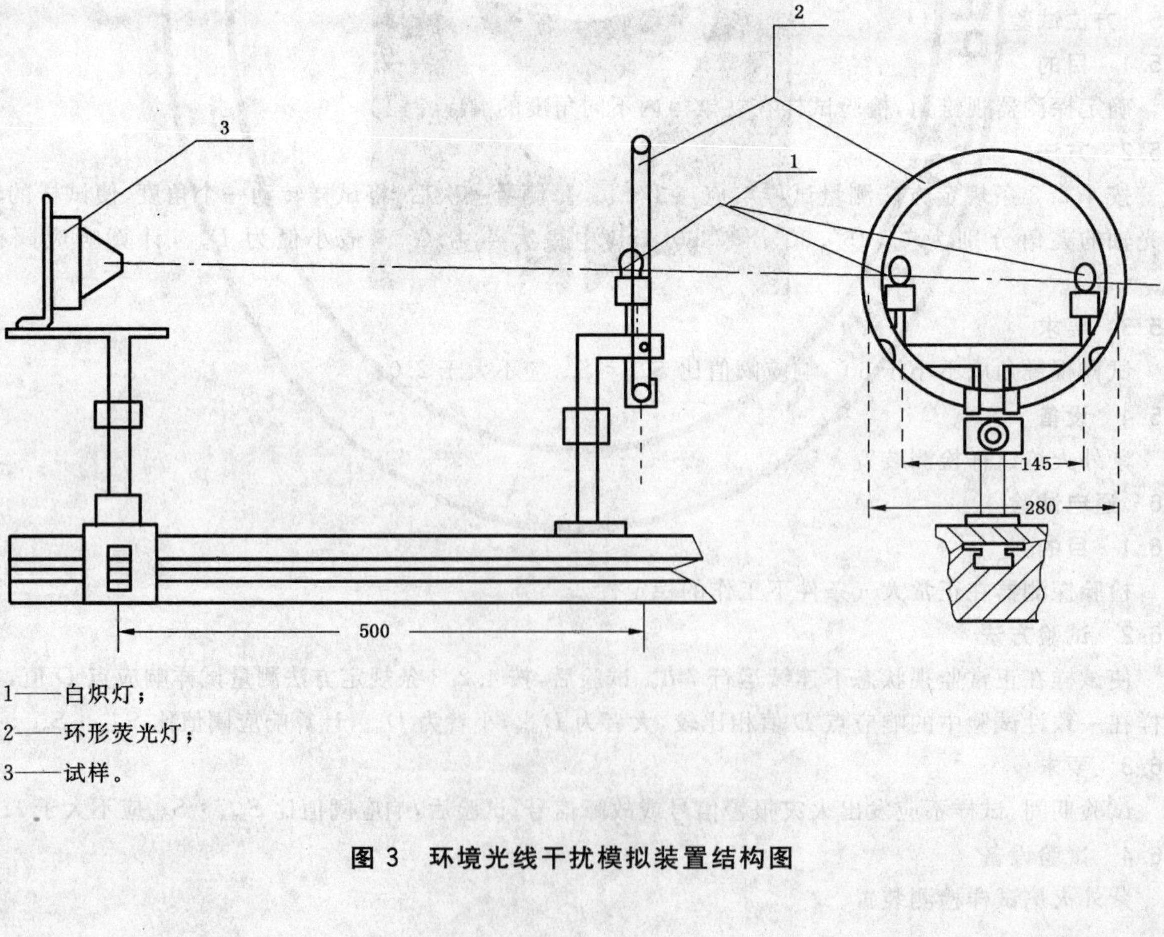

1——白炽灯；
2——环形荧光灯；
3——试样。

图3 环境光线干扰模拟装置结构图

4.8.2.2 试验步骤

a) 所有灯不亮。

b) 用两只 25 W 的白炽灯(色温为 2 850 K±100 K),亮 1 s 熄 1 s,共 20 次。

c) 用一只直径 308 mm、30 W 的环形荧光灯,亮 1 s 熄 1 s,共 20 次。

d) 用上述白炽灯和荧光灯,亮 2 h。测量试样响应点 D 值。

e) 所有灯不亮。

f) 测量试样响应点 D 值。

4.8.2.3 计算响应阈值比

按 4.2.3 条规定方法测量试样响应点 D 值,与该试样在一致性试验中的 D 值相比较,大者为 D_{max},小者为 D_{min} 值,计算响应阈值比 $S_{max}:S_{min}$。

4.8.3 要求

试验期间,试样不应发出火灾报警信号或故障信号,响应阈值比 $S_{max}:S_{min}$ 应不大于 1.6;试验后,试样响应阈值比 $S_{max}:S_{min}$ 应不大于 1.3。

4.8.4 试验设备

紫外火焰试样检测装置、环境光线干扰模拟装置。

4.9 高温(运行)试验

4.9.1 目的

检验探测器在高温条件下使用的适应性。

4.9.2 试验方法

4.9.2.1 将试样及其底座放在高温试验箱中,接通控制和指示设备,使其处于正常监视状态。

4.9.2.2 在温度 23℃±5℃ 的条件下,以不大于 0.5℃/min 的升温速率,将温度升至 55℃±2℃,在此条件下保持 2 h。试验期间,观察并记录试样的工作状态。

4.9.2.3 试验后,取出试样,在正常大气条件下放置 1 h。然后按 4.2.3 条规定方法测量响应点 D 值,与该试样在一致性试验中的 D 值相比较,大者为 D_{max},小者为 D_{min},计算响应阈值比 $S_{max}:S_{min}$。

4.9.3 要求

试验期间,试样不应发出火灾报警信号或故障信号;试验后,试样应无破坏涂覆和腐蚀现象,响应阈值比 $S_{max}:S_{min}$ 应不大于 1.3。

4.9.4 试验设备

试验设备应符合 GB 16838 的有关规定。

4.10 低温(运行)试验

4.10.1 目的

检验探测器在低温条件下使用的适应性。

4.10.2 试验方法

4.10.2.1 将试样及其底座放在低温试验箱中,接通控制和指示设备,使其处于正常监视状态。

4.10.2.2 在温度 15℃～20℃、相对湿度不大于 70% 的条件下保持 1 h,然后以不大于 0.5℃/min 的降温速率,将温度降至 −10℃±3℃,在此条件下保持 2 h(试样不应有结冰现象)。试验期间,观察并记录试样的工作状态。

4.10.2.3 试验后,取出试样,在正常大气条件下放置 1 h。然后按 4.2.3 条规定方法测量响应点 D 值,与该试样在一致性试验中的 D 值相比较,大者为 D_{max},小者为 D_{min},计算响应阈值比 $S_{max}:S_{min}$。

4.10.3 要求

试验期间,试样不应发出火灾报警信号或故障信号;试验后,试样应无破坏涂覆和腐蚀现象,响应阈

值比 $S_{max}:S_{min}$应不大于1.3。

4.10.4 试验设备

试验设备应符合GB 16838的有关规定。

4.11 恒定湿热(运行)试验

4.11.1 目的

检验探测器在高湿度环境中使用的适应性。

4.11.2 试验方法

4.11.2.1 将试样及其底座放在湿热试验箱中,接通控制和指示设备,使其处于正常监视状态。

4.11.2.2 调节湿热试验箱,使试样在温度为40℃±2℃、相对湿度为93%±3%的条件下持续4 d。试验期间,观察并记录试样的工作状态。

4.11.2.3 试验后,取出试样,在正常大气条件下放置1 h。然后按4.2.3条规定方法测量响应点D值,与该试样在一致性试验中的D值相比较,大者为D_{max},小者为D_{min},计算响应阈值比$S_{max}:S_{min}$。

4.11.3 要求

试验期间,试样不应发出火灾报警信号或故障信号;试验后,试样应无破坏涂覆和腐蚀现象,响应阈值比$S_{max}:S_{min}$应不大于1.3。

4.11.4 试验设备

试验设备应符合GB 16838的有关规定。

4.12 恒定湿热(耐久)试验

4.12.1 目的

检验探测器耐受高湿度环境的能力。

4.12.2 试验方法

4.12.2.1 将试样及其底座放在湿热试验箱中。

4.12.2.2 调节湿热试验箱,使试样在温度为40℃±2℃、相对湿度为93%±3%的条件下持续21 d。

4.12.2.3 试验后,取出试样,在正常大气条件下放置1 h。然后按4.2.3条规定方法测量响应点D值,与该试样在一致性试验中的D值相比较,大者为D_{max},小者为D_{min},计算响应阈值比$S_{max}:S_{min}$。

4.12.3 要求

试样应满足下述要求:

a) 恢复到正常监视状态时,试样不应发出火灾报警信号或故障信号;

b) 试验后,试样应无破坏涂覆和腐蚀现象,响应阈值比$S_{max}:S_{min}$应不大于1.6。

4.12.4 试验设备

试验设备应符合GB 16838的有关规定。

4.13 腐蚀试验

4.13.1 目的

检验探测器抗腐蚀的能力。

4.13.2 试验方法

4.13.2.1 将试样及其底座放入腐蚀试验箱中。

4.13.2.2 对试样施加下述严酷等级的试验:

a) 温度:25℃±2℃;

b) 相对湿度:90%~96%;

c) SO_2浓度:$(25+5)\times10^{-6}$(体积比);

d) 试验周期：21 d。

4.13.2.3 试验后，取出试样，在正常大气条件下放置 7 d。然后按 4.2.3 条规定方法测量响应点 D 值，与该试样在一致性试验中的 D 值相比较，大者为 D_{max}，小者为 D_{min}，计算响应阈值比 $S_{max}:S_{min}$。

4.13.3 要求

试样应满足下述要求：

a) 恢复到正常监视状态时，试样不应发出火灾报警信号或故障信号；

b) 试验后，试样应无破坏涂覆和腐蚀现象，响应阈值比 $S_{max}:S_{min}$ 应不大于 1.6。

4.13.4 试验设备

试验设备应符合 GB 16838 的有关规定。

4.14 绝缘电阻试验

4.14.1 目的

检验探测器的绝缘性能。

4.14.2 试验方法

4.14.2.1 在正常大气条件下，将试样及其底座安装在绝缘电阻试验设备的一块金属板上(电压地端)，将试样的所有接点相互短接，并在该短接处和金属板间施加 500×(1±0.1)V 的直流电压，持续 60 s±5 s，测量绝缘电阻。

4.14.2.2 将试样放置到温度为 40℃±2℃ 的干燥箱内干燥 6 h 后，再放置到温度为 40℃±2℃、相对湿度为 93%±3% 的湿热试验箱内，保持 4 d。然后在正常大气条件下放置 1 h，按上述方法测量绝缘电阻。

4.14.3 要求

试样的外部带电端子与外壳间的绝缘电阻在正常大气条件下应不小于 100 MΩ，在温度为 40℃±2℃、相对湿度为 93%±3% 的湿热环境下应不小于 1 MΩ。

4.14.4 试验设备

绝缘电阻试验装置主要技术参数：

a) 试验电压：直流 500×(1±0.1)V(地端为金属板)；

b) 测量范围：0～500 MΩ；

c) 最小分度：0.1 MΩ；

d) 记时时间：60 s±5 s。

注：在不具备专用试验装置的情况下，也可用兆欧表或摇表测量。

4.15 耐压试验

4.15.1 目的

检验探测器的耐压性能。

4.15.2 试验方法

4.15.2.1 将试样在温度为 25℃±2℃、相对湿度不大于 70% 的湿热试验箱内放置 24 h。

4.15.2.2 取出后，将试样和底座安装在耐压试验设备的一块金属板上(电压地端)，再将试样的所有接点相互短接，并按下述要求在短接处和金属板之间施加试验电压：

a) 试样额定工作电压有效值不超过 50 V 时：试验电压以 100 V/s～500 V/s 的升压速率从 0 V 升到 500×(1±0.1)V，保持 60 s±5 s；

b) 试样额定工作电压有效值超过 50 V 时：试验电压以 100 V/s～500 V/s 的升压速率从 0 V 升到 1 500×(1±0.1)V，保持 60 s±5 s。

4.15.3 要求

试验期间，试样不应发生表面飞弧、扫掠放电、电晕或击穿现象，且泄漏电流应不大于 20 mA。

4.15.4 试验设备

耐压试验装置主要技术参数：

a) 试验电源：50 ×(1±0.01)Hz、0 V～1 500 V(有效值)连续可调；

b) 升压速率：100 V/s～500 V/s；

c) 记时时间：60 s±5 s。

4.16 振动(正弦)(运行)试验

4.16.1 目的

检验探测器长时间承受振动影响的能力。

4.16.2 试验方法

4.16.2.1 将试样及其底座固定在振动试验台上，接通控制和指示设备，使其处于正常监视状态。

4.16.2.2 依次在三个互相垂直的轴线上，在 10 Hz～150 Hz 的频率循环范围内，以 5 m/s^2 的加速度幅值，1 倍频程每分的扫频速率，各进行 1 次扫频循环。

4.16.2.3 振动结束后，按 4.2.3 条规定方法测量响应点 D 值，与该试样在一致性试验中的 D 值相比较，大者为 D_{max}，小者为 D_{min}，计算响应阈值比 $S_{max}:S_{min}$。

4.16.3 要求

试验期间，试样不应发出火灾报警信号或故障信号；试验后，试样不应有机械损伤和紧固部位松动现象；响应阈值比 $S_{max}:S_{min}$ 应不大于 1.3。

4.16.4 试验设备

试验设备应符合 GB 16838 的规定。

4.17 振动(正弦)(耐久)试验

4.17.1 目的

检验探测器长时间承受振动影响的能力。

4.17.2 试验方法

4.17.2.1 将试样及其底座固定在振动试验台上。

4.17.2.2 依次在三个互相垂直的轴线上，在 10 Hz～150 Hz 的频率循环范围内，以 10 m/s^2 的加速度幅值，1 oct/min 的扫频速率，各进行 20 次扫频循环。

4.17.2.3 试验后，按 4.2.3 条规定方法测量响应点 D 值，与该试样在一致性试验中的 D 值相比较，大者为 D_{max}，小者为 D_{min}，计算响应阈值比 $S_{max}:S_{min}$。

4.17.3 要求

试样应满足下述要求：

a) 恢复到正常监视状态时，试样不应发出火灾报警信号或故障信号；

b) 试验后，试样不应有机械损伤和紧固部位松动现象，响应阈值比 $S_{max}:S_{min}$ 应不大于 1.3。

4.17.4 试验设备

试验设备应符合 GB 16838 的规定。

4.18 冲击试验

4.18.1 目的

检验探测器对非经常性机械冲击的抗干扰性。

4.18.2 试验方法

4.18.2.1 将试样及其底座固定在冲击试验台上，接通控制和指示设备，使其处于正常监视状态。

4.18.2.2 对质量为M(kg)的试样，当$M \leqslant 4.75$时，峰值加速度为$(100-20M)\times 10\ m/s^2$；当$M>4.75$时，峰值加速度为0，脉冲时间为6 ms。启动冲击试验台，对试样的6个方向进行冲击。

4.18.2.3 试验后，按4.2.3条规定方法测量响应点D值，与该试样在一致性试验中的D值相比较，大者为D_{max}，小者为D_{min}，计算响应阈值比$S_{max}:S_{min}$。

4.18.3 要求

试验后，试样不应有机械损伤和紧固部位松动现象，响应阈值比$S_{max}:S_{min}$应不大于1.3。

4.18.4 试验设备

试验设备应符合GB 16838的规定。

4.19 碰撞试验

4.19.1 目的

检验探测器承受机械碰撞的适应性。

4.19.2 试验方法

4.19.2.1 将试样及其底座按正常的工作位置固定在碰撞试验台的水平安装板上，接通控制和指示设备，使其处于正常监视状态。试样在试验前应至少通电15 min。

4.19.2.2 调整碰撞试验设备，使锤头碰撞面的中心能够从水平方向碰撞试样，并对准使试样最易遭受破坏的部位。然后以1.5 m/s±0.125 m/s的锤头速度、1.9 J±0.1 J的碰撞动能碰撞试样1次。

4.19.2.3 试验后，按4.2.3条规定方法测量响应点D值，与该试样在一致性试验中的D值相比较，大者为D_{max}，小者为D_{min}，计算响应阈值比$S_{max}:S_{min}$。

4.19.3 要求

试验后，试样不应有机械损伤和紧固部位松动现象，响应阈值比$S_{max}:S_{min}$应不大于1.3。

4.19.4 试验设备

碰撞试验装置(如图4所示)主体是一个摆锤机构，摆锤的锤头由硬质铝合金$AlCu_4SiMg$(经固溶、时效处理)制成，外形为具有一个斜的碰撞面的六面体。锤头的摆杆固定在带球轴承的钢轮毂上，球轴承装在硬钢架的固定钢轴上。硬钢架的结构应保证在未安装试样时能够使摆锤自由旋转。

锤头的外形尺寸为长94 mm、宽76 mm、高50 mm，质量约为0.79 kg。锤头的斜切面与纵轴之间的夹角为60°±1°。锤头的摆杆外径为25 mm±0.1 mm，壁厚为1.6 mm±0.1 mm。

锤头的纵轴距旋转轴线的径向距离为305 mm，锤头的摆杆轴线要保证与旋转轴线垂直。外径为102 mm，长为200 mm的钢轮毂同心组装在直径为25 mm的钢轴上。钢轴直径的精度取决于所用轴承尺寸公差。

在钢轮毂与摆杆相对的方向上装有两个外径为20 mm、长为185 mm的钢质配重臂，其伸出长度为150 mm。在两个配重臂上装一个位置可调的配重块，以便使锤头与配重臂平衡。在钢轮毂的一端上装一个厚12 mm、直径为150 mm的铝合金滑轮，在滑轮上缠绕一条缆绳，缆绳的一端固定在滑轮上，另一端系上工作重锤，工作重锤的质量约为0.55 kg。

安装试样的水平安装板由钢架支撑，安装板可以上下调整，以便使锤头的碰撞面中心从水平方向碰撞试样。

在使用试验设备时，首先要按图4调整试样和安装板的位置。调好后，把安装板固定在钢架上，然后摘下工作重锤，通过调整配重块平衡摆锤机构。调整平衡后，把摆杆拉到水平位置上，系上工作重锤，当摆锤机构释放时，工作重锤使锤头旋转270°碰撞试样。

单位为毫米

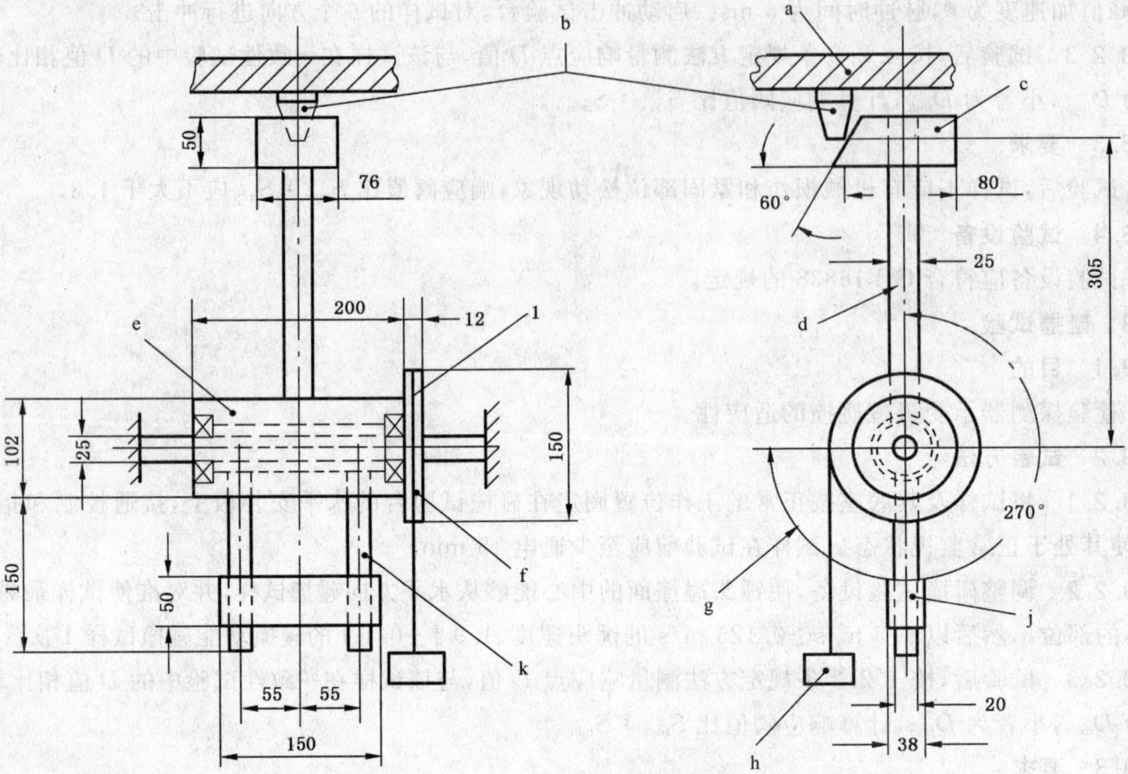

a——安装板；

b——试样；

c——锤头；

d——摆杆；

e——钢轮毂；

f——球轴承；

g——转动 270°；

h——工作重锤；

j——配重块；

k——配重臂；

l—滑轮。

图 4　碰撞试验装置结构图

4.20　射频电磁场辐射抗扰度试验

4.20.1　目的

检验探测器在射频电磁场辐射环境下工作的适应性。

4.20.2　试验方法

4.20.2.1　将试样安放在不导电支座上，接通电源，使试样处于正常监视状态 15 min。

4.20.2.2　按 GB/T 17626.3—1998 中的要求，对试样施加表 2 所示条件的电磁干扰：

表 2　射频电磁场辐射抗扰度试验条件

场强/(V/m)	10
频率范围/MHz	80～1 000
扫频速率 /10 oct/s	$\leqslant 1.5\times10^{-3}$
调制幅度	80%(1 kHz,正弦)

4.20.2.3 干扰期间，观察并记录试样工作状态。

4.20.2.4 干扰环境结束后，按4.2.3条规定方法测量响应点 D 值，与该试样在一致性试验中的 D 值相比较，大者为 D_{max}，小者为 D_{min}，计算响应阈值比 $S_{max}:S_{min}$。

4.20.3 要求

试验期间，试样不应发出报警信号或不可恢复的故障信号；试验后，试样响应阈值比 $S_{max}:S_{min}$ 应不大于1.3。

4.20.4 试验设备

试验设备应满足GB/T 17626.3—1998的有关要求。

4.21 射频场感应的传导骚扰抗扰度试验

4.21.1 目的

检验探测器在来自射频发射机产生的电磁骚扰环境下工作的适应性。

4.21.2 试验方法

4.21.2.1 将试样安放在绝缘台上，接通电源，使试样处于正常监视状态，保持15 min。

4.21.2.2 按GB/T 17626.6—1998中的要求，对试样施加表3所示条件的电磁干扰：

表3 射频场感应传导骚扰抗扰度试验条件

频率范围/MHz	0.15～100
电压/dBμV	140
调制幅度	80%(1 kHz，正弦)

4.21.2.3 干扰期间，观察并记录试样工作状态。

4.21.2.4 干扰结束后，按4.2.3条规定方法测量响应点 D 值，与该试样在一致性试验中的 D 值相比较，大者为 D_{max}，小者为 D_{min}，计算响应阈值比 $S_{max}:S_{min}$。

4.21.3 要求

试验期间，试样不应发出报警信号或不可恢复的故障信号；试验后，试样响应阈值比 $S_{max}:S_{min}$ 应不大于1.3。

4.21.4 试验设备

试验设备应满足GB/T 17626.6—1998的规定。

4.22 静电放电抗扰度试验

4.22.1 目的

检验探测器对带静电人员、物体造成的静电放电的适应性。

4.22.2 试验方法

4.22.2.1 将试样放在距接地参考平面0.8 m的支架上。接通电源，使试样处于正常监视状态，保持15 min。

4.22.2.2 对绝缘体外壳的试样，实施空气放电；对导体外壳的试样，实施接触放电。

4.22.2.3 按GB/T 17626.2—1998中的要求，对试样施加表4所示条件的电磁干扰：

表4 静电放电抗扰度试验条件

放电电压/kV	空气放电(外壳为绝缘体试样) 8
	接触放电(外壳为导体试样和耦合板) 6
放电极性	正、负
放电间隔/s	≥1
每点放电次数	10

4.22.2.4 干扰期间，观察并记录试样的工作状态。

4.22.2.5 干扰结束后，按4.2.3条规定方法测量响应点 D 值，与该试样在一致性试验中的 D 值相比较，大者为 D_{max}，小者为 D_{min}，计算响应阈值比 $S_{max}:S_{min}$。

4.22.3 要求

试验期间，试样不应发出报警信号或不可恢复的故障信号；试验后，试样响应阈值比 $S_{max}:S_{min}$ 应不大于1.3。

4.22.4 试验设备

试验设备应满足GB/T 17626.2—1998的规定。

4.23 电快速瞬变脉冲群抗扰度试验

4.23.1 目的

检验探测器抗电快速瞬变脉冲群干扰的能力。

4.23.2 试验方法

4.23.2.1 将试样安放在绝缘台上，接通电源，使试样处于正常监视状态，保持15 min。

4.23.2.2 按GB/T 17626.4—1998中的要求，对试样施加表5所示条件的电磁干扰：

表5 电快速瞬变脉冲群抗扰度试验条件

瞬变脉冲电压/kV	1×(1±0.1)
重复频率/kHz	5×(1±0.2)
极性	正、负
时间	每次1 min

4.23.2.3 干扰期间，观察并记录试样工作状态。

4.23.2.4 干扰结束后，按4.2.3条规定方法测量响应点 D 值，与该试样在一致性试验中的 D 值相比较，大者为 D_{max}，小者为 D_{min}，计算响应阈值比 $S_{max}:S_{min}$。

4.23.3 要求

试验期间，试样不应发出报警信号或不可恢复的故障信号；试验后，试样响应阈值比 $S_{max}:S_{min}$ 应不大于1.3。

4.23.4 试验设备

试验设备应满足GB/T 17626.4—1998的有关要求。

4.24 浪涌(冲击)抗扰度试验

4.24.1 目的

检验探测器对附近闪电或供电系统的电源切换及低电压网络、包括大容性负载切换等产生的电压瞬变(电浪涌)干扰的适应性。

4.24.2 试验方法

4.24.2.1 将试样安放在绝缘台上，接通电源，使试样处于正常监视状态，保持15 min。

4.24.2.2 按GB/T 17626.5—1999中的要求，对试样施加表6所示条件的电磁干扰：

表6 浪涌(冲击)抗扰度试验条件

浪涌(冲击)电压/kV	线-地 1×(1±0.1)
极性	正、负
试验次数	5

4.24.2.3 干扰期间，观察并记录试样工作状态。

4.24.2.4 干扰结束后，按4.2.3条规定方法测量响应点 D 值，与该试样在一致性试验中的 D 值相比较，大者为 D_{max}，小者为 D_{min}，计算响应阈值比 $S_{max}:S_{min}$。

4.24.3 要求

试验期间，试样不应发出报警信号或不可恢复的故障信号；试验后，试样响应阈值比 S_{max} ：S_{min}应不大于1.3。

4.24.4 试验设备

试验设备应满足GB/T 17626.5—1999的有关要求。

4.25 火灾灵敏度试验

4.25.1 目的

检验探测器在试验火条件下的响应性能。

4.25.2 试验方法

4.25.2.1 将4只试样平行固定在1.5 m±0.1 m的高处并与试验火隔离，接通控制和指示设备，使其处于正常监视状态。

点燃试验火，经过一段时间辐射稳定后，除去隔离物并开始计时。

试验中试样与试验火中心的距离分别为12 m、17 m和25 m。

4.25.2.2 正庚烷火

a) 燃料：正庚烷（分析纯级），加3%（V/V）甲苯；

b) 质量：650 g；

c) 布置：将燃料放置于用2 mm厚钢板制成、底面尺寸为33 cm×33 cm、高为5 cm的容器中；

d) 点火方式：火焰或电火花。

4.25.2.3 乙醇明火

a) 燃料：工业乙醇（乙醇含量90%以上，含少量甲醇）；

b) 质量：2 000 g；

c) 布置：将燃料放置于用2 mm厚钢板制成、底面尺寸为33 cm×33 cm、高为5 cm的容器中；

d) 点火方式：火焰或电火花。

4.25.3 要求

a) 试验期间，试样应在30 s内发出火灾报警信号。发出火灾报警信号时试样与试验火中心距离为25 m时为Ⅰ级灵敏度，17 m时为Ⅱ级灵敏度，12 m时为Ⅲ级灵敏度。

b) 如果试样响应时间超过30 s，则此试样不予分级。

5 检验规则

5.1 产品出厂检验

企业在产品出厂前应对探测器进行下述试验项目的检验：

a) 一致性试验；

b) 方位试验；

c) 重复性试验；

d) 低温（运行）试验。

制造商应规定抽样方法、检验和判定规则。

5.2 型式检验

5.2.1 型式检验项目为本标准第4章4.3～4.25规定的试验项目。检验样品在出厂检验合格的产品中抽取。

5.2.2 有下列情况之一时，应进行型式检验：

a) 新产品或老产品转厂生产时的试制定型鉴定；

b) 正式生产后，产品的结构、主要部件或元器件、生产工艺等有较大的改变，可能影响产品性能或正式投产满4年；

c) 产品停产一年以上，恢复生产；

d) 出厂检验结果与上次型式检验结果差异较大；

e) 发生重大质量事故。

5.2.3 检验结果按 GB 12978 中规定的型式检验结果判定方法进行判定。

6 标志

6.1 总则

6.1.1 产品标志应在探测器安装维护过程中清晰可见。

6.1.2 产品标志不应贴在螺钉或其他易被拆卸的部件上。

6.2 产品标志

6.2.1 每只探测器均应清晰地标注下列信息：

a) 产品名称；

b) 执行标准；

c) 制造商名称或商标；

d) 型号；

e) 接线柱标注；

f) 制造日期、产品编号、产地和试样内软件版本号；

g) 产品主要技术参数(包括试样响应的火焰辐射光谱范围、试样的灵敏度)。

6.2.2 对于可拆卸探测器，探头上的标志内容应包括上述 a)、b)、c)、d)、f)、g)条的内容，底座的标志内容应至少包括 d)和 e)条内容。

6.2.3 产品标志信息中如使用不常用符号或缩写时，应在探测器使用说明书中说明。

6.3 质量检验标志

每只探测器均应有质量检验合格标志。

ICS 83.100
G 32

中华人民共和国国家标准

GB/T 12812—2006/ISO 6187:2001
代替 GB/T 12812—1991

硬质泡沫塑料 易碎性的测定

Rigid cellular plastics—Determination of friability

(ISO 6187:2001,IDT)

2006-09-04 发布　　　　2007-02-01 实施

中华人民共和国国家质量监督检验检疫总局
中国国家标准化管理委员会　发布

前　言

本标准是对 GB/T 12812—1991《硬质泡沫塑料滚动磨损试验方法》的修订。

本标准等同采用 ISO 6187:2001《硬质泡沫塑料——易碎性的测定》。

为了便于使用,本标准对 ISO 6187:2001《硬质泡沫塑料——易碎性的测定》作了下列编辑性修改:

——删除了国际标准的前言部分;

——术语“微孔塑料”按国内习惯改为“泡沫塑料”;

——仪器部分增加了天平;

——删除了国际标准的精密度和偏差章节;

——将仪器章节和试验步骤章节中部分内容进行了调整。

本标准与 GB/T 12812—1991《硬质泡沫塑料滚动磨损试验方法》的主要差异如下:

——标准名称更改为《硬质泡沫塑料　易碎性的测定》;

——增加了前言部分;

——增加了术语和定义部分;

——去除了原理部分;

——试验次数由试验一次改为试验三次,结果改为取三次试验结果的平均值,保留两位有效数字。

本标准自实施之日起,代替 GB/T 12812—1991。

本标准由中国轻工业联合会提出。

本标准由全国塑料制品标准化技术委员会归口。

本标准起草单位:江苏省化工研究所有限公司、北京工商大学。

本标准主要起草人:吴昊、陈倩、王燕。

本标准的历次版本发布情况为:

——GB/T 12812—1991。

硬质泡沫塑料　易碎性的测定

1　范围

本标准通过测定质量损失率的方法来表征硬质泡沫塑料的易碎性。

本标准适用于硬质泡沫塑料。

2　规范性引用文件

下列文件中的条款通过本标准的引用而成为本标准的条款。凡是注日期的引用文件，其随后所有的修改单(不包括勘误的内容)或修订版均不适用于本标准，然而，鼓励根据本标准达成协议的各方研究是否可使用这些文件的最新版本。凡是不注日期的引用文件，其最新版本适用于本标准。

GB/T 6342—1996　泡沫塑料与橡胶　线性尺寸的测定(idt ISO 1923:1981)

3　术语和定义

下列术语和定义适用于本标准。

3.1

泡沫塑料　cellular plastic

由于内部有很多的泡孔而引起密度的减少的一种塑料，不管这些泡孔可以相连或分散在塑料中。

3.2

易碎性　friability

泡沫塑料与其他物质相碰撞和摩擦，磨损成碎片或粉末的程度。

4　仪器

4.1　试验箱

一个内部尺寸为 190 mm×197 mm×197 mm 的橡木试验盒。试验盒底部中心安装水平旋转轴，轴心与试验盒成 90°角。试验盒侧面开有一个密封良好的小门，能阻止粉尘的出入。试验盒有一个可以(60±2)r/min 的速度匀速旋转的马达。

4.2　标准块

橡木立方体，密度约为(650±5)kg/m³，尺寸为(19±0.8)mm，数量为 24 块，依次编号为 1 号至 24 号。

4.3　天平

感量为 0.01 g。

5　试样

5.1　形状和尺寸

试样为(25±1.5)mm 的立方体。

5.2　制备

从同一块泡沫塑料样品中制取试样。如果产品在生产或成型时有表皮，除了边角不要外，应尽量保留产品的表皮作为试样的一个表面。

5.3 数量

测试三组试样，每组 12 个。

5.4 状态调节

试样应在温度(23±2)℃和相对湿度(50±5)%的条件下进行状态调节，时间不少于 40 h。或者将试样置于(70±2)℃的烘箱中烘干至质量恒定，并冷却至室温。状态调节的条件也可由供需双方协商决定，并将状态调节条件列入试验报告。

6 试验步骤

6.1 状态调节

将试样和标准块在温度(23±2)℃和相对湿度(50±5)%的条件下进行状态调节，时间不少于 6 h (如果试样和标准块已按 5.4 中的条件进行状态调节满 40 h，则不必进行本状态调节)。

6.2 试验环境

试验环境为标准大气压下，温度(23±2)℃和相对湿度(50±5)%。

6.3 称量试样

在试验环境中，用天平称量一组 12 个试样的初始总质量 m_1，精确到 0.01 g。

6.4 试验

将一组 12 个试样和 24 个标准块放入干净的试验箱中，关紧箱门。

将试验箱以每分钟(60±2)转的速度旋转(600±3)转。

仔细地将试验箱内的物体倒在 9.5 mm 的金属网筛上，以去掉浮尘和小颗粒。然后小心地将试样取出，立即称量，并记录试验后试样总质量 m_2，精确到 0.01 g。

6.5 标准块的检查和处理

每次试验后依次拿出一个已用过的标准块(1 号)，再放入一个新的标准块(25 号)，使新旧标准块的数目总和始终为 24 个。同时用半径测量仪检查其余标准块的角，当角磨损后的曲率半径大于 1.6 mm 或标准块已变形时，则更换之，并依次编号。

6.6 试验次数

进行三次试验。每次试验使用一组不同试样。

7 结果表示和计算

易碎性用质量损失百分比表示，按式(1)计算：

$$m_t = \frac{m_1 - m_2}{m_1} \times 100 \qquad \cdots\cdots(1)$$

式中：

m_t——质量损失百分比，%；

m_1——试样的初始总质量，单位为克(g)；

m_2——试验后试样总质量，单位为克(g)。

结果取三次试验结果的平均值，保留两位有效数字。

8 试验报告

试验报告应包括下述的内容：

a) 本标准名称和标准号；

b) 试样的类型、名称、表皮情况；

c) 试样的状态调节和试验的环境；

d) 试验结果；

e) 评定试样外观的磨损、破碎等破坏方式和程度；

f) 试验日期。

ICS 17.140.30
S 50

中华人民共和国国家标准

GB/T 12816—2006
代替 GB/T 12816—1991

铁道客车内部噪声限值及测量方法

The limiting value and measurement method for the interior noise in the railway passenger coach

2006-12-14 发布

2007-05-01 实施

中华人民共和国国家质量监督检验检疫总局
中国国家标准化管理委员会 发布

前　言

本标准中车辆内部噪声限值参考 UIC OR 567-1 1978.1.1 第 4 版《国际联运用 X 型、Y 型标准客车及其特性》、UIC OR 553　2004.2.1 第 6 版《客车通风、采暖和空调》，其测量方法参考 ISO/DIS 3381：2001《声学—轨道机车车辆内部噪声测量》和 JIS E 4021：1994《铁道车辆的内部噪声试验方法》等标准编制。

本标准代替 GB/T 12816—1991《铁道客车噪声的评定》。

本标准与 GB/T 12816—1991 相比主要变化如下：

——标准名称改为“铁道客车内部噪声限值及测量方法”；

——增加了对动车组车辆客室噪声的要求；

——删除了车外噪声限值及测量方法；

——将车辆运行时，评定车内噪声限值的列车试验速度由 80 km/h 修改为构造速度；

——对车辆内部噪声限值作了修改。

本标准的附录 A 为资料性附录。

本标准由铁道部提出。

本标准由铁道部标准计量研究所归口。

本标准起草单位：中国北车集团四方车辆研究所、铁道科学研究院环控劳卫研究所。

本标准主要起草人：施桂蓉、阎锋、焦大化。

本标准所代替标准的历次版本发布情况为：

——GB/T 12816—1991。

铁道客车内部噪声限值及测量方法

1 范围

本标准规定了铁道客车运行及静止时内部噪声限值及其测量方法。

本标准适用于标准轨距上运行的新造座车(含硬座车、软座车、一等车和二等车)、卧车、餐车、发电车、行李车、邮政车和上述车种的合造车,并适应于动车组车辆客室。公务车、卫生车、维修车和试验车等特殊用途车以及其他有特殊要求的客车,除噪声限值及测点位置按设计及使用需要有特殊要求外,其他也应符合本标准。

2 规范性引用文件

下列文件中的条款通过本标准的引用而成为本标准的条款。凡是注日期的引用文件,其随后所有的修改单(不包括勘误的内容)或修订版均不适用于本标准,然而,鼓励根据本标准达成协议的各方研究是否可使用这些文件的最新版本。凡是不注日期的引用文件,其最新版本适用于本标准。

GB/T 3241　倍频程和分数倍频程滤波器(GB/T 3241—1998,eqv IEC 61260:1995)

GB/T 3785　声级计的电、声性能及测试方法

GB/T 3947　声学名词术语

GB/T 8170　数值修约规则

GB/T 17181　积分平均声级计(GB/T 17181—1997,idt IEC 60804:1985)

3 术语和定义

GB/T 3947 确立的术语和定义适用于本标准。

4 车辆内部噪声级的评定

4.1　各种车在运行及静止时,车内各测点噪声级均应符合表1规定。

4.2　车辆运行时车内噪声限值系指车辆以构造速度运行、所有辅助设备正常使用时车内所允许的噪声。

4.3　车辆静止时车内噪声限值系指车辆静止、空调机组及发电机组等辅助设备额定负荷运转时车内所允许的噪声。

4.4　发电车车内噪声限值系指空调机组与靠近配电室的发电机组同时按额定负荷开启时车内所允许的噪声。

表 1　车辆内部噪声限值　　单位为分贝(A)

车　种		噪声限值	
		运行时	静止时
软卧车、软座车、一等车		≤65	≤60
硬卧车、硬座车、二等车		≤68	≤62
餐　车	餐厅	≤68	≤62
	厨房	≤75	≤70

表 1(续)　　单位为分贝(A)

车种		噪声限值	
		运行时	静止时
行李车、邮政车	办公室	≤70	≤62
	乘务员室	≤68	≤62
发电车	配电室	≤75	≤70
	乘务员室	≤70	≤65

5 试验种类

5.1 试验分运行试验和静止试验两类。

5.2 运行试验系指车辆运行、所有辅助设备正常使用时,测量车辆内部噪声的试验。测量时车速应稳定在试验速度的±5%范围内。

5.3 静止试验系指车辆静止、空调机组和发电机组等辅助设备开启时,测量车辆内部噪声的试验。

6 测量方法

6.1 测量值

6.1.1 所有测量值均为等效连续 A 计权声压级,用 $L_{\mathrm{Aeq},T}$表示,单位为 dB。

6.1.2 需作频谱分析时,测量值为倍频带声压级或 1/3 倍频带声压级,用 L_{pf}表示,单位为 dB。

6.1.3 每测点每次测量时间不少于 10 s,读取 A 声级的最接近的整数值,与一般噪声特征有明显差异的值应剔除。如有难以除去的明显的纯音或脉冲噪声应在测量结果中加以说明。

6.1.4 每个测点测量 3 次,以 3 次测量值的算术平均值表示测量结果,按照 GB/T 8170 的规则修约后,取整分贝数。如果在相同条件下,3 次测量数值间的差值大于 3dB 时,应重新测量。

6.2 测量仪器

6.2.1 噪声级测量应使用准确度不低于 1 型的声级计或其他测量仪器。其性能应符合 GB/T 3785 或 GB/T 17181 的规定。

6.2.2 测量频带声压级使用的滤波器的特性应符合 GB/T 3241 的规定。

6.2.3 噪声级测量仪器在使用前后均应使用准确度不低于±0.3 dB 的声级校准器校准,前后偏差应不大于 0.5 dB,否则测量无效。

6.3 声学环境、气象条件及背景噪声

6.3.1 试验场地应不受周围反射物(如建筑、山岗、路堑等)的影响。邻近轨道处,不应有深雪、高草丛等吸声物,否则应在试验条件中注明。

6.3.2 气象条件(如温度、风、雨等)应以不影响测量为准。

6.3.3 车辆所有辅助设备停机时测量的车内背景噪声应比试验条件下车内噪声级低 10 dB。若在测量中,背景噪声不能满足上述要求,而仅低 5 dB～10 dB,测量结果应按表 2 进行修正。若背景噪声低于 5 dB 以下,测量结果仅作估算值。

表 2　背景噪声修正值　　单位为分贝

被测噪声级与背景噪声级差值	试验读数的修正值
≥10	0
6～9	−1
5	−2

6.4 **线路条件**

6.4.1 试验线路曲线半径大于1 000 m、坡度小于6‰。

6.4.2 试验线路应为干燥无冻结的碎石道床、木枕或混凝土轨枕的无缝线路。钢轨表面平整、无伤痕。在短钢轨及平板道床上试验时，应予以注明。

6.4.3 测量时应避免在车辆通过隧道、桥梁、道叉、车站及会车时读数。

6.5 **车辆条件**

6.5.1 被试车辆与机车、发电车或动力车之间至少编挂一辆以上隔离车(动车组车辆除外)，使机车、发电车或动力车的噪声及振动不影响被试车辆内部噪声级的测量。

6.5.2 被试车辆应为整备状态的车辆。

6.5.3 车轮踏面光滑平整，不应有擦伤、剥离等缺陷。

6.5.4 试验时，所有对测量位置处的噪声级有影响的辅助设备应予以启动；若只是不经常出现的短时(小于1 min)噪声，并且该噪声对其他声源的噪声级的影响小于5 dB时，测量中可不予考虑。

6.5.5 试验时，被试车辆的门和窗处于关闭状态；通风器处于工作状态。

6.5.6 试验时，车内除测量人员2人～3人外，应无其他人员。如条件不允许时，应注明车内人数。

7 测量位置

7.1 卧车测量位置

在车辆中央、两端的三个包间中央距地板面1.2 m高度处各设1个测点。同时，在车辆中央、两端的下层卧铺上方各设1个测点，测点距侧墙0.25 m、距铺面0.2 m。

7.2 座车测量位置

在客室中央、两端两排座椅中央与车体纵向中心线相交处各设2个测点，两测点分别距地板面高1.2 m和1.6 m。

对于有分隔间的座车，在车辆中央及两端的客室中央距地板面1.2 m高度处各设1个测点。

7.3 餐车测量位置

在餐厅两端的餐桌中央与车体纵向中心线相交点，距地板面1.2 m高度处各设1个测点。同时，在厨房中央距地板面1.6 m高度处设1个测点。

7.4 行李车、邮政车测量位置

在办公室及乘务员室中央距地板面1.2 m高度处各设1个测点。同时，在乘务员室下层铺位上方各设1个测点，测点距侧墙0.25 m、距铺面0.2 m。

7.5 发电车测量位置

在配电室和乘务员室中央距地板面1.2 m高度处各设1个测点。同时，在乘务员室下层铺位上方设1个测点，测点距侧墙0.25 m、距铺面0.2 m。

7.6 双层客车测量位置

双层客车上层和下层的测点一致。测点位置与上述相应车种相同。

7.7 传声器位置

测量时，传声器面朝上，其轴线与地板面垂直。

7.8 各车种噪声测量位置示意图参见附录A。

8 试验报告及记录内容

试验报告及测量记录主要包括以下内容：

a) 被试车辆状况、牵引方式及试验速度；

b) 试验地点、日期、线路条件、气象情况、周围环境及背景噪声；

c) 测量仪器，传声器型号；

d) 传声器位置标示简图；

e) 试验种类，辅助设备及运转情况；

f) 测量值；

g) 测试结果评定；

h) 其他需说明的内容。

附 录 A
（资料性附录）
车辆内部噪声测量位置示意图

各车种内部噪声测量位置分别如图 A.1～图 A.6 所示：

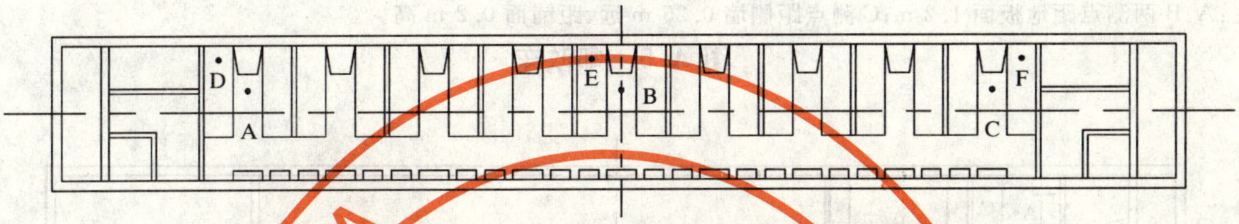

注：A、B、C 三测点距地板面 1.2 m 高；D、E、F 三测点距侧墙 0.25 m 远、距铺面 0.2 m 高。

图 A.1 卧车

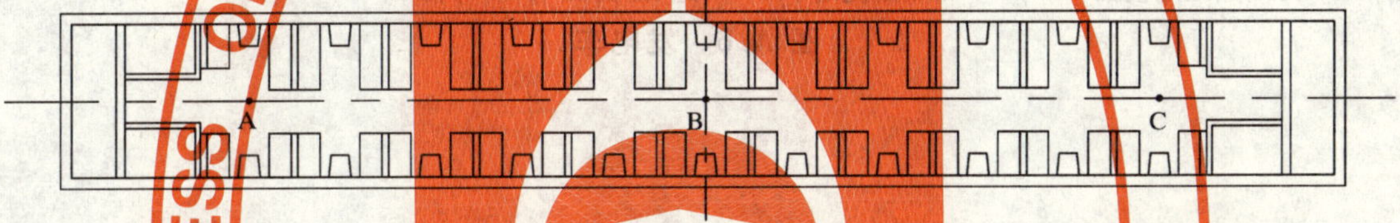

注：A、B、C 三处测点均分别距地板面高 1.2 m 和 1.6 m。

图 A.2 座车

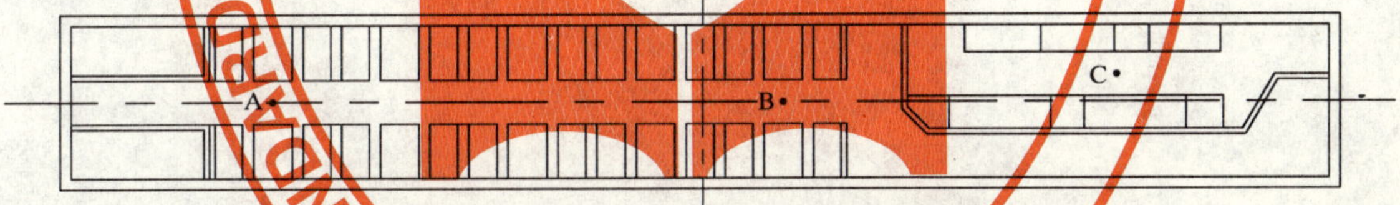

注：A、B 两测点距地板面 1.2 m 高；C 测点距地板面 1.6 m 高。

图 A.3 餐车

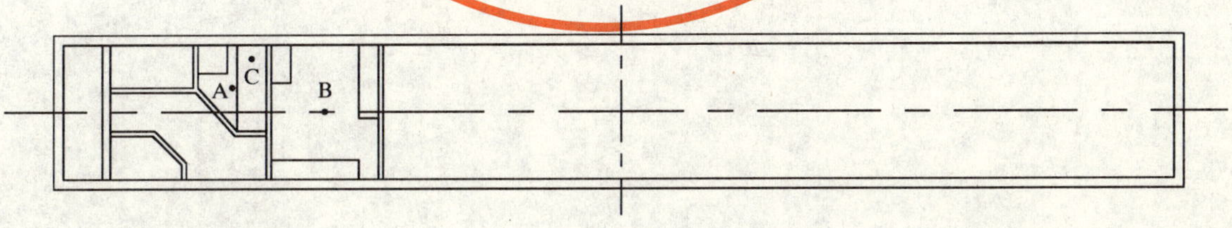

注：A、B 两测点距地板面 1.2 m；C 测点距侧墙 0.25 m 远、距铺面 0.2 m 高。

图 A.4 行李车

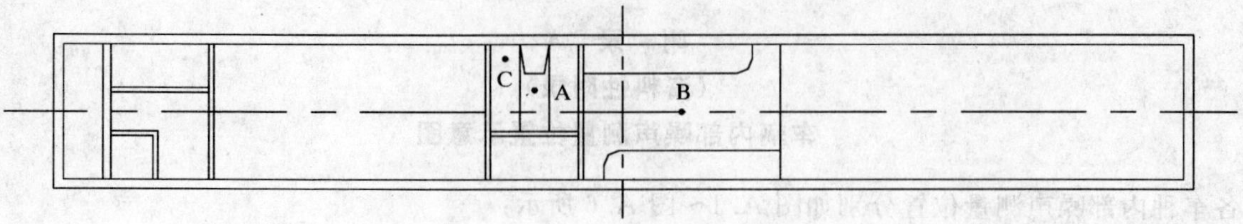

注:A、B 两测点距地板面 1.2 m;C 测点距侧墙 0.25 m 远、距铺面 0.2 m 高。

图 A.5 邮政车

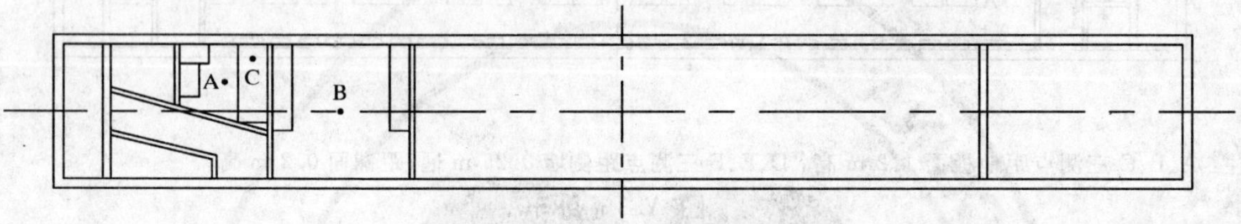

注:A、B 两测点距地板面 1.2 m;C 测点距侧墙 0.25 m 远、距铺面 0.2 m 高。

图 A.6 发电车

参 考 文 献

[1] ISO/DIS 3381:2001 Acoustics—Measurement of noise inside railbound vehicles
[2] JIS E 4021:1994 Railway rolling stock-Test methods inside noise
[3] UIC OR 567-1 4th edition of 1.1.78 OR Standard X and Y coaches accepted for running on international services
[4] UIC OR 553 6th edition of 1.2.2004 OR Air-conditioning equipment in coaches—Standard tests

ICS 83.060
G 40

中华人民共和国国家标准

GB/T 12828—2006
代替 GB/T 12828—1991

生胶和未硫化混炼胶
塑性值和复原值的测定
平行板法

Rubber, raw and unvalcanized compounded—Determination of plasticity number and recovery number—Parallel plate method

(ISO 7323:1985, MOD)

2006-12-29 发布　　2007-06-01 实施

中华人民共和国国家质量监督检验检疫总局
中国国家标准化管理委员会　发布

前　言

本标准修改采用 ISO 7323:1985《生胶和未硫化混炼胶　塑性值和复原值的测定　平行版法》(英文版)。

本标准代替 GB/T 12828—1991《生胶和混炼胶塑性值及复原值的测定　平行版法》。

本标准与 ISO 7323 的技术性差异为 8.1 中测试用隔离材料用玻璃纸代替 ISO 7323 中 8.1 规定的荷兰布,以确保方便实用。

本标准与 GB/T 12828—1991 的主要差异如下:

——增加了前言;

——删除了引用标准 GB 6038,增加了引用标准 GB/T 15340—1994《天然、合成生胶取样及制样方法》;

——将试样预热时间由 3 min 改为 15 min;

——删除了"恒温烘箱中塑性计垂直装在恒温烘箱内的架子上,离箱底不小于 60 mm。重锤的温度可调节为 70℃±1℃和 100℃±1℃。"的规定;

——删除了压重为 981 mN±98.1 mN,测量面直径为 10 mm±0.1 mm 厚度计;

——删除了加工后的胶料在 2 h～24 h 内制备试样进行试验的规定;

——在复原值的测定中,将试样恢复时间和温度由"试样在试验室温度下放置 3 min"改为"最佳的复原值读数时间是除去负荷后 1 min" 和"让试样在试验温度下,在所要求的时间内恢复";

本标准由中国石油和化学工业协会提出。

本标准由全国橡标委会物理和化学试验方法分技术委员会(SAC/TC 35/SC 2)归口。

本标准由贵州轮胎股份有限公司负责起草。

本标准主要起草人:冯萍。

本标准所代替标准的历次版本发布情况为:

——GB/T 12828—1991

生胶和未硫化混炼胶
塑性值和复原值的测定
平行板法

警告:使用本标准的人员应有正规实验室工作的实践经验。本标准并未指出所有可能的安全问题。使用者有责任采取适当的安全和健康措施,并保证符合国家有关法规规定的条件。

1 范围

本标准规定了用平行板塑性计测量未混炼的橡胶,混炼后的橡胶,未硫化的再生胶胶料及橡胶类材料的塑性值和复原值的方法。

注:塑性值和复原值与材料的粘弹性有关。塑性值与流动性有关,复原值与弹性有关。这些性能在预测橡胶的加工性能时是很有用的,例如在评价成型和挤出膨胀的难易程度时。

2 规范性引用文件

下列文件中的条款通过本标准的引用而成为本标准的条款。凡是注日期的引用文件,其随后所有的修改单(不包括勘误的内容)或修订版均不适合于本标准,然而,鼓励根据本标准达成协议的各方研究是否可使用这些文件的最新版本。凡是不注日期的引用文件,其最新版本适用于本标准。

GB/T 2941 橡胶试样环境调节和试验的标准温度、湿度及时间(GB/T 2941—1991,eqv ISO 471:1983)

GB/T 9868 橡胶获得高于或低于常温试验温度通则(GB/T 9868—1988,idt ISO 3383:1985)

GB/T 15340 天然、合成生胶取样及制样方法(GB/T 15340—1994,idt ISO 1795:1992)

3 术语和定义

下列术语和定义适用于本标准。

3.1

塑性值 plasticity number

在规定的温度和时间下,一个初始高度接近 10 mm、体积 2 cm^3 的圆柱形试样承受 49 N 的压力后用毫米(mm)表示的高度值乘以 100,即为塑性值。

3.2

复原值 recovery number

一个体积为 2 cm^3 初始高度接近 10 mm 的圆柱形试样在规定的温度下和一定的时间内施加 49 N 压力后,其高度与除去施加力后在规定的温度下恢复规定的时间后试样高度的差值,以毫米(mm)表示,再乘以 100,即为复原值。

4 原理

一定体积的试样在规定的试验温度下预热 15.0 min±0.5 min,然后在规定的时间内施加 49.0 N±0.5 N 的压力,测量试样的高度(塑性值)。

所测试样在试验温度下,恢复规定的时间。测量试样恢复后的高度,这两个高度的差值为复原值。

5 仪器

5.1 平行板塑性计,主要部件见图 1。塑性计应包括以下部件。

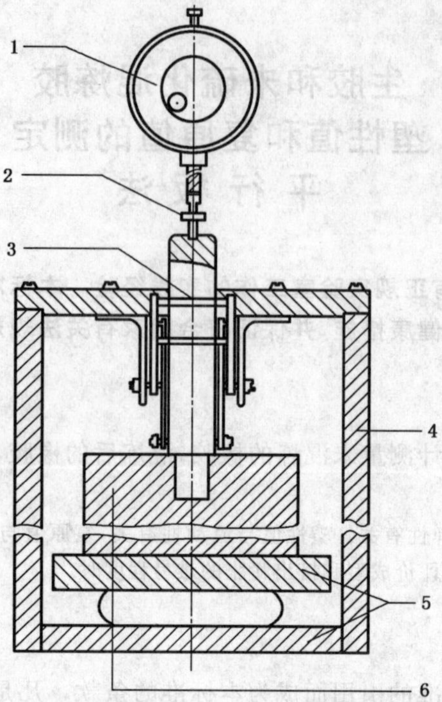

1——百分表；

2——表盘调节螺丝；

3——提升杆；

4——支架；

5——平行板；

6——提供 49.0 N±0.5 N 的加载系统。

图 1　典型的平行板塑性计

5.1.1　两个平板厚度不小于 10 mm，直径为 40 mm。安装于一个合适的框架里，一块平板能相对于另一块移动，在任何时候两块平板的平行度在 1°以内。

仪器应设计成能在两平板间施加 49.0 N±0.5 N 的力，包括在测试中百分表弹簧的作用。

5.1.2　安装在仪器上的百分表盘，分度为 0.01 mm，使其在任何时候都能测量两平板之间的距离。

5.2　恒温烘箱具有热空气循环功能，烘箱的温度精度能控制在 1℃以内，并能容纳塑性计。应符合 GB/T 9868 的有关规定。

5.3　百分表压足直径 25 mm±2 mm，能精确地提供 800 mN±30 mN 的负荷(测量复原值所要求的)。

6　试样

6.1　试样制备

试样不应有气泡，体积为 2.00 cm^3±0.02 cm^3 的圆柱体(直径 16 mm、高度 10 mm 的圆柱体是适宜的)。可用整体或层叠的大约 15 mm 厚的未硫化胶片制备，小心地排除胶片中的气泡。试样可以从胶片上裁取，既可用如图 2 所示的两个相配套的裁刀从胶片上裁取，这个刀具能裁切正确体积的圆柱体，又可用一个内径大约 16 mm 的旋转裁刀来裁切制备。如果已知试样密度，通过称重可以得到准确的体积。应制备三个测试试样，用滑石粉轻轻地洒在试样上，然后放在合适的支架上以免在测试前试样变形。

用于裁取试样的未硫化胶片的制备方法不同(见 GB/T 15340)会影响测试结果。进行比较试验时，所选用的胶片制备方法应严格一致。制备未硫化胶片与裁切试样之间的时间间隔应是恒定的，不少于 1 h，并应在试验报告中说明。

单位为毫米

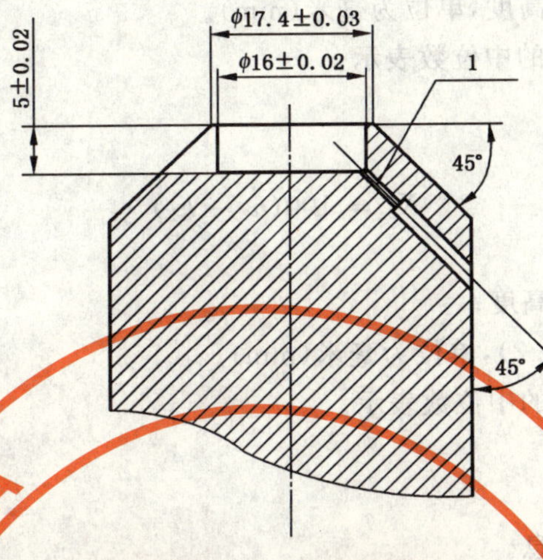

1——钻孔(约 0.2)。

图 2 制备试样的不锈钢硬质裁刀(需要两个)

6.2 试样的数量

测试的试样应为三个。

7 试验条件

7.1 最佳试验温度是 70℃±1℃和 100℃±1℃。如果使用室温至 100℃之间的其他温度,应从 GB/T 2941中选择。

7.2 在施加负荷期间和除去负荷的任何需要的时间内都可以读数。最佳的塑性值读数时间是提供负荷后 3 min,最佳的复原值读数时间是除去负荷后 1 min。

7.3 测试过程中加在试样上的整个力值包括百分表弹簧力的影响,应为 49.0 N±0.5 N(见 5.1.1)。

8 程序

将塑性计放入恒温烘箱,在整个测试过程中烘箱和平板温度应保持在试验温度下。

8.1 塑性值的测量

将试样放在两片隔离材料中,隔离材料选用玻璃纸,以免试样粘在平板上。

两平板间在垫有两层隔离材料时将百分表(见 5.1.2)读数归零。

在试验温度下将试样预热 15.0 min±0.5 min。将预热后试样放入两平行板间,施加负荷,达到规定的时间间隔时(见 7.2)读取百分表的数值,精确至 0.01 mm,记录试样高度 h_1,用毫米(mm)表示。

8.2 复原值的测定

压缩过程结束时,读出百分表的数值后,除去上压板的压力,让试样在试验温度下,在所要求的时间内恢复。

这个阶段结束后,用百分表(见 5.3)测量试样高度 h_2,记录这个值,作为复原高度,以毫米(mm)表示。

9 结果的表示

9.1 塑性值

塑性值 X_1 由式(1)给出:

$$X_1 = 100h_1 \qquad \cdots\cdots(1)$$

式中：

h_1——试样在负荷条件下的高度，单位为毫米(mm)。

测试结果以三个试样塑性值的中位数表示。

9.2 复原值

复原值 X_2 由式(2)给出：

$$X_2 = 100(h_2 - h_1) \quad \cdots\cdots(2)$$

式中：

h_1——试样在负荷条件下的高度；

h_2——试样恢复后高度(见 8.2)，单位为毫米(mm)。

测试结果以三个试样复原值的中位数表示。

10 测试报告

测试报告应包括以下基本信息。

a) 样品的描述

1) 样品及来源的详细描述；

2) 测试试样的制备，例如混炼程序，是否层叠，制备试样和测试试样之间的时间间隔；

3) 配方的描述，合适的情况下，适当的配方描述。

b) 测试方法

使用测试方法的参考，即本标准号。

c) 测试描述

1) 在测试期间的恒温箱温度；

2) 施加负荷于试样上的时间；

3) 试样复原的时间。

d) 测试结果

1) 塑性值；

2) 复原值。

e) 测试日期。

ICS 83.060
G 40

中华人民共和国国家标准

GB/T 12829—2006/ISO 34-2:1996
代替 GB/T 12829—1991

硫化橡胶或热塑性橡胶小试样（德尔夫特试样）撕裂强度的测定

Rubber, vulcanized or thermoplastic—Determination of tear strength of small test pieces (Delft test pieces)

(ISO 34-2:1996, Rubber, vulcanized or thermoplastic—Determination of tear strength—Part 2: Small (Delft) test pieces, IDT)

2006-09-01 发布　　2007-02-01 实施

中华人民共和国国家质量监督检验检疫总局
中国国家标准化管理委员会　发布

前　言

本标准等同采用ISO 34-2:1996《硫化橡胶或热塑性橡胶撕裂强度的测定　第2部分:小试样(德尔夫特)法》(英文版)。

本标准代替GB/T 12829—1991《硫化橡胶小试样(德尔夫特试样)撕裂强度的测定》。

本标准等同翻译ISO 34-2:1996。本标准用GB/T 2941取代了ISO 471、ISO 3383 、ISO 4648。GB/T 2941等同采用ISO 23529:2004,ISO 23529同时取代了ISO 471、ISO 3383 、ISO 4648。在技术内容上,GB/T 2941与ISO 23529,与ISO 471、ISO 3383 、ISO 4648没有差异。同时,还用GB/T 14838取代了ISO/TR 9272:1986,两者在基本概念、计算方法以及应用方面没有技术差异。

为便于使用,本标准做了下列编辑性修改:

a) "本国际标准"一词改为"本标准";

b) 删除国际标准的前言;

c) 用小数点"."代替作为小数点的逗号",";

d) 将本标准中的公式进行编序;

e) 增加了资料性附录D以指导使用。

本标准与GB/T 12829—1991的主要差异如下:

——增加了拉力试验机的测力精度(本版4.1);

——增加了精密度的章节(本版第9章);

——增加了测量割口外总宽度的简便方法即方法二(本版5.2.2.2);

——修改了试验结果的取值方法(1991年版第9章;本版第8章);

——增加了资料性附录D。

本标准附录A、附录B、附录C和附录D是资料性附录。

本标准由中国石油和化学工业协会提出。

本标准由全国橡标委橡胶物理和化学试验方法分技术委员会(SAC/TC 35/SC 2)归口。

本标准由全国橡标委橡胶物理和化学试验方法分技术委员会(SAC/TC 35/SC 2)负责解释。

本标准起草单位:北京橡胶工业研究设计院。

本标准主要起草人:李和平、谢君芳、朱凤丽、李宁。

本标准所代替标准的历次版本发布情况为:

——GB/T 12829—1991。

硫化橡胶或热塑性橡胶小试样（德尔夫特试样）撕裂强度的测定

警告——使用本标准的人员应有正规实验室工作的实践经验，本标准并未指出所有可能的安全问题，使用者有责任采用适当的安全和健康措施，并保证符合国家有关法规规定的条件。

1 范围

本标准规定了硫化橡胶或热塑性橡胶小试样（德尔夫特试样）撕裂强度的测定方法。

本标准适用于硫化橡胶或热塑性橡胶。

注：本方法与GB/T 529所陈述方法的测定结果不一致。本方法更适用于小件成品试验，在所用材料不受限制的情况下，通常优先选用GB/T 529所陈述方法。

2 规范性引用文件

下列文件中的条款通过本标准的引用而成为本标准的条款。凡是注日期的引用文件，其随后所有的修改单（不包括勘误的内容）或修订版均不适用于本标准，然而，鼓励根据本标准达成协议的各方研究是否可使用这些文件的最新版本。凡是不注日期的引用文件，其最新版本适用于本标准。

GB/T 2941 橡胶物理试验方法试样制备和调节通用程序（GB/T 2941—2006，ISO 23529:2004，IDT）

GB/T 14838 橡胶与橡胶制品 试验方法标准 精密度的确定（GB/T 14838—1993，neq ISO/TR 9272:1986）

ISO 5893:1993 橡胶与塑料拉伸、屈挠及压缩试验机（恒速） 描述

3 原理

测定中心有割口的小试样，在整个宽度上发生撕裂时所需要的力（割口在裁切试样时完成）。

4 仪器

4.1 拉力试验机

拉力试验机应符合ISO 5893:1993的规定，测力精度能达到ISO 5893:1993中规定的B级（见附录D），其夹持器的移动速度为500 mm/min±50 mm/min。

试验时，试样撕裂的力应不低于拉力试验机测量范围的15%或不高于其测量范围的85%。

注：由于摩擦和惯性的影响，惯性（摆锤式）试验机容易得到有差异的结果。低惯性（例如电子或光学传感器）试验机所得结果则没有这些影响。因此，应优先选用低惯性试验机。

4.2 裁刀

裁切试样所用裁刀及割口所用刀片的结构如图1和图2所示。

单位为毫米

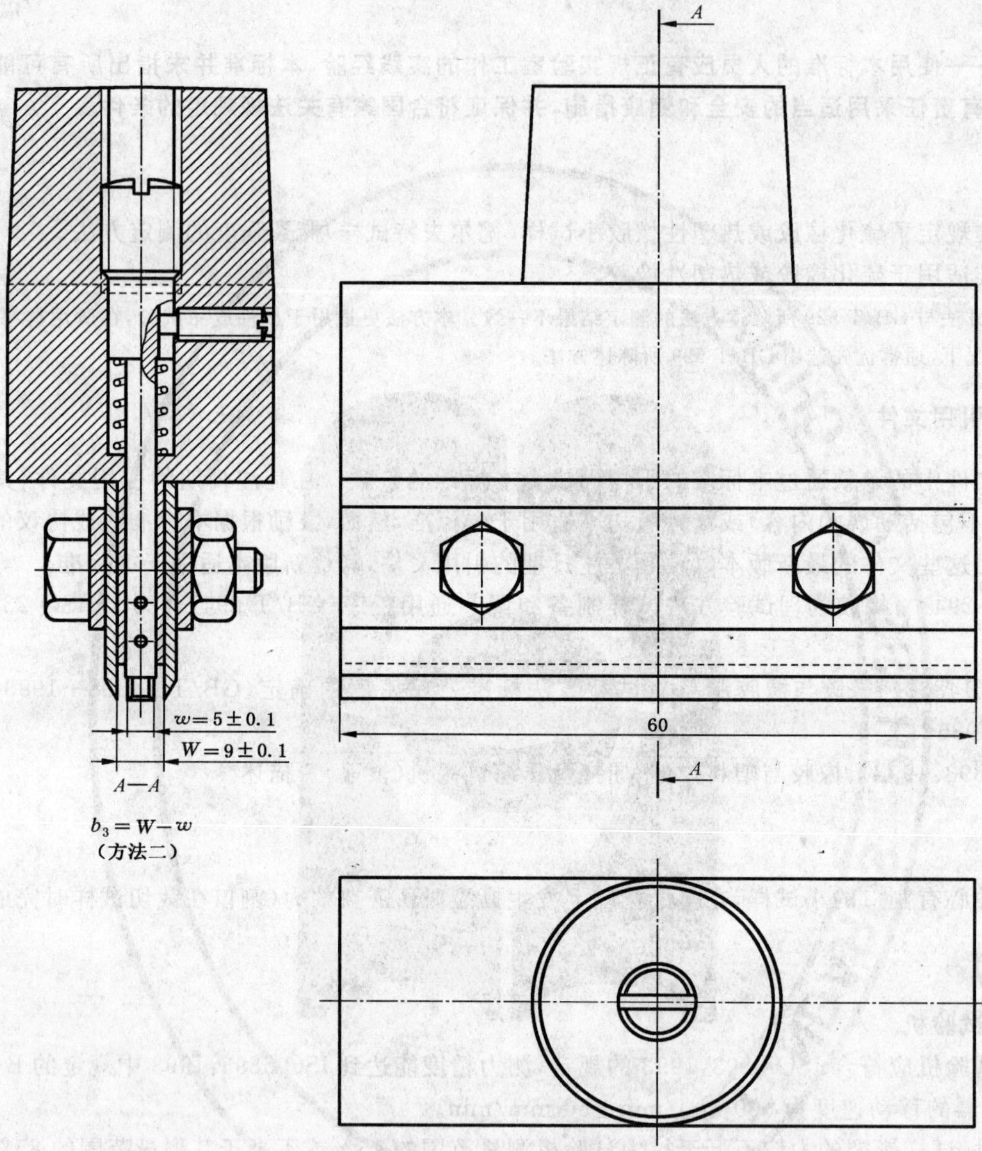

图 1　德尔夫特撕裂试样裁刀

单位为毫米

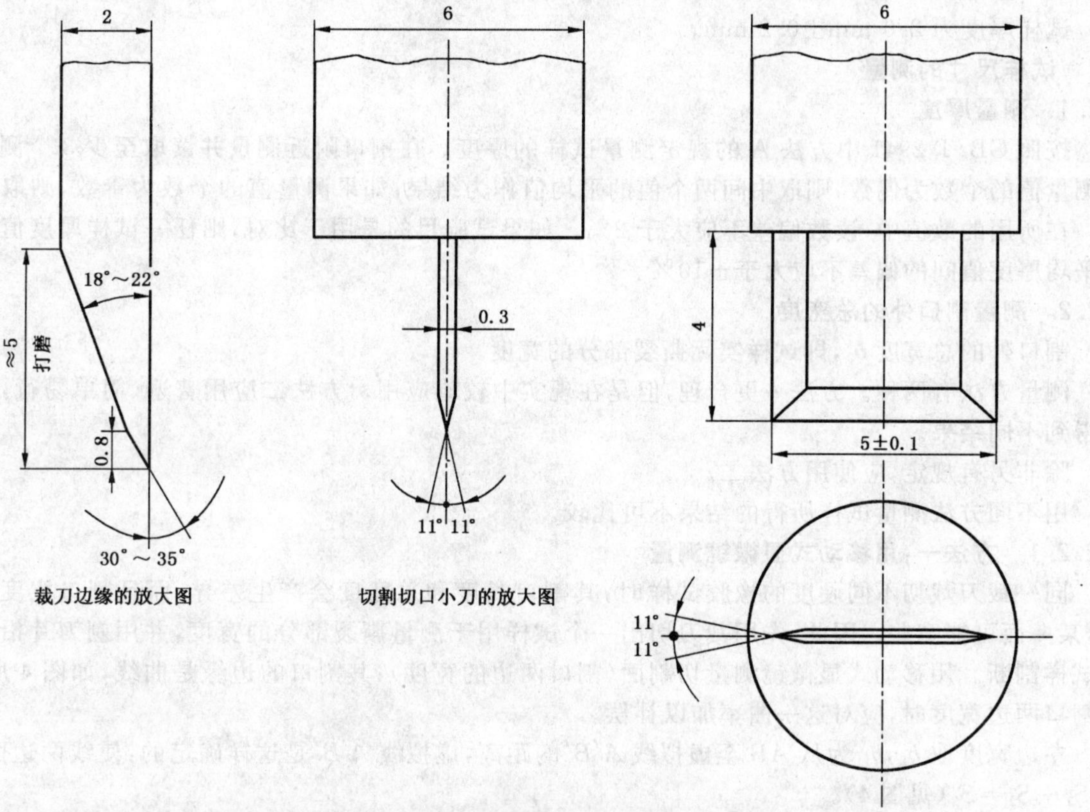

图 2　德尔夫特撕裂试样裁刀刃口放大图

4.3　厚度测量仪器

符合 GB/T 2941 的规定，圆形量足的直径为 6 mm，所施压力为 22 kPa±5 kPa。

4.4　移动式显微镜

具有 10 倍以上放大率并具有刻度为 0.01 mm 的标尺。

5　试样

5.1　试样的形状及尺寸

试样为长方形，其尺寸应符合图 3 规定。

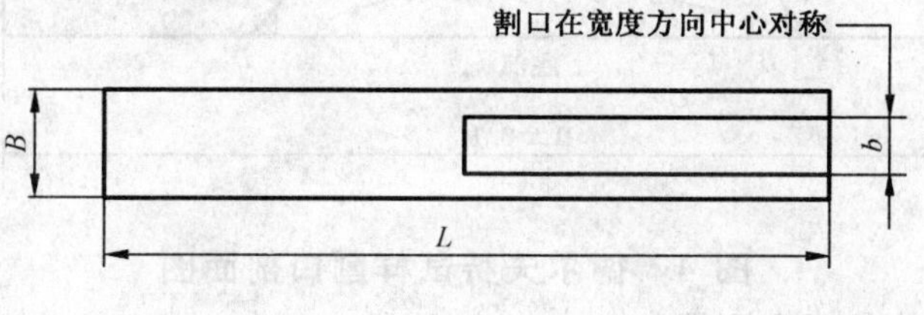

L——长度，60 mm；

B——宽度，(9.0±0.1)mm；

b——切口宽度，(5.0±0.1)mm。

图 3　试样

试样是通过专用气锤或专用冲压机（更适宜）利用裁刀（见 4.2）从模压试样上一次裁切而成。

试样在裁切前可用水或皂液润湿，并置于一个有缓冲作用的薄板（例如皮革、橡胶带或硬纸板）上，裁切应在刚性平面上进行。

硫化橡胶的撕裂强度极易受压延方向影响。通常试样的割口方向应与压延压出方向一致,如果需要比较压延方向时,应从同一样品上裁切两组试样,一组与压延方向垂直,一组与压延方向平行。

试样厚度为 2.0 mm±0.2 mm。

5.2 试样尺寸的测量

5.2.1 测量厚度

按照 GB/T 2941 中方法 A 的规定测量试样的厚度。在割口附近测量并读取至少 3 个测量值。如果测量值的个数为偶数,则取中间两个值的平均值作为结果;如果测量值的个数为奇数,则取中值为结果。在所用的数值中,读数偏差不应大于 2%。如果试验目的是用于比对,则任一试样厚度值与全部试样平均厚度值间的偏差不应大于±10%。

5.2.2 测量割口外的总宽度

割口外的总宽度 b_3,即试样实际撕裂部分的宽度。

测量方法有两种。方法一更合理,但是在现实中较难应用。方法二应用普遍、简单易行,但是有可能得到不同结果。

除非另有规定,应使用方法二。

用不同方法测量试样所得的结果不可比较。

5.2.2.1 方法一:用移动式显微镜测量

同一裁刀裁切不同硬度的橡胶试样时,其割口长度和总宽度会产生差异,而且割口宽度可能不均匀,某一面可能宽些。因此,先用裁刀切出一个试样用于测量撕裂部分的宽度,并用剃刀片沿割口平面将试样割断。用移动式显微镜测量切割面(割口两边的宽度),其割口的边缘是曲线,如图 4 所示,当测量割口两边宽度时,应对这一曲率加以补偿。

左边宽度取 b_1,b_1 为从 AB 至虚拟线 $A'B'$ 的距离,虚拟线 $A'B'$ 是这样确定的:使线两边面积相等,即 $S_1+S_2=S_3$(见图 4)。

同样,右边一条虚拟线 $C'D'$ 是这样确定的:使该线两边面积相等,即 $S_1'+S_2'=S_3'$(见图 4)。b_2 为右边宽度,即从边 CD 至线 $C'D'$ 的距离。

割口外总宽度(即橡胶撕裂部分)为 $b_1+b_2=b_3$,这一宽度为试样撕裂部分的计算宽度。

单位为毫米

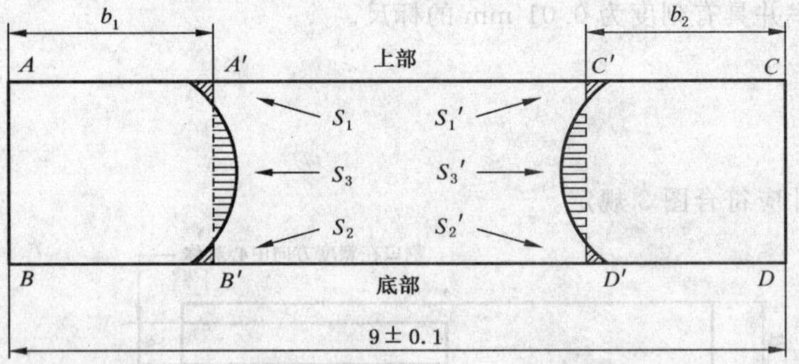

图 4 德尔夫特试样割口剖面图

5.2.2.2 方法二(简便):从裁刀上测量

用式(1)通过裁刀尺寸(见图 1)计算 b_3:

$$b_3 = W - w \qquad (1)$$

式中:

W——裁刀两个裁切边缘之间的测量宽度,单位为毫米(mm);

w——割口刀片的测量宽度,单位为毫米(mm)。

5.3 试样数量

至少测试 3 个试样,推荐测试 6 个试样。

5.4 硫化与试验的时间间隔

硫化与试验的时间间隔应符合 GB/T 2941 的规定。

6 试验温度

GB/T 2941 中规定,试验通常在标准实验室温度 23℃±2℃或 27℃±2℃下进行。

如果试验需要在其他温度下进行,在即将试验前,将试样置于此试验温度下,经过足够长的时间调节,使试样与环境温度达到平衡。为避免橡胶发生老化(见 GB/T 2941)应尽量缩短试样调节时间。

为使试验结果具有可比性,任何一个试验的整个过程或任何系列试验应在相同温度下进行。

7 试验步骤

调整拉力试验机,将试样置于拉力试验机夹持器中心,使上下夹持器之间距离为 30 mm,即每个夹持器距离试样割口 15 mm。开动试验机,拉伸试样。不要在试样完全撕断前停机。记录撕裂过程中的最大力值。

8 结果表述

撕裂力与试样的厚度和撕裂宽度有关,试验结果以标准宽度和标准厚度的试样在撕裂时所需的力 F_0 表示,F_0 的单位为牛顿(N),结果用式(2)计算:

$$F_0 = \frac{8F}{b_3 d} \quad \cdots\cdots(2)$$

式中:

F——撕裂试样所需力值,单位为牛顿(N);

8——d 的标准值(2 mm)与 b_3 的标准值(4 mm)的乘积,单位为平方毫米(mm^2);

b_3——橡胶试样实际测量的撕裂宽度(见 5.2),单位为毫米(mm);

d——试样的实际测量厚度,单位为毫米(mm)。

将计算结果按递增顺序排列,如果试验个数为偶数,则取中间两个值的平均值作为试验结果;如果试验个数为奇数,则取中值作为试验结果。如果试验个数为 3 个,则应列出所有 3 个试验结果。

9 精密度

9.1 概述

按照 GB/T 14838 的规定计算重复性和再现性,有关精密度的概念和术语也可查阅此标准。附录 A 给出了重复性和再现性结果的使用指南。

9.2 详细情况

9.2.1 实验室间的试验方案(ITP)由研究与控制橡胶及塑料的试验机构(LRCCP)组织实施。

LRCCP 用 A、B 和 C 三种不同配方的胶料(与 GB/T 529 的 ITP 所用配方一致)加工而成的试样,分别送至参加试验的各实验室。这三种胶料的具体配方见附录 B。在每个实验室,以下操作在相隔一周的两个试验日中进行:测量厚度,测量割口外的总宽度(用方法一和方法二),最后测量撕裂强度。

对每项测量,分别用以下两种类型的试样:

方向 1 试样——垂直于压延方向裁切;

方向 2 试样——平行于压延方向裁切。

其中,有 5 个实验室用方法一测量割口外的总宽度,有 7 个实验室用方法二测量割口外的总宽度。

9.2.2 用 I 型精密度进行分析;所有参与的实验室不对胶料进行混炼及硫化。

9.3 精密度结果

所有试验精密度结果由表 1 给出。精密度结果的使用指南见附录 A,具体分析见附录 C。

表 1 “德尔夫特”撕裂强度精密度结果 单位为牛顿

材 料	平均值	实验室内		实验室间	
		r	(r)	R	(R)
用方法一测量割口外宽度					
方向 1(垂直于压延向)					
A	36.7	4.37	11.9	12.9	35.1
B	32.0	5.62	17.6	11.2	34.9
C	129.8	38.9	30.0	62.5	48.2
合并值	66.2	22.8	34.5	37.4	56.6
方向 2(平行于压延向)					
A	36.8	1.68	4.57	9.96	27.1
B	31.4	3.99	12.7	6.96	22.2
C	132.1	25.8	19.5	44.5	33.7
合并值	66.8	15.6	23.4	24.3	36.3
用方法二测量割口外宽度					
方向 1(垂直于压延向)					
A	40.0	4.73	11.8	17.2	43.2
B	37.4	2.37	6.23	19.0	50.8
C	157.0	38.5	24.5	67.7	43.2
合并值	78.1	23.6	30.2	37.2	47.7
方向 2(平行于压延向)					
A	40.4	6.73	16.7	12.3	30.7
B	37.2	3.69	9.94	17.0	45.6
C	163.9	24.0	14.6	80.6	49.2
合并值	82.5	14.5	17.6	50.7	61.4

r——重复性，用测量单位表示；

(r)——相对重复性，用 r 与材料平均值的百分比表示；

R——再现性，用测量单位表示；

(R)——相对再现性，用 R 与材料平均值的百分比表示。

(r)与(R)的合并值是通过 r 与 R 的合并值与所有材料平均值计算得到。

10 试验报告

试验报告应包括以下内容：

a) 标准名称或编号；

b) 试样编号；

c) 测量割口外总宽度的方法；

d) 撕裂强度，参照本标准第 8 章进行计算；

e) 试验温度；

f) 试样压延方向；

g) 试验和硫化日期(若已知)；

h) 试验人员。

附　录　A
（资料性附录）
精密度结果使用指南

A.1　使用精密度结果的一般程序是首先计算任意两个测量值的正差，用符号 $|x_1-x_2|$ 表示。

A.2　查相应的精密度表（无论所研究的是什么试验参数），在测得参数的平均值与正在研究的试验数据平均值最近处画一横线，该线将给出判断过程中所用的相应的 r、(r)、R 或 (R)。

A.3　可用下列一般重复性陈述和相应的 r 和 (r) 值判定精密度。

A.3.1　绝对差：在正常和正确操作的试验程序下，用标称相同材料的样品得到的两个试验平均值间的差 $|x_1-x_2|$，平均 20 次中不得多于一次超过表列重复性 r。

A.3.2　两个试验平均值间的百分数差：在正常和正确操作的试验程序下，用标称相同材料的样品得到的两个试验值间的百分数差 $[|x_1-x_2|/(x_1+x_2)/2]\times100$，平均 20 次中不得多于一次超过表列重复性 (r)。

A.4　可用下列一般再现性陈述和相应的 R 和 (R) 值判定精密度。

A.4.1　绝对差：在两个实验室用正常和正确的试验程序，在标称相同材料的样品上得到的两个独立测量的试验平均值间绝对差 $|x_1-x_2|$，平均 20 次中不得多于一次超过表列再现性 R。

A.4.2　两个试验平均值的百分数差：在两个实验室用正常和正确的试验程序，在标称相同材料的样品上得到的两个独立测量的试验平均值的百分数差 $[|x_1-x_2|/(x_1+x_2)/2]\times100$，平均 20 次中不得多于一次超过表列再现性 (R)。

附　录　B
（资料性附录）
供实验室间 ITP 试验使用胶料 A、B、C 配方

实验室间 ITP 试验使用胶料 A、B、C 配方见表 B.1。

表 B.1　实验室间 ITP 试验使用胶料 A、B、C 配方

材　　料	质　量　份　数		
	A	B	C
天然橡胶	32	—	83
丁苯橡胶 SBR1500	68	100	17
N550 炭黑	66	—	—
N339 炭黑	—	35	—
N234 炭黑	—	—	37
芳烃油	16	—	—
硬脂酸	1	1	2.5
防老剂	3	—	2.8
氧化锌	1.2	3	3
硫磺	3.2	1.75	1.3
促进剂	2.0	1	1.5
碳氢树脂	—	—	3.5

附 录 C
（资料性附录）
精密度结果的评价

表C.1中r与R值与“德尔夫特”撕裂强度值基本成正比；然而(r)与(R)值都相当于一个变异系数，当撕裂强度值增至四倍时，不发生明显变化。除平行压延方向试验，表明两种不同测量割口外宽度的方法对结果的影响不一致。这里方法二相对再现性(R)约为方法一再现性(R)的两倍。

对于方法一，无论是实验室内试验还是实验室间试验，都显示平行压延方向的试样精密度较高（即r与R值较低）。对于方法二，在室内试验中显示类似的优势，即r与R值较低，但是在实验室间试验中情况相反。

方法二给出的试验结果平均值比方法一高。试样的压延方向对撕裂强度结果没有更大的影响。

表C.1列出了ITP 1987年为ISO 34-1进行试验的结果。ITP在ISO 34-2中的试验中也使用了相同的三个配方。因此，可以对这两个ISO试验方法的精密度进行比较。参见表C.1。

由于两种试验方法的测量单位不同，所以应该用一个相对基本的单位来表示。用德尔夫特试样所得到的精密度结果要比用裤形试样所得的好得多。这一优点可以通过无论(r)还是(R)仅有很少的例外来看出，因为德尔夫特试样是一个具有很大“缺口”的有效拉伸试样。

表C.1 ISO 34-1与ISO 34-2撕裂强度的对比

材料	ISO 34-1			ISO 34-2		
	平均值	(r)	(R)	平均值	(r)	(R)
裤形试样（垂直压延方向）						
A	3.68	24.7	35.0	36.7	11.9	35.1
B	7.67	25.5	30.8	32.0	17.6	34.9
C	22.8	38.0	60.7	129.8	30.0	48.2
裤形试样（平行压延方向）						
A	4.81	48.3	54.3	36.8	4.57	27.1
B	8.34	35.0	35.0	31.4	12.7	22.2
C	27.3	42.5	49.6	132.1	19.5	33.7
直角形有割口试样（垂直压延方向）						
A	13.2	29.4	35.7	36.7	11.9	35.1
B	14.7	40.8	40.8	32.0	17.6	34.9
C	62.1	49.6	60.9	129.8	30.0	48.2
新月形有割口试样（垂直压延方向）						
A	29.9	22.8	103.7	36.7	11.9	35.1
B	31.1	15.1	94.6	32.0	17.6	34.9
C	124.0	23.5	38.0	129.8	30.0	48.2

说明

1. 对于ISO 34-1和ISO 34-2进行的所有试验，以相同的压延方向（平行或垂直）为基础进行比较。
2. ISO 34-2的结果都是使用方法一测量试样割口外宽度所得到的。

附 录 D
（资料性附录）
力的测量指南

本附录规定的公差，是为了使试验结果达到再现性的水平，也可使不同实验室的试验结果能互相关联。这些公差并不含有表示试验装置的整套技术条件，仅作为达到可靠试验结果的指南。

表 D.1 的内容与 ISO 5893:1993 规定的内容一致。表 D.2 的内容与 ISO 7500.1:2004、ISO 5893:2002 规定的内容一致。

表 D.1 力的测量准确度级别

级别	检验装置的准确度/%	检定范围			
		满量程的五分之一至满量程		满量程的五分之一以下	
		精密度	准确度	精密度	准确度
		对应每个检验的力，最大与最小读数的最大允许误差，以检验力的百分数表示/%	对应每个检验的力，最大允许误差，以检验力的百分数表示/%	对应每个检验的力，最大与最小读数的最大允许误差，以检验力的百分数表示/%	对应每个检验的力，最大允许误差，以检验力的百分数表示/%
A	±0.2	1.0	±1.0	0.2	±0.2
B	±0.3	2.0	±2.0	0.4	±0.4
表中检定范围栏目的“精密度”、“准确度”，通常在相关的试验机标准中以“示值重复性相对误差”和“示值相对误差”表示。					

表 D.2 力测量系统的性能值

试验机等级分类	最大允许值/%				
	相对误差				相对结果
	准确度	重复性	可逆性	对准	
0.5	±0.5	0.5	±0.75	±0.05	0.25
1	±1.0	1.0	±1.5	±0.1	0.5
2	±2.0	2.0	±3.0	±0.2	1.0
3	±3.0	3.0	±4.5	±0.3	1.5

ICS 83.060;83.080.01
G 40

中华人民共和国国家标准

GB/T 12833—2006/ISO 6133:1998
代替 GB/T 12833—1991

橡胶和塑料 撕裂强度和粘合强度测定中的多峰曲线分析

Rubber and plastics—Analysis of multipeak traces obtained in determinations of tear strength and adhesion strength

(ISO 6133:1998,IDT)

2006-09-01 发布 2007-02-01 实施

中华人民共和国国家质量监督检验检疫总局
中国国家标准化管理委员会 发布

前　言

本标准等同采用 ISO 6133:1998《橡胶和塑料　撕裂强度和粘合强度测定中的多峰曲线分析》(英文版)。

本标准代替 GB/T 12833—1991《橡胶和塑料撕裂强度及粘合强度多峰曲线的分析方法》。

本标准等同翻译 ISO 6133:1998。

为便于使用,本标准作了下列编辑性修改:

a) “本国际标准”一词改为“本标准”;

b) 删除国际标准的前言。

本标准与 GB/T 12833—1991 相比主要变化如下:

——增加方法 D[适用于振荡型曲线(见图 3)](见 3.4);

——增加方法 E[适用于峰密度过高、不易计数的曲线(见图 4)](见 3.5)。

本标准由中国石油和化学工业协会提出。

本标准由全国橡胶与橡胶制品标准化技术委员会橡胶物理和化学试验方法分技术委员会(SAC/TC 35/SC 2)归口。

本标准委托全国橡胶与橡胶制品标准化技术委员会橡胶物理和化学试验方法分会负责解释。

本标准起草单位:阜新橡胶(集团)有限公司 、青岛橡胶工业研究所。

本标准主要起草人:卢明明、白文科、李平、辛永录。

本标准所代替标准的历次版本发布情况为:

——GB/T 12833—1991。

橡胶和塑料　撕裂强度和粘合强度测定中的多峰曲线分析

1　范围

本标准规定了在对硫化橡胶和塑料进行撕裂强度试验;或对橡胶与橡胶、覆有橡胶(或塑料)的织物与橡胶(或塑料)以及对覆有橡胶(或塑料)的织物与织物进行粘合强度试验后,计算其撕裂强度和粘合强度时的5种方法。对在试验中得到的力-时间曲线计算其峰值的中值和极距值,即为试验结果。

粘合强度和撕裂强度曲线上的峰值可能很多,也可能很少(依所试验材料而定),需根据峰值的个数来选择计算方法。

制定本标准的目的是获得评价和描述一个试验结果时的一致性,其只有在其他标准规定了某性能的试验方法或规范时本标准才有用。

关于试验的其他事项,如试验设备、试样制备、试样状态调节、试验程序等,请参阅有关的国家标准。

注:在某些情况下,本标准提供的各种分析方法可能都不适用,例如当曲线峰值随时间推移呈递增或递减趋势时。在需要求取最小力值时,可采用与求取峰值极距相同的方法。

2　术语和定义

下列术语和定义适用于本标准。

2.1

峰　peak

曲线上斜率由正变负的点,例如代表一个力的瞬时最大值的点。

2.2

中值　median

如果将几个测定值按代数递增规律排列起来,并且依次分别称各值为第1～第 n 个值,则这几个值的中值为:

当 n 为奇数时,中值等于第[$(n+1)/2$]个值。

当 n 为偶数时,中值介于第($n/2$)个值和第($n/2+1$)个值之间。如无专门规定,中值等于此二值的算术平均值。

2.3

极距　range

观察到的峰值中最大值与最小值之差。

2.4

完整曲线　complete trace

力-时间曲线上从第一峰值出现时到试验结束时之间的曲线段。

3　试验程序

根据撕裂强度曲线或粘合强度曲线,按3.1、3.2或3.3规定的方法(根据情况选定)确定力峰值的中值(见2.2)和极距(见2.3)。

注:在应用本标准的方法时,先肯定在试验中记录的是力随时间而变化的曲线。

当利用计算机对曲线进行处理时,应对信号加以过滤,去除过小的峰值。可采用下述方法来实现这一要求:使测量出的力值普遍降低一定比例;经过一定时间之后再存储一个新的峰值。应根据被试材料的不同而调节上述两个因素的大小,以使存储的峰值数与在曲线图上见到的峰值数基本相同。

3.1 方法 A(适用于峰值数少于5的曲线)

确定曲线上力峰值的中值和极距。

如果只有一个力峰值,可认为它就是中值。

3.2 方法 B[适用于峰值数为5～20的曲线(见图1)或自动计算峰值时]

根据完整曲线中部80%区段上的峰值,确定峰值的中值和极距。

注:虽然对峰值数大于20的曲线使用本方法也是可能的,但在手工计算时不推荐这样做。

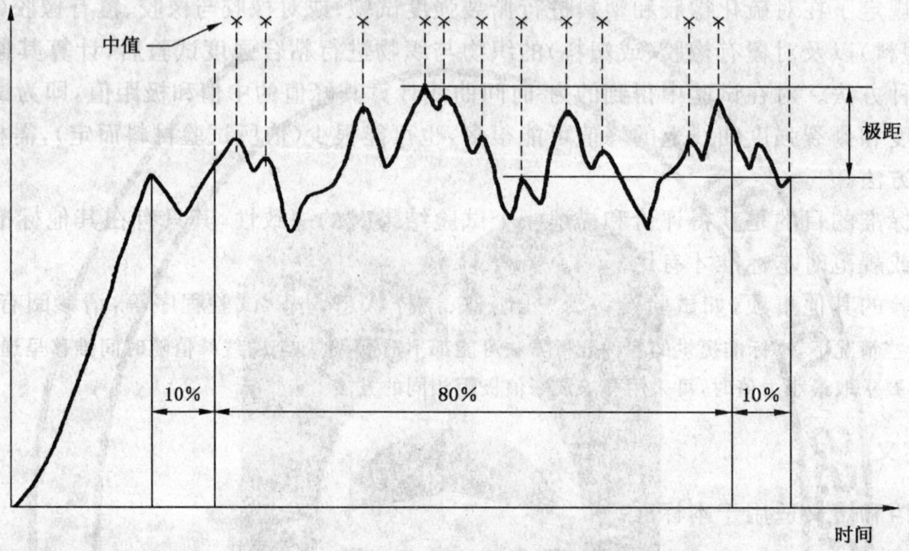

图1 峰值数为5～20的曲线分析

3.3 方法 C[适应于峰值数大于20且清楚可辨、容易测量(见图2)、不能自动计算的曲线]

过完整曲线时间轴中点画一条与时间轴垂直的直线,在该直线两侧各画4条与该直线平行的直线,使上述9条直线中每两条相邻直线的间距都相等(误差不大于1 mm)。计算分别与这9条直线最近的9个峰值的中值和极距。

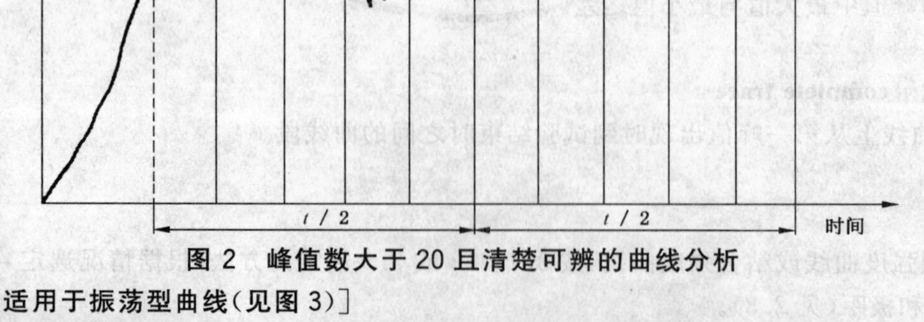

图2 峰值数大于20且清楚可辨的曲线分析

3.4 方法 D[适用于振荡型曲线(见图3)]

对峰值不是明显可辨的曲线,称之为振荡型曲线。对于振荡型曲线,只计算算术平均值,即去掉起始上升段后的曲线段的最高点与最低点所在两水平直线之间的中位线所代表的力值。

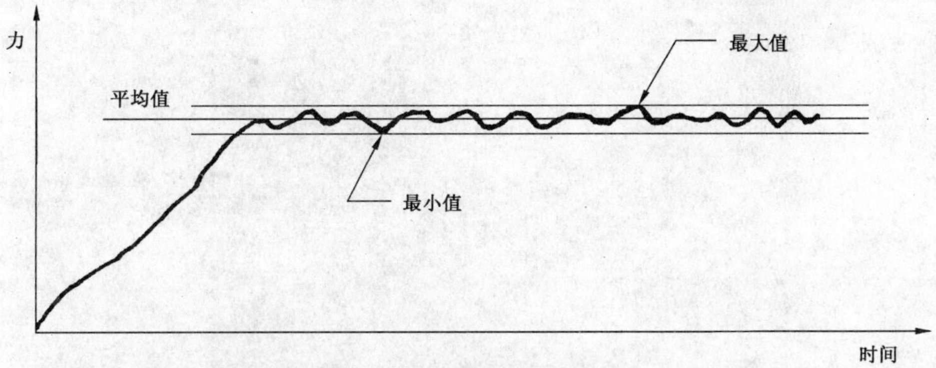

图 3 振荡型曲线(峰值中值和极距均无意义时的分析)

3.5 方法 E[适用于峰密度过高、不易计数的曲线(见图 4)]

当曲线的峰虽然明显可辨但密度过高、不易计数时,只计算算术平均值,即去掉起始上升段后的曲线段的最高峰与最低峰所在水平直线之间的中位线所代表的力值。

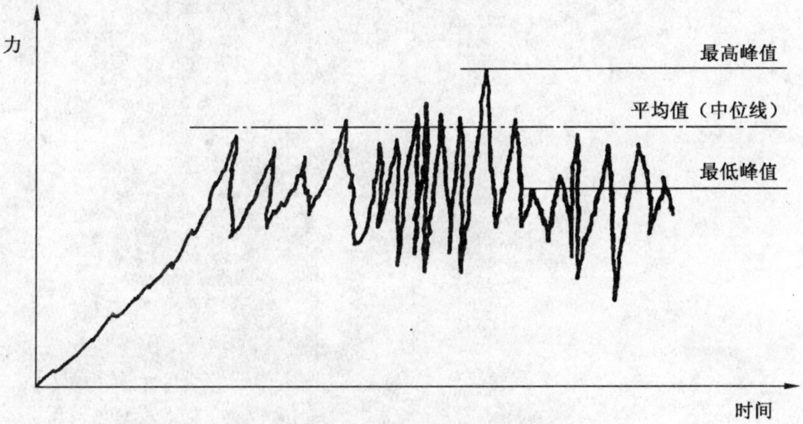

图 4 峰密度过高的曲线分析

4 曲线分析报告

曲线分析报告包括以下内容:

a) 按本标准进行分析;

b) 进行曲线分析的试验名称;

c) 计算方法(方法 A、方法 B、方法 C、方法 D 或方法 E);

d) 力峰值中值或按方法 D、方法 E 得到的平均值;

e) 峰值的极距;

f) 计算日期。

ICS 07.040
A 76

GB

中华人民共和国国家标准

GB/T 12897—2006
代替 GB 12897—1991

国家一、二等水准测量规范

Specifications for the first and second order leveling

2006-05-24 发布　　　　2006-10-01 实施

中华人民共和国国家质量监督检验检疫总局
中国国家标准化管理委员会　发布

前　言

本标准是对GB 12897—1991的修订，本标准代替GB 12897—1991的全部内容。与GB 12897—1991相比，主要的技术变化包括：

a） 修改了水准网布设的部分技术规定；

b） 修改了部分水准点标石的规格、埋设的技术要求，增加了新标石的规格、埋设的技术要求等内容；

c） 增加了数字水准仪观测、检验等技术方法及其技术要求；

d） 增加了GPS跨河水准测量的技术方法及其技术要求；

e） 修改了水准测量计算的部分技术规定。

本标准的附录A、附录B、附录C、附录D都是规范性附录。

本标准由国家测绘局提出。

本标准由全国地理信息标准化技术委员会归口。

本标准主要起草单位：国家测绘局测绘标准化研究所，国家测绘局第一大地测量队，国家测绘局大地测量数据处理中心，国家基础地理信息中心。

本标准主要起草人：肖学年、姬恒炼、葛志成、董鸿闻、李荣春、张全德。

国家一、二等水准测量规范

1 范围

本标准规定了在全国建立一、二等水准网的布设原则、施测方法和精度指标。

本标准适用于国家一、二等水准网的布测。区域性的精密水准网也可参照使用。

2 规范性引用文件

下列标准中的条款通过本标准的引用而成为本标准的条款。凡是注日期的引用文件，其随后所有的修改单(不包括勘误的内容)或修订版均不适用于本标准，然而，鼓励根据本标准达成协议的各方研究是否可使用这些文件的最新版本。凡是不注日期的引用文件，其最新版本适用于本标准。

GB/T 3161 光学经纬仪
GB/T 10156 水准仪
GB/T 16818 中、短程光电测距规范
GB/T 18314 全球定位系统(GPS)测量规范
GB 50007—2002 建筑地基基础设计规范
CH 1001 测绘技术总结编写规定
CH 1002 测绘产品检查验收规定
CH 1003 测绘产品质量评定标准
CH/T 1004 测绘技术设计规定
CH/T 2004 测量外业电子纪录基本规定
CB/T 2006 水准测量电子记录规定
JJG 8 水准标尺检定规程
JJG 414 光学经纬仪检定规程
JJG 425 水准仪检定规程
JJG 703 光电测距仪检定规程
JJF 1118 全球定位系统(GPS)接收机(测地型和导航型)校准规范

3 术语和定义

下列术语和定义适用于本标准：

3.1

结点 node

水准网中至少连接三条水准测线的水准点。

3.2

水准路线 levelling line

同级水准网中两相邻结点间的水准测线。

3.3

区段 section

水准路线中两相邻基本水准点间的水准测线。

3.4

测段 levelling section

两相邻水准点间的水准测线。

3.5

连测 connect levelling

将水准点或其他高程点包含在水准路线中的观测。

3.6

支测 branch levelling

自路线中任一水准点起，至其他任何固定点的观测。

3.7

接测 adjioning levelling

新设水准路线中任一点连接其他水准路线上水准点的观测。

3.8

检测 check levelling

检查已测高差的变化是否符合规定而进行的观测。

3.9

重测 repeated levelling

因成果质量不合格而重新进行的观测。

3.10

复测 repetition levelling

每隔一定时间对已测水准路线进行的水准测量。

4 水准网

4.1 高程系统和高程基准

水准点的高程采用正常高系统，按照1985国家高程基准起算。青岛国家原点高程为72.260 m。岛屿也应采用这一系统与基准；确有困难时，可建立局部水准原点，根据岛上验潮资料求得的平均海水面确定其高程基准。凡采用局部水准原点求定的水准点高程，应在水准点成果表中注明，并说明局部高程基准的有关情况。

4.2 测量精度

每千米水准测量的偶然中误差 M_{Δ} 和每千米水准测量的全中误差 M_W 不应超过表1规定的数值。

表 1

单位为毫米

测量等级	一 等	二 等
M_{Δ}	0.45	1.0
M_W	1.0	2.0

M_{Δ} 和 M_W 的计算方法见9.2.3和9.2.4的规定。

4.3 布设原则

4.3.1 一等水准路线尽量沿公路布设，水准路线应闭合成环，并构成网状。一等水准环线的周长，东部地区应不大于1 600 km，西部地区应不大于2 000 km，山区和困难地区可酌情放宽。

4.3.2 一等水准网每隔15年复测一次，每次复测的起讫时间不超过5年。

4.3.3 二等水准网在一等水准环内布设。二等水准路线尽量沿公路、大路及河流布设。二等水准环线的周长，在平原和丘陵地区应不大于750 km，山区和困难地区可酌情放宽。

4.3.4 水准路线附近的验潮站基准点应按一等水准测量精度连测。国家卫星定位系统基本网点和连续运行站、国家重力基本网点、地壳监测网络基准点、城市及工业区的沉降观测基准点应列入水准路线予以连测，若连测确有困难可以支测，施测等级与布设路线的等级相同。

路线附近的其他大地点、水文点、气象站等（以下统称为“其他固定点”），可根据需要列入路线予以连测或支测。支线的施测等级可按使用单位的要求确定。

4.4 水准点布设密度

水准路线上，每隔一定距离应布设水准点。水准点分为基岩水准点、基本水准点、普通水准点三种类型。各种水准点的间距及布设要求应按表2规定执行。

表2

水准点类型	间　距	布 设 要 求
基岩水准点	400 km左右	宜设于一等水准路线结点处，在大城市、国家重大工程和地质灾害多发区应予增设；基岩较深地区可适当放宽；每省(直辖市、自治区)不少于4座
基本水准点	40 km左右。经济发达地区 20 km～30 km；荒漠地区 60 km左右	设在一、二等水准路线上及其结点处；大、中城市两侧；县城及乡、镇政府所在地，宜设置在坚固岩层中
普通水准点	4 km～8 km。经济发达地区 2 km～4 km；荒漠地区 10 km左右	设在地面稳定，利于观测和长期保存的地点；山区水准路线的高程变换点附近；长度超过300m的隧道两端；跨河水准测量的两岸标尺点附近

4.5 路线命名及水准点编号

4.5.1 水准路线以起止地名的简称定为线名，起止地名的顺序为起西止东、起北止南。一、二等水准路线的等级，各以Ⅰ、Ⅱ列于线名之前表示。

4.5.2 路线上的水准点，应自该线起始水准点起，以数字1、2、3……顺序编定号数。

4.5.3 基岩水准点以所在地命名，在地名后加“基岩点”三字。

4.5.4 基本水准点应在名号后加“基”字，上、下标志分别再加“上”或“下”字。若为道路水准点，则在水准点编号后加注“道”，如Ⅰ京津48道。

4.5.5 水准支线以其所测高程点名称后加“支”字命名。支线上的水准点，按起始水准点到所测高程点方向，以数字1、2、3……顺序编号。

4.5.6 利用旧水准点，应使用旧水准点名号。若确需重新编号，应在新名号后以括号注明该点标石埋设时的旧名号。

4.6 新设路线与已测路线的连测

4.6.1 新设的一、二等水准路线的起点与终点，应是已测的高等或同等级路线的基岩水准点或基本水准点。终点暂时不能与已测路线连测时，应预计将来的连测路线。

4.6.2 新设的水准路线通过或靠近已测的一、二等水准点在4 km以内，距已测的三、四等水准点在1 km以内，测量新线时，应将已测水准点列入计划予以连测或接测。接测时，应按7.10规定对已测水准点进行检测。

4.6.3 对已测路线上水准点的接测，按新设路线和已测路线中较低等级的精度要求施测。

4.6.4 新设水准路线与已测水准路线重合时，应尽量利用旧水准点。当对旧水准点的稳固性发生怀疑或旧水准点标石规格不符合要求时，应重新埋石，新埋水准标石的编号为原点号后加注埋设时的四位数年代号，并且应对旧水准点进行连测。

4.7 水准路线上的重力测量

4.7.1 一等水准路线上的每个水准点均应测定重力。高程大于4 000 m或水准点间的平均高差为150 m～250 m的二等水准路线上，每个水准点也应测定重力。高差大于250 m的一、二等水准测段中，地面倾斜变化处应加测重力。

4.7.2 高程在1 500 m～4 000 m之间或水准点间的平均高差为50 m～150 m的地区，二等水准路线上重力点间平均距离应小于23 km。

4.7.3 水准点上的重力测量，按加密重力测量的要求施测。

4.8 水准网的技术设计

4.8.1 一、二等水准网布设前，应进行踏勘，收集水准测量、地质、水文、气象及道路资料。在已有的一、二、三、四等水准路线基础上进行技术设计，根据大地构造、工程地质、水文地质条件，兼顾各行业需求，优选最佳路线构成均匀网形。

4.8.2 一等水准网的观测，宜分区依次进行，每个区域应含三个或三个以上的卫星定位系统连续运行站。每个水准环线观测的起讫时间不应超过2年。同一环线中水准观测间断时间若超过6个月，应在基岩点或卫星定位系统连续运行站上间断和连接。若同一水准环中水准观测间断时间超过6个月的连接点均为卫星定位系统连续运行站时，可放宽该环的闭合时限。

4.8.3 技术设计的要求、内容和审批程序按照CH/T 1004执行。

5 选点与埋石

5.1 选点

5.1.1 选定水准路线

a) 应尽量沿坡度较小的公路、大路进行；
b) 应避开土质松软的地段和磁场甚强的地段；
c) 应避开高速公路；
d) 应尽量避免通过行人车辆频繁的街道、大的河流、湖泊、沼泽与峡谷等障碍物；
e) 当一等水准路线通过大的岩层断裂带或地质构造不稳定的地区时，应会同地质、地震有关部门共同研究选定。

5.1.2 选定水准点位

水准点应选在地基稳定，具有地面高程代表性的地点，并且利于标石长期保存和高程连测，便于卫星定位技术测定坐标的地点。

水准点宜选在路线附近的政府机关、学校、公园内。设在路肩的道路水准点宜选在里程碑或道路上的固定方位物附近(2 m以内)。下列地点，不应选定水准点：

a) 易受水淹或地下水位较高的地点；
b) 易发生土崩、滑坡、沉陷、隆起等地面局部变形的地点；
c) 路堤、河堤、冲积层河岸及地下水位变化较大(如油井、机井附近)的地点；
d) 距铁路50 m、距公路30 m(普通水准点除外)以内或其他受剧烈震动的地点；
e) 不坚固或准备拆修的建筑物上；
f) 短期内将因修建而可能毁掉标石或不便观测的地点；
g) 道路上填方的地段。

5.1.3 选定基岩水准点

基岩水准点，宜选在基岩露头或距地面不深于5 m的基岩上。选定基岩水准点，应有地质人员参加，收集分析已有资料，现场踏勘了解地质构造、岩石和土的性质，不良地质现象及地下水等。若已有资料不能满足要求，应进行必要的勘探。基岩水准点选定后，应逐点编写并提交地质勘察报告。地质勘察报告的内容为：

a) 水准点位的大地坐标、地形、地貌、地质构造，不良地质现象，地层成层条件，岩石和土的物理力学性质；
b) 地基的稳定性，岩石和土的均匀性以及容许承载力，地下水深及变化幅度，土的最大冻结深度和融解深度，水准点设置后可能出现的工程地质危害及施工建议；
c) 点位周围50 m内的工程地质剖面图和水准点坑位地质柱状图。

地质勘察报告的编写参照GB 50007—2002第3.0.3条的规定执行。

5.1.4 点位选定后应做的工作

每一个水准点点位选定后，应设立一个注有点号、标石类型的点位标记，按 A.3 的要求，依照图 A.2格式，填绘水准点之记。在选定水准路线的过程中，应逐段按 A.2 的要求绘制水准路线图，样式见图 A.1。水准网的结点，应按 A.4 的要求，依照图 A.3 的格式填绘结点接测图。

5.1.5 选点中应补充收集的资料

如果在技术设计时，所需的资料未能收集齐全，则在选点时，还需补充收集测区的自然地理、交通运输、物资供应、沙石水源、人力资源以及其他有关埋石和观测的资料。

5.1.6 选点结束后应上交的资料

a) 水准点之记、水准路线图、路线结点接测图；

b) 基岩水准点的地质勘察报告；

c) 选点中收集的其他有关资料；

d) 选点工作技术总结(扼要说明测区的自然地理情况；选点工作实施情况及对埋石与观测工作的建议；旧水准标石利用情况；拟设水准标石类型、数量统计表等)。

5.2 埋石

5.2.1 标石类型

水准点标石根据其埋设地点、制作材料和埋石规格的不同，按表 3 所列分为 14 种标石类型。其中道路水准标石是埋设在道路肩部的普通水准标石。

表 3

水准点类型	标 石 类 型
基岩水准点	深层基岩水准标石 浅层基岩水准标石
基本水准点	岩层基本水准标石 混凝土柱基本水准标石 钢管基本水准标石 永冻地区钢管基本水准标石 沙漠地区混凝土柱基本水准标石
普通水准点	岩层普通水准标石 混凝土柱普通水准标石 钢管普通水准标石 永冻地区钢管普通水准标石 沙漠地区混凝土柱普通水准标石 道路水准标石 墙脚水准标志

标石的埋设规格及材料用量见 A.6 和 A.7。

5.2.2 选定埋石类型

水准点标石的类型除基岩水准点的标石应按地质条件作专门设计外，其他水准点的标石类型应根据冻土深度及土质状况按下列原则选定：

a) 有岩层露头或在地面下不深于 1.5 m 的地点，优先选择埋设岩层水准标石；

b) 沙漠地区或冻土深度小于 0.8 m 的地区，埋设混凝土柱水准标石；

c) 冻土深度大于 0.8 m 或永久冻土地区，埋设钢管水准标石；

d) 有坚固建筑物(房屋、纪念碑、塔、桥基等)和坚固石崖处，可埋设墙脚水准标志；

e) 水网地区或经济发达地区的普通水准点，埋设道路水准标石。

5.2.3 水准标志

水准标石顶面的中央应嵌入一个半圆球为铜或不锈钢的金属水准标志。道路水准标志使用黄褐色的PVC材料制作。列入国家空间数据基础框架工程的水准点,应使用坐标、高程和重力测量的共用标志。标志规格见A.5。

5.2.4 标石埋设

5.2.4.1 基岩水准标石的埋设

5.2.4.1.1 深层基岩(岩层距地面深度超过3 m)水准标石的埋设

应根据地质条件,设计成单层或多层保护管式的标石,应由专业单位设计和建造。

5.2.4.1.2 浅层基岩(岩层距地面深度不超过3 m)水准标石的埋设

5.2.4.1.2.1 预制钢筋骨架

混凝土柱石的骨架用直径10 mm的3根足筋和直径6 mm的裹筋,每隔0.3 m捆绑一圈裹筋,扎成三棱柱体。足筋两端弯成直径25 mm的半圆,裹筋围成边长为175 mm的等边三角形,裹筋两端重叠扎紧。捆扎好的钢筋骨架长度等于混凝土柱石长度加长0.1 m。

混凝土基座的钢筋骨架用直径10 mm的钢筋交叉捆扎成网状,钢筋两端弯成直径25 mm的半圆,骨架的规格及形状见A.6中相关的标石断面图。

5.2.4.1.2.2 挖掘标石坑

以选点标记为中心挖掘标石坑,大小以方便作业为准,标石坑挖掘至坚硬岩石面。

5.2.4.1.2.3 建造基座

在除去风化层的坚硬岩石面上,按岩层水准标石基座大小开凿出基座坑,在基座坑的四角及基座坑中心位置分别钻出直径20 mm、深0.1 m的孔洞,要求四角的孔洞距基座坑边约0.1 m且与基座坑中心的孔洞对称,各孔洞中打入直径20 mm、长0.25 m的钢筋。

建造基座前将基座坑清洗干净,浇灌混凝土至基座深度的一半,充分捣固后放入基座钢筋骨架并将其捆绑于打入岩层的钢筋上,在基座中心垂直安置柱石钢筋骨架,将柱石钢筋骨架底部与基座钢筋骨架捆扎牢固,再浇灌混凝土至基座顶面,充分捣固并使混凝土顶面呈水平状态。若坚硬岩石面距地面不大于0.4 m时,在标石北侧距标石柱体0.2 m处的基座上安放一个水准标志,作为下标志;若岩层深度超过0.4 m时,下标志应安置在标石柱体北侧,柱石顶面下方0.2 m处。

5.2.4.1.2.4 建造标石柱体

a) 使用模型板建造标石柱体

待基座混凝土凝固(常温下约12 h)后,在基座中心逐层垂直安置柱石模型板(模型板安放时使下标志孔朝北)。浇灌混凝土至下标志孔处并充分捣固后,在下标志孔内安放下标志,再浇灌混凝土至柱石模型板顶面,在柱石顶部中央安置水准标志,标志安放应端正、平直,字头朝北,将混凝土顶面抹平。待混凝土凝固(常温下约12 h)后拆模,回填土前加盖标志铁保护盖和水泥保护盖(铁保护盖内应涂抹黄油),做好外部整饰,埋设规格及形状见图A.9。

b) 使用预制涵管建造标石柱体

采用内径为0.25 m的标准混凝土涵管,代替模型板制作标石柱体,其长度为规定的柱石高度加基座高度的一半。

当混凝土基座浇灌一半时,放入基座钢筋骨架,将柱石钢筋骨架插入清洗干净的涵管内(足筋下端脚形弯头应探出涵管壁约0.2 m),用起重器械将涵管与柱石钢筋骨架吊放在基座中心上方,将柱石钢筋骨架底部与基座钢筋骨架捆扎在基座中央,涵管落放在基座中心,涵管上端用物体支撑使涵管处于铅垂状态,浇灌混凝土至基座顶面。待基座混凝土初凝后(常温下约1 h),在基座上铺盖一层覆盖物,向标石坑中填土并踩实至地面下约0.3 m处,回填时应保持涵管处于铅垂状态。在涵管北侧距涵管上端0.2 m处凿一个直径略大于30 mm的孔,用于安放下标志。在涵管内浇灌混凝土至下标志孔处,安放下标志,浇灌混凝土至涵管顶端,用振捣棒逐层捣固,使下部气体排出。在涵管顶部中央安置水准标志,标志安放应端正、平直，字头朝北，将混凝土顶面抹平。待混凝土初凝后，加盖标志铁保护盖和水泥保护盖(铁保护盖内应涂抹黄油)，做好外部整饰。埋设规格及形状见图 A.9。

5.2.4.2 岩层水准标石的埋设

在出露岩层上埋设基本水准标石或普通水准标石，应清除表层风化物，在坚硬的岩石平面上开凿深不小于 0.15 m、口径不小于 0.2 m 的孔洞，清洗干净后浇灌混凝土镶嵌水准标志，标志安放应端正、平直，待混凝土初凝(常温下约 1 h)后，加盖标志铁保护盖和水泥保护盖(铁保护盖内应涂抹黄油)，做好外部整饰。禁止在高出地面的孤立岩石上埋设水准点。埋设规格及形状见图 A.10 和图 A.14。

5.2.4.3 混凝土柱水准标石的埋设

5.2.4.3.1 预制钢筋骨架

混凝土柱石的钢筋骨架用直径 10 mm 的 3 根足筋和直径 6 mm 的裹筋，每隔 0.3 m 捆绑一圈裹筋扎成三棱柱体。足筋两端弯成直径 25 mm 的半圆，基本水准标石裹筋围成边长为 150 mm 的等边三角形，普通水准标石裹筋围成边长为 100 mm 的等边三角形，裹筋两端重叠扎紧。捆扎好的钢筋骨架长度等于混凝土柱石长度加 0.1 m。

混凝土基座的钢筋骨架用直径 10 mm 的钢筋交叉捆扎成网状，钢筋两端弯成直径 25 mm 的半圆，规格及形状见图 A.11 和图 A.15。

5.2.4.3.2 挖掘标石坑

以选点标记为中心挖掘标石坑，大小以方便作业为准，深度按照表 A.3 的规定。基座建造采用土模的标石，标石坑深度应减去基座深度。

5.2.4.3.3 建造基座

5.2.4.3.3.1 土质坚实的地区可使用土模建造标石基座，在标石坑底部按规定尺寸挖掘基座土模，用罗针和水平尺使土模一侧位于南北方向并使土模底面水平。

5.2.4.3.3.2 土质不坚实、易塌陷的地区应使用模型板建造标石基座，在标石坑底部按照标石的基座大小安置基座模型板，用罗针和水平尺使模型板一侧位于南北方向，并使模型板底面水平。

5.2.4.3.3.3 建造基座时，先浇灌混凝土至基座深度的一半，充分捣固后再放入基座钢筋骨架，并在基座中心垂直安置柱石钢筋骨架，将柱石钢筋骨架底部与基座钢筋骨架捆扎牢固，浇灌混凝土至基座顶面，充分捣固并使混凝土顶面处于水平状态。

5.2.4.3.4 建造标石柱体

混凝土柱水准标石的柱体建造与 5.2.4.1.2.4 浅层基岩水准标石柱体的建造方法相同。

5.2.4.4 钢管水准标石的埋设

5.2.4.4.1 制作钢管标志

钢管水准标石用于冻土地区，由外径不小于 60 mm，壁厚不小于 3 mm，上端焊有水准标志的钢管代替柱石。距钢管底端 100 mm 处装有两根 250 mm 的钢筋根络。钢管内灌满水泥沙浆。钢管表面涂抹沥青或乳化沥青漆，并用旧布或麻线包扎后，再涂一层沥青或乳化沥青漆。

5.2.4.4.2 一般冻土地区钢管水准标石的埋设

5.2.4.4.2.1 挖掘标石坑

以选点标记为中心挖掘标石坑，大小以方便作业为准，深度按照表 A.3 的规定挖掘。

5.2.4.4.2.2 埋设预制钢管水准标石

预制的钢管基本水准标石应在现场浇灌标石垫层，建造方法与 5.2.4.3.3 混凝土柱水准标石的基座建造相同。钢管普通水准标石在标石坑底铺设 20 mm～40 mm 厚的水泥沙浆作为垫层。

待垫层初凝后，在垫层中心垂直安放预制的钢管水准标石，基本水准标石下标志应设在北侧，回填坑土并进行外部整饰。

5.2.4.4.2.3 现场浇灌钢管水准标石

待垫层初凝后，在垫层中心安置钢管水准标石基座模型板，在模型板中心垂直放入防腐处理后且装有钢筋根络的钢管，基本水准标石的下标志应朝北，浇灌基座混凝土并逐层捣固，待混凝土凝固(常温下约 12 h)后拆模，回填坑土并进行外部整饰。

5.2.4.4.3 永久冻土地区钢管水准标石的埋设

采用机械钻孔时，应避开自来水、煤气管道、光缆及电缆等地下埋设物。深度按照表 A.3 的规定。钻孔中放入防腐处理后且装有钢筋根络的钢管，基本水准标石下标志应朝北，浇灌混凝土至融解深度线，并逐层捣固，回填坑土并进行外部整饰。

5.2.4.5 道路水准标石的埋设

采用机械钻孔时，应避开自来水、煤气管道、光缆及电缆等地下埋设物。深度按照表 A.3 的规定。孔中放入外径不小于 110 mm，壁厚不小于 3 mm 的 PVC 管，距管底部约 0.5 m 的管壁上均匀分布 10～12 个孔径为 15 mm 的圆孔。管内和管外下部空隙处灌入 1∶2 的水泥沙浆，上部用 PVC 胶粘接水准标志，标志周边再用三个相距约 120°的螺钉固定到管壁上，标志顶部与地面齐平，埋设规格及形状见图 A.18。

5.2.4.6 墙脚水准标志的埋设

在选定的建筑物墙壁或石崖直壁上，高出地面 0.4 m～0.6 m 处钻凿孔洞，并用水洗净浸润，然后浇灌 1∶2 的水泥沙浆，放入墙脚水准标志，使圆鼓内侧与墙面齐平。在标志下方墙面上用 1∶1 的水泥沙浆抹成 0.2 m×0.2 m 的水泥面，压印路线等级、名称、水准点编号、埋设年、月，并用红漆涂描。

5.2.5 标石的外部整饰

水准标石埋设后，应进行外部整饰，要求既利于保护标石，又不影响环境美观：

a) 深层基岩标石埋设后，上部应建造保护房屋，其规格依据点位环境分别设计。

b) 浅层基岩标石埋设后，应在点位四周砌筑砖、石护墙或混凝土护栏，可参照图 A.20。其长、宽、高的规格不小于 1.5 m×1.5 m×1.0 m，高出地面 0.6 m。标志上方砌筑图 A.21 规格的砖、石保护方井或圆井，加盖保护盘。居民地庭院内不设护墙或护栏，只设与地面齐平的保护井和保护盘。

c) 埋设在森林、草原、沙漠、戈壁地区的基本水准标石和普通水准标石，按图 A.21 的规格建造保护井，加盖保护盘。基本水准标石的保护井壁，不应妨碍下标志的测量。

d) 埋设在政府机关、学校、住宅院内以及埋设在耕地内的基本水准标石和普通水准标石，应按图 A.21 的规格建造保护井，加盖保护盘，盘面与地面齐平。道路水准点的上部埋设图 A.25 规格的保护框，顶面与地面齐平。

e) 在山区、林区埋设标石，可在距水准点最近的路边设置方位桩；方位桩可采用木材、石材、混凝土或金属材料制作，用涂漆或压印的方法将点号和点位方向写在醒目的位置，并在点之记中注明方位桩的方向和距离。

5.2.6 关键工序的控制

在标石建造的施工现场，应拍摄下列照片：

a) 钢筋骨架照片，应能反映骨架捆扎的形状和尺寸；

b) 标石坑照片，应能反映标石坑和基座坑的形状和尺寸；

c) 基座建造后照片，应能反映基座的形状及钢筋骨架或预制涵管安置是否正确；

d) 标志安置照片，应能反映标志安置是否平直、端正；

e) 标石整饰后照片，应能反映标石整饰是否规范；

f) 标石埋设位置远景照片，应能反映标石埋设位置的地物、地貌景观。

5.2.7 水准标石占地与托管

水准点位选定后，标石占用的土地，应得到土地使用者和管理者的同意。

在埋石过程中应当向当地群众和干部宣传保护测量标志的法定义务和注意事项，埋石结束后，应向当地乡、镇以上政府有关部门(道路水准点向道路管理部门)办理委托保管手续，委托保管书的格式见图 A.27。

5.2.8 水准标石稳定时限

水准标石埋设后，一般地区应经过一个雨季，冻土深度大于 0.8 m 的冻土地区还应经过一个冻、解期，岩层上埋设的标石应经过一个月，方可进行水准观测。

5.2.9 埋石结束后应上交的资料

a) 测量标志委托保管书；

b) 埋石后的水准点之记及路线图、标石建造关键工序照片或数据文件；

c) 埋石工作技术总结(扼要说明埋石工作情况，埋石中的特殊问题处理及对观测工作的建议等)。

5.2.10 水准标石的检查和维护

国家一、二等水准点应定期检查和维护，确保水准点的完整性和高程有效性。每 5 年和水准路线复测前应对水准点进行一次实地检查和维护。实地检查时，应请当地政府主管部门协助，逐点记录标石现状，并处理下列事项：

a) 水准点附近地貌、地物有显著变化时，应重绘点之记，修改路线图并拍摄照片；

b) 对损毁的标石及附属物进行修补或重新建造；

c) 对补埋的标石进行高程连测，对怀疑高程有突变的标石进行检测；

d) 查明水准标石的损毁原因，与接管单位协商，提出处置意见。

6 仪器

6.1 仪器的选用

水准测量中使用的仪器按表 4 规定执行。

表 4

序号	仪器名称	最低型号		备注
		一等	二等	
1	自动安平光学水准仪、自动安平数字水准仪、气泡式水准仪	DSZ05 DSO5	DSZ1 DS1	用于水准测量，其基本参数见 GB/T 10156
2	线条式因瓦标尺、条码式因瓦标尺			用于水准测量
3	经纬仪	DJ1	DJ1	用于跨河水准测量，其基本参数见 GB/T 3161
4	光电测距仪	Ⅱ级	Ⅱ级	用于跨河水准测量，其精度分级见 GB/T 16818
5	GPS 接收机	大地型双频接收机	大地型双频接收机	用于跨河水准测量

6.2 仪器的检校

6.2.1 用于水准测量的仪器应送法定计量检定单位进行检定和校准，并在检定和校准的有效期内使用。

水准仪的检校按 JJG 425 规定执行，水准标尺的检校按 JJG 8 规定执行，光电测距仪的检校按 JJG 703 规定执行，光学经纬仪的检校按 JJG 414 规定执行，GPS 接收设备的检校按 JJF 1118 规定执行。

6.2.2 对于新出厂的仪器以及作业前和跨河水准测量使用的仪器检校，项目按表 5 规定执行，检验方法和技术要求按附录 B 执行。

表 5

序号	仪器	检验项目	新仪器	作业前	跨河水准测量
1	水准标尺	标尺的检视	+	+	+
2		标尺上的圆水准器的检校	+	+	+
3		标尺分划面弯曲差的测定	+	+	+
4		标尺名义米长及分划偶然中误差的测定	+	+	+
5		标尺温度膨胀系数的测定	+		
6		一对水准标尺零点不等差的测定(条码标尺) 一对水准标尺零点不等差及基辅分划读数差的测定	+	+	+
7		标尺中轴线与标尺底面垂直性测定	+		
8	水准仪	水准仪的检视	+	+	+
9		水准仪上概略水准器的检校	+	+	+
10		光学测微器隙动差和分划值的测定	+	+	+
11		视线观测中误差的测定	+		
12		自动安平水准仪补偿误差的测定	+		
13		十字丝的检校	+		
14		视距常数的测定	+		
		数字水准仪视线距离测量误差	+		
15		调焦透镜运行误差的测定	+		+
16		气泡式水准仪交叉误差的检校	+	+	+
17		i 角检校	+	+	+
18		双摆位自动安平水准仪摆差 $2C$ 角的测定	+	+	+
19		测站高差观测中误差和竖轴误差的测定	+		
20		自动安平水准仪磁致误差的测定	+		
21		倾斜螺旋隙动差、分划误差和分划值的测定	+		
22		符合水准器分划值的测定			+
23		系统分辨率检定	+		
24	经纬仪	垂直度盘测微器行差的测定			+
25		一测回垂直角观测中误差的测定			+

表 5 中＋表示应检验的项目，当所使用的仪器和方法与该项检验无关时，可不作检验。表中 4、5、20、23 项检验由法定计量检定单位进行检验。

6.2.3　经过修理和校正后的仪器应检验受其影响的有关项目，自动安平系统修理和校正后，第 20 项应检验。

6.2.4　自动安平光学水准仪每天检校一次 i 角，气泡式水准仪每天上、下午各检校一次 i 角，作业开始后的 7 个工作日内，若 i 角较为稳定，以后每隔 15 天检校一次。

数字水准仪，整个作业期间应每天开测前进行 i 角测定。若开测为未结束测段，则在新测段开始前进行测定。

6.2.5　每日工作开始前应检校表 5 中第 2、9 项。若对仪器某一部件的质量有怀疑时，应及时进行相应项目的检验。

6.2.6 作业期结束后应检验表 5 中第 3、4 项各一次。

6.3 仪器技术指标

水准仪器技术指标按表 6 规定执行。

表 6

序号	仪器技术指标项目	指标限差		超限处理办法
		一等	二等	
1	标尺弯曲差	4.0 mm	4.0 mm	对标尺施加改正
2	一对标尺零点不等差	0.10 mm	0.10 mm	调整
3	标尺基辅分划常数偏差	0.05 mm	0.05 mm	采用实测值
4	标尺底面垂直性误差	0.10 mm	0.10 mm	采用尺圈
5	标尺名义米长偏差	100 μm	100 μm	禁止使用,送厂校正
6	一对标尺名义米长偏差	50 μm	50 μm	调整
7	测前测后一对标尺名义米长变化	30 μm	30 μm	分析原因,根据情况正确处理所测成果
8	标尺分划偶然中误差	13 μm	13 μm	禁止使用
9	倾斜螺旋隙动差	2.0″	2.0″	只许旋进使用
10	测微器全程行差	1格	1格	禁止使用,送厂修理
11	测微器任一点回程差	0.05 mm	0.05 mm	
12	自动安平水准仪补偿误差	0.20″	0.30″	禁止使用
13	视线观测中误差	0.40″	0.55″	
14	调焦透镜运行误差	0.15mm	0.15mm	
15	*i* 角	15.0″	15.0″	校正(自动安平水准仪应送厂校正)超过 20″所测成果作废
16	2C 角	40.0″	40.0″	禁止使用,送厂校正
17	测站高差观测中误差	0.08 mm	0.15 mm	禁止使用
18	竖轴误差	0.05 mm	0.10 mm	
19	自动安平水准仪磁致误差	0.02″	0.04″	
20	数字水准仪系统分辨率(10 m 视距)	0.02 mm	0.02 mm	
21	垂直度盘测微器行差	1.00″	1.00″	
22	一测回垂直角观测中误差	1.50″	1.50″	
23	数字水准仪视距测量误差	10 cm±2 cm	10 cm±2 cm	

表 6 中自动安平水准仪磁致误差,指自动安平水准仪在磁感应强度为 60 μT 的水平方向上的稳恒磁场作用下,引起视线的最大偏差。

7 水准观测

7.1 观测方式

7.1.1 一、二等水准测量采用单路线往返观测。同一区段的往返测,应使用同一类型的仪器和转点尺承沿同一道路进行。

7.1.2 在每一区段内,先连续进行所有测段的往测(或返测),随后再连续进行该区段的返测(或往测)。若区段较长,也可将区段分成 20 km～30 km 的几个分段,在分段内连续进行所有测段的往返观测。

7.1.3 同一测段的往测(或返测)与返测(或往测)应分别在上午与下午进行。在日间气温变化不大的阴天和观测条件较好时,若干里程的往返测可同在上午或下午进行。但这种里程的总站数,一等不应超过该区段总站数的 20%,二等不应超过该区段总站数的 30%。

7.2 观测的时间和气象条件

水准观测应在标尺分划线成像清晰而稳定时进行。下列情况下,不应进行观测:

a) 日出后与日落前 30 min 内;

b) 太阳中天前后各约 2 h 内(可根据地区、季节和气象情况,适当增减,最短间歇时间不少于 2 h);

c) 标尺分划线的影像跳动剧烈时;

d) 气温突变时;

e) 风力过大而使标尺与仪器不能稳定时。

7.3 设置测站

7.3.1 一、二等水准观测,应根据路线土质选用尺桩(尺桩质量不轻于 1.5 kg,长度不短于 0.2 m)或尺台(尺台质量不轻于 5 kg)作转点尺承,所用尺桩数,应不少于 4 个。特殊地段可采用大帽钉作为转点尺承。

7.3.2 测站视线长度(仪器至标尺距离)、前后视距差、视线高度、数字水准仪重复测量次数按表 7 规定执行。

表 7　　单位为米

等级	仪器类别	视线长度		前后视距差		任一测站上前后视距差累积		视线高度		数字水准仪重复测量次数
		光学	数字	光学	数字	光学	数字	光学(下丝读数)	数字	
一等	DSZ05、DS05	≤30	≥4 且≤30	≤0.5	≤1.0	≤1.5	≤3.0	≥0.5	≤2.80 且≥0.65	≥3 次
二等	DSZ1、DS1	≤50	≥3 且≤50	≤1.0	≤1.5	≤3.0	≤6.0	≥0.3	≤2.80 且≥0.55	≥2 次

注:下丝为近地面的视距丝。几何法数字水准仪视线高度的高端限差一、二等允许到 2.85 m,相位法数字水准仪重复测量次数可以为上表中数值减少一次。所有数字水准仪,在地面震动较大时,应随时增加重复测量次数。

7.4 测站观测顺序和方法

7.4.1 光学水准仪观测

7.4.1.1 往测时,奇数测站照准标尺分划的顺序为:

a) 后视标尺的基本分划;

b) 前视标尺的基本分划;

c) 前视标尺的辅助分划;

d) 后视标尺的辅助分划。

7.4.1.2 往测时,偶数测站照准标尺分划的顺序为:

a) 前视标尺的基本分划;

b) 后视标尺的基本分划;

c) 后视标尺的辅助分划;

d) 前视标尺的辅助分划。

7.4.1.3 返测时,奇、偶测站照准标尺的顺序分别与往测偶、奇测站相同。

7.4.1.4　测站观测采用光学测微法，一测站的操作程序如下（以往测奇数测站为例）：

a)　首先将仪器整平（气泡式水准仪望远镜绕垂直轴旋转时，水准气泡两端影像的分离，不得超过 1 cm，自动安平水准仪的圆气泡位于指标环中央）。

b)　将望远镜对准后视标尺（此时，利用标尺上圆水准器整置标尺垂直），使符合水准器两端的影像近于符合（双摆位自动安平水准仪应置于第Ⅰ摆位）。随后用上下丝照准标尺基本分划进行视距读数。视距第四位数由测微鼓直接读得。然后，使符合水准器气泡准确符合，转动测微鼓用楔形平分丝精确照准标尺基本分划，并读定标尺基本分划与测微鼓读数（读至测微鼓的最小刻划）。

c)　旋转望远镜照准前视标尺，并使符合水准气泡两端影像准确符合（双摆位自动安平水准仪仍在第Ⅰ摆位），用楔形平分丝精确照准标尺基本分划，并读定标尺基本分划与测微鼓读数，然后用上、下丝照准标尺基本分划进行视距读数。

d)　用微动螺旋转动望远镜，照准前视标尺的辅助分划，并使符合气泡两端影像准确符合（双摆位自动安平水准仪置于第Ⅱ摆位）用楔形平分丝精确照准并进行标尺辅助分划与测微鼓读数。

e)　旋转望远镜，照准后视标尺的辅助分划，并使符合水准气泡的影像准确符合（双摆位自动安平水准仪仍在第Ⅱ摆位），用楔形平分丝精确照准并进行辅助分划与测微鼓的读数。

7.4.2　数字水准仪观测

7.4.2.1　往、返测奇数站照准标尺顺序为：

a)　后视标尺；

b)　前视标尺；

c)　前视标尺；

d)　后视标尺。

7.4.2.2　往、返测偶数站照准标尺顺序为：

a)　前视标尺；

b)　后视标尺；

c)　后视标尺；

d)　前视标尺。

7.4.2.3　一测站操作程序如下（以奇数站为例）：

a)　首先将仪器整平（望远镜绕垂直轴旋转，圆气泡始终位于指标环中央）；

b)　将望远镜对准后视标尺（此时，标尺应按圆水准器整置于垂直位置），用垂直丝照准条码中央，精确调焦至条码影像清晰，按测量键；

c)　显示读数后，旋转望远镜照准前视标尺条码中央，精确调焦至条码影像清晰，按测量键；

d)　显示读数后，重新照准前视标尺，按测量键；

e)　显示读数后，旋转望远镜照准后视标尺条码中央，精确调焦至条码影像清晰，按测量键。显示测站成果。测站检核合格后迁站。

7.5　间歇与检测

7.5.1　观测间歇时，最好在水准点上结束。否则，应在最后一站选择两个坚稳可靠、光滑突出、便于放置标尺的固定点，作为间歇点。如无固定点可选择，则间歇前应对最后两测站的转点尺桩（用尺台作转点尺承时，可用三个带帽钉的木桩）做妥善安置，作为间歇点。

7.5.2　间歇后应对间歇点进行检测，比较任意两尺承点间歇前后所测高差，若符合限差（见表 8）要求，即可由此起测；若超过限差，可变动仪器高度再检测一次，如仍超限，则应从前一水准点起测。

7.5.3　检测成果应在手簿中保留，但计算高差时不采用。

7.5.4　数字水准仪测量间歇可用建立新测段等方法检测，检测有困难时最好收测在固定点上。

7.6　测站观测限差与设置

7.6.1　测站观测限差

测站观测限差应不超过表8的规定。

表8

单位为毫米

等　级	上下丝读数平均值与中丝读数的差		基辅分划读数的差	基辅分划所测高差的差	检测间歇点高差的差
	0.5 cm 刻划标尺	1 cm 刻划标尺			
一等	1.5	3.0	0.3	0.4	0.7
二等	1.5	3.0	0.4	0.6	1.0

使用双摆位自动安平水准仪观测时，不计算基辅分划读数差。

对于数字水准仪，同一标尺两次读数差不设限差，两次读数所测高差的差执行基辅分划所测高差之差的限差。

测站观测误差超限，在本站发现后可立即重测，若迁站后才检查发现，则应从水准点或间歇点（应经检测符合限差）起始，重新观测。

7.6.2　数字水准仪测段往返起始测站设置

a)　仪器设置主要有：

——测量的高程单位和记录到内存的单位为米（m）；

——最小显示位为 0.000 01 m；

——设置日期格式为实时年、月、日；

——设置时间格式为实时24小时制。

b)　测站限差参数设置：

——视距限差的高端和低端；

——视线高限差的高端和低端；

——前后视距差限差；

——前后视距差累积限差；

——两次读数高差之差限差。

c)　作业设置：

——建立作业文件；

——建立测段名；

——选择测量模式：“*aBFFB*”；

——输入起始点参考高程；

——输入点号（点名）；

——输入其他测段信息。

d)　通讯设置：按仪器说明书操作。

7.7　观测中应遵守的事项

7.7.1　观测前30 min，应将仪器置于露天阴影下，使仪器与外界气温趋于一致；设站时，应用测伞遮蔽阳光；迁站时，应罩以仪器罩。使用数字水准仪前，还应进行预热，预热不少于20次单次测量。

7.7.2　对气泡式水准仪，观测前应测出倾斜螺旋的置平零点，并作标记，随着气温变化，应随时调整零点位置。对于自动安平水准仪的圆水准器，应严格置平。

7.7.3　在连续各测站上安置水准仪的三脚架时，应使其中两脚与水准路线的方向平行，而第三脚轮换置于路线方向的左侧与右侧。

7.7.4　除路线转弯处外，每一测站上仪器与前后视标尺的三个位置，应接近一条直线。

7.7.5　不应为了增加标尺读数，而把尺桩（台）安置在壕坑中。

7.7.6 转动仪器的倾斜螺旋和测微鼓时，其最后旋转方向，均应为旋进。

7.7.7 每一测段的往测与返测，其测站数均应为偶数。由往测转向返测时，两支标尺应互换位置，并应重新整置仪器。

7.7.8 在高差甚大的地区，应选用长度稳定、标尺名义米长偏差和分划偶然误差较小的水准标尺作业。

7.7.9 对于数字水准仪，应避免望远镜直接对着太阳；尽量避免视线被遮挡，遮挡不要超过标尺在望远镜中截长的20%；仪器只能在厂方规定的温度范围内工作；确信震动源造成的震动消失后，才能启动测量键。

7.8 各类高程点的观测

7.8.1 当观测水准点及其他固定点时，应仔细查对该点的位置、编号和名称是否与计划的点之记相符。

7.8.2 在水准点及其他固定点上放置标尺前，应卸下标尺底面的套环。标尺的整置位置如下：

a) 观测基岩水准标石时，标尺置于主标志上；观测基本水准标石时，标尺置于上标志上。若主标志或上标志损坏时，则标尺置于副标志或下标志上。对于未知主、副标志（或上、下标志）高差的水准标石，应测定主、副标志（或上、下标志）间的高差。观测时使用同一标尺，变换仪器高度测定两次，两次高差之差不得超过1.0 mm。高差结果取中数后列入高差表，用方括号加注。

b) 观测其他固定点时，标尺置于需测定高程的位置上，在观测记录中应予说明。

c) 水准点及其他固定点的观测结束后，应按原埋设情况填埋妥当，并按规定进行外部整饰。

7.9 结点的观测

7.9.1 观测至水准网的结点时，应在观测手簿中详细记录接测情况，结点接测图按A.4执行。

7.9.2 位于地面变形地区的结点，应与当地变形观测网连测。

7.9.3 位于变形量较大地区的结点，应由几个观测组协同作业，尽量缩短接测时间。

7.10 新旧路线连测或接测时的检测

7.10.1 新设的水准路线与已测的水准点连测或接测时，若该水准点的前后观测时间超过三个月，应进行检测。

7.10.2 对高等级路线的检测，按新设路线的等级进行；对低等级路线的检测，按已测路线的等级进行。

7.10.3 检测时，应单程检测一已测测段。如单程检测超限，则应检测该测段另一单程。若高差中数仍超限，则继续往前检测，以确定稳固可靠的已测点作为连接点。

7.11 往返测高差不符值、环闭合差

7.11.1 往返测高差不符值、环闭合差和检测高差之差的限差应不超过表9的规定。

表 9

单位为毫米

等　级	测段、区段、路线往返测高差不符值	附合路线闭合差	环闭合差	检测已测测段高差之差
一　等	$1.8\sqrt{k}$	—	$2\sqrt{F}$	$3\sqrt{R}$
二等	$4\sqrt{k}$	$4\sqrt{L}$	$4\sqrt{F}$	$6\sqrt{R}$

注：k——测段、区段或路线长度，单位为千米（km）；当测段长度小于0.1 km时，按0.1 km计算；
L——附合路线长度，单位为千米（km）；
F——环线长度，单位为千米（km）；
R——检测测段长度，单位为千米（km）。

7.11.2 检测已测测段高差之差的限差，对单程检测或往返检测均适用，检测测段长度小于1 km时，按1 km计算。检测测段两点间距离不宜小于1 km。

7.11.3 水准环线由不同等级路线构成时，环线闭合差的限差，应按各等级路线长度及其限差分别计算，然后取其平方和的平方根为限差。

7.11.4 当连续若干测段的往返测高差不符值保持同一符号，且大于不符值限差的20%时，则在以后各测段的观测中，除酌量缩短视线外，还应加强仪器隔热和防止尺桩（台）位移等措施。

7.12 成果的重测和取舍

7.12.1 测段往返测高差不符值超限，应先就可靠程度较小的往测或返测进行整测段重测，并按下列原则取舍。

a) 若重测的高差与同方向原测高差的不符值超过往返测高差不符值的限差，但与另一单程高差的不符值不超出限差，则取用重测结果；

b) 若同方向两高差不符值未超出限差，且其中数与另一单程高差的不符值亦不超出限差，则取同方向中数作为该单程的高差；

c) 若 a)中的重测高差（或 b)中两同方向高差中数）与另一单程的高差不符值超出限差，应重测另一单程；

d) 若超限测段经过两次或多次重测后，出现同向观测结果靠近而异向观测结果间不符值超限的分群现象时，如果同方向高差不符值小于限差之半，则取原测的往返高差中数作往测结果，取重测的往返高差中数作为返测结果。

7.12.2 区段、路线往返测高差不符值超限时，应就往返测高差不符值与区段（路线）不符值同符号中较大的测段进行重测，若重测后仍超出限差，则应重测其他测段。

7.12.3 符合路线和环线闭合差超限时，应就路线上可靠程度较小（往返测高差不符值较大或观测条件较差）的某些测段进行重测，如果重测后仍超出限差，则应重测其他测段。

7.12.4 每千米水准测量的偶然中误差 M_{Δ} 超出限差时，应分析原因，重测有关测段或路线。

7.12.5 测段重测与原测时间超过了三个月，且重测高差与原测高差之差超过检测限差时，应按 7.10 规定进行该测段两端点可靠性的检测。

8 跨河水准测量

8.1 适用范围

当水准路线跨越江、河，视线长度不超过 100 m 时，可采用一般方法进行观测，但在测站上应变换仪器高度观测两次，两次高差之差应不大于 1.5 mm，取用两次结果的中数。若视线长度超过 100 m 时，应根据视线长度和仪器设备等情况，选用本章所述的方法进行观测。

8.2 测量方法的选用

跨河水准测量使用的方法概要及其适用的距离按表 10 规定执行。

表 10

单位为米

序号	观测方法	方法概要	最长跨距
1	光学测微法	使用一台水准仪，用水平视线照准觇板标志，并读记测微鼓分划值，求出两岸高差	500
2	倾斜螺旋法	使用两台水准仪对向观测，用倾斜螺旋或气泡移动来测定水平视线上、下两标志的倾角，计算水平视线位置，求出两岸高差	1 500
3	经纬仪倾角法	使用两台经纬仪对向观测，用垂直度盘测定水平视线上、下两标志的倾角，计算水平视线位置，求出两岸高差	3 500
4	测距三角高程法	使用两台经纬仪对向观测，测定偏离水平视线的标志倾角；用测距仪量测距离，求出两岸高差	3 500
5	GPS 测量法	使用 GPS 接收机和水准仪分别测定两岸点位的大地高差和同岸点位的水准高差，求出两岸的高程异常和两岸高差	3 500

跨河距离超过上表规定时，采用的方法和要求，应依据测区条件进行专项设计。

8.3 场地的选定与布设

8.3.1 采用光学测微法、倾斜螺旋法、经纬仪倾角法和测距三角高程法进行跨河水准测量时，应遵循以下要求：

a) 应选用测线附近，利于布设工作场地与观测的较窄河段处。

b) 跨河视线不得通过草丛、干丘、沙滩的上方。

c) 两岸仪器视线距水面的高度应大致相等（测距三角高程法除外），当跨河视线长度小于 300 m 时，视线高度应不低于 2 m；大于 500 m 时，应不低于 $4\cdot\sqrt{S}$ m（S 为跨河视线长度千米数。水位受潮汐影响时，按最高潮位计算），当视线高度不能满足要求时，应埋设牢固的标尺桩，并建造稳固的观测台或标架。

d) 两岸由仪器至水边的一段距离，应大致相等，其地貌、土质、植被等也应相似，仪器位置应选在开阔、通风之处，不应靠近墙壁及土、石、砖堆等。

e) 过河视线方向，宜避免正对日照方向，困难时可适当增大视线长度，或采用标灯测光。

f) 布设跨河水准测量场地，应使两岸仪器及标尺点构成如图 1 所示的平行四边形、等腰梯形或大地四边形。

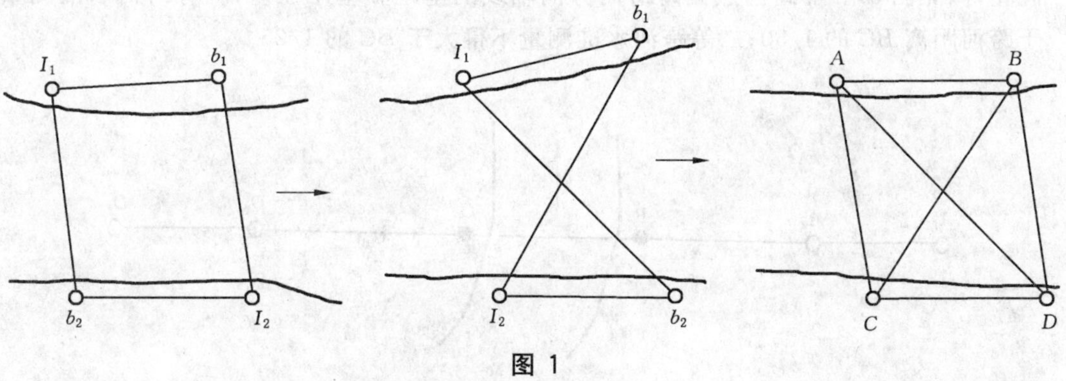

图 1

图 1 中：I_1、I_2 及 b_1、b_2 分别为两岸安置仪器和标尺的位置。I_1b_2 与 I_2b_1 为跨河视线长度，两者应相等；I_1b_1 与 I_2b_2（AB 与 CD）为两岸近尺视线长度，一般应在 10 m 左右，亦应相等。A、B、C、D 为仪器、标尺交替两用点。

当只用一台仪器观测时，除采用图 1 的形状外，亦可用图 2 所示的"Z"字形布设。I_1b_1 与 I_2b_2 为近尺视线长度，应取 20 m 左右，并且相等，此时 b_1 与 b_2 为跨河标尺点，I_1 与 I_2 均为仪器与标尺交替两用点。两岸测得的标尺点跨河高差，分别为两个测站高差和：

上半测回：
$$h_{b_1b_2} = h_{b_1I_2} + h_{I_2b_2} \quad\cdots\cdots(1)$$

下半测回：
$$h_{b_2b_1} = h_{b_2I_1} + h_{I_1b_1} \quad\cdots\cdots(2)$$

标尺点 b_1、b_2 应设置口径不小于 10 cm，长度视土质情况决定的木桩或钢管，牢固打入土中的深度应不小于桩长的三分之二，桩顶各钉一个圆帽钉，当土壤中含水量大时应打入钢管代替木桩。仪器脚架也应打入三根支承木桩。

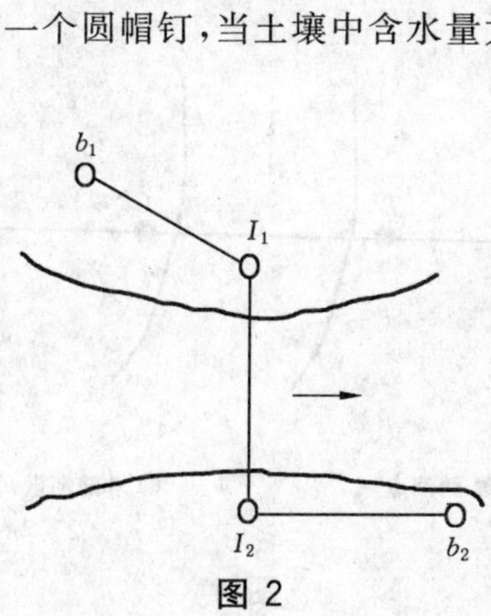

图 2

g） 在两岸距跨河点100 m～300 m的水准路线上各选埋水准标石一座，并按A.3的格式填绘水准点之记。

h） 跨河场地布设完毕后，应绘制跨河水准场地图及固定点（或标石点）连测图，见图C.6。

8.3.2 采用GPS测量法进行跨河水准测量时，应遵循以下要求：

a） GPS跨河水准测量应选择在地形较为平坦的平原、丘陵且河流两岸地貌形态基本一致地区进行。海拔高程超过500 m的地区，不宜进行GPS跨河水准测量。当跨河场地两端高差变化超过70 m/km的地区，不宜进行一等GPS跨河水准测量，超过130 m/km的地区，不宜进行二等跨河水准测量。

b） GPS水准点尽可能选于水准测线附近，并有利于进行GPS观测及水准连测。应避开土质松软和强磁场地段，以及行人、车辆来往较多等场所。

c） 应分析已有的地形、重力和水准等与大地水准面相关的测量资料，选择河流两岸大地水准面具有相同的变化趋势，且变化相对平缓的方向上布设跨河路线。

d） 非跨河点（A_1、A_2、D_1、D_2）宜位于跨河点（B、C）连线的延长线上，且各点间距离大致与跨河距离相等（见图3）。非跨河点偏离跨河方向轴线的垂距和垂距互差，一等跨河水准测量不得大于跨河距离BC的1/50；二等跨河水准测量不得大于BC的1/25。

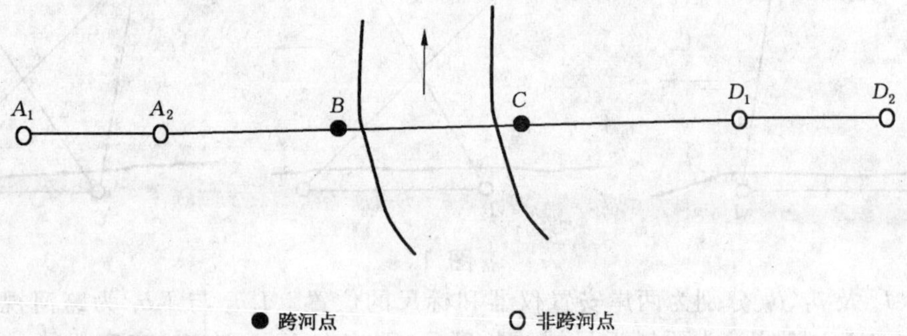

图3

e） 由于地形、点位环境等条件限制不能满足图3要求时，可采取如图4所示的布设方式，河流同岸的非跨河点A_1、A_2或D_1、D_2可以在同一个点位附近埋设，但点位位置应位于沿跨河方向轴线（图4中的CB延长线）上或在其两侧且大致对称，非跨河点距跨河点的距离大致与跨河距离相等。非跨河点偏离跨河方向轴线的垂直距离不得超过跨河距离1/4，各段垂直距离互差，一等跨河水准测量不应大于跨河距离BC的1/50，二等跨河水准测量不应大于BC的1/25。

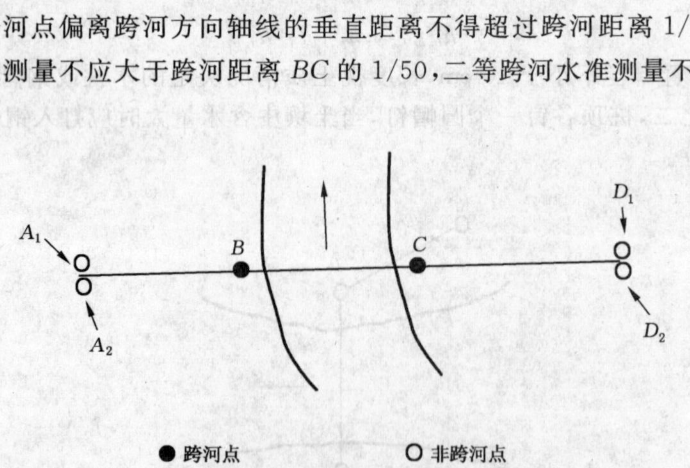

图4

f) 当跨河距离小于 2 km 时，同一河岸非跨河点距跨河点的距离应以 2 km 为宜。

g) 跨河场地布设完毕后，应绘制跨河水准场地图及点位连测图，参照图 C.6 执行。

8.4 跨河水准观测要求

8.4.1 采用光学测微法、倾斜螺旋法、经纬仪倾角法和测距三角高程法进行跨河水准测量时，观测中应遵守下列要求：

a) 跨河水准观测宜在风力微和、气温变化较小的阴天进行，当雨后初晴和大气折射变化较大时，均不宜观测。

b) 观测开始前 30 min，应先将仪器置于露天阴影下，使仪器与外界气温趋于一致。观测时应遮蔽阳光。

c) 晴天观测上午应在日出后 1 h 起至太阳中天前 2 h 止；下午自中天后 2 h 起至日落前 1 h 止。但可根据地区、季节、气候等情况适当变通。阴天只要呈像清晰、稳定即可进行观测。有条件也可在夜间进行观测，日落后 1 h 起至日出前 1 h 止。时间段以地方时零点分界，零点前为初夜，零点后为深夜。

d) 水准标尺应用尺架撑稳，并经常注意使圆水准器的气泡居中。

e) 一测回的观测中，应采取谨慎措施（一般在对远尺调焦后，即用胶布将目镜调焦螺旋及测微器螺旋固定）确保上、下两个半测回对远尺观测的视轴不变。

f) 仪器调岸时，标尺亦应随同调岸。当一对标尺的零点差不大时，亦可待全部测回完成一半时调岸。

g) 一测回的观测完成后，应间歇 15 min～20 min，再开始下一测回的观测。

h) 两台仪器对向观测时，应使用通讯设备或约定旗语，使两岸同一测回的观测，能做到同时开始与结束。

i) 跨河水准测量取用的全部测回数，上、下午应各占一半。如有夜间观测时，白天与夜间测回数之比应接近 1.3∶1。

j) 跨河观测开始时，应对两岸的普通水准标石（或固定点）与标尺点间，进行一次往返测，作为检测标尺点有无变动的基准。每日工作开始前，均应单程检测一次，并应符合 7.11 检测限差。如确认标尺点变动，应加固标尺点，重新进行跨河水准观测。

8.4.2 采用 GPS 测量法进行跨河水准测量时，观测中应遵守下列要求：

a) 观测组应严格遵守调度命令，按规定的时间进行作业。

b) 经检查接收机电源电缆和天线等连接无误后，方可开机。

c) 观测前及观测过程中，应逐项填写测量手簿中的各项信息。

d) 每时段开始及结束时，均应记录天气状况、实时经纬度、每测段开始与结束时间等信息。

e) 观测中不得进行以下操作：关机重启动（排除故障除外）；改变卫星截止高度角；改变数据采样间隔；改变天线位置；按动关闭或删除文件功能键。

f) 观测中应防止仪器受震动和移动，防止人和其他物体遮挡卫星信号。

g) 雷电、风暴天气时，不应进行观测。

h) 观测中应保持接收机数据记录的正常运行，每日观测结束后应及时将数据转存至数据存储器。转存数据时，不得进行删改和编辑。

8.5 测回数及限差

8.5.1 采用光学测微法、倾斜螺旋法、经纬仪倾角法和测距三角高程法进行跨河水准测量时以跨河视线长度确定应观测的时间段数、测回数与限差。

a) 应观测的时间段数、测回数及组数，按表 11 规定执行。

表 11

跨河视线长度/m	一等			二等		
	最少时间段数	双测回数	半测回中的组数	最少时间段数	双测回数	半测回中的组数
100～300	2	4	2	2	2	2
301～500	4	6	4	2	2	4
501～1 000	6	12	6	4	8	6
1 001～1 500	8	18	8	6	12	8
1 501～2 000	12	24	8	8	16	8
2 000 以上	$6 \cdot s$	$12 \cdot s$	8	$4 \cdot s$	$8 \cdot s$	8
注：表中 s 为跨河视线长度千米数，尾数凑整到 0.5。						

b) 各双测回的互差限差 $\mathrm{d}H_{限}$，按式(3)计算：

$$\mathrm{d}H_{限} = 4 \cdot M_{\Delta} \sqrt{N \cdot s} \quad \cdots\cdots(3)$$

式中：

M_{Δ}——每千米水准测量的偶然中误差限值，单位为毫米(mm)；

N——双测回的测回数；

s——跨河视线长度，单位为千米(km)。

c) 当只用一台水准仪或两台经纬仪进行跨河水准测量不能组成双测回时，测回数为表 11 所列数值的 2 倍。计算单测回互差的 $\mathrm{d}H_{限}$ 时，N 按单测回数计。

8.5.2 采用 GPS 测量法进行跨河水准测量时，各时段往返方向计算的跨河高差中数互差不应大于按式(3)计算的限值。此时式(3)中的 N 为表 15 中规定的 GPS 观测时段数。

8.6 光学测微法

8.6.1 准备工作

a) 按 8.3 的规定，选定和布设跨河场地；

b) 对水准仪及水准尺按 6.2 规定项目，进行认真、细致地检验与校正，对 i 角应校正至 6″以下；

c) 按 C.1 的规定制作觇板，并应注意使标志中心线与觇板指标线精密重合；

d) 对标尺点与路线上的固定点(或标石)进行连测。

8.6.2 观测方法

a) 在测站点上整平仪器后，按光学测微法，对本岸近标尺，先后照准基本分划线两次并读、记之。

b) 将仪器转向对岸远标尺，旋进倾斜螺旋使气泡精密符合，使测微器读数居于全程的中央位置，按约定信号指挥对岸扶尺员将觇板尺面上下移动，待标志线到望远镜楔形丝中央时，即通知扶尺员使觇板标志中心线精密对准标尺上最邻近的基本分划线固定之，并记下标志中心线在标尺上的读数。同时转告对岸记录员(例如把读尺数写在小黑板上，让对岸仪器读记)。

再按光学测微法，转动测微器精密照准觇板上的标志线，并读、记测微器格值。同样重复照准、读数 5 次，即完成一组观测。

以后各组开始观测前，应将觇板较大地移动后，重新使标志中心线对准标尺基本分划线，并固定之。然后按相同的操作顺序，逐个完成其余各组的观测。

每组内对远标尺上觇板标志线的各次读数互差，不得超过 0.01 mm×s(s 为跨河视线长度，单位为 m)。

以上 a)、b)两项操作，组成一测回的上半测回。

c) 上半测回结束后，应按 8.4.1 中 e)、f)两项规定，立即谨慎地将仪器及标尺搬到对岸，进行下半测回的观测。下半测回的观测是先观测对岸的远标尺，观测远近标尺操作与上半测回相同。观测记录、计算示例见 C.2。

8.7 倾斜螺旋法

8.7.1 准备工作

a) 按 8.2 与 8.3 的有关规定准备仪器，选定和布设跨河场地。

b) 按 8.6.1 的 b)、c)、d)做好各项工作。觇板上需绘制两条标志线，上、下标志线间的距离，应使仪器照准两标志线的夹角在倾斜螺旋周值以内，或符合水准器气泡刻划值以内，一般不超过 60″。两台水准仪 i 角互差应小于 6″。

8.7.2 观测方法

a) 观测近标尺：整平仪器后，按光学测微法连续照准基本分划二次，并读、记之。

b) 观测远标尺：转动测微器使平行玻璃板居于垂直位置，在一测回观测过程中，应确保不变。照准远标尺，旋转倾斜螺旋使视线降至最低标志线以下，再从下至上依次用望远镜的楔形丝照准标尺上的两条标志线，然后再以相反的次序由上至下照准各标志线，称为一个往返测。每次照准标志线后，均应对倾斜螺旋分划鼓或符合水准器两端读数。同时在每个往、返测过程中，当视线接近水平时，应按旋进倾斜螺旋方向，使符合水准器精密符合两次，每次均应待气泡稳定后，再对倾斜螺旋分划鼓读数，以上操作组成一观测组。以后各组的观测均按同法进行。

每一观测组中，照准同一标志线的往、返分划鼓(或符合水准器)的读数差，不得大于 2″；往、返测中气泡四次符合的分划鼓读数差，不得大于 0.8″，超限时立即全组重测。

各组测完后，应比较同一标志线分划鼓或符合水准器的各组读数，用倾斜螺旋分划鼓读数时，还应比较各组气泡符合时的分划鼓读数。若某组读数差异突出而过大，则可根据观测与天气情况进行分析，认为该组观测结果不可靠时，亦应重测。

以上 a)、b)两项操作，组成一测回中的上半测回。两岸仪器同时对测各半测回，组成一测回。

c) 上半测回结束后，按 8.4.1 中 e)、f)两项要求，立即将水准仪及标尺搬运到对岸，进行下半测回的观测。下半测回先观测远标尺，后观测近标尺。观测远、近标尺的操作与上半测回相同。两岸仪器同时对测的上、下各半测回，组成一个双测回。

d) 每次安装觇板后，应仔细读出觇板指标线在标尺上的读数，并求出各标志线在标尺上的相应读数。

观测记录、计算示例见 C.2。

8.8 经纬仪倾角法

8.8.1 准备工作

与 8.7.1 准备工作相同。使用的经纬仪，除对其进行一般性能的检视外，尚应按 6.2.2 的规定进行检验。

8.8.2 观测方法

a) 观测近标尺：首先在经纬仪盘左的位置，照准近标尺的基本分划线，读取最后水平视线的标尺厘米分划数 a，再使水平丝分别照准该分划线的下、上边缘各二次；再纵转望远镜以盘右位置，同时照准该分划线的上、下边缘各二次，使完成了一组观测(近标尺只测一组)。每次照准分划线边缘后，应先使垂直度盘指标气泡精密符合，再用光学测微器进行垂直度盘读数。盘左或盘右同一边缘两次照准读数差，应不大于 3″。

近标尺读数 b 由式(4)计算：

$$b = a - \theta/\rho \cdot d \quad \cdots\cdots\cdots\cdots\cdots\cdots\cdots\cdots\cdots (4)$$

式中：

θ——分划线 a 的倾角，单位为角秒(″)；

d——经纬仪至标尺点的水平距离(用钢卷尺量取)，单位为厘米(cm)；

ρ——206 265，单位为角秒(″)。

b) 观测远标尺：盘左位置用水平丝依次照准下、上标志线各四次，每次照准均应同时使垂直度盘指标气泡精密符合后，再用光学测微器进行垂直度盘读数，同一标志线四次照准读数之差不得大于3″。纵转望远镜以盘右位置，按相反次序照准上、下标志线各四次并如前读数。以上操作组成一组观测。依同法进行其他各组的观测。各组算出上、下标志线的倾角 α 和 β，α 或 β 其组间互差不应大于4″。

上述a)、b)两项操作组成一岸仪器观测的半测回，两岸仪器同时对测各半测回，组成一个测回。两个测回连续观测时，测回间应间歇15 min左右。

c) 两台仪器和标尺，可只在上、下午间调岸一次。

d) 每测回观测前，应仔细检查觇板的指标线是否滑动，并核对指标线在标尺上的读数。

e) 观测的测回数为表11所列数目的二倍，组数及限差等，仍按8.5有关规定执行。观测记录、计算示例见C.2。

8.9 测距三角高程法

8.9.1 准备工作

a) 按8.3有关规定选定跨河点，视线垂直角应小于1°。按图1中的大地四边形布设跨河点。A、B 和 C、D 分别为两岸安置仪器(或标尺)的位置，均应埋设固定点。其中 A、D 为普通水准标石，B、C 为40 cm×20 cm×20 cm的混凝土柱石，中间嵌标志。也可打入50 cm×10 cm×10 cm的木桩，中间打帽钉。柱石或木桩顶面均应埋入地面下0.1 m；

b) 跨河距离在2 000 m以内，对岸标尺可安置一块觇板，2 000 m以上应安置上、下两块觇板。觇板上标志的宽度和形状可采用附录C.1中的图C.1、图C.2或图C.3一种。通视条件较差时，应采用特制的标灯作为观测目标。觇标在标尺上的高度两岸应完全一致。单觇板(或标灯)安置在2.5 m处，双觇板(或标灯)在2.0 m～3.0 m之间，间距依跨河宽度而定，以目标清晰为准。

8.9.2 本岸测站点间高差测定

a) 水准仪法：若备有水准仪，则将 AB 和 CD 作为一个测站，按同等级水准测量要求进行往返观测。

b) 经纬仪法：将经纬仪架在 AB 间的中点上，距差应不大于0.5 m。按8.8.2中a)所述方法分别对 A 点和 B 点进行观测，求出高差 h_{AB} 而后进行返测。往返测的高差之差应不大于同等级水准测量测站高差之差的限差。

无论采用哪种方法测定，均取往返测高差中数作为测站点间高差的正式成果，并以此作为检测和计算测站点仪器高的基准。

c) 测站点的检测

如确信 A、D 点水准标石稳定，观测过程中可不进行检测。只应在结束时进行一次检测。若检测超限，应沿路线再检测一个测段。如证明水准标石无变动，则所测成果采用。若标石变动，应加固水准标石后重新进行跨河观测。

8.9.3 距离测量

a) 本岸测站点间的距离测量

本岸测站点间的距离 AB 和 CD，一般可用钢卷尺直接丈量平距，丈量时应使钢尺保持水平，两端拉紧同时读数，点上应架设垂球，严格对中，并保持稳定。往返各读三次，三次测定的距离互差和往返测距离中数之差，均不大于 3 mm。如无钢尺，也可用测距仪测定。

b) 跨河测站点间距离测量

跨河距离 S_{AC}、S_{AD}、S_{BC}、S_{BD} 采用电磁波测距仪测定，测距的准备工作，观测方法和作业要求、气象元素测定、成果记录及重测取舍，气象、加常数、乘常数修正值的计算及边长归算等，均按 GB/T 16818 的相应规定执行。

c) 跨河距离测量的技术要求

距离测量的技术要求和观测限差按表 12 规定执行。

表 12

跨河水准等级	测距仪精度等级	观测时间段		一个时间段内测回数	一测回读数间较差/mm	测回中数间较差/mm	往返(或时间段)测距中数的较差/mm
		往	返				
一	Ⅱ	2	2	4	≤10	≤15	$\leqslant 2(a+b\cdot D\cdot 10^{-6})$
二	Ⅱ	1	1	6	≤10	≤15	$\leqslant 2(a+b\cdot D\cdot 10^{-6})$
注：a、b 为测距仪标称参数值，D 为所测距离的千米数。							

每照准一次，读 4 次数为一测回。当进行对向观测确有困难时，可以单向观测，但总的观测时间段不能减少。

测距仪和反射镜的高度量至毫米，两次量测之差应不大于 3 mm。各次设站高度不必强求一致。

8.9.4 垂直角观测

8.9.4.1 观测程序

a) 在 A、C 点设站，同时观测本岸近标尺，测定 b_B 和 $b_{D\mathrm{I}}$，而后同步观测对岸远标尺，测定 α_{AD} 和 α_{CB}。

b) A 点仪器不动，将 C 点仪器迁至 D 点。两岸仪器同步观测对岸远标尺，测定 α_{AC} 和 α_{DB}。

c) D 点仪器不动，观测本岸近标尺，测定 b_C，此时将 A 点仪器迁至 B 点。然后两岸仪器同步观测对岸远标尺，测定 α_{BC} 和 α_{DA}。

d) B 点仪器不动，观测本岸近标尺，测定 b_A，此时将 D 点仪器重新迁至 C 点，接着两岸仪器同步观测对岸远标尺，测定 α_{BD} 和 α_{CA}。最后 C 点仪器再次观测本岸近标尺，测定 $b_{D\mathrm{II}}$。至此第一个仪器位置的观测结束，两台仪器共完成四个单测回。

8.9.4.2 观测方法

a) 观测近标尺：按 8.8.2 中 a)所述的方法测定本岸近标尺读数。

b) 观测远标尺：在盘左位置用望远镜中丝精确照准远标尺上觇板标志或标灯四次，每次应使垂直度盘水准气泡精密符合后，用光学测微器进行垂直度盘读数。四次照准读数之差不应大于 3″。纵转望远镜，在盘右位置按盘左操作方法同样进行照准和读数。以上观测为一组垂直角观测。依同法进行其余各组的观测。

当采用上、下觇板观测时，盘左依次照准上觇板标志、下觇板标志，盘右按相反次序照准下、上觇板标志。照准和读数方法与单觇板观测相同。同一标志四次照准读数差应不大于 3″。上、下标志垂直角分别计算高差。

采用 T—2000 经纬仪观测时，垂直角的观测组数可以减半。

各组垂直角观测的限差按表 13 规定执行。

表 13

单位为角秒（″）

指标差互差	同一标志垂直角互差
≤8	≤4

c） 每一条边的垂直角测完后，立即按观测程序依次进行其余三条边的垂直角观测。

d） 每组观测前，应重新将觇板指标线中心精确对准标尺分划线中央。每条边观测前，应仔细检查觇板的指标线是否滑动，并认真读取指标线或标灯在标尺上的读数，于现场记录在手簿上。手簿记录格式见 C.2。

e） 每一个仪器位置的观测完成后，观测员、仪器、标尺应相互调岸，按 8.9.4.1 的程序进行第二个仪器位置的观测。也可在测完半数测回后相互调岸，在第二个仪器位置上完成其余测回的观测。两台仪器分别在两岸相同时段对向观测一条边的成果组成一个单测回，总测回数应为表 11 中双测回数的二倍。

8.9.5 测回间高差互差

每条边各单测回高差间的互差应符合 8.5.1 中 b）规定的限值，其中 N 为总测回数。

由大地四边形组成三个独立闭合环，用同一时段的各条边高差计算闭合差。各环线的闭合差 W 应不大于按式(5)计算的限值：

$$W = 6 \cdot M_W \cdot \sqrt{s} \quad \cdots\cdots(5)$$

式中：

M_W——每千米水准测量的全中误差限值，单位为毫米（mm）；

s——跨河视线长度，单位为千米（km）。

8.9.6 观测成果的重测和取舍

a） 测回间互差超限，首先应重测孤立值。若无孤立值应重测一大一小。如出现分群现象，则应分析是否因时间段不同而分群，并应计算环线闭合差加以分析，若确属时间不同而产生分群，同时环线闭合差无超限现象，该成果可不重测。如有闭合差超限的测回，此测回应重测。重测后仍分群，有上、下觇板的，应利用其间距检验垂直角的观测精度，并结合观测条件进行综合分析，而后对成果进行重测和取舍。直到所测成果全部符合要求为止。

b） 环线闭合差超限，而测回间互差较小，如无其他情况，此成果可以采用。若测回间互差大或超限，则该成果应重测。

8.10 GPS 水准测量法

8.10.1 技术要求

GPS 跨河水准测量的技术要求应满足表 14 的规定。

表 14

等　级	跨距 D/m	非跨河点数	GPS 网相邻点间基线长精度	
			a	b
一等	$1\,500 \leqslant D \leqslant 3\,000$	≥4(每端 2 个)	≤5	1
二等	$500 \leqslant D \leqslant 3\,500$	≥4(每端 2 个)	≤8	2

GPS 网相邻点间基线长精度按下式计算：

$$\delta = \sqrt{a^2 + (b\,d)^2} \quad \cdots\cdots(6)$$

式中：

δ—— 基线长度标准差,单位为毫米(mm);

a——固定误差,单位为毫米(mm);

b——比例误差系数,(1×10^{-6});

d——相邻点间距离,单位为千米(km)。

8.10.2 **点位选定**

a) 点位的选择应符合 8.10.1 的要求。

b) 点位的基础应坚实稳定,并有利于安全作业。交通应便于作业。

c) 应避开易于发生土崩、滑坡、沉陷、隆起等地面局部变形的地方。

d) 距离铁路不小于 50 m,距离公路不小于 30 m。

e) 点位距大功率无线电发射源(如电台、微波站等)不小于 200 m,距高压输电线不小于 50 m。

f) 点位应便于安置 GPS 接收设备及水准仪,视野应开阔,四周不应有大于 15°地平高度角的障碍物。

g) 附近不应有强烈干扰接收卫星信号的物体。

h) 选点完成后,应实地绘制点之记。

8.10.3 **标石埋设**

8.10.3.1 GPS 水准点可采用不小于顶面 12 cm×12 cm,底面 20 cm×20 cm,高 60 cm 的水泥桩标石。尽可能采用强制对中装置。

8.10.3.2 标石埋设后,应进行灌水处理,并至少应经过三天以后,方可进行观测。

8.10.4 **仪器设备**

8.10.4.1 GPS 接收机应为双频接收机,标称精度应达到或优于 $5\ \text{mm}+1\times10^{-6}\times d$;GPS 同步观测接收机数应不少于 4 台。

8.10.4.2 GPS 接收机应按照 JJF 1118 的要求进行校准。

8.10.5 **外业观测**

8.10.5.1 GPS 水准点间的水准连测应按本标准规定的一等水准观测要求进行。

8.10.5.2 GPS 整网观测前、后应分别进行同岸 GPS 水准点之间的高差连测,以检测各点位的沉降变化。当高差变化量不能满足表 9 中一等水准的检测要求时,应重新进行 GPS 观测。

8.10.5.3 GPS 观测应符合表 15 的规定。

表 15

项　　目	等　　级	
	一　　等	二　　等
卫星截止高度角/(°)	≥15	≥15
同时观测有效卫星数	≥4	≥4
有效观测卫星总数	≥9	≥6
观测时段数	$6\cdot s$	$4\cdot s$
时段长度/h	2	2
采样间隔/s	10	10
PDOP	≤6	≤6
注:s 为跨河视线长度,单位为千米(km)。		

表 15 中规定的所有观测时段,一等应在 72 h 内完成观测,二等应在 48 h 内完成观测。

8.10.5.4 GPS 测量应记录雨、晴、阴、云等天气状况。

8.10.5.5 天线安置及天线高的量取应满足以下要求：

a) 尽可能采用强制对中装置。

b) 尽可能采用材质坚固抗伸缩、高度稳定的刚体对中杆，其高度在测前、测后进行量取，两次读数互差小于 1.0 mm。

c) 不能满足以上两种条件之一时，可采用水准仪标尺加钢板尺的天线高量取方法。水准仪、水准标尺应按相应等级水准测量要求进行检定，钢板尺应采用三等金属线纹尺进行检定，天线高应在各时段测前、测后两次量取，互差应小于 1.0 mm。

d) 天线高应为量取至天线单元的 ARP 参考点位置的直高，并应获得厂商提供的各参考点至天线相位中心改正常数，以便于在随后的数据处理中精确计算天线高。

8.10.6 **GPS 观测记录**

8.10.6.1 GPS 观测记录项目应包括：

a) 测站名、测站号。

b) 观测月、日/年积日、天气状况、时段号。

c) 开始、结束时间，采用 UTC 时间，填写至时、分。

d) 接收机及天线类型、编号。

e) 测站近似经纬度及正常高高程，经纬度填写至 1′，高程填写至 1 m。

f) 天线相位中心至标石面的直高，记至 0.1 mm。

g) 接收卫星信息。

8.10.6.2 外业观测结束后，应将观测记录及时录入数据存储器；接收机数据卸载至外存介质时，不应进行任何剔除、删改等操作。

8.10.7 **数据处理及成果计算**

8.10.7.1 **GPS 基线解算**

GPS 基线解算应符合以下要求：

a) 基线解算应采用经过有关部门批准使用的软件。

b) 基线解算应采用双差相位观测值。

c) 应采用精密星历作为基线解算的起始值，星历误差应优于 2 m。

d) 基线解算的起始坐标应采用 GPS 连续运行站坐标。

e) 基线解算时，应以 2 h 为一单元，将连续观测数据截断并划分为多个时段进行基线解算，使每一个同步观测图形各基线边具有至少 4 个时段的重复基线处理结果。

f) 基线解算方案可采用单基线或多基线模式。应采用双差固定解作为基线解算的最终结果。

8.10.7.2 **GPS 基线解算的质量检核**

GPS 基线解算的质量检核应符合以下要求：

a) 基线处理数据采用率不低于 80%。

b) 采用单基线处理模式时，同步时段中任一三边同步环的坐标分量相对闭合差应小于表 16 的规定。

表 16

限差类型	一　等	二　等
坐标分量相对闭合差	1.0×10^{-6}	2.0×10^{-6}
环线全长相对闭合差	2.0×10^{-6}	3.0×10^{-6}

c) 由独立基线构成的异步环坐标分量闭合差和全长闭合差应满足式(7)规定。

$$
\left.\begin{aligned}
W_X &\leqslant 2\sqrt{n}\,\delta \\
W_Y &\leqslant 2\sqrt{n}\,\delta \\
W_Z &\leqslant 2\sqrt{n}\,\delta \\
W &\leqslant 2\sqrt{n}\,\delta \\
W &= \sqrt{W_X^2 + W_Y^2 + W_Z^2}
\end{aligned}\right\} \quad \cdots\cdots(7)
$$

式中：

δ——相应测量等级基线长度标准差，单位为毫米(mm)；

W_X, W_Y, W_Z——异步环坐标分量闭合差，单位为毫米(mm)；

W——异步环线全长闭合差，单位为毫米(mm)；

n——独立环中的边数。

d) 重复基线的长度互差(ds)及大地高高差互差(dH)应满足：

$$
\left.\begin{aligned}
\mathrm{d}s &\leqslant 2\sqrt{2} \\
\mathrm{d}H &\leqslant 2\sqrt{2}\,\delta
\end{aligned}\right\} \quad \cdots\cdots(8)
$$

式中：

δ——相应测量等级基线长度标准差，单位为毫米(mm)。

8.10.8 跨河水准测量 GPS 网平差处理

8.10.8.1 GPS 网平差软件应采用经过有关部门批准使用的软件。

8.10.8.2 在基线向量检核符合要求后，以三维基线向量及其相应方差—协方差阵作为观测信息，以某一跨河点的三维地心坐标系下的三维坐标作为起算数据，进行 GPS 网的无约束平差。无约束平差应提供各点在三维地心坐标系下的三维坐标、各基线向量改正数和精度信息。

8.10.8.3 无约束平差基线向量改正数绝对值($v_{\Delta X}$、$v_{\Delta Y}$、$v_{\Delta Z}$)应满足：

$$
\left.\begin{aligned}
v_{\Delta X} &\leqslant 3\,\delta \\
v_{\Delta Y} &\leqslant 3\,\delta \\
v_{\Delta Z} &\leqslant 3\,\delta
\end{aligned}\right\} \quad \cdots\cdots(9)
$$

式中：

δ——相应测量等级基线长度标准差，单位为毫米(mm)。

否则应认为该基线或附近基线存在粗差，应在平差中采用软件提供的自动方法或人工方法剔除，直到满足上式要求。

8.10.8.4 GPS 网无约束平差结果中，相邻点间基线长度精度应满足表 14 的规定。

8.10.9 高差计算

以图 3 所示的 GPS 跨河水准测量为例：

$$
\alpha_{AB} = (\Delta H_{GAB} - \Delta H_{\gamma AB})/s_{AB} \quad \cdots\cdots(10)
$$

式中：

α_{AB}——AB 方向的高程异常变化率，单位为米每千米(m/km)；

s_{AB}——A、B 点间的平距，单位为千米(km)；

ΔH_{GAB}——AB 点间的大地高差，单位为米(m)；

$\Delta H_{\gamma AB}$——AB 点间的正常高差，单位为米(m)。

根据公式(10)由每一个非跨河点与最近跨河点计算出一个 α 值，最后将河流两岸得到的不同的 α_{AB} 与 α_{CD} 取平均值作为跨河河段的高程异常变化率 α_{BC}。河流两岸得到的不同的 α 值(α_{AB}、α_{CD})较差应满足表 17 的规定。

表 17

单位为米每千米(m/km)

限差类型	一　等	二　等
同岸 α 值较差	0.007 0	0.013 0
不同岸 α 值较差	0.010 0	0.018 0

高程异常差按公式(11)计算。

$$\Delta\zeta_{AB} = \alpha_{AB} \times s_{AB} \qquad \cdots\cdots(11)$$

式中：

$\Delta\zeta_{AB}$——A、B 点间的高程异常差，单位为米(m)；

α_{AB}——AB 方向的高程异常变化率，单位为米每千米(m/km)；

s_{AB}——AB 点间的平距，单位为千米(km)；

由式(12)计算出跨河线路 BC 之间的跨河水准高差：

$$\Delta H_{\gamma BC} = \Delta H_{GBC} - \alpha_{BC} \times s_{BC} \qquad \cdots\cdots(12)$$

式中：

$\Delta H_{\gamma BC}$——BC 间的正常高差，单位为米(m)；

ΔH_{GBC}——BC 间的大地高差，单位为米(m)；

α_{BC}——BC 方向的高程异常变化率，单位为米每千米(m/km)；

s_{BC}——BC 点间的平距，单位为千米(km)。

8.10.10　补测和重测

当出现下列情况时，应进行补测和重测：

a) 未按施测方案要求，外业缺测、漏测数据，或经过处理后，观测数据不能满足表 15 的要求，有关成果应及时补测或重测。

b) 在重复基线长度之差、同步环闭合差、独立环闭合差等检验中允许舍弃超限基线，但剩余的同名基线边数目不小于总数的 50%，否则应重测该基线或有关的图形。

c) 由于点位不符合水准测量或 GPS 测量要求，重测仍不能满足各项限差规定时，应按技术要求增选新点进行重测。

d) 非跨河点与最近跨河点组成的线路计算的 α 值较差大于表 17 规定时，应对超限的线路进行重测。经重测仍不能满足要求时，应按 8.3.2 和 8.10.1 的要求另外选定非跨河点，组成新线路重测。

8.11　冰上观测

跨越位于北方地区的河流、沼泽、水草地的水准测量，可以利用严寒季节在冰上进行：

a) 严寒前，预先在两岸选定跨河地点和埋设水准标石，并与路线上的水准点进行连测。

b) 冰上水准测量，应在冰层有足够厚度和表面周日变化最小期间(每年 12 月底至翌年 2 月底)内进行。观测进行中应特别注意安全，冰上不得聚集许多人员或运输工具。

c) 观测开始前，沿选定路线依相应水准测量等级所采用的视线工具，选定安置仪器与标尺的地点，清除积雪，在安置标尺处凿一小坑，插入一不小于 30 cm×10 cm×10 cm 的木桩(顶端钉入圆帽钉)，然后浇水使其冻结。在安置仪器脚架的每一脚下，同样冻入木桩以支撑仪器脚架。

d) 冰上水准测量的观测方法和各项限差均与相应各等水准测量的规定相同。

8.12　夜间观测

通过交通繁忙、车流量甚大的桥梁或街区的水准测量，可以在夜间进行。

a) 预先在夜间拟测路线的两端，埋设水准点或选择固定点，尽量减少夜间观测工作量。

b） 白天应在夜测地段选定架设仪器和放置标尺的地点，并在立尺点钉入尺桩或帽钉，作出明显标记。视线长度不宜超过 25 m。

c） 在标尺处应有专人照明，可在水准仪测微器的入光孔加设照明灯。

d） 夜间水准测量的观测方法和各项限差均与相应的各等水准测量的规定相同。

9 外业成果的记录、整理与计算

9.1 记录方式与要求

9.1.1 记录方式

一、二等水准测量的外业成果，按记录载体分为电子记录和手簿记录两种方式，应优先采用电子记录，在不适宜电子记录的特殊地区亦可采用手簿记录。

电子记录参照 CH/T 2004 和 CH/T 2006 执行。

9.1.2 记录项目

9.1.2.1 每测段的始、末，工作间歇的前后及观测中气候变化时，应记录观测日期、时间（北京时）、大气温度（仪器高度处温度）、标尺温度、天气、云量（按十级制，即肉眼所见云彩遮蔽天空面积的十分之几，则为几级云量）、成像、太阳方向（按太阳对于路线前进方向的 8 个方位：前方、前右、右方、右后、后方、左后、左方、前左）、道路土质、风向及风力（风向按风吹来的方向对于路线前进方向的 8 个方位：前方、前右、右方、右后、后方、左后、左方、前左记录，风力按附录 D 中的 D.4 风级表记录）。

9.1.2.2 使用光学水准仪时，每测站应记录上、下丝在前后标尺的读数，楔形平分丝在前后标尺基、辅分划面的读数。使用数字水准仪时，每测站应记录前后标尺距离和视线高读数。每五个测站记录一次标尺温度，读至 0.1℃。

9.1.3 手簿记录要求

a） 一切外业观测值和记事项目，应在现场直接记录。

b） 手簿一律用铅笔填写，记录的文字与数字力求清晰，整洁，不得潦草模糊。手簿中任何原始记录不得涂擦，对原始记录有错误的数字与文字，应仔细核对后以单线划去，在其上方填写更正的数字与文字，并在备考栏内注明原因。对作废的记录，亦用单线划去，并注明原因及重测结果记于何处。重测记录应加注“重测”二字。手簿记录格式见 D.1。

c） 一、二等水准测量记录的小数取位按照表 18 的规定执行。

9.1.4 观测记录的整理和检查

观测工作结束后应及时整理和检查外业观测手簿。检查手簿中所有计算是否正确、观测成果是否满足各项限差要求。确认观测成果全部符合本规范规定之后，方可进行外业计算。

9.2 外业计算

9.2.1 水准测量外业计算的项目：

a） 外业手簿的计算；

b） 外业高差和概略高程表的编算；

c） 每千米水准测量偶然中误差的计算；

d） 附合路线与环线闭合差的计算；

e） 每千米水准测量全中误差的计算。

9.2.2 外业高差和概略高程表的编算，应由两人各自独立编算一份，并核对无误。国家水准网计算水准点高程时，所用的高差应加入下列改正（计算方法见 D.2 和 D.3）：

a） 水准标尺长度改正；

b） 水准标尺温度改正；

c) 正常水准面不平行的改正；

d) 重力异常改正；

e) 固体潮改正(最后计算时，近海水准路线需加入海潮负荷改正)；

f) 环线闭合差的改正。

9.2.3 每完成一条水准路线的测量，应进行往返测高差不符值及每千米水准测量的偶然中误差 M_{Δ} 的计算(小于 100 km 或测段数不足 20 个的路线，可纳入相邻路线一并计算)，并应符合 7.11 及 4.2 的规定。

每千米水准测量的偶然中误差 M_{Δ} 按式(13)计算：

$$M_{\Delta}=\pm\sqrt{[\Delta\Delta/R]/(4\cdot n)} \qquad \cdots\cdots(13)$$

式中：

Δ——测段往返测高差不符值，单位为毫米(mm)；

R——测段长度，单位为千米(km)；

n——测段数。

9.2.4 每完成一条附合路线或闭合环线的测量，应对观测高差施加 9.2.2 中 a)、b)、c)、d)、e) 项改正，然后计算附合路线或环线的闭合差，并应符合 7.11 的规定，当构成水准网的水准环超过 20 个时，还需按环线闭合差 W 计算每千米水准测量的全中误差 M_W，并应符合 4.2 的规定(山区布测的一等水准网，闭合环不足 50 个时，M_W 限差为±1.2 mm)。

每千米水准测量的全中误差 M_W 按式(14)计算：

$$M_W=\pm\sqrt{[WW/F]/N} \qquad \cdots\cdots(14)$$

式中：

W——经过各项改正后的水准环闭合差，单位为毫米(mm)；

F——水准环线周长，单位为千米(km)；

N——水准环数。

9.2.5 外业计算取位按表 18 规定执行。

表 18

等级	往(返)测距离总和/km	测段距离中数/km	各测站高差/mm	往(返)测高差总和/mm	测段高差中数/mm	水准点高程/mm
一等	0.01	0.1	0.01	0.01	0.1	1
二等	0.01	0.1	0.01	0.01	0.1	1

9.3 外业成果的检查验收与上交

9.3.1 成果的检查验收和质量评定

水准测量工作完成后，应按 CH 1002 的要求进行检查和验收并编写检查验收报告。

水准测量成果在检查验收以后，应按照 CH 1003 的要求进行质量评定。

9.3.2 技术总结

技术总结是在水准测量任务完成后，对技术设计书和技术标准执行情况、技术方案、作业方法、技术的应用、完成质量和主要问题的处理等进行分析和总结。它是与测绘成果有直接关系的技术性文件，是永久保存的重要技术档案。

技术总结按照 CH 1001 编写，并由单位主要技术负责人审核签名，方可上交。

9.3.3 上交资料

9.3.3.1 资料的整理与上交

经过检查验收后的水准测量成果，应按路线进行清点整理、装订成册、编制目录，开列清单，上交资料管理部门。

9.3.3.2 **上交资料的范围**

a) 技术设计书；

b) 水准点之记的纸质文本及其数字化后的电子文本；

c) 水准路线图、结点接测图及其数字化后的电子文本；

d) 测量标志委托保管书(2 份)；

e) 水准仪、水准标尺检验资料及标尺长度改正数综合表；

f) 水准观测手簿、磁带、磁盘、光盘等能长期保存的其他介质，水准点上重力测量资料；

g) 水准测量外业高差及概略高程表两份；

h) 外业高差各项改正数计算资料；

i) 外业技术总结；

j) 验收报告。

附 录 A
（规范性附录）
选点埋石资料绘制格式与标石造埋说明

A.1 选点与埋石的工具

选点、埋石组应结合测区特点配备人员、工具数量，参照表 A.1 置备适用工具。

表 A.1 选点、埋石的工具

工具种类	名 称	规 格	数 量
测绘仪器	GPS 接收机	定位精度优于 15 m	1
	照像机	数码或光学	1
	小平板仪	—	1
	绘图仪	—	1
	钢卷尺	5 m	2
	布卷尺	30 m	1
	测绳	100 m	1
运输车辆	货车	4～8 t	1
	客货两用车	8～10 座	1
钻探、挖掘工具	汽车钻机	8 m	1
	轻便柴油钻机	22 kW(30 匹马力)	1
	电动冲击钻	ϕ30	2
	铁锹	—	5
	十字镐	—	5
	铁锤	—	2
	钢钎	—	8
钢筋混凝土施工工具	断线钳	ϕ20	1
	钢丝刷	—	2
	铁皮薄板	1.2 m×2.0 m	2
	水桶	—	4
	标石模型板	各种标石类型	适量
	振捣棒	—	2

A.2 水准路线图的绘制

A.2.1 水准路线图以 1:100 000 或 1:50 000 地形图为底图，将水准路线两侧至少 1 km 以内的地物、地貌复制在 A3 规格的图纸上。当实地的道路或其他重要地物有变化而与底图不一致时，应先在底图上更正。图中应注明比例尺、经纬线和图幅编号。示例见图 A.1。

A.2.2 水准点位置应标定准确，并用规定的符号绘出，注明水准点号。应连测或支测的其他固定点，应使用相应的符号标出位置及名号。超过图廓范围的支测路线，可用折线指出方向并注明里程。

A.2.3 水准标石类型按表 A.2 规定符号描绘。

A.2.4 水准路线图也可以直接在数字地形图上按上述要求编绘，按图 A.1 的样式输出。

Ⅰ等兰(兰州)——西(西安)线水准路线图之二

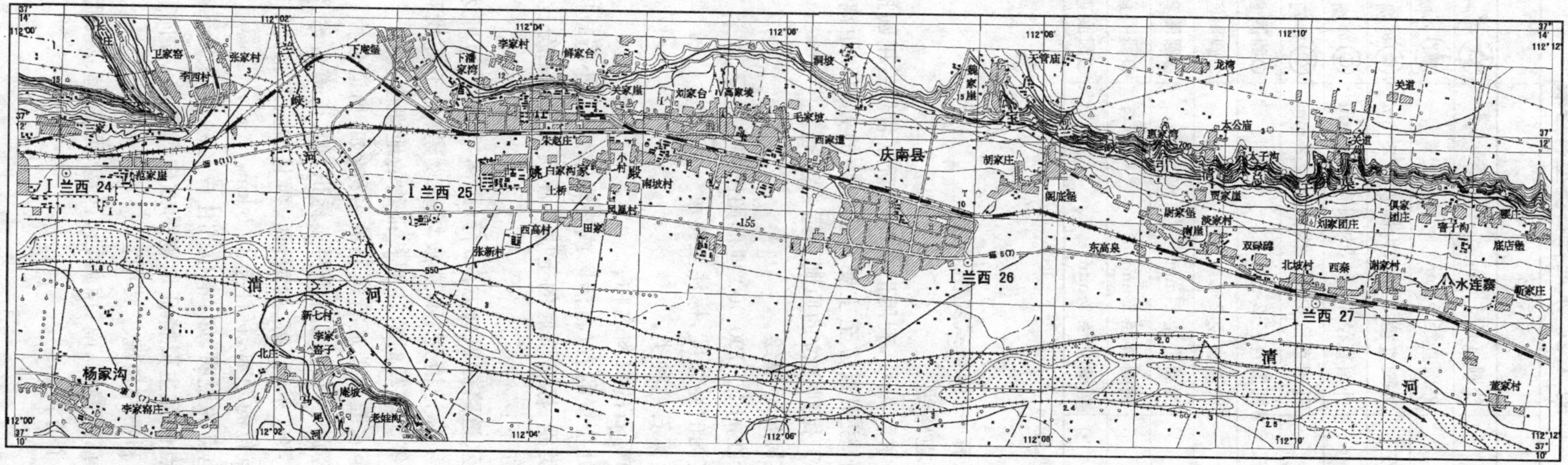

比例尺 1:50 000

国家测绘局第一测绘大队 1990.10

图 A.1

表 A.2　水准标石类型符号表

序　号	类　　型	符　　号	
1	深层基岩水准标石	外圆直径 5 mm	✪外圆直径 5 mm
2	浅层基岩水准标石	外圆直径 5 mm	✪外圆直径 5 mm
3	混凝土柱基本水准标石	外圆直径 4 mm,内圆直径 2 mm	◉外圆直径 4 mm，内圆直径 2 mm
4	钢管基本水准标石	外圆直径 4 mm,内圆直径 2 mm	⦶外圆直径 4 mm，内圆直径 2 mm
5	岩层基本水准标石	外圆直径 4 mm,内圆直径 2 mm	◎外圆直径 4 mm，内圆直径 2 mm
6	混凝土柱普通水准标石	圆圈直径 2 mm	⊙圆圈直径 2 mm
7	钢管普通水准标石	圆圈直径 2 mm	⦶圆圈直径 2 mm
8	岩层普通水准标石	圆圈直径 2 mm	⧇圆圈直径 2 mm
9	道路水准标石	圆圈直径 2 mm	◒圆圈直径 2 mm
10	墙脚水准标志	圆圈直径 2 mm	⊖圆圈直径 2 mm

A.3　水准点之记的绘制

A.3.1　每个水准点的点之记只有一页,格式见图 A.2。

A.3.2　路线名称栏填写点位所在路线。

A.3.3　点名栏填写路线等级名称和编号,利用旧点时在新点名号后用圆括号加注原始点名号。

A.3.4　点位详图应在现场绘制,注明点位至主要特征地物的方向和距离(方向数不应少于 3 个)。绘图比例尺可根据实地情况,在易于找到点位的原则下适当变通。

A.3.5　标石断面图按埋设的实际尺寸填绘。

A.3.6　所在图幅栏填写点位所在的 1∶100 000 地形图图幅名称。

A.3.7　经纬度栏填写在点位实测的经纬度,标注至整秒。

A.3.8　标石类型栏按表 3 填写标石的种类。

A.3.9　标石质料栏填写标志和标石的材料名称。

A.3.10　所在地栏填写点位所处位置的省(自治区或直辖市)至最小行政区划或自然村、街道的名称。

A.3.11　地别土质栏填写植被类别、标石坑底的土质并注明含沙砾百分比。

A.3.12　交通路线栏填写格式如下:

自(特征物)沿(道路名称)经(道路标识)(方向)行(距离)至(位置)可达本点。其中:

a)　特征物指特征比较明显、标记清楚、不易破坏或改建、易于查找和确认的地物,如:村碑、纪念碑、加油站、路口、桥头等。填写时应注明特征物的地理位置。

b)　道路名称指自特征物至水准点位通行道路的名称,如:街道名称、国(省、县、乡)道名称等。

c)　道路标识指行走道路区别于其他道路的明显标识,如:街道名称、特殊建筑物、村镇、单位等。

d)　方向指行走的方向,如:东、东南、南、西南、西、西北、北、东北。

e)　距离指特征物至水准点位的距离,标注至 0.1 km。

f)　位置指水准点位所处地点的说明,如:单位或住户名称、×× km 碑+××× m 处。

A.3.13　点位详细说明栏填写点位至主要特征地物的方向和距离,方向和距离应与点位详图对应,并注明在点位埋设的方位标、护盘和护井情况。其中:

a)　方向指东、东偏南、东南、南偏东、南、南偏西、西南、西偏南、西、西偏北、西北、北偏西、北、北偏东、东北、东偏北等 16 个方向。

b)　距离标注至 0.1 m。

A.3.14　备注栏填写办理土地占用手续情况及该点位与相临水准点位的距离和地形(平地、丘陵、山地)。

一等水准点之记

包京　线　　　　　　　　　　　　　　　　　　　　点名：Ⅰ包京1基

详细位置图

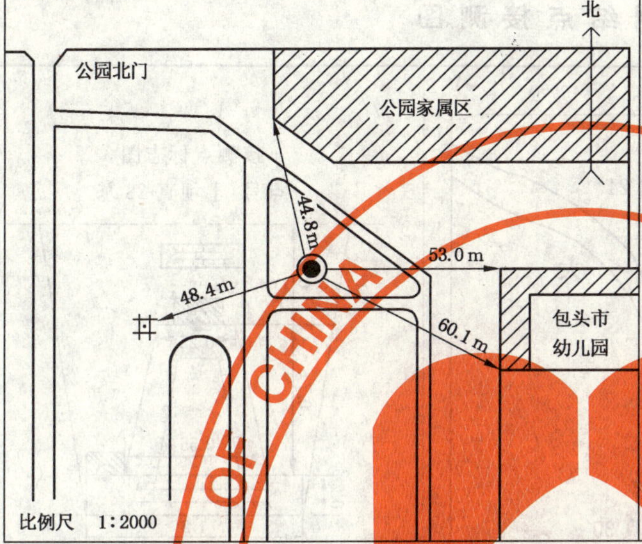

标石断面图　　　　单位：m

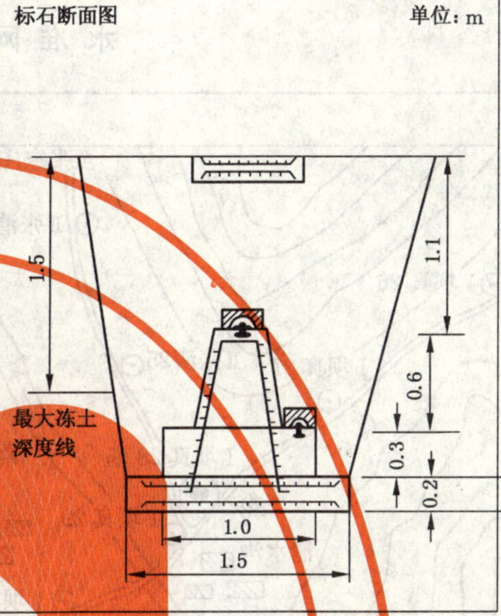

<table>
<tr><td>所在图幅</td><td colspan="2">K49 D 012108</td><td>标石类型</td><td colspan="2">混凝土基本水准标石</td></tr>
<tr><td></td><td colspan="2">L:110°10′42″ B: 40°45′18″</td><td>标石质料</td><td colspan="2">混凝土、铜标志</td></tr>
<tr><td>所在地</td><td colspan="3">内蒙古自治区包头市人民公园内</td><td>土地使用者</td><td>人民公园</td></tr>
<tr><td>地别土质</td><td colspan="3">园地，黄土，含沙 30%</td><td>地下水深度</td><td>7 m</td></tr>
<tr><td>交通路线</td><td colspan="5">自包头至北京公路 0 km+500 m 处</td></tr>
<tr><td>点　　位
详细说明</td><td colspan="5">1. 西偏南至水井 48.4 m
2. 北偏西至家属区围墙角 44.8 m
3. 东至包头市幼儿园房角 53.0 m
4. 东偏南至幼儿园房角 60.1 m</td></tr>
<tr><td>接管单位</td><td colspan="2">包头市青山区人民政府</td><td>保管人</td><td colspan="2">张海清（办公室主任）</td></tr>
<tr><td>选点单位</td><td>国家测绘总局
精密水准测量队</td><td>埋石单位</td><td>国家测绘总局
精密水准测量队</td><td>维修单位</td><td>内蒙古自治区
测绘局</td></tr>
<tr><td>选点者</td><td>黄天智</td><td>埋石者</td><td>黄天智</td><td>维修者</td><td>张明远</td></tr>
<tr><td>选点日期</td><td>1960 年 5 月 2 日</td><td>埋石日期</td><td>1960 年 5 月 12 日</td><td>维修日期</td><td>1999 年 9 月 18 日</td></tr>
<tr><td>备　　注</td><td colspan="5">Ⅰ包京 1 基～Ⅰ包京 2　5.8 km（平地）
Ⅰ包京 1 基～Ⅰ包咸 1　4.7 km（丘陵）
Ⅰ包京 1 基～Ⅰ兰包 126　4.2 km（平地）</td></tr>
</table>

图 A.2

A.4 水准网结点接测图的绘制

A.4.1 结点选定或接测完成后，均应填绘水准网结点接测图。示例见图 A.3。

A.4.2 若与原计划的接测点不一致，应在接测情况栏内详细说明原因。

水准网结点接测图

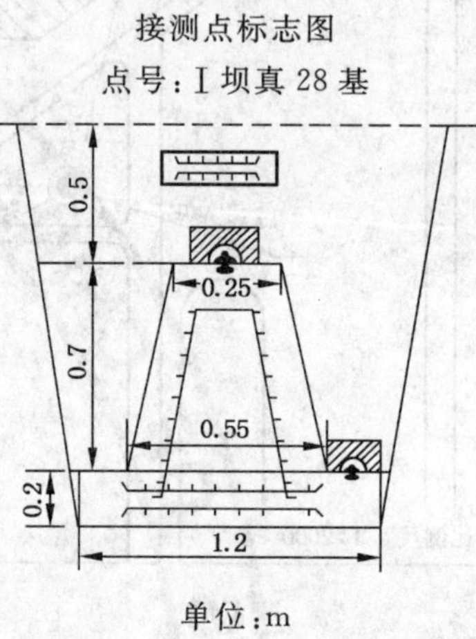

结点所在地	山西省文胜县清水沟乡清水沟村村北公路交叉处				
标石情况	标石为混凝土基本标石，上标志离地面 0.5 m、铜标志，上有标志盖和指示盘完好无损				
原测单位	国家测绘局第二大地测量队	观测日期	1982 年 6 月		
接测情况	1. Ⅰ坝真线是原国家布设的一等水准路线，本队所设Ⅱ张清线在清水沟与之接测。 2. 接测点Ⅰ坝真 28 基为基本水准标石。 3. 接测时曾检测Ⅰ坝真 28 基至Ⅰ坝真 27，本队测量结果与原测结果相差 1 mm。 4. 接测结果记于 1996Ⅱ张清№016 手薄。				
接测单位	国家测绘局第二大地测量队	观测者	李　华	观测日期	1996 年 8 月 17 日

图 A.3

A.5 水准标志图

GPS、水准、重力测量共用标志采用不锈钢材料制作(规格见图 A.4 a))。

水准标志的圆球部应采用铜或不锈钢材料制作(规格见图 A.4 b),图 A.5,图 A.6)。圆盘和根络可用普通钢材。钢管标石水准标志的圆盘直径,依照采用钢管的直径和壁厚决定。

道路水准点的标志采用黄褐色的 PVC 材料制作(规格见图 A.7)。

单位为毫米　　　　　　　　单位为毫米

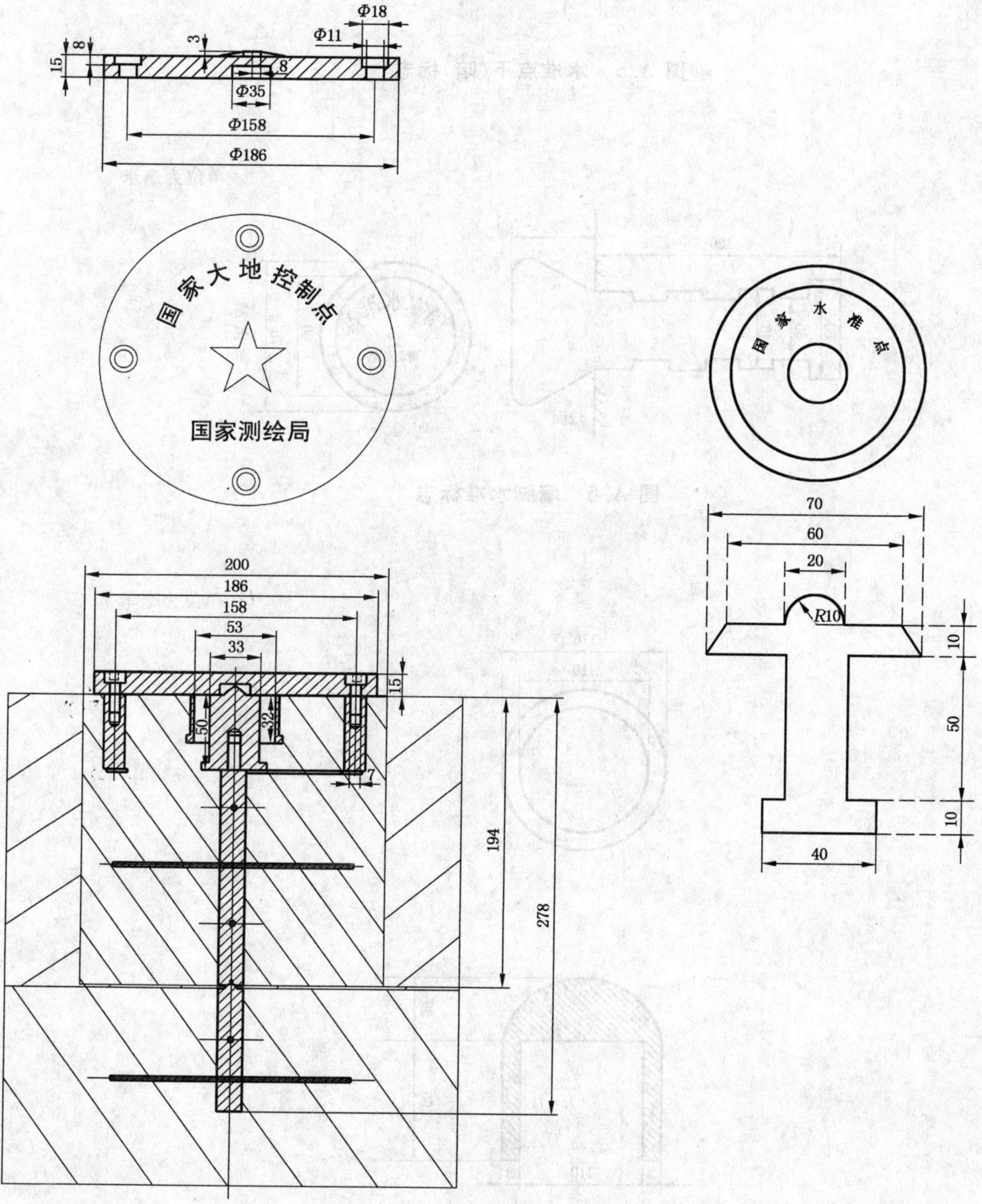

a) GPS、水准、重力测量共用标志　　　　b) 水准标志

图 A.4

单位为毫米

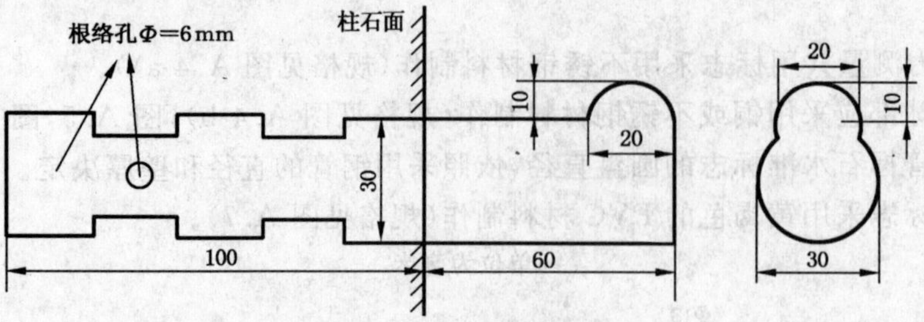

图 A.5　水准点下(暗)标志

单位为毫米

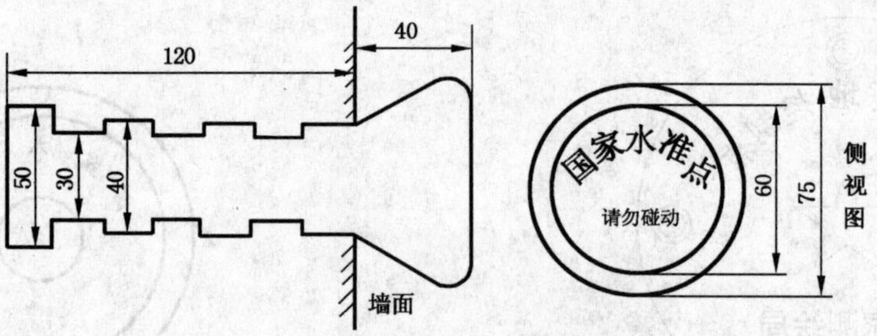

图 A.6　墙脚水准标志

单位为毫米

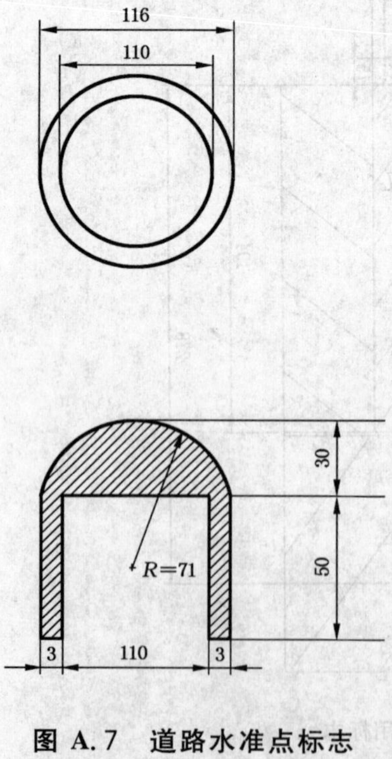

图 A.7　道路水准点标志

A.6 水准标石断面图

A.6.1 基岩水准标石断面(见图 A.8、图 A.9)

单位为米

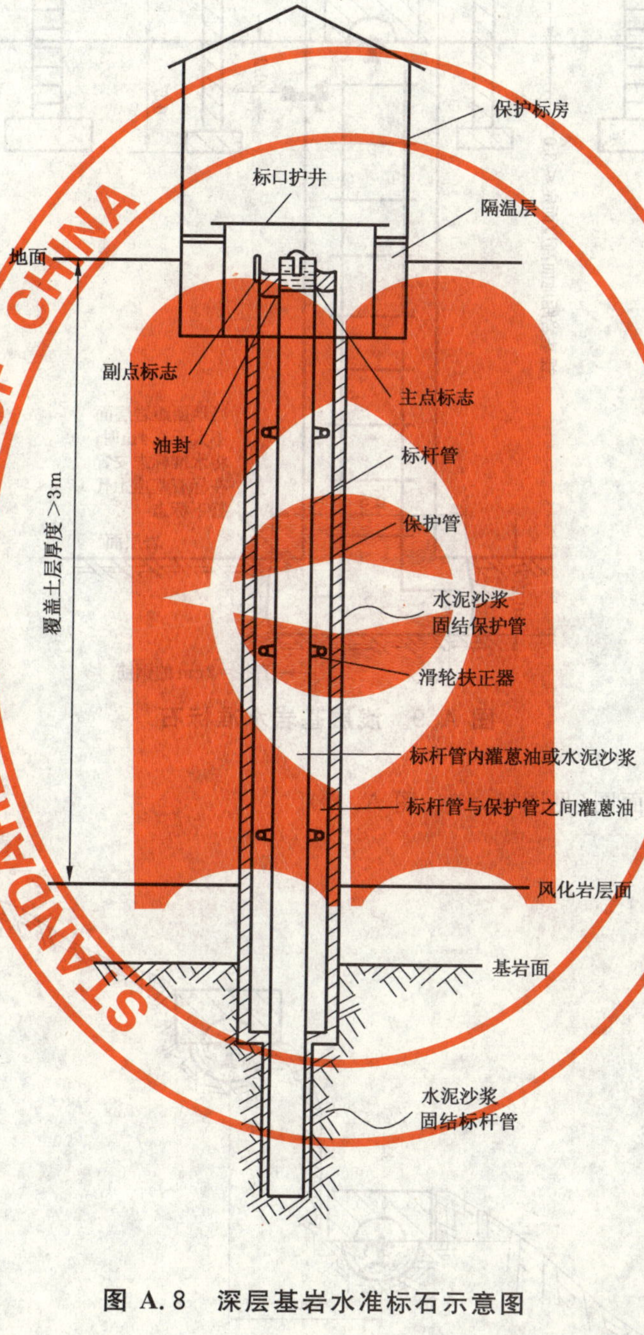

图 A.8 深层基岩水准标石示意图

单位为米

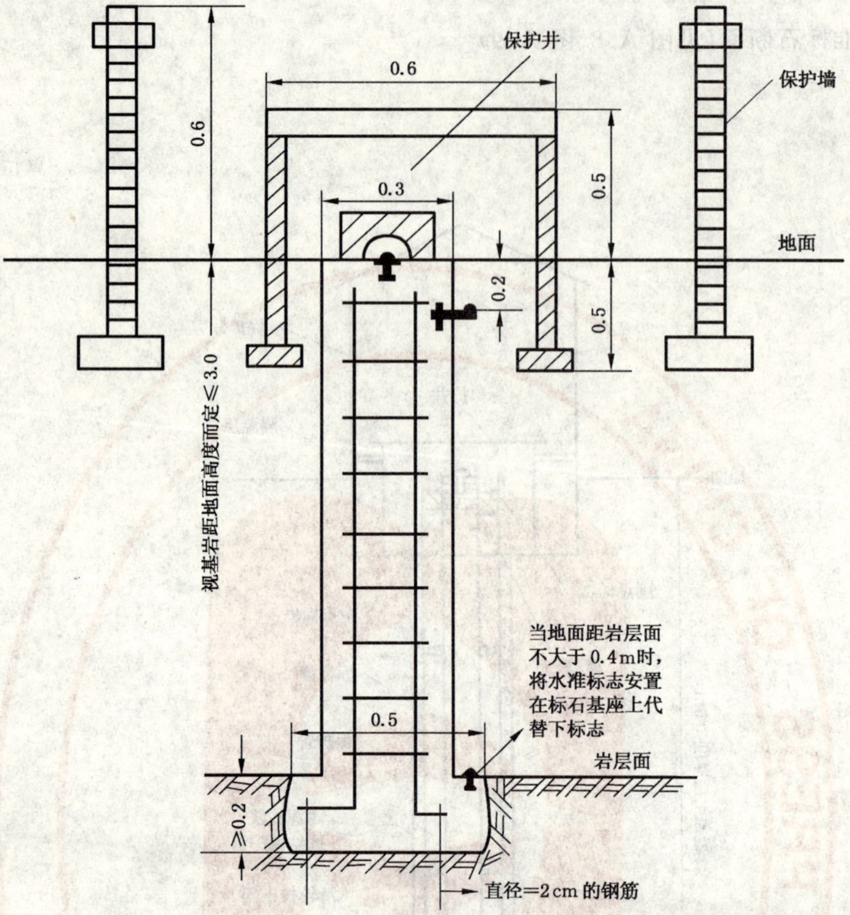

图 A.9 浅层基岩水准标石

A.6.2 基本水准标石断面图(见图 A.10～图 A.13)

单位为米

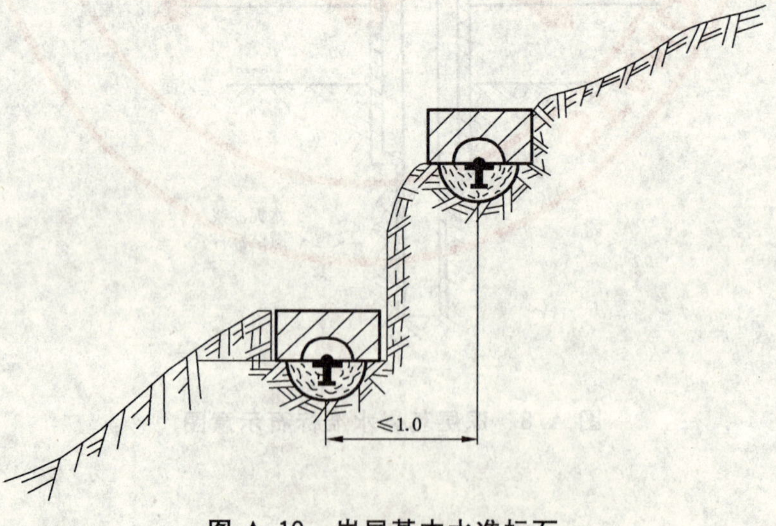

图 A.10 岩层基本水准标石

单位为米

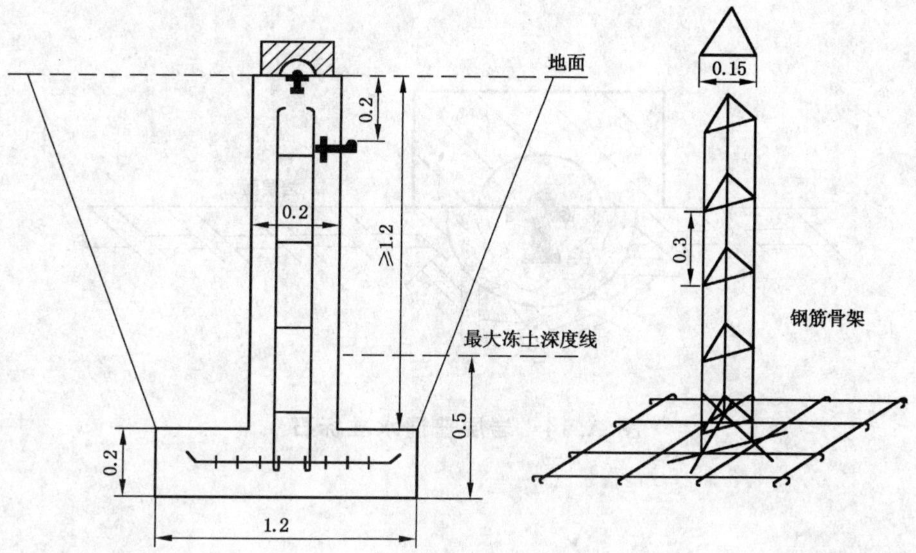

图 A.11 混凝土柱基本水准标石

（沙漠地区混凝土柱基本水准标石）

基座边长扩大至 1.5 m

单位为米

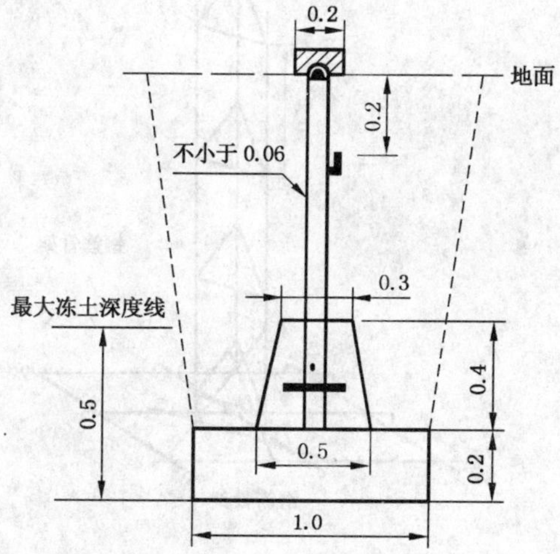

图 A.12 钢管基本水准标石

单位为米

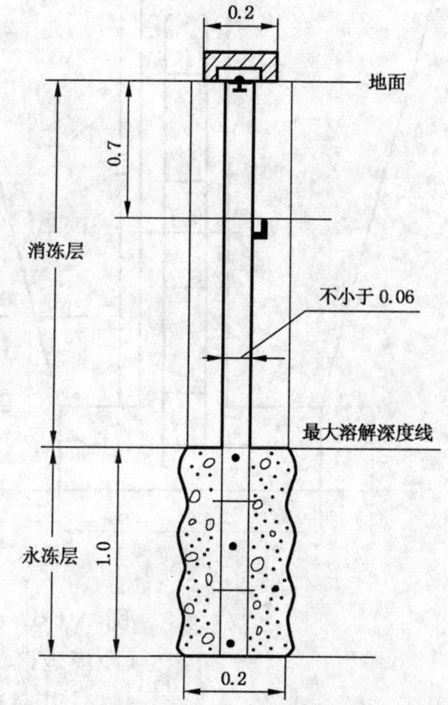

图 A.13 永冻地区钢管基本水准标石

A.6.3 普通水准标石断面图(见图 A.14～图 A.19)

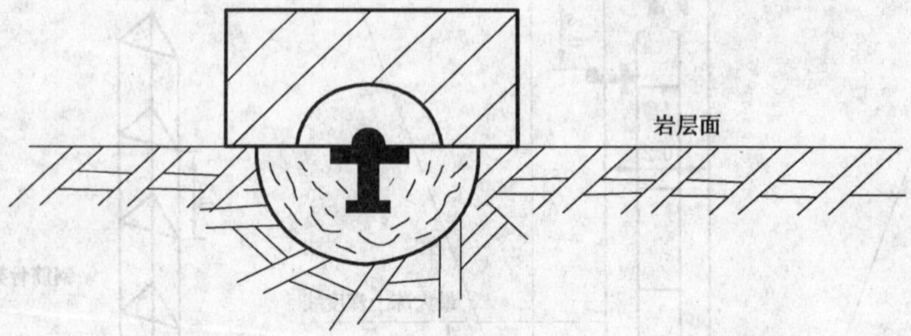

图 A.14 岩层普通水准标石

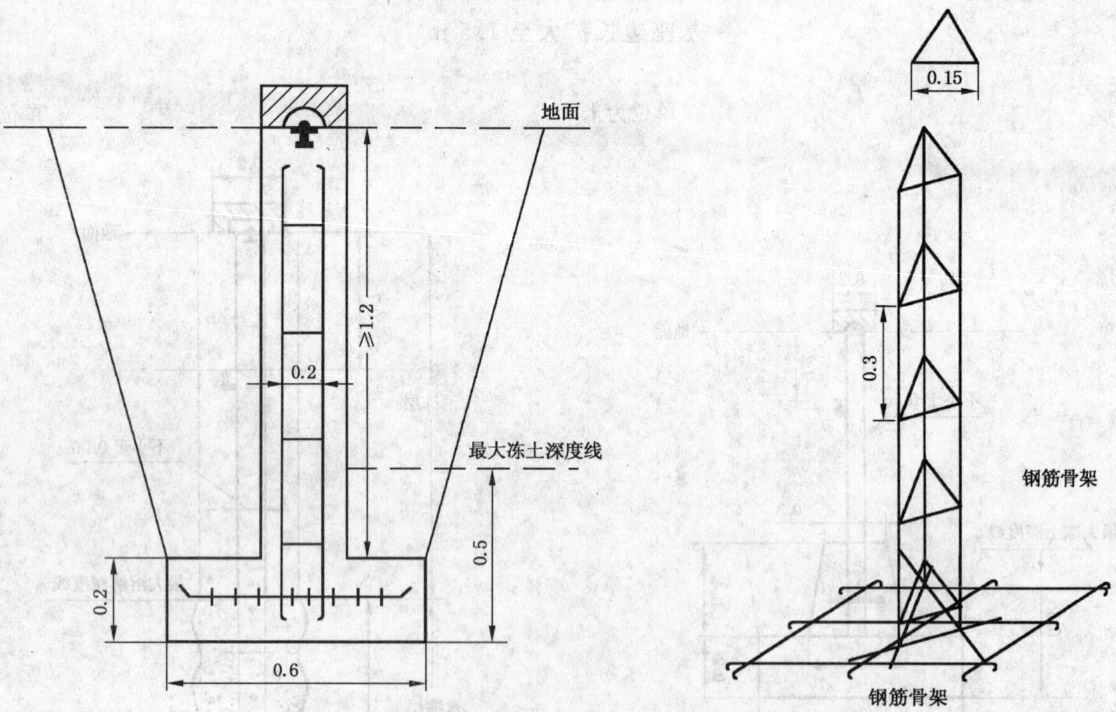

图 A.15 混凝土柱普通水准标石

(沙漠地区混凝土柱普通水准标石)

基座边长扩大至 1.0 m

单位为米

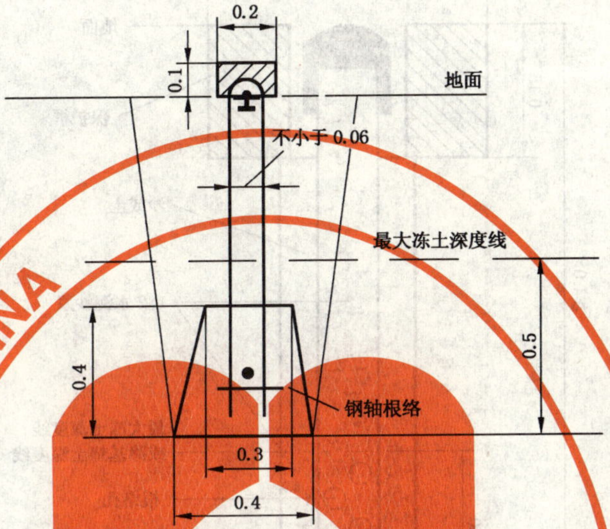

图 A.16 钢管普通水准标石

单位为米

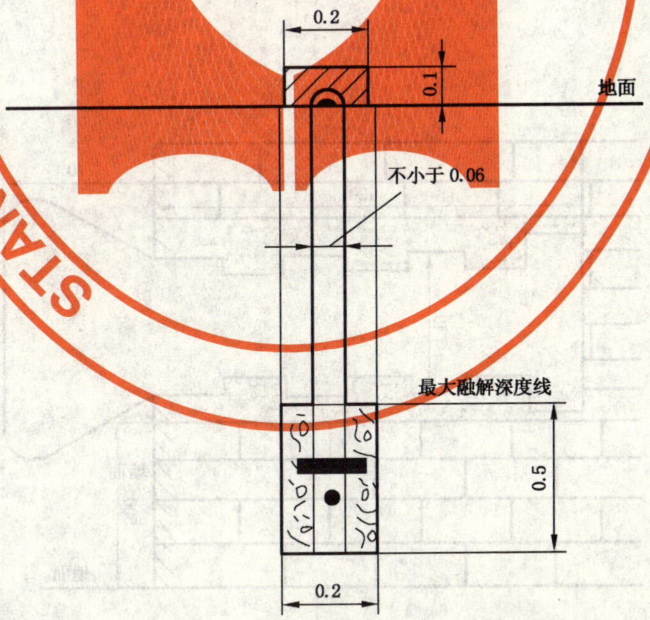

图 A.17 永冻地区钢管普通水准标石

单位为米

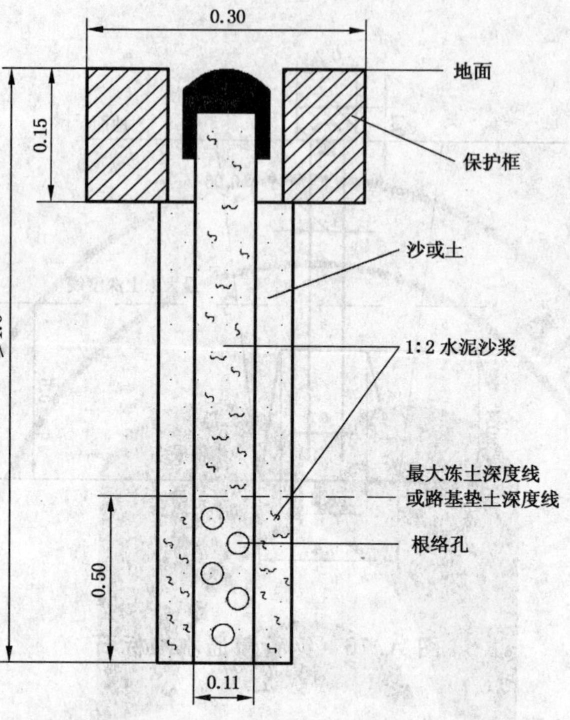

图 A.18　道路水准标石

单位为毫米

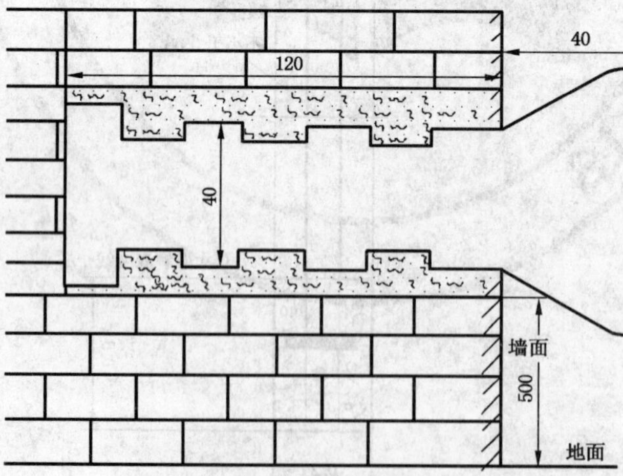

图 A.19　墙脚水准标志埋设图

A.6.4 水准点的外部整饰图(见图 A.20～图 A.25)

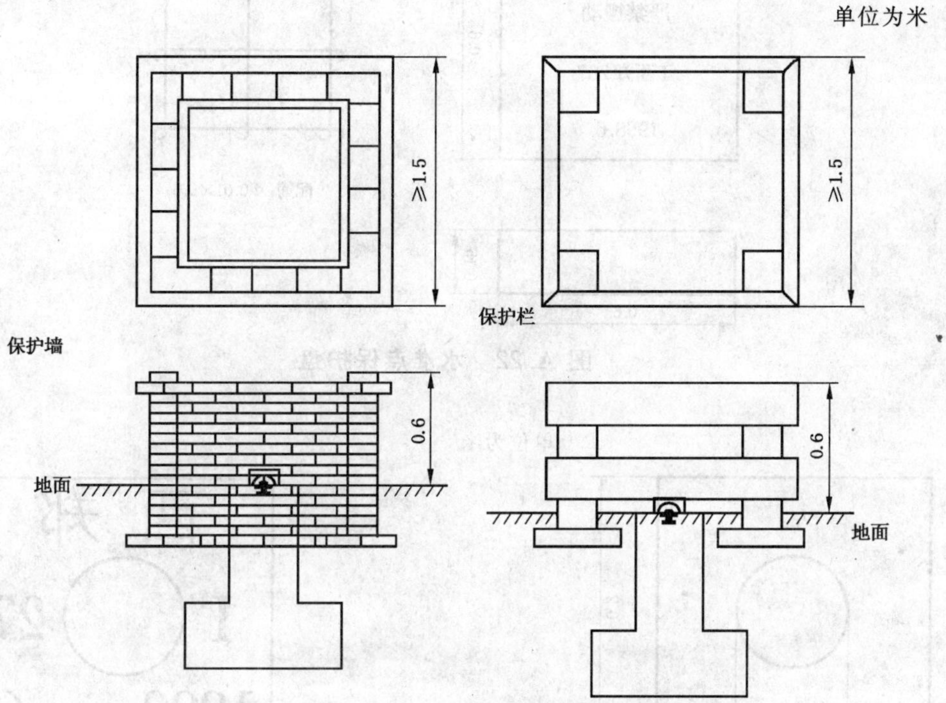

图 A.20 浅层基岩水准点保护墙(保护栏)

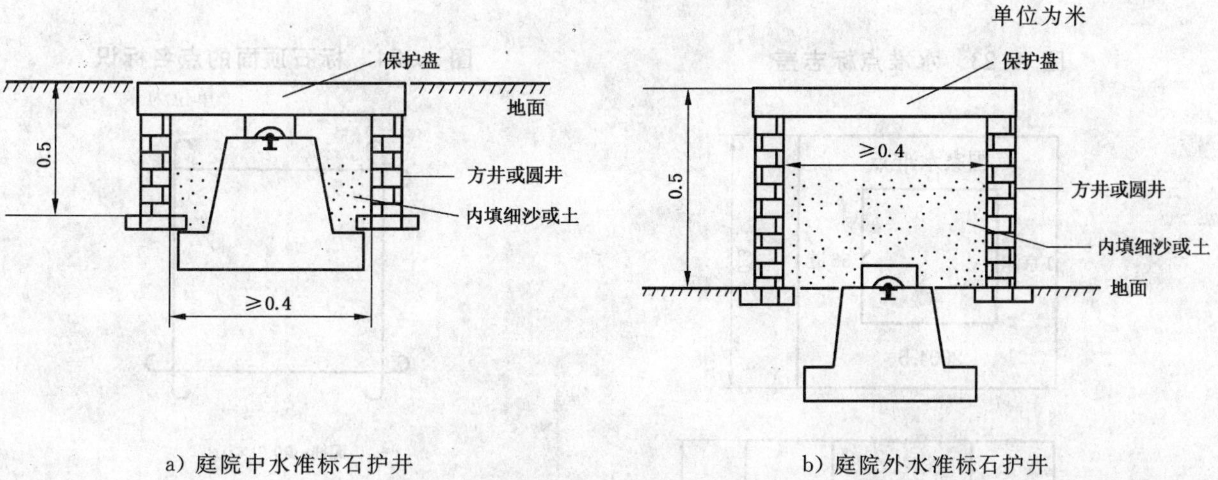

a) 庭院中水准标石护井

b) 庭院外水准标石护井

图 A.21 水准点保护井

单位为米

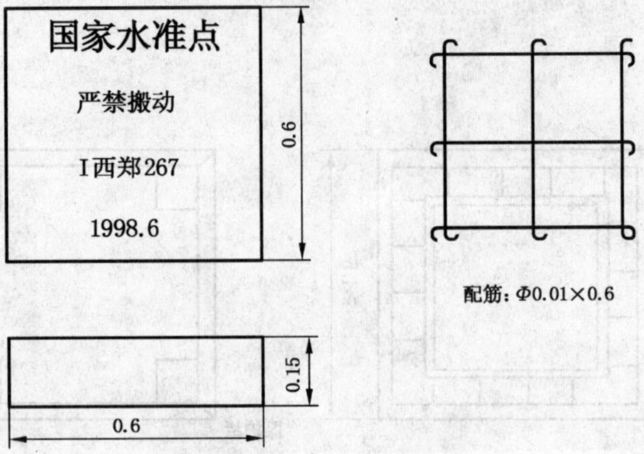

图 A.22　水准点保护盘

单位为米

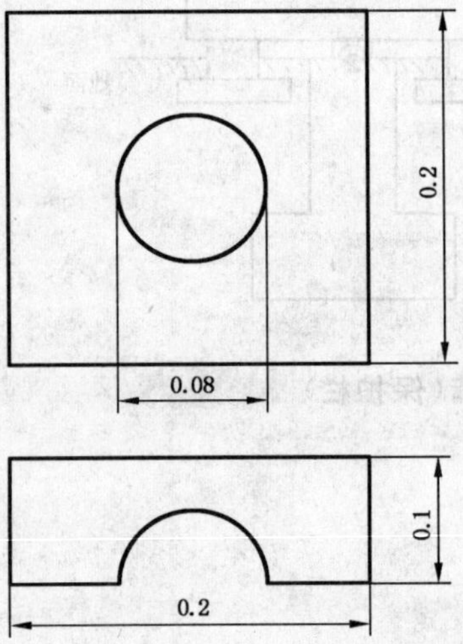

图 A.23　水准点标志盖

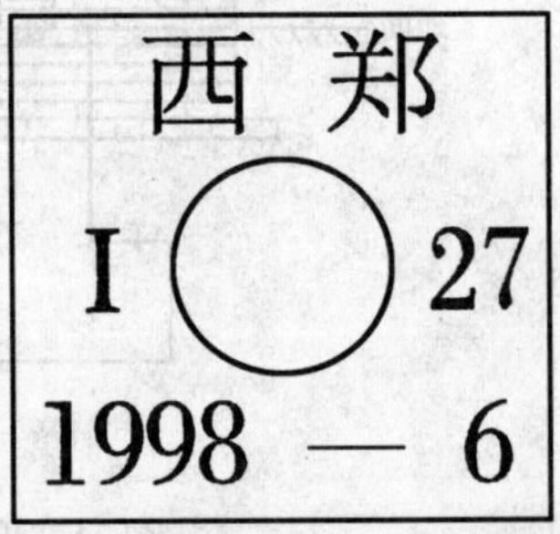

图 A.24　标石顶面的点名标识

单位为米

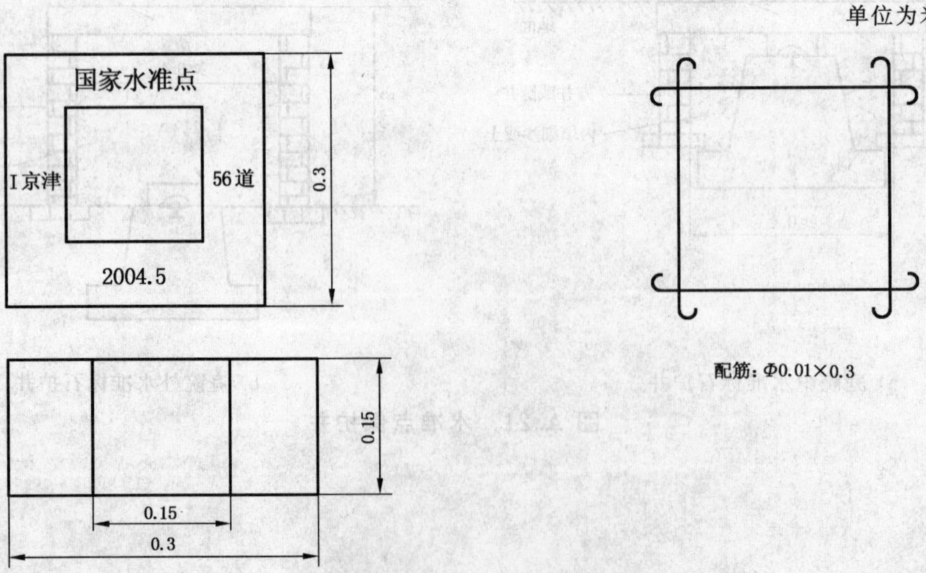

图 A.25　道路水准点保护框

A.7 水准标石材料用量和混凝土施工要求

A.7.1 灌制混凝土标石所用材料应符合下列要求：

a) 采用的水泥标号应不低于P.032.5(425#)。制作不受冻融影响的混凝土标石，应优先采用矿渣和火山灰质水泥，不得使用粉煤灰水泥。制作受冻融影响的混凝土标石，宜使用普通硅酸盐水泥。在制作受盐碱、海水或工业污水侵蚀地区的标石时，应使用抗硫酸盐水泥。在沙漠、戈壁等干燥环境中的标石，不得使用火山灰质水泥。

b) 石子采用级配合格的5 mm～40 mm的天然卵石或坚硬碎石，不宜采用同一尺寸的石子。

c) 沙子采用0.5 mm～3 mm粒径的中砂，含泥量不得超过3%。

d) 水应采用清洁的淡水，硫酸盐含量不得超过1%。

e) 外加剂可根据施工环境选用，如早强剂、减水剂、引气剂、速凝剂等，其质量应符合相应规定，不得使用含氯盐的外加剂。

A.7.2 各类水准标石体积计算和采用骨料用量(见表A.3～表A.5)

表A.3 柱石(钢管)长度及标石坑(钻孔)深度计算表

标石类型	柱石(钢管或塑管)长度	标石坑(钻孔)深度
浅层基岩水准标石	地面至坚硬岩层面距离	地面至坚硬岩层面距离加深0.2 m
岩层水准标石	—	0.15 m
混凝土柱水准标石	最大冻土深度加长0.3 m	最大冻土深度加深0.5 m
道路水准标石	最大冻土深度加长0.5 m	最大冻土深度加深0.5 m
钢管水准标石	最大冻土深度加长0.5 m	最大冻土深度加深0.5 m
永冻地区钢管普通水准标石	最大融解深度加长0.5 m	最大融解深度加深0.5 m
永冻地区钢管基本水准标石	最大融解深度加长1 m	最大融解深度加深1 m

注1：居民地内水准标石柱石(钢管)长度应减去0.2 m。

注2：沙漠地区或最大冻土深度小于0.8 m的地区的水准标石，最大冻土深度按0.8 m计算。

注3：冻土深度以A.8中国冻土极值深度等值线图为依据，结合勘选点位时收集的冻土资料综合确定。若两者不统一，应以最大值为准。在兴安岭、阿尔泰山、天山、祁连山和西藏地区，还应依据永久冻土和冰川资料确定最大溶解深度。

表A.4 标石体积计算表

单位为立方米

标石类型	基座体积	每米柱石体积	标石总体积
浅层基岩水准标石	0.039	0.071	0.039+0.071×L
混凝土柱基本水准标石	0.288	0.071	0.288+0.071×L
混凝土柱普通水准标石	0.072	0.031	0.072+0.031×L
沙漠地区混凝土柱基本水准标石	0.450	0.071	0.450+0.071×L
沙漠地区混凝土柱普通水准标石	0.200	0.031	0.200+0.031×L
道路水准标石	—	0.02	0.02×L
钢管基本水准标石	0.200*	0.065**	0.265
钢管普通水准标石	—	0.049**	0.049
永冻地区钢管基本水准标石	—	0.057	0.057×L
永冻地区钢管普通水准标石	—	0.029	0.029×L

注1：L为柱石长度，单位为米(m)。

注2：*为垫层体积。

注3：**为标石墩体积。

表 A.5 每立方米混凝土制作材料用量表

骨料种类	级配粒径/mm	水	水泥	砂	石	质量配合比例
		质量/kg（体积/m^3）	质量/kg（体积/m^3）	质量/kg（体积/m^3）	质量/kg（体积/m^3）	
碎石	5～40	180	300	600	1226	0.6∶1∶2.0∶4.07
		(0.18)	(0.30)	(0.44)	(0.82)	(0.6∶1∶1.47∶2.73)
卵石	5～40	170	285	672	1248	0.6∶1∶2.36∶4.38
		(0.17)	(0.28)	(0.45)	(0.83)	(0.6∶1∶1.61∶2.96)

注 1：埋设在冻土地区的标石，1 m^3 混凝土的水泥用量按 300 kg(0.3 m^3)取用。

注 2：表中配合比适用中砂，当采用细砂或粗砂时，水和水泥用量相应增加或减少 17 kg 和 10 kg。

注 3：当采用 5 mm～40 mm 粒径的碎石或卵石，应将水和水泥用量各增加 10%，砂、石用量不变。

A.7.3 钢筋骨架用料计算(见表 A.6)

表 A.6 钢筋骨架用料计算表

单位为米

标石类型	规　格	柱石用料	基座用料
混凝土柱基本水准标石	足筋 Φ=10 mm	3×L	3×1.2
	裹筋 Φ=6 mm	0.60×(L/0.3+1)	
混凝土柱普通水准标石	足筋 Φ=10 mm	3×L	6×0.6
	裹筋 Φ=6 mm	0.35×(L/0.3+1)	
沙漠地区混凝土柱基本水准标石	足筋 Φ=10 mm	3×L	10×1.5
	裹筋 Φ=6 mm	0.60×(L/0.3+1)	
沙漠地区混凝土柱普通水准标石	足筋 Φ=10 mm	3×L	8×1.0
	裹筋 Φ=6 mm	0.35×(L/0.3+1)	
浅层基岩水准标石	足筋 Φ=10 mm	3×L	4×0.45
	裹筋 Φ=6 mm	0.60×(L/0.3+1)	
	脚柱 Φ=20 mm	—	5×0.25

注 1：L 为柱石长度加 0.3 m。

注 2：直径为 10 mm 的钢筋，两端 0.1 m 处，分别弯成半圆形。足筋下端 0.3 m 处向外弯成直角形。

A.7.4 混凝土施工要求：

a) 调制混凝土，应先将砂、石洗净。浇灌标石时，应逐层充分捣固。

b) 气温在 0℃以下时，应加入防冻剂，拆模时间不应少于 24 h，否则不得施工。

c) 拆模时间可根据气温和外加剂性能决定，一般条件下，平均气温在 0℃以上时，拆模时间不得少于 12 h。

A.8 中国冻土极值深度等值线图

中国冻土极值深度等值线图中多年冻土区及岛状融区范围取自 GB 50007—2002，见图 A.26。

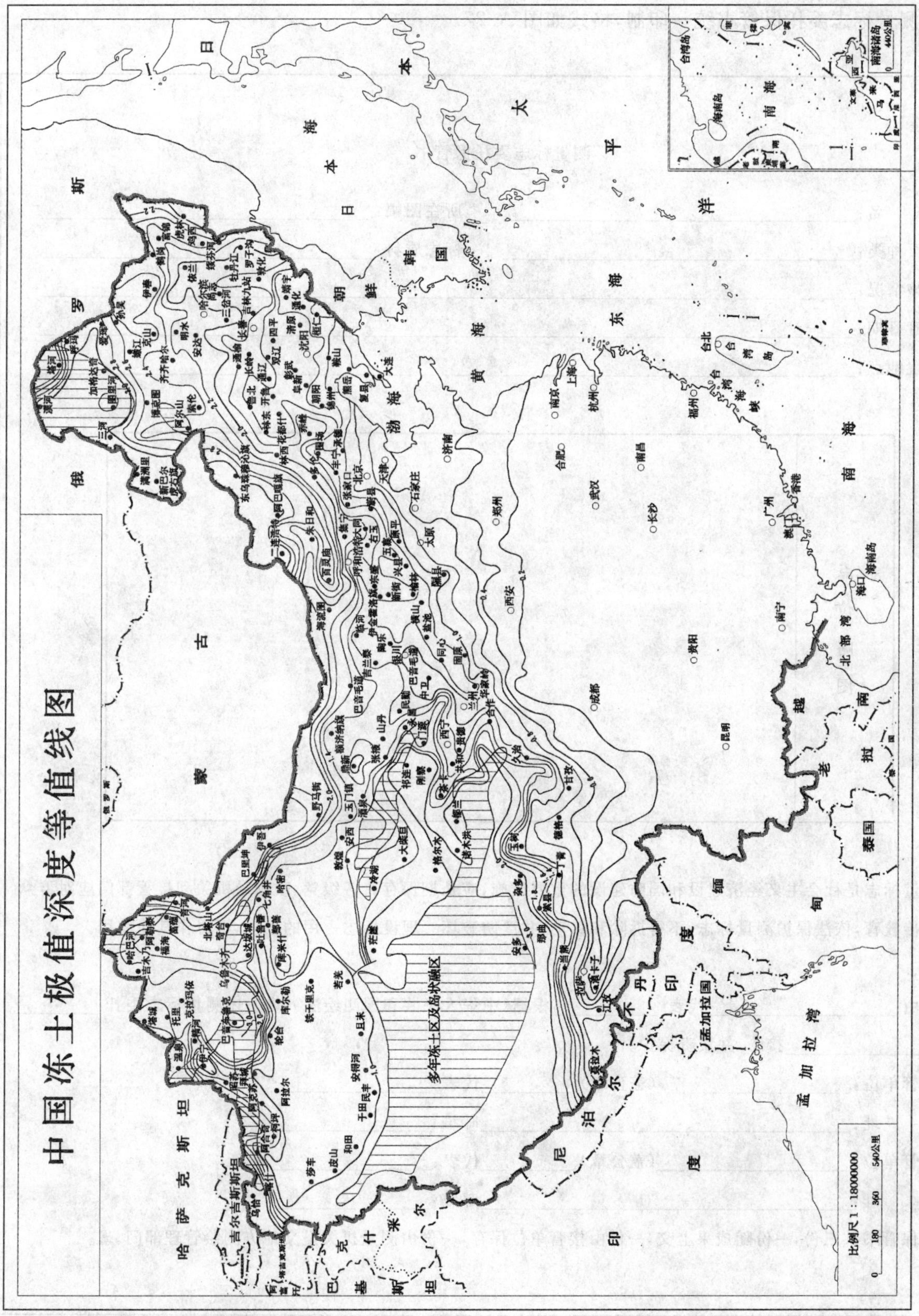

图 A.26

A.9 测量标志委托保管书

A.9.1 测量标志委托保管书统一印制，格式如图 A.27。

测量标志委托保管书

点　　名：__________ 所在图幅：__________

标石种类：__________ 标志质料：__________

完整情况：__________

托管日期：__________

设置地点：__________

点位略图	

测量标志是社会主义经济建设和国防建设的重要设施，应长期保存。各级党、政领导机关和接管部门应对群众进行宣传教育，依法保护测量标志，不得拆除和移动，并严防破坏。埋设标志占用的土地，不得作其他使用。

现由__________代表__________根据《中华人民共和国测绘法》，将上述测量标志委托__________ __________接管，并负责保护。

托管单位：__________（盖公章）__________代表：__________

地　　址：__________邮编：__________

接管单位：__________（盖公章）__________代表：__________

地　　址：__________邮编：__________

此保管书共三份，一份随成果上交，一份由接管单位保存，一份由测量机关呈交地方测绘管理部门。

图 A.27

A.9.2 委托保管书背面印制内容如下：

中华人民共和国测绘法(节选)
2002年12月1实施

第二十六条 测绘人员进行测绘活动时，应当持有测绘作业证件。

任何单位和个人不得妨碍、阻挠测绘人员依法进行测绘活动。

第三十五条 任何单位和个人不得损毁或者擅自移动永久测量标志和正在使用中的临时性测量标志，不得侵占永久测量标志用地，不得在永久性测量标志安全控制范围内从事危害测量标志安全和使用效能的活动。

本法所称永久性测量标志，是指各等级的三角点、基线点、导线点、军用控制点、重力点、天文点、水准点和卫星定位点的木质觇标、钢质觇标和标石标志，以及用于地形测图、工程测量和形变测量的固定标志和海底大地点设施。

第三十六条 永久性测量标志的建设单位应当对永久性测量标志设立明显标志，并委托当地有关单位指派专人负责保管。

第三十七条 进行工程建设，应当避开永久性测量标志；确实无法避开，需要拆迁永久性测量标志或者使永久性测量标志失去效能的，应当经国务院测绘行政主管部门或者省、自治区、直辖市人民政府测绘行政主管部门批准；涉及军用控制点的，应当征得军队测绘行政主管部门的同意。所需迁建费用由工程建设单位承担。

第三十八条 测绘人员使用永久性测量标志，应持有测绘作业证件，并保证测量标志的完好。保管该测量标志的单位和人员，应当查验使用后的测量标志的完好状况。

第三十九条 县级以上人民政府应当采取有效措施加强测量标志的保护工作。

县级以上人民政府测绘行政主管部门应当按照规定检查、维护永久性测量标志。

乡级人民政府应当做好本行政区域内的测量标志保护工作。

第五十条 违反本法规定，有下列行为之一的，给予警告，责令改正，可以并处五万元以下的罚款；造成损失的，依法承担赔偿责任；构成犯罪的，依法追究刑事责任；尚不够刑事处罚的，对负有直接责任的主管人员和其他直接责任人员，依法给予行政处分：

(一) 损毁或者擅自移动永久性测量标志和正在使用中的临时性测量标志的；

(二) 侵占永久性测量标志用地的；

(三) 在永久性测量标志安全控制范围内从事危害测量标志安全和使用效能的活动的；

(四) 在测量标志占地范围内，建设影响测量标志使用效能的建筑物的；

(五) 擅自拆迁永久性测量标志或者使永久性测量标志失去效能，或者拒绝支付迁建费的；

(六) 违反操作规程使用永久性测量标志，造成永久性测量标志毁损的。

中华人民共和国刑法(节选)
1997年10月1日起实施

第三百二十三条 故意破坏国家边境的界碑、界桩或者永久性测量标志的，处三年以下有期徒刑或者拘留。

附　录　B
（规范性附录）
仪器检验方法

B.1　水准标尺的检视

B.1.1　标尺有无凹陷、裂缝、碰伤、划痕、脱漆等现象。

B.1.2　标尺刻划线是否清晰，有无异常伤痕。

B.2　水准标尺上圆水准器的检校

B.2.1　在距水准仪约 50 m 处的尺桩上安置水准标尺，使水准标尺的中线（或边缘）与望远镜竖丝精密重合。如标尺上的气泡偏离，则用改正针将标尺圆形水准气泡导至中央。

B.2.2　将水准标尺旋转 180°，使水准标尺的中线（或边缘）与水准仪竖丝精密重合。观察气泡，若气泡居中，表示标尺此面已垂直，否则应重新对水准仪十字丝进行检校。

B.2.3　旋转水准标尺 90°，检查标尺另一面是否垂直，其检校方法同 B.2.1、B.2.2 两项。

B.2.4　如此反复检校多次，使标尺能按标尺上圆水准器准确地位于垂直位置。

B.3　水准标尺分划面弯曲差的测定

B.3.1　测定方法

通过标尺两端引张一细直线，在标尺尺面的两端及中央分别量取分划面至此细直线距离。

B.3.2　计算方法

标尺弯曲差 f 按式（B.1）计算：

$$f = R_{中} - (R_{上} + R_{下})/2 \qquad \text{(B.1)}$$

式中：

$R_{中}$——中间读数，单位为毫米（mm）；

$R_{上}$——上端读数，单位为毫米（mm）；

$R_{下}$——下端读数，单位为毫米（mm）。

当名义米长测定值为标尺尺带弧长时，f 不得大于 4 mm，否则长度 L 应按式（B.2）改正：

$$L = L' - 8f^2/(3L') \qquad \text{(B.2)}$$

式中：

L'——标尺名义长度，单位为毫米（mm）。

B.4　一对水准标尺零点不等差及基、辅分划读数差的测定

B.4.1　准备

在距水准仪约 20 m～30 m 的等距离处打下三个尺桩，使桩顶间高差约 20 cm。

B.4.2　观测方法

此项检验应进行三个测回。每一测回中，分别在三个桩上依次安置一对标尺，每次用光学测微器按基、辅分划各读数三次，且望远镜的视轴位置应保持不变，测回间应变换仪器高。

对于双摆位的自动安平水准仪进行此项检验时，应将摆置于同一位置上。

对于数字水准仪，应设置重复测量次数 5 次，每测回每桩连续读数 4 次。

B.4.3　计算方法

分别计算每根标尺基、辅分划所有读数的中数。两标尺基本分划读数中数的差，即作为一对标尺零点不等差。每根标尺基本分划读数的中数与辅助分划读数的中数的差，即为每根标尺基辅分划读数差常数。

此项检验范例见表 B.1。

对于数字水准仪，两条码标尺读数中数的差，即为一对标尺零点不等差。此项检验范例见表 B.2。

表 B.1　一对标尺零点不等差及基辅分划读数差常数的测定

标尺:线条式因瓦标尺　　No.0619　　No.0620　　日期:1999-8-13　　仪器:N3　　No.58823

观测者:　　记录者:　　检查者:　　mm

测回	桩号	No.0619 标尺读数			No.0620 标尺读数		
		基本分划	辅助分划	基辅读数差	基本分划	辅助分划	基辅读数差
Ⅰ	1	1 218.84	4 234.30	3 015.46	1 218.80	4 234.32	3 015.52
		8.80	4.30	5.50	8.84	4.34	5.50
		8.76	4.32	5.56	8.82	4.40	5.58
	2	1 427.70	4 443.22	5.52	1 427.82	4 443.28	5.46
		7.70	3.18	5.48	7.84	3.34	5.50
		7.72	3.20	5.48	7.80	3.32	5.52
	3	1 628.92	4 644.44	5.52	1 629.04	4 644.52	5.48
		8.88	4.42	5.54	9.04	4.50	5.46
		8.92	4.40	5.48	9.02	4.48	5.46
	平均	1 425.14	4 440.64	3 015.50	1 425.22	4 440.72	3 015.50
Ⅱ	1	1 244.48	4 259.92	3 015.44	1 244.54	4 260.04	3 015.50
		4.46	9.86	5.40	4.50	0.02	5.52
		4.44	9.86	5.42	4.54	0.02	5.48
	2	1 453.40	4 468.74	5.34	1 453.50	4 468.88	5.38
		3.42	8.80	5.38	3.50	8.94	5.44
		3.44	8.82	5.38	3.52	8.94	5.42
	3	1 654.58	4 670.06	5.48	1 654.06	4 670.16	5.50
		4.62	0.04	5.42	4.72	0.14	5.42
		4.64	0.06	5.42	4.72	0.20	5.48
	平均	1 450.83	4 466.24	3 015.41	1 450.91	4 466.37	3 015.46
Ⅲ	1	1 266.82	4 282.28	3 015.46	1 266.90	4 282.42	3 015.52
		6.80	2.22	5.42	6.90	2.38	5.48
		6.78	2.26	5.48	6.88	2.34	5.46
	2	1 475.68	4 491.14	5.46	1 475.78	4 491.24	5.46
		5.62	1.10	5.48	5.70	1.22	5.52
		5.64	1.12	5.48	5.74	1.24	5.50
	3	1 676.82	4 692.26	5.44	1 676.92	4 692.38	5.46
		6.84	2.32	5.48	7.00	2.44	5.44
		6.90	2.34	5.44	6.98	2.44	5.46
	平均	1 473.10	4 488.56	3 015.46	1 473.20	4 488.68	3 015.48
总中数		1 449.69	4 465.15	3 015.46	1 449.78	4 465.26	3 015.48
一对标尺零点不等差=0.09							

表 B.2 一对标尺零点不等差测定

标尺：条码式因瓦标尺 №.034 №.035 观测者：

仪器：DiNi12 №.700546 计算者：

日期：2002-10-30 检查者：

桩号	№.034 标尺读数			№.035 标尺读数		
	Ⅰ测回/mm	Ⅱ测回/mm	Ⅲ测回/mm	Ⅰ测回/mm	Ⅱ测回/mm	Ⅲ测回/mm
1	1 218.84	1 244.48	1 266.82	1 218.80	1 244.54	1 266.90
	1 218.80	1 244.46	1 266.80	1 218.84	1 244.50	1 266.90
	1 218.76	1 244.44	1 266.78	1 218.82	1 244.54	1 266.88
	1 218.80	1 244.46	1 266.80	1 218.82	1 244.53	1 266.89
2	1 427.70	1 453.40	1 475.68	1 427.82	1 453.50	1 475.78
	1 427.70	1 453.42	1 475.62	1 427.84	1 453.50	1 475.70
	1 427.72	1 453.44	1 475.64	1 427.80	1 453.52	1 475.74
	1 427.71	1 453.42	1 475.65	1 427.82	1 453.51	1 475.74
3	1 628.92	1 654.58	1 676.82	1 629.04	1 654.66	1 676.92
	1 628.88	1 654.62	1 676.84	1 629.04	1 654.70	1 676.98
	1 628.92	1 654.64	1 676.90	1 629.02	1 654.72	1 677.00
	1 628.91	1 654.61	1 676.85	1 629.03	1 654.72	1 676.97
平均	1 425.138	1 450.831	1 473.100	1 425.224	1 450.912	1 473.200
总平均		1 449.690			1 449.779	
一对标尺零点不等差＝0.09 mm						

B.5 水准标尺中轴线与标尺底面垂直性测定

B.5.1 准备

在距水准仪 20 m～30 m 的距离处打三个尺桩。三个桩顶间应有几厘米的高差。

B.5.2 观测方法

此项检验共进行两测回。每一测回中，标尺依次置于三个尺桩上。在每一尺桩上，依次按标尺底面的中心、前边缘、后边缘、左边缘、右边缘整置标尺，每次照准标尺分划读数三次，且望远镜的视轴位置应保持不变。

对于数字水准仪，设置重复测量次数 3 次，每次照准标尺读数 4 次。

B.5.3 计算方法

对于每一尺桩，分别按标尺底面中心、前、后、左、右边缘整置标尺的三个读数求其中数 R_1、R_2、R_3、R_4、R_5，然后计算(R_1-R_2)、(R_1-R_3)、(R_1-R_4)、(R_1-R_5)，并求出两测回的中数。若这些中数超出 0.10 mm 时，在作业中应采用尺圈。

此项检验范例见表 B.3。

对于数字水准仪检验范例见表 B.4。

表 B.3 标尺中轴线与标尺底面垂直性测定

标尺:线条式因瓦标尺 №.0620　　　　观测者:

仪器:N3 №.58823　　　　记录者:

日期:1999-8-14　　　　检查者:　　　　mm

测　回	Ⅰ			Ⅱ		
桩　号	1	2	3	1	2	3
中心 R_1	2.70	8.96	3.94	6.16	2.50	7.32
	2.72	8.92	3.88	6.22	2.52	7.43
	2.71	8.92	3.90	6.06	2.50	7.28
中数	2.71	8.93	3.91	6.15	2.51	7.31
前边缘 R_2	2.72	8.94	4.02	6.18	2.54	7.32
	2.80	8.96	3.96	6.10	2.58	7.36
	2.78	9.00	3.89	6.14	2.52	7.34
中数	2.77	8.97	3.99	6.14	2.55	7.34
R_1-R_2	−0.06	−0.04	−0.08	+0.01	−0.04	−0.03
后边缘 R_3	2.72	8.88	3.88	6.20	2.48	7.26
	2.80	8.92	3.92	6.12	2.52	7.30
	2.74	8.90	3.90	6.10	2.46	7.26
中数	2.75	8.90	3.90	6.14	2.49	7.27
R_1-R_3	−0.04	+0.03	+0.01	+0.01	+0.02	+0.04
左边缘 R_4	2.60	8.90	3.92	6.12	2.44	7.26
	2.64	8.90	3.88	6.06	2.48	7.28
	2.62	8.92	3.88	6.14	2.50	7.32
中数	2.62	8.91	3.89	6.11	2.47	7.29
R_1-R_4	+0.09	+0.02	+0.02	+0.04	+0.04	+0.02
左边缘 R_5	2.70	9.02	3.94	6.12	2.56	7.34
	2.72	8.94	3.90	6.12	2.54	7.34
	2.70	8.98	3.98	6.16	2.54	7.32
中数	2.71	8.98	3.94	6.13	2.55	7.33
R_1-R_5	0.00	−0.05	−0.63	+0.02	−0.04	−0.02

$\sum(R_i-R_j)/6$	R_1-R_2	−0.04	R_1-R_3	+0.01	R_1-R_4	+0.04	R_1-R_5	−0.02

表 B.4　标尺中轴线与标尺底面垂直性测定

标尺:条码式因瓦标尺　No.323　　观测者:

仪器:DNA 03　No.330068　　计算者:

日期:2002-10-31　　检查者:　　mm

测　回	Ⅰ			Ⅱ		
桩　号	1	2	3	1	2	3
中心 R_1	2.70	8.96	3.94	6.15	2.50	7.32
	2.72	8.92	3.88	6.16	2.51	7.43
	2.71	8.92	3.90	6.22	2.52	7.31
	2.71	8.93	3.91	6.06	2.50	7.28
中数	2.71	8.93	3.91	6.15	2.51	7.31
前边缘 R_2	2.77	8.94	4.02	6.18	2.54	7.34
	2.72	8.97	3.96	6.14	2.58	7.32
	2.80	8.96	3.99	6.10	2.55	7.36
	2.78	9.00	3.98	6.14	2.52	7.34
中数	2.77	8.97	3.99	6.14	2.55	7.34
R_1-R_2	−0.06	−0.04	−0.08	+0.01	−0.04	−0.03
后边缘 R_3	2.75	8.90	3.90	6.20	2.48	7.26
	2.72	8.88	3.90	6.14	2.52	7.30
	2.80	8.92	3.92	6.12	2.49	7.27
	2.74	8.90	3.88	6.10	2.46	7.26
中数	2.75	8.90	3.90	6.14	2.49	7.27
R_1-R_3	−0.04	+0.03	+0.01	+0.01	+0.02	+0.04
左边缘 R_4	2.60	8.91	3.89	6.12	2.47	7.26
	2.62	8.90	3.92	6.11	2.44	7.28
	2.64	8.90	3.88	6.06	2.48	7.29
	2.62	8.92	3.88	6.14	2.50	7.32
中数	2.62	8.91	3.89	6.11	2.47	7.29
R_1-R_4	+0.09	+0.02	+0.02	+0.04	+0.04	+0.02
右边缘 R_5	2.70	9.02	3.94	6.13	2.56	7.34
	2.71	8.98	3.94	6.12	2.55	7.33
	2.72	8.94	3.90	6.12	2.54	7.34
	2.70	8.98	3.98	6.16	2.54	7.32
中数	2.71	8.98	3.94	6.13	2.55	7.33
R_1-R_5	0.00	−0.05	−0.03	+0.02	−0.04	−0.02
$\sum(R_i-R_j)/6$	$(R_1-R_2)_{中}=-0.04$　$(R_1-R_3)_{中}=+0.01$　$(R_1-R_4)_{中}=+0.04$　$(R_1-R_5)_{中}=-0.02$					

B.6 水准仪的检视

B.6.1 外观

各部件是否清洁;有无碰伤、划痕、污点、脱胶、镀膜脱落等现象。

B.6.2 转动部件

转动部件、各转动轴和调整制动螺旋等转动是否灵活、平稳;各部件有无松动、失调、明显晃动;螺纹的磨损程度等。

B.6.3 光学性能

望远镜视场呈像是否明亮、清晰、均匀,调焦性能是否正常等。

若距离 100 m～150 m 的标尺分划呈像模糊,则此望远镜不能使用。

B.6.4 补偿性能

自动安平水准仪的补偿器是否正常,有无粘摆现象。

B.6.5 数字水准仪需增加下列检视

a) 屏幕及各按键的电子功能是否正常;

b) 蓄电池与充电设备是否正常;

c) 记录卡与输出设备是否正常。

B.6.6 设备件数

仪器部件及附件和备用零件是否齐全。

此项检验要求从外观及初级功能上对水准仪作出评价,并作记录。

B.7 水准仪上概略水准器的检校

B.7.1 用脚螺旋将概略水准气泡导至中央,然后旋转仪器 180°。此时,若气泡偏离中央,则用水准器改正螺丝改正其偏差的一半,用脚螺旋改正另一半,使气泡回到中央。

B.7.2 如此反复检校,直到仪器无论转在任何方向,气泡中心始终位于中央时为止。

B.8 水准仪光学测微器隙动差和分划值的测定

B.8.1 此项检验应选择成像清晰稳定的时间进行。在距仪器 5 m～6 m 处垂直竖立一支三等标准金属线纹尺或其他同等精度钢尺作标准尺,用其 1 mm 刻划面进行此项检验。

B.8.2 观测方法:

测定时,应使测微器上所有使用的分划线均能受到检验,测定应进行三组。若按 6.2 要求作全面检验时,三组应在不同气温下测定;若按 6.2 要求出测前或跨河水测量前检验时,可以在同一种气温下测定。每组应观测 5 个测回。每测回分往测(旋进或旋出)和返测(旋出或旋进)。

测定开始时,将仪器整置水平,并将测微器转到零分划附近处,然后取标准尺上 6 根其间隔为5 mm的分划线,使中丝与一分划线重合,此时,在测微器上的读数位置应在 0～3 格范围。

a) 每测回的操作:

往测:旋进(或旋出)光学测微器依次照准 1～6 的每根分划线。每次照准时,使中丝与分划线精密重合,并读取测微器读数为 a;

返测:往测完后马上进行返测,旋出(或旋进)光学测微器依次以相反方向照准 6～1 的每根分划线,读数方法同往测,读数为 b;

b) 其余各测回观测同 a,5 个测回组成一组,以后各组之观测同第一组。

B.8.3 计算方法:

a) 求出测微器隙动差 Δ

$$\Delta = \sum (a_0 - b_0)/18 \qquad \cdots\cdots\cdots\cdots (B.3)$$

式中：

a_0、b_0——标准尺每根分划线的读数 a、b 的每组平均值。

b) 求出测微器分划值

$$g = \sum l / \sum L \quad \cdots\cdots\cdots\cdots\cdots\cdots\cdots\cdots (B.4)$$

式中：

l——中丝对准标准尺首、末分划间隔，单位为毫米(mm)；

L——对准首、末分划时测微器转动量，格。

此项检验范例见表 B.5 和 B.6。

表 B.5 光学测微器隙动差和分划值的测定

仪器：Ni 002　　No.430271　　日期：1999-7-28　　距离：8 m

观测者：　　记录者：　　检查者：

组数	时间和温度	测回	检测尺读数 往 返	504	505	506	507	508	509	始末分划 转动量 L
				测微器读数						
Ⅰ	日期 7-28 始 15:00 末 15:15	1	往测 a	00.4	20.8	40.4	60.4	80.4	100.2	99.8
			返测 b	01.6	21.4	40.8	61.6	81.2	100.8	99.2
		2	往测 a	00.4	20.0	40.4	61.0	80.6	100.0	99.6
			返测 b	00.8	21.4	41.8	61.6	81.8	101.4	100.6
		3	往测 a	00.6	21.0	40.8	60.4	80.8	100.2	99.6
			返测 b	01.8	21.6	41.4	61.6	82.0	101.8	100.0
		4	往测 a	01.0	20.6	40.2	60.6	80.2	100.2	99.2
			返测 b	01.8	21.0	41.6	61.4	81.4	101.8	100.0
	始 28.0℃ 末 28.5℃	5	往测 a	00.0	20.2	40.4	60.8	80.4	100.8	100.8
			返测 b	01.0	21.4	41.4	61.8	81.0	101.4	100.4
		中数	往测 a_0	0.48	20.52	40.44	60.64	80.48	100.28	99.80
			返测 b_0	1.40	21.36	41.40	61.60	81.48	101.44	100.04
		差	a_0-b_0	−0.92	−0.84	−0.96	−0.96	−1.00	−1.16	−5.84
Ⅱ	日期 7-29 始 15:00 末 15:21	1	往测 a	01.8	21.4	42.0	61.8	82.2	101.0	99.2
			返测 b	03.8	23.4	44.0	63.8	83.6	102.8	99.0
		2	往测 a	03.8	22.6	43.4	62.8	82.6	103.0	99.2
			返测 b	03.0	23.2	43.4	64.0	83.8	103.8	100.8
		3	往测 a	03.0	22.8	42.6	62.4	82.4	102.4	99.4
			返测 b	03.0	22.8	43.2	62.4	82.8	103.0	100.0
		4	往测 a	02.8	22.4	42.6	62.2	82.8	103.2	100.4
			返测 b	03.6	23.2	43.8	63.4	83.0	103.8	100.2
	始 20.0℃ 末 20.5℃	5	往测 a	02.8	22.4	43.0	62.6	82.8	103.8	101.0
			返测 b	03.0	23.6	42.8	63.2	83.0	103.0	100.0
		中数	往测 a_0	2.84	22.32	42.72	62.36	82.56	102.68	99.84
			返测 b_0	3.28	23.24	43.44	63.36	83.24	103.28	100.00
		差	a_0-b_0	−0.44	−0.92	−0.72	−1.00	−0.68	−0.60	−4.36

第Ⅲ组观测之记录与计算略去。

表 B.6 光学测微器隙动差与分划值计算

组别	温度/℃	往测（旋进） 返测（旋出）	标准尺始末分划间隔 l/mm	L 间隔在测微器上的转动量格
Ⅰ	28.2	往测	5	99.80
		返测	5	100.04
Ⅱ	20.2	往测	5	99.84
		返测	5	100.00
Ⅲ	14.5	往测	5	99.98
		返测	5	100.04
总和			30	599.70
计算	$g=\sum l/\sum L=30/599.70=0.0500$ mm/格 $\sum(a_0-b_0)=-11.88\ t$ $\Delta=-11.88/18=-0.66\ t$			

B.9 水准仪视线观测中误差的测定

B.9.1 准备

在平坦场地上，距仪器约 30 m 处打一尺桩供承标尺用。对于自动安平水准仪，其二脚螺旋连线应与标尺方向垂直。仔细整平仪器，并应待仪器温度与周围空气充分一致时方可进行测定。测定时应用测伞遮蔽阳光。

B.9.2 观测方法

测定应尽可能在三种不同的气温下观测三组，每种气温下观测两测回为一组，共测 6 测回。对于双摆位的自动安平水准仪，奇数测回置仪器于摆Ⅰ位置，偶数测回于摆Ⅱ位置。每一测回共测 15 次。对于数字水准仪，每一测回共测 16 次，设置重复测量次数为 3 次。

每次观测中，先旋出倾斜螺旋约 1/4 周，自动安平水准仪应旋转位于标尺方向上的一脚螺旋；接着旋出光学测微器若干分划；然后使仪器恢复水平状态，即使气泡两端精密符合或使自动安平水准仪上的圆水准气泡精密居中；最后精确照准标尺上的分划线，并按测微器读数。

B.9.3 计算方法

视线观测中误差 M 按式(B.5)计算：

$$M=\pm\sqrt{\sum[vv]/\{R(n-1)\}}\times t\times\rho/D \qquad\cdots\cdots(B.5)$$

式中：

v——读数与其测回中数的差，格；

$[vv]$——每测回 v 平方和；

$\sum[vv]$——各测回$[vv]$之和；

R——测回数

n——一测回中读数次数；

t——测微器格值，单位为毫米(mm)；

ρ——206 265，单位为角秒(")；

D——标尺距仪器的距离，单位为毫米(mm)。

此项检验范例见表 B.7。

对于数字水准仪检验范例见表 B.8。

表 B.7 水准仪视线观测中误差的测定

仪器:Ni 004　　　№.159762　　　　　　　　观测者:

记录者:

距离:D=30.0 m　　　　　　　　　　　　　检查者:

日期	1999.8.11		1999.8.12		1999.8.13	
时间	7:53	8:10	8:00	8:25	8:05	8:30
温度/℃	27.0	27.0	26.0	26.0	28.0	28.0
测回	1	2	3	4	5	6
次序	测微器读数					
1	05.8	42.2	84.6	14.4	51.4	65.0
2	05.0	41.0	84.2	16.0	50.8	64.0
3	06.6	44.6	83.2	14.8	51.8	63.8
4	06.4	45.2	82.8	14.6	52.0	64.8
5	07.0	45.4	84.2	15.2	52.4	62.4
6	07.3	45.6	84.6	16.0	50.4	63.0
7	07.0	45.2	83.0	15.6	50.8	63.8
8	07.4	45.2	83.4	14.4	51.4	64.0
9	06.6	43.6	82.4	15.8	50.2	62.8
10	04.8	45.0	82.8	14.2	52.2	64.4
11	06.0	43.6	83.8	15.0	51.6	63.2
12	07.0	46.2	81.4	14.0	52.0	64.8
13	07.0	44.2	81.6	15.0	50.8	63.4
14	06.6	45.2	82.4	14.0	51.0	64.6
15	04.8	45.4	81.4	14.4	51.2	63.4
[vv]	10.757	26.549	16.677	6.789	6.213	8.789
$M=\pm\sqrt{\sum[vv]/84}\cdot t\times\rho/D=\pm\sqrt{75.774/84}\times 0.05\times 206\ 265/30\ 000=\pm 0.33''$						

表 B.8 数字水准仪视线观测中误差的测定

仪器:DL-101C　　　№.UG0357　　　　　　　　观测者:

记录者:

距离:D=30.0 m　　　　　　　　　　　　　检查者:

日期	2002.7.23		2002.7.24		2002.7.25	
时间	9:37	10:00	9:05	9:20	8:05	8:30
温度/℃	33.0	33.2	30.8	31.0	28.0	28.0
测回	1	2	3	4	5	6
次序	标尺读数/m					
1	1.550 00	1.549 95	1.560 98	1.561 08	1.530 07	1.530 11
2	1.550 07	1.550 08	1.561 02	1.561 03	1.530 12	1.530 12
3	1.550 15	1.550 00	1.561 03	1.561 06	1.530 09	1.530 18

表 B.8(续)

日期	2002.7.23		2002.7.24		2002.7.25	
时间	9:37	10:00	9:05	9:20	8:05	8:30
温度/℃	33.0	33.2	30.8	31.0	28.0	28.0
测回	1	2	3	4	5	6
次序	标尺读数/m					
4	1.550 19	1.550 14	1.561 06	1.561 08	1.530 21	1.530 15
5	1.549 91	1.549 97	1.561 00	1.561 10	1.530 16	1.530 15
6	1.549 95	1.550 05	1.561 06	1.561 04	1.530 09	1.530 17
7	1.549 99	1.550 04	1.561 00	1.561 00	1.530 12	1.530 16
8	1.550 06	1.549 95	1.561 04	1.561 06	1.530 20	1.530 18
9	1.550 07	1.549 95	1.561 06	1.561 05	1.530 08	1.530 10
10	1.549 99	1.549 96	1.561 00	1.561 09	1.530 16	1.530 19
11	1.549 95	1.549 97	1.561 03	1.561 16	1.530 12	1.530 17
12	1.549 91	1.549 99	1.561 07	1.561 09	1.530 25	1.530 16
13	1.549 99	1.549 92	1.560 99	1.561 13	1.530 13	1.530 11
14	1.550 03	1.549 93	1.561 09	1.561 16	1.530 18	1.530 20
15	1.550 00	1.549 99	1.561 06	1.561 20	1.530 15	1.530 09
16	1.550 08	1.550 01	1.561 01	1.561 17	1.530 13	1.530 20
[vv]	0.093 575	0.051 975	0.016 175	0.047 575	0.037 975	0.019 500
$M=\pm\sqrt{\sum[vv]/90}\times\rho/D=\pm\sqrt{0.266\ 775/90}\times 206\ 265/30\ 000=\pm 0.37''$						

B.10 自动安平水准仪补偿误差的测定

B.10.1 准备

在平坦的地方丈量一长 40 m～50 m 的直线,在其两端 A、B 处打下两个尺桩。在 AB 的中间安置仪器,并使其二脚螺旋连线与 A、B 垂直。

B.10.2 观测方法

观测时,应分别将圆气泡置于如下位置:

a) 气泡精确居中($i=0$);

b) 气泡偏向 A 尺,气泡偏离大小按仪器说明书中所述的仪器纵向倾斜补偿范围极限而定($i=1$);

c) 气泡偏向 B 尺,气泡偏离大小同 b($i=2$);

d) 面向 A 尺,气泡偏向左边,气泡偏离大小按仪器说明书中所述的仪器横向倾斜补偿范围极限而定($i=3$);

e) 面向 A 尺,气泡偏向右边,气泡偏离大小同 d($i=4$)。

每一气泡位置上应交替地在 A、B(或 B、A)两标尺基本分划上照准读数各 10 次。对于双摆位的自动安平水准仪,奇次置摆Ⅰ位置,偶次置摆Ⅱ位置。

对于数字水准仪,设置重复测量次数为 5 次,在成像稳定环境下测定。

B.10.3 计算方法

a) 计算观测高差

$$h_i = A_i - B_i \quad \cdots\cdots (B.6)$$

式中：

h_i——每一气泡位置上观测高差，单位为毫米(mm)；

A_i——A 标尺上的读数平均值，单位为毫米(mm)；

B_i——B 标尺上的读数平均值，单位为毫米(mm)。

b) 计算补偿误差

$$\Delta\alpha_i = (h_i - h_0)\rho/(D \cdot \alpha_i) \quad \cdots\cdots (B.7)$$

式中：

$\Delta\alpha_i$——i 为 1、2、3、4 时的补偿误差，即仪器倾斜每角分补偿误差角秒值；

h_i——i 为 1、2、3、4 时的观测高差，单位为毫米(mm)；

h_0——气泡居中时的观测高差，单位为毫米(mm)；

ρ——206 265，单位为角秒(")；

D——A、B 两标尺的距离，单位为毫米(mm)；

α_i——仪器倾斜补偿极限角度，单位为角分(′)。

此项检验范例见表 B.9。

对于数字水准仪检验范例见表 B.10。

表 B.9 自动安平水准仪补偿误差的测定

仪器：Koni 007 №.139763 AB 间距离 D=41.20 m 日期：1999-8-13

观测者： 记录者： 检查者

仪器位置		视线在 A 标尺上的读数	视线在 B 标尺上的读数
仪器置平	1	317 968	322 788
	2	976	784
	3	968	758
	4	964	758
	5	974	762
	6	956	762
	7	950	778
	8	966	760
	9	962	768
	10	970	780
	中数	965.4	769.8
A、B 间高差 h_0		−0.024 022 m	
气泡偏向 A 标尺 $\alpha_1=8'$	1	317 966	322 780
	2	956	776
	3	974	778
	4	972	784
	5	978	776
	6	978	786

表 B.9(续)

仪器位置		视线在 A 标尺上的读数	视线在 B 标尺上的读数
气泡偏向 A 标尺 $\alpha_1=8'$	7	978	778
	8	962	788
	9	968	768
	10	964	780
	中数	969.6	779.4
A、B 间高差 h_1		−0.024 049 m	
气泡偏向 B 标尺 $\alpha_2=8'$	1	317 950	322 772
	2	948	770
	3	958	760
	4	948	766
	5	952	758
	6	952	756
	7	948	772
	8	956	776
	9	948	768
	10	956	766
	中数	951.6	766.4
A、B 间高差 h_2		−0.024 074 m	
气泡偏向左边 $\alpha_3=8'$	1	317 966	322 758
	2	956	758
	3	954	758
	4	960	754
	5	956	758
	6	966	762
	7	966	750
	8	962	754
	9	962	748
	10	964	752
	中数	961.2	755.2
A、B 间高差 h_3		−0.023 970 m	
气泡偏向右边 $\alpha_4=8'$	1	317 950	322 780
	2	942	782
	3	948	774
	4	950	776
	5	952	778

表 B.9(续)

仪器位置		视线在 A 标尺上的读数	视线在 B 标尺上的读数
气泡偏向右边 $\alpha_4=8'$	6	916	772
	7	948	776
	8	946	780
	9	945	770
	10	946	770
	中数	947.6	755.8
A、B 间高差 h_4		−0.024 141 m	

补偿误差的计算：

$\Delta\alpha_1=(h_1-h_0)\times\rho/(D\times\alpha_1)=(-0.027\times206\ 265)/(41\ 200\times8)=-0.02''$

$\Delta\alpha_2=(h_2-h_0)\times\rho/(D\times\alpha_2)=(-0.052\times206\ 265)/(41\ 200\times8)=-0.03''$

$\Delta\alpha_3=(h_3-h_0)\times\rho/(D\times\alpha_3)=(+0.052\times206\ 265)/(41\ 200\times8)=+0.02''$

$\Delta\alpha_4=(h_4-h_0)\times\rho/(D\times\alpha_4)=(-0.119\times206\ 265)/(41\ 200\times8)=-0.07''$

表 B.10 自动安平数字水准仪补偿误差测定

仪器：DiNi I2 No.700546　　日期：2002-7-28　　AB 间距：41.2 m

观测者：　　计算者：　　检查者：

仪器位置	仪器置平		气泡偏向 A 标尺 $\alpha_1=8'$		气泡偏向 B 标尺 $\alpha_2=8'$		气泡偏向左边 $\alpha_3=8'$		气泡偏向右边 $\alpha_4=8'$	
序号	A 尺读数/m	B 尺读数/m	A 尺读数/m	B 尺读数/m	A 尺读数/m	B 尺读数/m	A 尺读数/m	B 尺读数/m	A 尺读数/m	B 尺读数/m
1	1.589 84	1.613 94	1.589 83	1.613 90	1.589 75	1.613 86	1.589 83	1.613 79	1.589 75	1.613 90
2	1.589 88	1.613 92	1.589 78	1.613 88	1.589 74	1.613 85	1.589 78	1.613 79	1.589 71	1.613 91
3	1.589 84	1.613 79	1.589 87	1.613 89	1.589 79	1.613 80	1.589 77	1.613 79	1.589 74	1.613 87
4	1.589 82	1.613 79	1.589 86	1.613 92	1.589 74	1.613 83	1.589 80	1.613 77	1.589 75	1.613 88
5	1.589 87	1.613 81	1.589 89	1.613 88	1.589 76	1.613 79	1.589 78	1.613 79	1.589 76	1.613 89
6	1.589 78	1.613 81	1.589 89	1.613 93	1.589 76	1.613 78	1.589 83	1.613 81	1.589 73	1.613 86
7	1.589 73	1.613 89	1.589 89	1.613 89	1.589 74	1.613 86	1.589 83	1.613 75	1.589 74	1.613 88
8	1.589 83	1.613 80	1.589 81	1.613 94	1.589 78	1.613 88	1.589 81	1.613 77	1.589 73	1.613 90
9	1.589 81	1.613 84	1.589 84	1.613 84	1.589 74	1.613 84	1.589 81	1.613 74	1.589 74	1.613 85
10	1.589 85	1.613 90	1.589 82	1.613 90	1.589 78	1.613 83	1.589 82	1.613 76	1.589 73	1.613 85
中数	1.589 827	1.613 849	1.589 848	1.613 897	1.589 758	1.613 832	1.589 806	1.613 776	1.589 738	1.613 779
高差	$h_0=-0.024\ 022$ m		$h_1=-0.024\ 049$ m		$h_2=-0.024\ 074$ m		$h_3=-0.023\ 970$ m		$h_4=-0.024\ 041$	
补偿误差计算	$\Delta\alpha_1=(h_1-h_0)\cdot\rho/(D\cdot\alpha_1)=(-0.027\times206\ 265)/(41\ 200\times8)=-0.02''$ $\Delta\alpha_2=(h_2-h_0)\cdot\rho/(D\cdot\alpha_2)=(-0.052\times206\ 265)/(41\ 200\times8)=-0.03''$ $\Delta\alpha_3=(h_3-h_0)\cdot\rho/(D\cdot\alpha_3)=(+0.052\times206\ 265)/(41\ 200\times8)=+0.03''$ $\Delta\alpha_4=(h_4-h_0)\cdot\rho/(D\cdot\alpha_4)=(-0.019\times206\ 265)/(41\ 200\times8)=-0.01''$									

B.11 水准仪十字丝的检校

B.11.1 准备

选择一避风的地方或室内安置仪器。在距仪器 10 m～20 m 处悬挂一垂球线。

B.11.2 方法

整平仪器后，观测十字丝竖丝是否与垂球线重合。若不重合，则用改正螺丝改正十字丝板，使其重合。此项校正完成后，用十字丝的横丝对准墙上标志，转动水平微动螺旋，观察十字丝的横丝是否始终对准此标志，此项检查均不应发现有明显的偏离，否则仪器不能使用。

B.12 水准仪视距常数的测定

B.12.1 准备

在一平坦场地上安置仪器，分别在距仪器约 5 m 和 50 m 的 A、B 两处各打一尺桩，仪器中心挂一垂球，然后用钢尺丈量垂球中心到两标尺的距离，量至厘米。

B.12.2 观测方法

分别观测 A、B 标尺 4 测回，测回间应变换仪器高。每测回将仪器整平后，分别读上、下丝基、辅分划读数各一次。对于双摆位的自动安平水准仪可以在任一摆位进行测定。

B.12.3 计算方法

a) 乘常数计算

$$k = (D_B - D_A)/(l_B - l_A) \qquad \cdots\cdots\cdots(\text{B.8})$$

式中：

D_A——A 标尺距仪器的距离，单位为毫米(mm)；

D_B——B 标尺距仪器的距离，单位为毫米(mm)；

l_A——A 标尺上、下丝读数间隔平均值，单位为毫米(mm)；

l_B——B 标尺上、下丝读数间隔平均值，单位为毫米(mm)；

b) 加常数计算

$$C = D - k * l \qquad \cdots\cdots\cdots(\text{B.9})$$

式中：

l——可用 A 或 B 标尺的观测值代入计算。

c) 计算乘常数的测定中误差

$$m_k = \pm k/(l_B - l_A) \cdot \sqrt{([vv]_A + [vv]_B)/m(m-1)} \qquad \cdots\cdots\cdots(\text{B.10})$$

式中：

m——测回数；

v——各上下丝读数间隔和平均值之差，单位为毫米(mm)；

$[vv]_A$——A 标尺上 v 平方和；

$[vv]_B$——B 标尺上 v 平方和。

m_k 应不大于 k 值的 0.30%，否则应重测。

此项检验范例见表 B.11。

表 B.11 视距常数的测定

仪器：Ni 002 No.430161　　　　观测者：

日期：1999-8-17　　　　记录者：

温度：20.5℃　　　　检查者：

测回	分划面	$D_A=5.40$ m				$D_B=50.41$ m		
		上/下 丝读数	L_A＝上－下		上/下 丝读数	L_B＝上－下	
1	基本	3 105	100		3 555	1 000	
		3 005			2 555		
	辅助	9 170	100		9 620	1 000	
		9 070			8 620		
2	基本	3 095	99	$L_A=100.0/2$	3 545	1 001	$L_B=1\,000.0/2$
		2 996		$=50.0$ mm	2 544		$=500.0$ mm
	辅助	9 159	99		9 609	1 001	
		9 060			8 608		
3	基本	3 097	101	$[vv]_A=4.00/4$	3 547	1 000	$[vv]_B=4.00/4$
		2 996		$=1.00$ mm^2	2 547		$=1.00$ mm^2
	辅助	9 163	101		9 612	1 000	
		9 062			8 612		
4	基本	3 015	100	$L_A=100.0/2$	3 565	999	$L_B=1\,000.0/2$
		2 915		$=50.0$ mm	2 466		$=500.0$ mm
	辅助	9 080	100	$[vv]_A=4.00/4$	9 530	999	$[vv]_B=4.00/4$
		8 980		$=1.00$ mm^2	8 531		$=1.00$ mm^2

$k=(D_B-D_A)/(l_B-l_A)=100.02$

$C=D_A-k\quad l_A=0.40$ m

$C=D_B-k\quad l_B=0.40$ m　$m_k=\pm k/(l_B-l_A)\cdot\sqrt{([vv]_A+[vv]_B)/56}=\pm 0.04$

B.13 水准仪调焦透镜运行误差的测定

B.13.1 准备

选择一平坦场地，根据场地情况在一直线上或半径为 25 m 的半圆周上依次布设 0、1……5 号点，打入尺桩，并使 0 号到其余各点的距离分别如下：

$D_1=5$ m；$D_2=10$ m；$D_3=20$ m；$D_4=30$ m；$D_5=50$ m；

距离应用钢尺丈量。此项检验应选择呈像清晰稳定的时间进行。

B.13.2 观测方法

每一安置仪器点，观测 4 测回。测回间应变换仪器基座 180°及仪器高。每测回先测往测、后测返测。返测观测标尺次序与往测次序相反。对于双摆位自动安平水准仪，往测置摆Ⅰ位置，返测置摆Ⅱ位置。观测中均按基本分划读数。

对于数字水准仪，设置重复测量次数为 5 次，可以不变仪器高。

采用直线法时，首先应分别在 0 号点到其他各点 i 的中点或中点一侧安置仪器，且使得设站点到 0 号点的距离等于到 i 号点的距离。然后按规定程序观测 0 号点和 i 号点上的标尺读数。采用圆弧法时，在圆心安置仪器，按规定程序依次观测 0 至 5 号点上标尺读数。此时，两种方法每测回中均不得变动焦距。

最后置仪器于 0 号点，按规定程序观测 1 号点至 5 号点上的标尺读数。

整个观测过程中，应采用单个标尺。采用直线法在 0 号点立尺时，可用一根标尺固定在 0 号点上，而用另一标尺作移动尺立于 1 至 5 号点上。

B. 13. 3　计算方法

a)　求出 0 号点到其他各点的高差 h_i：

$$h_i = L_0 - L_i \quad \cdots\cdots\cdots\cdots (B.11)$$

式中：

L_0——对应于 L_i 的 0 号点各测回往返测读数平均值，单位为毫米(mm)；

L_i——对应于 L_0 的 i 号点各测回往返测读数平均值，单位为毫米(mm)。

b)　求出在 0 号点观测 1～5 号点的视线高度 H_i：

$$H_i = M_i + h_i - 7.8 \times 10^{-5} \cdot D_i^2 \quad \cdots\cdots\cdots\cdots (B.12)$$

式中：

M_i——在 0 号点观测 1～5 号点的各测回往返标尺读数平均值，单位为毫米(mm)；

D_i——0 号点到其他各点的距离，单位为米(m)。

c)　求出调焦运行误差 v_i：

$$v_i = \Delta_i + (23 - D_i) \cdot k \quad \cdots\cdots\cdots\cdots (B.13)$$

且：$\Delta_i = H_i - \sum H_i/5$　　　　$k = \sum(D_i \cdot \Delta_i)/1\ 280$

此项检验范例见表 B.12 和表 B.13。

对于数字水准仪检验范例见表 B.14 和表 B.15。

表 B.12　用水准仪调焦透镜运行误差检验的标准高差测定

仪器：Ni 002　№. 430161　　　　观测者：

日期：1999-4-16　　　　检查者：

温度：18.0℃　　　　成像：清晰稳定　　　　记录者：

测回 \ 桩号		0	1	0	2	0	3	0	4	0	5
1	往	284 927	298 464	281 624	298 260	274 356	308 414	265 130	319 776	259 954	342 800
	返	284 974	298 500	281 690	298 317	274 444	308 497	265 264	319 880	260 150	342 990
2	往	286 240	299 781	279 127	295 761	271 109	305 164	267 006	321 650	260 547	343 394
	返	286 294	299 824	279 184	295 820	271 184	305 250	267 114	321 756	260 744	343 604
3	往	284 894	298 440	280 690	297 317	269 405	303 470	262 399	317 034	262 890	345 760
	返	284 934	298 484	280 732	297 366	269 474	303 554	262 494	317 145	263 100	345 945
4	往	283 464	297 006	283 110	299 730	272 650	306 724	264 644	319 274	263 234	346 056
	返	283 490	297 044	283 157	299 790	272 733	306 800	264 770	319 390	263 414	346 264
中数 L_i		284 902.1	298 442.9	281 164.2	297 795.1	271 919.4	305 984.1	264 852.6	319 488.1	261 754.1	344 602.8
$H_i - L_0 - L_i$ mm		−67.70		−83.15		−170.32		−273.18		−414.24	

表 B.13 水准仪调焦透镜运行误差的测定

仪器:Ni 002 №.430161　　　　观测者:

日期:1999-4-16　　　　记录者:

温度:18.0℃　　　　成像:清晰稳定　　　　检查者:

测回 \ 桩号		1	2	3	4	5
0号点到其他各点的距离 D_i/m		5	10	20	30	50
1	往	299 874	302 954	320 350	340 920	369 074
	返	299 819	302 904	320 294	340 864	369 054
2	往	299 929	303 049	320 486	341 130	369 417
	返	299 878	302 980	320 432	341 094	369 394
3	往	320 524	323 604	341 000	361 564	389 704
	返	320 540	323 590	341 017	361 584	389 732
4	往	320 570	323 688	341 164	361 788	390 104
	返	320 584	323 657	341 175	361 790	390 064
中数 M_i/mm		1 551.07	1 566.52	1 653.70	1 756.71	1 897.85
h_i		−67.70	−83.15	−170.32	−273.18	−414.24
$-7.8\times10^{-5}\cdot D_i^2$		0	−0.01	−0.03	−0.07	−0.20
$H_i=M_i+h_i-7.8\times10^{-5}\cdot D_i^2$		1 483.37	1 483.36	1 483.35	1 483.46	1 483.41
$\Delta_i=H_i-\sum H_i/5$		−0.02	−0.03	−0.04	+0.07	+0.02
$v_i=\Delta_i+(23-D_i)\cdot k$(mm)		+0.01	−0.01	−0.04	+0.06	−0.02
$k=\sum(D_i\cdot\Delta_i)/1\,280=1.48\times10^{-5}$ 检核 $\sum\Delta_i=\sum v_i=0$						

表 B.14 用于数字水准仪调焦透镜运行误差检验的标准高差测定

仪器:DiNi 12 №.700546　　　　观测者:

日期:2002-7-17　　　　计算者:

温度:28.0℃　　　　成像:清晰稳定　　　　检查者:

测回 \ 桩号		0	1	0	2	0	3	0	4	0	5
		m		m		m		m		m	
1	往	1.426 90	1.472 95	1.427 58	1.511 68	1.367 89	1.386 53	1.378 52	1.297 05	1.478 70	1.246 98
	返	1.426 91	1.472 95	1.427 57	1.511 69	1.367 87	1.386 51	1.378 58	1.297 06	1.478 76	1.246 99
2	往	1.426 91	1.472 95	1.427 56	1.511 68	1.367 86	1.386 51	1.378 57	1.297 08	1.478 78	1.246 98
	返	1.426 91	1.472 95	1.427 57	1.511 68	1.367 86	1.386 49	1.378 56	1.297 07	1.478 71	1.246 99
3	往	1.426 91	1.472 95	1.427 57	1.511 67	1.367 86	1.386 51	1.378 56	1.297 07	1.478 70	1.246 96
	返	1.426 92	1.472 95	1.427 55	1.511 67	1.367 87	1.386 50	1.378 55	1.297 04	1.478 77	1.246 98
4	往	1.426 91	1.472 95	1.427 56	1.511 67	1.367 85	1.386 52	1.378 59	1.297 06	1.478 76	1.246 99
	返	1.426 92	1.472 95	1.427 55	1.511 67	1.367 86	1.386 52	1.378 52	1.297 07	1.478 74	1.246 97
中数 L_i		1.426 911	1.472 950	1.427 564	1.511 676	1.367 865	1.386 511	1.378 556	1.297 062	1.478 740	1.246 980
$h_i=L_0-L_i$ mm		−46.04		−84.11		−18.65		+81.49		+231.76	

表 B.15 数字水准仪调焦透镜运行误差的测定

仪器:DiNi 12 №.700546　　　　　　　　　　　　　　观测者:

日期:2002-7-17　　　　　　　　　　　　　　　　　　计算者:

温度:28.0℃　　　　　　　　成像:清晰稳定　　　　　　检查者:

测回 \ 桩号		1	2	3	4	5
0 号点到其他各点的距离 D_i/mm		5	10	20	30	50
1	往(m)	1.508 94	1.546 94	1.481 35	1.381 00	1.230 75
	返(m)	1.508 95	1.547 01	1.481 47	1.381 17	1.230 70
2	往(m)	1.508 94	1.546 92	1.481 36	1.381 08	1.230 61
	返(m)	1.508 95	1.547 07	1.481 49	1.381 13	1.230 61
3	往(m)	1.508 96	1.546 93	1.481 34	1.381 05	1.230 71
	返(m)	1.508 96	1.547 02	1.481 45	1.381 25	1.230 66
4	往(m)	1.508 95	1.546 94	1.481 36	1.381 02	1.230 70
	返(m)	1.508 95	1.547 01	1.481 49	1.381 06	1.230 67
中数 M_i/mm		1 508.95	1 546.98	1 481.41	1 381.10	1 230.68
h_i		−46.04	−84.11	−18.65	+81.49	+231.76
$-7.8\times10^{-5}\cdot D_i^2$		0	−0.01	−0.03	−0.07	−0.20
$H_i=M_i+h_i-7.8\times10^{-5}\cdot D_i^2$		1 462.91	1 462.86	1 462.73	1 462.52	1 462.24
$\Delta_i=H_i-\sum H_i/5$		+0.26	+0.21	+0.08	−0.13	−0.41
$v_i=\Delta_i+(23-\Delta_i)\cdot k$(mm)		−0.02	+0.01	+0.03	−0.02	0.00
$k=\sum(D_i+\Delta_i)/1\,280=-0.015\,34$ 检核:$\sum\Delta_i=\sum v_i=0$						

B.14 气泡式水准仪交叉误差的测定

B.14.1 准备

选择一平坦场地,在距标尺约 50 m 处安置仪器,并使其一脚螺旋位于望远镜至标尺视准面内。

B.14.2 检验方法

将仪器整平后,照准标尺读数。然后将视准面侧方一脚螺旋向一方转动二周,使仪器向侧方倾斜,同时将另一侧方脚螺旋反方向转动,使原有标尺读数保持不变。此时观察气泡两端是否仍符合或互相偏离若干距离。然后反向转动两侧的脚螺旋,使原有读数保持不变的情况下,气泡两端恢复符合位置。

同法,使仪器向另一侧方向倾斜,并观察原有读数保持不变情况下气泡两端是否仍符合或互相离开若干距离。

在上述仪器向两侧倾斜情况下,若气泡两端保持符合,或同向离开相同距离,则表示无交叉误差,若两端异向离开,则表示不能满足,异向离开大于 2 cm,应进行校正。

B.14.3 校正方法

将水准器侧方一改正螺旋丝放松,另一侧方改正螺丝拧紧,使水准器向左、右移动至气泡两端恢复符合时为止。

B.15 水准仪 i 角的检校

B.15.1 准备

在一平坦场地上用钢卷尺依次量取一直线 I_1ABI_2 或 AI_1I_2B 或 AI_1BI_2，其中 I_1、I_2 为安置仪器处，A、B 为立标尺处。在线段 I_1ABI_2 上使 $I_1A=BI_2$；在线段 AI_1I_2B 上使 $AI_1=I_2B$；在线段 AI_1BI_2 上使 $AI_2=I_1B$。设 $D_1=BI_2$，$D_2=AI_2$，使近标尺距离 D_1 约为 5 m～7 m，远标尺距离 D_2 约为 40 m～50 m。分别在 A、B 处各打一尺桩。

对于数字水准仪的准备按所用仪器说明书要求执行。

B.15.2 观测方法

在 I_1、I_2 处先后安置仪器，仔细整平仪器后，分别在 A、B 标尺上各照准读数基本分划四次。对于双摆位自动安平水准仪，第 1、4 次置摆Ⅰ位置，第 2、3 次置摆Ⅱ位置。

对于数字水准仪，设置重复测量次数为 5 次，待仪器温度与环境温度充分平衡，并开机预温后方可进行检测。检测按说明书要求操作。

B.15.3 计算方法

i 角按下式计算

$$i=\Delta\cdot\rho/(D_2-D_1)-1.61\times10^{-5}\cdot(D_1+D_2) \qquad \text{(B.14)}$$

且

$$\Delta=\begin{cases}[(a_2-b_2)-(a_1-b_1)]/2 & \text{按 } I_1ABI_2 \text{ 或 } AI_1I_2B \text{ 设站时。}\\(a_2-b_2)-(a_1-b_1) & \text{按 } AI_1BI_2 \text{ 设站时。}\end{cases}$$

式中：

i——i 角值，单位为角秒(″)；

ρ——206 265，单位为角秒(″)；

a_2——在 I_2 处观测 A 标尺的读数平均值，单位为毫米(mm)；

b_2——在 I_2 处观测 B 标尺的读数平均值，单位为毫米(mm)；

a_1——在 I_1 处观测 A 标尺的读数平均值，单位为毫米(mm)；

b_1——在 I_1 处观测 B 标尺的读数平均值，单位为毫米(mm)；

D_1——仪器距近标尺距离，单位为毫米(mm)；

D_2——仪器距远标尺距离，单位为毫米(mm)；

B.15.4 校正

对于 i 角大于 15″仪器应进行校正。对于自动安平水准仪，应送有关修理部门进行校正。对于气泡式水准仪，按下述方法校正。

在 I_2 处，用倾斜螺旋将望远镜视线对准 A 标尺上应有的正确读数 a_2'，a_2'按式(B.15)计算：

$$a_2'=a_2-\Delta\cdot D_2/(D_2-D_1) \qquad \text{(B.15)}$$

然后校正水准器改正螺丝使气泡居中。校正后将仪器望远镜对准标尺读数 b_2'，b_2' 应与式(B.16)计算结果一致，以此作检校。

$$b_2'=b_2-\Delta\cdot D_1/(D_2-D_1) \qquad \text{(B.16)}$$

校正需反复进行，使 i 角合乎要求为止。

此项检验范例见表 B.16。

表 B.16 i 角的检校

仪器:Ni004 №.71001　　方法:I_1ABI_2　　观测者:

日期:1999-8-10　　标尺:№.10796 №.10797　　记录者:

时间:8:10　　呈像:清晰稳定　　检查者:

仪器距近标尺距离 $D_1=6.0$ m　仪器距远标尺距离 $D_2=41.0$ m				
仪器站	I_1		I_2	
观测次序	A 尺读数 a_1	B 尺读数 b_1	A 尺读数 a_2	B 尺读数 b_2
1	298 712	299 140	310 952	311 394
2	704	142	956	410
3	708	154	944	396
4	708	150	958	400
中数	298 708	299 146	310 952	311 400
高差 $(a-b)$/mm	−2.19		−2.24	

方法:I_1ABI_2

$$\Delta=[(a_2-b_2)-(a_1-b_1)]/2=-0.025\ \text{mm}$$

AI_1I_2B

方法:AI_1BI_2　$\Delta=(a_2-b_2)-(a_1-b_2)=$

$$i=\Delta\cdot\rho/(D_2-D_1)-1.61\times10^{-5}\cdot(D_1+D_2)=-0.147-0.757=-0.90''$$

校正:$a_2'=a_2-\Delta\cdot D_2/(D_2-D_1)=$

$b_2'=b_2-\Delta\cdot D_1/(D_2-D_1)=$

B.16 双摆位自动安平水准仪摆差 2C 角的测定

B.16.1 准备

选择一平坦场地安置仪器,在距仪器约 20 m~40 m 的不同距离的 A、B 两处打两个桩尺。

B.16.2 观测方法

将仪器置平后,分别对准标尺 A、B,按如下步骤进行观测:

a) 用上、下丝照准标尺基本分划进行视距读数;

b) 将仪器置摆Ⅰ位置,照准标尺基本分划,读数 5 次;

c) 换摆Ⅱ位置,观测如 b)。

B.16.3 计算方法

$2C$ 按式(B.17)计算:

$$2C=[(R_{ⅡA}-R_{ⅠA})/D_A+(R_{ⅡB}-R_{ⅠB})/D_B]\cdot\rho/2 \qquad \cdots\cdots\cdots\cdots\text{(B.17)}$$

式中:

$R_{ⅡA}$——摆Ⅱ位置时 A 标尺读数平均值;

$R_{ⅠA}$——摆Ⅰ位置时 A 标尺读数平均值;

$R_{ⅡB}$——摆Ⅱ位置时 B 标尺读数平均值;

$R_{ⅠB}$——摆Ⅰ位置时 B 标尺读数平均值;

D_A——仪器距 A 标尺的距离;

D_B——仪器距 B 标尺的距离;

ρ——206 265,单位为角秒(″)。

上式中 $R_{\text{Ⅱ}A}$、$R_{\text{Ⅰ}A}$、$R_{\text{Ⅱ}B}$、$R_{\text{Ⅰ}B}$、D_A、D_B 单位要求统一。

此项检验范例见表 B.17。

表 B.17 自动安平水准仪 2C 值的测定

仪器:Ni 002　　温度:15.5℃　　观测者:

No.430271　　记录者:

日期:1999-4-11　　时间:15:30　　检查者:

标尺位置	上、下丝读数 上-下 加常数距离	摆Ⅰ位置 读数		摆Ⅱ位置 读数	
A	2 472	232	354	232	540
	2 175		346		554
	297		354		548
	8		354		542
	D_A:30.5 m/2		352		546
	中数	232	352	232	546
B	2 551	220	514	220	934
	1 859		528		920
	692		520		928
	8		534		940
	D_B:70.0 m/2		528		943
	中数	220	525	220	931
计　　算					
$2C=[(R_{\text{Ⅱ}A}-R_{\text{Ⅰ}A})/D_A+(R_{\text{Ⅱ}B}-R_{\text{Ⅰ}B})/D_B]\cdot\rho/2$ $=(1.94/30\,500+4.06/70\,000)\cdot 206\,265/2=12.4''$					

B.17 水准仪测站高差观测中误差和竖轴误差的测定

B.17.1 准备

在一平坦场地分别打下两个尺桩 A、B,使 A、B 的距离 D_{AB} 为:

对于一等,$D_{AB}=60$ m;对于二等,$D_{AB}=80$ m。在 A、B 连线的中点安置仪器。

B.17.2 观测方法

此项检验分 6 组进行。每相邻两个观测组应在一个时间段内检验完毕。每组观测前,应将三个脚螺旋 i、j、k 置于一定位置;第Ⅰ、Ⅲ、Ⅴ组,分别使两脚螺旋 ij、jk、ki 平行于 AB,第Ⅱ、Ⅳ、Ⅵ组分别在前一组脚螺旋位置上旋转基座 180°。

每组观测 10 测回。测回间应变换仪器高。每测回应按相应等级的测站上水准测量限差和观测程序要求观测中丝读数,且奇数测回照准次序为 $ABBA$,偶数测回照准次序为 $BAAB$。

对于数字水准仪,设置重复测量次数为 3 次,测回间可不变换仪器高。

B.17.3 计算方法

a) 计算测站观测中误差

$$m_h=\pm\sqrt{\sum[vv]/54} \qquad \text{(B.18)}$$

式中：

v——每组观测高差平均值与测回观测高差之差，单位为毫米(mm)；

$[vv]$——每组 v^2 之和；

$\sum[vv]$——各组$[vv]$之和；

m_h——测站观测中误差，单位为毫米(mm)。

b) 计算竖轴误差

$$\Delta_i = (h_{2i-1} - h_{2i})/2 \qquad \text{(B.19)}$$

式中：

Δ_i——基座三个位置上的竖轴误差，单位为毫米(mm)；

h_{2i-1}——奇数组的观测高差平均值，单位为毫米(mm)；

h_{2i}——偶数组的观测高差平均值，单位为毫米(mm)。

此项检验范例见表 B.18。

对于数字水准仪检验范例见表 B.19。

表 B.18 水准仪测站高差观测中误差和竖轴误差的测定

仪器：Ni 002 №.430161　　日期：1999-8-20　　观测者：

标尺：A：№.49440 B：№.49439　　时间：9:30　　记录者：

呈像：清晰　　温度：20.5℃　　检查者：

第一组 D=60.0 m													
测回	标尺	标尺读数				基+k−辅	测回	标尺	标尺读数				基+k−辅
		基本分划		辅助分划					基本分划		辅助分划		
Ⅰ	A	320	611	927	667		Ⅱ	A	323	689	930	769	
	B	293	762	900	825			B	296	856	903	927	
	$A-B$	26	849	26	842	+7		$A-B$	26	833	26	842	−9
	h	134.23						h	134.19				
Ⅲ	A	322	780	929	834		Ⅳ	A	320	990	928	004	
	B	295	939	902	990			B	294	150	901	160	
	$A-B$	26	841	26	844	−3		$A-B$	26	840	26	844	−4
	h	134.21						h	134.21				
Ⅴ	A	320	581	927	600		Ⅵ	A	321	630	928	634	
	B	293	750	900	764			B	294	790	901	800	
	$A-B$	26	831	26	836	−5		$A-B$	26	840	26	834	+6
	h	134.17						h	134.18				
Ⅶ	A	322	134	929	144		Ⅷ	A	323	706	930	766	
	B	295	284	902	305			B	296	870	903	932	
	$A-B$	26	850	26	839	+11		$A-B$	26	836	26	834	+2
	h	134.22						h	134.18				
Ⅸ	A	323	322	930	382		Ⅹ	A	322	780	929	834	
	B	296	485	903	531			B	295	939	902	990	
	$A-B$	26	837	26	851	−14		$A-B$	26	841	26	844	−3
	h	134.22						h	134.21				

表 B.18（续）

第一组　$D=60.0$ m	
$h_1=134.20$ mm	$m_h=\pm\sqrt{\sum[vv]/54}=\pm0.02$ mm
$[vv]=0.004\,0$	$\Delta_1=(h_2-h_1)/2=(134.23-134.20)/2=+0.02$ mm
$\sum[vv]=0.024\,5$	$\Delta_2=(h_4-h_3)/2=(134.22-134.24)/2=-0.01$ mm
	$\Delta_3=(h_6-h_5)/2=(134.19-134.23)/2=-0.02$ mm

其他组略去。

表 B.19　数字水准仪测站高差观测中误差和竖轴误差的测定

仪器:DL-101C　№.UG0357　　日期:2002-7-11　　观测者:

标尺:A:№　　B:№　　时间:9:05　　计算者:

温度:20.5℃　　呈像:清晰　　检查者:

第一组　$D=60.0$ m

测回	标　尺	标尺读数 一　次	标尺读数 二　次	高差之差	测回	标　尺	标尺读数 一　次	标尺读数 二　次	高差之差
Ⅰ	A(m)	1.765 76	1.765 74		Ⅱ	A(m)	1.765 80	1.765 78	
	B(m)	1.192 95	1.192 85			B(m)	1.192 89	1.192 88	
	A−B(mm)	572.81	572.89	−0.08		A−B(mm)	572.91	572.90	0.01
	h(mm)		572.85			h(mm)		572.90	
Ⅲ	A(m)	1.764 73	1.764 79		Ⅳ	A(m)	1.763 52	1.763 42	
	B(m)	1.191 80	1.191 82			B(m)	1.190 57	1.190 51	
	A−B(mm)	572.93	572.97	−0.04		A−B(mm)	572.95	572.91	0.04
	h(mm)		572.95			h(mm)		572.93	
Ⅴ	A(m)	1.763 65	1.763 65		Ⅵ	A(m)	1.764 06	1.764 10	
	B(m)	1.190 83	1.190 80			B(m)	1.191 21	1.191 21	
	A−B(mm)	572.82	572.85	−0.03		A−B(mm)	572.85	572.89	−0.04
	h(mm)		572.84			h(mm)		572.87	
Ⅶ	A(m)	1.764 56	1.764 62		Ⅷ	A(m)	1.764 21	1.764 21	
	B(m)	1.191 71	1.191 63			B(m)	1.191 29	1.191 31	
	A−B(mm)	572.85	572.99	−0.14		A−B(mm)	572.92	572.90	0.02
	h(mm)		572.92			h(mm)		572.91	
Ⅸ	A(m)	1.763 60	1.763 65		Ⅹ	A(m)	1.763 34	1.763 39	
	B(m)	1.190 63	1.190 66			B(m)	1.190 43	1.190 43	
	A−B(mm)	572.97	572.99	−0.02		A−B(mm)	572.91	572.96	−0.05
	h(mm)		572.98			h(mm)		572.94	

$h_1=572.91$ mm	$m_h=\pm\sqrt{\sum[vv]/54}=\pm0.06$ mm
$[vv]=0.018\,4$ mm	$\Delta_1=(h_2-h_1)/2=(572.94-572.91)/2=+0.02$ mm
$\sum[vv]=0.208\,8$ mm	$\Delta_2=(h_4-h_3)/2=(572.95-572.96)/2=0.00$ mm
	$\Delta_3=(h_6-h_5)/2=(572.77-572.79)/2=-0.01$ mm

注：10 测回高差中数及$[vv]$可以在打印成果表上计算。

B.18 水准仪倾斜螺旋隙动差、分划误差和分划值的测定

B.18.1 准备

在检验前 2 h～3 h，将水准仪置于室内检验仪的台座上。检验室内温度应使其在 2 h～3 h 内的变化不超过 2℃。

B.18.2 观测方法

检验进行两个测回，在第一个测回中，应放置望远镜物镜朝向（或背向）检验仪的测量螺旋。第二个测回将望远镜变换 180°。每一测回中，分别旋进与旋出倾斜螺旋，进行往、返测。

每一测回往测：按旋进方向，将倾斜螺旋对准需检验部分的起始分划线，同时转动检验仪的量测螺旋，使其分划盘读数在整个检验过程中处于中间部分。

然后，转动水准仪的脚螺旋，使水准气泡两端大致符合。接着旋转量测螺旋，使水准气泡两端精密符合，并按其分划盘读数。继之旋进倾斜螺旋一个分划（或数个分划），然后转动量测螺旋，使气泡回至中央，并使其两端精密符合，读数如前。如此继续旋进倾斜螺旋，观测读数如前，直至检验部分的最末一根分划线为止。在整个往测中倾斜螺旋与量测螺旋的旋转各应沿其一定的方向，不得丝毫反向，否则应重测。

每测回返测：返测开始时，先将量测螺旋沿其往测时的旋转方向旋转 10～30 个分划，然后反向旋转，仍使水准气泡两端精密符合，其后之操作程序与往测同，其不同之处仅在于返测时倾斜螺旋的旋转方向均与往测时相反。

B.18.3 计算方法

a) 计算两测回倾斜螺旋隙动差

$$\Delta A = \sum (A_i' - A_i'') \cdot t/n \qquad \text{(B.20)}$$

式中：

n——倾斜螺旋分划观测数；

A_i'——量测螺旋分划往测读数，格；

A_i''——量测螺旋分划返测读数，格；

t——检验仪分划值，单位为角秒（″）。

b) 计算倾斜螺旋相邻观测分划间隔

$$R_i = \sum (A_{i+1} - A_i) \cdot t/4 \qquad \text{(B.21)}$$

式中：

A_i——量测螺旋分划两测回往返测读数，格。

c) 计算倾斜螺旋分划值

$$\mu = R_0 / m \qquad \text{(B.22)}$$

且 $R_0 = \sum R_i / n$

式中：

m——倾斜螺旋分划观测分划间隔数；

n——R_i 的个数。

d) 计算倾斜螺旋分划误差

$$\Delta g_i = \sum_{j=1}^{i} (R_0 - R_j) / \mu \qquad \text{(B.23)}$$

此项检验范例见表 B.20。

表 B.20 倾斜螺旋隙动差、

水准仪：N_3　No.2879　　　　日期：1999-8-10

检验仪：TAMAYA　　　　温度：始 23.0℃　末 23.5℃

检验仪分划值：1″

倾斜螺旋分划鼓读数		第一测回（物镜朝向量测螺旋）							第二测回（目镜朝向量测螺旋）						
		往测（旋进倾斜螺旋）			返测（旋出倾斜螺旋）			A′-A″	往测（旋进倾斜螺旋）			返测（旋出倾斜螺旋）			A′-A″
		量测螺旋分划读数 A′		R′	量测螺旋分划读数 A″		R″		量测螺旋分划读数 A′		R′	量测螺旋分划读数 A″		R″	
周	μ	周	g	g	周	g	g	g	周	g	g	周	g	g	g
2	0	6	52.9		6	53.4		−0.5	4	65.5		4	67.8		−2.3
				9.6			9.6				11.0			10.2	
	5		43.3			43.8		−0.5		76.5			78.0		−1.5
				9.3			10.6				10.4			10.6	
	10		34.0			33.2		+0.8		86.9			88.6		−1.7
				10.4			10.0				10.1			10.2	
	15		23.6			23.2		+0.4		97.0			98.8		−1.8
				9.7			10.7				9.3			9.9	
	20		13.9			12.5		+1.4		106.3			108.7		−2.4
				9.6			10.1				10.3			10.7	
	25		4.3			2.4		+1.9		116.6			119.4		−2.8
				10.5			10.9				10.4			10.0	
	30	5	113.8		5	111.5		+2.3	5	7.0		5	9.4		−2.4
				11.0			9.8				9.5			9.8	
	35		102.8			101.7		+1.1		16.5			19.2		−2.7
				9.2			9.4				10.3			10.4	
	40		93.6			92.3		+1.3		26.8			29.6		−2.8
				9.5			10.3				10.0			9.9	
	45		84.1			82.0		+2.1		36.8			39.5		−2.7
				10.0			10.6				9.7			10.0	
3	0		74.1			71.4		+2.7		46.5			49.5		−3.0
				9.9			9.8				9.5			9.6	
	5		64.2			61.6		+2.6		56.0			59.1		−3.1
				9.9			9.1				9.8			9.3	
	10		54.3			52.5		+1.8		65.8			68.4		−2.6
				9.8			9.5				9.7			10.3	
	15		44.5			43.0		+1.5		75.5			78.7		−3.2
				9.4			10.3				9.9			9.7	
	20		35.1			32.7		+1.4		85.4			88.4		−3.0
				9.7			9.1				9.4			9.1	
	25		25.4			23.6		+1.8		94.8			97.5		−2.7
				9.9			9.8				9.1			9.5	
	30		15.5			13.8		+1.7		103.9			107.0		−3.1
				9.2			9.2				10.4			10.6	
	35		6.3			4.6		+1.7		114.3			117.6		−3.3
				9.5			9.2				10.0			9.5	
	40	4	116.8		4	115.4		+1.4	6	4.3		6	7.1		−2.8
				10.0			10.1				9.7			9.9	
	45		106.8			105.3		+1.5		14.0			17.0		−3.0
隙动差中数								+1.4	隙动差中数						−2.6

分划误差和分划值的测定

观测者：

记录者：

检查者：

倾斜螺旋每5个分划值的中数		$\Delta=R_i'-R_i''$	往返中数1/2 $(R_i'+R_i'')$	倾斜螺旋每5个分划值的角值误差	倾斜螺旋分划鼓各分划线的误差（加于分划上）	
往测 R_i'	返测 R_i''		R_i	R_0-R_i	以角秒表示	以分划 μ 表示
(″)	(″)	(″)	(″)	(″)	(″)	μ
10.30	9.90	+0.40	10.100	−0.207	0.000	0.00
9.85	10.60	−0.75	10.225	−0.332	−0.207	−0.10
10.25	10.10	+0.15	10.175	−0.282	−0.539	−0.27
9.50	10.30	−0.80	9.900	−0.007	−0.821	−0.41
9.95	10.40	−0.45	10.175	−0.282	−0.828	−0.42
10.45	10.45	0.00	10.450	−0.557	−1.100	−0.56
10.25	9.80	+0.45	10.025	−0.132	−1.667	−0.84
9.75	9.90	−0.15	9.825	+0.068	−1.799	−0.91
9.75	10.10	−0.35	9.925	−0.032	−1.731	−0.87
9.85	10.30	−0.45	10.075	−0.182	−1.763	−0.89
9.70	9.70	0.00	9.700	+0.193	−1.945	−0.98
9.85	9.20	+0.65	9.525	+0.368	−1.752	−0.89
9.75	9.90	−0.15	9.825	+0.068	−1.384	−0.70
9.65	10.00	−0.35	9.825	+0.068	−1.316	−0.66
9.55	9.10	+0.45	9.325	+0.568	−1.248	−0.63
9.50	9.65	−0.15	9.575	+0.318	−0.680	−0.34
9.80	9.90	−0.10	9.850	+0.043	−0.362	−0.18
9.75	9.35	+0.40	9.550	+0.343	−0.319	−0.16
9.85	10.00	−0.15	9.925	−0.032	+0.024	+0.01
					−0.008	0.00
5个分划间隔的平均角值 $R_0=9.893''$ 倾斜螺旋的分划值 $\mu=R_0/5=1.979''$						

B.19 水准仪符合水准器分划值的测定

B.19.1 准备

B.19.1.1 在检验前 2 h～3 h,将水准仪器置于室内检验仪的台座上。检验室内温度应使其在 2 h～3 h内的变化不超过 2℃。

B.19.1.2 旋进或旋出检验仪的量测螺旋,确定水准气泡移动方向,同时使水准气泡由分划面的一端移至另一端,记下量测螺旋分划盘转动的总分划数 M,取等于 $M/8$ 的整数(舍去不足一分划的余数)作为检验中测量螺旋每次应转动的分划间隔 m。

B.19.2 观测方法

B.19.2.1 检验应进行两个测回,在第一测回中,应放置望远镜物镜朝向(或背向)检验仪的量测螺旋,第二测回则将望远镜换置 180°。每一测回包括两组,每一组又按旋进、旋出量测螺旋进行往、返测。

B.19.2.2 每测回开始前应将检验仪与水准仪上的圆水准器的气泡导至中央,每测回开始前与结束后,应按检验室的温度计读记温度。整个检验过程中应使用量测螺旋的中间部分。

B.19.2.3 第一测回第一组的观测

a) 往测:旋进量测螺旋,使其分划盘的零分划正对指标。转动水准仪倾斜螺旋,使水准气泡移至水准管使用部分的一端。2 min 后,读取气泡两端的读数。并记下读气泡两端读数时的时刻与分划盘读数。旋进量测螺旋,使分划盘转动 m 个分划,并在与上次读定气泡时刻相距 2 min 时,又读取气泡两端的读数。继续如此进行,直至完成 8 个分划盘位置的观测为止;

b) 返测:往测完成后,立即进行返测。旋进量测螺旋,使分划盘转动 20～30 个分划。随后旋出量测螺旋,使之对正往测的最末一次读数位置。2 min 后,读记气泡两端读数。以后逐次旋出量测螺旋 m 个分划,且每次隔 2 min 读定气泡读数。直到分划盘仍返回到往测时的起始位置为止。

量测螺旋的旋进和旋出,应仔细操作。在规定应旋进或旋出的整个过程中,不得有丝毫反向的旋转,否则应全组重测。

B.19.2.4 第一测回第二组的观测

第一组测完后,准确地旋进量测螺旋半周,使分划盘由第一组最末的零分划位置变为 $R/2$ 分划位置(R 为分划盘上共刻有的分划数)。检验即由此开始,观测方法与第一组完全相同。

B.19.2.5 第二测回的观测

第一测回结束后,将望远镜在检验仪台座上换置 180°,经过 5 min～10 min 后再进行第二测回。将量测螺旋由第一测回的最末位置($R/2$ 分划)旋出一周,使其分划盘的读数恰为第 一测回第一组往测时最末的读数。以后按第一测回的方法依次进行第一组和第二组的往返测。不同的地方仅在于:第二测回中往测时,是旋出量测螺旋,而返测时则旋进;并且,第一组测定后,将量测螺旋旋出半周,再进行第二组。

B.19.3 计算方法

B.19.3.1 计算以水准器刻划面半格为单位的气泡位置 l_i(l_i=左+右)和相邻 l_i 的差 Δl_i($\Delta l = l_i - l_{i+1}$),见表 B.21。

B.19.3.2 按每一组往测的观测程序,分别就每一测回的往返测计算第一、二两组中相应气泡位置的中数(表 B.22 第 2、3、4、5 栏),并计算这四个中数的平均值 l_i(表 B.22 第 6 栏)。

B.19.3.3 按式(B.24)求出水准分划值:

$$\tau = 2mq/y \qquad \cdots\cdots (B.24)$$

且 $y = (\sum l_i - 8x)/28$

$x = \sum (il_i)/12 - \sum l_i/4$

式中：

x——气泡位置的最或然值，0.5 格；

y——气泡位置的变化的最或然值；

i——量测螺旋分划盘位置序号，1～8；

q——分划盘每一分划的角秒值，单位为角秒（″）；

m——分划位置变化量。

B.19.3.4 按式(B.25)求出水准器分划值测定中误差：

$$\mu_\tau = 0.154\tau\mu / y \qquad \text{(B.25)}$$

且 $\mu = \sqrt{[\delta\delta]/6}$

$\delta_i = x + (8-i)y - l_i$

B.19.3.5 按式(B.26)求出反映水准器质量的 v_i（见表 B.21 第 15 栏）：

$$v_i = y - \Delta l_i \qquad \text{(B.26)}$$

此 v_i 中除含有观测误差外，并含有水准管内表面曲率不均匀所产生的差异，质量较好的水准器，v_i 值应不大于 1（水准器半格）。

此项检验范例见表 B.21 和表 B.22。

表 B.21 用检验仪（按华西里耶夫法）测定水准器分划值及水准器的质量

仪器：Ni 004 №.1796　　检验仪：HN3M　　检验仪分划值：1″　　日期：1999-8-13

观测者：　　记录者：　　检查者：

测回温度	组别	量测螺旋分划盘位置的读数	往测 时刻		往测 水准器读数 左	往测 水准器读数 右	返测 时刻		返测 水准器读数 左	返测 水准器读数 右	气泡位置 l=右－左 往测	气泡位置 l=右－左 返测	气泡位置位移量 往测	气泡位置位移量 返测	气泡位置位移量 中数 Δl	$v = y - \Delta l$
			h	m	τ	τ	h	m	τ	τ	τ/2	τ/2	τ/2	τ/2	τ/2	τ/2
23.0℃ Ⅰ 物镜朝向量测螺旋 23.5℃	第一组	0	11	33	1.2	20.9	12	03	2.0	20.5	19.7	18.5	5.4	5.0	5.20	−0.08
		10		35	4.0	18.3	12	01	4.5	18.0	14.3	13.5	5.4	5.1	5.25	−0.13
		20		37	6.7	15.6	11	59	7.0	15.4	8.9	8.4	5.2	4.8	5.00	+0.12
		30		39	9.3	13.0		57	9.4	13.0	3.7	3.6	5.2	5.3	5.25	−0.13
		40		41	11.9	10.4		55	12.0	10.3	−1.5	−1.7	5.6	5.2	5.40	−0.28
		50		43	14.8	7.7		53	14.7	7.8	−7.1	−6.9	5.3	5.3	5.30	−0.18
		60		45	17.3	4.9		51	17.2	5.0	−12.4	−12.2	5.3	4.7	5.00	+0.12
		70		47	20.0	2.3	11	49	19.7	2.8	−17.7	−16.9				
	第二组	90	12	10	1.7	20.9	12	40	2.0	20.8	19.2	18.8	4.9	5.0	4.95	+0.17
		100		12	4.1	18.4		38	4.4	18.2	14.3	13.8	5.3	4.9	5.10	+0.02
		110		14	6.8	15.8		36	6.9	15.8	9.0	8.9	4.4	5.2	4.80	+0.32
		120		16	9.0	13.6		34	9.4	13.1	4.6	3.7	5.4	4.9	5.15	−0.03
		130		18	11.7	10.9		32	12.0	10.8	−0.8	−1.2	5.0	4.9	4.95	+0.17
		140		20	14.1	8.3		30	14.3	8.2	−5.8	−6.1	5.1	5.2	5.15	−0.03
		150		22	16.8	5.9		28	17.0	5.7	−10.9	−11.3	5.6	5.2	5.40	−0.28
		160		24	19.5	3.0	12	26	19.5	3.0	−16.5	−16.6				

表 B.21(续)

测回温度	组别	量测螺旋分划盘位置的读数	往测			返测			气泡位置 l=右－左		气泡位置位移量			$v=y-\Delta l$
			时刻	水准器读数		时刻	水准器读数		往测	返测	往测	返测	中数 Δl	
				左	右		左	右						
			h m	τ	τ	h m	τ	τ	$\tau/2$	$\tau/2$	$\tau/2$	$\tau/2$	$\tau/2$	$\tau/2$
23.5℃ Ⅱ 物镜朝向量测螺旋 23.7℃	第一组	0	11 33	1.2	20.9	12 03	2.0	20.5	19.7	18.5	5.4	5.0	5.20	−0.08
		70	12 50	2.0	20.7	13 20	2.8	19.9	18.7	17.1	5.6	4.8	5.20	−0.08
		60	52	4.8	17.9	18	5.2	17.5	13.1	12.3	5.2	5.4	5.30	−0.18
		50	54	7.3	15.2	16	7.9	14.8	7.9	6.9	5.0	5.1	5.05	+0.07
		40	56	9.9	12.8	14	10.4	12.2	2.9	1.8	5.4	4.6	5.00	+0.12
		30	58	12.5	10.0	12	12.7	9.9	−2.5	−2.8	5.5	5.5	5.50	−0.38
		20	13 00	15.3	7.3	10	15.4	7.1	−8.0	−8.3	5.1	4.9	5.00	+0.12
		10	02	17.9	4.8	08	18.0	4.8	−13.1	−13.2	5.0	4.9	4.95	+0.17
		0	04	20.3	2.2	13 06	20.3	2.2	−18.1	−18.1				
	第二组	160	13 26	2.0	20.9	13 56	2.3	20.6	18.9	18.3	5.1	5.4	5.25	−0.13
		150	28	4.4	18.2	54	5.0	17.9	13.8	12.9	5.3	5.4	5.35	−0.23
		140	30	7.2	15.7	52	7.7	15.2	8.5	7.5	5.2	4.6	4.90	+0.22
		130	32	9.7	13.0	50	10.0	12.9	3.3	2.9	4.5	5.0	4.75	+0.37
		120	34	12.0	10.8	48	12.4	10.3	−1.2	−2.1	5.6	5.0	5.30	−0.18
		110	36	14.8	8.0	46	15.0	7.9	−6.8	−7.1	5.3	5.2	5.25	−0.13
		100	38	17.4	5.3	44	17.5	5.2	−12.1	−12.3	4.7	4.7	4.70	+0.42
		90	40	19.8	3.0	13 42	19.9	2.9	−16.8	−17.0				

表 B.22 水准器分划值的计算

量测螺旋分划盘位置序号 i	第一测回二组气泡位置的中数		第二测回二组气泡位置的中数		两测回气泡位置的中数 l	$i \cdot l$	$i \cdot y$	$\delta=x+8y-l-i \cdot y$
	往测	返测	往测	返测				
	$\tau/2$	$\tau/2$	$\tau/2$	$\tau/2$	$\tau/2$			
1	19.45	18.65	18.80	17.70	18.65	18.65	5.122	−0.023
2	14.30	13.65	13.45	12.60	13.50	27.00	10.244	+0.005
3	8.95	8.65	8.20	7.20	8.25	24.75	15.366	+0.133
4	4.15	3.65	3.10	2.35	3.31	13.24	20.488	−0.049
5	−1.15	−1.45	−1.85	−2.45	−1.72	−8.60	25.610	−0.141
6	−6.45	−6.50	−7.40	−7.70	−7.01	−42.06	30.732	+0.027
7	−11.65	−11.75	−12.60	−12.75	−12.19	−85.33	35.854	+0.085
8	−17.10	−16.70	−17.45	−17.55	−17.20	−137.60	40.976	−0.027
	Σ				5.59	−189.95	184.392	0.000

表 B.22（续）

量测螺旋分划盘位置序号 i	第一测回二组气泡位置的中数		第二测回二组气泡位置的中数		两测回气泡位置的中数 l	$i \cdot l$	$i \cdot y$	$\delta=x+8y-l-i\cdot y$
	往测	返测	往测	返测				

$x=\sum(i\cdot 1)/12-\sum 1/4=-189.95/12-5.59/4=-17.227\ (\tau_0/2)$

$y=(\sum 1-8\cdot x)/28=(5.59+8\times 17.227)/28=5.122\quad(\tau_0/2)$

$x+8y=+23.749$

水准器分划值　$\tau_0=2mq/y=(2\times 10\times 1'')/5.122=3.905''$

单位权中误差　$\mu=\pm\sqrt{[\delta\delta]/6}=\pm\sqrt{0.049\ 1/6}=\pm 0.09(\tau_0/2)=\pm 0.18''$

τ 的中误差　$\mu_\tau=0.154\ \tau$　　　$\mu/y=\pm 0.011''$

最后结果　$\tau_0=3.90''\pm 0.011''$

B.20　经纬仪垂直度盘测微器行差的测定

B.20.1　测定方法

测定垂直度盘测微器行差时垂直度盘的整置位置见表 B.23。

表 B.23

序　号	度盘位置 °	′
1	88	00
2	89	12
3	90	24
4	91	36
5	92	48

每一位置的测定程序如下：

a)　将测微器的指标对正零分划线。转动望远镜使垂直度盘处于整置位置，用垂直微动螺旋使整置位置的分划线 A 与对径分划 $A\pm 180°$ 重合。

b)　按下列顺序，各精密重合两次，同时进行测微器读数（读数可按正、负数读，以 DJ1 型仪器为例，多于 0°、60°读作正数，少于 0°、60°读作负数）。

a——A 与（$A\pm 180°$）两分划重合时的读数；

b——（$A-i$）与（$A\pm 180°$）两分划重合时的读数；

c——A 与（$A\pm 180°-i$）两分划重合时的读数；i 为度盘最小格值。

B.20.2　计算方法

测微器行差按式（B.27）计算：

$$r=(r_{正}+r_{倒})/2 \quad\cdots\cdots(B.27)$$

且　$r_{正}=\mu\sum(a_i-b_i)/5$

$r_{倒}=\mu\sum(a_i-c_i)/5$

式中：

μ——测微器分划值。

此项检验范例见表 B.24。

表 B.24　垂直度盘测微器行差的测定

仪器：Wild　T3　№.70483　　　　日期：1999-8-2

观测者：　　　　记录者：　　　　检查者：

指标读数	a	b	c	$a-b$	$a-c$	备　注
88°00′	+0.8	−0.2	−0.2	+1.0	+1.0	
	+0.1	+0.6	+0.4	−0.5	−0.3	
				+0.25	+0.35	
89°12′	+0.8	+0.1	+1.0	+0.7	−0.2	
	−0.2	+0.2	+0.0	−0.4	−0.2	
				+0.15	−0.20	
90°24′	0.0	−0.2	0.0	+0.2	0.0	
	+0.1	−0.2	−0.3	+0.3	+0.4	
				+0.25	+0.20	
91°36′	+0.4	0.0	0.0	+0.4	+0.4	
	+0.3	+0.0	+0.2	+0.3	+0.1	
				+0.35	+0.25	
92°48′	−0.3	−0.0	+0.2	−0.3	−0.5	
	−0.3	+0.2	−0.1	−0.5	−0.2	
				−0.40	−0.35	
中　数				+0.12	+0.05	

$r_{正}=+0.24''$　　$r_{倒}=+0.10''$

$r=+0.17''$　　$r_{正}-r_{倒}=+0.14''$

B.21　经纬仪一测回垂直角观测中误差的测定

B.21.1　准备

选择一平坦空地安置经纬仪。距仪器 30 m～50 m 处，打入一尺桩。安置经过分米分划误差测定因瓦水准标尺。用钢卷尺量取仪器至标尺分划面的距离，两次互差超过 3.0 mm 时，取中数采用。

B.21.2　观测方法

整平仪器后于盘左位置照准标尺上 5 dm 分划线两次，并读取垂直度盘和测微器读数，依次向上照准相邻分米分划线并读数，直至 30 dm 分划线为止。再置仪器于盘右位置，自 30 dm 分划线起依次照准各分米分划线至 5 dm 分划线并读数，即完成第Ⅰ仪器位置的观测。

同一分划线两次照准读数差不应大于 1.0″。指标差互差不得大于 10.0″。变换仪器高，重复上述操作进行第Ⅱ仪器位置的观测。

B.21.3　计算方法

a)　计算标尺测定分划间隔观测误差

$$\Delta_i=\Delta l_i-(D\text{tg}\alpha_i-D\text{tg}\alpha_{i+1}) \qquad \text{(B.28)}$$

式中：

Δl_i——名义分划间隔长度，单位为毫米(mm)；

D——标尺距仪器的距离，单位为毫米(mm)；

α_i——分划的垂直角。

b) 计算一测回垂直角观测中误差

$$m_{\alpha}=\pm\sqrt{[\Delta\Delta]/(2n)}\cdot\rho/D \qquad \cdots\cdots(B.29)$$

式中：

$[\Delta\Delta]$——各 Δ_i 平方之和；

n——Δ_i 个数；

ρ——206 265,单位为角秒(″)。

此项测定范例见表 B.25 和表 B.26。

表 B.25 垂直角观测中误差的测定

仪器：Wild T3 №.29981 观测者：

视线长度：D=35.700 m 仪器位置：Ⅰ 记录者：

日期：1990-3-17 时间：8:20 检查者：

分米分划	度盘	垂直度盘读数				和或中数	指标差		
		Ⅰ			Ⅱ		垂直角		
		°	′	″	″	″	°	′	″
010	左	88	50	43.4	43.5	86.9		＋	6.5
	右	91	08	19.7	19.9	39.6	−2	17	2.7
012	左	88	56	07.8	07.5	15.3		＋	7.8
	右	91	02	56.3	56.2	112.5	−2	07	37.2
014	左	89	00	31.9	31.9	63.8		＋	7.7
	右	90	58	32.0	31.9	63.9	−1	58	00.1
016	左	89	04	56.2	56.4	112.6		＋	7.6
	右	90	54	07.6	08.1	15.7	−1	48	23.1
018	左	89	10	20.5	20.0	40.5		＋	7.6
	右	90	48	43.5	43.6	87.1	−1	38	46.6
020	左	89	14	44.7	44.4	89.1		＋	9.2
	右	90	44	19.2	19.3	38.5	−1	19	32.8

以下各分米分划的观测记录格式相同。

表 B.26　一测回垂直角观测中误差的计算

仪器：Wild T3　No.29981　　　　计算者：　　　　检查者：　　　　单位为毫米

仪器位置		Ⅰ			Ⅱ		
分米分划	名义分米间隔长度	分米分划线对仪器高差	相邻分划线高差	Δ	分米分划线对仪器高差	相邻分划线高差	Δ
10		−1 425.66			−1 415.90		
	100.01		99.75	+0.26		100.02	−0.01
12		−1 325.91			−1 315.88		
	100.00		100.02	−0.02		99.88	+0.12
14		−1 225.89			−1 216.00		
	100.00		99.97	+0.03		100.10	−0.10
16		−1 125.92			1 115.90		
	99.97		99.87	+0.10		99.83	+0.14
18		−1 026.05			−1 016.07		
	99.99		99.98	+0.01		100.02	−0.03
20		−926.07			−916.05		
	100.00		99.85	+0.15		100.02	−0.02
22		−826.22			−816.03		
	100.00		99.99	+0.01		100.03	−0.03
24		−726.23			−716.00		
	100.02		100.24	−0.22		100.01	+0.01
26		−625.99			−615.99		
	100.00		100.04	−0.04		99.87	+0.13
28		−525.95			−516.12		
	100.01		100.24	−0.23		100.02	−0.21
30		−425.71			−415.90		
	100.00		99.69	+0.31		99.97	+0.03
32		−326.02			−315.93		
	100.00		100.15	−0.15		100.09	−0.09
34		−225.87			−215.84		
	100.00		100.04	−0.04		100.05	−0.05
36		−125.83			−115.79		
	100.02		100.09	−0.07		99.88	+0.14
38		−25.74			−15.91		
	100.00		100.10	−0.10		100.21	−0.21
40		+74.36			+84.30		
	99.98		99.90	+0.08		99.87	+0.11
42		+174.26			+184.17		
	100.00		100.04	−0.04		100.03	−0.03
44		+274.30			+284.20		
	100.00		99.94	+0.06		99.91	+0.09
46		+374.24			+384.11		
	100.00		100.07	−0.07		99.91	+0.09
48		+474.31			+484.02		
	100.02		100.38	−0.36		100.23	−0.21
50		+574.69			+584.25		
	100.00		99.82	+0.18		99.89	+0.11
52		+674.51			+684.14		
	99.97		99.76	+0.21		99.91	+0.06
54		+774.27			+784.05		
	100.00		100.02	−0.02		100.26	−0.26
56		+874.29			+884.31		
	100.00		99.95	+0.05		99.79	+0.21
58		+974.24			+984.10		
	100.00		100.00	0.00		100.22	−0.22
60		+1 074.24			+1 084.32		

$[\Delta\Delta]=0.996\ 8$

一测回垂直角观测中误差：

$$M_{\alpha}=\pm\sqrt{[\Delta\Delta]/(2n)}\cdot\rho/D=\pm\sqrt{0.996\ 8/100}\times 206\ 265/35\ 700=\pm 0.58''$$

B.22　数字水准仪视线距离测量误差的检验

B.22.1　准备

在一个平坦场地上安置仪器，分别在距仪器约 30 m、10 m 两处各打 1 个桩 A、B，仪器中心挂一垂球，然后用钢尺丈量垂球中心到两标尺的距离，量至厘米。

B.22.2　观测方法

设置重复测量次数为 3 次，分别观测 A、B 标尺 10 个距离读数。

B.22.3　计算方法

视线距离测量中误差

$$\sigma_D = \pm\sqrt{\sum v_i^2/(n-1)} \qquad \cdots\cdots\cdots\cdots (B.30)$$

式中：

v_i——残差；

N——观测值个数。

此项检验的范例见表 B.27。

表 B.27　数字水准仪视线距离测量误差的检验

仪器型号：　　日期：2002-7-30　　检验者：

出厂编号：　　丈量距离：$D_1=30.00$ m　$D_2=10.00$ m　　记录者：

序　号	视距显示数 D_{1i}/m	v_{1i}/cm	v_{1i}^2	视距显示数 D_{2i}/m	v_{2i}/cm	v_{2i}^2
1	30.010	0.0	0.00	10.009	0.1	0.01
2	30.011	0.1	0.01	10.008	0.0	0.00
3	30.015	0.5	0.25	10.008	0.0	0.00
4	30.000	−1.0	1.00	10.008	0.0	0.00
5	30.011	0.1	0.01	10.008	0.0	0.00
6	30.005	−0.5	0.25	10.008	0.0	0.00
7	30.016	0.6	0.36	10.008	0.0	0.00
8	30.011	0.1	0.01	10.008	0.0	0.00
9	30.012	0.2	0.04	10.008	0.0	0.00
10	30.007	−0.3	0.09	10.008	0.0	0.00
$\overline{D}$ 或 $\sum v$、$\sum v^2$	30.010	−0.2	2.02	10.008	0.1	0.01

$\overline{D_1}-D_1=30.010-30.000=1.0$ cm　　$\overline{D_2}-D_2=10.008-10.000=0.8$ cm

$\sigma_{D_1}=\sqrt{\sum v_{1i}^2/(n-1)}=\pm 0.47$ cm

$\sigma_{D_2}=\sqrt{\sum v_{2i}^2/(n-1)}=\pm 0.03$ cm

附 录 C
（规范性附录）
跨河水准测量觇板制作和观测记录

C.1 跨河水准测量觇板的制作

C.1.1 照准觇板和标灯

C.1.1.1 觇板用铝及其他金属或有机玻璃制造、涂成白色。背面有专用夹具。可沿标尺面滑动，并能可靠地固定于标尺的任一位置。觇板中央开一小窗，小窗中央设一水平指标线，以指示觇板固定标尺的位置。整块觇板的构造和标志形式如图C.1、C.2或C.3所示。

C.1.1.2 当跨河视线较长或对岸能见度较差时，可使用光强可调的标灯代替觇板。标灯应具有中心位置指示线和专用夹具。

C.1.2 标志线的绘制

C.1.2.1 觇板标志的长度和宽度以及标志线的间距，依跨河视线长度而定。跨河视线长度 s 可由下列方法测定：

a) 长度在200 m以内，采用视距法测定；

b) 长度在200 m以上，利用水准仪倾斜螺旋测定标尺上两固定标志的夹角，按式(C.1)计算：

$$s = l \cdot \rho / (n \cdot \mu) \quad \cdots\cdots\cdots\cdots (C.1)$$

式中：

l——两标志间的距离（当河宽500 m以上时，一般采用2 m），单位为米(m)；

n——倾斜螺旋分划鼓读数差，格；

μ——倾斜螺旋分划值，单位为角秒(″)；

ρ——206 265，单位为角秒(″)；

c) 长度在1 500 m以上时，可用经纬仪解析法测定或用测距仪测定。

C.1.2.2 标志线的大小依表C.1计算。

表 C.1

使用仪器	标志宽 a	标志长 b
水准仪	$s/25$	$s/5$
经纬仪	$s/15$	$s/3$

注：跨河视线长度 s 以m计，a、b 为mm。

C.1.2.3 上、下两标志线的间距 d 依式(C.2)计算：

$$d = \gamma / \rho \cdot s \quad \cdots\cdots\cdots\cdots (C.2)$$

式中：

s——跨河视线长度，单位为米(m)；

γ——由望远镜至对岸觇板上两标志线的夹角，以(″)计。它应小于符合气泡在水准管两端刻划之间的移动量，一般取60″。

ρ——206 265，单位为角秒(″)。

C.1.3 用三等标准金属线纹尺测定指标线至标志线的距离

此项测定在室内进行。将觇板放平，往测时，先把线纹尺放在标志线的右端，依次读出各标志的上、下边缘和指标线读数。再把线纹尺放在标志线左端，依次读出各标志线上、下边缘和指标线读数。然后进行返测,读数次序与往测相反。至此,一块觇板测定完毕。记录格式见表 C.2。每次读数估读至 0.02 mm。对同一标志线某端,往、返测得的与指标线距离互差应不大于 0.04 mm。

表 C.2 用三等标准金属线纹尺测定觇板标志线至指标线距离

三等标准金属线纹尺 No.1119 测算者: 时间:1998-5-11

觇板	检查尺位置	标志线编号	往测			返测			差的中数	与指标线差的最后结果
			上边缘 下边缘	中数	与指标线的差	上边缘 下边缘	中数	与指标线的差		
Ⅰ岸觇板	在标志线右端	1	43.92			43.78				
			83.94	63.93	110.02	83.78	63.78	110.01	110.02	110.21
		指标线		173.95			173.79			
		2	264.26			264.08				
			304.12	284.19	110.24	303.94	284.01	110.22	110.23	110.30
	在标志线左端	1	41.62			40.66				
			81.66	61.64	110.38	80.72	60.69	110.41	110.40	
		指标线		172.02			171.10			
		2	262.38			261.46				
			302.38	282.38	110.36	301.44	281.45	110.35	110.36	

注:Ⅱ岸觇板测定记录格式与Ⅰ岸同。

C.2 跨河水准测量观测记录

C.2.1 跨河水准测量手簿中应有下列内容:

a) 封面、副封面,格式见图 C.4、图 C.5;

b) 连测图,示例见图 C.6;

c) 平面、断面示意图,示例见图 C.7;

d) 观测记录;

e) 高差与中误差计算;

f) 跨河测段成果表。

C.2.2 各种不同的跨河水准测量方法,采用的观测记录、计算方法有所不同,可按示例选用,其中跨河测段成果表均参照表 C.5 列出。

a) 光学测微法记录与计算格式见表 C.3～C.5。

b) 倾斜螺旋法之一(读定符合水准器分划)的记录与计算格式见表 C.6、表 C.7。

c) 倾斜螺旋法之二(读定倾斜螺旋分划)的记录格式见表 C.8,计算格式与方法一相同,参见表 C.7。

d) 经纬仪倾角法记录与计算格式见表 C.9～表 C.12。

e) 测距三角高程法记录与计算格式见表 C.13～表 C.17 及图 C.8。大地四边形观测高差的平差计算,可以采用条件平差或间接平差的方法。本示例采用条件平差法。

f) GPS 测量法高差计算见表 C.18、表 C.19。

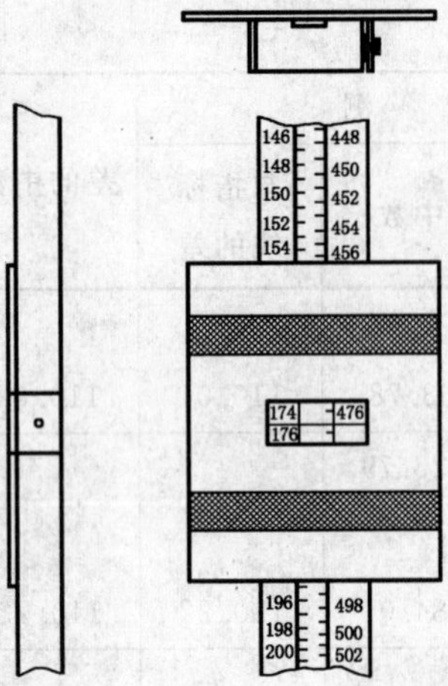

图 C.1

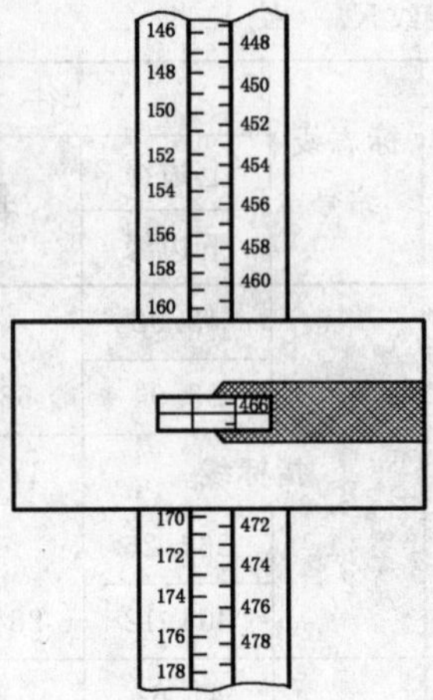

图 C.2

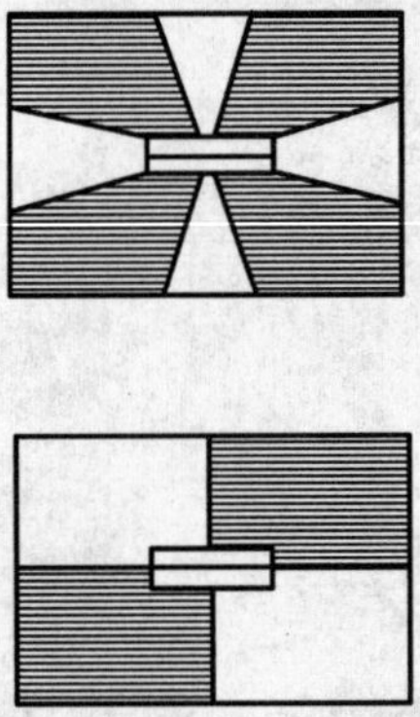

图 C.3

注：舰板标志线的中心线必须与指标线精密重合。

路线名称<u>杭东线</u>　　所在测段<u>139—140</u>

飞龙江一等跨河水准

测量手簿

1 9 7 8 年

前接手簿<u>65068</u>

后接手簿<u>65068</u>

作业单位：<u>陕西省第一测绘大队</u>

图 C.4　跨河水准测量手簿封面

仪器检验校正情况

仪器名称和号码	Ni 004 №.105534	Ni 004 №.105538
水准器分划值	11.32″/2 mm	10.8″/2 mm
水准器符合精度	±0.20″	±0.20″
测微器分划值	0.05 mm	0.05 mm
调焦透镜运行正确性	合乎要求	合乎要求
改正后的 i 角	+2.40″	+2.51″
标尺名称和号码	线条式因瓦标尺 №.10700 10800	同左
照准标志的分划	长度　200 mm 宽度　40 mm	同左
跨河水准测量方法	倾斜螺旋法	

观测者：张富　王功

记录者：杨杰　李成

图 C.5　跨河水准测量手簿副封面

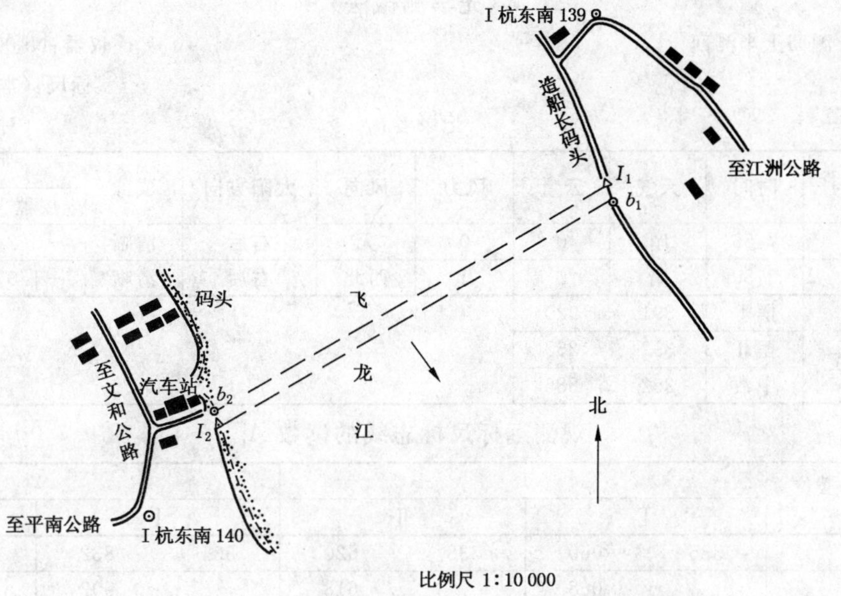

图 C.6 飞龙江跨河水准连测图

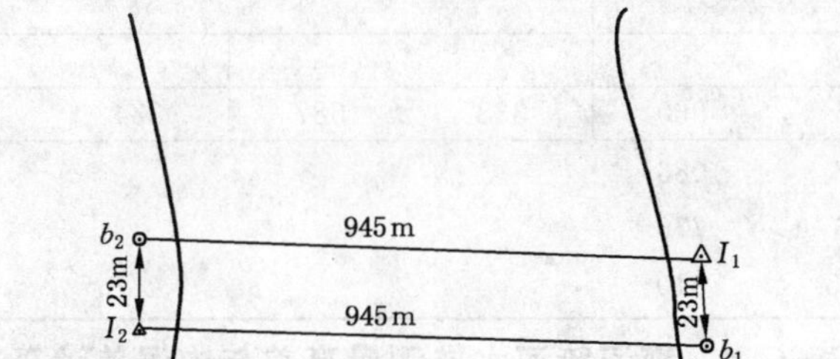

图 C.7 飞龙江跨河水准测量平、断面示意图

表 C.3　滦河水准观测记录

（光学测微法）

1 测站：南岸　第Ⅰ测回上半测回　　　　　　　　仪器：Ni 002 №.430235

日期：1999-11-20　　　　　　　　　　　　　　　标尺：(本岸)№.50149

观测者：　　　　　　　　记录者：　　　　　　　(对岸)№.50150

观测条件	项目	时间	天气	云量	风力	风向	太阳方向	成像	温度/℃		
									仪器	标尺	水边
	始	7:56	晴	0	0	无	右后	清晰	−3.2	−2.7	−2.8
	终	8:30	晴	1	1	西北	右后	清晰	−1.0	−1.6	−1.0
近标尺读数 b	摆Ⅰ	391	920								
	摆Ⅱ	392	262								
	中数	392	886								

观测远标尺标志线的读数 A_i

组数摆位 / 次数	1				2			
	Ⅰ		Ⅱ		Ⅰ		Ⅱ	
1	335	060	338	620	334	832	338	622
2		068		618		902		570
3		120		470		944		470
4		050		548		952		540
5		000		680		860		582
中数	335	060	338	587	334	898	338	557
b	392	086						
A_i 的中数 A	336	776						
$b-A$	+55	310						

表 C.4　滦河跨河水准测量高差与中误差计算

m

测　回	测　站	$h_{b_1b_2}$	测　站	$h_{b_2b_1}$	一测回高差 H
		$h_1+(b-A)$		$h_2+(b-A)$	$h_{b_1b_2}-h_{b_2b_1}$
1	1	−0.012 33	2	+0.011 27	−0.011 80
2	1	−0.011 24	2	+0.011 14	−0.011 19
3	1	−0.009 16	2	+0.014 02	−0.011 59
4	1	−0.011 34	2	+0.013 87	−0.012 60
5	1	−0.010 16	2	+0.011 44	−0.010 80
6	1	−0.011 43	2	+0.011 74	−0.011 58
7	1	−0.011 18	2	+0.012 14	−0.011 66
8	1	−0.011 68	2	+0.011 72	−0.011 70
测　回	测　站	$h_{b_1b_2}$	测　站	$h_{b_2b_1}$	一测回高差 H
		$h_1+(b-A)$		$h_2+(b-A)$	$h_{b_1b_2}-h_{b_2b_1}$

高差中数 $H_0=-0.011\ 62$ m

每测回高差中误差 $m_h=\sqrt{[vv]/(N-1)}=\pm0.52$ mm

高差中数中误差 $m_{H_0}=m_H/\sqrt{N}=\pm0.18$ mm

注：此表中 $h_1=h_{l_2b_1}=-0.288\ 88$ m

$h_2=h_{l_1b_1}=-0.431\ 60$ m

$(b-A)$抄自观测记录。

表 C.5 滦河跨河水准测量成果表

编号	距离/km	高差/m	抄自手簿
I_1………b_1		−0.431 60	0424
I_2………b_2		−0.288 88	0424
b_1………b_2	0.2	−0.011 62	0423
昌滦 07………b_1	2.3	+3.412 65	0424
昌滦 08………b_2	2.1	−0.324 64	0424
昌滦 07……昌滦 08	4.6	+3.725 67	

表 C.6 飞龙江一等跨河水准测量记录

（倾斜螺旋法之一——读定符合水准器分划）

1 测站：东岸　　第 1 测回上半测回　　仪器：Ni004 №.105534

日期：1998-5-13　　标尺：（本岸）№.10799

观测者：　　记录者：　　（对岸）№.10800

观测条件	项目	时间	天气	云量	风力	风向	成像	太阳方向	温度/℃		
									仪器	标尺	水边
	始	9:10	晴	0	1	东	清晰	左	−2.0	−2.2	−1.4
	终	9:30	晴	0	1	东	清晰	左	−1.2	−1.2	−1.4

近标尺读数			对岸		
	第一次	33 222		标志在标尺上的读数	$a'=2.900\ 40$ m
	第二次	33 221			$a=2.679\ 89$ m
	中数 b	332 215		两标志间距	$L=0.220\ 51$ m

组别	往返测	观测远标尺标志线时水准器读数				备考
		标志 1		标志 2		$\tau''=4''.53(0.8\ \text{mm})$
		左	右	左	右	$l=0.22\ \tau$
		τ	τ	τ	τ	
1	往	17.9	8.1	8.3	17.5	
	返	17.8	8.1	8.1	17.7	
2	往	17.8	8.1	8.3	17.5	
	返	17.9	8.0	8.1	17.7	
3	往	17.9	8.0	8.2	17.5	
	返	17.9	8.0	8.2	17.6	
4	往	17.8	8.0	8.2	17.5	
	返	17.6	8.2	8.2	17.5	
5	往	17.6	8.2	8.1	17.6	
	返	17.8	8.0	8.2	17.5	
6	往	18.0	7.8	8.3	17.5	标尺上读数 A
	返	18.0	7.8	8.3	17.4	$=a+\alpha L/(\alpha+\beta)+c$
中数		17.83	8.02	8.21	17.54	$A=2.795\ 43$ m
各标志的倾角 α β		4.00		4.66		$b-A=-1\ 134.35$ mm

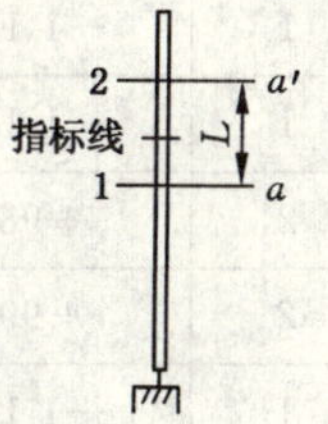

注：c 为光学测微器在平行玻璃板垂直位置时读数。

表 C.7 飞龙江跨河水准测量高差与中误差的计算

1 测站:东岸　　$s_1=945$ m　　$d_1=23$ m

1 测站:西岸　　$s_2=945$ m　　$d_2=23$ m

mm

测回	仪器:No.105534			仪器:No.105538			双测回高差
	测站	$H_i=b-A$	$H=(h_1-h_2)/2$ h'	测站	$H_i=b-A$	$H=(h_1-h_2)/2$ h''	$H=(h'+h'')/2$ H
1	1	−1 134.35	−1 060.72	2	+997.86	−1 061.62	−1 061.17
	2	+987.10		1	−1 125.37		
2	2	+993.28	−1 058.40	1	−1 118.34	−1 062.54	−1 060.47
	1	−1 123.53		2	+1 006.74		
3	1	−1 142.74	−1 064.79	2	+999.60	−1 057.92	−1 061.36
	2	+986.84		1	−1 116.24		
4	2	+1 004.39	−1 066.22	1	+1 111.84	−1 061.44	−1 063.83
	1	−1 128.04		2	+1 011.03		
5	1	−1 142.04	−1 065.08	2	+1 009.01	−1 063.74	−1 064.41
	2	+988.12		1	−1 118.46		
测回	仪器:No.105534			仪器:No.105538			双测回高差
	测站	$H_i=b-A$	$H=(h_1-h_2)/2$ h'	测站	$H_i=b-A$	$H=(h_1-h_2)/2$ h''	$H=(h'+h'')/2$ H
6	2	+990.44	−1 063.99	1	−1 116.20	−1 062.16	−1 063.08
	1	−1 137.54		2	+1 008.12		
7	1	−1 131.88	−1 059.04	2	+1 013.86	−1 063.65	−1 061.34
	2	+986.20		1	−1 113.44		
8	2	+978.70	−1 063.64	1	−1 129.15	−1 061.86	−1 062.75
	1	−1 148.57		2	+994.58		
9	1	−1 141.37	−1 062.82	2	+993.94	−1 062.10	−1 062.46
	2	+984.26		1	−1 130.27		
10	2	+997.78	−1 060.26	1	−1 125.61	−1 063.62	−1 061.94
	1	−1 142.74		2	+1 001.64		
11	1	−1 137.25	−1 063.54	2	+1 010.00	−1 063.04	−1 063.29
	2	+989.84		1	−1 116.09		
12	2	+984.26	−1 062.96	1	−1 123.16	−1 062.59	−1 062.78
	1	−1 141.66		2	+1 002.02		

高差中数 $H_0=-1\ 062.41$

每一"双测回"高差的中误差 $m_H=\sqrt{[vv]/(N-1)}=\pm\sqrt{15.264\ 2/(12-1)}=\pm 1.18$ mm

跨河高差中数的中误差 $M_H=m_H/\sqrt{N}=\pm 1.18/3.46=\pm 0.34$ mm

表 C.8 津河一等跨河水准测量记录

（倾斜螺旋法之二——读定倾斜螺旋分划）

1测站:北岸

观测者:徐加林

记录者:宋玉芳

日期:1998-5-13

仪器:威特 N3 №.58823

标尺:(本岸) №.0619

(对岸) №.0620

观测条件	项目	时间	天气	云量	风力	风向	太阳方向	成像	温度/℃		
									仪器	标尺	水边
	始	16:43	晴	4级	1级	右	左	清晰	+29.0	+20.5	+20.0
	终	17:06	晴	4级	1级	右	左	清晰	+29.0	+28.5	+28.0

近标尺读当数			对岸		
	第一次	17 720		标志在标尺上的读数	a'=1.918 64m
	第二次	17 720			a=1.630 70m
	中数 b	177 200		两标志的间隔	L=0.287 94m

组别	往返测	观测远标志线时倾斜螺旋分划读数				备考
		标志1	气泡置中		标志2	
		μ	μ	μ	μ	
1	往	2周 03.3	21.2	21.3	39.8	μ=2″.100 1″=0.48 μ
	返	03.1	21.0	21.1	40.4	
2	往	03.4	21.0	21.1	40.4	
	返	03.6	21.1	21.1	40.4	
3	往	03.3	21.3	21.2	39.9	
	返	03.7	21.2	21.2	40.6	
4	往	03.6	21.2	21.3	40.4	
	返	04.2	21.5	21.4	40.6	
5	往	04.1	22.1	22.0	40.9	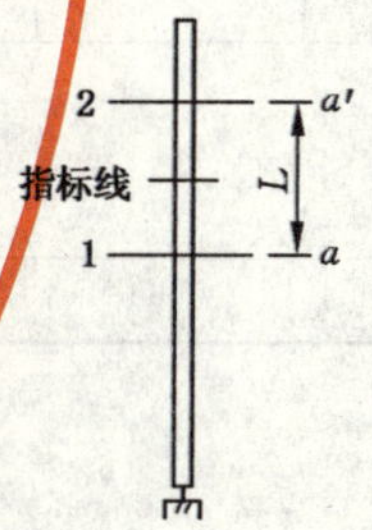
	返	04.2	22.2	22.1	41.4	
6	往	03.9	22.3	22.4	41.3	
	返	04.0	22.5	22.4	42.0	
7	往					
	返					
8	往					
	返					
9	往					
	返					
10	往					
	返					
中数		03.70	21.55		40.68	远标尺上读读数
分划误差改正		+0.09	+0.50		+0.96	$A=a+\alpha L/(\alpha+\beta)+c$
改正后的读数		03.79	22.05		41.64	A=1.774 61 m
各标志的倾角 α β		18.26			19.59	$b-A$= −2.61 mm

注：c 为光学测微器在平行玻璃板垂直位置时读数。

表 C.9 辽河跨河水准观测记录
（经纬仪倾角法）

2测站：北岸	观测者：	仪器：Wild T3 70483
	记簿者：	标尺：（本岸）№.0645
日期：1995-12-10	第一测回	（对岸）№.0645

观测条件	项目	时间	天气	云量	风力	风向	太阳方向	呈像	温度/℃ 仪器	温度/℃ 标尺	温度/℃ 水边
	始	8:25	晴	1级	2～3级	右	左	清晰	+29.0	+20.5	+20.0
	终	9:02	晴	1级	3～4级	右	左	清晰	+29.0	+28.5	+28.0

本岸近标尺的观测　a=10.30 m

照准分划　a=1.835 m　仪器距标尺距离 d=10.30 m

分划边缘	度盘	垂直度盘读数 Ⅰ (°)	Ⅰ (′)	Ⅰ g	Ⅱ g	和数 (″)	垂直角(下)/垂直角(上) (″)	指标差(下)/指标差(上)/垂直角中数 (″)
下	左							
上		89	58	59.7	59.7	119.40		+0.20
下	右	90	00	13.0	13.0	26.00	−1.40	−4.80
上		90	00	00.4	00.4	00.80		
下	左	89	58	44.6	44.6	89.20	+56.80	α:+27.70
上								
下	右							
上								

$$k=\frac{d}{\rho}=0.000\ 049\ 94$$

近标尺读数 $b=a-k\cdot\alpha=1.835\ 00-0.001\ 38=1.833\ 62$

备考	

表 C.10 对岸远标尺的观测

2测站：北岸　　　标志线在远标尺上读数：

a=1.718 06 m　a'=1.883 02 m　l=0.164 96 m

组别	标志	度盘	垂直度盘读数 Ⅰ (°)	Ⅰ (′)	Ⅰ g	Ⅱ g	中数 g	和数 (″)	指标差/垂直角 (″)	备注
1	1	左	89	58	53.4	53.3	53.35			
					53.4	53.4	53.40	106.75		
		右	90	00	05.6	05.8	05.70		−1.65	
					06.0	05.8	05.90	11.60	−24.85	
	2	左	90	00	0e6.5	06.4	06.45			
					06.4	06.2	06.30	12.75		
		右	89	58	52.8	52.7	52.75		−1.75	
					52.7	52.8	52.75	105.50	+27.25	

表 C.10(续)

组别	标志	度盘	垂直度盘读数				中数	和数	指标差	备注
			Ⅰ			Ⅱ			垂直角	
			(°)	(′)	g	g	g	(″)	(″)	
2	1	左	89	58	53.2	53.3	53.25			
					53.2	53.1	53.15	106.40		
		右	90	00	06.7	06.8	06.75		−0.10	
					06.6	06.9	06.75	13.50	−27.10	
	2	左	90	00	06.0	05.8	05.90			
					06.1	06.1	06.10	12.00		
		右	89	58	52.7	52.7	52.70		−2.40	
					52.8	53.0	52.90	105.60	+26.40	
3	1	左	89	58	52.8	52.7	52.75			
					52.7	52.5	52.60	105.35		
		右	90	00	05.9	05.8	05.85		−2.50	
					06.3	06.3	06.30	12.15	−26.80	
	2	左	90	00	06.2	06.0	06.10			
					05.8	06.0	05.90	12.00		
		右	89	58	53.2	53.3	53.25		−1.75	
					53.0	53.0	53.00	106.25	+25.75	
4	1	左	89	58	52.8	52.8	52.80			
					52.6	53.0	52.80	105.60		
		右	90	00	06.3	06.2	06.25		−2.05	
					06.2	06.0	06.10	12.35	−26.75	
	2	左	90	00	05.7	05.7	05.70			
					06.0	06.0	06.00	11.70		
		右	89	58	53.0	53.0	53.00		−2.35	
					53.0	52.9	52.95	105.95	+25.75	
5	1	左	89	58	52.8	52.7	52.75			
					52.7	52.5	52.60	105.35		
		右	90	00	05.9	05.8	05.85		−2.50	
					06.3	06.3	06.30	12.15	−26.80	
	2	左	90	00	06.2	06.0	06.10			
					05.8	06.0	05.90	12.00		
		右	89	58	53.2	53.3	53.25		−1.75	
					53.0	53.0	53.00	106.25	+25.75	

表 C.10(续)

组别	标志	度盘	垂直度盘读数				中数	和数	指标差 垂直角	备　注
					Ⅰ	Ⅱ				
			(°)	(′)	g	g	g	(″)	(″)	
6	1	左	89	58	52.8	52.8	52.80			
					52.6	53.0	52.80	105.60		
		右	90	00	06.3	06.2	06.25		−2.05	
					06.2	06.0	06.10	12.35	−26.75	
	2	左	90	00	05.7	05.7	05.70			
					06.0	06.0	06.00	11.70		
		右	89	58	53.0	53.0	53.00		−2.35	
					53.0	52.9	52.95	105.95	+25.75	

垂直角＝左－右

指标差＝左＋右－180°

(″)

中数：$\alpha=-26.51$

$\beta=+26.11$

表 C.11　辽河跨水准测量远标尺读数 *A* 及(*b*－*A*)的计算

仪器：WILD T3 №.70483　　　　未注单位为米

测回	观测时间	测站	l	α (″)	β (″)	$\alpha+\beta$ (″)	$L/(\alpha+\beta)$ (m/″)	χ	a	$A=a+\chi$	b	$b-A$
1	10 日上午	2	0.164 96	26.38	26.29	52.67	0.003 132 0	0.082 62	1.718 06	1.800 68	1.833 62	+0.032 94
2	10 日上午	2	0.164 96	26.36	26.51	52.87	0.003 120 1	0.082 25	1.718 06	1.800 31	1.833 58	+0.033 27
7	12 日下午	2	0.164 96	25.18	26.59	51.77	0.003 186 4	0.080 23	1.718 06	1.798 29	1.835 36	+0.037 07
8	10 日下午	2	0.164 96	26.06	26.94	53.00	0.003 112 5	0.081 11	1.718 06	1.799 17	1.833 32	+0.036 15
9	13 日上午	2	0.164 96	25.41	27.64	53.05	0.003 109 5	0.079 01	1.718 06	1.797 07	1.835 15	+0.038 08
10	13 日上午	2	0.164 96	25.71	28.18	53.89	0.003 061 1	0.078 70	1.718 06	1.796 76	1.834 76	+0.038 00
11	13 日上午	2	0.164 96	25.26	27.50	52.76	0.003 126 6	0.078 98	1.718 06	1.797 04	1.834 81	+0.037 77
12	13 日上午	2	0.164 96	25.30	27.71	53.01	0.003 111 9	0.078 73	1.718 06	1.796 79	1.835 07	+0.038 28
17	14 日上午	2	0.164 96	26.38	26.29	52.67	0.003 132 0	0.082 62	1.718 06	1.800 68	1.833 62	+0.032 94
18	14 日上午	2	0.164 96	26.36	26.51	52.87	0.003 120 1	0.082 25	1.718 06	1.800 31	1.833 58	+0.038 27
19	14 日上午	2	0.164 96	26.06	26.94	53.00	0.003 112 5	0.081 11	1.718 06	1.799 17	1.835 32	+0.036 15
20	14 日上午	2	0.164 96	25.41	27.64	53.05	0.003 109 5	0.079 01	1.718 06	1.797 07	1.835 15	+0.038 08
3	11 日下午	1	0.164 96	26.30	26.85	53.15	0.003 103 7	0.081 63	1.743 06	1.824 69	1.720 05	−0.104 64

表 C.11(续)

未注单位为米

测回	观测时间	测站	l	α (″)	β (″)	$\alpha+\beta$ (″)	$L/(\alpha+\beta)$ (m/″)	χ	α	$A=\alpha+\chi$	b	$b-A$
4	11 日下午	1	以下各测回计算格式相同									
5	12 日上午	1										
6	12 日下午	1										
13	13 日下午	1										
14	13 日下午	1										
15	13 日下午	1										
16	13 日下午	1										
21	14 日下午	1										
22	14 日下午	1										
23	14 日下午	1										
24	14 日下午	1										
视线长度		2	640 m		中数		0.003 105 0			算式	$x=\alpha*l/(\alpha+\beta)$	
		1	640 m				0.003 104 5				$s=\rho*l/(\alpha+\beta)$	

第二台仪器的计算与此相同。

表 C.12 辽河跨河水准测量高差与中误差计算

1 测站:南岸 $s_1=640$ m　$d_1=10.23$ m　2 测站:北岸 $s_2=640$ m　$d_2=10.30$ m　　单位为米

第一位置						第二位置					
测回	仪器No.58132		仪器No.70483		$(h_1-h_2)/2$ 一测回高差 h'	测回	仪器No.58132		仪器No.70483		$(h_1-h_2)/2$ 一测回高差 h''
	测站	$b-A$ h_1	测站	$b-A$ h_2			测站	$b-A$ h_2	测站	$b-A$ h_1	
1	1	−0.107 36	2	+0.032 94	−0.070 15	3	2	+0.041 91	1	−0.104 64	−0.073 28
2	1	−0.106 61	2	+0.033 27	−0.069 94	4	2	+0.044 62	1	−0.104 63	−0.074 62
7	1	−0.103 44	2	+0.037 07	−0.070 26	5	2	+0.041 54	1	−0.105 33	−0.073 44
8	1	−0.103 93	2	+0.036 15	−0.070 04	6	2	+0.040 04	1	−0.104 77	−0.072 40
9	1	−0.105 22	2	+0.038 08	−0.071 65	13	2	+0.033 47	1	−0.103 71	−0.068 59
10	1	−0.100 61	2	+0.038 00	−0.069 30	14	2	+0.036 62	1	−0.104 80	−0.070 71
11	1	−0.107 28	2	+0.037 77	−0.072 52	15	2	+0.037 67	1	−0.103 59	−0.070 63
12	1	−0.100 87	2	+0.038 28	−0.069 58	16	2	+0.037 73	1	−0.103 38	−0.070 56
17	1	−0.107 36	2	+0.032 94	−0.070 15	21	2	+0.040 04	1	−0.104 77	−0.072 40
18	1	−0.106 61	2	+0.033 27	−0.069 94	22	2	+0.041 54	1	−0.105 33	−0.073 44
19	1	−0.103 93	2	+0.036 15	−0.070 04	23	2	+0.036 62	1	−0.104 80	−0.070 71
20	1	−0.105 22	2	+0.038 08	−0.071 65	24	2	+0.037 67	1	−0.103 59	−0.070 63

$h'_{中数}=-0.070\ 43$　　$h''_{中数}=-0.071\ 78$　　$H=-0.071\ 10$

第一位置高差中数中误差：

$$M_{h'}=\pm\sqrt{[v'v']/n(n-1)}$$
$$=\pm 0.28\ \text{mm}$$

第二位置高差中数中误差：

$$M_{h''}=\pm\sqrt{[v''v'']/n(n-1)}$$
$$=\pm 0.50\ \text{mm}$$

高差中数中误差：

$$M_H=\pm\frac{1}{2}\sqrt{M_{h'}^2+M_{h''}^2}$$
$$=\pm 0.29\ \text{mm}$$

表 C.13 龙泉江一等跨河水准测量记录

本岸测站点间高差测定记录(用经纬仪测定)

(测距三角高程法)

1岸往测	后视标尺点:*A*	前视标尺点:*B*	观测者:
	标尺No.49937	No.49938	记录者:
	仪器:WILD T3	No.91338	观测日期:1999-4-25

观测条件	项目	时间	天气	云量	风力	风向	太阳方向	呈像	土质	温度/℃ 仪器	温度/℃ 标尺
	始	17:15	晴	五级	无	无	左前	清晰	坚实土	+21.8	+21.8
	终	17:30	晴	五级	无	无	左前	清晰	坚实土	+21.3	+21.4

分化边缘	度盘	垂直度盘读数 Ⅰ (°)(′)(″)	垂直度盘读数 Ⅱ (″)	和数 (″)	垂直角(下) / 垂直角(上) (″)	指标差(下) / 指标差(上) / 垂直角中数 (″)	垂直度盘读数 Ⅰ (°)(′)(″)	垂直度盘读数 Ⅱ (″)	和数 (″)	垂直角(下) / 垂直角(上) (″)	指标差(下) / 指标差(上) / 垂直角中数 (″)
标尺点		后视 *A*					前视 *B*				
		照准分划:$a=237$ 仪器至标尺距离:$d=11.005$ m					照准分划:$a=201$ 仪器至标尺距离:$d=10.746$ m				
下	左	89 59 52.8	54.0	53.8	−09.8	−2.6	90 00 04.5	04.6	05.1	+7.0	+3.20
上		90 00 10.6	10.2	10.8		−1.5	90 00 18.3	18.4	18.7		+1.20
上	右	89 53 46.8	46.9	47.7	+23.1		89 59 42.3	42.2	42.5	+36.2	
下		90 00 02.7	02.9	03.6		+6.85	89 59 58.0	58.1	58.1		+21.60
下	左	89 59 52.8	52.4	53.2	−09.3	−4.3	90 00 05.0	05.0	05.0	+6.7	+3.30
上		90 00 08.2	08.4	08.6		−2.8	90 00 18.8	18.7	19.5		+2.60
上	右	89 59 48.2	48.4	48.6	+20.0		89 59 42.6	42.5	43.1	+36.4	
下		90 00 02.1	02.4	02.5		+5.35	89 59 57.6	57.7	58.3		+21.55
后尺分划垂直角中数 θ				+00°00′06″.00			前尺分划垂直角中数 θ		+00°00′21″.58		
近标尺读数计算			$B_{后}=a-d/\rho\times\theta=1.184\ 68$ m				$B_{前}=a-d/\rho\times\theta=1.003\ 88$ m				
本岸测站点间高差			$H=b_{后}-b_{前}=+0.180\ 80$ m								
备　注			返测时应调换前后视标尺								

本岸和对岸标尺观测记录与经纬仪倾角法相同,但只读一个标志。

表 C.14 龙泉江一等跨河水准测量测站仪器高计算

(测距三角高程法)

计算者:　　　　　　　　　　检查者:　　　　　　　　　　单位为米

岸别	测回	测站点	本岸近标尺点	本岸近标尺读数 b	测站点至近标尺点高差 h	测站点仪器高 i_a	备　注
1	13	*A*	*B*	1.529 22	+0.180 95	1.710 17	
1	13	*B*	*A*	1.822 79	−0.180 95	1.641 84	
2	13	*C*	*D*	2.837 76	−1.048 35	1.789 41	
2	13	*D*	*C*	0.554 89	+1.048 35	1.603 24	
1	14	*A*	*B*	1.438 55	+0.180 95	1.619.50	
1	14	*B*	*A*	1.648 98	−0.180 95	1.468 03	
2	14	*C*	*D*	2.846 06	−1.048 35	1.797 71	
2	14	*D*	*C*	0.545 23	+1.048 35	1.593.58	

表 C.15 龙泉江一等跨河水准测量高差计算

(测距三角高程法)

仪器:WILD T3 №.91338 №.91209 施测年份:1999 年 计算者: 检查者: 未注单位为米

日期时间段	测回	边名 起	边名 至	测向	平距 D	垂直角 (°)(′) (″)	仪器高 i	觇板高 T	$h'_{往}$ / $h'_{返}$	往返测高差中数	备注
4月15日上午	1	A	C	往	3 344 920	−2 15 43.09	1.619 50	2.000 00	−132.502 62	−131.714 64	
		C	A	返		+2 14 41.94	1.797.71		+130.926 65		
	2	A	D	往	3 345 794	−2 16 47.36	1.640 07		−133.560 73	−132.768 06	
		D	A	返		+2 15 56.95	1.393 58		+131.975 40		
	3	B	C	往	3 346.451	−2 15 41.41	1.468 03		−132.687 27	−131.886 53	
		C	B	返		+2 14 48.04	1.797 71		+131.085 79		
	4	B	D	往	3 347 357	−2 16 43.78	1.468 03		−133.736 81	−132.948 54	
		D	B	返		+2 16 04.52	1.593 58		+132.160 28		
4月15日下午	5	A	C	往		−2 15 47.89	1.714 03		−132.486 06	−131.707 85	
		C	A	返		+2 14 44.74	1.755 22		+130.929 64		
	6	A	D	往		−2 16 53.05	1.718 31		−133.574 93	−132.786 99	
		D	A	返		+2 15 59.14	1.581 65		+131.999 05		
	7	B	C	往		−2 15 52.56	1.633 67		−132.702 81	−131.888 98	
		C	B	返		+2 14 50.00	1.755 22		+131.075 15		
	8	B	D	往		−2 16 53.06	1.633 67		−133.722 00	−132.946 80	
		D	B	返		+2 16 05.95	1.581 65		+132.171 60		
4月17日上午	9	A	C	往		−2 15 48.14	1.689 46		−132.514 68	−131.732 42	
		C	A	返		+2 14 44.34	1.782 25		+130.950 17		
	10	A	D	往		−2 16 53.29	1.709 15		−133.587 99	−132.775 24	
		D	A	返		+2 15 56.86	1.582 13		+131.962 49		
	11	B	C	往		−2 15 40.98	1.458.13		−132.690 18	−131.893 82	
		C	B	返		+2 14 49.71	1.782 25		+131.097 46		
	12	B	D	往		−2 16 56.36	1.672.79		−133.736 52	−132.953 48	
		D	B	返		+2 16 05.85	1.582 13		+132.170 45		

其余测回计算格式相同。

表 C.16 条件方程组成

方程编号	v_0	v_1	v_2	v_3	v_4	v_5	W_i
1		v_1	$-v_2$			$+v_5$	$+W_a$
2				v_3	$-v_4$	$+v_5$	$+W_b$
3	v_0		$-v_2$		$+v_4$		$+W_c$

注:以观测距离定权:$P_i=1/s_i$。

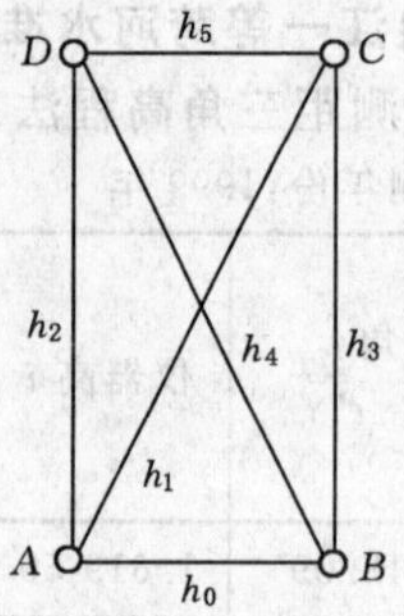

图 C.8

表 C.17 平差结果

路线编号	观测高差	距离 s_i/km	改正数 v_i/mm	平差高差值/m
0	+0.180 95	0.010	+0.00	+0.180 95
1	−131.721 70	3.345	−1.77	−131.723 47
2	−132.773 86	3.346	+2.01	−132.771 85
3	−131.905 02	3.346	+0.59	−131.904 43
4	−132.951 97	3.347	−0.82	−132.902 79
5	−1.048 37	0.010	0.00	−1.048 37

每千米高差中数中误差 $M=\pm\sqrt{[Pvv]/(n-t)}=\pm 0.91$ mm

表 C.18 陵江一等跨河水准测量观测成果表

(GPS 测量法)

序号	点号	纬度 B (°)(′) (″)	经度 L (°)(′) (″)	大地高 H/m	正常高差 H_γ/m
1	A_1	30 50 55.766 22	106 05 41.857 73	265.133 6	−0.463 8
2	A_2	30 50 55.895 60	106 05 42.175 09	264.679 2	7.001 2
3	B	30 50 54.311 59	106 07 02.860 01	271.704 0	
4	C	30 50 52.836 42	106 08 23.051 32	237.021 0	28.343 7
5	D_1	30 50 51.224 77	106 09 45.922 41	265.394 8	1.885 2
6	D_2	30 50 51.135 89	106 09 46.730 66	267.288 8	

表 C.19 陵江一等跨河水准测量正常高差计算表

路线号	A	B	S_{AB}/km	ΔH_{GAB}/m	$\Delta H_{\gamma AB}$/m	$\Delta\zeta_{AB}$/m	α/m/km
1	A_1	B	2.153	6.570 4	6.537 4	0.033 0	0.015 33
2	A_2	B	2.144	7.024 8	7.001 2	0.023 6	0.011 01
3	C	D_1	2.203	28.373 8	28.343 7	0.030 1	0.013 66
4	C	D_2	2.224	30.267 8	30.228 9	0.038 9	0.017 49

同岸 α 最大互差=4.32 mm/km　　不同岸 α 最大互差:6.48 mm/km

α 平均值:$\bar{\alpha}=0.014\ 37$ m/km

跨河段 BC 水准路线高差计算:

$\Delta H_\gamma=\Delta H_{GPS}-\bar{\alpha}\times S=-34.683-0.014\ 37\times 2.131=34.713\ 6$ m

附 录 D
（规范性附录）
观测手簿格式与高差表编算

D.1 一、二等水准测量外业观测手簿

电子记录的手簿格式见 CH/T 2006 中的附录 A。

手工记录的手簿格式见图 D.1～图 D.4。

图 D.1 水准观测手簿封面

水准路线由宜州起经小城至柳城止
仪器名称 DS1 No：71002
制造厂名 北京测绘仪器厂
望远镜放大倍率 40X 视距常数 100
水准器分划值 10″/2mm 测微器分划值 0.05mm
倾斜螺旋分划值 无
仪器检查校正情况 良好
标尺名称 线条式因瓦标尺 No. 25 No. 26
制造厂名 扬州测绘仪器厂
读数差常数 无
刻划间隔 0.5mm
标尺检查校正情况 良好

观测者 马兆良
记簿者 王奎三

图 D.2 副封面

水准路线图
（标出图幅分幅线、水准路线、点位、号数及与路线联测的三角点或其他点）

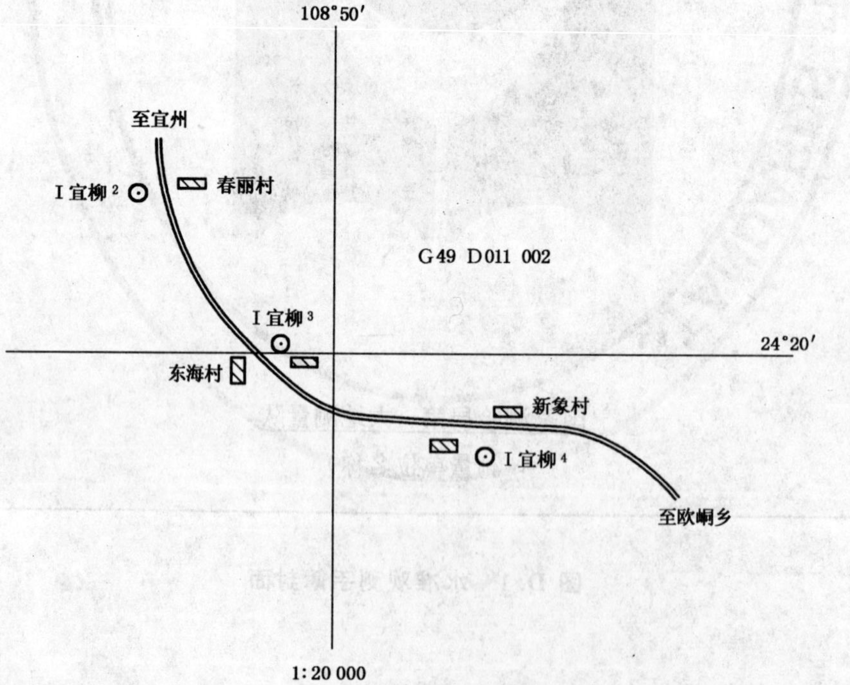

注：经纬线用红色绘出。

图 D.3 水准路线图

往测自 Ⅰ宜柳2 至 Ⅰ宜柳3　　　2000年5月5日

时刻 始 7 时 05 分　　　末＿时＿分　成像 清晰

温度 24.5℃ 云量 3 风向风速 右后2级

天气 少云 道路土质 柏油路坚实 太阳方向 左

测站编号	后尺 上丝 下丝 / 后距 / 视距差 d	前尺 上丝 下丝 / 前距 / $\sum d$	方向及尺号	标尺读数 基本分划（一次）	标尺读数 辅助分划（二次）	基加 K 减辅（一减二）	备考
	(1)	(5)	后	(3)	(8)	(13)	后前前后记录顺序
	(2)	(6)	前	(4)	(7)	(14)	
	(9)	(10)	后一前			(15)	
	(11)	(12)	h				
1			后				
			前				
			后一前				
			h				
2			后				
			前				
			后一前				
			h				
3			后				标尺温度 20.0℃
			前				
			后一前				
			h				
4			后				
			前				
			后一前				
			h	（以下各站格式相同）			
测段计算	$D_{往}$		后	$h_{往}$			
	$D_{返}$		前	$h_{返}$			
	$D_{中}$		后一前	$h_{中}$			
			h	$W=$　　$<\pm$			
			后				
			前				
			后一前				
			h				

图 D.4 观测记录、计算

D.2 水准测量外业高差改正数计算

D.2.1 水准标尺长度改正

D.2.1.1 依据水准标尺长度计量部门提供的检定结果施加改正。若出测前与收测后水准标尺每名义米长的变化不大于 30 μm，则取平均值进行改正；若变化超过 30 μm，应分析变化原因，决定是否重测或如何进行改正。

D.2.1.2 计算改正数的方法

水准测量测前、测后两次检定标尺长度与改正系数计算示例如表 D.1。

表 D.1

单位为毫米

测定日期		一根标尺名义米长		一付标尺名义米长	标尺改正系数 f=名义米长－1 000
		尺号No.50151	尺号No.50152		
测前	1979.4.26	1 000.005	1 000.010	1 000.008	
测后	1979.9.30	1 000.009	1 000.020	1 000.014	
中数		1 000.007	1 000.015	1 000.011	＋0.011

一测段高差改正数 δ 由式(D.1)计算：

$$\delta = f \cdot h \qquad \cdots\cdots\text{(D.1)}$$

式中：

h——往测或返测高差值，单位为米(m)；

f——标尺改正系数，单位为毫米每米(mm/m)。

D.2.2 水准标尺温度改正

一测段高差改正数 ∂ 由式(D.2)计算：

$$\partial = \sum[(t-t_0)\cdot\alpha\cdot h] \qquad \cdots\cdots\text{(D.2)}$$

式中：

t——标尺温度，单位为摄氏度(℃)；

t_0——标尺长度检定温度，单位为摄氏度(℃)；

α——标尺因瓦带膨胀系数，mm/(m·℃)；

h——测温时段中的测站高差，单位为米(m)。

D.2.3 正常水准面不平行改正

一测段高差改正数 ε 由式(D.3)计算：

$$\varepsilon = -(\gamma_{i+1}-\gamma_i)\cdot H_m/\gamma_m \qquad \cdots\cdots\text{(D.3)}$$

式中：

γ_m——两水准点正常重力平均值，10^{-5} m/s^2，依式(D.4)计算；

γ_i、γ_{i+1}——分别为 i 点、$i+1$ 点椭球面上的正常重力值，10^{-5} m/s^2，依式(D.5)计算；

H_m——两水准点概略高程平均值，单位为米(m)。

$$\gamma_m = (\gamma_i+\gamma_{i+1})/2 - 0.154\,3\,H_m \qquad \cdots\cdots\text{(D.4)}$$

$$\gamma = 978\,032(1+0.005\,302\,4\sin^2\phi - 0.000\,005\,8\sin^2 2\phi) \qquad \cdots\cdots\text{(D.5)}$$

式中：

ϕ——水准点纬度；

γ 值取至 0.01×10^{-5} m/s^2。

D.2.4 重力异常改正

一测段高差的改正数 λ 由式(D.6)计算：

$$\lambda = (g-\gamma)_m \cdot h/\gamma_m \qquad \cdots\cdots\text{(D.6)}$$

式中：

γ_m——按式(D.4)算出的正常重力平均值，$10^{-5}\,m/s^2$；

$(g-\gamma)_m$——两水准点空间重力异常平均值，$10^{-5}\,m/s^2$；

h——测段观测高差，单位为米(m)。

a) 水准点的布格异常$(g-\gamma)_{布}$从相应的数据库检索，取至 $0.1\ 10^{-5}\ m/s^2$；

b) 水准点空间重力异常$(g-\gamma)_{空}$由式(D.7)计算：

$$(g-\gamma)_{空} = (g-\gamma)_{布} + 0.1119H \quad \cdots\cdots(D.7)$$

式中：

H——水准点概略高程，单位为米(m)。

ε、γ 计算示例见表 D.2。

表 D.2 二等水准测量正常水准面不平行、重力异常改正数计算

计算者：

对算者：

路线名称：Ⅱ五平线　施测单位：国家测绘局第一大地测量队　施测年代：1999　检查者：

测段编号	水准点编号	纬度 °	纬度 ′	布格异常 $(g-\gamma)_{布}$ $10^{-5}\ m/s^2$	正常重力值 γ $10^{-5}\ m/s^2$	观测高差中数 h' m	近似高程 H' m	层间改正 $0.1119H$ $10^{-5}\ m/s^2$	空间异常 $(g-\gamma)_{空}$ $10^{-5}\ m/s^2$	正常水准面不平行改正 ε mm	重力异常改正 λ mm
1	Ⅱ构五 27 基上	38	35.6	−152.8	980 044.31		1 300.1	145.5	−7.3		
						−0.647 9				5.20	0.04
2	Ⅱ五平 1	38	32.9	−151.7	040.31		1 299.4	145.4	−6.3		
						101.127 2				4.91	0.03
3	Ⅱ五平 2	38	30.5	−153.0	036.80		1 400.6	156.7	3.7		
						6.297 0				3.62	0.42
4	Ⅱ五平 3	38	28.7	−153.2	034.21		1 406.9	157.4	4.2		
						−64.564 0				2.94	0.04
5	Ⅱ五平 4	38	27.3	−152.8	032.12		1 342.3	150.2	−2.6		
						−20.048 4				3.93	0.22
6	Ⅱ五平 5	38	25.4	−152.8	029.31		1 322.3	148.0	−4.8		
						−17.596 3				2.54	0.14
7	Ⅱ五平 6	38	24.1	−153.0	027.41		1 304.7	146.0	−7.0		
						−16.762 8				4.92	0.13
8	Ⅱ五平 7	38	21.6	−151.9	023.70		1 287.9	144.1	−7.8		
						−20.782 2				3.61	0.11
9	Ⅱ五平 8	38	19.7	−150.7	020.90		1 267.1	141.8	−8.9		
						−4.297 2				4.02	0.22
10	Ⅱ五平 9	38	17.6	−150.5	017.80		1 262.8	141.3	−9.2		
						−13.131 8				4.70	0.04
11	Ⅱ五平 10	38	15.1	−150.2	014.22		1 249.7	139.8	−10.4		
						−2.850 9				4.12	0.14
12	Ⅱ五平 11 基上	38	12.8	−151.0	010.90		1 246.9	139.5	−11.5		

D.2.5 固体潮改正

一测段高差的改正数 v 由式(D.8)计算：

a) $$v = [\theta_m \cos(A_m - A) + \theta_s \cos(A_s - A)] \cdot \gamma \cdot s \quad \cdots\cdots(D.8)$$

式中：

θ_m、θ_s——分别为月球、太阳引起的地倾斜；

A_m、A_s——分别为测段平均位置至月球、太阳方向的方位角；

A——观测路线方向方位角；

γ——潮汐因子，取 0.68；

s——测段长度。

b) θ_m、θ_s 由式(D.9)、(D.10)计算：

$$\theta_{m} = \frac{2D_{m}}{gR}(C_{m}/r_{m})^{3}\sin 2Z_{m} + \frac{2D_{m}}{gC_{m}}(C_{m}/r_{m})^{4}(5\cos^{2}Z_{m}-1)\sin Z_{m} \quad \cdots\cdots\cdots(D.9)$$

$$\theta_{s} = \frac{2D_{s}}{gR}(C_{s}/r_{s})^{3}\sin 2Z_{s} \quad \cdots\cdots(D.10)$$

式中：

D_m、D_s——分别为月球、太阳的杜德逊常数；

R——地球平均曲率半径；

g——地球平均重力加速度；

C_m、r_m——分别为地心至月球的平均距离和瞬时距离；

C_s、r_s——分别为地心至太阳的平均距离和瞬时距离。

c) A_m、A_s 与 Z_m、Z_s 由式(D.11)、式(D.12)与式(D.13)、式(D.14)计算：

$$\cos A_{m} = (\sin\delta_{m}\cos\phi - \sin\phi\cos\delta_{m}\cos t_{m})/\sin Z_{m} \quad \cdots\cdots(D.11)$$

$$\cos A_{s} = (\sin\delta_{s}\cos\phi - \sin\phi\cos\delta_{s}\cos t_{s})/\sin Z_{s} \quad \cdots\cdots(D.12)$$

$$\cos Z_{m} = (\sin\phi\sin\delta_{m} + \cos\phi\cos\delta_{m}\cos t_{m}) \quad \cdots\cdots(D.13)$$

$$\cos Z_{s} = (\sin\phi\sin\delta_{s} + \cos\phi\cos\delta_{s}\cos t_{s}) \quad \cdots\cdots(D.14)$$

式中：

ϕ——测段平均位置的纬度；

δ_m、δ_s——分别为月球、太阳的赤纬；

t_m、t_s——分别为月球、太阳的时角。

d) δ_m、δ_s 与 t_m、t_s 由式(D.15)、式(D.16)与式(D.17)、式(D.18)计算：

$$\sin\delta_{m} = \sin\varepsilon\sin\lambda_{m}\cos\beta_{m} + \cos\varepsilon\sin\beta_{m} \quad \cdots\cdots(D.15)$$

$$\cos\delta_{m}\cos t_{m} = \cos\lambda_{m}\cos\beta_{m}\cos\tau + \sin\tau(\cos\varepsilon\sin\lambda_{m}\cos\beta_{m} - \sin\varepsilon\sin\beta_{m}) \quad \cdots\cdots(D.16)$$

$$\sin\delta_{s} = \sin\varepsilon\sin\lambda_{s} \quad \cdots\cdots(D.17)$$

$$\cos\delta_{s}\cos t_{s} = \cos\lambda_{s}\cos\tau + \sin\tau\cos\varepsilon\sin\lambda_{s} \quad \cdots\cdots(D.18)$$

式中：

ε——黄赤交角；

β_m——月球真黄纬；

λ_m、λ_s——分别为月球、太阳的真黄经；

τ——观测的地方恒星时。

e) τ 由式(D.19)计算：

$$\tau = \tau_{0} + (T_{B}-8) + (T_{B}-8)/365.242\,2 \quad \cdots\cdots(D.19)$$

式中：

τ_0——世界时零点的恒星时；

T_B——观测时的北京时刻。

D.2.6 海潮负荷改正

一测段高差的改正 L 由式(D.20)计算：

$$L = (\xi\cos A + \eta\sin A)s \quad \cdots\cdots(D.20)$$

式中：

ξ、η——分别为海潮负荷引起的地倾斜南北、东西分量；

A——观测路线方向方位角；

s——测段长度。

ξ、η 由式(D.21)、式(D.22)计算：

$$\xi = \sum_{p}[\xi^{p}\cos(\omega_{p}T + x_{p} + \alpha_{p\xi})] \quad \cdots\cdots(D.21)$$

$$\eta = \sum_{p} [\eta^{p} \cos(\omega_{p} T + x_{p} + \alpha_{p\eta})] \quad \text{(D.22)}$$

式中：

ξ^{p}、η^{p}——分别为各分潮引起的地倾斜南北、东西分量；

ω_{p}——各分潮的角频率；

T——观测的世界时；

x_{p}——各分潮依天文引数求得的初相角；

$\alpha_{p\xi}$、$\alpha_{p\eta}$——分别为各分潮地倾斜南北、东西分量相应的相位；

p——分潮数。

式中 ξ^{p}、η^{p} 与 $\alpha_{p\xi}$、$\alpha_{p\eta}$ 利用 CSR4.0+CS 或精度更高的海潮模型求得。

D.2.7 水准路线闭合差的改正

若所计算的水准路线自成独立环线，或闭合于两个已知高程的水准点之间的单一路线，则此路线的闭合差 W 应按测段的测站数 n 成比例配赋于各测段高差中，按式(D.23)计算高差改正数 v_i：

$$v_i = -n_i / \sum n \cdot W \quad \text{(D.23)}$$

式中：

W——已施加 D.2.1～D.2.7 的各项改正后的闭合差，单位为毫米(mm)；

n_i——第 i 测段的测站数。

D.3 水准测量外业高差与概略高程表

高差与概略高程表格式见表 D.3。

D.4 风级表

水准测量外业应采用表D.4中的风力等级。

表D.4

风力等级	名称	地面上的动态	相当风速	
			m/s	km/h
0	无风	静，烟直上	0～0.2	0～1
1	软风	烟能表示风向，但风向标不能转动	0.3～1.5	1～5
2	轻风	人面感觉有风，树叶有微动，寻常的风向标转动	1.6～3.3	6～11
3	微风	树叶及微枝摇动不息，旌旗展开	3.4～5.4	12～19
4	和风	能吹起地面的灰尘和纸张，树的小枝摇动	5.5～7.9	20～28
5	清风	有叶的小树摇摆，内陆的水面有小波	8.0～10.7	29～38
6	强风	大树枝摇摆，电线呼呼有声，举伞困难	10.8～13.8	39～49
7	疾风	全树摇动，迎风步行感觉不便	13.9～17.1	50～61
8	大风	微枝折毁，人向前行感觉阻力甚大	17.2～20.7	62～74
注：风向为风吹来的方向，例如风从东北方向吹来，称为东北风。				